Über dieses Buch

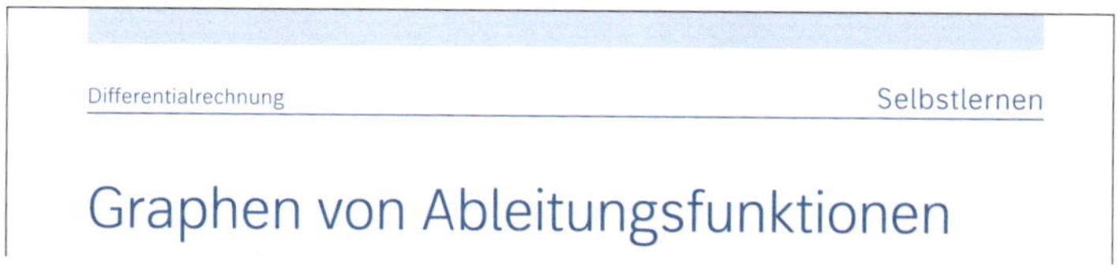
Differentialrechnung Selbstlernen

Graphen von Ableitungsfunktionen

Die **Selbstlernen-Seiten** ermöglichen ein eigenständiges Erarbeiten von neuen Inhalten, die sich dafür besonders eignen.

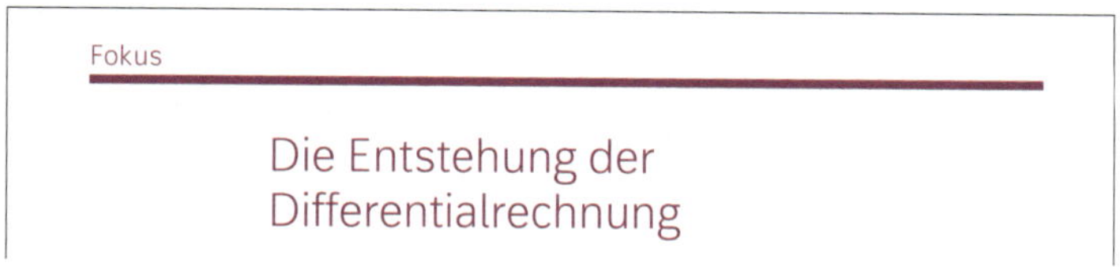
Fokus

Die Entstehung der Differentialrechnung

In einem **Fokus** werden Inhalte zur Geschichte der Mathematik, zusätzliche mathematische Inhalte oder fachübergreifende Themen angesprochen.

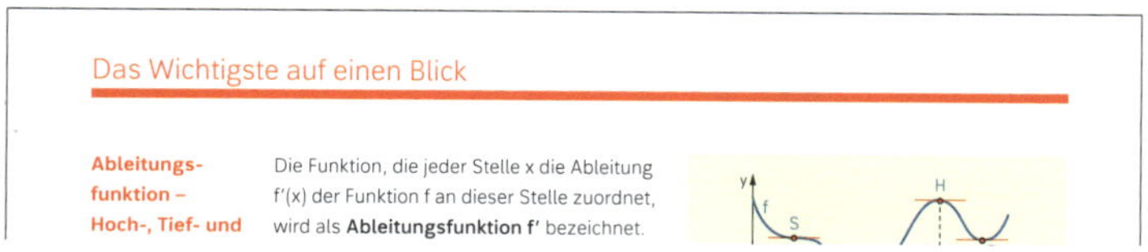
Das Wichtigste auf einen Blick

Ableitungsfunktion – Hoch-, Tief- und Die Funktion, die jeder Stelle x die Ableitung f′(x) der Funktion f an dieser Stelle zuordnet, wird als **Ableitungsfunktion f′** bezeichnet.

Das **Wichtigste auf einen Blick** zeigt eine übersichtliche Zusammenstellung der wesentlichen Inhalte des Kapitels mit Beispielen.

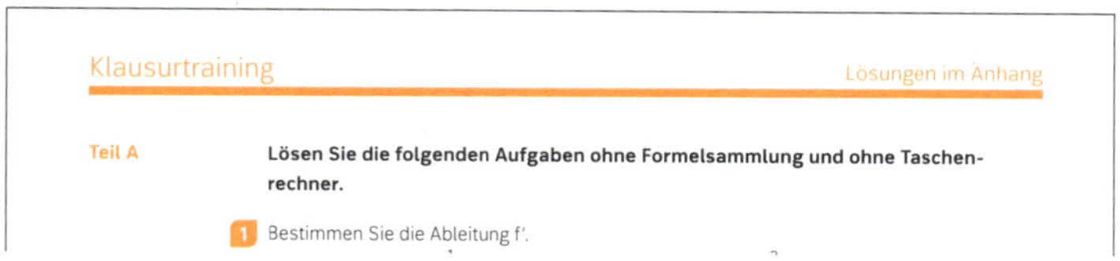
Klausurtraining Lösungen im Anhang

Teil A **Lösen Sie die folgenden Aufgaben ohne Formelsammlung und ohne Taschenrechner.**

1 Bestimmen Sie die Ableitung f′.

Das **Klausurtraining** bietet Aufgaben zur Vorbereitung auf eine Klausur, unterteilt in Aufgaben ohne und mit Hilfsmittel. Die Lösungen sind im Anhang abgedruckt.

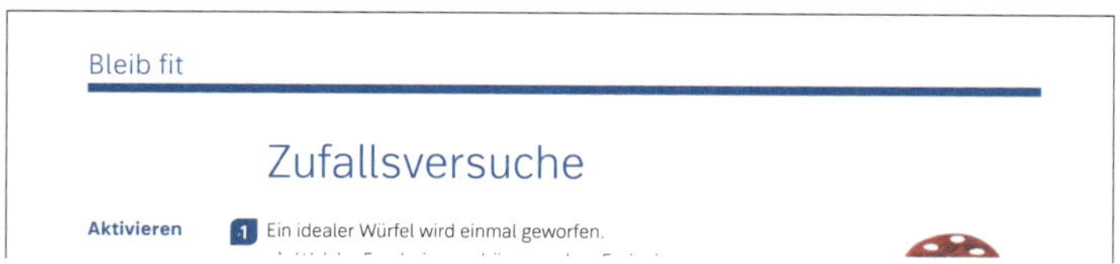
Bleib fit

Zufallsversuche

Aktivieren 1 Ein idealer Würfel wird einmal geworfen.

Bleib fit zu bekannten Inhalten findet man dort, wo diese anschließend benötigt werden.

Symbole

Die Übungsaufgaben werden in 3 Anforderungsniveaus ausgewiesen.

LK 1 In hellblau sind Aufgaben und Abschnitte gekennzeichnet, die für den Leistungskurs sind.

3 Bei einer Aufgabe mit Lupe werden typische Schülerfehler angesprochen.

Diese Arbeitsaufträge sind für die Bearbeitung in Partner- oder Gruppenarbeit konzipiert.

Diese Arbeitsaufträge sind speziell für die Bearbeitung mit dem Rechner konzipiert.

Ergänzende digitale Inhalte

Passende Lernvideos und weitere digitale Materialien stehen an Stellen mit **QR-Code** zur Verfügung.
Um auf diese Inhalte zuzugreifen, können Sie:

- den QR-Code scannen oder
- die Seite **https://www.westermann.de/webcode** aufrufen und anschließend den jeweiligen Webcode eingeben

WES-125991-111 **Webcode**

westermann

Herausgegeben von
Andreas Gundlach
Matthias Lösche

11

Grundkurs | Leistungskurs

ELEMENTE der Mathematik

ELEMENTE
der Mathematik

Herausgegeben von
Dr. Andreas Gundlach, Matthias Lösche

Bearbeitet von
Karin Benecke, Lutz Breidert, Sibylle Brinkmann, Martin Brüning, Benno Burbat, Gabriele Denkhaus, Gabriele Dybowski, Thorsten Eßeling, Dr. Daniel Frohn, Martina Groß, Dr. Andreas Gundlach, Stephan Hoffeld, Jakob Langenohl, Matthias Lösche, Barbara Mrzyk, Dr. Holger Reeker, Sigrid Schwarz, Gudrun Sobotka, Friedrich Suhr, Frank Wackeroth

Für Sachsen bearbeitet von
Dr. Andreas Gundlach, Jens Köcher, Matthias Lösche, Dr. Stephan Matos Camacho, Philipp Meyer, Dr. Jens Spiegelhauer, Alexander Salomon, Hubert Wagler

Zum Schülerband erscheinen:
Lösungen: Best.-Nr. 978-3-14-125992-6
Arbeitsheft: Best.-Nr. 978-3-14-125993-3

Druck A[1] / Jahr 2025
Alle Drucke der Serie A sind im Unterricht parallel verwendbar.

Redaktion: Anika Fricke
Umschlaggestaltung und Layout: Lio Designagentur, Braunschweig
Druck und Bindung: Westermann Druck GmbH, Georg-Westermann-Allee 66, 38104 Braunschweig

ISBN 978-3-14-**125991**-9

Inhalt

1

Differentialrechnung

2

Funktionsuntersuchungen

3

Anwendungen der Differentialrechnung

4

Vektoren und Geraden im Raum

5 

Analytische Geometrie bei Ebenen

6 

Wahrscheinlichkeitsrechnung

7

Matrizen und lineare Gleichungssysteme

8

Wahlthemen

Anhang

Differentialrechnung

1

▲ *Beim Fahrradfahren kann man sich auf einem Fahrradcomputer die momentane und die durchschnittliche Geschwindigkeit anzeigen lassen. Auch in vielen anderen Situationen ist die Frage wichtig, wie schnell sich eine Größe ändert.*

In diesem Kapitel
lernen Sie, wie man Änderungen von Größen mit Methoden aus der Differentialrechnung beschreiben und berechnen kann. ▸

1.1 Funktionen

Einstieg

Der „Berliner Bogen" ist eine bekannte Sehenswürdigkeit in Hamburg. Das preisgekrönte Bürogebäude aus Glas und Stahl erstreckt sich über neun Stockwerke und ist 72 m breit sowie 36 m hoch.

a) Modellieren Sie den Bogen durch den Graphen einer quadratischen Funktion der Form $y = a x^2 + b$.

b) Untersuchen Sie, wie breit das Gebäude im fünften Geschoss bzw. im obersten Geschoss ungefähr ist.

Graphen von Funktionen

Aufgabe mit Lösung

Luise zeichnet Graphen mit einem Rechner. Folgende Gleichungen hat sie eingegeben:

(1) $y = 0{,}5\,x + 1$

(2) $x^2 + y^2 = 2$

(3) $y = (x - 1)^2$

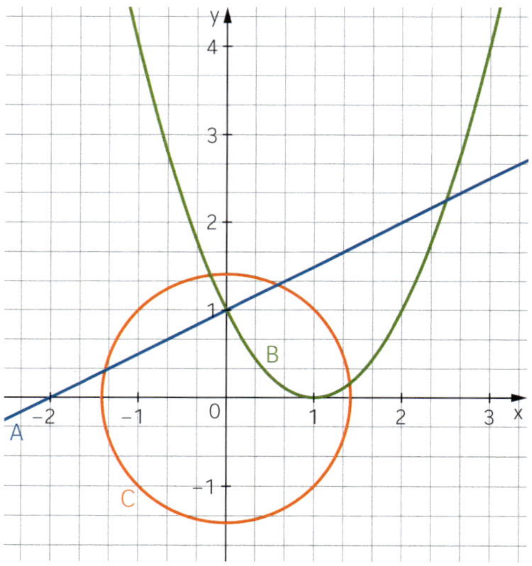

→ Welcher Graph gehört zu welcher Gleichung? Begründen Sie Ihre Zuordnung.

Lösung

Der Graph A ist eine Gerade, also gehört hierzu die Gleichung (1) einer linearen Funktion.

Der Graph B ist eine Parabel, also gehört hierzu die Gleichung (3) einer quadratischen Funktion.

Der Graph C ist ein Kreis, der durch die Gleichung (2) beschrieben wird.

→ Geben Sie für die Funktionen mit den Graphen A und B jeweils den Definitionsbereich und den Wertebereich an.

Lösung

Graph A: $y = 0{,}5x + 1$

Als Argument (x-Wert) kann jede beliebige reelle Zahl eingesetzt werden, also $D = \{x \in \mathbb{R}\}$.

Jede reelle Zahl kann auch als Funktionswert (y-Wert) angenommen werden, also ist $W = \{y \in \mathbb{R}\}$.

Graph B: $y = (x - 1)^2$

Als x-Wert kann jede beliebige reelle Zahl eingesetzt werden, also $D = \{x \in \mathbb{R}\}$.

Der Graph ist eine nach oben geöffnete Parabel mit dem Scheitelpunkt $S(1\,|\,0)$, also $W = \{y \in \mathbb{R} \mid y \geq 0\}$.

→ Begründen Sie, dass der Graph C kein Graph einer Funktion $x \mapsto f(x)$ ist.

Lösung

Da es x-Werte gibt, zu denen mehr als ein y-Wert gehört, ist C kein Graph einer Funktion $x \mapsto f(x)$.

Information

WES-125991-111

Funktion

Als **Funktion** bezeichnet man eine eindeutige Zuordnung, bei der jedem Element des Definitionsbereiches D genau ein Element des Wertebereiches W zugeordnet wird.

Die Elemente des Definitionsbereiches heißen **Argumente**, die Elemente des Wertebereiches heißen **Funktionswerte**.

Als Namen für Funktionen werden meistens Kleinbuchstaben (z. B. f, g, h) verwendet.

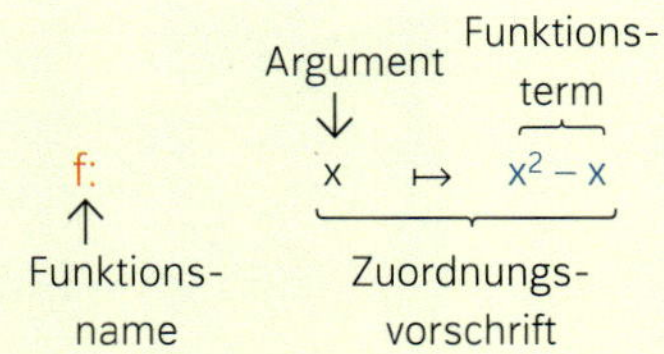

$D = \{x \in \mathbb{R}\}$; $W = \left\{y \in \mathbb{R} \mid y \geq -\frac{1}{4}\right\}$

Wortform: *„Jeder reellen Zahl x wird ihre Quadratzahl vermindert um x zugeordnet."*

Zuordnungsvorschrift: $f: x \mapsto x^2 - x$

Funktionsgleichung: $f(x) = x^2 - x$

Wertetabelle:

x	f(x)
−2	6
−1	2
0	0
0,5	−0,25
1	0
2	2

Graph:

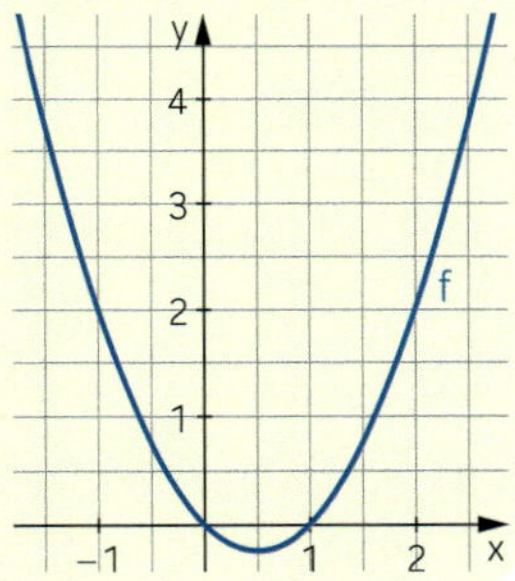

Darstellungen von Funktionen

Eine Funktion kann auf verschiedene Weise dargestellt werden:

- Wortform
- Zuordnungsvorschrift
- Funktionsgleichung
- Wertetabelle
- Graph

Üben

1 Handelt es sich bei der Darstellung um den Graphen einer Funktion $x \mapsto f(x)$? Begründen Sie.

a)

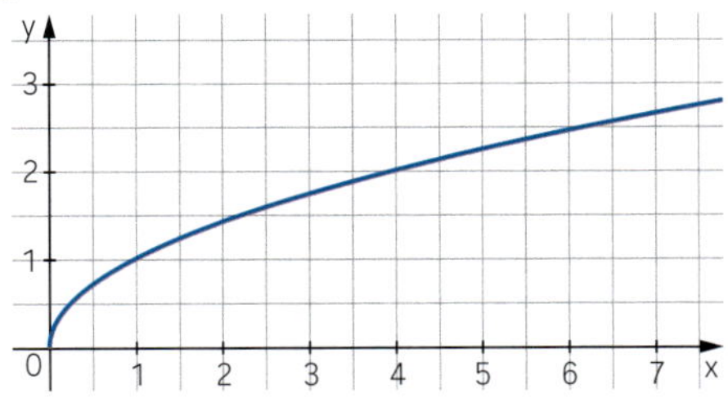

b)

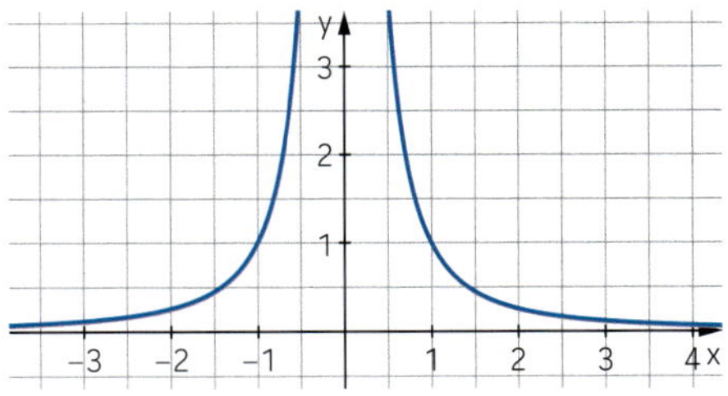

c)

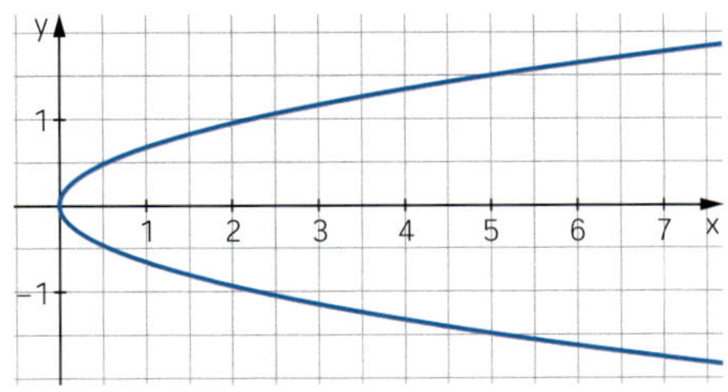

d)

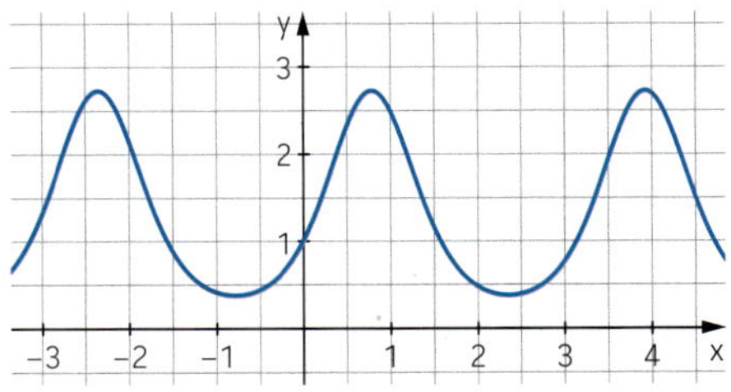

2 Geben Sie zu dieser Darstellung einer Funktion vier weitere Darstellungsformen an.

a)

x	−2	−1	0	1	2	3	4
f(x)	−6	−3	0	3	6	9	12

b) $x \mapsto 2^x$ **c)** $f(x) = \frac{|x|}{x}$

3 Eine Funktion ist gegeben durch $f\colon x \mapsto x^3 + 4x^2 + x - 6$.

a) Bestimmen Sie $f(-1)$.

b) Bestimmen Sie alle Stellen, an denen die Funktionswerte 0 sind.

c) Bestimmen Sie den Funktionswert an der Stelle −10.

d) Ab welcher Stelle gilt für die Funktionswerte $y > 20$?

e) Untersuchen Sie, ob die Punkte $P(-5|-36)$ und $Q(2|25)$ auf dem Graphen von f liegen.

4 Gegeben ist die Funktion f mit $f(x) = \frac{1}{2} \cdot (x-2)^2 \cdot (x+1)$.

a) Berechnen Sie den Funktionswert an der Stelle $x = 3$.

b) Bestimmen Sie die Stellen, für die gilt: $f(x) = 0$

c) Untersuchen Sie, ob die Punkte $P(1|1)$ und $Q(-2|8)$ auf dem Funktionsgraphen von f liegen.

5 Gegeben sind die Terme der Funktionen f, g, h und k.

$f(x) = \frac{-2}{x-1} - 1$; $g(x) = -\frac{3}{2}x^4 + 3x + 1$; $h(x) = \log_2(x) - 4$; $k(x) = \sqrt{9x^2} - 3$

a) Prüfen Sie, ob der Punkt $P(2|-3)$ auf dem Graphen der jeweiligen Funktion liegt.

b) Geben Sie für jede Funktion einen vom Punkt P verschiedenen Punkt R an, der auf dem Graphen der Funktion liegt und erläutern Sie ihr Vorgehen.

6 Bestimmen Sie die Funktionsgleichung für eine Parabel durch die Punkte $A(0|-1)$, $B(1|3)$ und $C(2|9)$. Geben Sie auch den Wertebereich an.

7 Ordnen Sie ohne Verwendung eines Rechners den gegebenen Graphen die passenden Funktionsgleichungen zu.

(1) $y = \cos(x)$ (2) $y = \sqrt{x}$ (3) $y = e^x$ (4) $y = x^4$ (5) $y = \frac{1}{x^3}$

(6) $y = e$ (7) $y = \sin(x)$ (8) $y = \ln(x)$ (9) $y = \frac{1}{x^2}$ (10) $y = |x|$

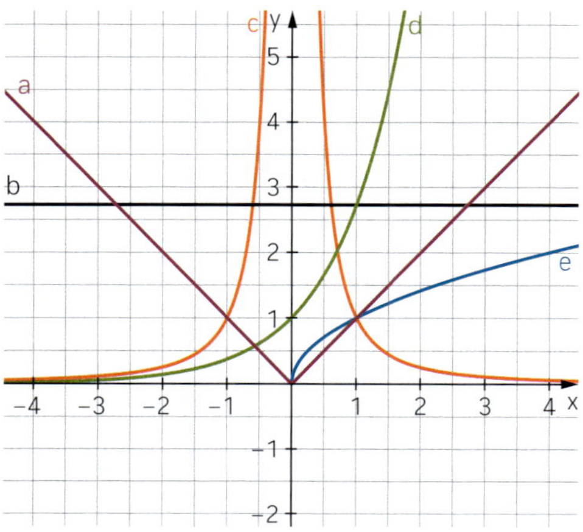

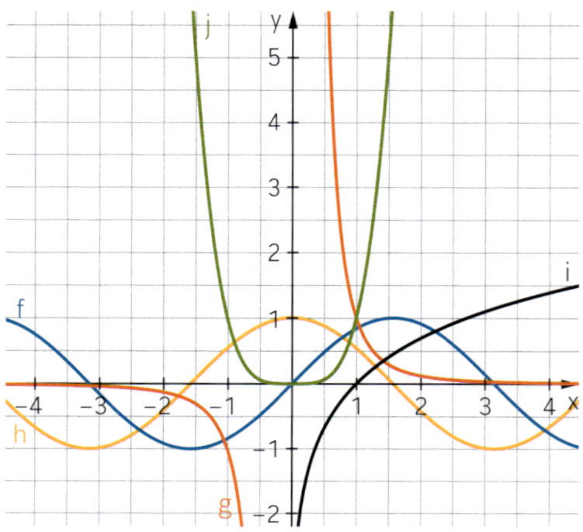

Funktionsgleichungen bestimmen

8 Geben Sie die Gleichung einer linearen Funktion f an, die folgende Eigenschaften erfüllt.

a) Der Graph von f mit $f(x) = -\frac{1}{4}x + n$ verläuft durch den Punkt $Q(-1\,|\,3)$.

b) Der Graph von f verläuft durch den Punkt $R(-2\,|\,-4)$, parallel zum Graphen von h mit $h(x) = 3x + n$.

c) Der Graph von f verläuft durch die Punkte $P_1(3\,|\,2)$ und $P_2(-6\,|\,3)$.

9 Die Gleichung einer Geraden mit der Steigung 3 durch den Punkt $P(5\,|\,8)$ soll bestimmt werden. Clara und Joris gehen dabei unterschiedlich vor.
Erläutern Sie, wie Clara und Joris die Gleichung bestimmt haben. Zeigen Sie, dass beide Gleichungen zur selben Gerade gehören.

Clara:

Ansatz: $y = 3x + n$
Koordinaten von $P(5\,|\,8)$ einsetzen:
$8 = 3 \cdot 5 + n$, also
$n = 8 - 15 = -7$
Geradengleichung: $y = 3x - 7$

Joris:

Gleichung der Geraden g mit Steigung 3 durch den Ursprung:
$y = 3x$
Verschieben von g in $P(5\,|\,8)$ ergibt:
$y = 3 \cdot (x - 5) + 8$

10 Bestimmen Sie die Gleichung der Geraden mit der Steigung m durch den Punkt P.

a) $m = 2$; $P(4\,|\,1)$

b) $m = -4$; $P(3\,|\,-7)$

c) $m = 0{,}5$; $P(-6\,|\,10)$

d) $m = -0{,}2$; $P(8\,|\,6)$

11 Betrachtet werden die Graphen aller linearen Funktionen durch den Punkt $P(2\,|\,7)$.

a) Begründen Sie, dass die Gleichung $y = m(x - 2) + 7$ alle linearen Funktionen beschreibt, deren Graphen durch P verlaufen und den Anstieg m haben.

b) Eine Gerade durch P schneidet die y-Achse im Punkt $A(0\,|\,1)$. Berechnen Sie die Gleichung dieser Geraden und ihren Schnittpunkt mit der x-Achse.

12 Geben Sie eine Gleichung einer Funktion an, die folgende Eigenschaft erfüllt.

a) Für den Wertebereich der Funktion gilt: $W = \mathbb{R}^+$

b) Der Graph verläuft nur im 1. und 4. Quadranten.

c) Der Graph besitzt einen Hochpunkt bei $H(-2\,|\,1)$.

d) Für den Definitions- und Wertebereich der Funktion gilt: $D = \{x \in \mathbb{R}\,|\,x \geq -3\}$; $W = \mathbb{R}_0^+$

e) Die Funktion ist an
der Stelle $x = 4$ nicht definiert.

13 Ermitteln Sie jeweils Werte für a bzw. b, sodass folgende Eigenschaften erfüllt sind.

a) Der Graph von f mit $f(x) = a \cdot 2^x$ verläuft durch den Punkt $R(3\,|\,32)$.

b) Der Graph von f mit $f(x) = a \cdot 2^{bx}$ verläuft durch die Punkte $P_1\left(-2\,\middle|\,-\frac{3}{2}\right)$ und $P_2(1\,|\,-12)$.

c) Der Graph von f mit $f(x) = a \cdot x^2 + 3$ verläuft durch den Punkt $R(4\,|\,-5)$.

d) Der Graph von f mit $f(x) = a \cdot x^2 + b$ verläuft durch die Punkte $P_1(2\,|\,1)$ und $P_2(4\,|\,-5)$.

WES-125991-112

Mengen in Intervallschreibweise

14 Zahlenmengen, die durch eine oder zwei reelle Zahlen begrenzt werden, schreibt man oft als Intervalle. Dabei werden eckige Klammern in unterschiedlicher Bedeutung verwendet. Schreiben Sie die folgenden Intervalle in der Mengenschreibweise.

(1) $[-3; 5]$; (2) $]8; 12]$;
(3) $]-4; 4[$; (4) $]-\infty; 5]$;
(5) $[0; \infty[$; (6) $]11; \infty[$

Abgeschlossenes Intervall:
$[a; b] = \{x \in \mathbb{R} \mid a \leq x \leq b\}$
Linksoffene Intervalle:
$]a; b] = \{x \in \mathbb{R} \mid a < x \leq b\}$
$]-\infty; b] = \{x \in \mathbb{R} \mid x \leq b\}$
Rechtsoffene Intervalle:
$[a; b[= \{x \in \mathbb{R} \mid a \leq x < b\}$
$[a; \infty[= \{x \in \mathbb{R} \mid x \geq a\}$
Offene Intervalle:
$]a; b[= \{x \in \mathbb{R} \mid a < x < b\}$
$]a; \infty[= \{x \in \mathbb{R} \mid x > a\}$
$]-\infty; b[= \{x \in \mathbb{R} \mid x < b\}$

15 Schreiben Sie die Menge als Intervall.

(1) $\{x \in \mathbb{R} \mid -2 \leq x < 5\}$ (2) $\{x \in \mathbb{R} \mid x > 4\}$
(3) $\{x \in \mathbb{R} \mid 0 \leq x\}$ (4) $\mathbb{R}$

16 Der Definitionsbereich der Funktion f bei (1) ist $D = [a; b[$. Geben Sie jeweils den Definitionsbereich für (2), (3) und (4) in der Intervallschreibweise an.

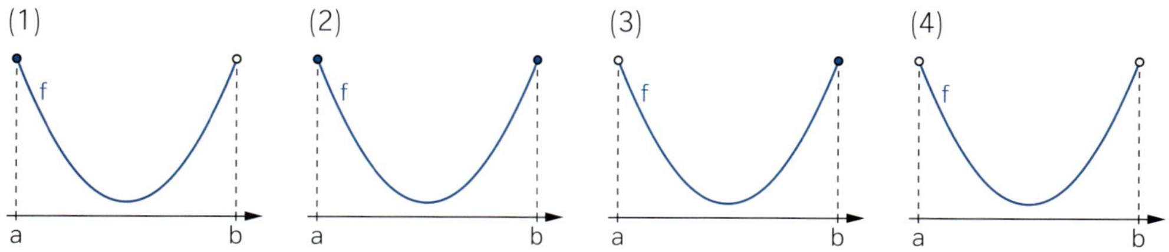

WES-125991-113

Funktionen mit eingeschränktem Definitionsbereich

17 Untersuchen Sie, für welche Werte der Funktionsterm nicht definiert ist.
Geben Sie jeweils den Definitionsbereich der Funktion an.

a) (1) $f(x) = \frac{1}{x}$ (2) $f(x) = \frac{1}{x-2}$
(3) $f(x) = \frac{1}{x^2-4}$ (4) $f(x) = \frac{1}{x \cdot (x-1)}$

b) (1) $f(x) = \sqrt{x}$ (2) $f(x) = \sqrt{x-2}$
(3) $f(x) = \sqrt{x^2-4}$ (4) $\sqrt{x \cdot (x-1)}$

$f(x) = \frac{5}{x+3}$
Für $x = -3$ wird der Nenner 0.
Die Division durch 0 ist nicht definiert.
Definitionsbereich von f:
$D = \{x \in \mathbb{R} \mid x \neq -3\} = \mathbb{R} \setminus \{-3\}$
$g(x) = \sqrt{(x+1)(x-3)}$
Für alle Werte $-1 < x < 3$ wird der Term unter der Wurzel negativ. Die Quadratwurzel aus einer negativen Zahl ist nicht definiert.
Definitionsbereich von g:
$D = \mathbb{R} \setminus]-1; 3[$

18 Julia und Jannis sind sich uneinig: Julia behauptet, bei $f(x) = x^2 + 1$ und $g(x) = \frac{x^3 + x}{x}$ handelt es sich um die gleiche Funktion. Jannis ist anderer Meinung.
Diskutieren Sie, wer von beiden recht hat. Begründen Sie ihr Entscheidung.

Funktionen zur Lösung mathematischer Probleme im Sachkontext

19 Im Internet findet Enno die folgenden beiden Angebote.

ÖKO-Real	extraWATT
Jährlicher Grundpreis: 60 €	Jährlicher Grundpreis: 120 €
Preis pro kWh: 44,64 Cent	Preis pro kWh: 40,36 Cent

a) Vergleichen Sie die beiden Stromtarife miteinander. Stellen Sie dazu die jährlichen Kosten in Abhängigkeit vom Stromverbrauch in kWh grafisch dar.

b) Untersuchen Sie, bei welchem Jahresverbrauch welcher Tarif günstiger ist.

20 Eine Regentonne der Höhe 82 cm wird gleichmäßig mit Wasser gefüllt. Jede halbe Minute steigt der Wasserstand um 45 cm. Zum Zeitpunkt $t = 2\,s$ stand das Wasser 8,5 cm hoch.

a) Beschreiben Sie den Füllvorgang durch eine Funktion.

b) Wie hoch steht das Wasser nach 15 s?

c) Bestimmen Sie den Zeitpunkt, zu dem das Gefäß voll ist.

21 Für ein bestimmtes Segelflugzeug kann die Sinkgeschwindigkeit w in $\frac{m}{s}$ näherungsweise durch die Funktion w mit $w(v) = -0{,}00041\,v^2 + 0{,}054\,v - 2{,}3$ beschrieben werden, wobei v die Fluggeschwindigkeit in $\frac{km}{h}$ ist. Der Flugzeughersteller weist darauf hin, dass diese Näherung nur für Fluggeschwindigkeiten von mindestens $50\,\frac{km}{h}$ bis höchstens $100\,\frac{km}{h}$ gilt.

a) Geben Sie den Definitionsbereich und den Wertebereich der Funktion w an.

b) Untersuchen Sie, bei welcher Fluggeschwindigkeit die Sinkgeschwindigkeit den kleinsten Betrag hat.

22 In manchen Sachsituationen ist es sinnvoll, eine Funktion abschnittsweise zu definieren.

a) Eine Heizöl-Firma wirbt mit einem Vorteilspreis. Die Funktion f beschreibt die Kosten in Euro für das Heizöl in Abhängigkeit vom Tankvolumen in Liter.

Bis zu 2 000 Liter 1,25 € pro Liter.
Ab 2 000 Liter 1,05 € pro Liter.

$$f(x) = \begin{cases} 1{,}25x & \text{für } x \in [0;\,2000] \\ 2500 + 1{,}05 \cdot (x - 2000) & \text{für } x \in \,]2000;\,\infty[\end{cases}$$

Erläutern Sie, warum die Funktion aus zwei Termen besteht und man hier von einer *abschnittsweise definierten Funktion* spricht. Skizzieren Sie den Graphen.

b) Eine andere Heizöl-Firma macht folgendes Angebot.

Bis zu 1 000 Liter 1,35 € pro Liter. Ab 1 000 Liter nur noch 1,10 € pro Liter.

Geben Sie dafür eine abschnittsweise definierte Funktion an. Vergleichen Sie beide Angebote.

23 Die abgebildeten Gefäße werden bei gleichmäßigem Zulauf mit Wasser gefüllt. Skizzieren Sie je einen Graphen, der die Höhe h des Wasserstandes in den abgebildeten Gefäßen in Abhängigkeit von der Füllzeit darstellt.

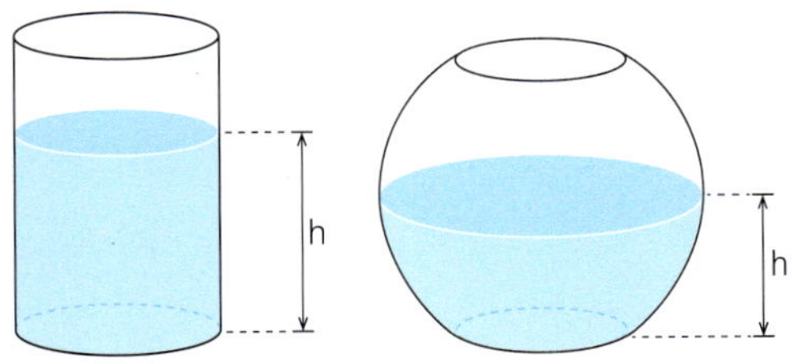

1.2 Mittlere Änderungsrate

Einstieg

Bei einer Überschwemmung wurden folgende Wasserstände eines Flusses gemessen:

Uhrzeit	6	8	9	12	16
Wasserstand (in m)	2,0	2,2	2,4	3,3	4,1

In den Nachrichten um 17 Uhr wird gesagt: „Das Schlimmste ist wohl überstanden. Der Wasserstand steigt nicht mehr so schnell." Erläutern Sie diese Aussage an einem Graphen.

Aufgabe mit Lösung

Mittlere Änderungsraten

Clara stellt Daten für ihren Vortrag „Mobilfunkanschlüsse in Deutschland" zusammen.

Jahr	1995	2000	2010	2015	2019	2021
Anschlüsse in Mio.	3,8	48,3	108,9	113,8	140,7	161,3

→ Wie kann Clara den Anstieg in den jeweiligen Zeiträumen vergleichen? In welchem Zeitraum ist die Anzahl am stärksten, in welchem am geringsten gewachsen?

Lösung – mittlere Zunahme

Die Zeiträume sind unterschiedlich lang. Daher sollte Clara für jeden Zeitraum die *durchschnittliche* oder *mittlere Zunahme pro Jahr* betrachten. Hierzu berechnet man zunächst, um wie viel die Anzahl in einem Zeitraum gestiegen ist. Diese *absolute Zunahme* dividiert man dann durch die Länge des Zeitraums.

Zeitraum	absolute Zunahme in Mio.	Länge des Zeitraums in Jahren	mittlere Zunahme in Mio. pro Jahr
1995 bis 2000	48,3 − 3,8 = 44,5	2000 − 1995 = 5	$\frac{44{,}5}{5} = 8{,}9$
2000 bis 2010	108,9 − 48,3 = 60,6	2010 − 2000 = 10	$\frac{60{,}6}{10} = 6{,}06$
2010 bis 2015	113,8 − 108,9 = 4,9	2015 − 2010 = 5	$\frac{4{,}9}{5} = 0{,}98$
2015 bis 2019	140,7 − 113,8 = 26,9	2019 − 2015 = 4	$\frac{26{,}9}{4} = 6{,}725$
2019 bis 2021	161,3 − 140,7 = 20,6	2021 − 2019 = 2	$\frac{20{,}6}{2} = 10{,}3$

Die Anzahl der Mobilfunkanschlüsse ist im Mittel von 2019 bis 2021 mit 10,3 Mio. pro Jahr am stärksten und von 2010 bis 2015 mit 0,98 Mio. pro Jahr am geringsten gewachsen.

→ Clara möchte eine Prognose für das Jahr 2030 erstellen. Sie kann hierfür verschiedene Zeiträume verwenden. Stellen Sie zwei Möglichkeiten grafisch dar.

Lösung – geometrische Darstellung

(1) Prognose, wenn Clara die mittlere Zunahme von 2019 bis 2021 verwendet.

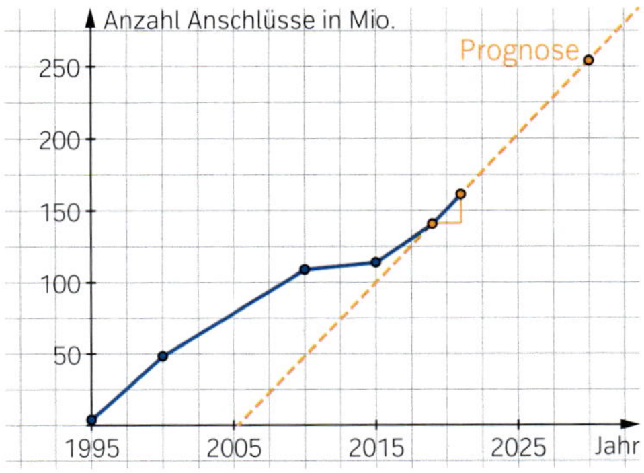

Zunahme pro Jahr: 20,6 : 2 = 10,3

Anzahl Anschlüsse in Mio.:

$161{,}3 + (2030 - 2021) \cdot 10{,}3 = 254{,}0$

(2) Prognose, wenn Clara die mittlere Zunahme von 2010 bis 2021 verwendet.

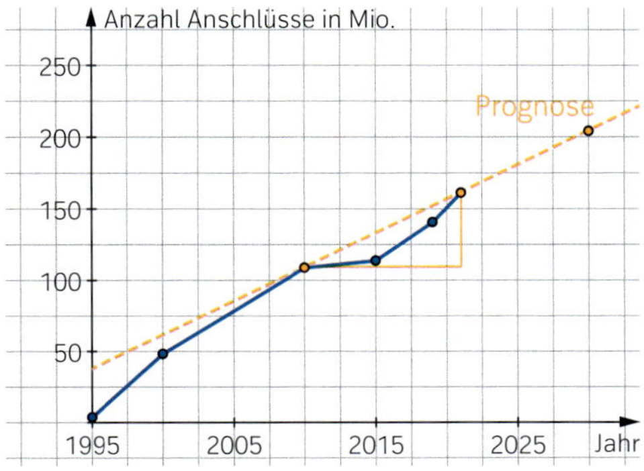

Zunahme pro Jahr: $\frac{161{,}3 - 108{,}9}{2021 - 2010} = \frac{52{,}4}{11} \approx 4{,}76$

Anzahl Anschlüsse in Mio.:

$161{,}3 + (2030 - 2021) \cdot 4{,}76 = 204{,}14$

Information

WES-125991-121

Auch: durchschnittliche Änderungsrate

Auch: Steigung statt Anstieg

Differenzenquotient – Mittlere Änderungsrate

Die **mittlere Änderungsrate** einer Funktion f in einem Intervall [a; b] berechnet man mit dem Term $\frac{f(b) - f(a)}{b - a}$.

Dieser Bruch heißt **Differenzenquotient**, da Zähler und Nenner Differenzen sind.

Geometrische Deutung als Sekantensteigung

Der Differenzenquotient gibt den Anstieg der Geraden durch die Punkte $P(a \mid f(a))$ und $Q(b \mid f(b))$ an.

Diese Gerade heißt **Sekante** durch P und Q.

Sekante durch die Punkte P und Q mit Anstieg m.

$m = \frac{f(b) - f(a)}{b - a}$

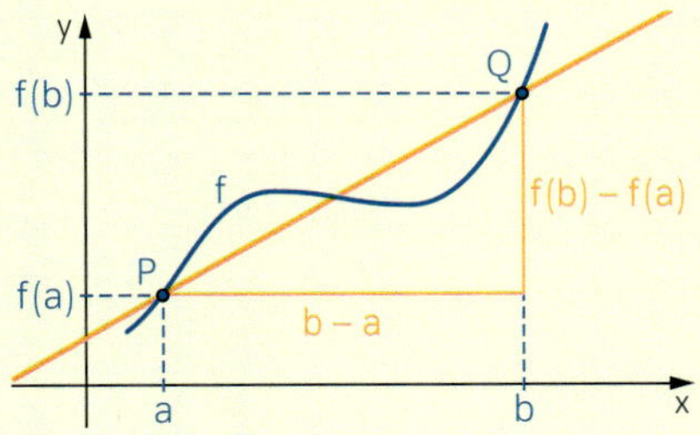

Für g mit $g(x) = x^2 - x$ und $[-1; 5]$ erhält man $m = \frac{20 - 2}{5 - (-1)} = \frac{18}{6} = 3$.

1 Ein Wetterdienst hat die Temperaturen eines Frühlingstages dargestellt.

a) Bestimmen Sie die mittlere Änderungsrate in der Zeit von

(1) 1 Uhr bis 5 Uhr; (2) 6 Uhr bis 9 Uhr;
(3) 10 Uhr bis 12 Uhr; (4) 14 Uhr bis 24 Uhr;
(5) 15 Uhr bis 18 Uhr; (6) 18 Uhr bis 20 Uhr.

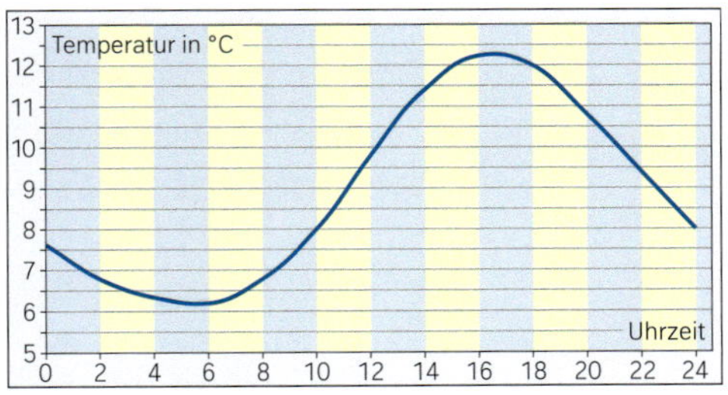

b) Ermitteln Sie, in welchem Zeitraum von einer vollen Stunde bis zu nächsten der Temperaturanstieg am größten war. In welchem Zeitabschnitt war der Temperaturabfall am größten?

2 Bei einer Sonnenblume wird an verschiedenen Tagen gemessen, wie groß sie ist.

Zeit (in Tagen)	0	20	24	30	39	50	75
Höhe (in cm)	2	20	39	64	105	156	192

a) Bestimmen Sie die mittleren Änderungsraten für die jeweiligen Zeitintervalle. Entscheiden Sie damit, in welchem dieser Intervalle die Sonnenblume am stärksten gewachsen ist.

b) Lennart sagt: „Die Sonnenblume ist zwischen Tag 39 und Tag 50 mit 51 cm Zunahme am stärksten gewachsen." Nehmen Sie dazu Stellung.

c) Verdeutlichen Sie Ihre Ergebnisse aus Teilaufgabe a) anhand einer Zeichnung des Graphen der Funktion *Zeit → Höhe*.

3 Gegeben ist der Graph einer Funktion f.

a) Bestimmen Sie ohne zu rechnen, in welchen Intervallen zwischen jeweils zwei benachbarten Punkten der Differenzenquotient positiv, negativ oder null ist. Begründen Sie.

b) Bestimmen Sie auch die Werte für die Differenzenquotienten.

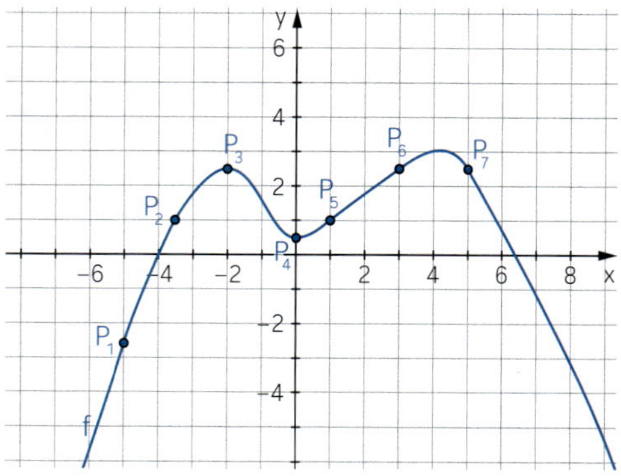

4 Gegeben ist die Funktion f mit $f(x) = x^2$.

a) Zeigen Sie , dass die Gerade mit der Gleichung $y = 13x - 40$ die Sekante durch die Punkte $P(5 | f(5))$ und $Q(8 | f(8))$ auf dem Graphen von f ist.

b) Die Rechnung $\frac{6^2 - 4^2}{2} = 10$ ist Lösung einer Aufgabe im Schulbuch.
Geben Sie eine passende Aufgabenstellung an.

c) Die mittlere Änderungsrate von f im Intervall $[10; b]$ beträgt 30.
Berechnen Sie b.

d) Begründen Sie, dass für alle $b > 0$ gilt:
Der Differenzenquotient für das Intervall $[0; b]$ ist b.

e) Beschreiben Sie, wie der Graph von g mit $g(x) = x^2 + 3$ aus dem Graphen von f hervorgeht. Weisen Sie nach, dass die mittleren Änderungsraten von f und g für jedes Intervall gleich sind.

5 Wählen Sie zwei verschiedene Punkte P und Q auf dem Graphen von f mit $f(x) = 2x + 3$ und berechnen Sie damit die mittlere Änderungsrate.
Begründen Sie, dass dieser Wert unabhängig von den gewählten Punkten ist.

6 Eine lineare Funktion f hat die allgemeine Gleichung $f(x) = m \cdot x + n$.

a) Zeigen Sie durch eine Termumformung, dass der Differenzenquotient $\frac{f(x_2) - f(x_1)}{x_2 - x_1}$ für zwei Punkte $P(x_1 | f(x_1))$ und $Q(x_2 | f(x_2))$ immer den Wert m hat.

b) Begründen Sie die Aussage in Teilaufgabe a) auch geometrisch.

WES-125991-122

Mittlere Änderungsraten aus Funktionstermen berechnen

7 Berechnen Sie die mittlere Änderungsrate von f im angegebenen Intervall.

a) $f(x) = x^2$; Intervall $[1; 5]$

b) $f(x) = 2^x$; Intervall $[0; 4]$

c) $f(x) = x^3$; Intervall $[-2; 2]$

d) $f(x) = x^4 - 2$; Intervall $[2; 4]$

> $f(x) = (x-1)^2$; Intervall $[2; 4]$
>
> Als mittlere Änderungsrate ergibt sich:
> $\frac{f(4) - f(2)}{4 - 2} = \frac{(4-1)^2 - (2-1)^2}{2} = 4$

WES-125991-123
Rechnerhilfen

8 Luise und Joris bestimmen den Anstieg der Sekante durch die Punkte $P(4|1)$ und $Q(2|3)$.

a) Vergleichen Sie die Rechnungen der beiden. Was fällt auf?

Luise: $m = \frac{3-1}{2-4} = \frac{2}{-2} = -1$

Joris: $m = \frac{1-3}{4-2} = \frac{-2}{2} = -1$

b) Zeigen Sie allgemein, dass bei der Berechnung des Differenzenquotienten die Reihenfolge der Intervallgrenzen a und b keine Rolle spielt.

> Für zwei Punkte $P(a|f(a))$ und $Q(b|f(b))$ auf dem Graphen einer Funktion f gilt:
> $\frac{f(a) - f(b)}{a - b} = \frac{f(b) - f(a)}{b - a}$

9 Bestimmen Sie die obere Intervallgrenze b so, dass die gegebene Funktion f die vorgegebene mittlere Änderungsrate m besitzt.

a) $f(x) = x^2$; $[4; b]$; $m = 10$

b) $f(x) = x^3$; $[1; b]$; $m = 7$

10 Entscheiden und begründen Sie, ob folgende Aussagen wahr oder falsch sind.

a) Es gibt Funktionen, für die die mittlere Änderungsrate für jedes gewählte Intervall stets denselben Wert besitzt.

b) Wenn die mittlere Änderungsrate einer Funktion f im Intervall $[a; b]$ einen negativen Wert hat, dann ist die Funktion f im gesamten Intervall monoton fallend.

c) Besitzt die mittlere Änderungsrate in einem Intervall $[a; b]$ den Wert 0, so muss es sich um eine konstante Funktion handeln.

d) Wenn für eine Funktion f mit $a < b$ gilt $f(b) > f(a)$, dann muss die mittlere Änderungsrate in $[a; b]$ positiv sein.

LK 11 Sekantensteigungen der Quadratfunktion weisen besondere Regelmäßigkeiten auf.

a) Berechnen Sie die Sekantensteigungen des Graphen der Funktion f mit $f(x) = x^2$ durch je zwei benachbarte Punkte P_n.

b) Formulieren Sie eine Vermutung für die Sekantensteigung durch die Punkte $P_n(n|f(n))$ und $P_{n+1}(n+1|f(n+1))$. Begründen Sie dies durch eine Rechnung.

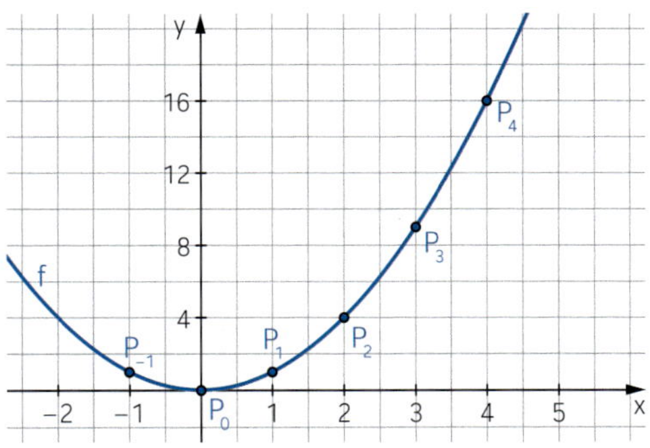

c) Berechnen Sie die Steigung der Sekante von f durch die Punkte $P_n(n|f(n))$ und $P_{n+k}(n+k|f(n+k))$ mit $k \neq 0$. Vergleichen Sie das Ergebnis mit dem aus Teilaufgabe b).

Gleichungen von Sekanten berechnen

12 Bestimmen Sie die Gleichung der Sekante durch die Punkte P und Q.

a) $f(x) = x^2 - 2;\ P(0\,|\,f(0));\ Q(1\,|\,f(1))$

b) $f(x) = -0{,}5x^2 + 2;\ P(3\,|\,f(3));\ Q(5\,|\,f(5))$

c) $f(x) = x^3;\ P(-1\,|\,f(-1));\ Q(2\,|\,f(2))$

d) $f(x) = \frac{1}{x};\ P(10\,|\,f(10));\ Q(80\,|\,f(80))$

$f(x) = x^2 - 1$

Bestimmen der Gleichung der Sekante durch $P(-2\,|\,f(-2))$ und $Q(1\,|\,f(1))$:

Ermittlung des Anstiegs m der Sekante:

$m = \frac{f(1) - f(-2)}{1 - (-2)} = \frac{0 - 3}{1 - (-2)} = \frac{-3}{3} = -1$

Mit $Q(1\,|\,0)$ und dem Ansatz

$y = -1 \cdot x + n$ erhält man:

$0 = (-1) \cdot 1 + n$, also $n = 1$

Somit lautet die Gleichung der Sekante:

$y = -x + 1$.

13 Gegeben ist die Funktion f mit $f(x) = -x^2 + 5$. Die Sekante durch die Punkte $P(1\,|\,f(1))$ und $Q(2\,|\,f(2))$ schließt mit den Koordinatenachsen ein Dreieck ein. Bestimmen Sie den Flächeninhalt dieses Dreiecks.

14 Gegeben ist die Funktion f mit $f(x) = -(x-2)^2 + 3$.

a) Durch den Scheitelpunkt S der Parabel und den Punkt $P(0\,|\,-1)$ verläuft eine Sekante. Eine zweite Sekante verläuft durch S und den Punkt $Q(4\,|\,-1)$.
Bestimmen Sie die Gleichungen der Sekanten.

b) Beide Sekanten schließen mit der x-Achse ein Dreieck ein. Bestimmen Sie den Flächeninhalt dieses Dreiecks.

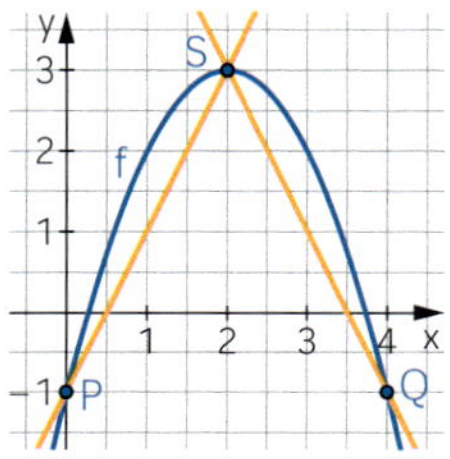

Mittlere Änderungsraten im Sprachgebrauch

15 In einer Vereinszeitung wird über verschiedene Entwicklungen in den letzten Jahren berichtet. Zur Veranschaulichung sind auch grafische Darstellungen angefertigt worden.

a) Ordnen Sie die Schlagzeilen den abgebildeten Graphen zu. Begründen Sie Ihre Zuordnung.

Beitragserhöhungen werden geringer	**Schuldenberg schmilzt mit steigendem Tempo**	**Mitgliederanzahlen wachsen schneller**	**Durchschnittsalter sinkt immer langsamer**

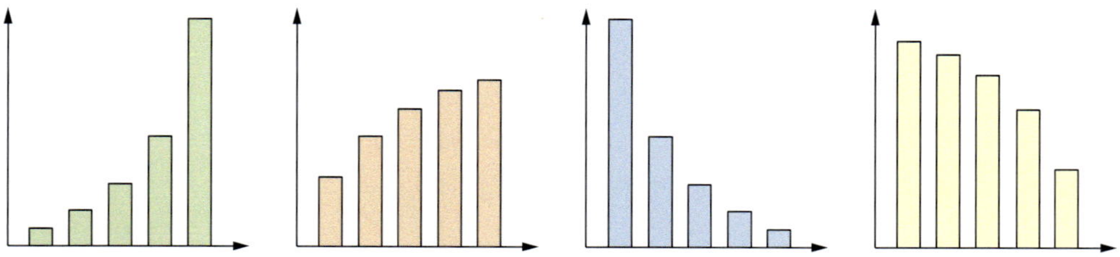

b) Erstellen Sie selbst geeignete grafische Darstellungen wie in Teilaufgabe a). Tauschen Sie Ihre Darstellungen untereinander aus und finden Sie passende Schlagzeilen.

Weiterüben

16 Eine mit Algen bedeckte Wasserfläche ist anfangs nur 1 m^2 groß, verdreifacht sich aber eine Zeit lang innerhalb jeder Woche.

a) Beschreiben Sie das Wachstum der mit Algen bedeckten Fläche mithilfe einer Funktion. Bestimmen Sie einen Funktionsterm und skizzieren Sie den zugehörigen Graphen.

b) Berechnen Sie die ersten vier mittleren Änderungsraten des Algenwachstums nach je einer Woche. Was fällt auf? Formulieren Sie eine Vermutung und begründen Sie diese.

17 In einem Naturschutzgebiet wurde über mehrere Jahre ungefähr ermittelt, wie viele Rotbauchunken es dort gibt.

Jahr	2007	2012	2016	2019
Anzahl	130	200	240	260

In der Lokalzeitung wurde berichtet, dass die Anzahl der Rotbauchunken im Mittel um fast 11 Tiere pro Jahr gestiegen ist und dass man deshalb in vier Jahren mit über 300 Rotbauchunken rechnen kann. Untersuchen Sie diese Behauptung mithilfe der Daten aus der Tabelle.

Rotbauchunken, oft auch Feuerkröten genannt, leben bevorzugt in kleinen nassen Absenkungen im Gelände. Die Männchen sind bekannt für ihre melancholisch klingenden Paarungsrufe. Rotbauchunken sind in Deutschland stark gefährdet.

LK 18 Die astronomische Sonnenscheindauer in einer Region ist die Zeitspanne zwischen Sonnenaufgang und Sonnenuntergang. Für Orte nahe dem 50. Breitengrad, z. B. Bitburg, kann die astronomische Sonnenscheindauer für ein Jahr mit 365 Tagen gut durch die folgende Sinusfunktion angenähert werden: $f(x) = 4{,}2 \cdot \sin\left(\frac{2\pi}{365}(x - 80)\right) + 12$

Dabei ist x in Tagen und f(x) in Stunden angegeben. Der Wert $x = 0$ entspricht dem 1. Januar.

a) Berechnen Sie die mittleren Änderungsraten der astronomischen Sonnenscheindauer für die einzelnen Monate.

b) Erläutern Sie, was eine positive mittlere Änderungsrate bzw. eine negative mittlere Änderungsrate der astronomischen Sonnenscheindauer bedeuten.

c) Wann sind die mittleren Änderungsraten am größten? Erklären Sie dies anhand des Graphen von f.

LK 19 Elisabeth und Friedrich diskutieren über Lösungsmöglichkeiten für die Aufgabe. Positionieren Sie sich zu den Lösungsansätzen.

Gegeben ist die Funktion f mit $f(x) = \frac{1}{x^2}$.

Gesucht ist ein Intervall [a; b], für das die mittlere Änderungsrate den Wert -1 besitzt.

Friedrich:
Ich betrachte Werte $x > 0$ und lege die untere Intervallgrenze a beliebig fest. Danach bestimme ich die obere Intervallgrenze.

Elisabeth:
Ich betrachte ebenfalls Werte $x > 0$ und löse das Problem, indem ich die Schnittpunkte des Graphen von f mit dem Graphen einer linearen Funktion mit Anstieg -1 und einem geeigneten positiven y-Achsenabschnitt ermittle.

1.3 Lokale Änderungsrate

Einstieg

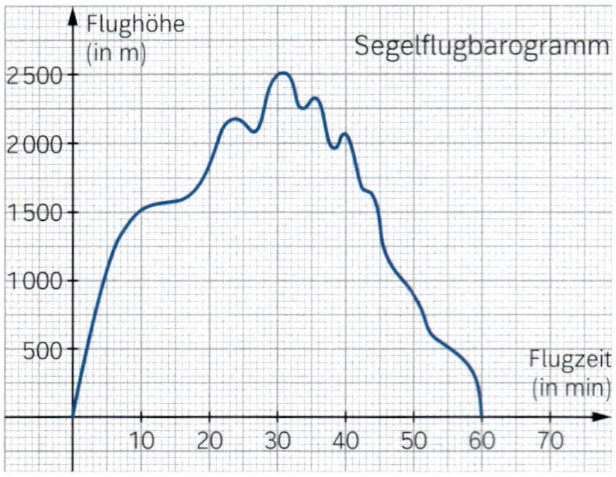

Die Flughöhe eines Segelflugzeugs wird während eines Fluges von einem automatischen Schreiber festgehalten.

(1) Deuten Sie anhand des Graphen das Flugverhalten.

(2) Bestimmen Sie die durchschnittliche Steiggeschwindigkeit $\left(\text{in } \frac{m}{s}\right)$ in den ersten 10 Minuten nach dem Start. Wie groß ist die durchschnittliche Sinkgeschwindigkeit im Zeitraum von 40 bis 60 Minuten?

(3) Im Cockpit zeigt ein Instrument, das sogenannte Variometer, zu jedem Zeitpunkt die momentane Steig- bzw. Sinkgeschwindigkeit an. Bestimmen Sie näherungsweise die momentane Steiggeschwindigkeit 20 Minuten nach dem Start?

Aufgabe mit Lösung

Momentangeschwindigkeit bestimmen

Bei einem Versuchsfahrzeug kann die Entfernung f(x) vom Startpunkt (in m) in Abhängigkeit von der Zeit x (in s) für die ersten 12 Sekunden näherungsweise durch den Funktionsterm $f(x) = 1{,}3x^2$ beschrieben werden.

→ Untersuchen Sie, wie man anhand des Funktionsterms die Momentangeschwindigkeit 10 s nach Start mithilfe von Durchschnittsgeschwindigkeiten näherungsweise bestimmen kann.

Lösung

Wenn man Durchschnittsgeschwindigkeiten bei 10 s für sehr kleine Zeitspannen von 0,1 s oder sogar noch weniger betrachtet, so müssen diese nah bei der Momentangeschwindigkeit 10 s nach dem Start liegen. In der Tabelle wurden Durchschnittsgeschwindigkeiten für sehr kleine Zeitspannen gewählt, die alle kurz vor 10 s beginnen und bei 10 s enden.

Zeitspanne von kurz vor 10 s bis 10 s	Durchschnittsgeschwindigkeit $\frac{f(10) - f(x)}{10 - x}$
9,9 s bis 10 s	$\frac{130\,m - 127{,}413\,m}{10\,s - 9{,}9\,s} = 25{,}87\,\frac{m}{s}$
9,99 s bis 10 s	$\frac{130\,m - 129{,}74013\,m}{10\,s - 9{,}99\,s} = 25{,}987\,\frac{m}{s}$
9,999 s bis 10 s	$\frac{130\,m - 129{,}9740013\,m}{10\,s - 9{,}999\,s} = 25{,}9987\,\frac{m}{s}$
Die Durchschnittsgeschwindigkeiten nähern sich $26\,\frac{m}{s}$.	

Je kleiner die Zeitspanne ist, umso näher liegt die Durchschnittsgeschwindigkeit bei $26\,\frac{m}{s}$.

In der zweiten Tabelle beginnen die Zeitspannen bei 10 s und enden kurz danach. Je kleiner die Zeitspanne ist, desto näher liegt die Durchschnittsgeschwindigkeit bei $26\,\frac{m}{s}$.

Zeitspanne von 10 s bis kurz nach 10 s	Durchschnittsgeschwindigkeit $\frac{f(x) - f(10)}{x - 10}$
10 s bis 10,1 s	$\frac{132{,}613\,m - 130\,m}{10{,}1\,s - 10\,s} = 26{,}13\,\frac{m}{s}$
10 s bis 10,01 s	$\frac{130{,}26013\,m - 130\,m}{10{,}01\,s - 10\,s} = 26{,}013\,\frac{m}{s}$
10 s bis 10,001 s	$\frac{130{,}0260013\,m - 130\,m}{10{,}001\,s - 10\,s} = 26{,}0013\,\frac{m}{s}$
Die Durchschnittsgeschwindigkeiten nähern sich $26\,\frac{m}{s}$.	

Die Momentangeschwindigkeit 10 s nach dem Start beträgt näherungsweise $26\,\frac{m}{s}$.
Durch Multiplikation mit 3,6 erhält man daraus $93{,}6\,\frac{km}{h}$.

WES-125991-131
Interaktive Datei

Deuten Sie die Durchschnittsgeschwindigkeiten geometrisch als Steigungen von Sekanten. Lässt sich die Momentangeschwindigkeit auch als Steigung einer Geraden deuten?

Lösung

Zu jeder Durchschnittsgeschwindigkeit gehört eine Sekante durch den Punkt P (10 | 130) und einen weiteren Punkt Q auf dem Graphen der Funktion f. Wählt man die Zeitspannen beliebig klein, so kommt Q beliebig nah an P heran. Die Sekante durch P und Q nähert sich dabei einer Geraden nur durch P mit der Steigung 26 an.

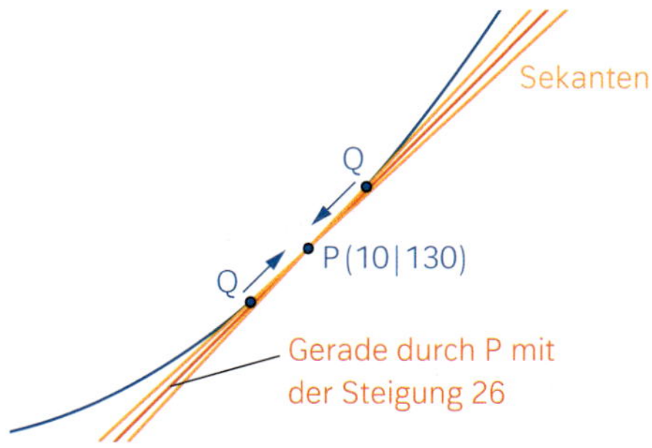

Der Anstieg dieser Geraden entspricht der Momentangeschwindigkeit von $26\,\frac{m}{s}$, welche das Fahrzeug 10 s nach dem Start besitzt.

Information

WES-125991-132

Differentialquotient – lokale Änderungsrate – Ableitung an einer Stelle

Wenn bei der Annäherung von x gegen x_0 der Differenzenquotient $\frac{f(x) - f(x_0)}{x - x_0}$ einer Funktion f einer Zahl beliebig nah kommt, so heißt diese Zahl **Grenzwert des Differenzenquotienten**.

limes (lat.): Grenze

Man schreibt dafür: $\lim\limits_{x \to x_0} \frac{f(x) - f(x_0)}{x - x_0}$

Man bezeichnet diese Zahl auch als
(1) **Ableitung von f an der Stelle x_0**
(2) **lokale Änderungsrate** von f oder
(3) **Differentialquotient** von f an der Stelle x_0 und schreibt dafür kurz:

$$f'(x_0) = \lim\limits_{x \to x_0} \frac{f(x) - f(x_0)}{x - x_0}$$

Gelesen: f Strich an der Stelle x_0

Geometrische Deutung als Tangentensteigung

Bei der Annäherung von x gegen x_0 kommen die Sekanten durch $P(x_0 | f(x_0))$ und Q einer Gerade durch P beliebig nah.
Diese Gerade durch P mit der Steigung $f'(x_0)$ heißt **Tangente** an den Graphen von f an der Stelle x_0.
Man bezeichnet $f'(x_0)$ auch als den **Anstieg** oder die **Steigung** des Graphen von f im Punkt P oder an der Stelle x_0.

Die Steigungen der Sekanten durch $P(x_0 | f(x_0))$ und $Q(x | f(x))$ nähern sich einem Grenzwert, wenn Q sich auf P zubewegt. Dieser Wert $f'(x_0)$ ist die Steigung der Tangente im Punkt P.

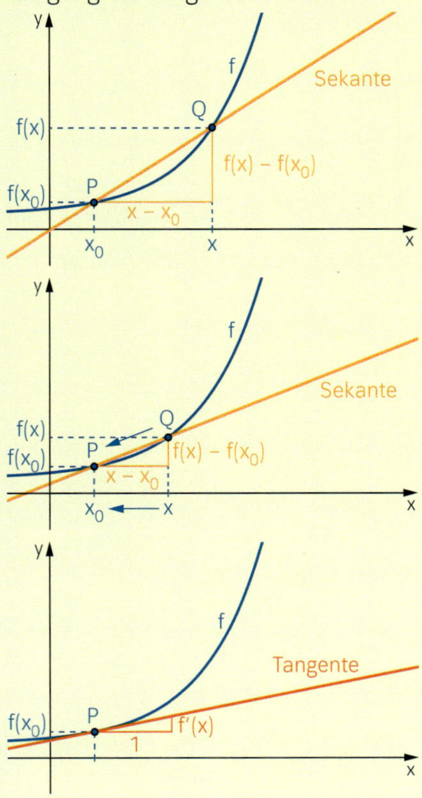

Weitere Sprech- und Bezeichnungsweisen

Gottfried Wilhelm Leibniz (1646–1716)

Die Bezeichnung *Differentialquotient* hat einen historischen Ursprung. Gottfried Wilhelm Leibniz vertrat die Auffassung, der Anstieg der Tangente sei ein Quotient von sogenannten Differentialen. Vor allem bei Anwendungen in Physik und Technik schreibt man auch Δx (gelesen: Delta x) für die Koordinatendifferenz $x - x_0$: $\Delta x = x - x_0$. Für die Differenz $f(x) - f(x_0)$ schreibt man dann konsequent Δy: $\Delta y = f(x) - f(x_0)$.

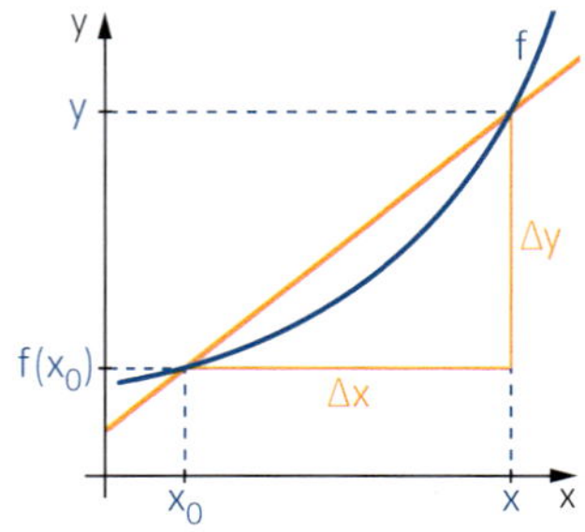

Für den Differenzenquotient ergibt sich damit der Ausdruck $\frac{\Delta y}{\Delta x}$.

Für den Differentialquotienten schreibt man dann $\frac{dy}{dx}$ bzw. $\frac{d}{dx}(f(x))$.

Inhaltliche Interpretation von Änderungsraten in Anwendungen

Änderungsraten sind insbesondere in Anwendungssituationen von Bedeutung.

funktionaler Zusammenhang	mittlere Änderungsrate	lokale Änderungsrate
Zeit → zurückgelegter Weg	Durchschnittsgeschwindigkeit	Momentangeschwindigkeit
Zeit → Geschwindigkeit	Durchschnittsbeschleunigung	Momentanbeschleunigung
Weg → Benzinverbrauch	durchschnittlicher Benzinverbrauch	momentaner Benzinverbrauch
Zeit → Wassermenge in einer Badewanne, die gefüllt wird	durchschnittliche Zuflussgeschwindigkeit	momentane Zuflussgeschwindigkeit

Beschreibt eine Funktion $f: x \mapsto f(x)$ den Zusammenhang zweier Größen und gehört zu x und f(x) jeweils eine Einheit, so haben die mittlere Änderungsrate und die lokale Änderungsrate dieselbe Einheit: $\frac{\text{Einheit von } f(x)}{\text{Einheit von } x}$

Üben

1 ≡ Clara hat sich Zettel für unterschiedliche Schreib- und Sprechweisen gemacht.

(1) Die lokale Änderungsrate der Größe an der Stelle x_0.

(2) $\lim\limits_{x \to x_0} \frac{f(x) - f(x_0)}{x - x_0}$

(3) Der Differentialquotient von f an der Stelle x_0.

(4) Der Grenzwert der Sekantensteigungen des Graphen von f an der Stelle x_0.

(5) $f'(x_0)$

(6) Die Ableitung von f an der Stelle x_0.

(7) Der Grenzwert des Differenzenquotienten von f an der Stelle x_0.

(8) Die Steigung der Tangenten an einer Stelle x_0 an den Graphen von f.

(9) Der Anstieg des Graphen von f an der Stelle x_0.

Joris meint: „Das sind aber viele verschiedenen Begriffe für die Ableitung an einer Stelle. Wann verwendet man welchen Begriff?“ Clara sagt: „Das ist davon abhängig, welche Situation man gerade betrachtet. Ich unterscheide drei Kategorien: *Sprechweisen im Zusammenhang mit Größen* (A); *Sprechweisen bei geometrischen Interpretationen am Graphen* (B) und *mathematische Schreib- und Sprechweisen bei Funktionen* (C).“
Ordnen Sie die Zettel den drei genannten Kategorien zu.

2 Ein Motorrad wird gleichmäßig beschleunigt. Innerhalb der ersten 10 Sekunden kann die Entfernung f(t) in Metern vom Startpunkt nach t Sekunden durch die Gleichung $f(t) = 3t^2$ angegeben werden. Bestimmen Sie die momentanen Geschwindigkeiten des Motorrads nach 2 s, 5 s und 8 s mithilfe von Durchschnittsgeschwindigkeiten.

3 Bei einem Deichbruch kann das Wasservolumen in Kubikmetern, das x Minuten nach dem Deichbruch durch die Bruchstelle geflossen ist, innerhalb der ersten Stunde ungefähr durch die Funktion w mit $w(x) = 15x^2 + 150x$ beschrieben werden.
Im Radio wird gemeldet: „Bereits 30 Minuten nach dem Deichbruch war eine momentane Durchflussrate von etwa 1 000 Kubikmeter pro Minute erreicht."

a) Erläutern Sie, warum es in der Radiomeldung um eine momentane Änderungsrate geht.

b) Friedrich hat die Aussage mit einem Rechner überprüft.
Erläutern Sie seine Vorgehensweise.

c) Bestimmen Sie einen Näherungswert für die momentane Durchflussrate nach 15 Minuten.

Define $w(x) = 15x^2 + 150x$	done
$\frac{w(30+0.001) - w(30)}{0.001}$	1050.02
$\frac{w(30) - w(3-0.001)}{0.001}$	1049.99

4 Beschreiben Sie bei den folgenden Funktionen für eine feste Stelle x_0 jeweils die Bedeutung der Terme (1) $f(x) - f(x_0)$; (2) $\frac{f(x) - f(x_0)}{x - x_0}$; (3) $\lim\limits_{x \to x_0} \frac{f(x) - f(x_0)}{x - x_0}$.
Geben Sie dazu mögliche sinnvolle Einheiten an.

a) f(x) gibt die Wassermenge an, die sich zum Zeitpunkt x in einem Stausee befindet.

b) f(x) gibt die Höhe an, die ein Hubschrauber zum Zeitpunkt x hat.

c) f(x) gibt den Kurs einer Aktie zum Zeitpunkt x an.

d) f(x) gibt die Anzahl der Bakterien in einer Petrischale zum Zeitpunkt x an.

e) f(x) gibt die momentane Geschwindigkeit eines Autos zum Zeitpunkt x an.

5 Ein Flüssigkeitsbehälter wird durch ein Ventil entleert. Zum Zeitpunkt t ist im Behälter das Volumen V(t). Erläutern Sie die Begriffe *durchschnittliche Ausflussgeschwindigkeit in einem Zeitintervall* und *momentane Ausflussgeschwindigkeit zum Zeitpunkt t*. Skizzieren Sie einen möglichen Graphen von V(t) und erläutern Sie diese Begriffe am Graphen der Funktion $t \to V(t)$. Verwenden Sie auch den Begriff der Änderungsrate.

6 Nico behauptet: „Am Graphen und an der Sekante erkenne ich, dass in den Zeitintervallen [0; 2] und [4; 5] die Momentangeschwindigkeiten unter der Durchschnittsgeschwindigkeit lagen und im Zeitintervall [2; 4] darüber."
Beurteilen Sie die Aussage von Nico.

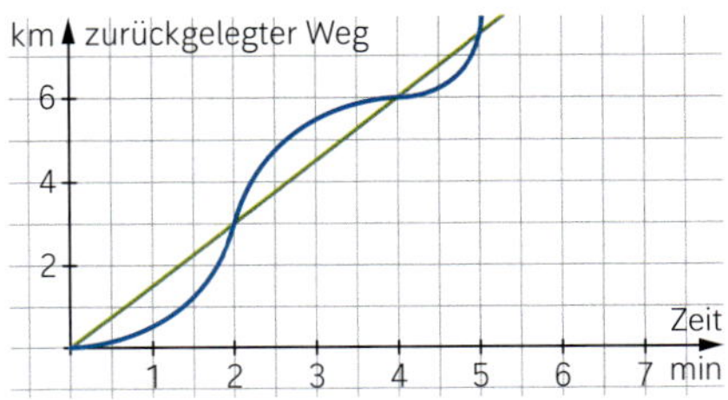

7 Gute oder schlechte Nachrichten? Deuten Sie die jeweilige Aussage.

„Der Anstieg der Inflationsrate verringert sich."

„Der Aufschwung erlahmt."

„Die Talfahrt ist gebremst."

„Die Zuwachsraten sinken."

Tangentensteigung

8 Eine Tangente an einen Kreis hat mit diesem nur einen einzigen Punkt gemeinsam. Bei einer Tangente an einen Funktionsgraphen im Punkt P sind mehrere Fälle möglich.
Beschreiben Sie bei den folgenden Abbildungen jeweils die Besonderheiten der Lage der Tangente zum Funktionsgraphen.

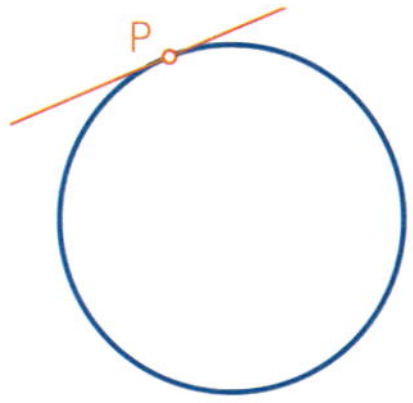

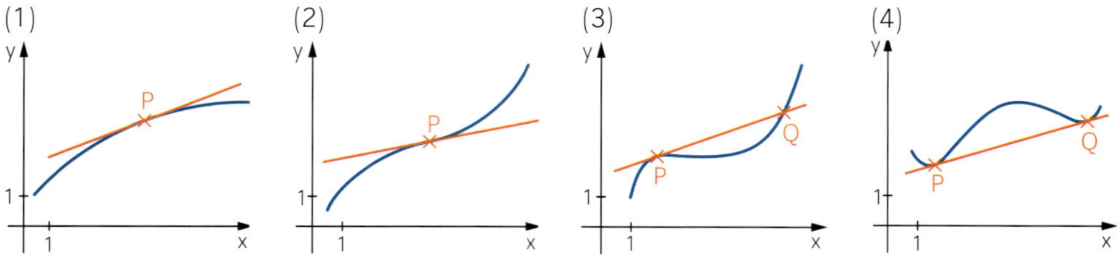

9 Lara, Jana und Timo haben die Steigung des Graphen im Punkt P mithilfe des abgebildeten Steigungsdreiecks ermittelt.
Wer hat die Steigung richtig bestimmt? Was haben die anderen falsch gemacht?

Lara: $m \approx \frac{-6}{9} = -\frac{2}{3}$

Jana: $m \approx \frac{-3}{2{,}25} = -1{,}\overline{3}$

Timo: $m \approx \frac{2{,}25}{3} = 0{,}75$

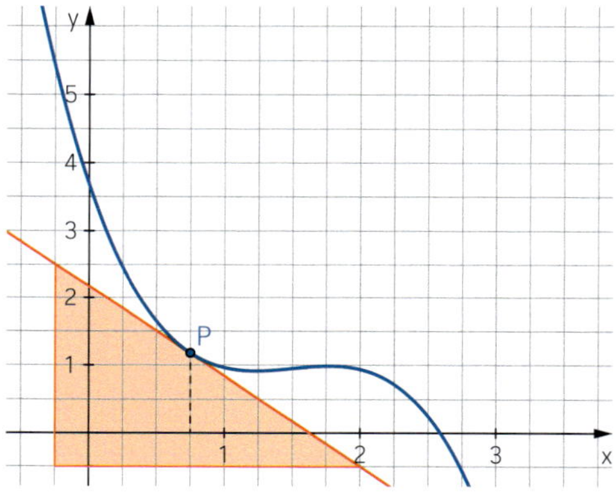

10 In den Grafiken ist jeweils die Tangente an den Graphen der Funktion f im Punkt $P(x_0 | f(x_0))$ eingezeichnet.
Bestimmen Sie die Ableitung $f'(x_0)$, indem Sie ein geeignetes Steigungsdreieck suchen.

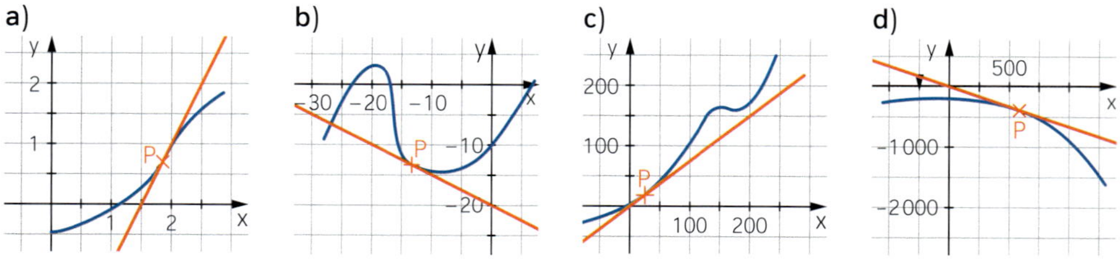

11 Vergleichen Sie die Steigungen des Graphen in den angegebenen Punkten.
In welchem Punkt ist sie größer? Achten Sie auf das Vorzeichen.

a) A und B

b) C und D

c) E und F

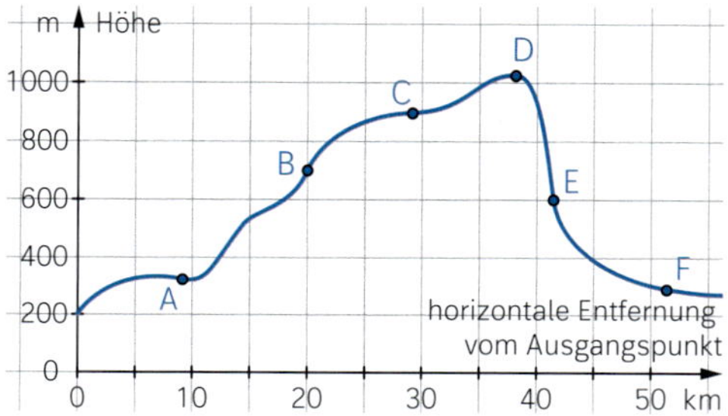

Information

WES-125991-133

Steigung eines Graphen in einem Punkt näherungsweise bestimmen

(1) Tangente nach Augenmaß an den Graphen durch den Punkt zeichnen

(2) Steigung der Tangente aus einem geeigneten Steigungsdreieck ermitteln.
Steigung des Graphen von f in P (3 | 2):

$f'(3) \approx \frac{-2}{1} = -2$

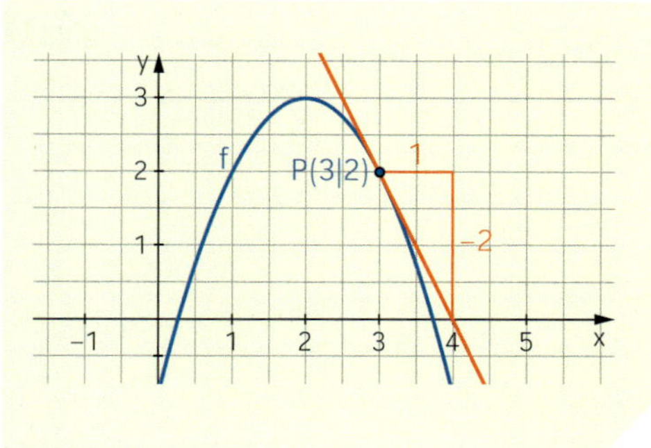

WES-125991-134
Graphen auf Millimeterpapier

12 Erstellen Sie einen Ausdruck von dem Graphen der Funktion f oder nutzen Sie den QR-Code. Zeichnen Sie die Tangente nach Augenmaß an der Stelle a ein und bestimmen Sie damit näherungsweise die Ableitung von f an der Stelle a.

a) $f(x) = x^2$; $a = 1$
b) $f(x) = 0{,}5x^2 + x$; $a = -1$
c) $f(x) = x^3$; $a = -0{,}5$
d) $f(x) = x^3 - 3x$; $a = 0$

WES-125991-135
Rechnerhilfen

13 Untersuchen Sie, welche Möglichkeiten Ihr Rechner zur Ermittlung des Anstiegs einer Funktion an einer bestimmten Stelle anbietet.
Bestimmen Sie anschließend den Anstieg der Funktion f an der Stelle a.

a) $f(x) = x^3 + 2x^2$; $a = -1$
b) $f(x) = \cos(x)$; $a = \frac{\pi}{2}$
c) $f(x) = e^x$; $a = 2$
d) $f(x) = \sqrt[3]{x}$; $a = 1$

14 Ermitteln Sie durch Probieren Stellen a, an denen die Tangente an den Graphen von f näherungsweise die angegebene Steigung besitzt.

a) $f(x) = x^4$; $f'(a) = 13{,}5$
b) $f(x) = \ln(x)$; $f'(a) = 1{,}25$
c) $f(x) = \sin(x)$; $f'(a) = 0$
d) $f(x) = \frac{1}{x^2}$; $f'(a) = -0{,}25$

15 Zeichnen Sie einen Graphen, für den beim Durchlaufen von links nach rechts gilt:

a) Vom Punkt A bis zum Punkt B ist die Steigung positiv. Im Punkt B ist die Steigung null. Von B bis C ist die Steigung negativ.

b) Vom Punkt A bis zum Punkt B ist die Steigung negativ. Im Punkt B ist die Steigung null. Von B bis C ist die Steigung positiv. Von C bis D ist sie überall gleich und zwar positiv.

c) Die Steigung in den Punkten A und B ist gleich.

d) Die Steigung ist immer negativ, wird aber immer größer.

e) Die Steigung ist immer positiv, wird aber immer kleiner.

16 Skizzieren Sie einen Graphen und einen Punkt P auf dem Graphen, sodass gilt:

a) Die Steigung im Punkt P ist 1. Der Graph verläuft oberhalb der Tangente in P.

b) Die Steigung im Punkt P ist −1. Die Tangente schneidet den Graphen im Punkt P.

c) Die Steigung im Punkt P ist $-\frac{1}{3}$. Die Tangente schneidet den Graphen noch in einem weiteren Punkt.

1.4 Graphen von Ableitungsfunktionen

Ziel

Der Graph der abgebildeten Funktion f besitzt in jedem Punkt eine Steigung. Ordnet man jeder Stelle x die dort vorliegende Steigung zu, so erhält man eine neue Funktion. Man nennt diese neue Funktion *Ableitungsfunktion* und bezeichnet sie mit f'.

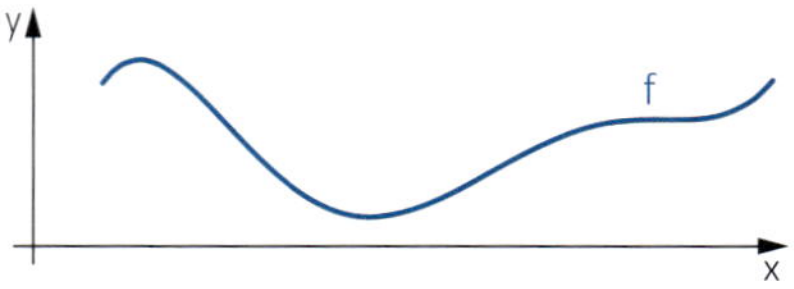

Hier erfahren Sie, wie man den Graphen von f' aus dem Graphen von f erzeugt.

Punkte des Graphen von f mit Steigung 0

- Stellen, an denen der Graph von f waagerechte Tangenten hat, kann man ohne zu rechnen bestimmen.
  An diesen Stellen hat die Tangente jeweils die Steigung 0, somit hat f' an diesen Stellen Nullstellen.

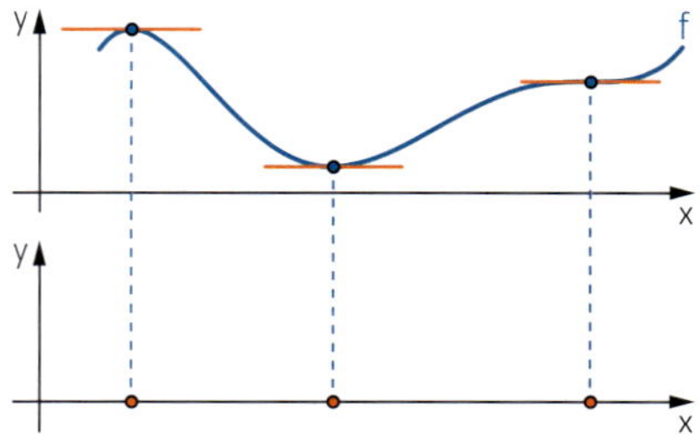

Intervalle, in denen die Steigungen positiv bzw. negativ sind

- Steigt der Graph von f in einem Intervall an, so sind die Tangentensteigungen dort positiv. Der Graph von f' verläuft dort oberhalb der x-Achse.
- Fällt der Graph von f in einem Intervall, so sind die Tangentensteigungen dort negativ. Der Graph von f' verläuft dort somit unterhalb der x-Achse.

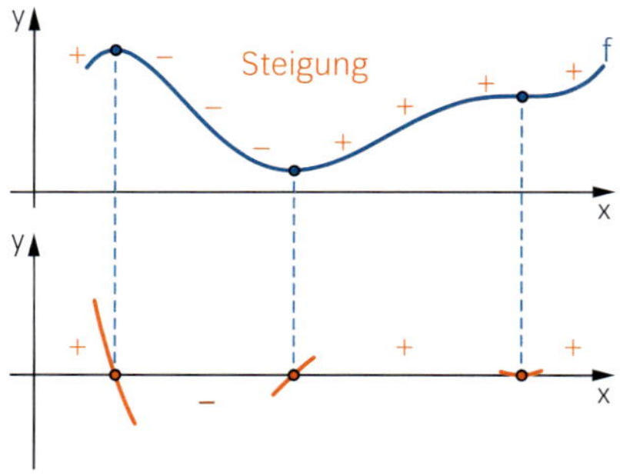

Punkte des Graphen von f mit maximaler bzw. minimaler Steigung

- Um den Verlauf des Graphen von f' etwas genauer zu skizzieren, kann man an weiteren Stellen die jeweilige Tangentensteigung mit einem Steigungsdreieck abschätzen.
- Interessant sind dabei Punkte, an denen die Steigung maximal bzw. minimal wird.
- In solchen Punkten schneiden die Tangenten den Graphen von f.

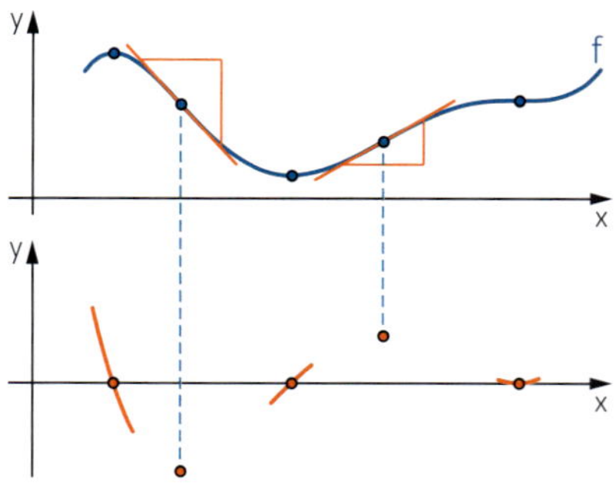

Graph der Ableitungsfunktion

- Verbindet man alle so erhaltenen Punkte, erhält man näherungsweise den Graphen von f'.
  Die Funktion f' ordnet jeder Stelle von x den Anstieg der Funktion f zu.

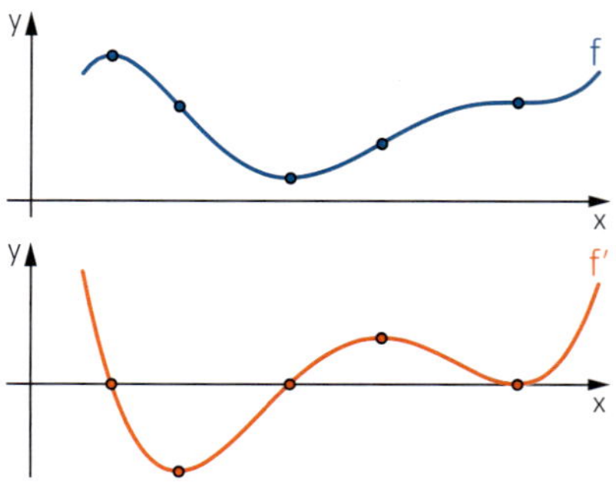

Information

WES-125991-141

Ableitungsfunktion

Die Funktion, die jeder Stelle x einer Funktion f die Ableitung f′(x) von f an dieser Stelle zuordnet, heißt **Ableitungsfunktion** oder **Ableitung f′** von f.

Erzeugt man aus dem Graphen einer Funktion f den Graphen von f′, spricht man vom **grafischen Differenzieren**.

An den Stellen, an denen der Graph von f waagerechte Tangenten hat, befinden sich die Nullstellen von f′.

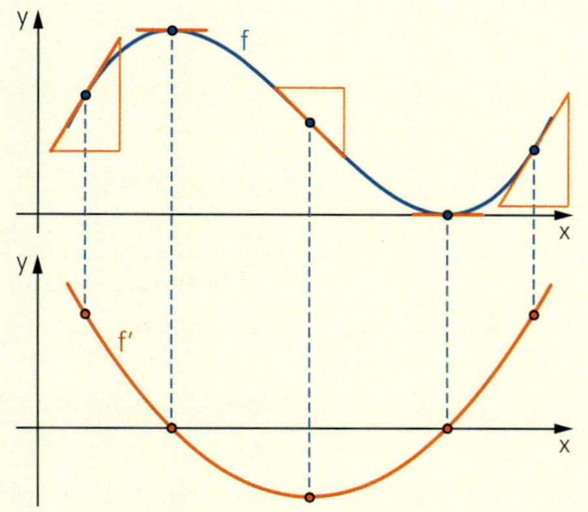

WES-125991-142
Übersicht

Hochpunkt

Ein **Hochpunkt** ist der Punkt H mit der größten y-Koordinate auf einem Abschnitt des Graphen von f mit Punkten links und rechts von H.

Die (waagerechte) Tangente in H schmiegt sich **von oben** an den Graphen.

Tiefpunkt

Ein **Tiefpunkt** ist der Punkt T mit der kleinsten y-Koordinate auf einem Abschnitt des Graphen von f mit Punkten links und rechts von T.

Die (waagerechte) Tangente in T schmiegt sich **von unten an** den Graphen.

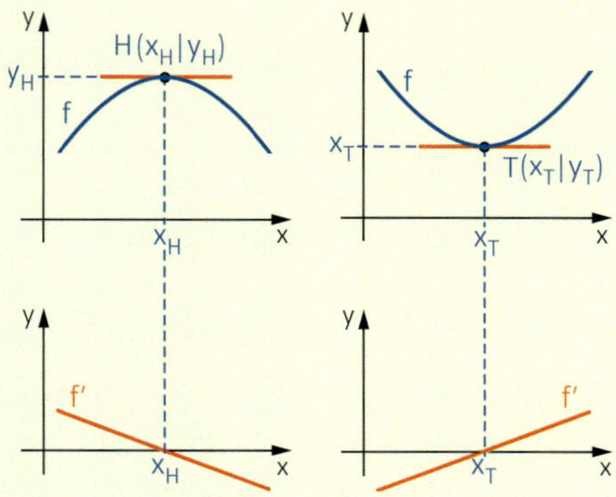

Wendepunkt

Ein **Wendepunkt** hat eine Tangente, die den Graphen der Funktion schneidet.

Die Steigung in einem Wendepunkt ist maximal oder minimal.

Die Ableitungsfunktion f′ hat dort ein Maximum oder ein Minimum.

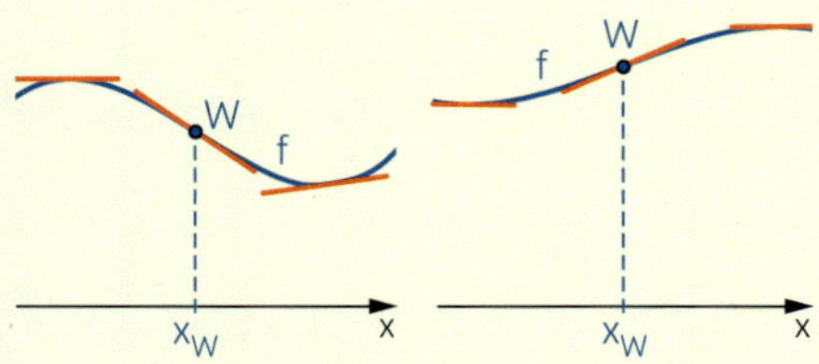

Sattelpunkt

Ein **Sattelpunkt** ist ein Wendepunkt mit einer waagerechten Tangente.

Die Steigung in einem Sattelpunkt ist null und sie ist minimal oder maximal.

Die Ableitungsfunktion f′ hat dort ein Extremum, welches auch Nullstelle ist (doppelte Nullstelle).

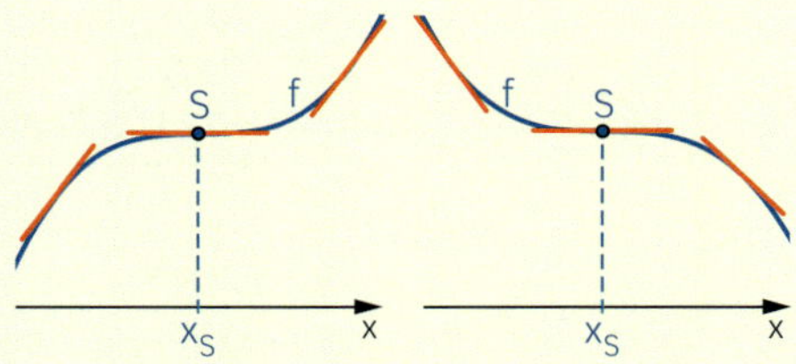

Üben

1 Gegeben ist der Graph einer Funktion f. Welcher der Graphen (1), (2), (3) ist der Graph der Ableitungsfunktion f′?

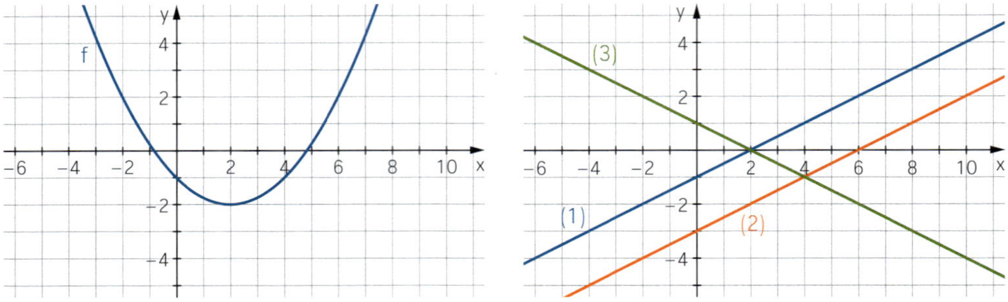

2 Der gegebene Graph ist zum Ausdrucken unter dem QR-Code hinterlegt. Skizzieren Sie in dem Koordinatensystem darunter den Graphen der Ableitungsfunktion f′. Bestimmen Sie in der Grafik die Koordinaten der Hoch-, Tief- und Sattelpunkte des Graphen von f.

WES-125991-143 Graph zum Ausdrucken

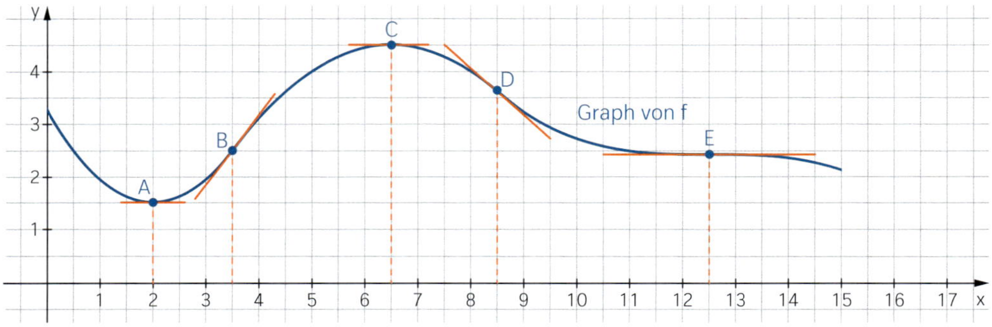

3 In der Wetterstation auf dem Fichtelberg im Erzgebirge wurde an einem Frühlingstag über einen Zeitraum von 24 Stunden der Temperaturverlauf aufgezeichnet. Dieser kann als Graph einer Funktion f aufgefasst werden, die jedem Zeitpunkt t die Temperatur f(t) zuordnet.

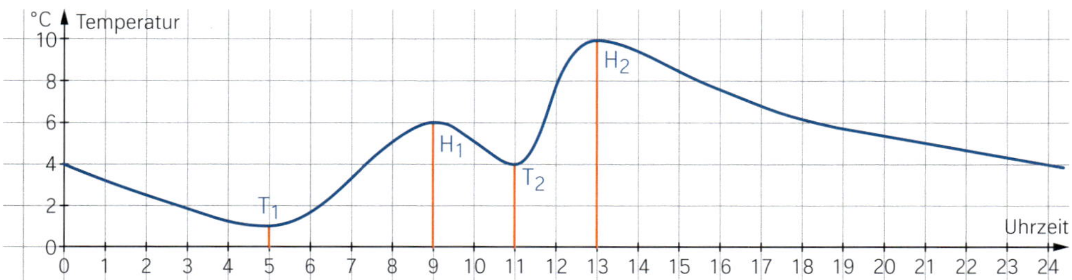

a) Beschreiben Sie den Temperaturverlauf. Gehen Sie dabei sowohl auf die gekennzeichneten besonderen Punkte als auch auf die Bereiche zwischen ihnen ein und verwenden Sie die in der Information eingeführten Fachbegriffe.

b) Skizzieren Sie den Graphen der zugehörigen Ableitungsfunktion.

4 In (1), (2) und (3) sind Graphen von Funktionen gezeichnet, in (A), (B) und (C) die Graphen ihrer Ableitungsfunktionen. Ordnen Sie zu und begründen Sie Ihre Entscheidung.

(1)
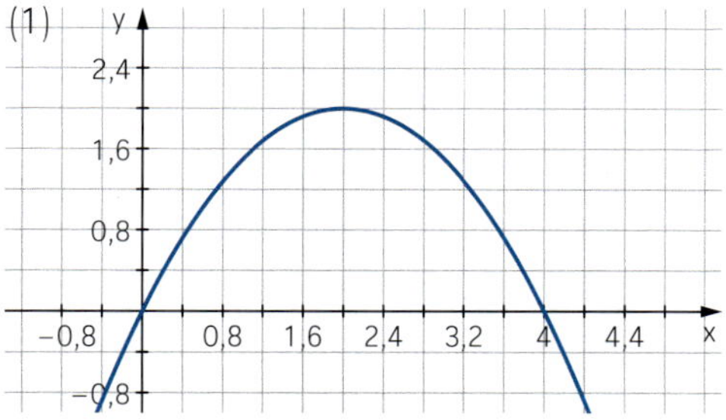

(A)
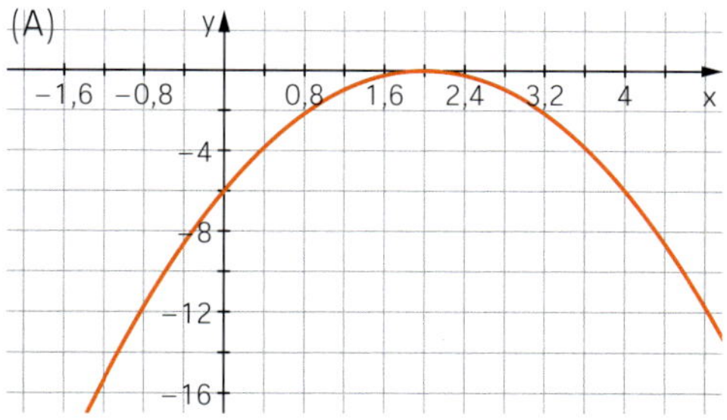

(2)
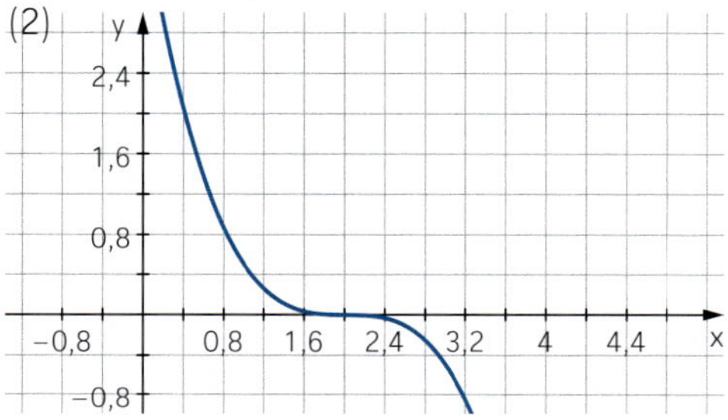

(B)
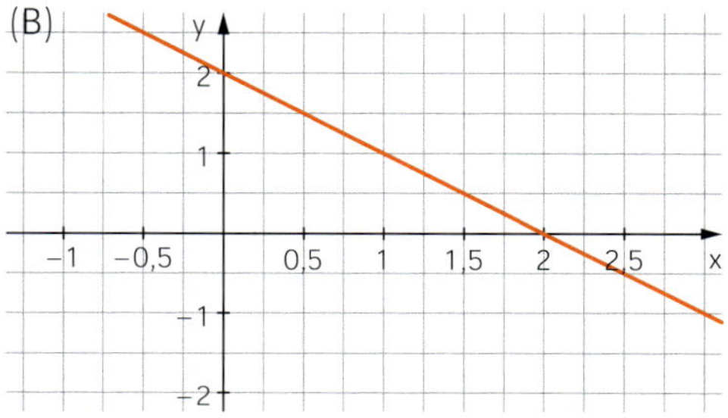

(3)
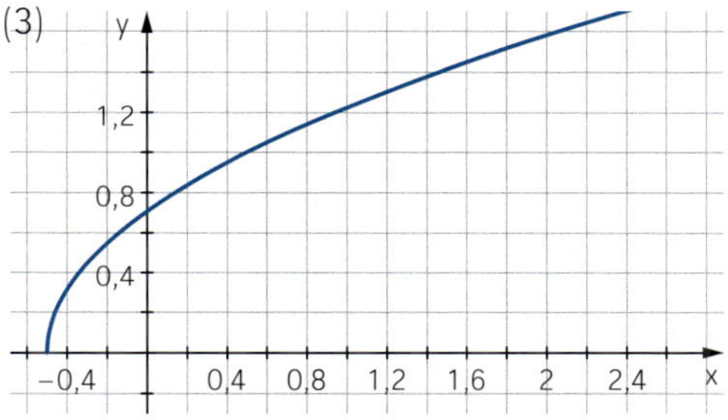

(C)
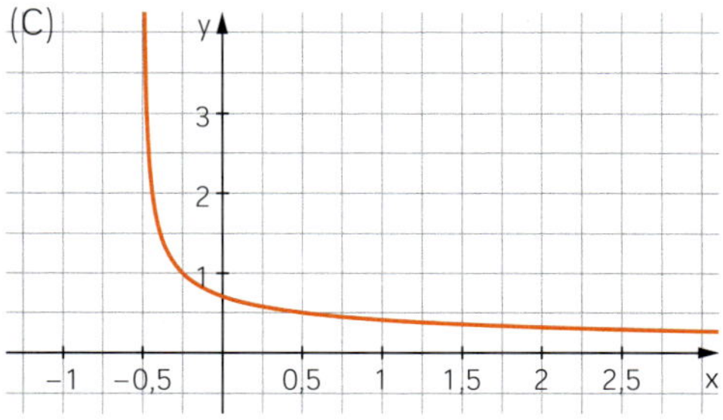

5 Übertragen Sie den Graphen der Funktion f in ihr Heft. Bestimmen Sie durch grafisches Differenzieren in ein darunter gezeichnetes Koordinatensystem näherungsweise den Graphen der Ableitungsfunktion f'.

Erläutern Sie, wie man am Graphen der Ausgangsfunktion f die Nullstellen des Graphen der Ableitungsfunktion f' erkennt, und geben Sie die Intervalle an, in denen die Ableitungsfunktion positiv oder negativ ist.

a)
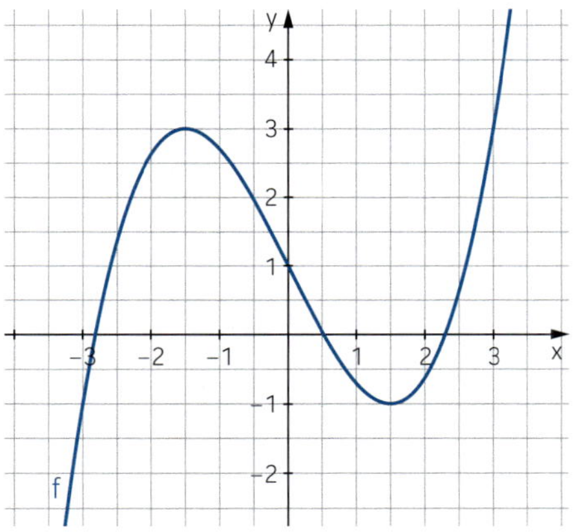

b)
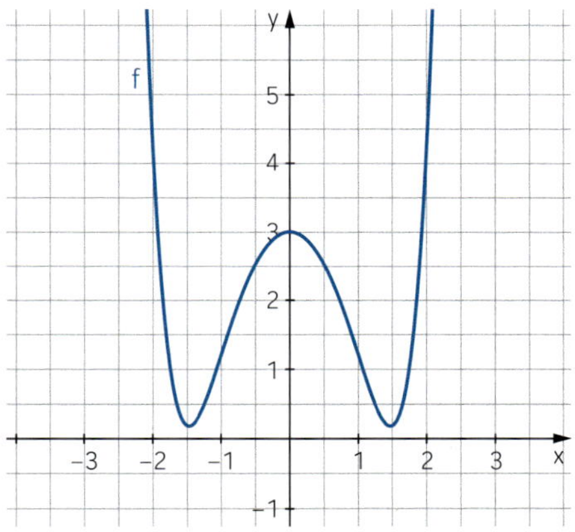

6 Sandra hat zum Graphen einer Funktion f den Graphen der Ableitungsfunktion f' gezeichnet.
Sie meint: „Da stimmt was nicht! Aber was?“
Helfen Sie ihr.

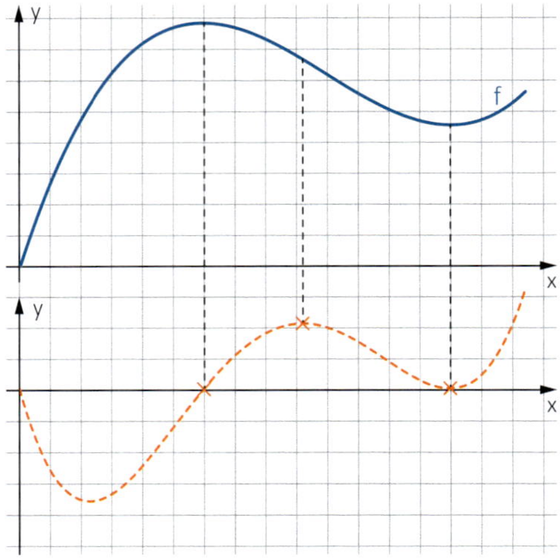

7 Der Graph einer Funktion f wird
(1) um 2 Einheiten in y-Richtung und um 3 Einheiten in x-Richtung verschoben;
(2) mit dem Faktor 2 gestreckt;
(3) an der x-Achse gespiegelt.
Erläutern Sie die Auswirkungen auf den Graphen der Ableitungsfunktion f'.

8 Skizzieren Sie die geschilderten Situationen und erläutern Sie, warum diese Strategien beim grafischen Differenzieren richtig sind.

- Bei einer waagerechten Tangente von oben wechselt f' an der Nullstelle das Vorzeichen von + nach −.
- Bei einer waagerechten Tangente von unten wechselt f' an der Nullstelle das Vorzeichen von − nach +.

- Verläuft die Tangente dort erst oberhalb und dann unterhalb des Graphen, so ist f' dort minimal.
- Verläuft die Tangente dort erst unterhalb und dann oberhalb des Graphen, so ist f' dort maximal.

9 Auch mit dem Rechner ist grafisches Differenzieren möglich: Hat man bereits den Graphen einer Funktion f_1 gezeichnet, lässt sich mit dem Operator $\frac{d}{dx}(f_1)$ der Graph der zugehörigen Ableitungsfunktion anzeigen.
Erkunden Sie die genaue Vorgehensweise bei Ihrem Rechnermodell und wenden Sie sie auf verschiedene Funktionen an.
Zeichnen Sie mit dem Rechner jeweils die Graphen von f sowie f' und erläutern Sie die Zusammenhänge zwischen beiden.

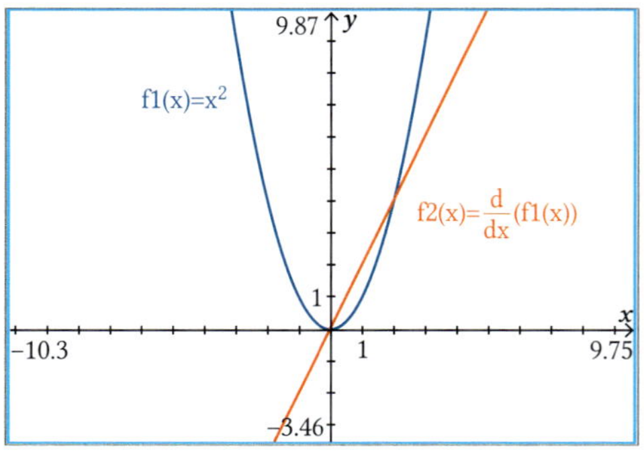

WES-125991-144
Rechnerhilfen

a) $f(x) = -x^2 + 3x - 1$
b) $f(x) = x^3$
c) $f(x) = 2 \cdot 0{,}8^x$
d) $f(x) = \sin(x)$

Weiterüben

10 Die Tangente im Punkt W schneidet den Graphen einer Funktion f jeweils im Punkt W. Skizzieren Sie den Verlauf des Graphen der Ableitungsfunktion f′ an dieser Stelle.

(1)

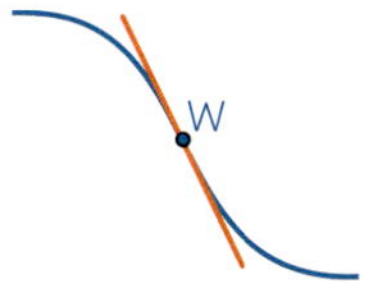

(2)

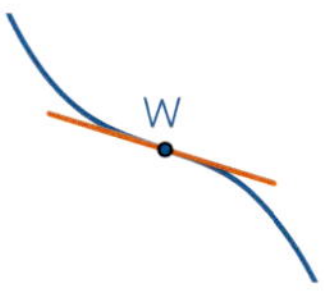

(3)

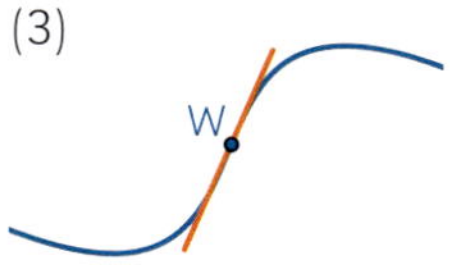

(4)

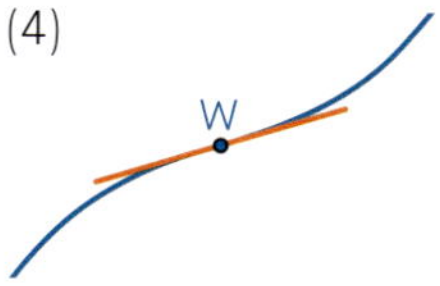

11 Zeichnen Sie selbst Funktionsgraphen und lassen Sie Ihren Partner oder Ihre Partnerin durch grafisches Differenzieren in einem darunter gezeichneten Koordinatensystem den Graphen der Ableitungsfunktion skizzieren. Tauschen Sie nach jedem Graphen die Rollen.

12 Skizzieren Sie anhand der Aussagen einen passenden Graphen einer Funktion f und ihrer Ableitungsfunktion f′ in der Nähe von x_0.

a) Die Ableitung von f an der Stelle x_0 ist null. Die Tangenten schmiegen sich in der Nähe des Punktes $P(x_0 | f(x_0))$ von unten an den Graphen von f.

b) Die Ableitung von f an der Stelle x_0 ist null. Die Tangenten schmiegen sich in der Nähe des Punktes $P(x_0 | f(x_0))$ von oben an den Graphen von f.

c) Der Graph von f′ hat an der Stelle x_0 einen Hochpunkt, der unterhalb der x-Achse liegt.

d) Der Graph der Ableitungsfunktion f′ hat an der Stelle x_0 einen Tiefpunkt auf der x-Achse.

e) Der Graph der Ableitungsfunktion f′ hat an der Stelle x_0 einen Hochpunkt auf der x-Achse.

13 Hundewelpen nehmen nach der Geburt schnell an Gewicht zu. Im Internet kann man zum Beispiel die abgebildete Grafik zur Gewichtszunahme von Hunden finden. Erklären Sie, welche mathematischen Zusammenhänge es zwischen den beiden dargestellten Graphen gibt. Erläutern Sie die Bedeutung dieser Zusammenhänge für die Entwicklung des Körpergewichts bei Hunden.

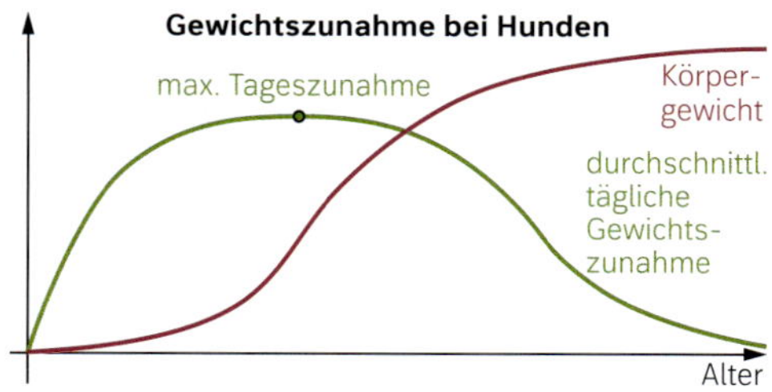

14 Die Abbildung zeigt den Graphen einer Ableitungsfunktion f′.
Entscheiden Sie, ob folgende Aussagen jeweils wahr oder falsch sind.
Begründen Sie.

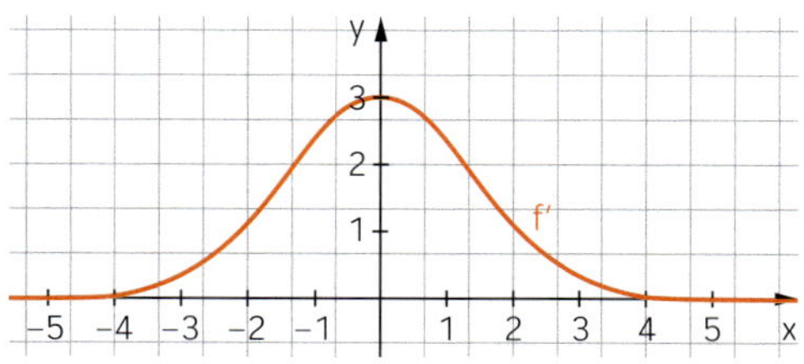

(1) Die Funktion f ist im Intervall $-2 \le x \le 2$ monoton steigend.
(2) Die Funktion f hat an der Stelle $x = 0$ die Steigung 3.
(3) Der Graph von f besitzt einen Hochpunkt mit H(0|3).
(4) $f(1) < f(2)$
(5) Der Graph von f ist symmetrisch zur y-Achse.
(6) Der Anstieg des Graphen von f ist an der Stelle 2 negativ.

1.5 Ableitungen berechnen

Einstieg

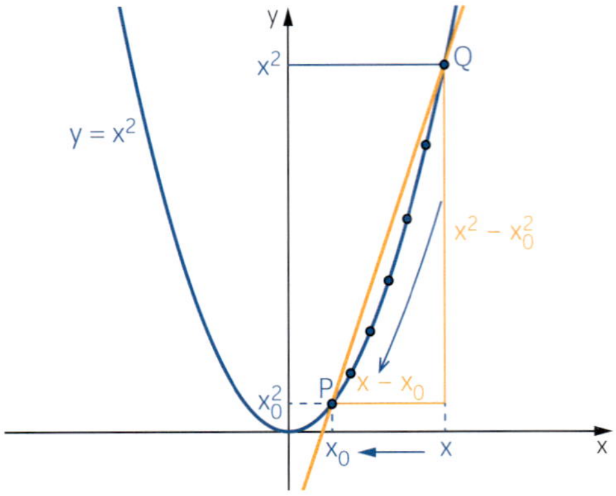

Gegeben ist die Funktion f mit $f(x) = x^2$. Bestimmen Sie mithilfe von Sekantensteigungen an den Stellen $x = -1$ und $x = 2$ sowie an einer beliebigen Stelle x_0 einen möglichst genauen Wert für die Ableitung.

Ableitung der Quadratfunktion

Berechnen Sie die Ableitung der Quadratfunktion f mit $f(x) = x^2$ an der Stelle $x_0 = 0{,}5$ exakt.

Lösung

Die Ableitung an der Stelle $x_0 = 0{,}5$ ist die Steigung der Tangente an den Graphen von f im Punkt $P(0{,}5 \mid f(0{,}5))$. Daher kann man wie folgt vorgehen:
Man bestimmt die Steigung der Sekante durch den Punkt $P(0{,}5 \mid f(0{,}5))$ und einen zweiten Punkt $Q(x \mid f(x))$ mit $x \neq 0{,}5$ auf dem Graphen von f mit dem Differenzenquotienten. Diesen Differenzenquotienten formt man dann so um, dass man den Nenner kürzen kann.

$$\frac{f(x) - f(0{,}5)}{x - 0{,}5} = \frac{x^2 - 0{,}5^2}{x - 0{,}5}$$ (3. binomische Formel)

$$= \frac{\cancel{(x - 0{,}5)} \cdot (x + 0{,}5)}{\cancel{x - 0{,}5}}$$

$$= x + 0{,}5$$

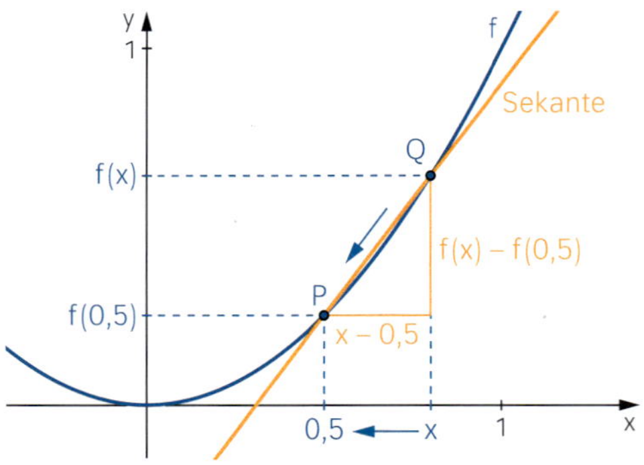

Kommt der Wert von x beliebig nah an 0,5, so kommt Punkt Q beliebig nah an Punkt P und der Wert von $x + 0{,}5$ kommt dem Wert $0{,}5 + 0{,}5 = 1$ beliebig nah. Somit gilt:

$$f'(0{,}5) = \lim_{x \to 0{,}5} \frac{f(x) - f(0{,}5)}{x - 0{,}5} = \lim_{x \to 0{,}5} (x + 0{,}5) = 1$$

Die Ableitung der Quadratfunktion f mit $f(x) = x^2$ an der Stelle $x_0 = 0{,}5$ ist 1

Information

WES-125991-151

Ableitung der Quadratfunktion an einer Stelle

Satz: Die Funktion f mit $f(x) = x^2$ hat an einer beliebigen Stelle x_0 die Ableitung $f'(x_0) = 2x_0$. Da dies für jede beliebige Stelle x_0 gilt, ist $\mathbf{f'(x) = 2x}$ die **Ableitungsfunktion der Quadratfunktion**.

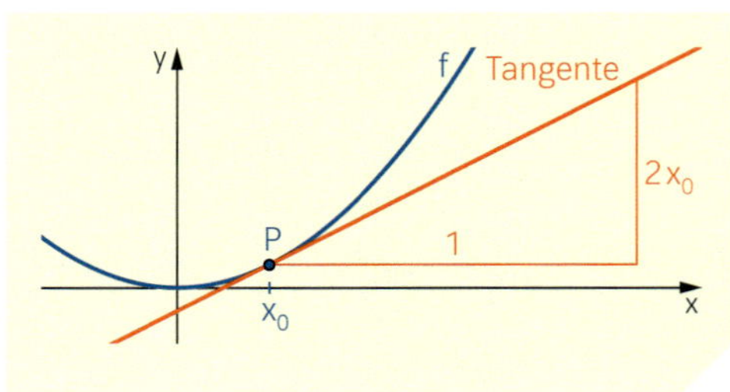

Begründung des Satzes:

Man bestimmt für eine beliebige Stelle x_0 die Steigung der Sekante durch die Punkte $P(x_0 | f(x_0))$ und $Q(x | f(x))$ mit $x \neq x_0$ auf dem Graphen von f.

Für den Differenzenquotienten gilt:

$$\frac{f(x) - f(x_0)}{x - x_0} = \frac{x^2 - x_0^2}{x - x_0} = \frac{(x - x_0) \cdot (x + x_0)}{x - x_0} = x + x_0$$

3. binomische Formel

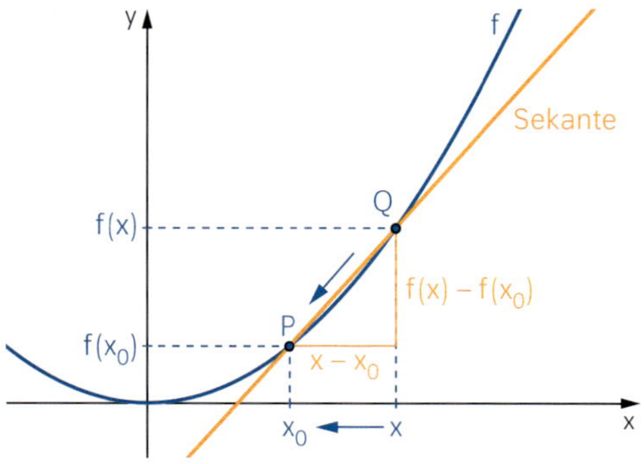

Kommt der Wert von x beliebig nah an x_0, so kommt der Wert von $x + x_0$ dem Wert $2x_0$ beliebig nah. Somit gilt: $f'(x_0) = \lim\limits_{x \to x_0} \frac{f(x) - f(x_0)}{x - x_0} = \lim\limits_{x \to x_0} (x + x_0) = 2x_0$

Üben

1 Bestimmen Sie mithilfe von Sekantensteigungen den Anstieg der Tangente an den Graphen der Funktion $f(x) = x^2$ an der angegebenen Stelle x_0, ohne den Satz von Seite 32 zu verwenden.

a) $x_0 = 3$ **b)** $x_0 = -1$ **c)** $x_0 = 0$ **d)** $x_0 = \sqrt{5}$

2 Betrachten Sie die Quadratfunktion f mit $f(x) = x^2$.

a) Geben Sie die Ableitung der Quadratfunktion f an den Stellen 3; 7; −4; −0,5; $\frac{2}{3}$ an.

b) An welcher Stelle hat die Quadratfunktion f die Ableitung 8; −6; 0; $\frac{1}{2}$; −0,8?

3 Zeichnen Sie den Graphen der Quadratfunktion und den der zugehörigen Ableitungsfunktion.

Erläutern Sie Zusammenhänge und bestimmen Sie rechnerisch die Schnittpunkte beider Graphen.

4 Gegeben sind die Quadratfunktion f mit $f(x) = x^2$ und die Funktion h mit $h(x) = (x - 3)^2$.

a) Erläutern Sie, wie der Graph von h aus dem Graphen von f hervorgeht.

b) An welchen Stellen x gilt $f'(x) = 2$, $f'(x) = 3$ und $f'(x) = -1$?

c) An welchen Stellen x gilt $h'(x) = 2$, $h'(x) = 3$ und $h'(x) = -1$?

d) Wenn man die Ableitung von f' an einer Stelle x_0 kennt, wie kann man dann die Stelle x finden, an der $h'(x) = f'(x_0)$ gilt?

5 Gegeben ist die Quadratfunktion f mit $f(x) = x^2$.

(1) Eine Partnerin oder ein Partner wählt zwei beliebige Punkte P und Q auf dem Graphen von f und berechnet die Steigung der Sekante durch diese Punkte.
Die andere Partnerin oder der andere Partner untersucht, an welcher Stelle der Graph von f die gleiche Steigung wie diese Sekante hat.

(2) Anschließend werden die Rollen getauscht. Vergleichen Sie alle Ergebnisse und äußern eine Vermutung.

(3) Beweisen Sie die Vermutung.

WES-125991-152

h-Schreibweise

Oft lässt sich der Differenzenquotient leichter vereinfachen, wenn im Nenner statt der Differenz $x - x_0$ nur eine einzelne Variable steht. Hierzu verwendet man eine andere Schreibweise der Ableitung.
Die Abbildung zeigt dies für die Ableitung der Quadratfunktion f an der Stelle $x_0 = 0{,}5$. Man nennt die zweite Stelle $0{,}5 + h$.

Die Steigung der Sekante durch die Punkte $P(0{,}5\,|\,f(0{,}5))$ und $Q(0{,}5 + h\,|\,f(0{,}5 + h))$ auf dem Graphen von f beträgt für $h \neq 0$:

$$\frac{f(0{,}5 + h) - f(0{,}5)}{h} = \frac{(0{,}5 + h)^2 - 0{,}5^2}{h}$$

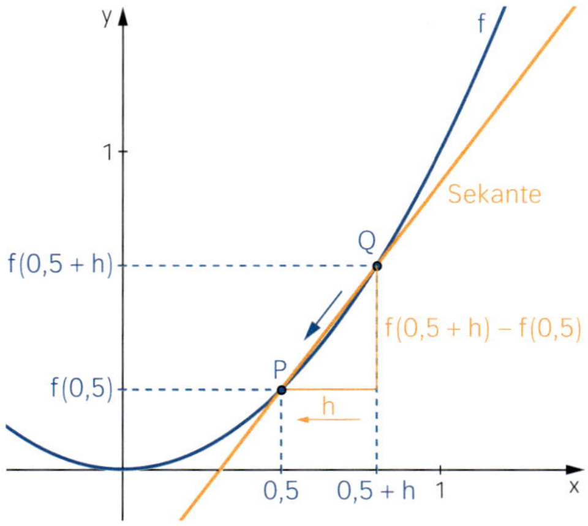

Nähert sich der Wert von h beliebig nahe der 0, so nähert sich Punkt Q beliebig nah dem Punkt P.
Damit erhält man die Ableitung:

$$\begin{aligned} f'(0{,}5) &= \lim_{h \to 0} \frac{f(0{,}5 + h) - f(0{,}5)}{h} \\ &= \lim_{h \to 0} \frac{(0{,}5 + h)^2 - 0{,}5^2}{h} \\ &= \lim_{h \to 0} \frac{0{,}25 + 2 \cdot 0{,}5 \cdot h + h^2 - 0{,}25}{h} \\ &= \lim_{h \to 0} \frac{h + h^2}{h} = \lim_{h \to 0} (1 + h) = 1 \end{aligned}$$

6 Bestimmen Sie wie oben mithilfe der neuen h-Schreibweise die Ableitung der Quadratfunktion an der Stelle 3.

7 Bestimmen Sie jeweils die Ableitung von f an den Stellen $x = 3$ und $x = -3$ mithilfe der h-Schreibweise.

a) $f(x) = x^2 + 3$ **b)** $f(x) = 3x^2$

c) $f(x) = (x - 2)^2$ **d)** $f(x) = x^2 + 2x$

$f(x) = 2x^2 - 3;\ x = -3$

$$\begin{aligned} \frac{f(-3 + h) - f(-3)}{h} &= \frac{2(h - 3)^2 - 3 - (2(-3)^2 - 3)}{h} \\ &= \frac{2(h^2 - 6h + 9) - 18}{h} \\ &= \frac{2h(h - 6)}{h} \\ &= 2h - 12 \text{ für } h \neq 0 \end{aligned}$$

$$\begin{aligned} f'(-3) &= \lim_{h \to 0} \frac{f(-3 + h) - f(-3)}{h} \\ &= \lim_{h \to 0} (2h - 12) = -12 \end{aligned}$$

8 Gegeben ist die Quadratfunktion f mit $f(x) = x^2$.
(1) Wählen Sie je zwei beliebige Punkte P und Q auf dem Graphen von f und berechnen Sie den Anstieg der Sekante durch diese Punkte.
(2) Tauschen Sie ihre Aufzeichnungen und untersuchen Sie, an welcher Stelle der Graph von f den gleichen Anstieg wie diese Sekante hat.
(3) Vergleichen Sie anschließend alle ihre Ergebnisse und äußern Sie eine Vermutung.
(4) Beweisen Sie die Vermutung.

1.6 Potenz-, Summen- und Faktorregel

Einstieg

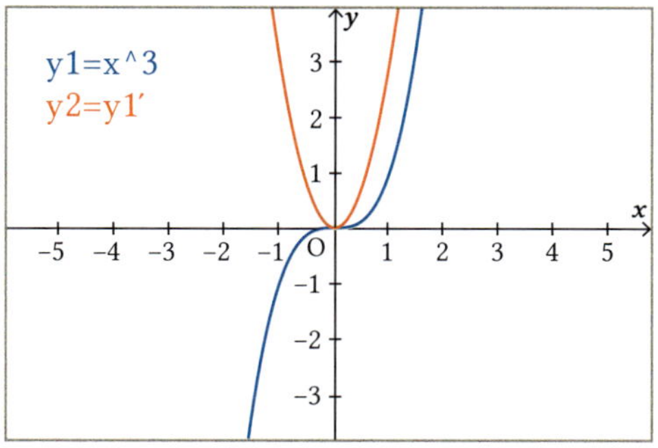

Zeichnen Sie mithilfe eines Rechners den Graphen der Ableitungsfunktion für verschiedene Potenzfunktionen. Äußern Sie eine Vermutung über den Term der Ableitungsfunktion und überprüfen Sie Ihre Vermutung mithilfe des Rechners. Erläutern Sie auch, wie Sie dabei vorgegangen sind. Formulieren Sie eine allgemeine Regel für die Ableitung von Potenzfunktionen.

Aufgabe mit Lösung

Ableitung der Hyperbelfunktion bestimmen

Bestimmen Sie mithilfe des Differenzenquotienten die Ableitung der Hyperbelfunktion $f(x) = \frac{1}{x} = x^{-1}$ mit $x \neq 0$.

Lösung

Die Ableitung der Hyperbelfunktion an einer Stelle x entspricht dem Anstieg der Tangente an der Stelle x. Dieser kann mithilfe des Differenzenquotienten der Sekante durch die Punkte $P\left(x\,\middle|\,\frac{1}{x}\right)$ und $Q\left(x+h\,\middle|\,\frac{1}{x+h}\right)$ mit $h \neq 0$ bestimmt werden:

$$m = \frac{\frac{1}{x+h} - \frac{1}{x}}{x+h-x} = \frac{\frac{x}{(x+h)x} - \frac{x+h}{x(x+h)}}{h}$$

Erweitern auf den Hauptnenner $x(x+h)$

$$= -\frac{1}{h} \cdot \frac{h}{x(x+h)} = -\frac{1}{x(x+h)}$$

für $h \neq 0$

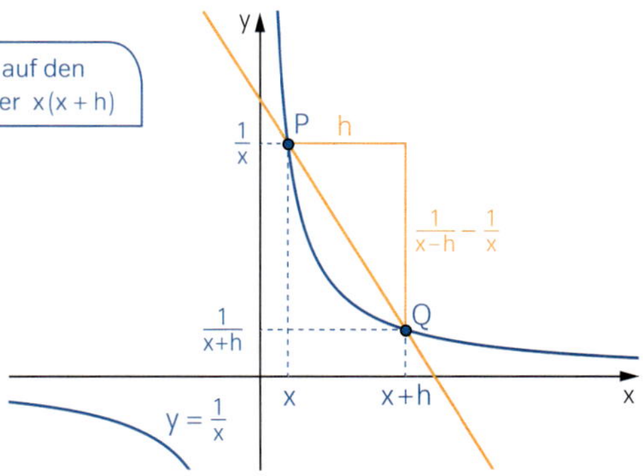

Wenn $h \to 0$, dann gilt auch $(x+h) \to x$ und somit $x \cdot (x+h) \to x^2$.

$$\frac{f(x+h) - f(x)}{h} = -\frac{1}{x(x+h)}$$

für $h \to 0$

$$\lim_{h \to 0} \frac{f(x+h) - f(x)}{h} = -\frac{1}{x^2}$$

Dies gilt für jede beliebige reelle Zahl $x \in D$. Damit ist die Ableitung der Hyperbelfunktion $f'(x) = -\frac{1}{x^2}$.

Man kann zeigen, dass allgemein die folgende Regel zum Ableiten von Potenzfunktionen gilt:

Information

WES-125991-161

Potenzregel

Satz

Eine Potenzfunktion f mit
$f(x) = x^n$ mit $n \in \mathbb{Q}$
hat die Ableitungsfunktion
$f'(x) = n \cdot x^{n-1}$.

$f(x) = x^5$;	$f'(x) = 5x^4$
$g(t) = t^{10}$;	$g'(t) = 10t^9$
$k(x) = \frac{1}{x^7} = x^{-7}$;	$k'(x) = -7 \cdot x^{-8} = \frac{-7}{x^8}$
$s(t) = t^{\frac{2}{3}}$;	$s'(t) = \frac{2}{3}t^{-\frac{1}{3}}$

Üben

1 Bestimmen Sie die Ableitungsfunktion.

a) $f(x) = x^2$ **b)** $f(x) = x^7$ **c)** $f(x) = x^{100}$ **d)** $h(t) = t^4$

e) $s(t) = t^7$ **f)** $v(s) = s^{n+1}$ **g)** $h(t) = \frac{t^6}{t^3}$ **h)** $g(x) = \frac{3x^7}{3x^5}$

2 Berechnen Sie die Ableitung von f an der Stelle x_0.

a) $f(x) = x^3;\ x_0 = 4$ **b)** $f(x) = x^6;\ x_0 = -1{,}6$

c) $f(x) = x^{2k}$ mit $k \in \mathbb{N};\ x_0 = -1$ **d)** $f(x) = x^5;\ x_0 = 10$

3 Bestimmen Sie den Term der Ableitungsfunktion der Funktion f. Formen Sie gegebenenfalls den Funktionsterm vorher um.

a) $f(x) = x^{-4}$ **b)** $f(x) = x^{-\frac{3}{4}}$ **c)** $f(x) = x^{1,7}$ **d)** $f(x) = \frac{1}{x^5}$

e) $f(x) = \sqrt[3]{x^2}$ **f)** $f(x) = (\sqrt{x})^5$ **g)** $f(x) = \frac{1}{\sqrt[5]{x}}$ **h)** $f(x) = x^4 \cdot \sqrt{x}$

4 Gegeben sind Potenzfunktionen f mit $f(x) = x^n$ und $n \in \mathbb{N}$.

a) An welchen Stellen haben die Graphen dieser Potenzfunktionen den Anstieg 1 und an welchen den Anstieg −1?

b) An welcher Stelle ist der Anstieg der Graphen null? Warum kann man diese Frage auch ohne Ableitungen beantworten?

LK **5** Clara hat sich überlegt, wie sie die Potenz $(x+h)^3$ ausmultiplizieren kann.

Claras Überlegungen:

$(x+h)^3 = (x+h)\cdot(x+h)\cdot(x+h) = x^3 + 3x^2h + 3xh^2 + h^3$

- x^3 kommt genau einmal vor.
- h^3 kommt auch genau einmal vor.
- x^2h kommt genau dreimal vor, da h genau dreimal als Faktor vorkommt.
- xh^2 kommt genau dreimal vor, da h genau dreimal als Faktor vorkommt.

a) Übertragen Sie Claras Überlegungen auf die Potenz $(x+h)^n$ und ermitteln Sie, wie oft die Summanden x^n und $x^{n-1}h$ vorkommen. Begründen Sie, dass in allen übrigen Summanden das h mit einer Potenz größer oder gleich 2 auftritt.

b) Beweisen Sie mithilfe der Überlegungen aus Teilaufgabe a) die Potenzregel.

6 Es ist möglich, den Term der Ableitungsfunktion f′ zur Funktion f mit Ihrem Rechner zu bestimmen.

$$\frac{d}{dx}(x^{-2}) \qquad \frac{-2}{x^3}$$

a) Untersuchen Sie, welche Möglichkeiten Ihr Rechner zur Bestimmung des Terms einer Ableitungsfunktion bietet.

b) Bestimmen Sie den Term der Ableitungsfunktion zur gegebenen Funktion f. Überprüfen Sie Ihr Ergebnis mit dem Rechner.

(1) $f(x) = x^{3,5}$ (2) $f(b) = \frac{1}{\sqrt[5]{b^2}}$ (3) $f(t) = t^{n+2}$ (4) $f(x) = x^{(k+1)\cdot(k-1)}$

c) Untersuchen Sie mit Ihrem Rechner, an welcher Stelle $b \in D_f$ die Funktion f mit $f(x) = \frac{1}{x}\ (x \in D_f)$ die Steigung $-\frac{16}{49}$ besitzt.

WES-125991-162
Rechnerhilfen

Aufgabe mit Lösung

Faktorregel und Summenregel herleiten

Bestimmen Sie die Ableitungsfunktion der Funktion f mit $f(x) = 2{,}5 \cdot x^4$ mithilfe des Differenzenquotienten unter Verwendung der h-Schreibweise.
Übertragen Sie das Verfahren allgemein auf eine Funktion g mit $g(x) = k \cdot u(x)$.

Lösung

Nach dem Aufstellen des Differenzenquotienten erkennt man, dass man jeweils den Faktor 2,5 bzw. k ausklammern kann.

für $h \to 0$

$$\frac{f(x+h)-f(x)}{h} = \frac{2{,}5\cdot(x+h)^4 - 2{,}5\cdot x^4}{h} = 2{,}5 \cdot \frac{(x+h)^4 - x^4}{h}$$

$$\lim_{h\to 0} \frac{f(x+h)-f(x)}{h} = 2{,}5 \cdot 4x^3$$

Für die Ableitungsfunktion der Funktion f gilt somit $f'(x) = 2{,}5 \cdot 4x^3 = 10x^3$.

$$\frac{g(x+h)-g(x)}{h} = \frac{k\cdot u(x+h) - k\cdot u(x)}{h} = k \cdot \frac{u(x+h) - u(x)}{h}$$

$$\lim_{h\to 0} \frac{g(x+h)-g(x)}{h} = k \cdot u'(x)$$

Für die Ableitungsfunktion der Funktion g gilt somit $g'(x) = k \cdot u'(x)$.

Bestimmen Sie die Ableitungsfunktion der Funktion f mit $f(x) = x^4 + x^3$ mithilfe des Differenzenquotienten unter Verwendung der h-Schreibweise.
Übertragen Sie das Verfahren allgemein auf eine Funktion g mit $g(x) = u(x) + v(x)$.

Lösung

Die Differenzenquotienten können jeweils so umgeformt werden, dass sie aus zwei Summanden bestehen. Diese Summanden sind die Differenzenquotienten zu x^4 und x^3 bzw. zu u und v.

$$\frac{f(x+h)-f(x)}{h} = \frac{(x+h)^4 + (x+h)^3 - x^4 - x^3}{h} = \frac{(x+h)^4 - x^4}{h} + \frac{(x+h)^3 - x^3}{h}$$

$$\lim_{h\to 0} \frac{f(x+h)-f(x)}{h} = 4x^3 + 3x^2$$

Für die Ableitungsfunktion der Funktion f mit $f(x) = x^4 + x^3$ gilt somit $f'(x) = 4x^3 + 3x^2$.

$$\frac{g(x+h)-g(x)}{h} = \frac{u(x+h) + v(x+h) - u(x) - v(x)}{h} = \frac{u(x+h) - u(x)}{h} + \frac{v(x+h) - v(x)}{h}$$

$$\lim_{h\to 0} \frac{g(x+h)-g(x)}{h} = u'(x) + v'(x)$$

Für die Ableitungsfunktion der Funktion g mit $g(x) = u(x) + v(x)$ gilt somit $g'(x) = u'(x) + v'(x)$.

Information

WES-125991-163

Faktorregel

Satz: Wenn eine Funktion u die Ableitung u′ hat, dann hat die Funktion f mit
$f(x) = k \cdot u(x)$ und $k \in \mathbb{R}$
die Ableitung f′ mit $\mathbf{f'(x) = k \cdot u'(x)}$.

$f(x) = -3x^6$;
$f'(x) = (-3)\cdot 6 \cdot x^5 = -18x^5$

Summenregel

Satz: Wenn eine Funktion u die Ableitung u′ und eine Funktion v die Ableitung v′ hat, dann hat die Funktion f mit $f(x) = u(x) + v(x)$ die Ableitungs f′ mit $\mathbf{f'(x) = u'(x) + v'(x)}$.

$f(x) = x^3 + x^2$; $f'(x) = 3x^2 + 2x$;
$g(x) = 3x^4 + 5x$; $g'(x) = 12x^3 + 5$;
$h(x) = -2x^3 - 8x$; $h'(x) = -6x^2 - 8$

Üben

7 Bestimmen Sie die Ableitung der Funktion f. Formen Sie gegebenenfalls den Funktionsterm vorher um.

a) $f(x) = 3x^{-2}$ b) $f(x) = \frac{4}{x^5} + 4x$ c) $f(x) = 2x^{-3}$ d) $f(x) = 3x^5 - \frac{5}{x^2}$

e) $f(x) = 2\sqrt[3]{x^2}$ f) $f(x) = (\sqrt{x})^5 + 3x^2$ g) $f(x) = \frac{2}{\sqrt[5]{x}}$ h) $f(x) = 3x^4 \cdot \sqrt{x}$

8 Welche Fehler wurden gemacht?

(1) $f(x) = x^{-2}$ $f'(x) = -2x^{-1}$

(2) $g(x) = \frac{3}{x}$ $g'(x) = -\frac{1}{3x^2}$

(3) $h(x) = \frac{1}{2x^2} = 2x^{-2}$ $h'(x) = -4x^{-3}$

9 Welche Steigung hat der Graph der Funktion f an der angegebenen Stelle x_0?

a) $f(x) = \frac{1}{2x^2}$; $x_0 = 2$ b) $f(x) = \frac{1}{2\sqrt{x}} + x$; $x_0 = 1$

c) $f(x) = \frac{4}{5x^3} + x$; $x_0 = 1$ d) $f(x) = \frac{1}{x^n}$, $n \in \mathbb{N}$; $x_0 = 1$

10 An welchen Stellen besitzt die Funktion f Stellen, an denen der Graph den Anstieg m besitzt? Kontrollieren Sie Ihr Ergebnis anschließend mit Ihrem Rechner.

a) $f(x) = \frac{1}{2}x^3$; $m = 6$ b) $f(x) = \sqrt{x}$; $m = \frac{1}{6}$

c) $f(x) = \frac{16}{x^3}$; $m = -3$ d) $f(x) = x^5 + 15x$; $m = 10$

11 Formen Sie den Funktionsterm so um, dass Sie die Ihnen bekannten Ableitungsregeln anwenden können. Bilden Sie dann die erste Ableitung.

a) $f(x) = (x-3)^2$ b) $f(x) = -4x^2 \cdot \frac{2}{\sqrt{x}}$

c) $f(x) = 2x \cdot (x^2 + 5x)$ d) $f(x) = \frac{4x^3 - 2x}{x^2}$

12 Der Graph einer Funktion wird in y-Richtung verschoben und seine Ableitung wird betrachtet.

a) Erläutern Sie, wie der Graph von g mit $g(x) = f(x) + c$ aus dem Graphen von f entsteht. Begründen Sie geometrisch, dass f und g die gleiche Ableitung haben.

b) Das Ergebnis aus Teilaufgabe a) kann man auch wie folgt formulieren. Begründen Sie die Regel mithilfe des Differenzenquotienten.

Ein konstanter Summand wird beim Ableiten zu null.

13 Bettina braucht Hilfe bei ihren Hausaufgaben. Was hat sie falsch gemacht?

(1) $f(x) = 2x \cdot (x^2 - 1)$ $f'(x) = 2 \cdot (2x) = 4x$

(2) $f(x) = \frac{3x^2 + x^3}{x}$ $f'(x) = \frac{6x + 3x^2}{1} = 6x + 3x^2$

14 ≡ Gegeben ist die Funktion f mit $f\colon x \mapsto a \cdot x^2$ mit $a \in \mathbb{R}$.

a) Beschreiben Sie den Einfluss von a auf den Verlauf des Graphen.

b) Ermitteln Sie, für welchen Wert von a der Graph von f an der Stelle 1 den Anstieg 6 hat.

15 ≡ Bestimmen Sie eine Potenzfunktion f mit $f(x) = x^n$ $(n \in \mathbb{N})$ mit der folgenden Eigenschaft.

a) Der Graph von f hat an der Stelle 1 den Anstieg 3.

b) Die Ableitung von f an der Stelle 10 ist 10 000 000 000.

c) Die Tangente im Punkt $P(-1\,|\,f(-1))$ hat die Steigung -4.

d) Die Graphen von f und f‘ schneiden sich an der Stelle $x = 5$.

16 ≡ Bestimmen Sie die Parameter so, dass folgenden Aussagen erfüllt sind.

a) Der Graph der Funktion f mit $f\colon x \mapsto x^2 - bx$ hat an der Stelle 3 den Anstieg 1.

b) Für die Funktion f mit $f(x) = x^3 - ax^2 + b$ gilt $f(1) = 2$ und $f'(1) = 2$.

c) Die Parabel mit $y = x^2 + bx + c$ schneidet die y-Achse im Punkt $P(0\,|\,6)$ und hat dort den Anstieg 4.

d) Der Graph einer Kubikfunktion ist symmetrisch zum Koordinatenursprung und hat im Punkt $P(1\,|-1)$ die Steigung 3.

Weiterüben

17 ≡ Bestimmen Sie die Ableitung der Funktion f mit $f(x) = 0{,}5x^2$ als Grenzwert von Sekantensteigungen.
Vergleichen Sie dazu die eingezeichneten Steigungsdreiecke miteinander.

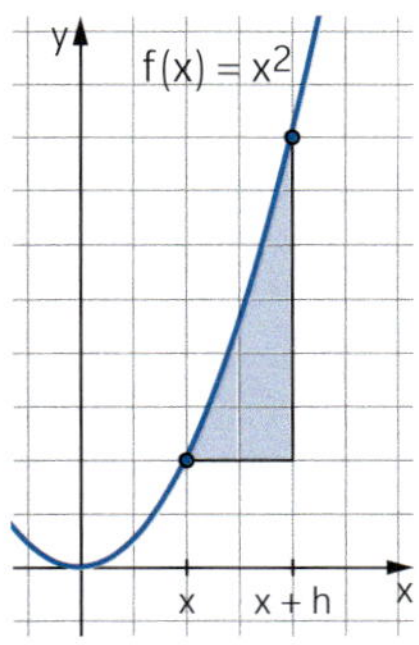

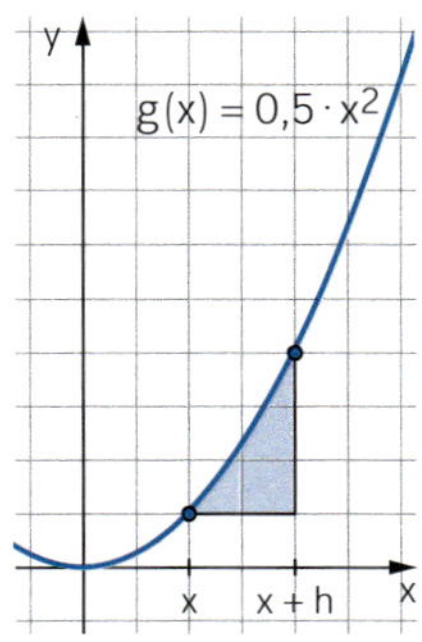

18 ≡ Esra meint: „Zur Ableitungsfunktion f‘ mit $f'(x) = 3x^7 - 1$ gehört die Ausgangsfunktion f mit $f(x) = \frac{3}{8}x^8 - x$.“
Christo meint: „Nein, $f(x) = \frac{3}{8}x^8 - x + 3$ ist die zugehörige Ausgangsfunktion.“
Nehmen Sie zu dieser Diskussion Stellung.

19 ≡ Am 25. Januar 2004 landete das Marsmobil Opportunity auf dem Mars im Krater Eagle, der einen Durchmesser von 22 m aufweist. Am 24. März 2004 gelang es ihm im zweiten Anlauf, diesen Krater zu verlassen. Beim ersten Versuch die 16-%ige Steigung am Rand des Kraters zu nehmen, rutschte der Rover ab und drohte umzukippen.

Nehmen Sie an, dass der Querschnitt des Kraters durch eine gestreckte Parabel bestimmt werden kann, und bestimmen Sie deren Gleichung. Ermitteln Sie näherungsweise die Tiefe des Kraters.

20 Gegeben ist die Funktion f mit $f(x) = 2x(x-3)$. Bestimmen Sie die Ableitung f′. Zeichnen Sie die Graphen von f und f′ in ein Koordinatensystem. Bestimmen Sie rechnerisch die Schnittpunkte der beiden Graphen.

Änderungsraten bei Flächeninhalten

21 Betrachten Sie die Funktion f, die jeder Seitenlänge a eines Quadrats seinen Flächeninhalt $f: a \mapsto a^2$ zuordnet. Deuten Sie die mittlere und die lokale Änderungsrate von f an einer beliebigen Stelle a_0 mithilfe der h-Schreibweise geometrisch am Quadrat.

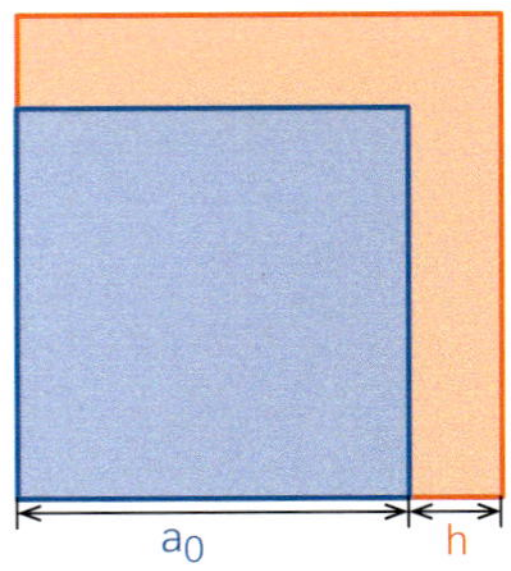

22 Betrachten Sie die Funktion, die jedem Radius r eines Kreises dessen Flächeninhalt zuordnet.

a) Geben Sie jeweils einen Term für die Änderung, für die mittlere Änderungsrate und für die lokale Änderungsrate dieser Funktion an.

b) Interpretieren Sie den Term jeweils geometrisch.

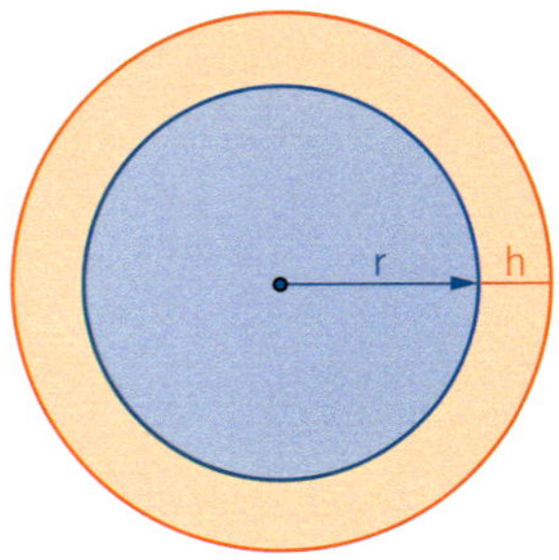

LK 23 Schneelawinen können den Berg mit der Geschwindigkeit eines Formel-1-Rennwagens hinunterdonnern: $300\,\frac{km}{h}$ sind keine Seltenheit! Je steiler der Hang ist und je länger die Lawine schon rollt, desto schneller wird sie.

a) Ermitteln Sie eine Formel für die Geschwindigkeit v(t) einer Lawine in Abhängigkeit von der Zeit t.

b) Zeichnen Sie den Graphen der Geschwindigkeit v für verschiedene Neigungswinkel α in ein gemeinsames Koordinatensystem.

c) Geben Sie Beispiele für α und t an, sodass die Lawinengeschwindigkeit $300\,\frac{km}{h}$ beträgt.

Schneelawinen

Für den zurückgelegten Weg s(t) in m in Abhängigkeit von der Zeit t in s gilt:
$s(t) = \frac{1}{2} g \cdot \sin(\alpha) \cdot t^2$

Dabei ist $g = 9{,}81\,\frac{m}{s^2}$ die Erdbeschleunigung und α der Neigungswinkel des Berges.

1.7 Ableitungen spezieller Funktionen

Ziel

In diesem Kapitel lernen Sie Regeln für das Ableiten der Sinus- und der Kosinusfunktion sowie der natürlichen Exponentialfunktion.

Aufgabe mit Lösung

Ableitung der Sinus- und der Kosinusfunktion bestimmen

Zeichnen Sie zu den gegebenen Graphen der Sinus- und der Kosinusfunktion den Graphen der jeweiligen Ableitungsfunktion. Erstellen Sie dazu eine Tabelle mit den Funktionswerten und Anstiegen an konkreten Stellen. Ermitteln die Anstiege mithilfe Ihres Rechners. Formulieren Sie eine Vermutung für die Gleichung der jeweiligen Ableitungsfunktion.

Lösung

$f(x) = \sin(x)$							
x	$-\frac{\pi}{2}$	0	$\frac{\pi}{2}$	π	$\frac{3\pi}{2}$	2π	$\frac{5\pi}{2}$
f(x)	−1	0	1	0	−1	0	1
f′(x)	0	1	0	−1	0	1	0

$g(x) = \cos(x)$							
x	$-\frac{\pi}{2}$	0	$\frac{\pi}{2}$	π	$\frac{3\pi}{2}$	2π	$\frac{5\pi}{2}$
g(x)	0	1	0	−1	0	1	0
g′(x)	1	0	−1	0	1	0	−1

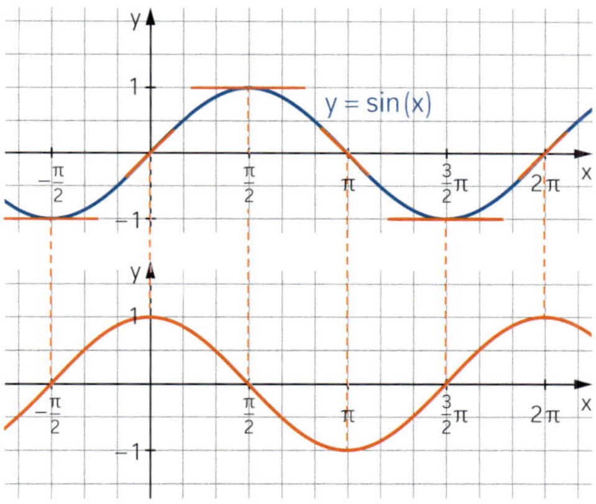

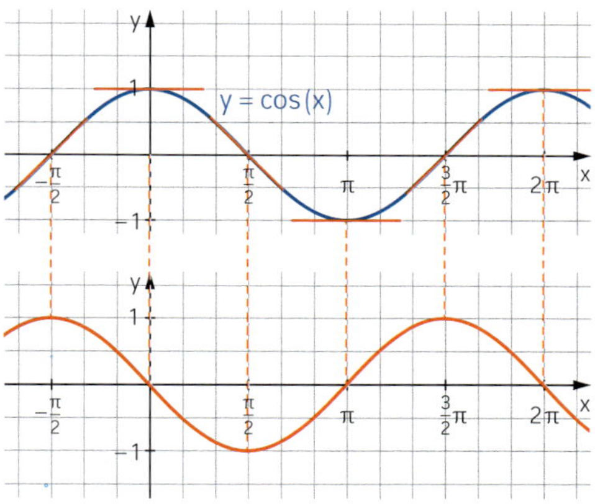

Vermutungen: Für die Ableitung der Sinusfunktion ergibt sich: $f'(x) = \cos(x)$
Für die Ableitung der Kosinusfunktion ergibt sich: $g'(x) = -\sin(x)$

Information

WES-125991-171

Ableitung der Sinusfunktion

Satz: Für $f(x) = \sin(x)$ gilt $f'(x) = \cos(x)$.

Ableitung der Kosinusfunktion

Satz: Für $f(x) = \cos(x)$ gilt $f'(x) = -\sin(x)$.

$f(x) = 2 \cdot \sin(x) - 3 \cdot \cos(x) + 1$
Durch Anwenden der Faktorregel und der Summenregel erhält man:
$f'(x) = 2 \cdot \cos(x) + 3 \cdot \sin(x)$

Üben

1 In dieser Aufgabe untersuchen Sie, welche Werte die Ableitung der Sinusfunktion hat.

a) Bestimmen Sie die Ableitung der Sinusfunktion für die Stellen 0; $\frac{\pi}{2}$; $\frac{\pi}{4}$; $\frac{3}{4}\pi$; π; $\frac{3}{2}\pi$; 2π.

b) Welche Werte können bei der Ableitung der Sinusfunktion nicht vorkommen?

c) An welchen Stellen hat die Sinusfunktion die Ableitung 0; $\frac{1}{2}$; $-\frac{1}{2}$; 1; −1? Begründen Sie Ihre Aussage.

2 In dieser Aufgabe untersuchen Sie, welche Werte die Ableitung der Kosinusfunktion hat.

a) Bestimmen Sie die Ableitung der Kosinusfunktion für die Stellen $0;\ \frac{\pi}{2};\ \frac{\pi}{4};\ \frac{3}{4}\pi;\ \pi;\ \frac{3}{2}\pi;\ 2\pi$.

b) Welche Werte können bei der Ableitung der Kosinusfunktion nicht vorkommen?

c) An welchen Stellen hat die Kosinusfunktion die Ableitung $0;\ \frac{1}{2};\ -\frac{1}{2};\ 1;\ -1$?

3 Bestimmen Sie die Ableitung.

a) $f(x) = 3 \cdot \sin(x)$ **b)** $f(x) = x - \sin(x)$ **c)** $f(x) = \frac{\sin(x)}{\pi}$

d) $f(x) = 3x^4 - 7 \cdot \sin(x)$ **e)** $f(x) = 5 \cdot \sin(x) + 5 - \pi x^3$ **f)** $f(x) = \cos(x) - 3x^2$

g) $f(x) = \sin(x) - \cos(x)$ **h)** $f(x) = 8 - \cos(x) + x$ **i)** $f(x) = e \cdot \sin(x)$

Ableitung der e-Funktion

4 Die Ableitung der e-Funktion wird näherungsweise bestimmt.

a) Zeigen Sie, dass $\frac{e^h - 1}{h} \cdot e^x$ der Differenzenquotient der e-Funktion im Intervall $[x;\ x + h]$ ist.

b) Bestimmen Sie näherungsweise den Differentialquotienten der e-Funktion für kleine Werte von h nahe bei null. Äußern Sie eine Vermutung.

Information

WES-125991-172

Ableitung der e-Funktion

Satz: Für die e-Funktion f mit $f(x) = e^x$ gilt:
$f'(x) = e^x$
Die e-Funktion stimmt mit ihrer Ableitung überein.

$f(x) = 4e^x + 2$
Durch Anwenden der Faktor- und der Summenregel erhält man:
$f'(x) = 4e^x$

Die Begründung ist nicht ganz einfach. Aus dem Differenzenquotienten ergibt sich durch Umformen $f'(x) = \lim\limits_{h \to 0}\left(\frac{e^h - 1}{h}\right) \cdot e^x$.

Die Behauptung des Satzes ist $\lim\limits_{h \to 0}\left(\frac{e^h - 1}{h}\right) = 1$.

Folgende Überlegungen machen dies plausibel:

Setzt man $h = \frac{1}{n}$ für $n \to \infty$, so erhält man für große n:

$\frac{e^{\frac{1}{n}} - 1}{\frac{1}{n}} \approx 1 \qquad \left|\cdot \frac{1}{n}\right.$

$e^{\frac{1}{n}} - 1 \approx \frac{1}{n} \qquad |+1$

$e^{\frac{1}{n}} \approx 1 + \frac{1}{n} \qquad |$ Potenzieren mit n

$e \approx \left(1 + \frac{1}{n}\right)^n$

Nun gilt: $e = \lim\limits_{n \to \infty}\left(1 + \frac{1}{n}\right)^n$, was bereits aus der Jahrgangsstufe 10 bekannt ist.

5 Bestimmen Sie die Ableitungen.

a) $f(x) = e^x + 2$ **b)** $f(x) = 3e^x + 2\cos(x)$

c) $f(x) = 5e^x - 3e^2 + e$ **d)** $f(x) = e^{x+1}$

Weiter-üben

LK 6 ☰ Zeichnen Sie den Graphen der Funktion f und g mit $f(x) = e^x$ und $g(x) = x + 1$ in ein Koordinatensystem.

a) Weisen Sie rechnerisch nach, dass der Graph von g Tangente im Punkt $P(0 \mid f(0))$ an den Graphen von f ist.

b) Begründen Sie mithilfe des Graphen und der Tangente aus Teilaufgabe a), dass für $-0{,}1 < x < 0{,}1$ gilt: $e^x \approx x + 1$.

LK 7 ☰ Luise hat Ableitungen von Exponentialfunktionen mit ihrem Rechner bestimmt.

$\frac{d}{dx}((2.3)^x)$	$0.832909 \cdot (2.3)^x$
$\frac{d}{dx}((2.5)^x)$	$0.916291 \cdot (2.5)^x$

$\frac{d}{dx}((2.9)^x)$	$1.06471 \cdot (2.9)^x$
$\frac{d}{dx}((2.8)^x)$	$1.02962 \cdot (2.8)^x$

Sie sagt: „Offenbar hat eine Exponentialfunktion f mit $f(x) = b^x$ die Ableitung $f'(x) = c \cdot b^x$. Aber woher kommt der Faktor c?"

a) Zeigen Sie mithilfe des Differenzenquotienten, dass für $f(x) = b^x$ gilt: $f'(x) = c \cdot b^x$ mit $c = f'(0)$

b) Luise untersucht auch, ob es eine Basis b gibt, für die die Exponentialfunktion mit ihrer Ableitung übereinstimmt. Erläutern Sie die Überlegungen von Luise und begründen Sie, dass für die gesuchte Basis $b = e$ gilt.

Gesucht wird eine reelle Zahl b mit $\frac{b^{x+h} - b^x}{h} \to b^x$ für $h \to 0$.

Umformungen: $\frac{b^{x+h} - b^x}{h} = b^x \cdot \frac{b^h - 1}{h}$

Also $\frac{b^h - 1}{h} \to 1$ für $h \to 0$. Setzt man $h = \frac{1}{n}$ mit $n \to \infty$, so ergibt sich:

$$\frac{b^{\frac{1}{n}} - 1}{\frac{1}{n}} \approx 1$$

$$b^{\frac{1}{n}} - 1 \approx \frac{1}{n}$$

$$b^{\frac{1}{n}} \approx 1 + \frac{1}{n}$$

$$b \approx \left(1 + \frac{1}{n}\right)^n$$

LK 8 ☰ Gegeben sind die Funktionen f und g mit $f(x) = 2^x$ und $g(x) = 2^{x+1}$.

a) Zeichnen Sie die Graphen von f und g in ein Koordinatensystem und beschreiben Sie, wie der Graph von g aus dem Graphen von f hervorgeht.

Tipp: $b^{x+k} = b^x \cdot b^k$

b) Begründen Sie, dass jede Verschiebung einer Exponentialfunktion in Richtung der x-Achse auch als Streckung parallel zur y-Achse aufgefasst werden kann.

c) Überprüfen Sie folgende Behauptung:
Der Graph der Ableitung einer Exponentialfunktion f mit $f(x) = b^x$ entsteht durch eine Verschiebung des Graphen der Exponentialfunktion parallel zur x-Achse. Für Basen größer als e ist ihr Graph nach links verschoben; für Basen kleiner als e nach rechts.

1.8 Ketten- und Produktregel

Einstieg

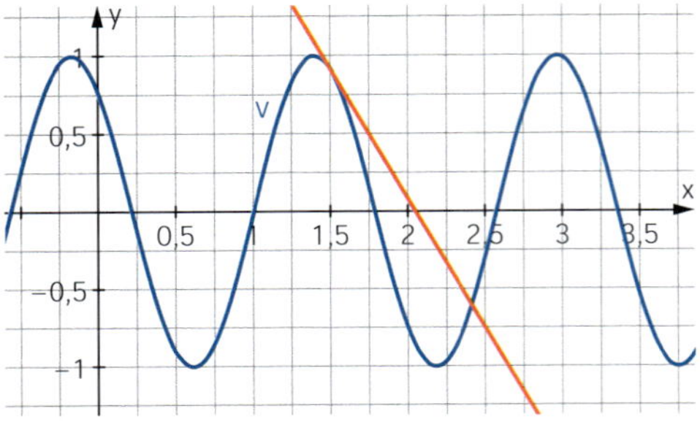

Beschreiben Sie in zwei Schritten, wie der Graph der Funktion v mit $v(x) = \sin(4 \cdot (x - 1))$ durch Stauchen und Verschieben aus dem Graphen der Funktion f mit $f(x) = \sin(x)$ hervorgeht. Untersuchen Sie, was dabei mit einer Tangente und ihrer Steigung passiert. Welche Folgerungen ergeben sich für v′?

Aufgabe mit Lösung

Kettenregel

Der Luftwiderstand eines Autos nimmt quadratisch mit der Geschwindigkeit des Autos zu und kann durch den Funktionsterm $w(v) = 0{,}03 \cdot v^2$ beschrieben werden. Dabei wird die Geschwindigkeit v in $\frac{m}{s}$ und der Widerstand w in N angegeben.
Bei einer Testfahrt beschleunigt das Auto in 5 s gleichmäßig von $0\,\frac{m}{s}$ auf $30\,\frac{m}{s}$.

1 N = 1 Newton (Einheit der Kraft)

→ Beschreiben Sie die Geschwindigkeit des Autos bei der kurzen Testfahrt in Abhängigkeit von der Zeit t durch einen Funktionsterm v(t).
Bestimmen Sie einen Funktionsterm w(t) für den Luftwiderstand w des Autos in Abhängigkeit von der Zeit t und beschreiben Sie den Unterschied zur Funktion w(v).

Lösung

Es gilt $v(t) = a \cdot t$ mit der Beschleunigung a.

Die Beschleunigung a des Autos ergibt sich aus $a = \frac{30\,\frac{m}{s}}{5\,s} = 6\,\frac{m}{s^2}$. Somit gilt $v(t) = 6 \cdot t$ mit v in $\frac{m}{s}$ und t in s.

Setzt man für die Geschwindigkeit v des Autos den Funktionsterm v(t) in den Term w(v) ein, so erhält man den folgenden Funktionsterm:

$w(t) = w(v(t)) = 0{,}03 \cdot (6\,t)^2 = 1{,}08 \cdot t^2$; w in N und t in s

Die Funktion w(t) beschreibt den Luftwiderstand in Abhängigkeit von der Zeit, während die Funktion w(v) den Luftwiderstand in Abhängigkeit von der Geschwindigkeit beschreibt.

→ Bei diesem Sachverhalt wurden die drei physikalischen Größen Luftwiderstand w, Geschwindigkeit v und Zeit t mit den Einheiten in der Tabelle betrachtet.

physikalische Größe	w	v	t
Einheit	1 N	$1\,\frac{m}{s}$	1 s

Ermitteln Sie die Einheiten für die Ableitungen w′(v), v′(t) und w′(t).
Welcher Zusammenhang besteht zwischen den beiden Einheiten von w′(v) und v′(t) sowie der Einheit von w′(t)?

Lösung

Die Einheit für die Ableitung einer Größe in Abhängigkeit von einer anderen Größe ergibt sich aus dem Quotienten der beiden Einheiten.

Ableitung	$w'(v)$	$v'(t)$	$w'(t)$
Einheit	$1\frac{N}{\frac{m}{s}} = 1\,N \cdot \frac{s}{m}$	$1\frac{\frac{m}{s}}{s} = 1\frac{m}{s^2}$	$1\frac{N}{s}$

Das Produkt der Einheiten von $w'(v)$ und $v'(t)$ ergibt die Einheit von $w'(t)$.

→ Äußern Sie eine Vermutung, wie man $w'(t)$ aus $w'(v)$ und $v'(t)$ bestimmen kann, und überprüfen Sie diese rechnerisch an den Funktionstermen $w(v)$, $v(t)$ und $w(t)$.

Lösung

Vermutlich gilt $w'(t) = (w(v(t)))' = w'(v) \cdot v'(t)$.

Aus $w(v) = 0{,}03v^2$ erhält man $w'(v) = 0{,}06v$. Aus $v(t) = 6t$ ergibt sich $v'(t) = 6$.

Damit erhält man $w'(t) = w'(v) \cdot v'(t)' = 0{,}06 \cdot v(t) \cdot 6 = 0{,}06 \cdot 6t \cdot 6 = 2{,}16t$.

Aus $w(t) = 1{,}08t^2$ berechnet man auf direktem Weg die Ableitung $w'(t) = 2 \cdot 1{,}08t = 2{,}16t$ und erhält dasselbe Ergebnis.

Information

WES-125991-181

Kettenregel

Zwei Funktionen u und v kann man zu einer neuen Funktion f mit $f(x) = u(v(x))$ verketten, wenn der Wertebereich von v im Definitionsbereich von u enthalten ist. Dabei wird u als **äußere Funktion** und v als **innere Funktion** der **Verkettung** bezeichnet.

Satz: Haben die Funktionen u und v die Ableitungen u′ und v′, so gilt für die verkettete Funktion f mit $f(x) = u(v(x))$ folgende Ableitungsregel:

$$\mathbf{f'(x) = u'(v(x)) \cdot v'(x)}$$

„äußere Ableitung mal innere Ableitung“

$f(x) = \sin(3x^2 - 1)$

äußere Funktion: $u(x) = \sin(x)$

innere Funktion: $v(x) = 3x^2 - 1$

Ableitungen: $u'(x) = \cos(x)$

$v'(x) = 6x$

$f'(x) = \cos(3x^2 - 1) \cdot 6x$

$\quad\;\; = 6x \cdot \cos(3x^2 - 1)$

LK *Begründung:*

Der Beweis wird hier nur für Funktionen v geführt, bei denen für genügend kleine h immer $v(x+h) - v(x) \neq 0$ gilt. Für den Differenzenquotienten von f mit $f(x) = u(v(x))$ erhält man dann:

$$\frac{f(x+h) - f(x)}{h} = \frac{u(v(x+h)) - u(v(x))}{h} = \frac{u(v(x+h)) - u(v(x))}{h} \cdot \frac{v(x+h) - v(x)}{v(x+h) - v(x)}$$

$$= \frac{u(v(x+h)) - u(v(x))}{v(x+h) - v(x)} \cdot \frac{v(x+h) - v(x)}{h}$$

Für $h \to 0$ gilt $v(x+h) \to v(x)$ und damit

$$\frac{u(v(x+h)) - u(v(x))}{v(x+h) - v(x)} \to u'(v(x)) \text{ und } \frac{v(x+h) - v(x)}{h} \to v'(x).$$

Daraus folgt: $f'(x) = \lim\limits_{h \to 0} \frac{u(v(x+h)) - u(v(x))}{h} = u'(v(x)) \cdot v'(x)$

Üben

1 Geben Sie zu der Funktion f mit $f(x) = u(v(x))$ die äußere Funktion u und die innere Funktion v an.

a) $f(x) = \sqrt{5x+1}$ b) $f(x) = e^{3x}$ c) $f(x) = \cos(x^2 + x)$ d) $f(x) = \frac{5}{\sin(x)}$

e) $f(x) = (\cos(x))^5$ f) $f(x) = \sqrt[3]{\frac{1}{x^2}}$ g) $f(x) = \ln(\sqrt{x})$ h) $f(x) = (e^x)^{-3}$

2 Wenden Sie die Kettenregel an.

a) $f(x) = \sin(3x - 1)$ b) $f(x) = (\sin(x))^3$

c) $f(x) = \cos(x^2 + 3x - 1)$ d) $f(x) = (\sin(x) + 1)^2$

3 Bestimmen Sie die Ableitung der Funktion f einmal mithilfe der Kettenregel und zum anderen mit einer Termumformung. Vergleichen Sie die Ergebnisse.

a) $f(x) = (2x + 1)^2$ b) $f(x) = (x^2 - 3)^2$ c) $f(x) = (x^{11})^2$ d) $f(x) = (3x - x^6)^2$

4 Bestimmen Sie die Ableitung der Funktion f.

a) $f(x) = (6x - 1)^9$ b) $f(x) = (x^4 - 4)^{12}$

c) $f(x) = (x^2 + 2x)^6$ d) $f(x) = (\sin(x) + 3x)^3$

5 Elli hat bei ihren Hausaufgaben nicht alles richtig gemacht. Korrigieren Sie.

a) $f(x) = (2x^2 + 2)$
$f'(x) = 2 \cdot (2x^2 + 2)$

b) $f(x) = (3x + 1)^3$
$f'(x) = 3(3x + 1)^2$

c) $h(x) = \cos(3x^2 - x)$
$h'(x) = (3x - 1)\cos(3x^2 - x)$

6 Bestimmen Sie die Ableitung.

a) $f(x) = \sqrt{-2x + 3}$ b) $f(x) = \frac{1}{7x + 8}$

c) $g(z) = e^{(3z - 1)}$ d) $h(t) = 6 \cdot \cos(6t + \pi)$

e) $g(a) = \frac{4}{8 - 2a}$ f) $f(x) = 3\sin(2x - 4) + \sqrt{6 - x}$

LK **7** Bestimmen Sie die Ableitung.

a) $h(x) = \sin(3x^2 - 2x + 1)$ b) $g(a) = \frac{1}{a^3 - a^2}$

c) $f(x) = \sqrt{2x^2 - x + 1}$ d) $f(t) = e^{t^2 - 1}$

e) $h(x) = \cos(3e^x - 2)$ f) $g(t) = e^{\sin(t^2 + 2)}$

LK Ableitung der Exponentialfunktion f mit $f(x) = a^x$

LK **8** Begründen Sie, dass für positive reelle Zahlen a gilt $a^x = e^{x \cdot \ln(a)}$. Beweisen Sie dann damit den folgenden Satz:

Für die Funktion f mit $f(x) = a^x$ und $a \in \mathbb{R}^+$ gilt: $f'(x) = \ln(a) \cdot a^x$

LK **9** Bestimmen Sie die Ableitung.

a) $f(x) = 3^x$ b) $g(a) = 4^2 + a^2$ c) $h(t) = b^t - t^b$ d) $i(x) = k \cdot k^x$

Ableitung der natürlichen Logarithmusfunktion

10 Die blaue Rechnung begründet den folgenden Satz. Erläutern Sie die Rechnung.

Für die Funktion f mit $f(x) = \ln(x)$ gilt: $f'(x) = \frac{1}{x}$

$e^{\ln(x)} = x$

$e^{\ln(x)} \cdot (\ln(x))' = 1$

$(\ln(x))' = \frac{1}{x}$

11 Bestimmen Sie die Ableitung.

a) $f(x) = 5 \cdot \ln(x)$
b) $f(x) = \ln(3x + 5)$
c) $f(x) = (\ln(x))^3$
d) $f(x) = 5x + 8 \cdot \ln(2x^3)$

Produkt zweier Funktionen ableiten

12 Geben Sie den Differenzenquotienten eines Produkts $u(x) \cdot v(x)$ zweier Funktionen u und v an.
Bestimmen Sie dann die Flächeninhalte A_1 und A_2 in der Abbildung. Zerlegen Sie damit den Differenzenquotienten in zwei Summanden und untersuchen Sie das Verhalten dieser Summanden für $h \to 0$. Formulieren Sie eine Regel für die Ableitung eines Produkts $u(x) \cdot v(x)$ zweier Funktionen.

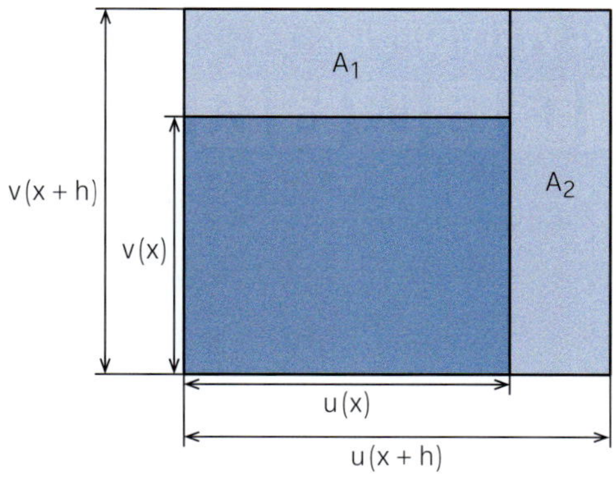

Information

WES-125991-182

Produktregel

Satz: Haben die Funktionen u und v die Ableitungen u′ und v′, so gilt für die Funktion f mit $f(x) = u(x) \cdot v(x)$ folgende Ableitungsregel:

$$\mathbf{f'(x) = u'(x) \cdot v(x) + u(x) \cdot v'(x)}$$

kurz: $(u \cdot v)' = u' \cdot v + u \cdot v'$

$f(x) = x^2 \cdot \cos(x)$

$u(x) = x^2 \qquad v(x) = \cos(x)$

$u'(x) = 2x \qquad v'(x) = -\sin(x)$

$f'(x) = 2x \cdot \cos(x) + x^2 \cdot (-\sin(x))$
$\quad = 2x \cdot \cos(x) - x^2 \cdot \sin(x)$

Begründung: Für den Differenzenquotienten von f mit $f(x) = u(x) \cdot v(x)$ erhält man:

Der blau gefärbte Term hat den Wert 0.

$$\frac{f(x+h) - f(x)}{h} = \frac{u(x+h) \cdot v(x+h) - u(x) \cdot v(x) + u(x) \cdot v(x+h) - u(x) \cdot v(x+h)}{h}$$

$$= \frac{u(x+h) \cdot v(x+h) - u(x) \cdot v(x+h)}{h} + \frac{u(x) \cdot v(x+h) - u(x) \cdot v(x)}{h}$$

$$= \frac{u(x+h) - u(x)}{h} \cdot v(x+h) + u(x) \cdot \frac{v(x+h) - v(x)}{h}$$

Für $h \to 0$ gilt $v(x+h) \to v(x)$, $\frac{u(x+h) - u(x)}{h} \to u'(x)$ und $\frac{v(x+h) - v(x)}{h} \to v'(x)$.

Daraus folgt: $f'(x) = \lim\limits_{h \to 0} \frac{u(x+h) \cdot v(x+h) - u(x) \cdot v(x)}{h} = u'(x) \cdot v(x) + u(x) \cdot v'(x)$

13 Wenden Sie die Produktregel an.

a) $f(x) = x^3 \cdot \sin(x)$
b) $f(x) = e^x \cdot \cos(x)$
c) $f(x) = 2e^x \cdot x^3$
d) $f(x) = x^2 \cdot \cos(x)$
e) $f(x) = x \cdot \ln(x)$
f) $f(x) = e^x \cdot \ln(x)$

LK **14** Bilden Sie die Ableitung.

a) $f(x) = (\sin(x) - 2x)^2$
b) $h(t) = \ln(t) \cdot \sin(3t - 1)$
c) $g(z) = (2z^2 - z + 1) \cdot \sqrt{3z}$
d) $h(x) = a^x \cdot \cos(b^x)$
e) $g(x) = (x^2 - 4)^{60} \cdot (12 - x)^{80}$
f) $f(t) = \sqrt{z} \cdot \sin(t) \cdot e^t$

15 Liefert die Ableitung mithilfe der Produktregel das erwartete Ergebnis?

a) $f(x) = x^3 \cdot x^5$
b) $f(t) = \sqrt{t} \cdot \sqrt{t}$
c) $g(x) = \frac{1}{x} \cdot x$
d) $h(x) = a^x \cdot b^x$

LK **16** Leiten Sie eine Regel zur Ableitung einer Funktion f mit $f(x) = \frac{u(x)}{v(x)}$ her, indem Sie diesen Fall auf die Produktregel zurückführen.

LK **17** Die Tangensfunktion ist definiert durch $\tan(x) = \frac{\sin(x)}{\cos(x)}$.
Ermitteln Sie die Ableitungsfunktion der Tangensfunktion und vergleichen Sie Ihr Ergebnis mit der Angabe in der Formelsammlung.

LK **18** Bestimmen Sie die Ableitung der Funktion f.

a) $f(x) = x \cdot \sin(3x)$
b) $f(x) = (\sin(x))^2$
c) $f(x) = \sin(x^2)$
d) $f(x) = (\sin(x))^2 + (\cos(x))^2$
e) $f(x) = \ln(x^2 + 1)$
f) $f(x) = (\ln(x))^2$

LK **19** Der Graph der Funktion f mit $f(x) = x \cdot \sin(x)$ pendelt zwischen den Graphen der beiden Winkelhalbierenden mit den Gleichungen $y = x$ und $y = -x$.

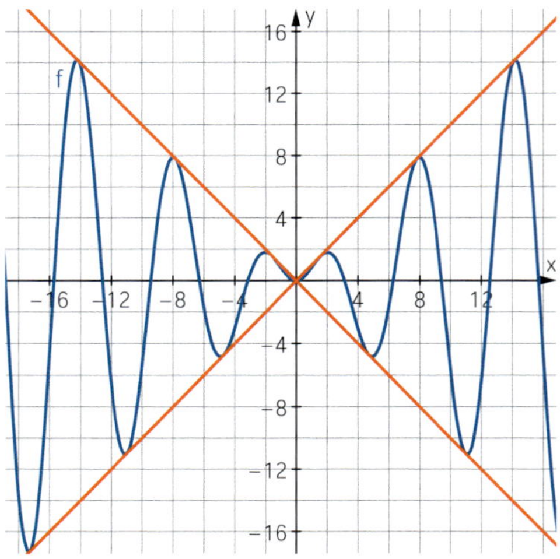

a) Begründen Sie die Symmetrie des Graphen von f am Funktionsterm.

b) Berechnen Sie die gemeinsamen Punkte des Graphen von f mit den Winkelhalbierenden.

c) Niko sagt: „Die Extrempunkte des Graphen von f liegen auf den Winkelhalbierenden."
Überprüfen Sie seine Behauptung mit einem Rechner.

d) Begründen Sie mithilfe der Ableitung, dass der Graph von f beliebig große Steigungen aufweist.

1.9 Tangenten und Normalen

Einstieg

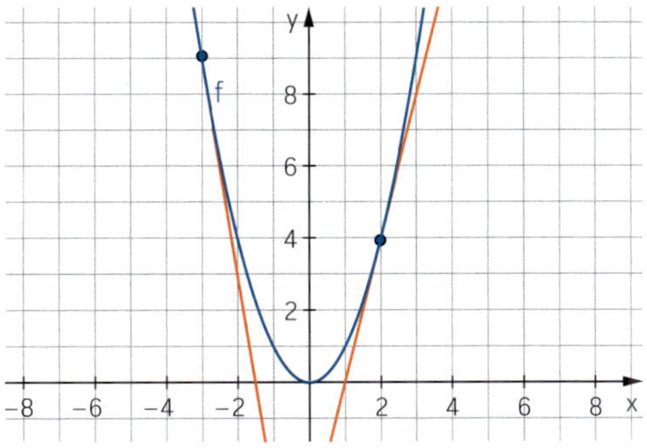

Betrachten Sie den Graphen der Funktion zu $f(x) = x^2$. Ein Partner bestimmt die Gleichung der Tangente an der Stelle 2, der andere an der Stelle – 3. Vergleichen Sie anschließend die Ergebnisse und entwickeln Sie daraus eine Vermutung für die Gleichung der Tangente an einer beliebigen Stelle x_0. Beweisen Sie Ihre Vermutung.

Aufgabe mit Lösung

Bestimmung der Normalengleichung

Die Fahrbahn einer Halfpipe muss gegen Belastungen abgestützt sein. Eine solche Stütze wird idealerweise orthogonal zur gekrümmten Fahrbahn konstruiert. Dazu bestimmt man im Berührpunkt zunächst die Tangente und dann die zu ihr orthogonale Gerade, die sogenannte *Normale*.

Der untere Teil einer Fahrbahn wird durch die Funktion f mit $f(x) = \frac{1}{40}x^4$ modelliert.

→ Beschreiben Sie die Stütze durch die Normale an der Stelle $x_0 = 2$. Ermitteln Sie eine Gleichung für diese Normale.

Lösung

Die Tangente an den Graphen von f an der Stelle $x_0 = 2$ verläuft durch den Punkt $P(2\,|\,f(2))$, also $P(2\,|\,0{,}4)$, und hat die Steigung $f'(2) = \frac{1}{10} \cdot 2^3 = 0{,}8$.

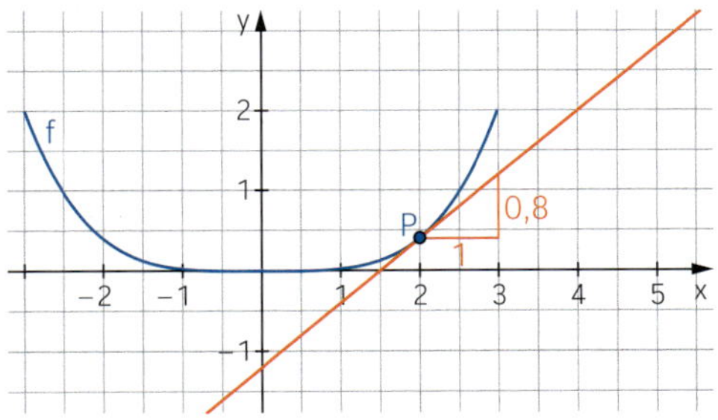

Damit erhält man als Tangentengleichung:

$y = 0{,}8x + n$ (bekannten Punkt einsetzen)

$0{,}4 = 0{,}8 \cdot 2 + n$ (n berechnen)

$0{,}4 = 1{,}6 + n$

$-1{,}2 = n$

Die Gleichung der Geraden lautet somit $y = 0{,}8x - 1{,}2$.

Um die Normale zu erhalten, dreht man die Tangente zusammen mit dem Steigungsdreieck um den Punkt P um 90°. Die beiden Katheten des Steigungsdreiecks tauschen ihre Rollen, zugleich ändert die Steigung ihr Vorzeichen.

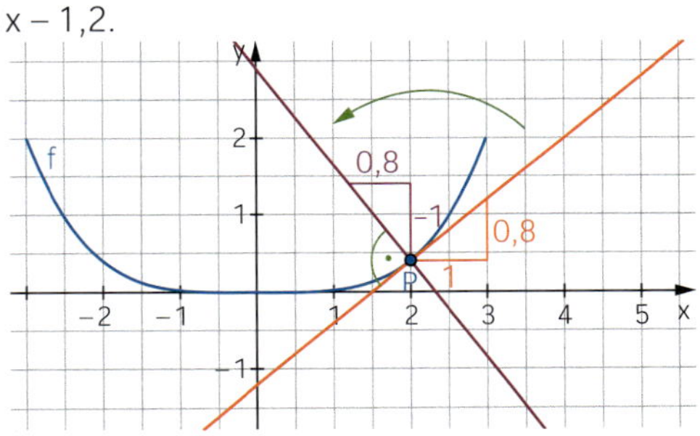

Damit erhält man als Normalengleichung:

$y = \frac{-1}{0{,}8}x + n$ (bekannten Punkt einsetzen)

$0{,}4 = -1{,}25 \cdot 2 + n$ (n berechnen)

$0{,}4 = -2{,}5 + n$

$2{,}9 = n$

Die Gleichung der Normalen lautet somit $y = -1{,}25x + 2{,}9$.

Information

WES-125991-191

WES-125991-192
Rechnerhilfen

Tangente und Normale

Die Orthogonale zur Tangente an den Graphen einer Funktion f im Punkt $P(x_0|f(x_0))$ heißt **Normale** an den Graphen von f im Punkt P bzw. an der Stelle x_0.

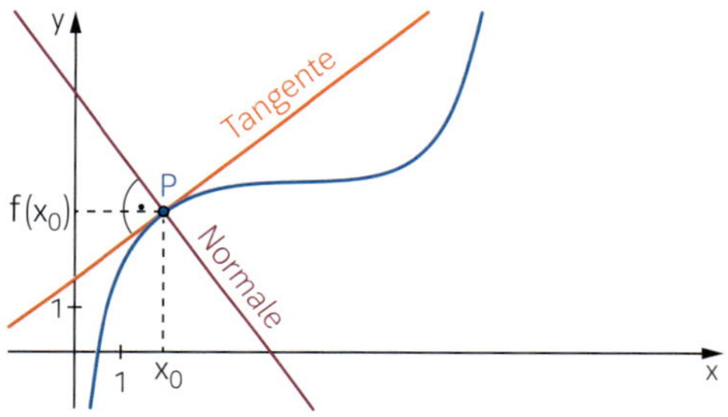

Orthogonalitätsbedingung

Satz:
Hat die Gerade g die Steigung $m \neq 0$, so hat jede zu g orthogonale Gerade die Steigung $-\frac{1}{m}$.

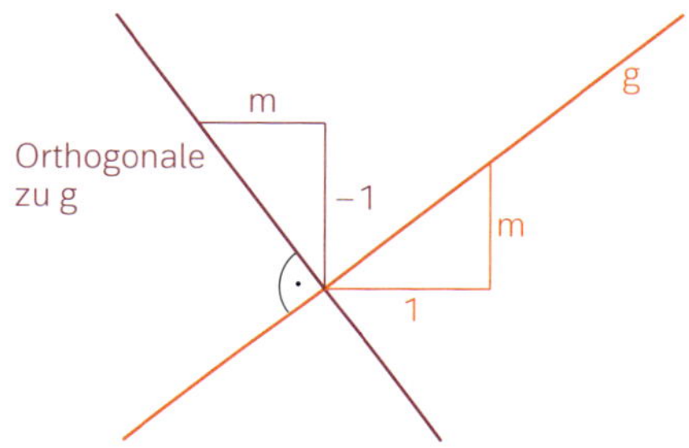

Bestimmung der Tangentengleichung

Die Tangente an den Graphen der Funktion f an der Stelle x_0 ist die Gerade mit der Steigung $f'(x_0)$ durch den Punkt $P(x_0|f(x_0))$.

- Ansatz für die Gleichung der Tangente:
  $y = mx + n$
- Die Ableitung an der Stelle x_0 ist die Steigung der Tangente:
  $\mathbf{m = f'(x_0)}$, also $y = f'(x_0) \cdot x + n$
- Die Koordinaten von P in die Gleichung einsetzen und nach n auflösen:
  $f(x_0) = f'(x_0) \cdot x_0 + n$
  $n = f(x_0) - f'(x_0) \cdot x_0$

Bestimmung der Normalengleichung

Die Normale durch einen Punkt $P(x_0|f(x_0))$ des Graphen von f ist die orthogonale Gerade zur Tangenten an der Stelle x_0.

- Ansatz für die Gleichung der Normalen:
  $y = mx + n$
- Steigung der Normalen ist der negative Kehrwert der Steigung der Tangente:
  $m = -\frac{1}{f'(x_0)}$
- Die Koordinaten von P in die Gleichung einsetzen und nach n auflösen:
  $f(x_0) = -\frac{1}{f'(x_0)} \cdot x_0 + n$
  $n = f(x_0) \cdot \frac{1}{f'(x_0)} \cdot x_0$

Üben

1 Eine Tangente an den Graphen einer Funktion f hat die Gleichung $y = 2x + 2$.
Geben Sie die Gleichung der zugehörigen Normalen durch den Punkt $P(3|8)$ an.

2 Eine Normale an den Graphen einer Funktion f hat die Gleichung $y = \frac{1}{2}x - \frac{9}{2}$.
Geben Sie die Gleichung der zugehörigen Tangente durch den Punkt $Q(-5|-7)$ an.

3 Gegeben ist die Funktion f mit $f(x) = \frac{1}{8}x^4$.

a) Berechnen Sie die Gleichung der Tangente und der Normalen an den Graphen von f im Punkt
(1) $P(2|f(2))$, (2) $Q(-1|f(-1))$.

b) Ermitteln Sie, in welchem Punkt die Normale an den Graphen von f die Steigung $m = 16$ hat.

4 Eine Tangente durch den Punkt $P(2|8)$ an den Graphen einer Funktion f hat die Steigung 0,8. Bestimmen Sie die Gleichung der Tangente und der Normalen durch P.

5 Gegeben ist die Funktion f mit $f(x) = -4x^3 + 6x^2 - 1$.

a) Bestimmen Sie die Gleichung der Normalen des Graphen an der Stelle $x = \frac{1}{2}$.

b) Die Tangente im Tiefpunkt des Graphen von f schneidet den Graphen in einem Punkt S. Berechnen Sie die Koordinaten von S. Ermitteln Sie eine Gleichung für diese Normale.

6 Untersuchen Sie, ob sich die Graphen der Funktionen f und g an der Stelle x_0 orthogonal schneiden.

a) $f(x) = \frac{4}{5}x - 1$; $g(x) = -1{,}25x + 9{,}25$; $x_0 = 5$

b) $f(x) = 3x + 2$; $g(x) = -\frac{1}{3}x - 4$; $x_0 = 2$

c) $f(x) = -x^2$; $g(x) = x - \frac{3}{4}$; $x_0 = 0{,}5$

d) $f(x) = x^2 + 3x$; $g(x) = 2x^3 - 7x$; $x_0 = -2$

Orthogonalität von Funktionsgraphen

$f(x) = \frac{1}{8}x^2$; $g(x) = x^2 - 6x$ und $x_0 = 2$

Zu prüfende Bedingung: $f'(x_0) \cdot g'(x_0) = -1$

Steigung der Tangenten bestimmen :

$f'(x) = \frac{1}{4}x$ $\quad f'(2) = \frac{1}{4} \cdot 2 = \frac{1}{2}$

$g'(x) = 2x - 6$ $\quad g'(2) = 2 \cdot 2 - 6 = -2$

Einsetzen: $f'(2) \cdot g'(2) = \frac{1}{2} \cdot (-2) = -1$ ✓

Die Graphen von f und g schneiden sich orthogonal an der Stelle $x_0 = 2$.

7 Gegeben ist die Funktion f mit $f(x) = 4x^2 - \frac{1}{6}x^3$.

a) Bestimmen Sie die Gleichung der Tangente und der Normalen an den Graphen von f an der Stelle −1.

b) Ermitteln Sie die Stelle, an der der Graph von f eine Tangente hat, die parallel zur Geraden $y = 8x + 32$ verläuft.

c) Untersuchen Sie, ob der Graph von f den Graphen von g mit $g(x) = -\frac{1}{6}x^2 + 4x$ an der Stelle 1 orthogonal schneidet.

d) Ermitteln Sie, ob es Punkte gibt, in denen die Normale an den Graphen von f die Steigung $m = 0{,}025$ hat.

e) Untersuchen Sie, ob es Punkte auf dem Graphen von f gibt, an denen die Normale parallel zur y-Achse bzw. x-Achse verläuft.

8 Bestimmen Sie die Gleichung der Tangente und der Normalen im Punkt P an den Graphen von f.

a) $f(x) = x^3$; $P(2 \mid f(2))$

b) $f(x) = 2\sqrt{x}$; $P(4 \mid f(4))$

c) $f(x) = 3x^{-1} + 2x$; $P(2 \mid f(2))$

d) $f(x) = \frac{1}{\sqrt{x}}$; $P(4 \mid f(4))$

$f(x) = x^4$; $x = -2$,
$f'(x) = 4x^2$, $f'(-2) = 4(-2)^3 = -32$.
Gleichung der Tangente durch $P(-2 \mid 16)$:
$y = m \cdot x + n$
Aus $16 = -32 \cdot (-2) + n$ folgt $n = -48$.
Gleichung der Tangente: $y = -32x - 48$

9 An welchen Stellen x_0 haben die Tangenten an die Graphen der Funktionen f und g mit $f(x) = x^2$ und $g(x) = x^3$ den gleichen Anstieg?

LK 10 Gegeben sind die Funktionen f und g mit $f(x) = x^2$ und $g(x) = x^3$. Weiterhin ist t_a die Tangente an den Graphen von f an der Stelle a und t_b die Tangente an den Graphen von g an der Stelle b.

a) Wählen Sie a und b so, dass sich die Tangenten an der Stelle $x = 1$ schneiden.

b) Wählen Sie a und b so, dass die beiden Tangenten parallel zueinander verlaufen.

11 Gegeben ist die Funktion f mit $f(x) = x^3$.

a) Bestimmen Sie alle Stellen, an denen die Tangente an den Graphen von f die Steigung 4,32 hat.

b) Bestimmen Sie den Abstand dieser Tangenten.

12 Die Tangenten an den Graphen der Funktion f mit $f(x) = x^4$ an den Stellen $x = 2$ und $x = 4$ schließen zusammen mit der x-Achse ein Dreieck ein.
Fertigen Sie eine Skizze an und bestimmen Sie den Flächeninhalt dieses Dreiecks.

13 Gegeben ist die Funktion f mit $f(x) = \frac{1}{3}x^3 - 2x + 1$.

a) Bestimmen Sie die Gleichung der Tangente t an den Graphen von f an der Stelle $x = 0$.

b) Untersuchen Sie, ob es Tangenten an den Graphen von f gibt, die zur Tangente t aus Teilaufgabe a) parallel sind.

c) Bestimmen Sie die Gleichungen aller Tangenten an den Graphen der Funktion f mit der Steigung 7.

LK 14 Gegeben ist die Funktion f mit $f(x) = \frac{1}{x}$.

a) Zeigen Sie, dass zu einer Tangente t_a an den Graphen von f an der Stelle $a > 0$ die Gleichung $t_a(x) = -\frac{x}{a^2} + \frac{2}{a}$ gehört.

b) Bestimmen Sie die Schnittpunkte dieser Tangente mit den Koordinatenachsen in Abhängigkeit von a.

c) Zeigen Sie, dass der Flächeninhalt der Fläche, die t_a mit den Koordinatenachsen einschließt, unabhängig von a ist.

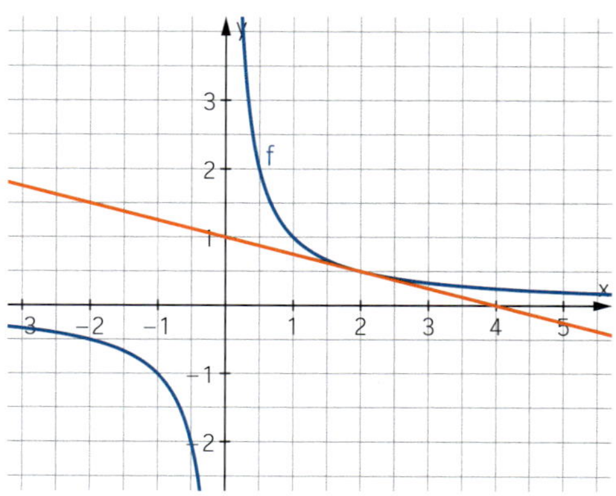

15 Die Tangente an den Graphen der Funktion f mit $f(x) = \frac{a}{x^3}$ im Punkt $P(-1\,|\,f(-1))$ hat die Gleichung $y = -9x - 12$. Bestimmen Sie den Wert von a.

LK 16 Zeigen Sie, dass die Tangente an einer Stelle a an den Graphen der Funktion f mit $f(x) = \frac{1}{x^n}$, $n > 0$ und $n \in \mathbb{N}$ die x-Achse im Punkt $P\left(\frac{n+1}{n}a\,\middle|\,0\right)$ schneidet.

Steigungswinkel einer Tangente

17 Die Abbildung zeigt den Graphen einer Funktion f und die Tangente im Punkt P. Wie könnte man den Steigungswinkel α dieser Tangente bestimmen?

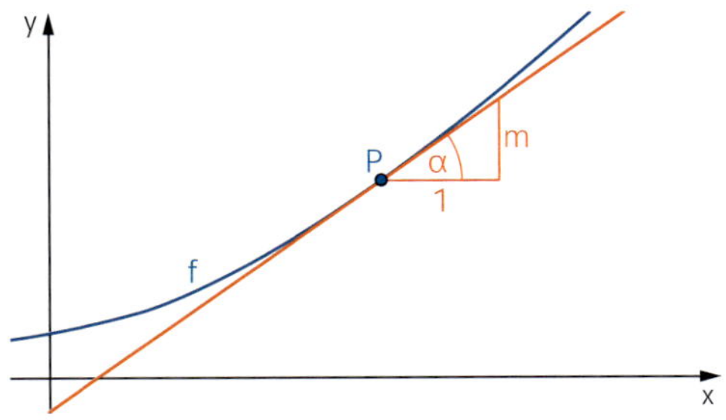

Information

WES-125991-193

Steigungswinkel einer Funktion an einer Stelle

Unter dem **Steigungswinkel** α einer Funktion f an der Stelle x_0 versteht man den Winkel zwischen der Tangente an den Graphen von f an der Stelle x_0 und der x-Achse.

Satz:
Für den Steigungswinkel α einer Funktion f gilt:
$\tan(\alpha) = f'(x_0)$

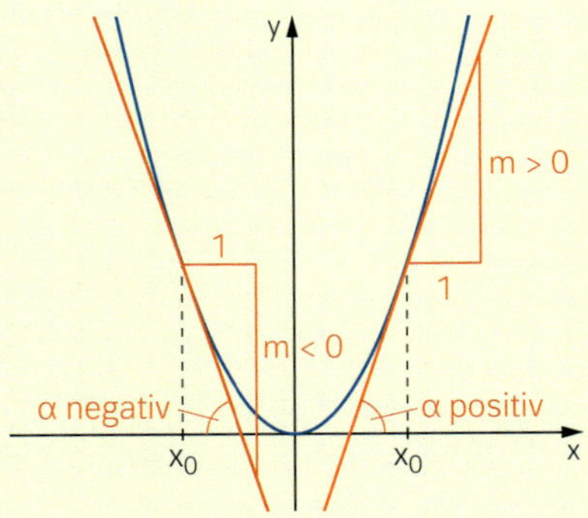

18 Berechnen Sie für die Funktion f die Größe des Steigungswinkels α an der Stelle x_0.

a) $f(x) = \frac{1}{2}x^2 + 4$; $x_0 = -1$

b) $f(x) = 2x^3 - 5x$; $x_0 = \frac{1}{2}$

c) $f(x) = -x^2 + 2x - 3$; $x_0 = -2$

Steigungswinkel α berechnen

$f(x) = 3x^4$ und $x_0 = -2$

Ansatz: $\tan(\alpha) = f'(x_0)$

Ableitung an der Stelle x_0 berechnen:

$f'(-2) = 2 \cdot (-2)^3$
$= 12 \cdot (-8) = -96$

Einsetzen und auflösen:

$\tan(\alpha) = -96$, also $\alpha \approx -89{,}4°$

19 ≡ Die Flughöhe eines Styropor-Segelflugzeugs wird durch die Funktion f mit $f(x) = -\frac{1}{15}x^4 + \frac{1}{3}x^3$ beschrieben (x in Metern in der Horizontalen mit $x \geq 0$; f(x) in Metern). Nachdem das Flugzeug 4 m weit geflogen ist, segelt es geradlinig bis zum Boden. Beschreiben Sie den Landevorgang durch eine Funktion g. Bestimmen Sie die gesamte Flugweite und den Winkel, in dem das Flugzeug auf den Boden auftrifft.

20 ≡ Die Heini-Klopfer-Skiflugschanze in Oberstdorf ermöglicht Sprungweiten über 200 m. Die Anlaufbahn der Schanze besteht aus einem geradlinigen Anlauf und dem Schanzentisch, an dem der Absprung erfolgt. Die Funktion f mit $f(x) = -0{,}0005x^3 - 0{,}2x$ modelliert den Schanzentisch, dabei werden x und f(x) in Metern angegeben mit $x \in [-20; 0]$. Der Absprung vom Schanzentisch liegt dabei in $O(0|0)$.

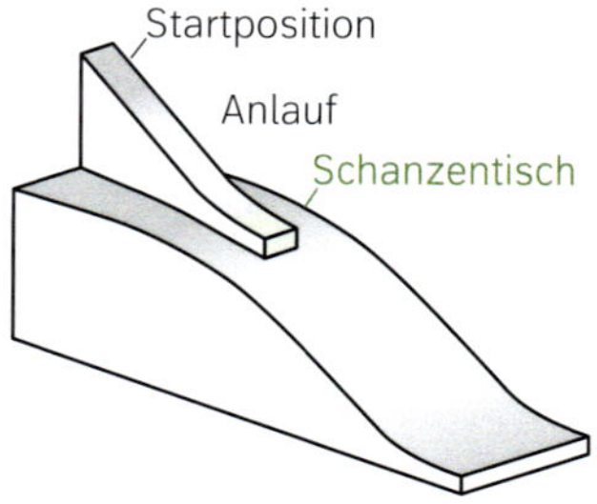

a) An der Stelle –20 befindet sich der Übergang vom geradlinigen Anlauf in den Schanzentisch. Bestimmen Sie die Gleichung einer Funktion, die den geradlinigen Anlauf modelliert.

b) Berechnen Sie den Neigungswinkel des geradlinigen Anlaufs.

21 ≡ Gegeben ist die Funktion f mit $f(x) = 3x^2$.

a) Bestimmen Sie die Gleichung der Tangente an den Graphen von f im Punkt $P(3|f(3))$. Welchen Winkel schließen die Tangente und die x-Achse ein?

b) Übertragen Sie Ihre Überlegungen aus Teilaufgabe a) allgemein auf einen Punkt $P(x_0|f(x_0))$.

c) In welchem Punkt schneiden sich die Tangenten an den Graphen von f an den Stellen 1 und 2? Berechnen Sie den Schnittwinkel der beiden Tangenten.

d) Eine Normale durch den Punkt P an den Graphen von f schneidet die x-Achse in einem Winkel von 60°. Bestimmen Sie die Koordinaten des Punktes P.

e) Der Graph von f hat an der Stelle x_0 die Steigung 96. Bestimmen Sie die Stelle x_0.

f) Bestimmen Sie die Steigung der Funktion h mit $h(x) = \frac{1}{3} \cdot f(x)$ an der Stelle 4.

22 ≡ Ein Wirtschaftsweg führt über ein Tal und hat eine konstante Steigung von 10 %. Die Fahrbahnplatte liegt auf einem parabelförmigen Brückenbogen auf.

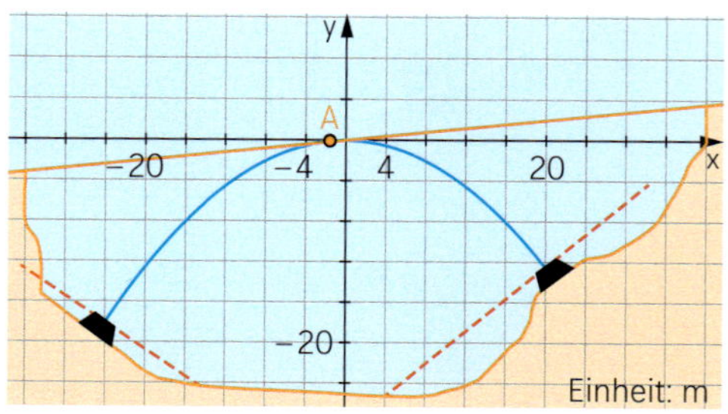

a) Berechnen Sie die Koordinaten des Punktes A, in dem die Unterkante der Fahrbahnplatte am Brückenbogen aufliegt.

b) Geben Sie eine Gleichung für die Gerade an, welche die Unterkante der Fahrbahnplatte beschreibt.

c) Die Stellen, an denen der Brückenbogen orthogonal auf die Verankerungen trifft, sind rechts 20 m und links 24 m von der Symmetrieachse der Parabel entfernt. Geben Sie die Gleichungen für die Gerade an, welche die Oberseite der Verankerungen beschreiben.

23 Überprüfen Sie die Aussage über den Steigungswinkel α im folgenden Artikel.

Die Hängebrücke in Duisburg kann aus ihrer Normallage nach oben gezogen werden. Das Tragwerk und der Fußweg bilden dabei jeweils unterschiedlich gekrümmte Parabeln. In der höchsten Lage liegt der Scheitelpunkt 9 Meter über dem Normalniveau und der Steigungswinkel α des Fußweges erreicht fast 45°.

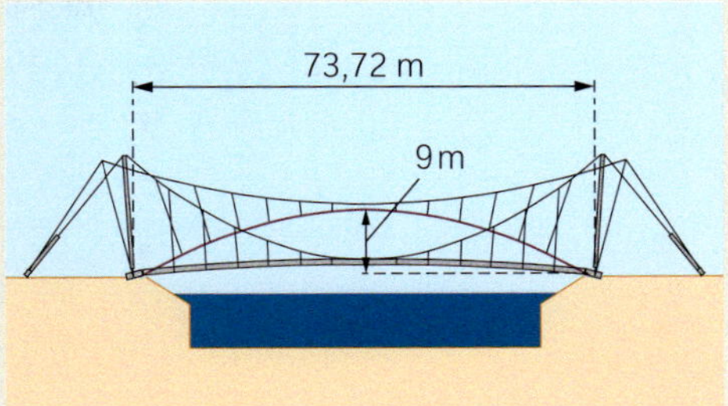

24 Die Parabelkirche in Gelsenkirchen wurde von dem Architekten Josef Franke in den Jahren 1927 bis 1929 erbaut. Beim Bau des Kirchenmittelschiffes (bei einer Breite b von 10 Metern und einer Höhe h von 15 Metern) wurden die in den Boden eingelassenen Stützpfeiler aus Fertigungsgründen als einfache Geradenstücke, nicht mehr als Parabelstücke angefertigt.

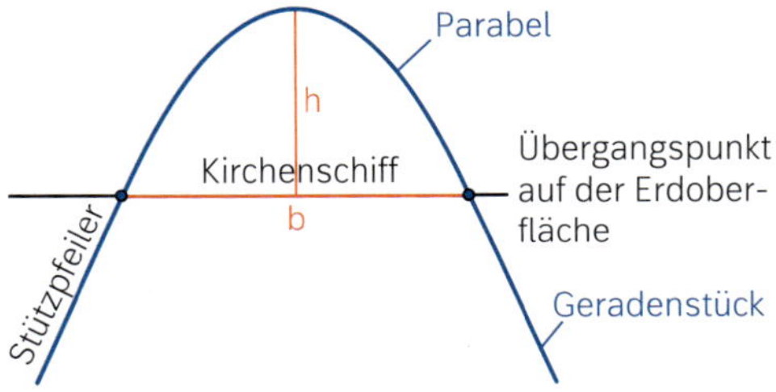

a) Wählen Sie ein Koordinatensystem und bestimmen Sie eine Parabelgleichung.

b) Berechnen Sie die Steigung eines in den Boden eingelassenen geraden Stützpfeilers.

c) Welchen Winkel schließen Pfeiler und Erdboden miteinander ein?

d) Ermitteln Sie Gleichungen für die Stützpfeiler.

WES-125991-194
Rechnereinsatz

LK **25** Vom Punkt $P(-1\,|\,-1)$ sind zwei Tangenten an den Graphen der Funktion f mit $f(x) = x^2$ gezeichnet.

a) Bestimmen Sie die Koordinaten der Berührungspunkte.

b) Bestimmen Sie die Gleichungen der beiden Tangenten.

c) Berechnen Sie den Mittelpunkt der Strecke zwischen den Berührungspunkten.
Was fällt auf?

26 Gegeben ist die Gleichung der Normalparabel $y = x^2$ sowie die Gleichung $y = x^2 - 4$ einer zweite Parabel.

a) Bestimmen Sie mehrere Tangenten an die Normalparabel und berechnen Sie deren Schnittpunkte mit der zweiten Parabel. Äußern Sie eine Vermutung über die Lage der Schnittpunkte im Vergleich mit dem jeweiligen Berührungspunkt der Tangente.

b) Übertragen Sie Ihre Vermutung aus Teilaufgabe a) auf eine beliebige zweite Parabel mit der Gleichung $y = x^2 - k$ und beweisen Sie die Vermutung.

Die Entstehung der Differentialrechnung

Bereits Pierre de Fermat (1607–1665) leistete einen ersten Beitrag zur Bestimmung der Steigung einer Tangente an den Graphen einer Funktion. Zwischen 1665 und 1676 machten dann Isaac Newton (1643–1727) und Gottfried Wilhelm Leibniz (1646–1716) unabhängig voneinander die entscheidenden mathematischen Entdeckungen, auf denen die Differentialrechnung beruht.
Eine strenge Begründung der Differentialrechnung und eine exakte Definition der Ableitung gelangen erst im 19. Jahrhundert durch Augustin-Louis Cauchy (1789–1857) und Karl Weierstrass (1815–1897). Cauchy definierte die Ableitung geometrisch als Grenzwert von Sekantensteigungen und Weierstrass präzisierte den Begriff des Grenzwerts. Die heute bekannten Ableitungsregeln gehen vor allem auf Werke von Leonhard Euler (1707–1783) zurück. Erst 1961 gelang es Abraham Robinson (1918–1974), eine exakte Theorie der Differentialrechnung auf der Grundlage von unendlich kleinen Zahlen aufzustellen.

Isaac Newton (1643–1727) war ein englischer Physiker und Mathematiker. Er war Professor in Cambridge und später Direktor der königlichen Münze. Zu seinen bekanntesten Errungenschaften gehören die nach ihm benannten Bewegungsgesetze der klassischen Mechanik und seine Forschungen in der Optik. Newton ist in Westminster Abbey begraben.

Gottfried Wilhelm Leibniz (1646–1716) war ein deutscher Universalgelehrter. Er war Diplomat in Paris und später Bibliothekar in Hannover. Als Philosoph und Logiker ist er weltberühmt. Von ihm stammen viele Erfindungen, unter anderem auch eine Rechenmaschine. Das Grab von Leibniz ist in der Kirche St. Johannis in Hannover.

1 Tragen Sie weitere Informationen über die Mathematiker Newton und Leibniz sowie ihre Beiträge für die Wissenschaft zusammen.

2 Zwischen NEWTON und LEIBNIZ entbrannte ein heftiger Streit darüber, wer die Entdeckung zur Differentialrechnung als Erster gemacht hat. Informieren Sie sich im Internet über den wohl heftigsten Prioritätsstreit in der Wissenschaftsgeschichte.

3 Erläutern Sie die unterschiedlichen Vorgehensweisen der beiden Wissenschaftler bei der Bestimmung der Ableitung.

NEWTON ging von mechanischen Problemen aus. Er stellte sich ein Kurvenstück als Graphen einer Funktion vor, die den Weg s eines Punktes in Abhängigkeit von der Zeit t beschreibt. Die Wegdifferenz über einem Zeitintervall $[t; t_1]$ ergibt sich dann aus $s(t_1) - s(t)$.

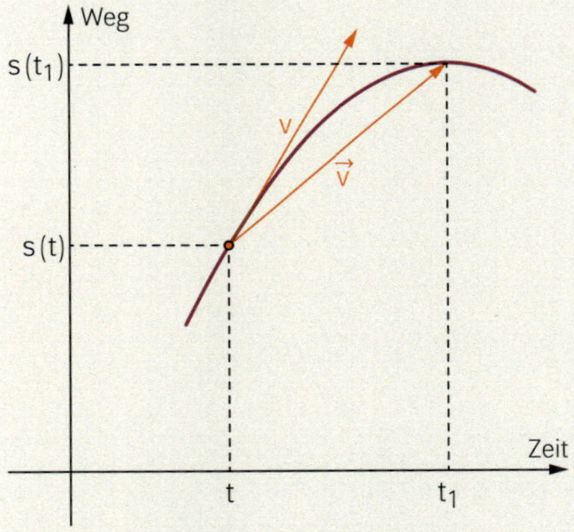

Für die mittlere Geschwindigkeit $\overline{v}$ im Intervall gilt $\overline{v} = \frac{s(t_1) - s(t)}{t_1 - t}$.
Für beliebig kleine Zeitspannen $[t; t_1]$, $[t; t_2]$, $[t; t_3]$, ..., $[t; t_n]$ ergibt sich daraus die Momentangeschwindigkeit v mit $v = \dot{s}(t) = \lim\limits_{t_n \to t} \frac{s(t_n) - s(t)}{t_n - t}$ als Grenzwert von mittleren Geschwindigkeiten.
NEWTON verwendete für die Ableitung Punkte über den Buchstaben. Diese Bezeichnung wird auch heute noch in der Physik verwendet.

LEIBNIZ stellte sich ein Kurvenstück als ein Polygon mit unendlich vielen Ecken vor, die beliebig nah beieinander liegen. Zwischen zwei benachbarten Ecken konnte er beliebig kleine Steigungsdreiecke anlegen. Die Längen der Katheten sind beliebig kleine Zahlen $\Delta x = x - x_0$ und $\Delta y = y - y_0$.

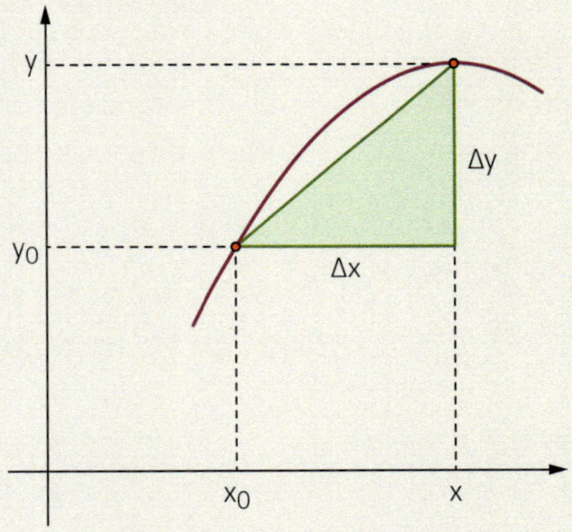

Für die Sekantensteigung m gilt $m = \frac{\Delta y}{\Delta x}$. Für beliebig kleine Zahlen Δx und Δy ergibt sich dann $f'(x) = \frac{dy}{dx}$ (gelesen dy nach dx).
LEIBNIZ betrachte $\frac{dy}{dx}$ nicht als Grenzwert, sondern als geometrisches Phänomen von Kurven. Das Symbol $\frac{dy}{dx}$, das er eingeführt hat, findet man heute noch in vielen Taschenrechnern.
LEIBNIZ bewies auch die Ableitungsregeln für Summen, Produkte, Quotienten und Potenzfunktionen.

Die Folgen des Prioritätsstreits zwischen NEWTON und LEIBNIZ führten auch dazu, dass die britischen Mathematiker die Schreibweise von NEWTON verwenden, während ihre Kollegen auf der anderen Seite des Ärmelkanals die Schreibweise von LEIBNIZ nutzen.

Das Wichtigste auf einen Blick

Mittlere Änderungsrate einer Funktion – Steigung der Sekante

Die **mittlere Änderungsrate** einer Funktion f in einem Intervall [a; b] berechnet man mit dem Term $\frac{f(b) - f(a)}{b - a}$. Dieser Bruch heißt **Differenzenquotient**, da Zähler und Nenner Differenzen sind.

Geometrisch gedeutet gibt der Differenzenquotient die **Steigung der Sekante** durch die Punkte $P(a|f(a))$ und $Q(b|f(b))$ auf dem Graphen von f an.

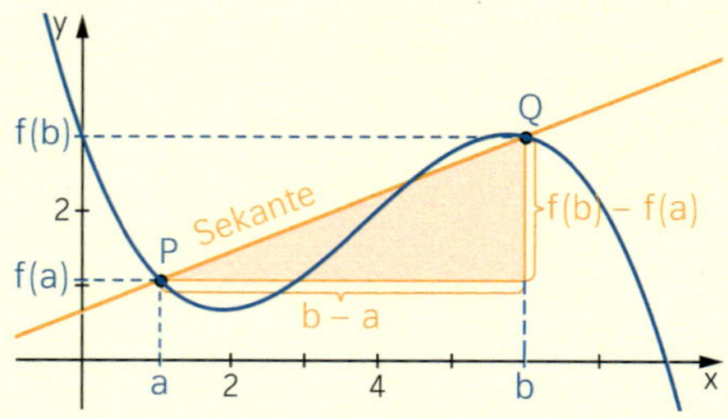

$f(x) = -\frac{1}{12}x^3 + \frac{23}{24}x^2 - \frac{11}{4}x + 3$

Intervall [1; 6]

$m = \frac{f(6) - f(1)}{6 - 1} = \frac{3 - \frac{9}{8}}{5} = \frac{3}{8} = 0{,}375$

Ableitung einer Funktion an einer Stelle – lokale Änderungsrate

Kommt bei der Annäherung von x gegen x_0 der Differenzenquotient einer Zahl beliebig nah, so wird diese der **Grenzwert des Differenzenquotienten** oder auch **Differentialquotient** genannt und mit $\lim\limits_{x \to x_0} \frac{f(x) - f(x_0)}{x - x_0}$ bezeichnet.

Man schreibt dafür kurz $f'(x_0)$ und nennt dies die **Ableitung von f an der Stelle x_0**.

$f'(x_0) = \lim\limits_{x \to x_0} \frac{f(x) - f(x_0)}{x - x_0}$

Bei Verwendung der **h-Schreibweise** erhält man:

$f'(x_0) = \lim\limits_{h \to 0} \frac{f(x_0 + h) - f(x_0)}{h}$

Die Ableitung $f'(x_0)$ der Funktion f an der Stelle x_0 wird in Sachsituationen als **lokale Änderungsrate** einer Funktion an der Stelle x_0 bezeichnet.

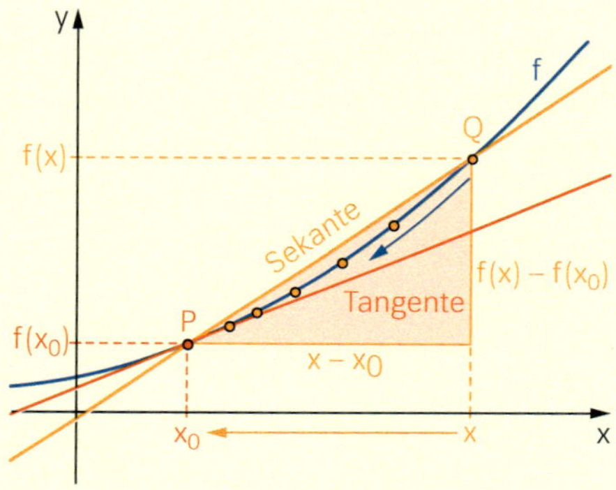

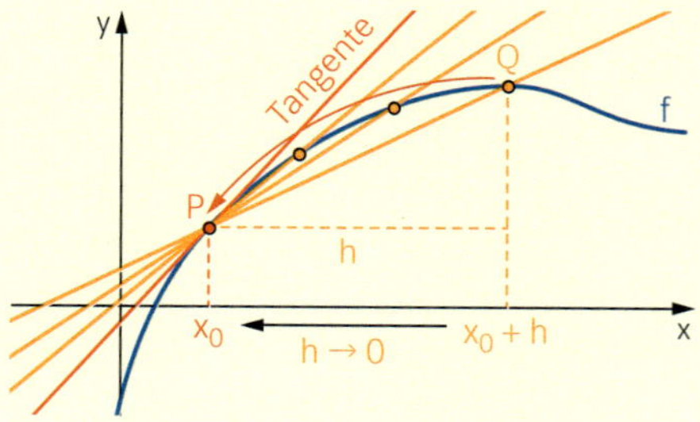

Begriff der Tangente – Steigung eines Graphen in einem Punkt

Eine **Tangente** an den Graphen einer Funktion f in einem Punkt $P(x_0|f(x_0))$ des Graphen ist eine Gerade durch P mit der Steigung $f'(x_0)$. Sie hat die Geradengleichung: $\mathbf{y = f'(x_0) \cdot (x - x_0) + f(x_0)}$

Die **Steigung des Graphen von f im Punkt P** ist die Steigung der Tangente an den Graphen von f im Punkt P, also $f'(x_0)$.

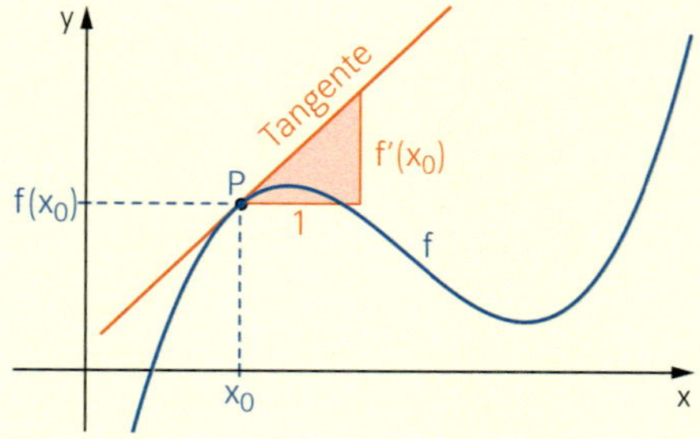

Das Wichtigste auf einen Blick

Ableitungsfunktion – Hoch-, Tief- und Sattelpunkte

Die Funktion, die jeder Stelle x die Ableitung f'(x) der Funktion f an dieser Stelle zuordnet, wird als **Ableitungsfunktion f'** bezeichnet.

Hochpunkte, **Tiefpunkte** oder **Sattelpunkte** liegen an Stellen, an denen der Funktionsgraph eine waagerechte Tangente hat. An diesen Stellen liegen Nullstellen der Ableitungsfunktion.

In einem Wendepunkt ist die Steigung minimal oder maximal. Im Wendepunkt schneidet die Tangente den Graphen von f. **Sattelpunkte** sind Wendepunkte mit einer waagerechten Tangente.

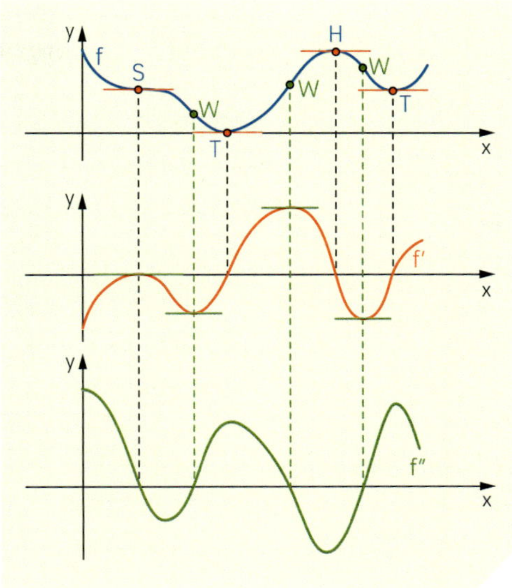

Ableitungsregeln

Potenzregel
$f(x) = x^n$ mit $n \in \mathbb{R}$ $\quad$ $f'(x) = n \cdot x^{n-1}$

Summenregel
$f(x) = u(x) + v(x)$ $\quad$ $f'(x) = u'(x) + v'(x)$

Faktorregel
$f(x) = k \cdot u(x)$ $\quad$ $f'(x) = k \cdot u'(x)$

Kettenregel
$f(x) = u(v(x))$ $\quad$ $f'(x) = u'(v(x)) \cdot v'(x)$

$f(x) = x^5$
$f'(x) = 5 \cdot x^4$

$f(x) = -2x^7 - 3x + 1$
$f'(x) = -14 \cdot x^6 - 3$

$f(x) = -3x^6$
$f'(x) = (-3) \cdot 6 \cdot x^5 = -18x^5$

$f(x) = (3x-1)^8$; $\quad u(x) = x^8$; $\quad v(x) = 3x - 1$
$u'(x) = 8 \cdot x^7$; $\quad v'(x) = 3$
$f'(x) = 8 \cdot (3x-1)^7 \cdot 3 = 24 \cdot (3x-1)^7$;

Ableitungen besonderer Funktionstypen

$f(x) = \sin(x)$	$f'(x) = \cos(x)$
$f(x) = \cos(x)$	$f'(x) = -\sin(x)$
$f(x) = e^x$	$f'(x) = e^x$
$f(x) = a^x$; $a \in \mathbb{R}^+$	$f'(x) = \ln(a) \cdot a^x$
$f(x) = \ln(x)$	$f'(x) = \frac{1}{x}$

$f(x) = 3\sin(x)$	$f'(x) = 3\cos(x)$
$f(x) = \frac{1}{2}\cos(x)$	$f'(x) = -\frac{1}{2}\sin(x)$
$f(x) = 7 \cdot 2^x$	$f'(x) = 7\ln(2) \cdot 2^x$

Tangente und Normale

Die Orthogonale zu einer Tangente an den Graphen einer Funktion f im Punkt $P(x_0 | f(x_0))$ heißt die **Normale** an den Graphen von f im Punkt P bzw. an der Stelle x_0.
Für zwei **orthogonale Geraden** mit den Anstiegen m_1 und m_2 gilt:
$\mathbf{m_1 \cdot m_2 = -1}$

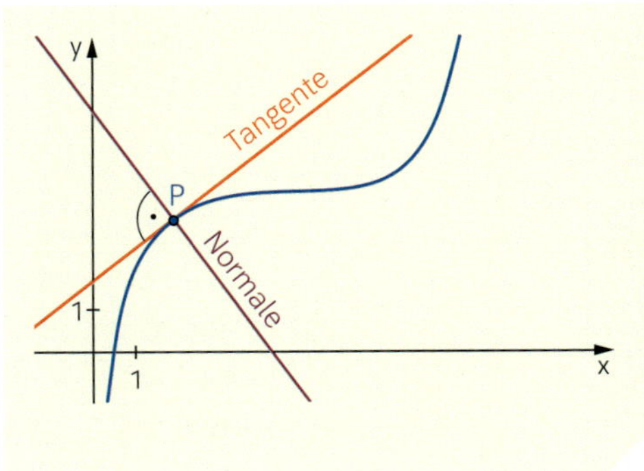

Teil A

Lösen Sie die folgenden Aufgaben ohne Formelsammlung und ohne Taschenrechner.

1 Bestimmen Sie die Ableitung f′.

a) $f(x) = 2x^4 - 3x^2 - \frac{1}{2}x$ **b)** $f(x) = -\frac{3}{2}x^4 + 4x - 8$

c) $f(x) = \sqrt{3}\,x^3 - 3x + 3$ **d)** $f(x) = 2\cos(x)$

2 Bestimmen Sie die Steigung des Funktionsgraphen im Punkt P.

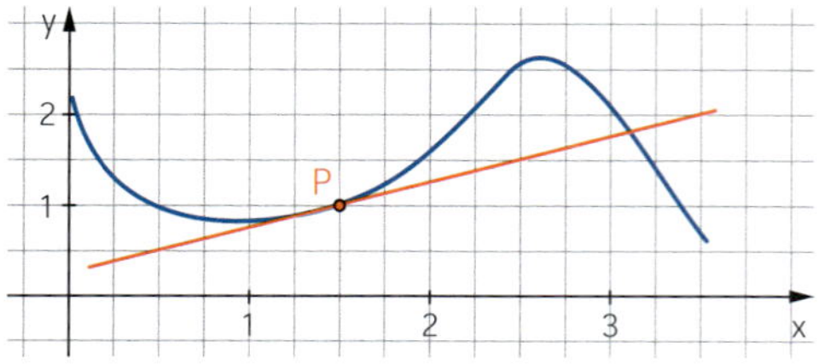

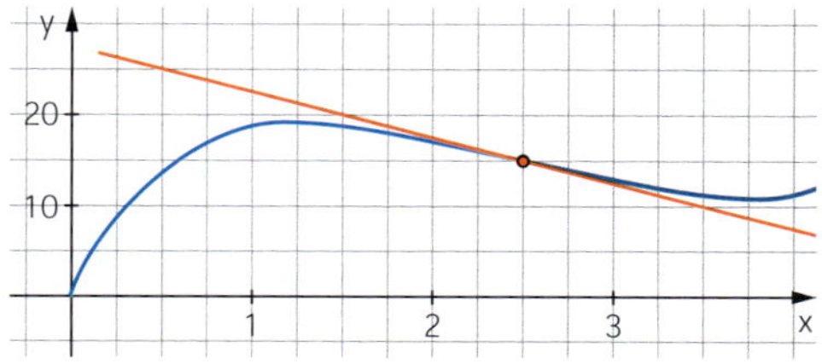

3 Bestimmen Sie die erste Ableitung von f.

a) $f(x) = e^x + x^2$ **b)** $f(x) = x^5 \cdot \sin(x)$ **c)** $f(x) = \sqrt{3x - 4}$ LK **d)** $f(x) = x\,e^{x^2+4}$

4 Skizzieren Sie den Graphen der zugehörigen Ableitungsfunktion f′ für $-4 < x < 10$.

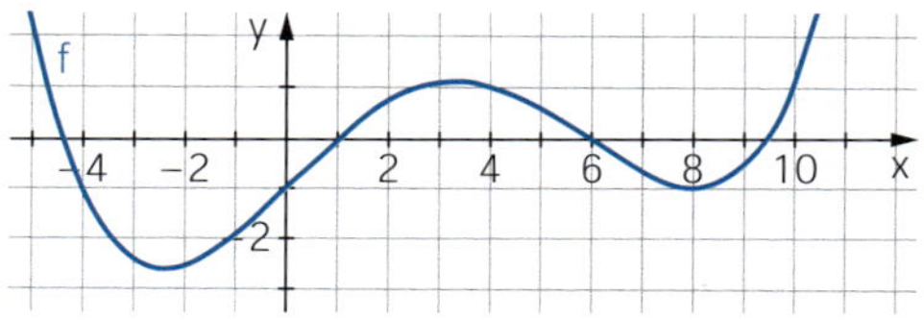

5 Gegeben ist die Funktion f mit $f(x) = \frac{1}{2}x^2$.

a) Zeigen Sie, dass $y = 4x - 8$ eine Gleichung der Tangente an den Graphen von f im Punkt P(4|8) ist.

b) Berechnen Sie die Gleichung der Normalen im Punkt P(4|8).

Teil B

Bei der Lösung dieser Aufgaben können Sie die Formelsammlung und den Taschenrechner verwenden.

6 Die Funktion $h(t) = -\frac{7}{10}t^3 + 3t^2 + 150t + 500$ beschreibt im Intervall [0; 10] die Höhe h einer Bergbahn (in m über NN) in Abhängigkeit von der Fahrzeit t (in min). Zum Zeitpunkt $t = 0$ befindet sich die Gondel an der Talstation, die Bergstation wird nach 10 Minuten erreicht.

a) Berechnen Sie die Höhe der Bergstation.

b) Bestimmen Sie die mittlere Änderungsrate der Höhe zwischen der zweiten und vierten Minute und vergleichen Sie diese mit der mittleren Änderungsrate zwischen der sechsten und achten Minute.

c) Zeichnen Sie den Graphen der Ableitungsfunktion h′.
Zu welchem Zeitpunkt ist die momentane Änderungsrate von h am größten?

7 Nach der sogenannten Jahrhundertflut im August 2002 kam es in Tschechien und Deutschland im Juni 2013 wieder zu Überflutungen, die zu mehreren Deichbrüchen führten, und zu Pegelständen, die teilweise über denen von 2002 lagen.
Die folgende Tabelle gibt die Pegelstände der Elbe bei Niegripp in Sachsen-Anhalt in der Zeit vom 6. bis 11. Juni 2013 um 6 Uhr des jeweiligen Tages an.

6. Juni	7. Juni	8. Juni	9. Juni	10. Juni	11. Juni
836 cm	931 cm	959 cm	981 cm	964 cm	936 cm

a) Erläutern Sie für diesen Sachzusammenhang die Bedeutung der Ansatzes $\frac{964-836}{10-6}$ und geben Sie das Ergebnis der Rechnung an.
b) In den Nachrichten wurde gesagt: „Wenn die Pegelstände mit dem Tempo wie vom 9. Juni bis zum 11. Juni weiter sinken, dann liegen sie in einer Woche unter 800 cm." Überprüfen Sie diese Aussage.

8 Gegeben ist die Funktion f mit
$f(x) = x^3 - 3x^2 + 3x + 18$.
Zeigen Sie, dass der Graph von f und die Gerade g mit $y = 9x$ an der Stelle $x = 3$ einen gemeinsamen Punkt haben.
Der Graph von f und die Gerade g wurden mithilfe eines Rechners im Koordinatensystem dargestellt.
Im Rechnerfenster sieht es so aus, als ob die Gerade g eine Tangente an den Graphen von f ist. Untersuchen Sie, ob dies wirklich der Fall ist.

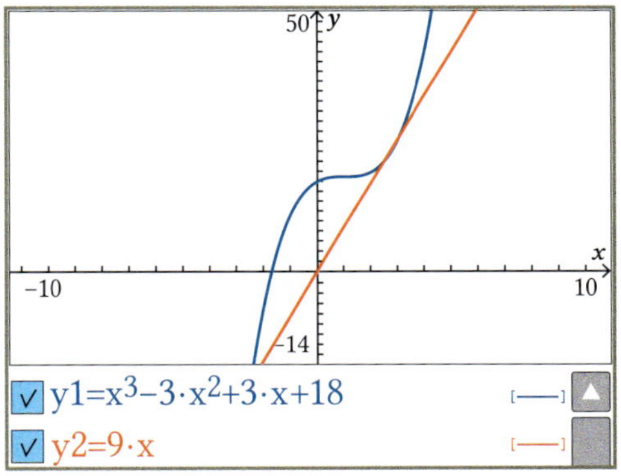

9 In der Abbildung sind verschiedene Parabeln dargestellt. Die Graphen gehören jeweils zu einer Ableitungsfunktion f'.

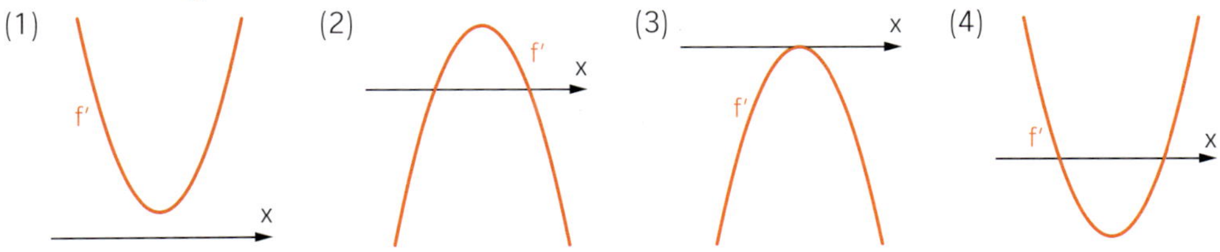

Begründen Sie, welcher Graph zu der jeweiligen Aussage über f passt.
(A) Der Graph von f hat einen Hochpunkt und einen Tiefpunkt.
(B) Der Graph von f hat einen Sattelpunkt.
(C) Der Graph von f hat keinen Hochpunkt und keinen Tiefpunkt.
(D) Die Steigung des Graphen von f ist in jedem Punkt größer als null.

10 Gegeben ist die Funktion f mit $f(x) = 3x^2 - 1$.

a) Ermitteln Sie die Gleichung der Tangente an den Graphen von f im Punkt $P(-1 \mid f(-1))$.

b) Bestimmen Sie die Gleichung der Normalen zum Graphen von f in $P(-1 \mid f(-1))$.

c) Die Tangente und die Normale aus den Teilaufgaben a) und b) bilden mit der y-Achse ein Dreieck.
Bestimmen Sie den Flächeninhalt und die Größe der Innenwinkel für dieses Dreieck.

11 Die Graphen der Funktionen f und g mit $f(x) = \frac{1}{8}x^2$ und $g(x) = \frac{1}{x}$ schneiden sich im Punkt S. Die Tangenten an die Graphen von f und g im Punkt S bilden ein Dreieck mit der x-Achse und ein Dreieck mit der y-Achse. Bestimmen Sie den Flächeninhalt für diese Dreiecke.

12 Die Tangenten an die Graphen der Funktion f mit $f(x) = x^2$ an der Stelle a und der Funktion g mit $g(x) = \sqrt{x}$ an der Stelle 9 sind orthogonal zueinander.
Berechnen Sie die Stelle a.

13 Gegeben ist die Funktion f mit $f(x) = \frac{1}{8}(x^2 - 8x + 36)$.
Bestimmen Sie alle Punkte B des Funktionsgraphen, sodass die Tangente an den Graphen von f im Punkt B durch den Koordinatenursprung verläuft. Fertigen Sie eine Skizze an.

LK 14 Betrachten Sie die Funktionen f und g mit $f(x) = x^2 - 2x$ und $g(x) = -x^2 + \frac{1}{2}x$.

a) Zeichnen Sie die Graphen von f und g in dasselbe Koordinatensystem, berechnen Sie die Schnittpunkte S_1 und S_2. Zeigen Sie, dass sich die Graphen orthogonal schneiden.

b) Die Funktion h ist gegeben durch $h(x) = -2x^2 + \frac{1}{2}x$.
Zeigen Sie, dass die Graphen von g und h mit dem Graphen von f einen gemeinsamen Schnittpunkt haben und den Graphen von f in diesem Schnittpunkt orthogonal schneiden.

LK 15 Eine Gruppe von Schülerinnen und Schülern hat das Wachstum einer Hopfenpflanze beobachtet und die Höhe h (in m) in Abhängigkeit von der Anzahl der Tage t nach Beobachtungsbeginn protokolliert. Die von ihnen ermittelten Werte lassen sich gut durch die Funktion h mit der Gleichung $h(t) = -0{,}0022t^3 + 0{,}0382t^2 + 0{,}2792t + 0{,}5528$ beschreiben.

a) Entscheiden Sie anhand des Graphen von h, in welchem Intervall die Funktion h sinnvolle Werte für die Höhe der Hopfenpflanze liefert.
Begründen Sie Ihre Entscheidung.

b) Wie hoch ist die Hopfenpflanze zu Beobachtungsbeginn?
Berechnen Sie die Höhe der Hopfenpflanze zwei Tage nach Beginn der Beobachtung.

c) Berechnen Sie die mittlere Wachstumsgeschwindigkeit im Intervall [1; 3].

d) Ermitteln Sie h'(10). Was gibt dieser Wert an?

e) Geben Sie zwei Zeitpunkte an, an denen die Hopfenpflanze schneller als am zehnten Tag wächst.

Funktions-untersuchungen

2

▲ *Das Profil einer Halfpipe, der Wasserstand eines Flusses oder die Körpertemperatur bei einem Patienten sind Beispiele aus Technik, Natur und Alltag, die mithilfe von Funktionen modelliert werden können.*

In diesem Kapitel
lernen Sie, wie man Eigenschaften von Funktionen und ihren Graphen bestimmen kann. ▶

2.1 Verhalten von Funktionen im Unendlichen

Einstieg

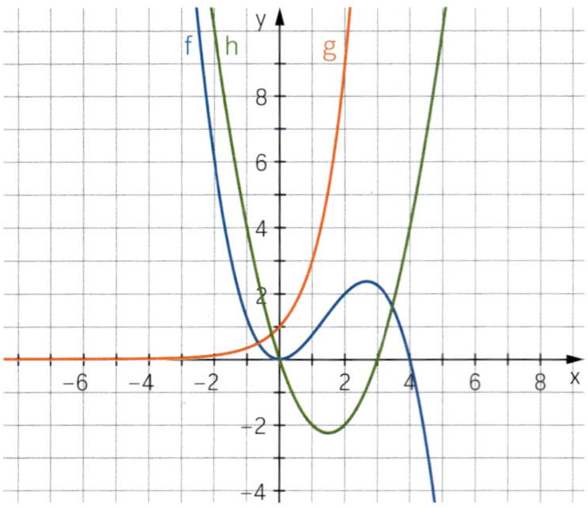

In der Abbildung sind Ausschnitte der Graphen der Funktionen f, g und h mit $f(x) = -\frac{1}{4}x^3 + x^2$, $g(x) = 3^x$ und $h(x) = x^2 - 3x$ zu sehen.

Beschreiben Sie das Verhalten der Funktionswerte von f, g und h für größer bzw. kleiner werdende Werte von x. Begründen Sie Ihre Aussagen anhand der Funktionsterme.

Aufgabe mit Lösung

Das Verhalten von Funktionen im Unendlichen untersuchen

Betrachtet werden die Funktionen f und g mit $f(x) = x^3 - 2x^2$ mit $D_f = \mathbb{R}$ und $g(x) = \frac{2x^2 + 1}{x^2}$ mit $D_g = \{x \in \mathbb{R} \mid x \neq 0\}$.

→ Beschreiben Sie das Verhalten der Funktionswerte der Funktionen f und g für den Fall, dass x unbegrenzt größer wird sowie den Fall, dass x unbegrenzt kleiner wird.

Lösung:

Mit dem Rechner kann man die Ausschnitte der Graphen betrachten und ausgewählte Funktionswerte bestimmen.

Funktion f

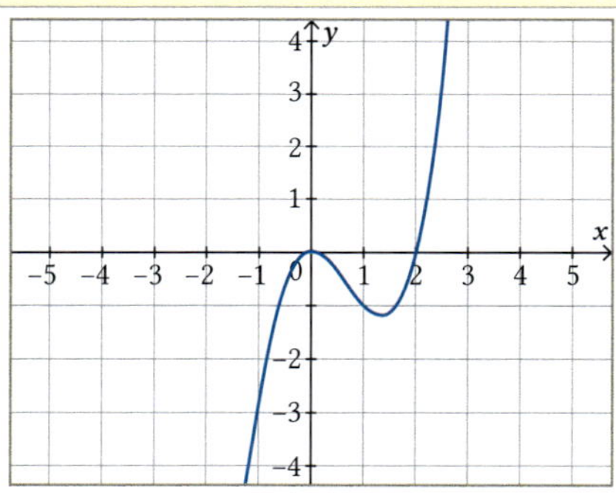

x	y1
−10 000	−1E+12
−100	−1E+6
−10	0
0	1 200
10	800
100	980 000
10 000	1E+12

Funktion g

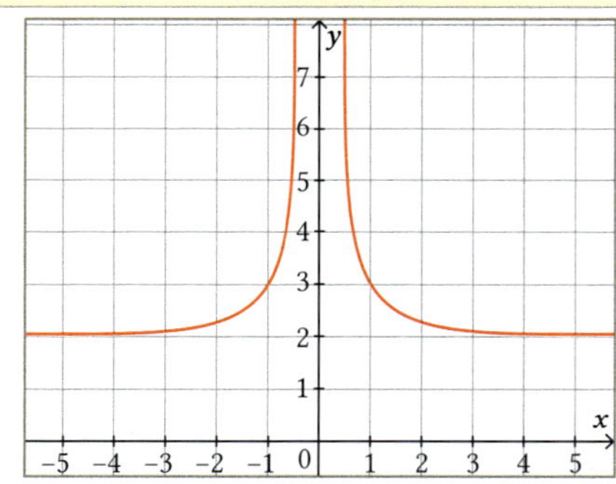

x	y2
−100	2.0001
−50	2.0004
−10	2.01
1	3
−1	3
10	2.01
50	2.0004

Für die Funktionswerte der Funktion f gilt: Wird x unbegrenzt kleiner, dann werden die Funktionswerte f(x) ebenfalls unbegrenzt kleiner. Wird x unbegrenzt größer, dann wird f(x) unbegrenzt größer.

Verkürzt schreibt man:

Wenn $x \to -\infty$, dann $f(x) \to -\infty$

Wenn $x \to +\infty$, dann $f(x) \to +\infty$

gelesen: „x geht gegen minus unendlich“

Für die Funktionswerte der Funktion g gilt: Wird x unbegrenzt kleiner oder unbegrenzt größer, dann nähern sich die Funktionswerte g(x) dem Wert 2 an.

Verkürzt schreibt man:

Wenn $x \to -\infty$, dann $g(x) \to 2$

Wenn $x \to +\infty$, dann $g(x) \to 2$

→ Begründen Sie Ihre Aussagen mithilfe der Funktionsterme der Funktionen f und g.

Lösung:

Funktion f mit $f(x) = x^3 - 2x^2$:

Klammert man den Summanden mit dem größten Exponenten aus, so gilt:

$f(x) = x^3 - 2x^2 = x^3 \cdot \left(1 - \frac{2}{x}\right)$.

Nun betrachten man die Faktoren einzeln:

- Wenn $x \to -\infty$ oder $x \to \infty$, dann gilt $1 - \frac{2}{x} \to 1$, da $\frac{2}{x}$ gegen null strebt.
- Wenn $x \to -\infty$, dann gilt $x^3 \to -\infty$ und wenn $x \to \infty$, dann gilt $x^3 \to \infty$

Für das gesamte Produkt gilt:

Wenn $\mathbf{x \to -\infty}$, dann gilt

$\mathbf{f(x) = x^3 \cdot \left(1 - \frac{2}{x}\right) \to -\infty}$.

Wenn $\mathbf{x \to +\infty}$, dann gilt

$\mathbf{f(x) = x^3 \cdot \left(1 - \frac{2}{x}\right) \to +\infty}$.

Funktion g mit $g(x) = \frac{2x^2 + 1}{x^2}$:

Klammert man im Zähler x^2 den größten Summanden aus, so gilt:

$$g(x) = \frac{2x^2 + 1}{x^2} = \frac{x^2 \cdot \left(2 + \frac{1}{x^2}\right)}{x^2}$$

Da x den Wert 0 nicht annehmen kann, kann man kürzen und erhält:

$$g(x) = \frac{\cancel{x^2} \cdot \left(2 + \frac{1}{x^2}\right)}{\cancel{x^2}} = 2 + \frac{1}{x^2}$$

Wenn $\mathbf{x \to -\infty}$, dann gilt

$\mathbf{g(x) = 2 + \frac{1}{x^2} \to 2}$, da $\frac{1}{x^2}$ gegen null strebt.

Wenn $\mathbf{x \to +\infty}$, dann gilt

$\mathbf{g(x) = 2 + \frac{1}{x^2} \to 2}$, da $\frac{1}{x^2}$ gegen null strebt.

Information

WES-125991-211

Grenzwert einer Funktion – waagerechte Asymptoten

Gegeben ist eine Funktion f mit dem Definitionsbereich D.

Eine Zahl **g** heißt **Grenzwert der Funktion** f, wenn gilt:

Die Funktionswerte f(x) kommen der Zahl g beliebig nahe, falls $x \to \infty$ bzw. $x \to -\infty$.

Man schreibt dafür:

$\lim\limits_{x \to \infty} f(x) = g$ bzw. $\lim\limits_{x \to -\infty} f(x) = g$

Die Gerade mit der Gleichung $y = g$ heißt **(waagerechte) Asymptote** von f.

$f(x) = \left(\frac{1}{2}\right)^x + \frac{3}{2}$

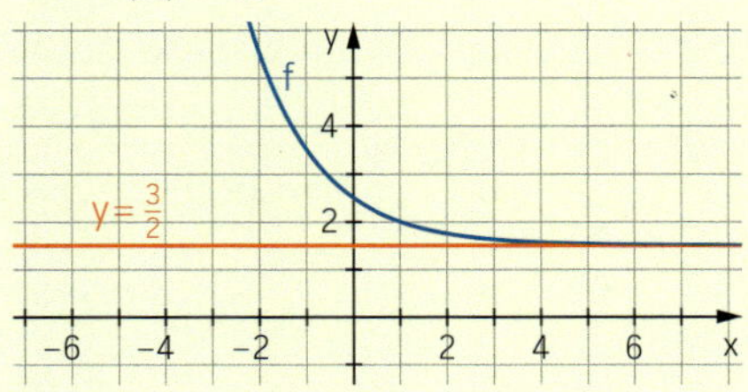

Wenn $x \to \infty$, dann gilt $\left(\frac{1}{2}\right)^x \to 0$ und somit $f(x) \to \frac{3}{2}$.

Man schreibt: $\lim\limits_{x \to \infty} f(x) = \frac{3}{2}$

Gleichung der Asymptote: $y = \frac{3}{2}$

Üben

1 Untersuchen Sie das Verhalten der Funktionswerte f für $x \to \infty$ und für $x \to -\infty$. Beschreiben Sie ihr Vorgehen.

a) $f(x) = x^3 + 2x$ b) $f(x) = \frac{3}{1 + x^2}$ c) $f(x) = 2 - 0{,}3^x$ d) $f(x) = 3 - \frac{6}{x}$

LK e) $f(x) = 3x - 4 + 3^x$ f) $f(x) = \frac{5}{\sqrt{x + 4}}$ g) $f(x) = \frac{x^2}{2^x}$ h) $f(x) = x \cdot \sin(x)$

2 Geben Sie drei Funktionen an, deren Graphen eine waagerechte Asymptote mit folgender Gleichung haben. Beschreiben Sie, worauf Sie bei der Wahl der Funktionsterme geachtet haben.

a) $y = 1$ b) $y = -1$ c) $y = 0$ d) $y = k$

Waagerechte Asymptoten bei gebrochenrationalen Funktionen

3 Betrachtet werden folgende gebrochenrationale Funktionen f_1 und f_2 sowie g_1 und g_2 auf ihren größtmöglichen Definitionsbereichen.

(1) $f_1(x) = \frac{3x^2 - 1}{2x^3 + 2}$ $f_2(x) = \frac{3x}{x^2 + 1}$ (2) $g_1(x) = \frac{3x^2 - 1}{2x^2 - 3}$ $g_2(x) = \frac{4x^3}{2x^3 + x}$

a) Beschreiben Sie, welche Gemeinsamkeit die Funktionsterme von f_1 und f_2 bzw. von g_1 und g_2 jeweils haben. Beachten Sie dabei auch die Grade der Terme im Zähler und Nenner.

b) Untersuchen Sie das Verhalten der Funktionen für $x \to \infty$ und $x \to -\infty$.

c) Stellen Sie einen Zusammenhang zwischen der in (a) gefundenen Eigenschaften und dem Verhalten der Funktionen her. Geben Sie weitere Funktionsterme der jeweiligen Kategorie an.

Information

WES-125991-212

Waagerechte Asymptoten bei gebrochenrationalen Funktionen

Der Graph einer gebrochenrationalen Funktion f mit

$$f(x) = \frac{a_n x^n + a_{n-1} x^{n-1} + \ldots + a_1 x + a_0}{b_m x^m + b_{m-1} x^{m-1} + \ldots + b_1 x + b_0}$$

$(a_n, b_m \neq 0)$ besitzt für

- $n < m$ eine **waagerechte Asymptote** mit der Gleichung $\mathbf{y = 0}$;
- $n = m$ eine **waagerechte Asymptote** mit der Gleichung $\mathbf{y = \frac{a_n}{b_m}}$.

n < m

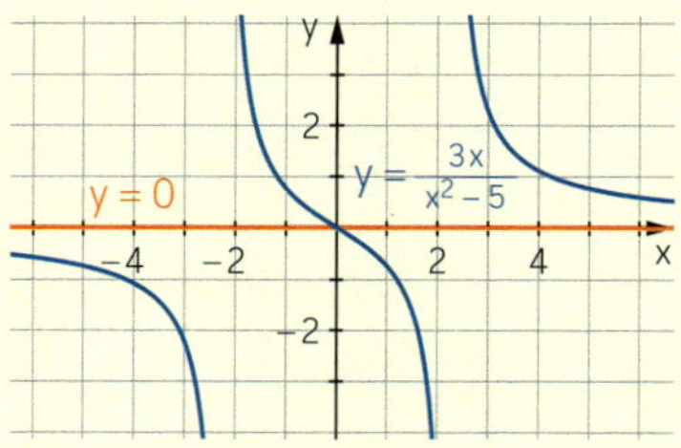

n = m

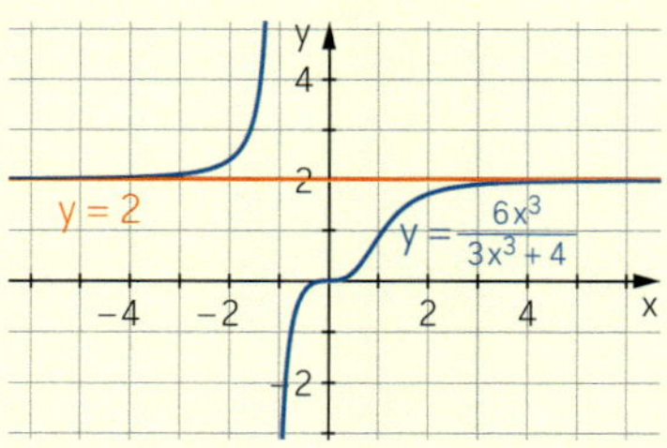

4 Geben Sie die Gleichungen der Asymptoten an.

a) $f(x) = \frac{x^2 + 2}{5x^4 - 1}$ b) $f(x) = \frac{5x^2 + 3x + 1}{4 - 2x^2}$ c) $f(x) = \frac{5}{3x^3 - 4x}$ d) $f(x) = \frac{3 - x^3}{x^3 + 1}$

Leistungskurs: Schräge Asymptoten bei gebrochenrationalen Funktionen

LK 5 Welche Gemeinsamkeit weisen die Funktionsterme der Funktionen h_1 und h_2 mit $h_1(x) = \frac{x^2-1}{x+2}$ und $h_2(x) = \frac{2x^3+1}{x^2}$ auf? Analysieren Sie die Lage der Funktionsgraphen der Funktionen h_1 und l_1 sowie h_2 und l_2 mit $l_1(x) = x - 2$ und $l_2(x) = 2x$.

Information

WES-125991-213

Schräge Asymptoten bei gebrochenrationalen Funktionen

Der Graph einer gebrochenrationalen Funktion f mit

$$f(x) = \frac{a_n x^n + a_{n-1} x^{n-1} + \ldots + a_1 x + a_0}{b_m x^m + b_{m-1} x^{m-1} + \ldots + b_1 x + b_0}$$

$(a_n, b_m \neq 0)$ besitzt für $\mathbf{n = m + 1}$ eine **schräge Asymptote** mit der Gleichung $\mathbf{y = \frac{a_n}{b_m} \cdot x + c}$

Die reelle Zahl c ist zu bestimmen.

n = m + 1

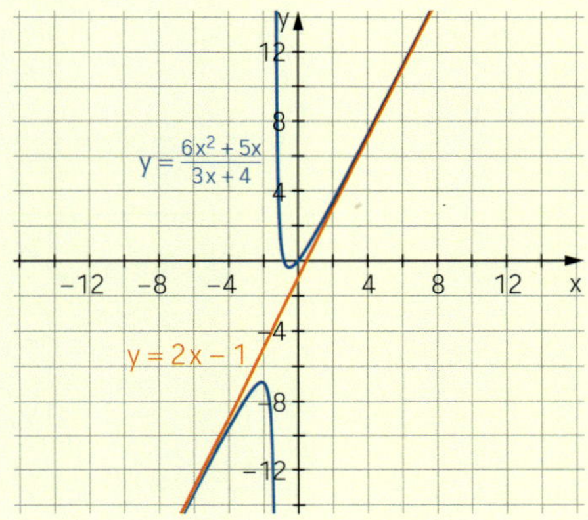

Verfahren zur Ermittlung schräger Asymptoten

Zur Ermittlung der Gleichung einer schrägen Asymptote bei einer gebrochenrationalen Funktion (mit $n = m + 1$) dividiert man das Zählerpolynom durch das Nennerpolynom. Das Rechenverfahren, mit dem man diese Division ausführt, heißt **Polynomdivision**. Der ganzrationale Teil des Ergebnisses bildet die Gleichung der schrägen Asymptote.
Zur Ausführung der Polynomdivision kann der Rechner eingesetzt werden.
Die Polynomdivision lässt sich im CAS durch entsprechende Rechnerbefehle wie propfrac() oder expand() realisieren.

Beispiel: $f(x) = \frac{6x^2+5x}{3x+4}$

Der expand()-Befehl liefert den Term

$2x - 1 + \frac{4}{3 \cdot x + 4}$.

Der ganzrationale Teil ist $2x - 1$.

Somit lautet die Gleichung der schrägen Asymptote $y = 2x - 1$.

$\text{expand}\left(\frac{6 \cdot x^2 + 5 \cdot x}{3 \cdot x + 4}, x\right)$	
	$2 \cdot x + \frac{4}{3 \cdot x + 4} - 1$

CAS LK 6 Ermitteln Sie die Gleichungen der schrägen Asymptoten.

a) $f(x) = \frac{x^2+x}{x-1}$ b) $f(x) = \frac{x^3+2x^2+2}{2x^2}$ c) $f(x) = \frac{1-2x^2}{x+1}$ d) $f(x) = \frac{2x^2-ax}{x-a}$

LK 7 Untersuchen Sie, ob der Graph der Funktion eine schräge Asymptote hat.

a) $f(x) = 2x - e^x$ b) $g(x) = e^x - e^{-x}$ c) $h(x) = 7x + 3 - e^{-x}$ d) $k(x) = x^2 + e^{-x}$

LK 8 Die Abbildung zeigt den Graphen einer gebrochenrationalen Funktion f sowie die schräge Tangente (in rot). Ermitteln Sie eine Gleichung für f.

a)

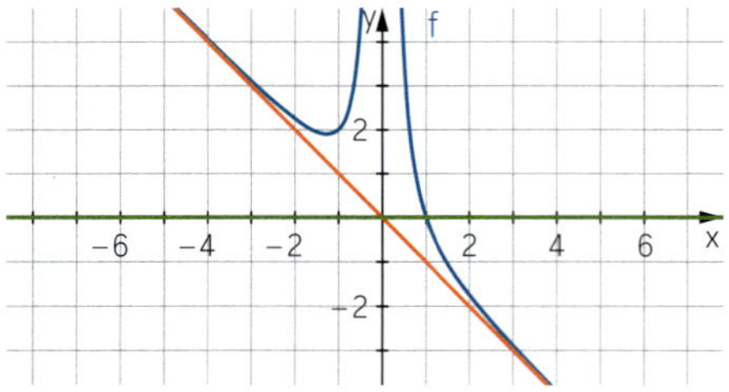

b)

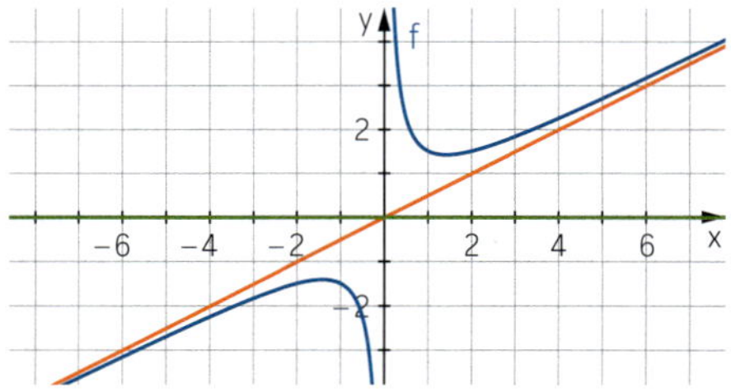

c)

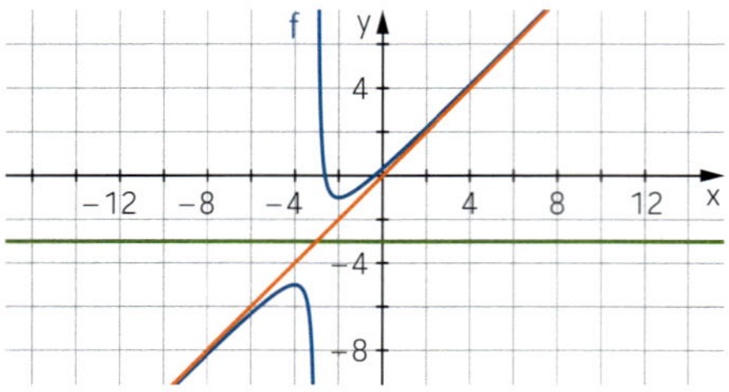

d)

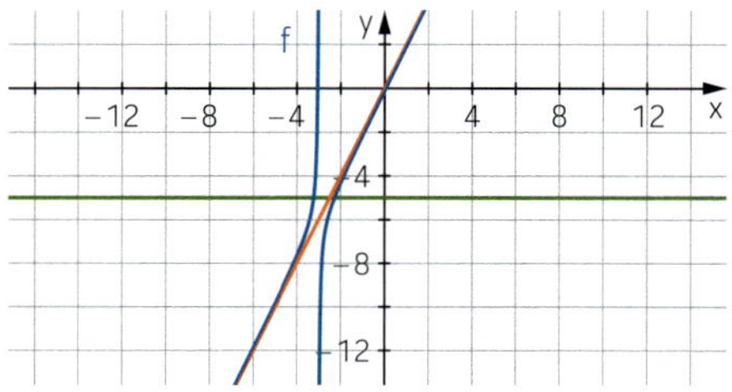

LK 9 Gegeben sind die Funktionen f_a mit

$f_a(x) = \frac{2x^2 - x + a}{x - 1}$ mit ganzzahligem a.

a) Zeigen Sie, ohne einen Rechner zu verwenden, dass alle Graphen von f_a eine gemeinsame schräge Asymptote haben. Geben Sie auch die Gleichung dieser Asymptote an.

b) In der Abbildung sehen Sie die Graphen zu f_1, f_2, f_{-1} und f_{-2}.

Ordnen Sie die Graphen den passenden Funktionen zu, ohne einen Rechner zu verwenden. Begründen Sie Ihre Entscheidung.

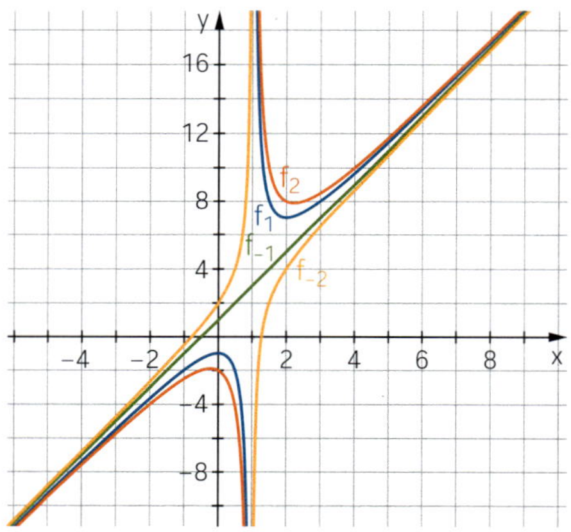

Globalverlauf ganzrationaler Funktionen

10 Jannis hat aus dem Funktionsterm der ganzrationalen Funktion f mit $f(x) = -\frac{1}{2}x^3 + 2x^2 + x$ die größte Potenz x^3 mithilfe seines Rechners ausgeklammert.

factorOut$\left(-\frac{1}{2} \cdot x^3 + 2 \cdot x^2 + x, x^3\right)$

$x^3 \cdot \left(\frac{2}{x} + \frac{1}{x^2} - 0.5\right)$

a) Jannis will nun das Verhalten der Funktionswerte f(x) für $x \to \infty$ und $x \to -\infty$ untersuchen.

Er überlegt sich folgendes Vorgehen: „Ich klammere immer die Potenz mit dem höchsten Exponenten aus und betrachte dann das Verhalten der einzelnen Faktoren."

Nehmen Sie zu Jannis Aussage Stellung.

b) Lia sagt: „Es genügt den Summanden mit der größten Potenz, also $-\frac{1}{2}x^3$ zu betrachten, um das Verhalten der Funktionswerte von f vorauszusagen."

Hat sie recht? Begründen Sie.

Information

WES-125991-214

Globalverlauf einer Funktion

Das Verhalten der Funktionswerte f(x) für betragsmäßig große x-Werte bezeichnet man als **Globalverlauf** der Funktion f.

Bei einer ganzrationalen Funktion f mit $f(x) = a_n x^n + a_{n-1} x^{n-1} + \ldots + a_2 x^2 + a_1 x + a_0$, $n \neq 0$ und $a_n \neq 0$ bestimmt der Summand $a_n x^n$ den Globalverlauf von f.

$a_n > 0$ und $n \neq 0$		$a_n < 0$ und $n \neq 0$	
n gerade	n ungerade	n gerade	n ungerade
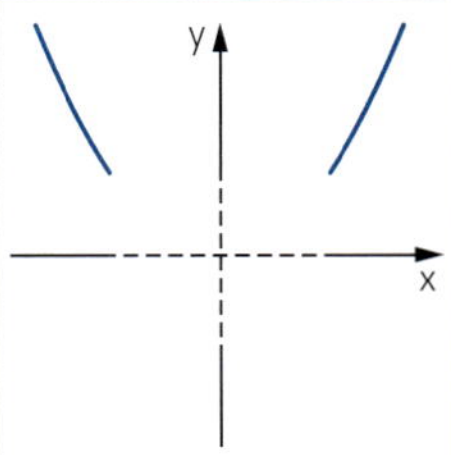	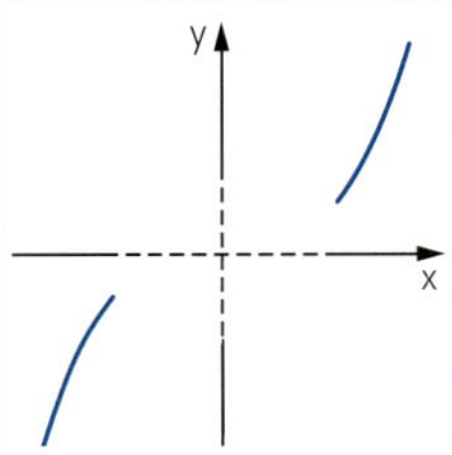	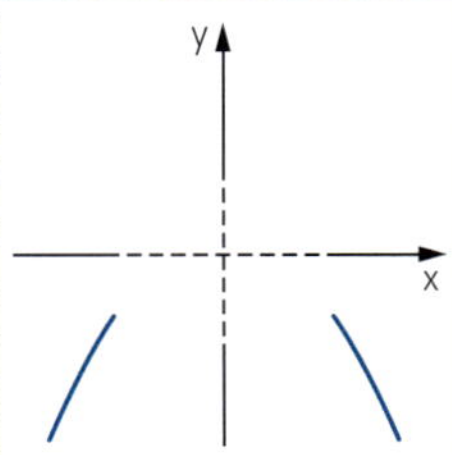	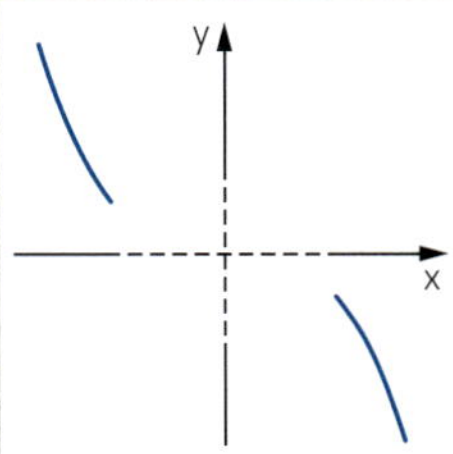
Wenn $x \to \infty$, dann gilt $f(x) \to \infty$. Wenn $x \to -\infty$, dann gilt $f(x) \to \infty$.	Wenn $x \to \infty$, dann gilt $f(x) \to \infty$. Wenn $x \to -\infty$, dann gilt $f(x) \to -\infty$.	Wenn $x \to \infty$, dann gilt $f(x) \to -\infty$. Wenn $x \to -\infty$, dann gilt $f(x) \to -\infty$.	Wenn $x \to \infty$, dann gilt $f(x) \to -\infty$. Wenn $x \to -\infty$, dann gilt $f(x) \to \infty$.

Üben

11 Es gibt vier Möglichkeiten für den Globalverlauf einer ganzrationalen Funktion.

a) Ordnen Sie die ganzrationalen Funktionen jeweils einer dieser Möglichkeiten des Globalverlaufs zu. Begründen Sie ihre Zuordnung.

$f(x) = -3x^5 + 12x^3 - 8$

$h(x) = 4x^3 + 2x^2 - 7x + 12$

$g(x) = \frac{1}{2}x^4 - 28x^3 + 6x^2 - 34$

$i(x) = -2x^4 + x^3 + 21x^2 + 45x + 205$

b) Geben Sie zu jedem Typ des Globalverlaufs zwei weitere ganzrationale Funktionen an.

12 Ordnen Sie den Graphen die zugehörige Funktionsterme zu, ohne einen Rechner zu verwenden. Begründen Sie Ihre Entscheidung.

$f(x) = -\frac{1}{4}x^4 + 2x^2 + 1$ $\quad g(x) = \frac{1}{4}x^3 - 2x$ $\quad h(x) = \frac{1}{9}x^4 - \frac{1}{4}x^3 + 1$ $\quad k(x) = -\frac{1}{6}x^3 + 3x$

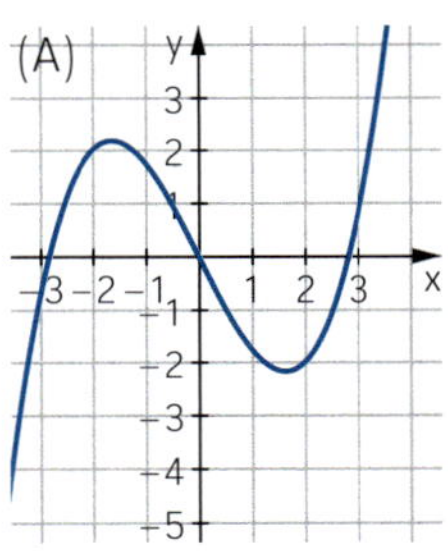

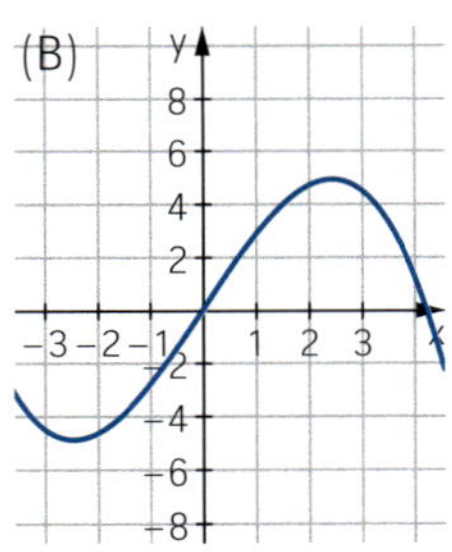

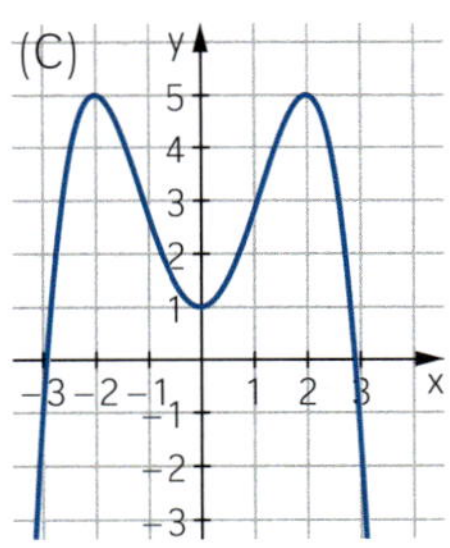

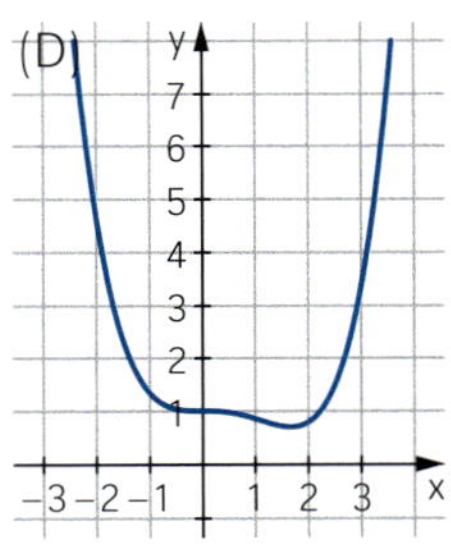

13 Untersuchen Sie das Verhalten der Funktion f im Unendlichen.

a) $f(x) = x^3 + 2x$ b) $f(x) = \frac{3}{1 + x^2}$ c) $f(x) = 2 - 0{,}3^x$

d) $f(x) = x^4 - x^3 + 2x$ e) $f(x) = -x^5 + 3x^4$ f) $f(x) = -x^6 + 1000x^5$

g) $f(x) = 2 - \frac{5}{x}$ h) $f(x) = \frac{1}{x^4 + 2}$ i) $f(x) = \frac{2x - 1}{x^2 + 1}$

14 Arne und Elisa unterhalten sich über die Funktionen f mit $f(x) = \frac{1}{5}x^5 + x^4$ und g mit $g(x) = \frac{1}{5}x^5$.

Untersuchen Sie den Wahrheitsgehalt dieser Aussagen.

Weiterüben

15 Bestimmen Sie das Verhalten der Funktionswerte f für $x \to \pm\infty$. Geben Sie gegebenenfalls die Gleichung der Asymptote an.

a) $f(x) = 2^x - 4$ b) $f(x) = 0{,}5^x - 2$ c) $f(x) = 5 - 1{,}5^x$

16 Gegeben ist die Funktion f mit $f(x) = (0{,}5x - 8)^4$. Ist f eine ganzrationale Funktion? Wie geht der Graph von f aus dem Graphen zu $y = x^4$ hervor?
Untersuchen Sie das Verhalten von f für $x \to \infty$ und für $x \to -\infty$.

17 Gegeben ist der Graph einer ganzrationalen Funktion.
Begründen Sie, dass das Rechnerfenster zur Ansicht des Graphen hier ungünstig gewählt wurde.

a)
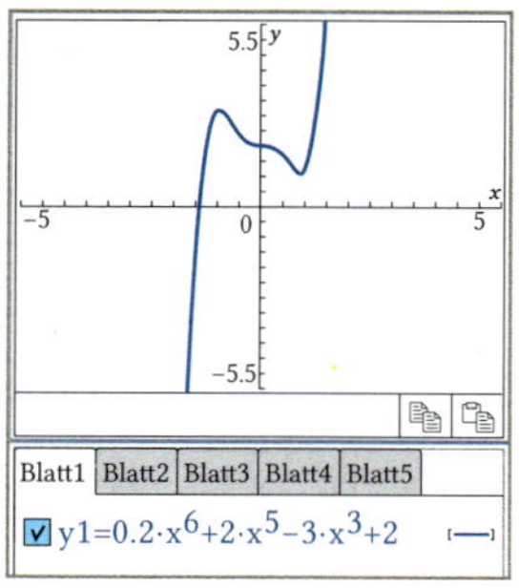

b)
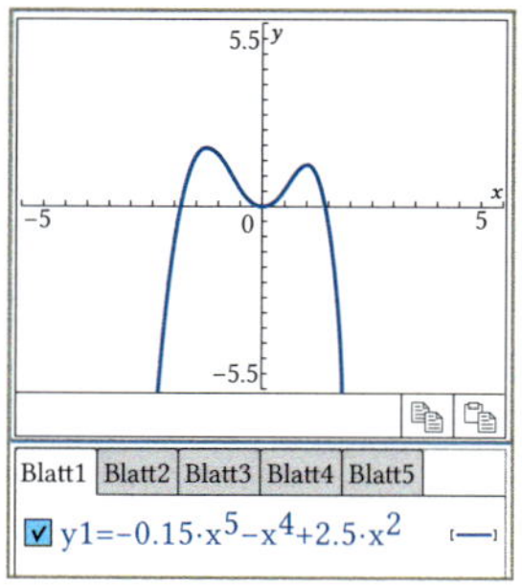

c)
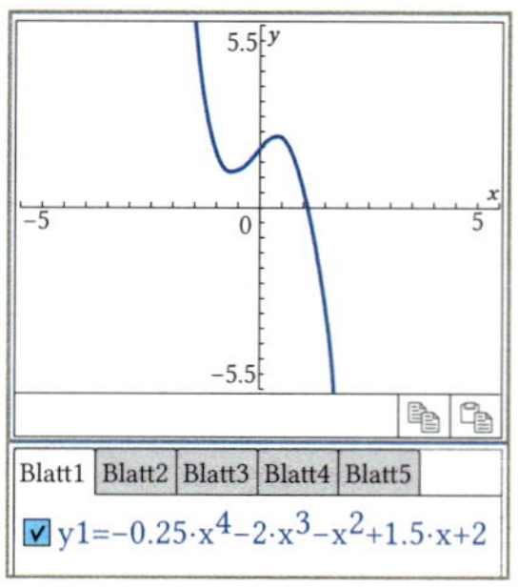

LK **18** Die in ℝ definierte Funktion f mit $f(x) = e^{-2x}$ besitzt die Ableitungsfunktion f′. Leitet man die erste Ableitungsfunktion f′ von f ab, so erhält man die zweite Ableitungsfunktion f″ von f. Entsprechend entsteht die n-te Ableitungsfunktion $f^{(n)}$ mit $n \in N$, $n > 0$.

a) Begründen Sie, dass für die n-te Ableitung der Funktion f gilt: $\lim\limits_{x \to \infty} (f^{(n)}) = 0$.

b) Untersuchen Sie das Verhalten der Ableitungsfunktionen $f^{(n)}$ für $x \to -\infty$ in Abhängigkeit von n.

19 ≡ In der Abbildung sind die Graphen einer linearen Funktion g und einer Exponentialfunktion h dargestellt.

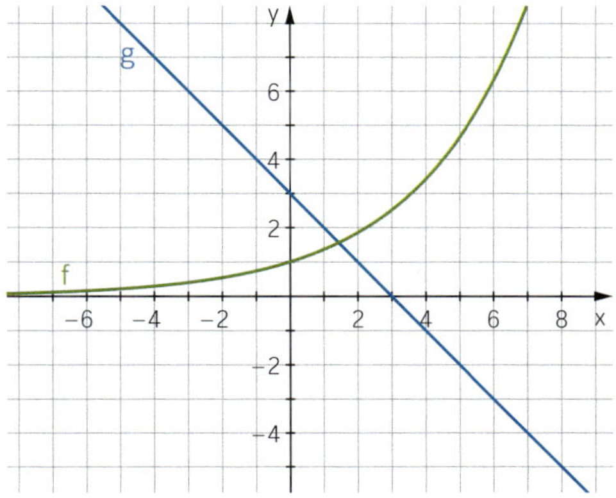

a) Betrachtet werden die in ℝ definierten Funktionen f_1 mit $f_1(x) = g(x) + h(x)$ und f_2 mit $f_2(x) = g(x) \cdot h(x)$
Geben Sie das Verhalten der Funktionswerte von f_1 und f_2 im Unendlichen an. Begründen Sie Ihre Entscheidung.

b) Beurteilen Sie die Aussage:
„Wenn x unbegrenzt kleiner wird, dann nähern sich die Funktionswerte der Funktion f_3 mit $f_3(x) = g(h(x))$ dem Wert 3 an."

CAS **20** ≡ Von einer bedrohten Tierart existieren nur noch wenige Exemplare. Um die Art zu erhalten, werden einige dieser Tiere in einem Reservat ausgesetzt. Man geht davon aus, dass die Anzahl der Tiere innerhalb des Reservates näherungsweise durch eine Funktion f beschrieben werden kann:
$f(t) = 100 \cdot (3 - 2{,}96 \cdot 0{,}98^t)$; t ... Zeit in Jahren; f(t) ... Anzahl der Tiere zum Zeitpunkt t.

a) Zum Zeitpunkt $t = 0$ wurden die ersten Tiere ins Reservat gesetzt.
Wie viele Tiere waren dies?

b) Wie viele Tiere können maximal in dem Reservat leben? Nach wie vielen Jahren sollte man das Reservat vergrößern oder Tiere umsiedeln, wenn man ein jährliches Wachstum um mindestens 5 Tieren sicherstellen möchte?

CAS **21** ≡ Die Höhe h(t) einer Hopfenpflanze (in m) zur Zeit t (in Wochen) kann man näherungsweise beschreiben mit dem Funktionsterm:
$h(t) = \frac{3}{0{,}5 + 5{,}5 \cdot e^{-0{,}36 \cdot t}}$

a) Bestimmen Sie die Anfangshöhe h(0) des Hopfens.

b) Wie groß kann nach diesem Modell eine Hopfenpflanze höchstens werden?

c) Skizzieren Sie den Graphen der Funktion h für $0 \leq t \leq 20$. Beschreiben Sie den charakteristischen Verlauf des Graphen.

d) Für die richtige Dosierung des Pflanzendüngers ist insbesondere der Zeitpunkt von Bedeutung, an dem sich das Wachstumsverhalten ändert. Ermitteln Sie grafisch diesen Zeitpunkt. Beschreiben Sie mithilfe des Graphen das Wachstumsverhalten der Hopfenpflanzen am Anfang und am Ende des Zeitintervalls [0; 20].

2.2 Grenzwert einer Funktion an einer Stelle – Stetigkeit

Einstieg

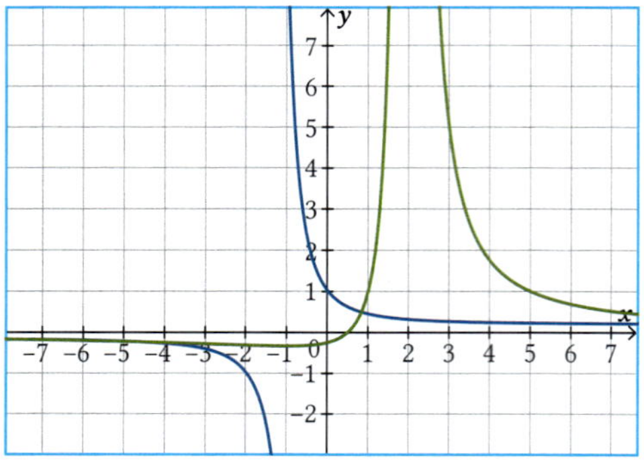

In der Abbildung sehen Sie Ausschnitte der Graphen der Funktion f und g mit $f(x) = \frac{2x-1}{(x-2)^2}$ und $g(x) = \frac{1}{x+1}$.
Geben Sie die Definitionslücken der Funktionen an. Beschreiben Sie das Verhalten der Funktionswerte von f und g in der Umgebung ihrer Definitionslücken. Begründen Sie Ihre Aussagen anhand der Funktionsterme.

Aufgabe mit Lösung

Das Verhalten von Funktionen an einer Stelle untersuchen

Betrachtet werden die Funktionen f, g und h mit $f(x) = \frac{1}{1-x^3}$, $g(x) = \frac{x^2-9}{x-3}$ und $h(x) = \frac{x}{|x|}$.

→ An welchen Stellen x_0 sind die Funktionen f, g und h nicht definiert? Beschreiben Sie das Verhalten der Funktionswerte der Funktionen in den Umgebungen ihrer Definitionslücken.

Lösung:

Mit dem Rechner kann man Ausschnitte der Graphen betrachten und ausgewählte Funktionswerte bestimmen.

Funktion f

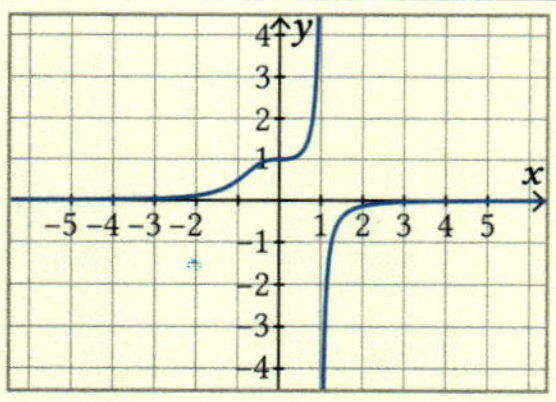

x	y1
0.97	11.451
0.98	17.004
0.99	33.669
1	Error
1.01	−33.00
1.02	−16.34
1.03	−10.78

Funktion g

Manche Rechner zeigen die Lücke nicht

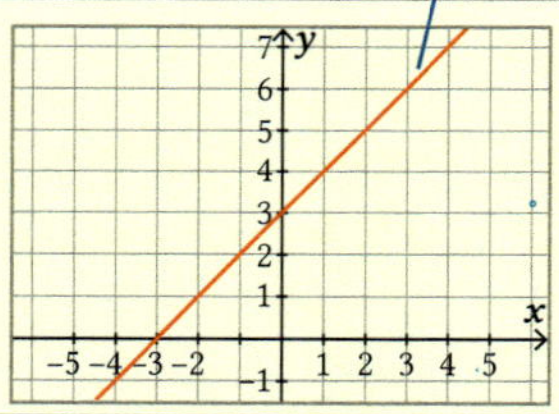

x	y1
2.97	5.97
2.98	5.98
2.99	5.99
3	Error
3.01	6.01
3.02	6.02
3.03	6.03

Funktion h

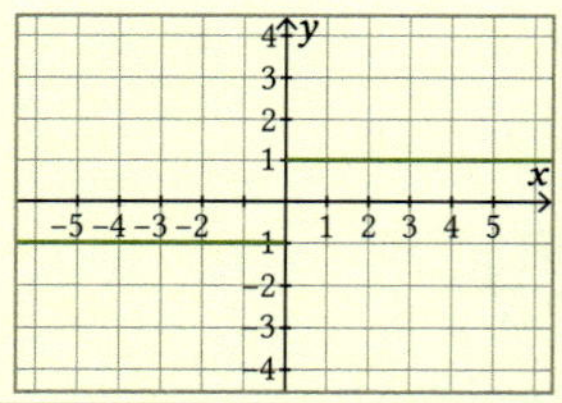

x	y3
−0.03	−1
−0.02	−1
−0.01	−1
0	Error
0.01	1
0.02	1
0.03	1

Definitionslücken:

$x_0 = 1$ $\qquad$ $x_0 = 3$ $\qquad$ $x_0 = 0$

Für die Funktionswerte von f, g und h gilt bei linksseitiger Näherung $(x < x_0)$:

Wenn $x \to 1$, dann $f(x) \to \infty$ $\qquad$ Wenn $x \to 3$, dann $g(x) \to 6$ $\qquad$ Wenn $x \to 0$, dann $h(x) \to -1$

Für die Funktionswerte von f,g und h gilt bei rechtsseitiger Näherung $(x > x_0)$:

Wenn $x \to 1$, dann $f(x) \to -\infty$ $\qquad$ Wenn $x \to 3$, dann $g(x) \to 6$ $\qquad$ Wenn $x \to 0$, dann $h(x) \to 1$

LK → Begründen Sie Ihre Aussagen mithilfe der Funktionsterme der Funktionen f, g und h.

Lösung:

Die Funktionsterme der Funktionen f, g und h sind Quotienten.

Funktion f mit $f(x) = \frac{1}{1 - x^3}$:

Die Funktion f ist an der Stelle $x_0 = 1$ nicht definiert, da der Nenner in diesem Fall null wird. Des Weiteren gilt:

- $x < 1$: Wenn $x \to 1$, dann $1 - x^3 \to 0$. Der Nenner besitzt in diesem Fall immer ein positives Vorzeichen $(1 - x^3 > 0)$. Da auch der Zähler ein positives Vorzeichen besitzt gilt: $f(x) \to \infty$.
- $x > 1$: Wenn $x \to 1$, dann $1 - x^3 \to 0$. Der Nenner besitzt in diesem Fall immer ein negatives Vorzeichen $(1 - x^3 < 0)$. Da der Zähler ein positives Vorzeichen besitzt gilt: $f(x) \to -\infty$.

Funktion g mit $g(x) = \frac{x^2 - 9}{x - 3}$:

Die Funktion f ist an der Stelle $x_0 = 3$ nicht definiert, da der Nenner in diesem Fall null wird.

Des Weiteren gilt für $x \neq 3$ wegen der 3. Binomischen Formel: $\frac{x^2 - 9}{x - 3} = \frac{(x - 3)(x + 3)}{x - 3} = x + 3$

Somit gilt bei links- und rechtsseitiger Näherung:

Wenn $x \to 3$, dann $g(x) \to 6$.

Funktion h mit $h(x) = \frac{x}{|x|}$:

Die Funktion f ist an der Stelle $x_0 = 0$ nicht definiert, da der Nenner in diesem Fall null wird.

Des Weiteren gilt für $x \neq 0$: $h(x) = \frac{x}{|x|} = -1$ (für $x < 0$) und $h(x) = \frac{x}{|x|} = +1$ (für $x > 0$).

- $x < 0$: Wenn $x \to 0$, gilt: $h(x) \to -1$.
- $x > 0$: Wenn $x \to 0$, gilt: $h(x) \to +1$.

Information

WES-125991-221

Grenzwert einer Funktion an einer Stelle

Gegeben ist eine Funktion f mit dem Definitionsbereich D. Eine Zahl g heißt **Grenzwert der Funktion f an der Stelle x_0**, wenn für alle x-Werte aus D gilt:

Wenn die x-Werte der Zahl x_0 beliebig nahe kommen, dann kommen die Funktionswerte f(x) der Zahl g beliebig nahe.

Man schreibt dafür: $\lim\limits_{x \to x_0} f(x) = g$

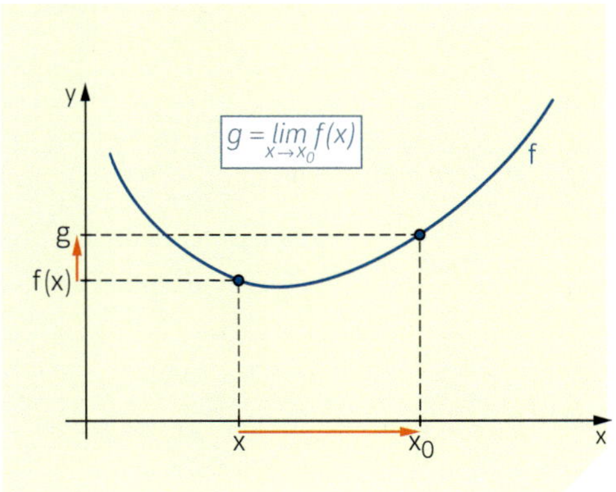

Üben

1 Bestimmen Sie ohne Rechner, für welche $x \in \mathbb{R}$ die Funktion f nicht definiert ist. Wie verhalten sich die Funktionswerte in der Nähe dieser Stellen? Beziehen Sie in Ihre Argumentation die Funktionsterme der Funktionen ein.

a) $f(x) = \frac{1}{1 - x^2}$ **b)** $f(x) = \frac{2}{x - 2}$ **c)** $f(x) = \frac{x^2 - 25}{x + 5}$ **d)** $f(x) = \frac{3x}{|x|}$

Information

WES-125991-222

Gebrochenrationale Funktionen – Verhalten an Definitionslücken

Wir betrachten eine Funktion f, die sich als Quotient zweier ganzrationaler Funktionen u und v darstellen lässt, also $f(x) = \frac{u(x)}{v(x)}$. Ist x_0 eine Nullstelle der Funktion v im Nenner, so ist f an der Stelle x_0 nicht definiert. Man bezeichnet x_0 dann als **Definitionslücke** von f.
Man spricht dabei von einer **Polstelle**, wenn eine Funktion an einer bestimmten Stelle eine Definitionslücke aufweist, in deren Nähe die Funktionswerte betragsmäßig unendlich groß werden, egal von welcher Richtung man sich nähert.

$f(x) = \frac{1}{x-1}$

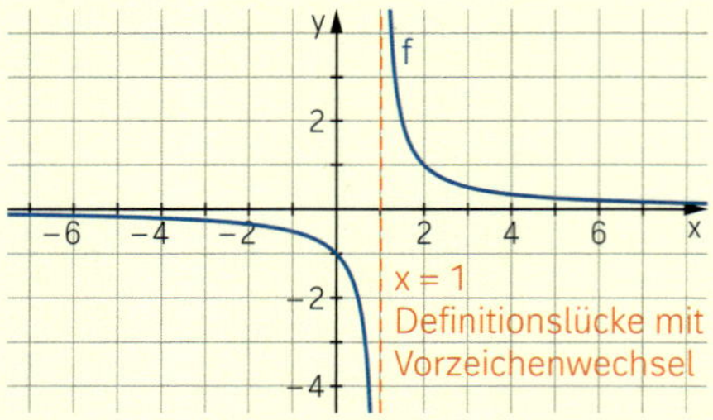

An der Stelle $x = 1$ liegt eine Definitionslücke mit Vorzeichenwechsel vor. Es gilt:
Wenn $x \to 1$ und $x < 1$, dann $f(x) \to -\infty$.
Wenn $x \to 1$ und $x > 1$, dann $f(x) \to \infty$.

$f(x) = \frac{1}{(x-1)^2}$

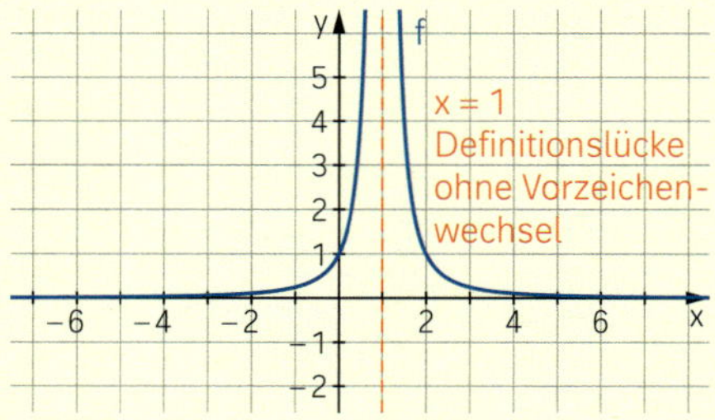

An der Stelle $x = 1$ liegt eine Definitionslücke ohne Vorzeichenwechsel vor. Es gilt:
Wenn $x \to 1$ und $x < 1$, dann $f(x) \to \infty$.
Wenn $x \to 1$ und $x > 1$, dann $f(x) \to \infty$.

$f(x) = \frac{x^3 - 27}{x - 3}$

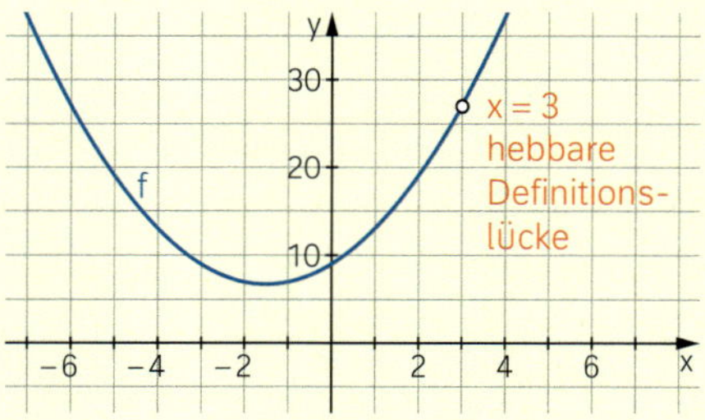

An der Stelle $x = 3$ liegt eine *hebbare* Definitionslücke vor. Es gilt:
Wenn $x \to 3$ und $x < 3$, dann $f(x) \to 27$
Wenn $x \to 3$ und $x > 3$, dann $f(x) \to 27$

$f(x) = \frac{x}{|x|}$

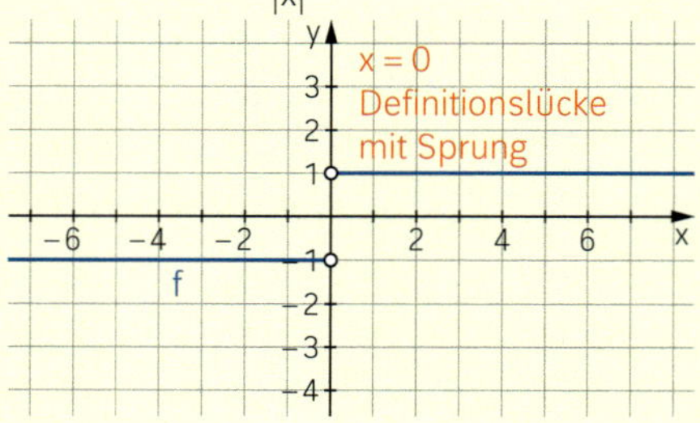

An der Stelle $x = 0$ liegt eine Definitionslücke mit einem Sprung vor. Es gilt:
Wenn $x \to 0$ und $x < 0$, dann $f(x) \to -1$
Wenn $x \to 0$ und $x > 0$, dann $f(x) \to +1$

Üben

2 Untersuchen Sie die Funktion auf Polstellen mit bzw. ohne Vorzeichenwechsel und auf Lücken mit bzw. ohne Sprung. Skizzieren Sie den Graphen der Funktion.

a) $f(x) = \frac{1}{x-1}$
b) $f(x) = \frac{1}{x^2 - 4}$
c) $f(x) = \frac{1}{(x-1)^2(x-3)}$
d) $f(x) = 2 + \frac{x-1}{|x-1|}$
e) $f(x) = \frac{x^4 - 16}{x^2 - 4}$
f) $f(x) = \frac{x+3}{x^3 + 5x^2}$
g) $f(x) = \frac{x}{x+1}$
h) $f(x) = \frac{x^3 + x}{x^2}$
i) $f(x) = \frac{x^2 + 2x}{x + 2}$

3 Ein Rechner zeichnet den Graphen der Funktion f. Prüfen Sie, ob die charakteristischen Eigenschaften des Funktionsgraphen vollständig und richtig wiedergegeben sind.
Stellen Sie anschließend den Graphen so dar, dass alle charakteristischen Eigenschaften erkennbar sind.

a) $f(x) = \frac{10}{10x^2 + 1}$ **b)** $f(x) = \frac{x + 2}{x^2 - x - 6}$ **c)** $f(x) = \frac{20}{100x^2 - 201x + 101}$

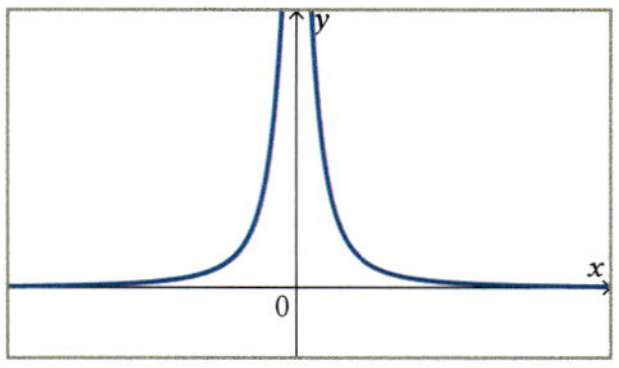

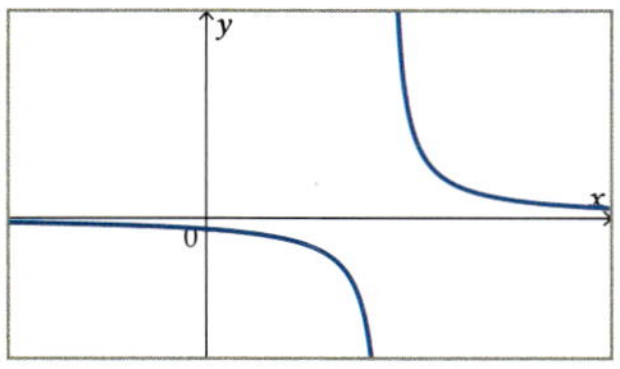

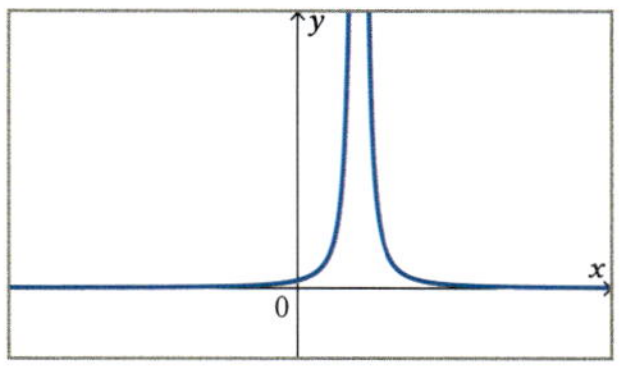

4 Das Verhalten einer Funktion f an einer Stelle kann mit dem Rechner untersucht werden. Wird die Funktion an einer Definitionslücke mit Vorzeichenwechsel analysiert, gibt der Rechner „Undefined" aus. Viele Rechner bieten die Möglichkeit links- und rechtsseitigen Näherungen zu betrachten.

a) Untersuchen Sie, welche Möglichkeiten Ihr Rechner zur Untersuchung des Verhaltens einer Funktion f an einer Stelle bietet.

$\lim\limits_{x \to 0} \left(\frac{1}{x}\right)$	Undefined
$\lim\limits_{x \to 0^-} \left(\frac{1}{x}\right)$	$-\infty$
$\lim\limits_{x \to 0^+} \left(\frac{1}{x}\right)$	∞

b) Untersuchen Sie das Verhalten der Funktion f an der angegebenen Stelle mit Ihrem Rechner.

(1) $f(x) = \frac{x}{2^x - 1}$; $x_0 = 0$ (2) $f(x) = \frac{2x + 1}{x}$; $x_0 = 0$ (3) $f(s) = \frac{s - 1}{2 \cdot |s - 1|}$; $s_0 = 1$

5 Geben Sie einen Funktionsterm für f mit der angegebenen Eigenschaft an.
Prüfen Sie ihr Ergebnis mithilfe eines Rechners.

a) f hat an der Stelle 2 eine Polstelle mit einem Vorzeichenwechsel von Plus nach Minus.
b) f hat an der Stelle 0,5 eine Polstelle mit einem Vorzeichenwechsel von Minus nach Plus.
c) f hat an der Stelle −3 eine Polstelle ohne Vorzeichenwechsel.
d) f hat an der Stelle 5 eine Definitionslücke mit Sprung.
e) f hat an der Stelle −7 eine Definitionslücke ohne Sprung.

6 Die Abbildung zeigt die Lösungsschritte einer Aufgabe, die mit dem Rechner ausgeführt wurden.

a) Formulieren Sie zu den Lösungsschritte eine passende Aufgabenstellung.

b) Erläutern Sie die Bedeutung der einzelnen Lösungsschritte im Kontext der formulierten Aufgabenstellung.

Define $f(x) = \frac{x + 3}{x\hat{}3 + 5x\hat{}2}$	done
solve($x\hat{}3 + 5x\hat{}2 = 0$)	$\{x = -5, x = 0\}$
Define $g(x) = -5 + \frac{1}{x}$	done
Define $h(x) = -5 - \frac{1}{x}$	done
$\lim\limits_{x \to \infty} (f(g(x)))$	$-\infty$
$\lim\limits_{x \to \infty} (f(h(x)))$	∞

Grenzwertsätze für Funktionen

7 Gegeben sind die Funktionen u und v mit $u(x) = 2x + 3$ und $v(x) = x^2 + 2$.

a) Ordnen Sie die Funktionen $u + v$, $u - v$, $u \cdot v$ und $\frac{u}{v}$ den passenden Funktionsgraphen zu.

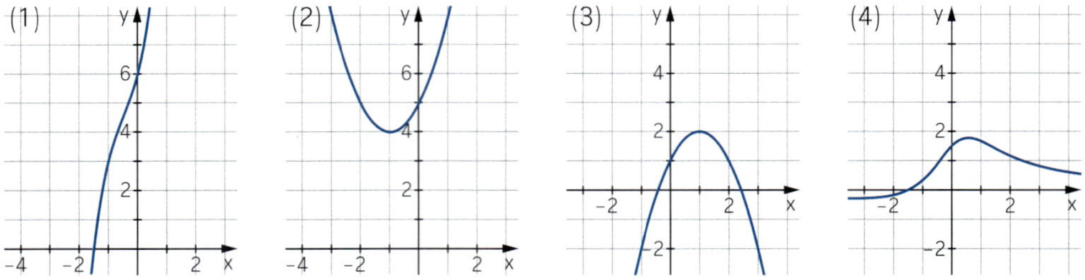

b) Bestimmen Sie mithilfe einer selbstgewählten Strategie.

(1) $\lim\limits_{x\to 2} (u(x) + v(x))$ (2) $\lim\limits_{x\to -2} (u(x) - v(x))$ (3) $\lim\limits_{x\to 0} (u(x) \cdot v(x))$ (4) $\lim\limits_{x\to 5} \left(\frac{u(x)}{v(x)}\right)$

c) Vergleichen Sie die Ergebnisse mit den Grenzwerten der Funktionen u und v an den jeweiligen Stellen. Bestätigen Sie die folgenden Sätze an weiteren selbst gewählten Beispielen.

Information

WES-125991-223

Grenzwertsätze für Funktionen

Für zwei Funktionen u und v mit den Grenzwerten $\lim\limits_{x\to x_0} u(x)$ und $\lim\limits_{x\to x_0} v(x)$ gilt:

(1) $\lim\limits_{x\to x_0} (u(x) + v(x)) = \lim\limits_{x\to x_0} u(x) + \lim\limits_{x\to x_0} v(x)$

(2) $\lim\limits_{x\to x_0} (u(x) - v(x)) = \lim\limits_{x\to x_0} u(x) - \lim\limits_{x\to x_0} v(x)$

(3) $\lim\limits_{x\to x_0} (u(x) \cdot v(x)) = \lim\limits_{x\to x_0} u(x) \cdot \lim\limits_{x\to x_0} v(x)$

(4) $\lim\limits_{x\to x_0} \left(\frac{u(x)}{v(x)}\right) = \frac{\lim\limits_{x\to x_0} u(x)}{\lim\limits_{x\to x_0} v(x)}$ für $\lim\limits_{x\to x_0} v(x) \neq 0$

$$\lim_{x\to 2} (3x^2 + 4x) = \lim_{x\to 2} (3x^2) + \lim_{x\to 2} (4x) = 12 + 8 = 20$$

$$\lim_{x\to 2} (x^3 - 1) = \lim_{x\to 2} (x^3) - \lim_{x\to 2} (1) = 8 - 1 = 7$$

$$\lim_{x\to \frac{\pi}{2}} (2x \cdot \sin(x)) = \lim_{x\to \frac{\pi}{2}} (2x) \cdot \lim_{x\to \frac{\pi}{2}} (\sin(x)) = \pi \cdot 1 = \pi$$

$$\lim_{x\to 9} \left(\frac{x}{\sqrt{x}}\right) = \frac{\lim\limits_{x\to 9} (x)}{\lim\limits_{x\to 9} (\sqrt{x})} = \frac{9}{3} = 3$$

Hinweis: Die folgenden Grenzwerte sind dabei unmittelbar einsichtig:
$\lim\limits_{x\to x_0} x^n = x_0^{\,n}$, $\lim\limits_{x\to x_0} \sqrt{x} = \sqrt{x_0}$, $\lim\limits_{x\to x_0} \sin(x) = \sin(x_0)$ oder $\lim\limits_{x\to x_0} b^x = b^{x_0}$.
Die Stelle x_0, für welche man den Grenzwert $\lim\limits_{x\to x_0} f(x)$ einer Funktion f bestimmen möchte, muss ebenfalls nicht immer eine Definitionslücke von f sein.

Üben

8 Bestimmen Sie den Grenzwert mithilfe der Grenzwertsätze.

a) $\lim\limits_{x\to 2} (3x^4 + 2^x - 7)$ **b)** $\lim\limits_{x\to 4} (2x^3 - x + 2)$ **c)** $\lim\limits_{x\to 3} ((2x + 4) \cdot (7x + 3))$

d) $\lim\limits_{x\to 1} (2x + 1)^2$ **e)** $\lim\limits_{x\to 2} (4x^3 - 6x^2 - 3)^2$ **f)** $\lim\limits_{x\to 1} \frac{3x^2 - 1}{2x - 1}$

g) $\lim\limits_{x\to 0} \frac{7x + 1}{3x + 2}$ **h)** $\lim\limits_{x\to \frac{\pi}{2}} (\sin(x))^2$ **i)** $\lim\limits_{x\to \pi} \frac{\cos(x)}{x}$

Stetigkeit an einer Stelle

9 Zeichnen Sie die Graphen der Funktionen zu

$$f_1(x)=\begin{cases}-1, & x<0\\ 0, & x=0\\ 1, & x>0\end{cases}$$

$$f_2(x)=\begin{cases}|x|+1, & x\neq 0\\ -1, & x=0\end{cases}$$

$$f_3(x)=\begin{cases}-1, & x<0\\ 1, & x>0\end{cases}$$

Beschreiben Sie die Besonderheiten der Graphen.
Vergleichen Sie das Verhalten der Graphen an der Nahtstelle $x = 0$.

Abschnittweise definierte Funktionen:

$$f(x)=\begin{cases}-x+1, & x<0\\ 1, & x\geq 0\end{cases}$$

Nahtstelle

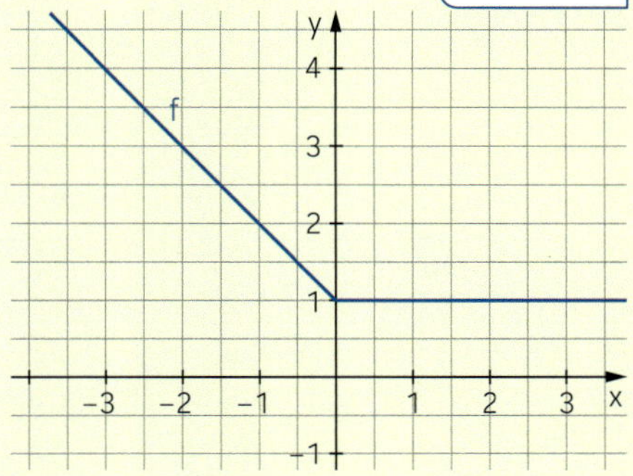

Information

WES-125991-224

Definition: Stetigkeit an einer Stelle/in einem Intervall

Eine Funktion f, die an der Stelle x_0 definiert ist, heißt **an der Stelle x_0 stetig**, falls $\lim\limits_{x\to x_0} f(x)$ existiert und $\lim\limits_{x\to x_0} f(x) = f(x_0)$ ist.
Andernfalls heißt die Funktion **an der Stelle x_0 unstetig**.

(1) f ist stetig an der Stelle x_0

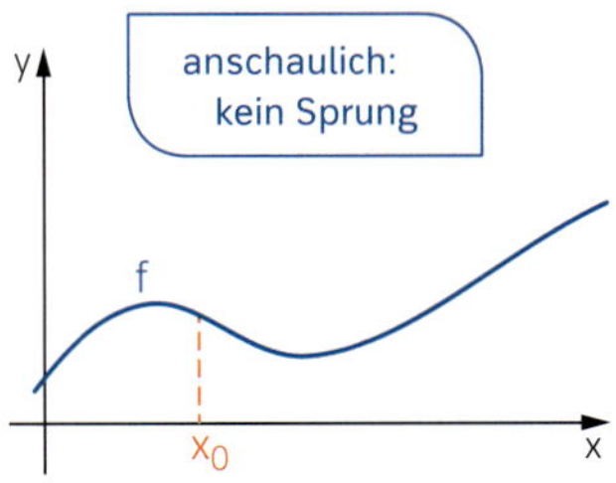

(2) f ist unstetig an der Stelle x_0, da $\lim\limits_{x\to x_0} f(x)$ nicht existiert.

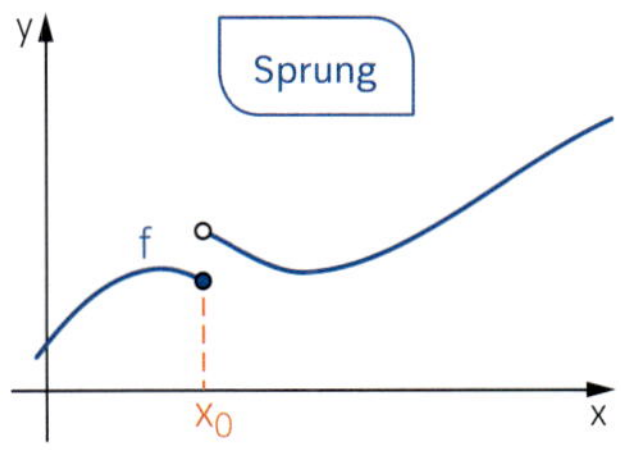

(3) f ist unstetig an der Stelle x_0, da $\lim\limits_{x\to x_0} f(x) \neq f(x_0)$.

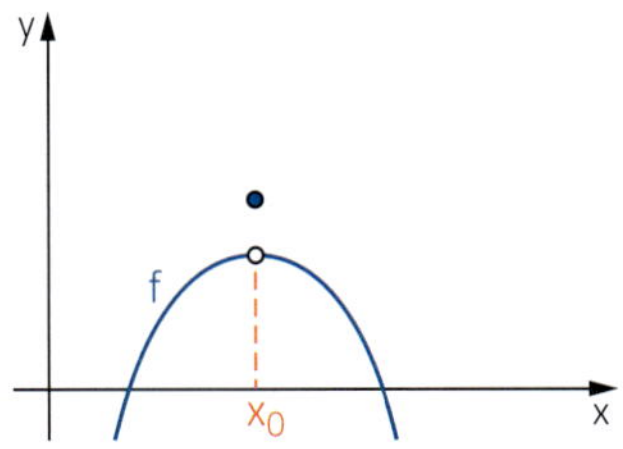

LK Eine Funktion heißt **stetig in einem Intervall**, wenn sie an jeder Stelle des Intervalls stetig ist.

(1) f ist stetig im Intervall $D = [a; b]$.

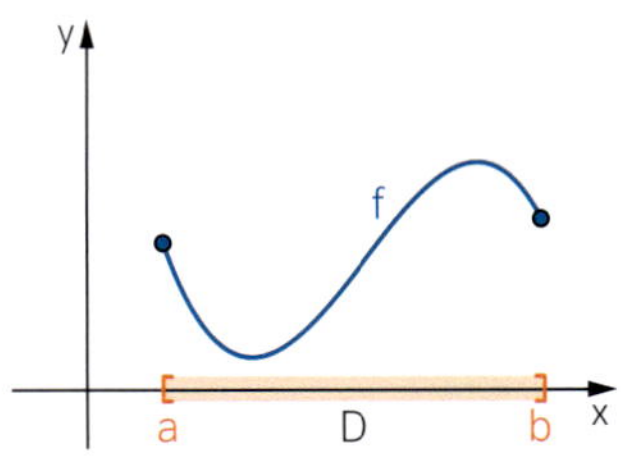

(2) f ist unstetig im Intervall $D = [a; b]$.

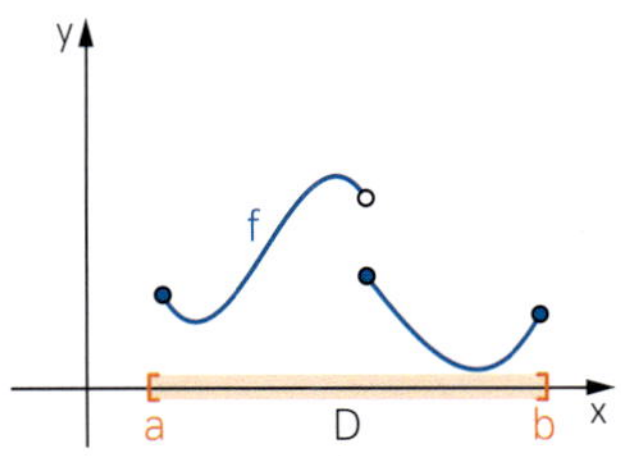

(3) f ist weder stetig noch unstetig über $D = [a; b]$, da f an der Stelle x_0 nicht definiert ist.

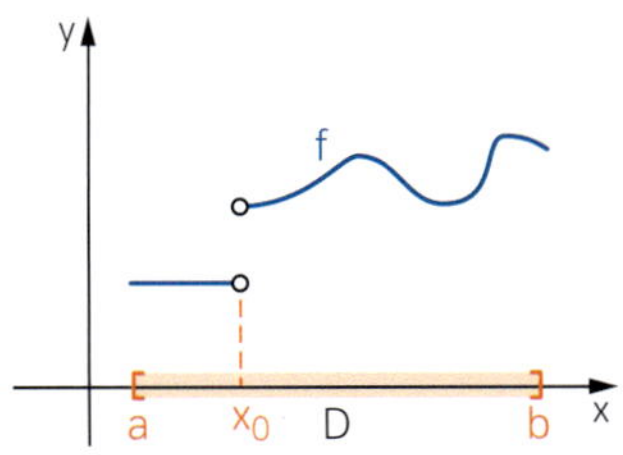

Üben

10 ☰ Gegeben sind Skizzen der Graphen von Funktionen. Untersuchen Sie die Funktion an der Stelle x_0 auf Stetigkeit.

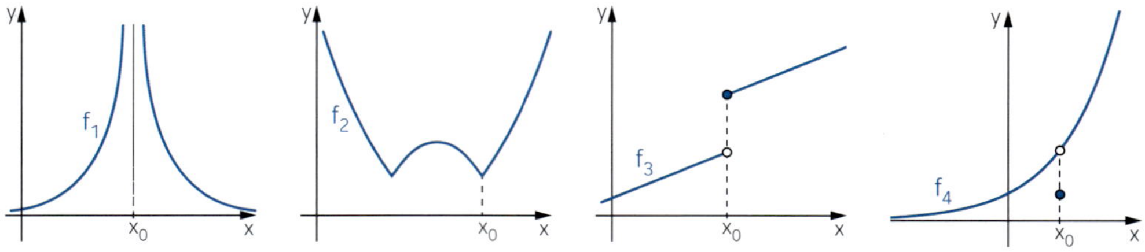

LK 11 ☰ Gegeben sind Skizzen der Graphen von Funktionen.
Welche der Funktionen sind im Intervall [a, b] stetig bzw. unstetig. Begründen Sie Ihre Entscheidung.

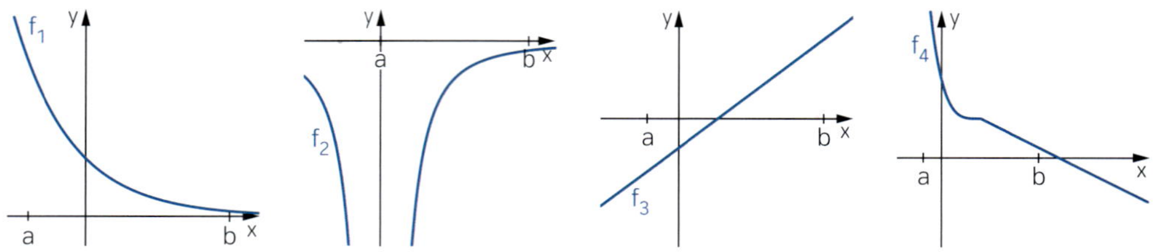

LK 12 ☰ Gegeben ist eine abschnittsweise definierte Funktion f. Bestimmen Sie den Parameter t so, dass f stetig ist. Zeichnen Sie auch.

a) $f(x) = \begin{cases} x^2 & \text{für } x < 1 \\ 2x - t & \text{für } x \geq 1 \end{cases}$

b) $f(x) = \begin{cases} t \cdot x + 5 & \text{für } x < -2 \\ x^3 & \text{für } x \geq -2 \end{cases}$

LK 13 ☰ Eine Funktion f nennt man an einer Stelle x_0 **differenzierbar**, falls der Graph von f an der Stelle x_0 eine Tangente besitzt, also wenn die Ableitung $f'(x_0)$ existiert. Andernfalls nennt man f **nicht differenzierbar**.
In der Abbildung ist der Graph der Funktion f mit $f(x) = |x^2 - 1|$ zu sehen.

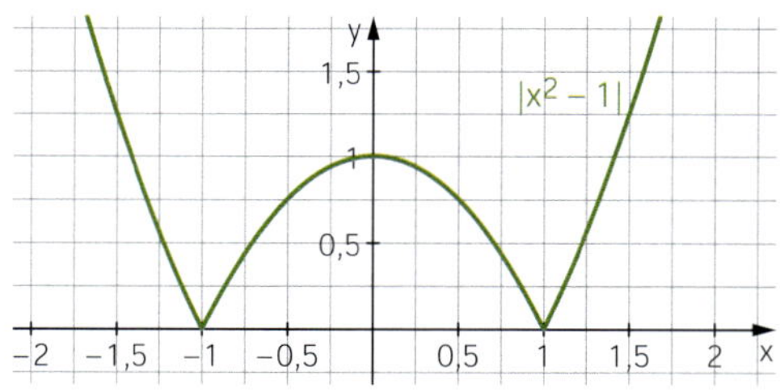

a) Beschreiben Sie die Besonderheiten des Graphen von f.

b) Untersuchen Sie $\lim\limits_{h \to 0} \frac{f(-1+h) - f(-1)}{h}$ und $\lim\limits_{h \to 0} \frac{f(1+h) - f(1)}{h}$ jeweils einmal für $h < 0$ und einmal für $h > 0$.
Zeigen Sie, dass der Graph von f an den Stellen – 1 und 1 keine Tangente besitzt, also dass f nicht differenzierbar ist.

LK 14 ☰ Untersuchen Sie die Funktion f an der Stelle x_0 auf Stetigkeit und Differenzierbarkeit.

a) $f(x) = \begin{cases} x & \text{für } x \leq 2 \\ x - 1 & \text{für } x > 2 \end{cases}; \; x_0 = 2$

b) $f(x) = \begin{cases} x & \text{für } x < 0 \\ x^2 & \text{für } x \geq 0 \end{cases}; \; x_0 = 0$

c) $f(x) = \begin{cases} 2x - 1 & \text{für } x < -3 \\ 3x - 2 & \text{für } x \geq -3 \end{cases}; \; x_0 = -3$

d) $f(x) = \begin{cases} 2x - 1 & \text{für } x < 5 \\ 2x + 1 & \text{für } x \geq 5 \end{cases}; \; x_0 = 5$

2.3 Symmetrie

Ziel

In diesem Abschnitt lernen Sie, wie man am Funktionsterm einer ganzrationalen Funktion erkennen kann, ob der Graph zur y-Achse oder zum Koordinatenursprung symmetrisch ist.

→ Untersuchen sie den Graphen der Funktion f_1 mit $f_1(x) = \frac{1}{2}x^4 - 2x^2 - 1$ auf Symmetrie und überlegen Sie, wie man diese Eigenschaften anhand des Funktionsterms begründen kann.

Lösung

Man kann erkennen, dass gilt:

$f_1(2) = \frac{1}{2} \cdot 2^4 - 2 \cdot 2^2 - 1 = -1$

$f_1(-2) = \frac{1}{2} \cdot (-2)^4 - 2 \cdot (-2)^2 - 1 = -1$

Also ist $f_1(2) = f_1(-2)$.

Die Wertetabelle bestätigt dies auch für weitere Werte.

Dies kann auch für zwei beliebige Stellen x und −x gezeigt werden:

$f_1(x) = \frac{1}{2}x^4 - 2x^2 - 1$

$f_1(x) = \frac{1}{2}(-x)^4 - 2(-x)^2 - 1 = \frac{1}{2}x^4 - 2x^2 - 1$

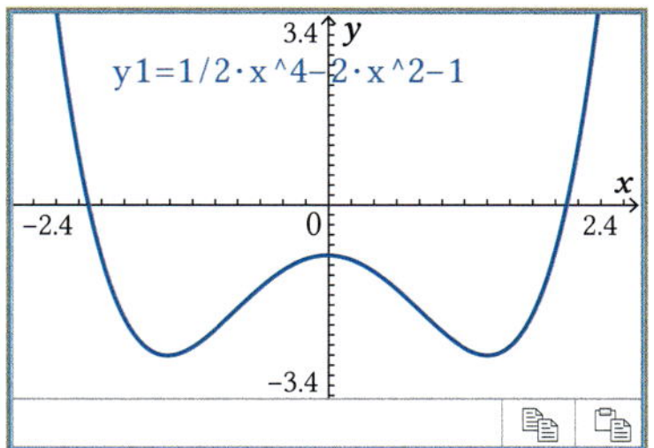

x	y1
−2	−1
−1	−2.5
0	−1
1	−2.5
2	−1

Nach der Termumformung erkennt man, dass gilt: $f_1(x) = f_1(-x)$. Die Wertgleichheit der Terme ergibt sich, da nur Potenzen von x mit geraden Exponenten enthalten sind. Der Graph der Funktion f_1 ist somit symmetrisch zur y-Achse.

→ Untersuchen Sie, ob der Graph der Funktion f_2 mit $f_2(x) = x^5 + 2x^3 - 4x$ eine Symmetrie aufweist und überlegen Sie, wie sich diese Eigenschaft anhand des Funktionsterms begründen lässt.

Lösung

Man kann erkennen, dass gilt:

$f_2(2) = 2^5 - 2 \cdot 2^3 - 4 \cdot 2 = 40$

$f_2(-2) = (-2)^5 + 2 \cdot (-2)^3 - 4 \cdot (-2) = -40$

Also ist $-f_2(2) = f_2(-2)$.

Die Wertetabelle bestätigt dies auch für weitere Werte.

Allgemein erhält man für zwei beliebige Stellen −x und x:

$f_2(-x) = (-x)^5 + 2(-x)^3 - 4(-x) = -x^5 - 2x^3 + 4x$

$-f_2(x) = -(x^5 + 2x^3 - 4x) = -x^5 - 2x^3 + 4x$

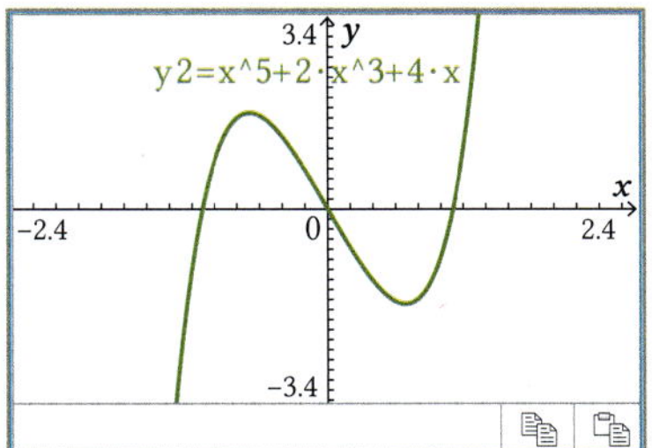

x	y2
−2	−40
−1	1
0	0
1	−1
2	40

Nach der Termumformung erkennt man, dass gilt: $f_2(-x) = -f_2(x)$. Die Wertgleichheit der Terme ergibt sich, da nur Potenzen von x mit ungeraden Exponenten enthalten sind. Der Graph der Funktion g ist somit symmetrisch zum Koordinatenursprung O(0|0).

Information

WES-125991-231

WES-125991-232
Symmetrie untersuchen

Symmetrie zur y-Achse

Der Graph einer Funktion f ist **symmetrisch zur y-Achse**, falls für alle $x \in D$ gilt:
$f(-x) = f(x)$
Ist f eine ganzrationale Funktion, so gilt $f(-x) = f(x)$, falls das Polynom nur Potenzen von x mit geraden Exponenten enthält, sonst nicht.

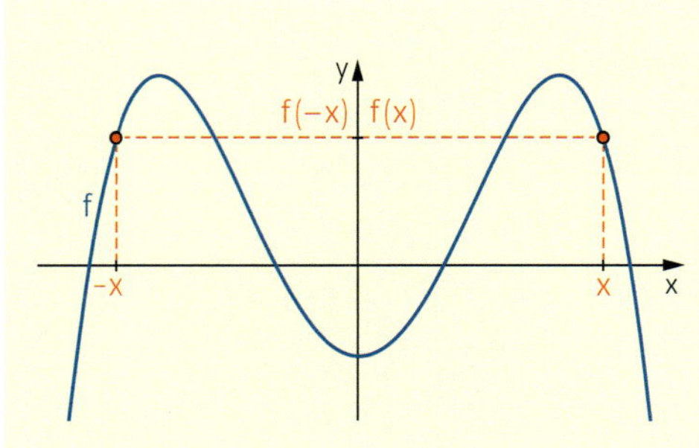

Symmetrie zum Koordinatenursprung

Der Graph einer Funktion f ist **symmetrisch zum Koordinatenursprung**, falls für alle x gilt:
$f(-x) = -f(x)$
Ist f eine ganzrationale Funktion, so gilt $f(-x) = -f(x)$, falls das Polynom nur Potenzen von x mit ungeraden Exponenten enthält, sonst nicht.

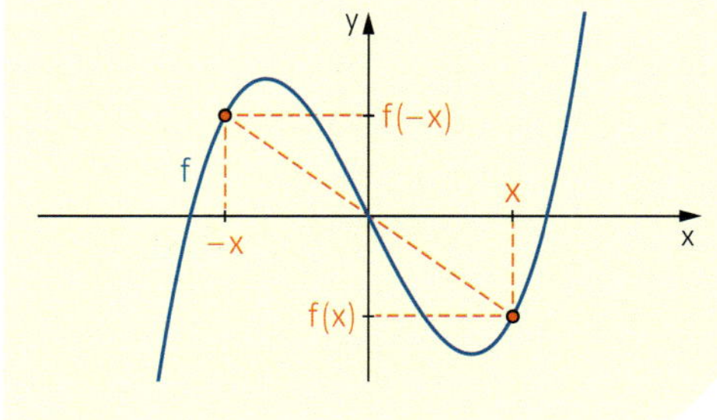

Üben

1 Vervollständigen Sie die Wertetabelle in Ihrem Heft für den Fall, dass
a) der Graph von f symmetrisch zum Koordinatenursprung ist;
b) der Graph von f symmetrisch zur y-Achse ist.

x	−4	−3	−2	−1	0	1	2	3	4
f(x)	10		2	0				2	

2 Mila hat die Funktion f mit $f(x) = 2x^3 + 2x + 1$ auf Symmetrie untersucht.
Sie sagt: „Der Funktionsterm enthält nur Potenzen von x mit ungeraden Exponenten. Also ist der Graph symmetrisch zum Koordinatenursprung."
Hat Mila recht? Begründen Sie Ihre Antwort.

3 Untersuchen Sie den Graphen von f auf Symmetrie.

a) $f(x) = -\frac{2}{3} \cdot x + x^5$ **b)** $f(x) = x^3 + 2x^2 + 5$ **c)** $f(x) = 3x^4 - 2x^2 + 1$
d) $f(x) = x \cdot \sqrt{x^2 + 2}$ **e)** $f(x) = x \cdot \sin(x)$ **f)** $f(x) = \sin(x) + \cos(x)$

4 In einer Hausaufgabe soll Moritz den Graphen der Funktion g auf Symmetrie untersuchen. Er notiert dabei das Nebenstehende.
Hat Moritz recht? Begründen Sie Ihre Entscheidung.

$g(x) = (x - 1)^3 + 2$,
$g(-x) = (-x - 1)^3 + 2$ und
$-g(x) = -(x - 1)^3 - 2$
Da $-g(x) \neq g(-x)$ und $g(-x) \neq g(x)$, weist der Graph der Funktion g keine Symmetrie auf.

5 ☰ Ordnen Sie den Funktionstermen die zugehörigen Graphen zu.
Geben Sie zum übriggebliebenen Graphen einen Funktionsterm an.

$f(x) = x^4 - 2x^2$ $g(x) = \frac{3}{2}x - \frac{1}{2}x^3$

$h(x) = \frac{1}{4}e^x - \frac{1}{4}e^{-x}$ $k(x) = \frac{1}{4}e^x + \frac{1}{4}e^{-x} - \frac{1}{2}$

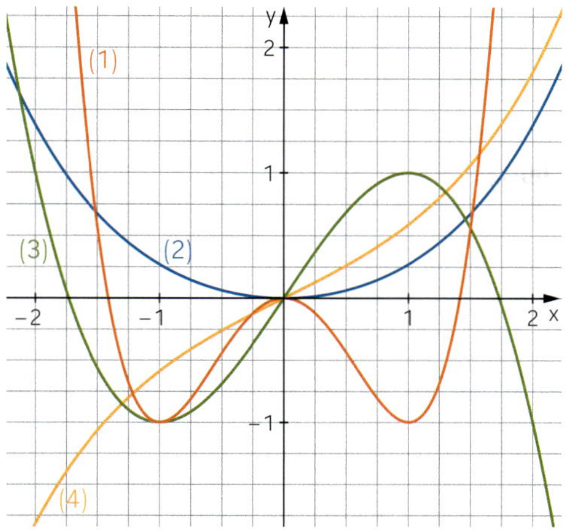

LK 6 ☰ Wählen Sie einen Wert für den Parameter $a \in \mathbb{Z}$ so, dass der Graph der Funktion f entweder symmetrisch zur y-Achse oder symmetrisch zum Koordinatenursprung ist. Geben Sie auch die Art der Symmetrie an.
Welche Nullstellen hat f? Überprüfen Sie Ihre Lösung mithilfe des Rechners.

a) $f(x) = \frac{2}{3}(x + a)^4$ **b)** $f(x) = x^3 + a$ **c)** $f(x) = (x - a)(x + 2)$
d) $f(x) = 4x^3 - 4ax^2 + a^2x$ **e)** $f(x) = \frac{2x^3 + ax^2 - x}{4x^2 + 5}$ **f)** $f(x) = (x^4 - 6)e^{x^2 + ax + 2}$

7 ☰ Gegeben ist der Term einer Funktion f. Zeigen Sie am Funktionsterm, dass der Graph von f symmetrisch zur y-Achse bzw. symmetrisch zum Koordinatenursprung ist.

a) $f(x) = \cos(x^4 - 3x^2 + 2)$ **b)** $f(x) = 3^{x^2 - 2}$ **c)** $f(x) = \sqrt{x^4 + 2x^2 + 6}$

8 ☰ Gegeben ist der Term einer Funktion f. Zeigen Sie am Funktionsterm, dass der Graph von f symmetrisch zum Koordinatenursprung ist.

a) $f(x) = \sin(x^3 - x)$ **b)** $f(x) = 3^{x^2} \cdot (x^5 + x)$ **c)** $f(x) = \frac{x^7 - x^3}{2^{x^2 - 1}}$

9 ☰ Der Graph von f_1 geht durch Verschieben aus dem Graphen von f mit
$f(x) = -0{,}125x^4 + x^3 - 2x^2 + 3$ hervor.

a) Bestimmen Sie den Funktionsterm für f_1.

b) Zeigen Sie, dass der Graph von f_1 symmetrisch zur y-Achse ist. Was bedeutet dies für das Symmetrieverhalten des Graphen von f?

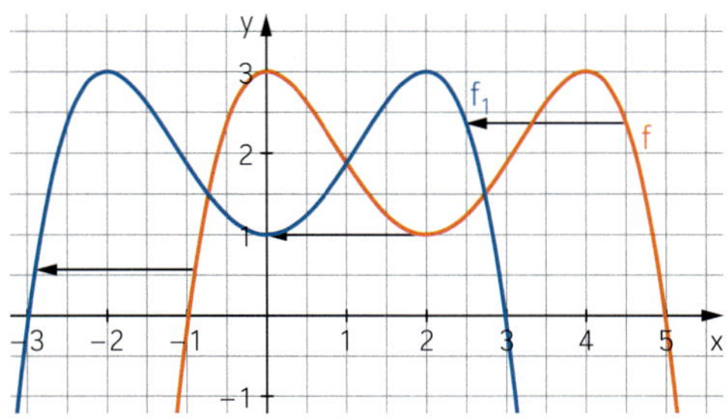

LK c) Eine Funktion f ist symmetrisch zu einer zur y-Achse parallelen Achse $x = a$ mit $a \in \mathbb{R}$. Begründen Sie, dass dann für alle Stellen $x \in D_f$ gilt: $f(-x + a) = f(x + a)$.

LK 10 ☰ Die Änderungsrate der Verkaufszahlen eines neuen Tablets kann näherungsweise durch die Funktion f mit $f(x) = \frac{15}{2 + (x - 8)^2}$ beschrieben werden (x in Wochen ab Verkaufsbeginn, f(x) in 1 000 Exemplaren pro Woche).

a) Zeigen Sie, dass der Graph von f symmetrisch zur Geraden mit der Gleichung $x = 8$ ist.

b) Die Funktion g ordnet jedem Zeitpunkt x die Verkaufszahlen g(x) zum Zeitpunkt x zu.
Welche Art der Symmetrie vermuten Sie für den Graphen der Funktion g?
Nach 4 Wochen wurden ca. 3 750 Tablets, nach 8 Wochen ca. 16 800 Tablets verkauft.
Welche Verkaufszahl erwarten Sie nach 12 Wochen? Begründen Sie.

Bestimmen von Nullstellen

Aktivieren

1 Berechnen Sie die Nullstellen der gegebenen Funktionen ohne Verwendung des Rechners.

a) $f(x) = 2x + 7$ **b)** $f(x) = x^2 - x - 6$ **c)** $f(x) = x(x+5)$

d) $f(x) = (x-2)\cdot(x+3)$ **e)** $f(x) = 2x^2 - 8$ **f)** $f(x) = \sqrt{3x-2}$

Erinnern

WES-125991-201

Verfahren zum Bestimmen von Nullstellen

Lineare Funktionen: $y = m \cdot x + n$

$m \cdot x + n = 0;\ x = -\frac{n}{m},$ falls $m \neq 0$

$f(x) = -5 \cdot x + 4$

$-5 \cdot x + 4 = 0;\ x = \frac{-4}{-5} = \frac{4}{5}$

Quadratische Funktionen:

$f(x) = ax^2 + bx + c$

$ax^2 + bx + c = 0 \qquad |:a$

$x^2 + px + q = 0 \qquad |$ p-q-Formel

$x = -\frac{p}{2} \pm \sqrt{\left(\frac{p}{2}\right)^2 - q}$

$f(x) = -4x^2 + 12x + 7$

$-4x^2 + 12x + 7 = 0 \qquad |:(-4)$

$x^2 + \underbrace{(-3)}_{=p}x + \underbrace{\left(-\frac{7}{4}\right)}_{=q} = 0 \qquad |$ p-q-Formel

$x_{1|2} = \frac{3}{2} \pm \sqrt{\left(\frac{3}{2}\right)^2 + \frac{7}{4}} = \frac{3}{2} \pm \sqrt{\frac{16}{4}}$

$x_1 = -\frac{1}{2} \qquad x_2 = \frac{7}{2}$

Ganzrationale Funktion höheren Grades

Wenn möglich, klammert man eine Potenz von x aus und untersucht die einzelnen Faktoren.

Es gilt dann der Satz vom Nullprodukt: „Ein Produkt ist genau dann null, wenn mindestens ein Faktor null ist."

Satz: Eine ganzrationale Funktion vom Grad n kann höchstens n Nullstellen haben.

Zur Begründung siehe Fokus Seite 85

$f(x) = x^4 - 24x^3 - 25x^2$

$f(x) = x^2 \cdot (x^2 - 24x - 25)$

$x^2 \cdot (x^2 - 24x - 25) = 0$

aus $x^2 = 0$, folgt $x_1 = 0$

aus $x^2 - 24x - 25 = 0$, folgt

$x_2 = -1$ und $x_3 = 25$

Gebrochenrationale Funktionen:

$f(x) = \frac{g(x)}{h(x)}$

Zählerpolynom 0 setzen: $g(x) = 0$

$f(x) = \frac{3x^2 - 15}{x - 4} \qquad (x \neq 4)$

$3x^2 - 15 = 0 \qquad |+15$

$3x^2 = 15 \qquad |:3$

$x^2 = 5$

$x = \sqrt{5}$ *oder* $x = -\sqrt{5}$

Wurzelfunktionen

- Gleichung so umformen, dass Wurzelterm auf einer Seite allein steht
- Potenzieren beider Seiten der Gleichung

$f(x) = \sqrt[3]{3x-7} - 2$

$\sqrt[3]{3x-7} - 2 = 0$

$\sqrt[3]{3x-7} = 2 \qquad |$ hoch 3

$3x - 7 = 8 \qquad |+7$

$3x = 15 \qquad |:3$

$x = 5$

Exponentialfunktionen
- Exponentialgleichung in die Form $a^{bx} = c$ bringen
- Umwandeln in eine entsprechende Logarithmengleichung
- Lösen der Logarithmengleichung

$f(x) = \frac{1}{2} \cdot 2^{3x} - 8$

$\frac{1}{2} \cdot 2^{3x} - 8 = 0 \quad | +8$

$\frac{1}{2} \cdot 2^{3x} = 8 \quad | \cdot 2$

$2^{3x} = 16$

$3x = \log_2(16)$

$3x = 4$, also $x = \frac{4}{3}$

Logarithmusfunktionen
- Umwandeln der Logarithmengleichung in eine entsprechende Exponentialgleichung
- Lösen der Exponentialgleichung

$f(x) = \log_5(x-3) - 2$

$\log_5(x-3) - 2 = 0 \quad | +2$

$\log_5(x-3) = 2$

$\log_5(x-3) = 2 \Leftrightarrow (x-3) = 5^2$

$x - 3 = 25$, also $x = 28$

Verknüpfte Funktionen
Wenn möglich gemeinsame Faktoren ausgeklammern und prüfen, ob diese null werden können.

$f(x) = 2 \cdot e^x + x \cdot e^x$

$2 \cdot e^x + x \cdot e^x = 0$

$e^x \cdot (2 + x) = 0$

$e^x \neq 0 \qquad 2 + x = 0$, also $x = -2$

Bestimmung von Nullstellen mithilfe des Rechners
Die Nullstellen einer Funktion kann man näherungsweise auch mithilfe eines Rechners bestimmen, zum Beispiel mit dem Nullstellenbefehl im Grafikfenster oder mit den Befehlen solve bzw. nsolve.

$f(x) = -\frac{1}{2} \cdot x^3 + 2 \cdot x^2 + x = 0$

$\text{solve}\left(-\frac{1}{2} \cdot x^3 + 2 \cdot x^2 + x = 0, x\right)$

$\{x=0, x=-(\sqrt{6}-2), x=\sqrt{6}-2\}$

Festigen

2 Berechnen Sie die Nullstellen der Funktion f ohne Verwendung des Rechners.

a) $f(x) = x^3 + 5x^2$ **b)** $f(x) = 2x - 3$ **c)** $f(x) = x^2 - 4x$
d) $f(x) = (x+1)(x-3)$ **e)** $f(x) = x^2 - 8x + 12$ **f)** $f(x) = \frac{x+3}{x-4}$
g) $f(x) = x \cdot e^x - 4e^x$ **h)** $f(x) = 4x^2 - 8 - 4x$ **i)** $f(x) = 2 \cdot 3^x - 18$
j) $f(x) = \sqrt{5x^2 - 10}$ **k)** $f(x) = (x+3)^2 - 1$ **l)** $f(x) = x^2 - e^2$

LK **3** Berechnen Sie die Nullstellen der Funktion f ohne Verwendung des Rechners.

a) $f(x) = 7x \cdot \ln(2x+1)$ **b)** $f(x) = 2x^2 \cdot \sin(x)$ **c)** $f(x) = (x^2+7) \cdot \ln(x)$
d) $f(x) = \frac{3x^2 + 6x}{5x^3 - 4}$ **e)** $f(x) = \ln(x-3) + 1$ **f)** $f(x) = \sqrt{3 - 4x} - 2x + 1$
g) $f(x) = 4xe^x - 8e^x + 4x^2e^x$ **h)** $f(x) = x^3\cos(x) + 4x^3$ **i)** $f(x) = (x^2 - 9)^5$

LK **4** Bestimmen Sie den Wert des Parameters a so, dass die Funktion f genau zwei Nullstellen besitzt.

a) $f(x) = x^2 + a - 5$ **b)** $f(x) = 2x^2 + 6x + a$ **c)** $f(x) = x^2 - ax + 4$

Lösen von Gleichungen höheren Grades

Um die Nullstellen einer ganzrationalen Funktion n-ten Grades zu bestimmen, muss man eine Gleichung n-ten Grades $\mathbf{a_n \cdot x^n + a_{n-1} \cdot x^{n-1} + \dots + a_1 \cdot x + a_0 = 0}$ lösen.

- Im Fall $n = 1$ muss man nur eine lineare Gleichung lösen.
- Im Fall $n = 2$ erhält man eine quadratische Gleichung, die man z. B. mit der p-q-Formel lösen kann.
- Im Fall $n \geq 3$ gibt es keine einfachen Lösungsformeln mehr.

$3x - 5 = 0$
$x^2 - 4x + 5 = 0$
$x^3 - 4x^2 - 16x + 15 = 0$

Manchmal kann der Term einer ganzrationalen Funktion f in der Form $f(x) = g(x) \cdot (x - x_0)$ geschrieben werden. Die Funktion g ist dabei eine ganzrationale Funktion, deren Grad um 1 kleiner ist als der von f. Die Nullstellen von f sind dann x_0 und die Nullstellen von g.

1 Bestimmen Sie alle Nullstellen der Funktion f, ohne einen Rechner zu verwenden.
a) $f(x) = (x^2 - 3) \cdot (x + 1)$ **b)** $f(x) = (x^2 - 4x + 2) \cdot (x - 6)$ **c)** $f(x) = (x^2 - x - 1) \cdot (x + 3)$

Linearfaktor

Das Rechnerfenster zeigt, wie das Polynom dritten Grades $3x^3 - 2x^2 + x - 2$ durch den linearen Term $x + 2$ dividiert wurde. Das Ergebnis ist die Summe aus dem Polynom zweiten Grades $3x^2 - 8x + 17$ und dem Rest $\frac{-36}{x+2}$.

$\text{propFrac}\left(\frac{3\cdot x^3-2\cdot x^2+x-2}{x+2}, x\right)$
$3x^2-8x+\frac{-36}{x+2}+17$

Ein Polynom f(x) vom Grad n kann man also durch einen linearen Term $x - x_0$ dividieren. Das Ergebnis ist die Summe aus einem Polynom g(x) vom Grad $n - 1$ und einem Rest. Wenn dieser Rest 0 ist, dann nennt man $x - x_0$ einen **Linearfaktor** des Polynoms f(x), denn in diesem Fall gilt $f(x) = g(x) \cdot (x - x_0)$.

2 Dividieren Sie mit einem Rechner beide Polynome jeweils durch $x - 4$. Was fällt auf?
(1) $x^3 - 11x^2 + 33x - 25$ (2) $x^3 - 11x^2 + 33x - 20$

Linearfaktorzerlegung

Satz: Ist f eine ganzrationale Funktion vom Grad n und x_0 eine Nullstelle von f, so lässt sich der Funktionsterm f(x) als Produkt $\mathbf{f(x) = g(x) \cdot (x - x_0)}$ aus dem Linearfaktor $x - x_0$ und dem Term einer ganzrationalen Funktion g vom Grad $n - 1$ schreiben.

Begründung des Satzes: Gegeben ist ein ganzrationale Funktion f mit der Nullstelle x_0.
Dividiert man f(x) durch den Linearfaktor $x - x_0$, so erhält man $\frac{f(x)}{x - x_0} = g(x) + \frac{c}{x - x_0}$;
mit g(x) Polynom vom Grad $n - 1$ und einem Rest $\frac{c}{x - x_0}$.
Die Multiplikation mit $x - x_0$ ergibt: $f(x) = g(x) \cdot (x - x_0) + c$
Einsetzen von x_0 ergibt: $f(x_0) = g(x_0) \cdot (x_0 - x_0) + c = c$
Da x_0 eine Nullstelle von f sein soll, gilt also $c = 0$.

3 Gegeben ist die Funktion f mit $f(x) = x^3 - 4x^2 - 16x + 15$.
Zeigen Sie zunächst, dass -3 eine Nullstelle von f ist.
Dividieren Sie dann mit einem Rechner das Polynom $f(x)$ durch den Linearfaktor $x + 3$ und bestimmen Sie alle Nullstellen von f.

Anzahl von Nullstellen bei ganzrationalen Funktionen n-ten Grades

Satz: Eine ganzrationale Funktion f vom Grad n hat höchstens n Nullstellen.

Begründung des Satzes: Angenommen, f hat mindestens $n + 1$ Nullstellen $x_1, x_2, \dots, x_{n+1}$.

- Da x_1 eine Nullstelle von f ist, gilt $f(x) = f_1(x) \cdot (x - x_1)$.
- Da x_2 eine weitere Nullstelle von f ist, muss x_2 auch eine Nullstelle von f_1 sein und es gilt $f_1(x) = f_2(x) \cdot (x - x_2)$ und damit $f(x) = f_2(x) \cdot (x - x_1) \cdot (x - x_2)$.
- Setzt man dies fort bis hin zu mindestens $n + 1$ Linearfaktoren, so erhält man $f(x) = f_{n+1}(x) \cdot (x - x_1) \cdot (x - x_2) \cdot \dots \cdot (x - x_{n+1})$.

Ausmultiplizieren liefert die Potenz x^{n+1} oder sogar eine höhere Potenz. Damit hätte $f(x)$ aber einen höheren Grad als n. Dies steht im Widerspruch dazu, dass f vom Grad n ist.

Historisches

Mit dem Problem des Lösens von Gleichungen höheren Grades haben sich viele Mathematiker befasst. Der italienische Mathematiker, Arzt und Naturwissenschaftler Geronimo Cardano (1501 – 1576) veröffentlichte als Erster Lösungsformeln für Gleichungen dritten und vierten Grades. Diese Formel werden deshalb auch als *Cardanische Formeln* bezeichnet. Da sie sehr kompliziert sind, werden sie in der Schule nicht behandelt.

Heute weiß man, dass diese Formeln vom italienischen Rechenmeister Nicolo Tartaglia (1500 – 1557) und vom italienischen Mathematiker Ludovico Ferrari (1522 – 1565) stammen. Ferrari war ein Schüler von Cardano.

Drei Jahrhunderte später konnte der norwegische Mathematiker Nils Henrik Abel (1802 – 1829) beweisen, dass es für Gleichungen fünften Grades und höher im allgemeinen Fall keine Lösungsformeln geben kann. Das war eine große mathematische Entdeckung.

Andererseits gibt es durchaus Gleichungen höheren Grades wie $x^6 + p \cdot x^3 + q = 0$, deren Lösung durch eine Formel angegeben werden kann. Also versuchte man herauszufinden, unter welchen Bedingungen Gleichungen höheren Grades durch Formeln lösbar sind oder nicht. Dazu schrieb der zwanzigjährige Franzose Evariste Galois (1811 – 1832) in der Nacht vor einem Duell eine Theorie nieder. Galois wurde bei dem Duell tödlich verletzt. Seine Theorie heißt heute *Galois-Theorie* und wird in mathematischen Vorlesungen gelehrt.

Geronimo Cardano

Nicolo Tartaglia

Nils Henrik Abel

Evariste Galois

2.4 Monotonie und Extrempunkte

Einstieg

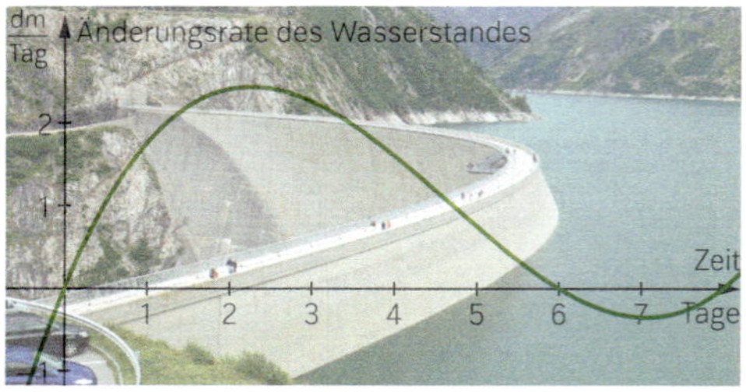

Der Graph zeigt die Änderungsrate des Wasserstandes für 8 Tage an.
Ziehen Sie daraus Folgerungen für den Wasserstand: In welchem Zeitraum ist er gestiegen, in welchem gefallen? Wann war der Wasserstand am höchsten und wann am niedrigsten?

Aufgabe mit Lösung

Eigenschaften einer Funktion f am Graphen von f′ erkennen

Die Abbildung zeigt den Graphen der Ableitungsfunktion f′ einer Funktion f.

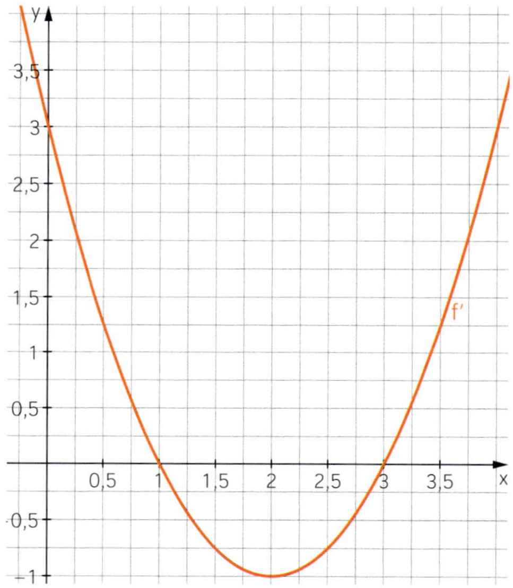

→ Geben Sie die Intervalle an, in denen der Graph von f positive Anstiege hat und in denen die Anstiege negativ sind. Was bedeutet das für die Funktionswerte von f?

Lösung

Die Funktionswerte von f′ sind im Intervall $]-\infty;1[$ und $]3;\infty[$ positiv. Dort hat der Graph von f in jedem Punkt einen positiven Anstieg. Die Funktionswerte von f steigen in diesen Intervallen mit zunehmenden x-Werten. Im Intervall $]1;2[$ hat f′ negative Funktionswerte. Die Anstiege von f sind dort also negativ. Die Funktionswerte von f fallen dort mit zunehmenden x-Werten.

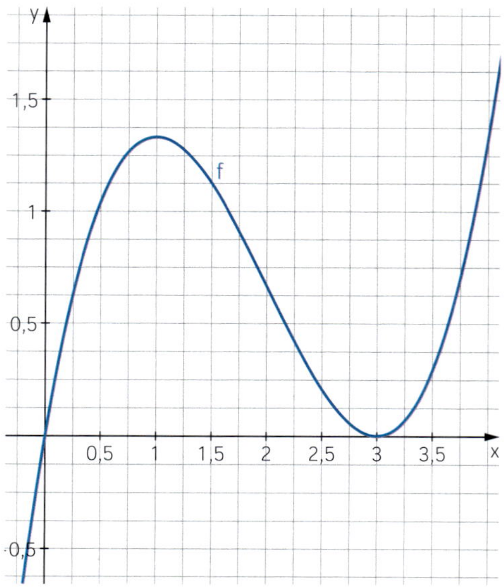

→ Skizzieren Sie den Verlauf des Graphen von f. Der Graph von f soll durch den Koordinatenursprung verlaufen.

Lösung

Bis zur Stelle $x = 1$ steigen die Funktionswerte von f. Dort hat der Graph eine waagerechte Tangente. Nach der Stelle $x = 1$ fallen dann die Funktionswerte. Also hat der Graph von f an der Stelle $x = 1$ einen Hochpunkt.
Die Funktionswerte fallen bis zur Stelle $x = 3$ und steigen danach wieder. Also hat der Graph von f an der Stelle $x = 3$ einen Tiefpunkt.

Information

WES-125991-241

Strenge Monotonie

Definition

(1) Eine Funktion f heißt in einem Intervall **streng monoton steigend**, wenn für beliebige Stellen x_1 und x_2 aus dem Intervall gilt: Wenn $x_2 > x_1$, dann ist $f(x_2) > f(x_1)$.

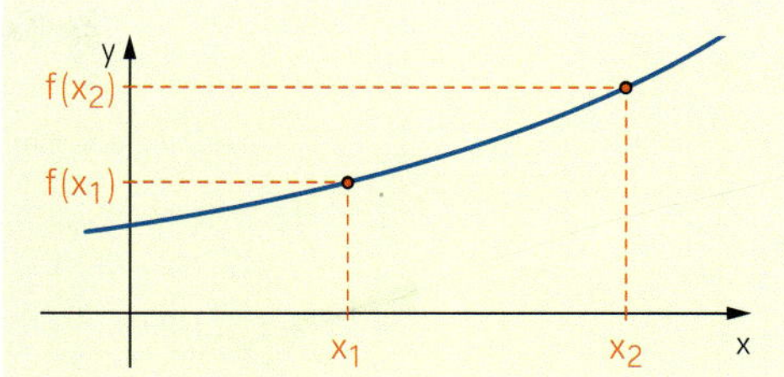

(2) Eine Funktion f heißt in einem Intervall **streng monoton fallend**, wenn für beliebige Stellen x_1 und x_2 aus dem Intervall gilt: Wenn $x_2 > x_1$, dann ist $f(x_2) < f(x_1)$.

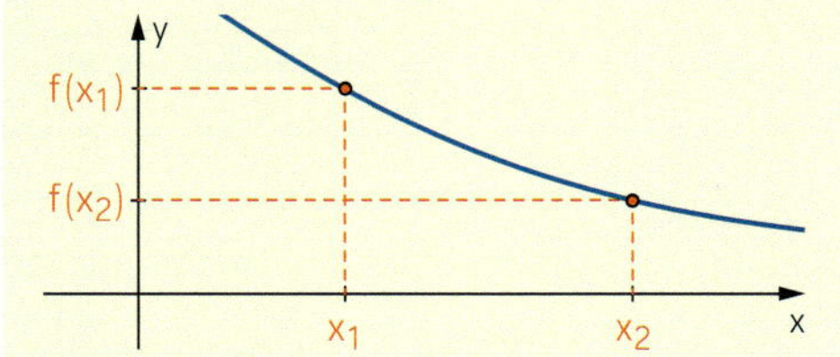

Monotoniesatz

(1) Wenn $f'(x) > 0$ für alle x aus einem Intervall gilt, dann ist die Funktion f in diesem Intervall **streng monoton steigend**.

(2) Wenn $f'(x) < 0$ für alle x aus einem Intervall gilt, dann ist die Funktion f in diesem Intervall **streng monoton fallend**.

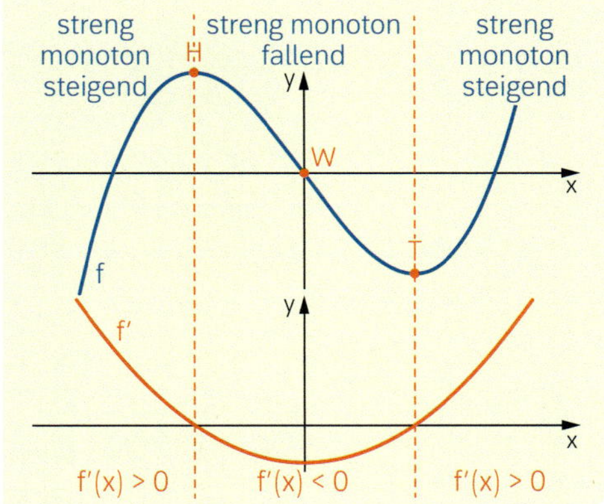

Üben

1 Die Abbildung zeigt den Graphen der Funktion f.

a) Lesen Sie die Koordinaten der Hoch- und Tiefpunkte des Graphen von f ab.

b) Geben Sie Intervalle an, in denen f streng monoton steigend oder streng monoton fallend ist.

c) Beschreiben Sie den Zusammenhang zwischen den Intervallen und den Hoch- und Tiefpunkten.

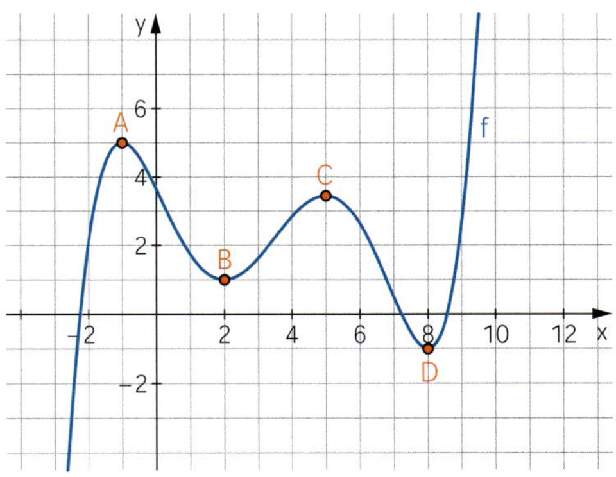

2 Untersuchen Sie das Monotonieverhalten von f. Beziehen Sie in Ihre Argumentation auch die Verschiebungen entlang der x- und der y-Achse mit ein.

a) $f(x) = (x+1)^2 - 2$

b) $f(x) = -\frac{1}{2} \cdot \sqrt{x-1}$

c) $f(x) = \frac{1}{(x+2)^3} - 5$

d) $f(x) = \sin\left(x - \frac{\pi}{2}\right)$

e) $f(x) = \log_2(x+3)$

f) $f(x) = -\sqrt{x+2}$

3 Gegeben ist jeweils der Graph einer Ableitungsfunktion f′.

a) Beschreiben Sie, welche Informationen man nach dem Monotoniesatz aus dem Vorzeichen der Ableitung f′ für den Verlauf des Graphen von f folgern kann.

b) Übertragen Sie den Ableitungsgraphen in Ihr Heft und skizzieren Sie in einem Koordinatensystem darüber den Graphen einer zugehörigen Funktion f.

(1)
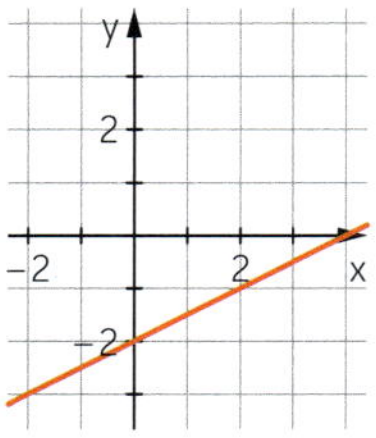

(2)
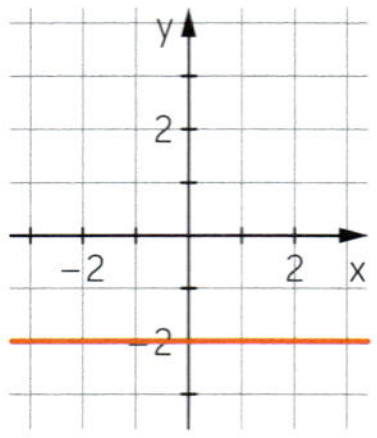

(3)
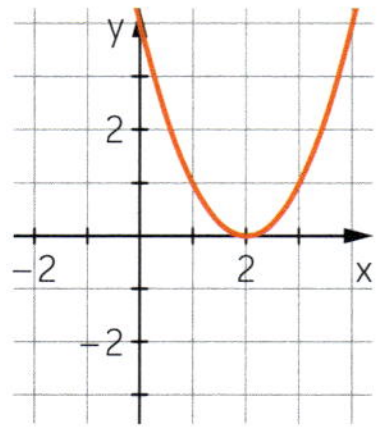

(4)
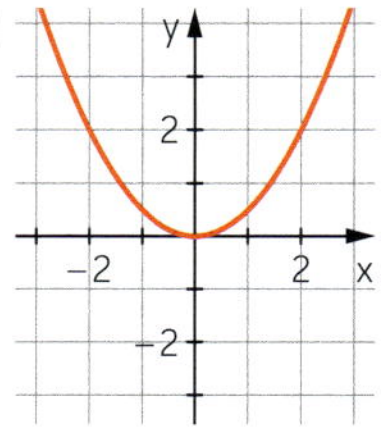

4 Nehmen Sie Stellung zu den Aussagen von Nadine und Merve.

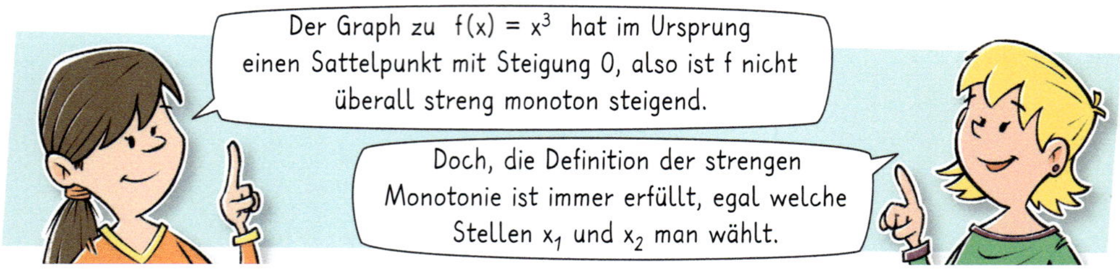

5 Clara hat die ganzrationale Funktion f mit $f(x) = \frac{1}{4}x^4 - x^3 + 5$ auf Monotonie untersucht:

$f'(x) = x^3 - 3x^2 = x^2 \cdot (x - 3)$; Nullstellen von f′: $x_1 = 0$ und $x_2 = 3$

Intervall für x	$x < 0$	$0 < x < 3$	$x > 3$
Beispiel für f′(x)	$f'(x) = -4$	$f'(x) = -2$	$f'(4) = 16$
Vorzeichen von f′	−	−	+

In $]-\infty; 3[$ ist f streng monoton fallend. In $]3; \infty[$ ist f streng monoton steigend.

Erläutern Sie Claras Vorgehen. Begründen Sie auch, dass es bei ganzrationalen Funktionen in solchen Intervallen ausreicht, nur einen Funktionswert von f′ zu berechnen, um das Vorzeichen von f′ in diesem Intervall zu bestimmen.

6 Die Abbildung zeigt den Graphen einer ganzrationalen Funktion f mit $f(x) = -\frac{2}{5}x^3 + 3x^2 - 5x - 3$ $(x \in \mathbb{R})$. Begründen Sie, ohne zu rechnen, dass die Gleichung $-\frac{2}{5}x^3 + 3x^2 - 5x - 3 = 0$ genau eine Lösung besitzen muss.

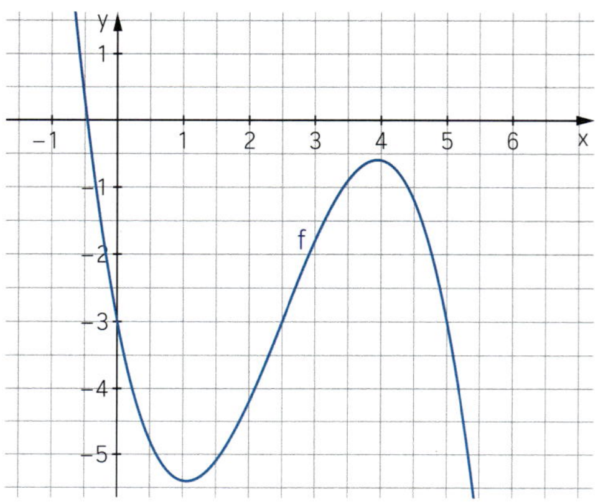

Extrempunkte und Arten von Extrema

7 Gegeben ist der Graph der Ableitungsfunktion f′ einer Funktion f.

a) Geben Sie die Intervalle an, in denen f streng monoton steigend bzw. fallend ist.

b) An welchen Stellen hat der Graph von f Hoch- bzw. Tiefpunkt? Stellen Sie einen Zusammenhang zwischen dem Monotonieverhalten von f und der Lage von Extrempunkten her.

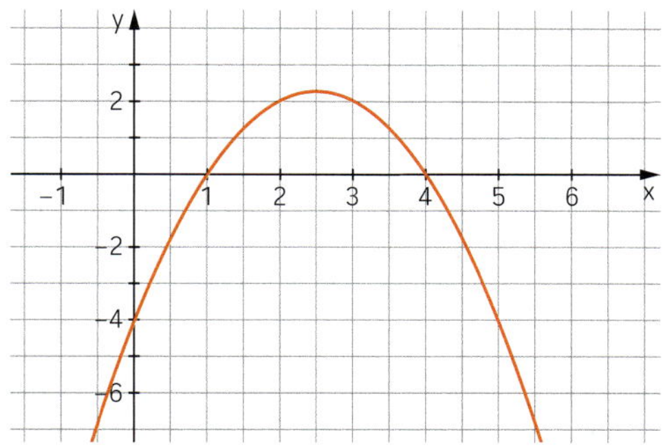

Information

WES-125991-242

Extrempunkte und Extremstellen

Definition

Gibt es um eine Stelle x_E ein Intervall, in dem $f(x_E)$ der größte bzw. kleinste vorkommende Funktionswert ist, so ist $E(x_E \mid f(x_E))$ ein **Extrempunkt**.

Hoch- und Tiefpunkte sind also **Extrempunkte**.

Ist $P(x_E \mid f(x_E))$ ein Extrempunkt, dann heißt x_E **Extremstelle** der Funktion f.

Den Funktionswert $f(x_E)$ nennt man **Extremum**.

An den Extremstellen findet ein Monotoniewechsel statt.

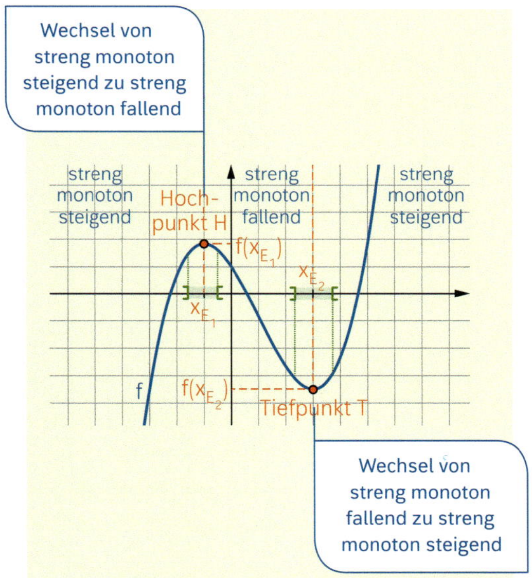

Lokale und globale Extrema

- Ist $P(x_E \mid f(x_E))$ ein Hochpunkt bzw. ein Tiefpunkt des Graphen einer Funktion f, so bezeichnet man $f(x_E)$ als **lokales Maximum** bzw. **lokales Minimum** von f.
- Ein lokales Maximum oder Minimum heißt auch **lokales Extremum**.
- Der größte bzw. der kleinste Funktionswert im Definitionsbereich von f heißt **globales Maximum** bzw. **globales Minimum**.
- Ein globales Maximum oder Minimum heißt auch **globales Extremum**. Liegt es an einer Randstelle des Definitionsbereichs, so nennt man es **Randextremum**.

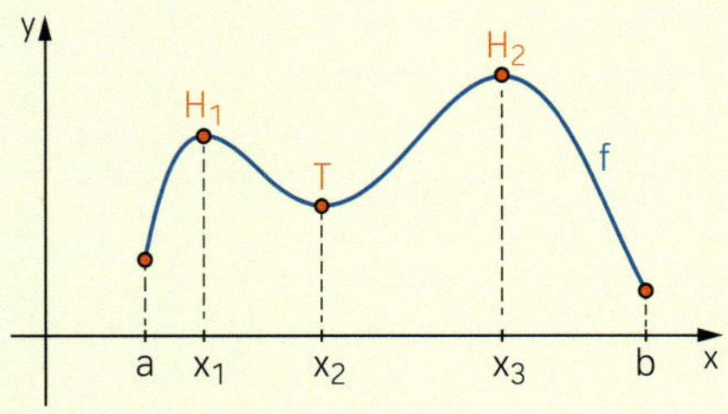

Definitionsbereich von f: [a; b]

$f(x_1)$: lokales Maximum

$f(x_2)$: lokales Minimum

$f(x_3)$: lokales und globales Maximum

$f(b)$: globales Minimum und Randextremum

$f(a)$: weder lokales noch globales Extremum

Üben

8 Bestimmen Sie anhand des Graphen von f die Koordinaten der vorhandenen Extrempunkte. Geben Sie an, ob es sich um lokale oder globale Extrempunkte handelt.

a)

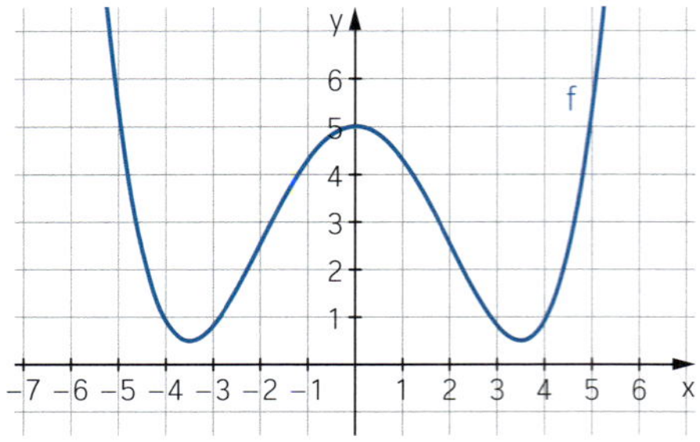

b)

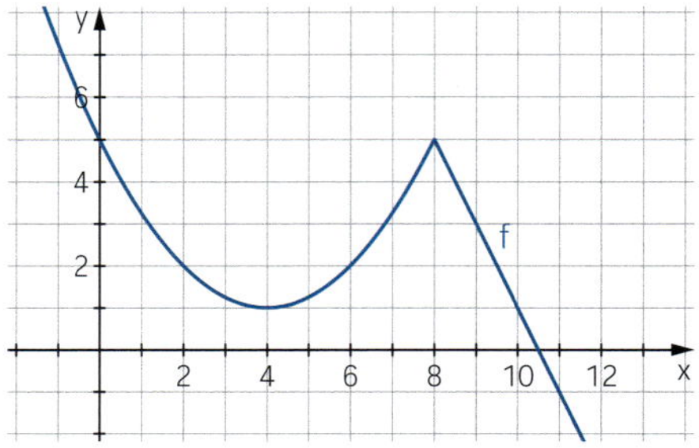

9 Die Abbildung zeigt den Graphen einer ganzrationalen Funktion 4. Grades. Geben Sie alle Extremstellen an und begründen Sie, dass es kein globales Minimum gibt.

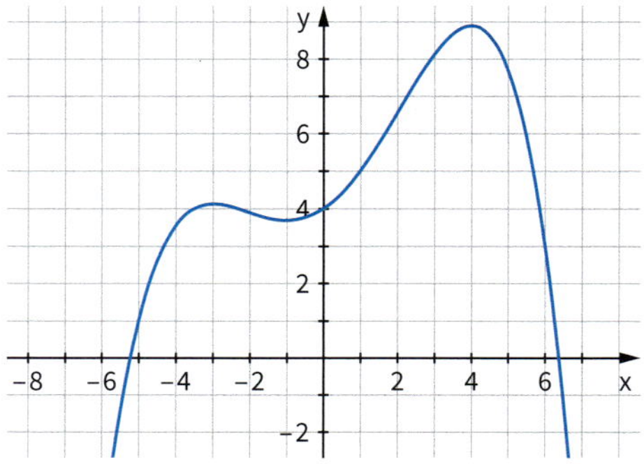

10 Skizzieren Sie den Graphen einer Funktion, die im Intervall [a; b] definiert ist, einen Hoch- und einen Tiefpunkt hat und für die außerdem gilt.

a) Das globale Maximum und das globale Minimum werden auf dem Rand des Intervalls angenommen.

b) Das globale Maximum und das globale Minimum werden nicht auf dem Rand angenommen.

c) Nur das globale Maximum wird auf dem Rand des Intervalls angenommen.

d) Das globale Minimum liegt auf dem Rand des Intervalls und das globale Maximum in Innern des Intervalls.

11 Der Graph einer Funktion f hat im Intervall $[-4; 6]$ den Hochpunkt $H(1|5)$ und die beiden Tiefpunkte $T_1(-2|-1)$ und $T_2(4|-3)$. Weitere Extrempunkte liegen nicht vor.

a) Skizzieren Sie einen möglichen Graphen von f für $-4 \le x \le 6$.

b) Geben Sie Intervalle an, in denen die Funktion streng monoton steigend bzw. streng monoton fallend ist.

c) Skizzieren Sie einen möglichen Graphen der Ableitungsfunktion f'.

12 Untersuchen Sie ohne Verwendung des Rechners, an welchen Stellen die Funktion f Extremstellen hat. Begründen Sie jeweils die Art und die Lage des Extremums anhand des Funktionsterms. Untersuchen Sie das Monotonieverhalten der Funktion f.

a) $f(x) = \frac{1}{2} \cdot (x+2)^2 - 1$

b) $f(x) = x^2 - 6x + 5$

c) $f(x) = |x^2 - 4|$

d) $f(x) = -2(x-3)^2 + 1$

13 Gegeben ist der Graph der Ableitungsfunktion f′ einer Funktion f.
Entscheiden Sie, ob die folgenden Aussagen richtig sind.
Begründen Sie jeweils Ihre Entscheidung.

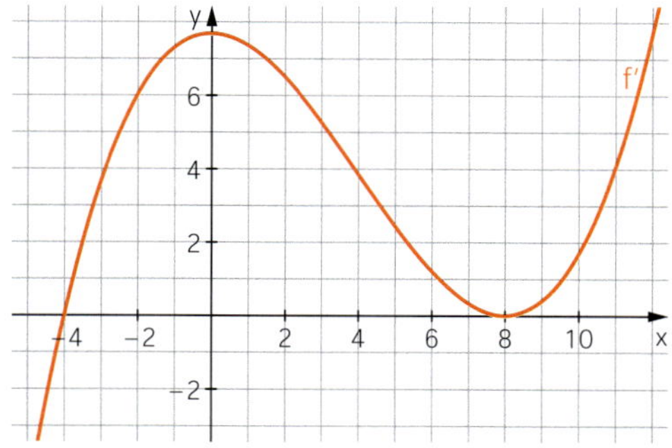

(1) Der Graph von f hat an der Stelle $x = -4$ einen Tiefpunkt.
(2) Der Graph von f hat an der Stelle $x = 8$ einen Extrempunkt.
(3) Die Funktion f ist für $-4 \le x \le 12$ streng monoton steigend.
(4) Die Steigung des Graphen von f ist an der Stelle $x = 0$ maximal.

Weiterüben

14 Ordnen Sie der Funktion f jeweils die passende Ableitungsfunktion g zu und geben Sie an, in welchen Intervallen f monoton steigend bzw. monoton fallend ist.

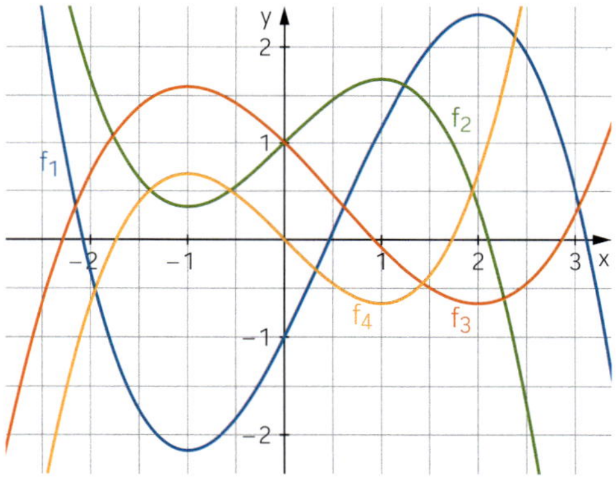

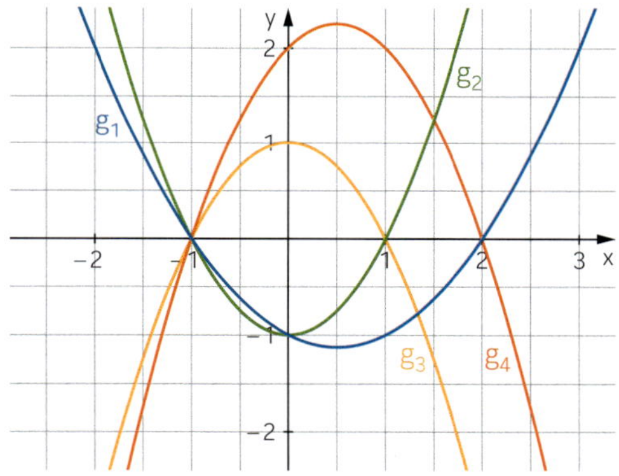

15 Skizzieren Sie einen passenden Graphen einer Funktion f und ihrer Ableitungsfunktion f′.
a) Der Graph von f hat einen Hochpunkt und sonst keine weiteren Extrempunkte.
b) Der Graph von f berührt im Tiefpunkt die x-Achse und hat keine weiteren Extrempunkte.
c) Der Graph von f′ ist eine nach oben geöffnete Parabel ohne Nullstellen.
d) Der Graph von f ist überall streng monoton fallend und liegt oberhalb der x-Achse.

16 In einer Wetterstation in den Vorbergen des Erzgebirges werden Wetterdaten aufgezeichnet. Die Grafik zeigt die momentane Änderungsrate der Temperatur $\left(\text{in } \frac{K}{h}\right)$, wie sie an einem Frühlingstag zwischen 0 Uhr und 16 Uhr gemessen wurde.

Temperaturdifferenzen werden nicht in °C, sondern in K angegeben.

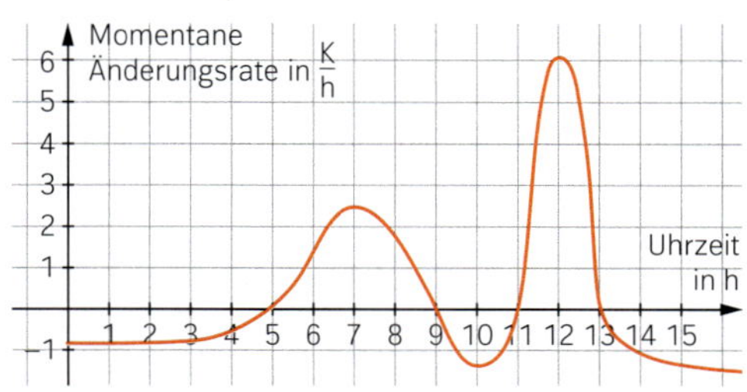

a) Beschreiben Sie die Entwicklung der Temperatur. In welchen Zeitintervallen nahm die Temperatur zu, in welchen nahm sie ab?
b) Geben Sie die Zeitpunkte an, in denen die Temperatur zwischenzeitliche Höchst- bzw. Tiefstwerte annahm.
c) Um 0 Uhr betrug die Temperatur 4 °C. Skizzieren Sie den Temperaturverlauf.

2.5 Kriterien für Extremstellen

Einstieg

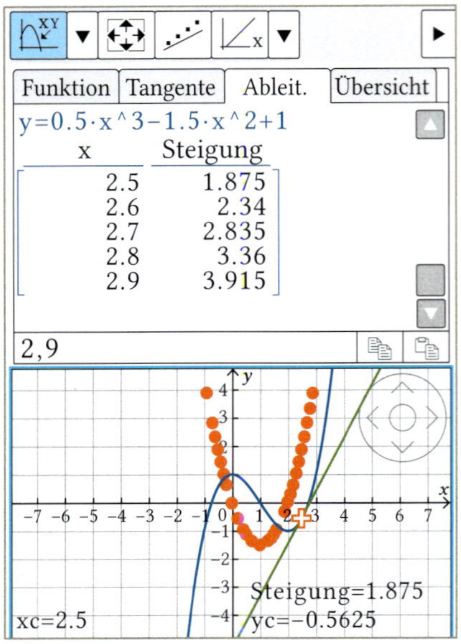

Jonas betrachtet den Graphen der Funktion f mit $f(x) = 0{,}5x^3 - 1{,}5x^2 + 1$ mit seinem Rechner.

Er bestimmt für verschiedenen Stellen x den Anstieg der Tangente an den Graphen der Funktion f.

Beschreiben Sie die Bedeutung der in der Abbildung rot dargestellten Punkte. Die rot eingezeichneten Punkte liegen auf dem Graphen einer Funktion g. Geben Sie einen Funktionsterm zur Funktion g an.

Die Funktion f besitzt an zwei Stellen x_1 und x_2 lokale Extrempunkte. Überlegen Sie, wie man mithilfe der Funktion g diese lokalen Extremstellen ermitteln kann.

Aufgabe mit Lösung

Hoch- und Tiefpunkte rechnerisch bestimmen

Gegeben ist eine ganzrationale Funktion f mit $f(x) = \frac{1}{16}x^4 - \frac{1}{3}x^3 + 1$ und ihr Graph.

An welchen Stellen vermuten Sie Hoch- oder Tiefpunkte? Überlegen Sie, wie Sie diese Stellen mithilfe der Ableitung f′ exakt berechnen können. Führen Sie die Berechnungen aus.

Lösung

Vermutlich liegt an der Stelle $x = 4$ ein Tiefpunkt. An dieser Stelle müsste der Graph von f eine waagerechte Tangente haben.

Die Ableitungsfunktion f′ mit $f'(x) = \frac{1}{4}x^3 - x^2$ Besitzt somit eine Nullstelle.

Die Gleichung $f'(x) = x^2 \cdot \left(\frac{1}{4}x - 1\right) = 0$ lässt sich exakt lösen. Sie hat die Lösungen $x_1 = 4$ und $x_2 = 0$.

An der Stelle $x_1 = 4$ wechselt f′ das Vorzeichen von – nach +. Der Graph von f hat an dieser Stelle einen Tiefpunkt, da f zuerst streng monoton fällt und dann wieder streng monoton steigt.

An der Stelle $x_2 = 0$ dagegen wechselt f′ nicht das Vorzeichen, da f′ auf beiden Seiten negativ ist. Also ist f auf beiden Seiten von $x_2 = 0$ streng monoton fallend. Der Graph von f hat hier einen Sattelpunkt.

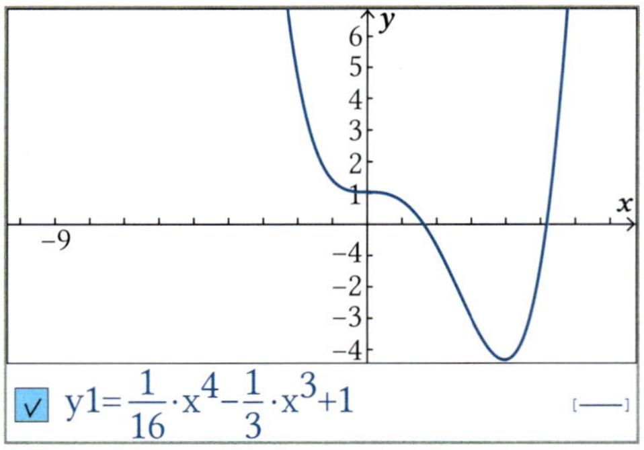

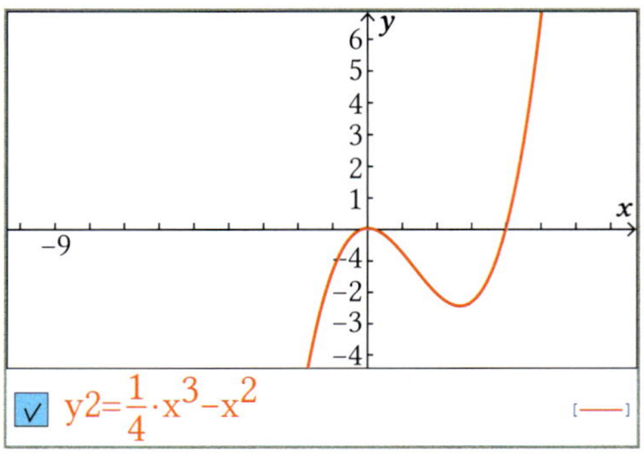

Information

WES-125991-251

Notwendiges Kriterium für Extremstellen

Satz

Für eine Funktion f und ihre Ableitungsfunktion f′ gilt:
Wenn der Graph der Funktion f an der Stelle x_E einen Extrempunkt besitzt, dann ist $f'(x_E) = 0$.

Hinreichendes Kriterium für Extremstellen (Vorzeichenwechsel-Kriterium)

Satz

Für eine Funktion f und ihre Ableitung f′ gilt:
Wenn die Funktion f′ an der Stelle x_E eine Nullstelle mit Vorzeichenwechsel hat, dann hat der Graph der Funktion f an der Stelle x_E einen Extrempunkt

- Hat die Ableitung f′ an der Stelle x_E eine Nullstelle mit Vorzeichenwechsel von + nach −, so hat der Graph von f an der Stelle x_E einen Hochpunkt.
- Hat die Ableitung f′ an der Stelle x_E eine Nullstelle mit Vorzeichenwechsel von − nach +, so hat der Graph von f an der Stelle x_E einen Tiefpunkt.

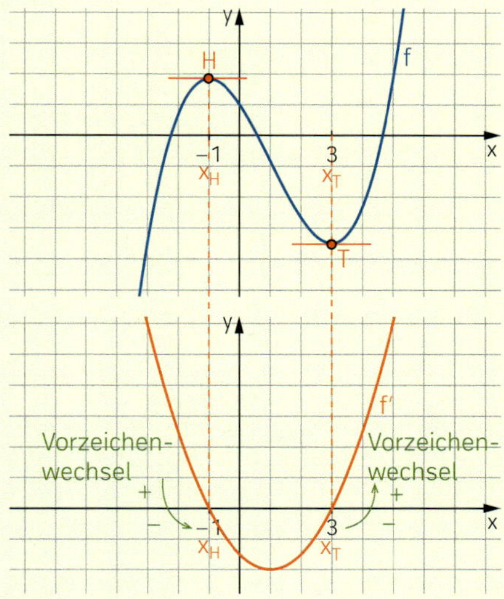

$f(x) = \frac{1}{3}x^3 - x^2 - 3x + 2$

$f'(x) = x^2 - 2x - 3$

Notwendiges Kriterium:

$f'(x) = 0$

$x_H = -1$ und $x_T = 3$ sind Nullstellen von f′. Dort besitzt der Graph von f eine waagerechte Tangente.

Hinreichendes Kriterium:

Vorzeichenwechsel (VZW) von f′

x_H ist Nullstelle mit VZW: $+ \rightarrow -$, also hat der Graph bei x_H einen Hochpunkt.

x_T ist Nullstelle mit VZW: $- \rightarrow +$, also hat der Graph bei x_T einen Tiefpunkt.

Bemerkung

An jeder Stelle x_E mit $f'(x_E) = 0$ hat der Graph von f eine waagerechte Tangente, aber nicht zwingend einen Extrempunkt. Hat f′ nämlich links und rechts von der Nullstelle dasselbe Vorzeichen, handelt es sich um einen Sattelpunkt.

*„Die Bedingung $f'(x_E) = 0$ ist **notwendig** für das Vorliegen eines Extrempunktes an der Stelle x_E, aber **nicht hinreichend**.“*

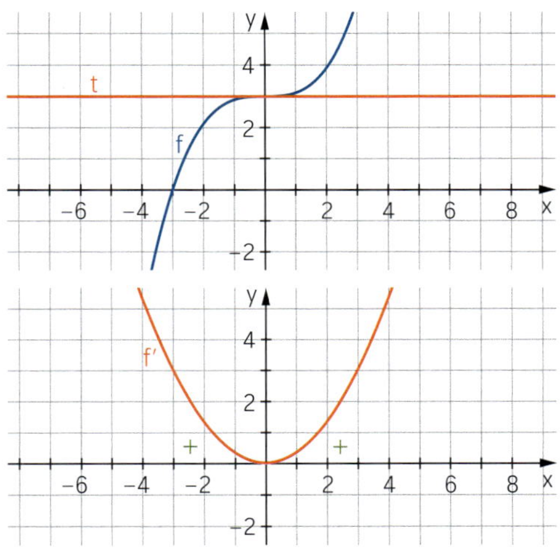

Üben

1 Ermitteln Sie am abgebildeten Graphen der Funktion f die Stellen, an denen Hoch-, Tief- oder Sattelpunkte vorliegen.
Erläutern Sie, wie sich an diesen Stellen das Vorzeichen der Ableitung ändert.
Skizzieren Sie auch den Graphen von f′ im Intervall $[-5; 4]$.

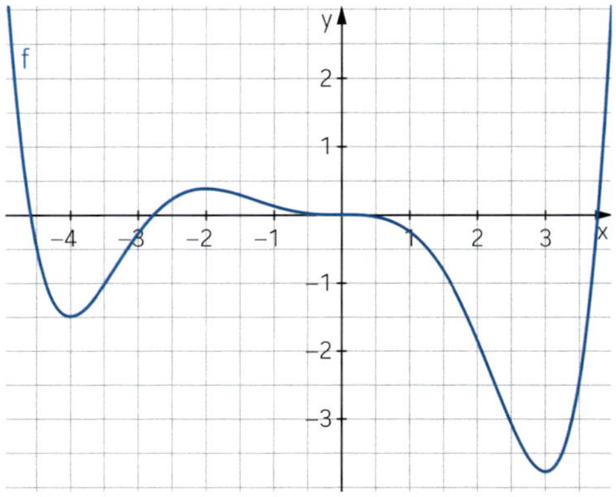

2 Berechnen Sie die Nullstellen der gegebenen Ableitungsfunktion f′. Entscheiden Sie mit dem hinreichenden Kriterium, ob die Funktion f an diesen Stellen Extrempunkte besitzt.

a) $f'(x) = x^2 - 3x - 4$
b) $f'(x) = x^3 - 4x^2$
c) $f'(x) = (x^2 - 4)(x - 1)^2$
d) $f'(x) = (x + 1)^3(5x - 1)$

3 Berechnen Sie mithilfe der Ableitung die Stellen, an denen der Graph von f Punkte mit waagerechter Tangente besitzt. Bestimmen Sie jeweils, ob es sich um Hoch-, Tief- oder Sattelpunkte handelt, und geben Sie die Koordinaten der Punkte an.

a) $f(x) = \frac{1}{3}x^3 + \frac{7}{4}x^2 - 2x - 9$
b) $f(x) = -\frac{1}{4}x^4 + 2x^2$
c) $f(x) = \frac{1}{4}x^4 - 2x^3 + \frac{9}{2}x^2$
d) $f(x) = x^3 + 5x - 1$
e) $f(x) = \frac{x^3 + x^2}{3}$
f) $f(x) = x + \frac{1}{x}$
g) $f(x) = e^x - 2x - 1$
h) $f(x) = (1 + x) \cdot e^x$

4 Gegeben ist der Graph einer Ableitungsfunktion f′. Bestimmen Sie die Stellen, an denen der Graph von f Hoch-, Tief- oder Sattelpunkte hat. Begründen Sie Ihre Entscheidung.

a)

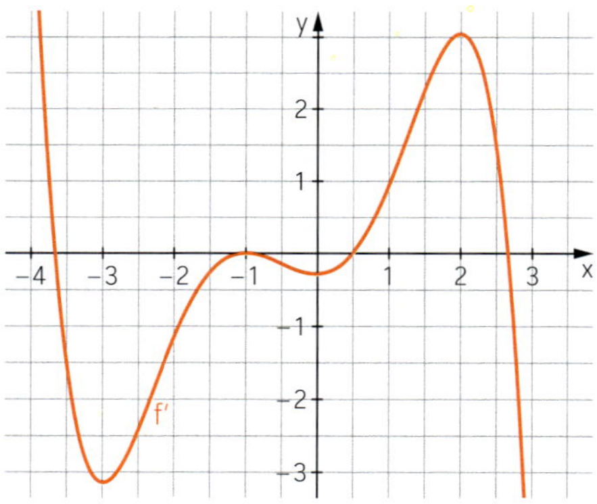

b)

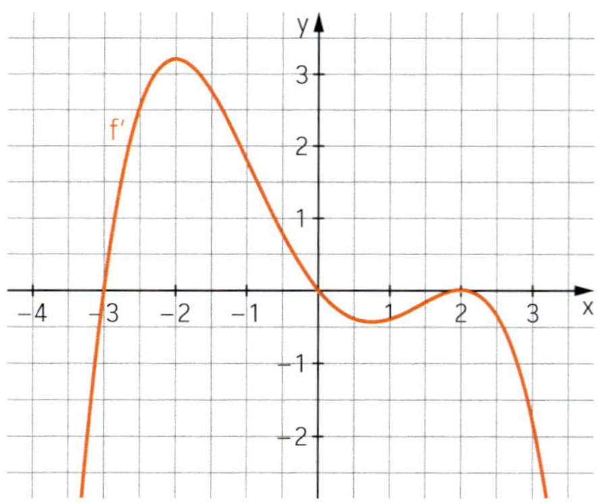

5 Nena bestimmt die Extremstellen der Funktion f mit $f: x \mapsto \frac{1}{4}x^4 - x^3 + 4x + 5$, indem sie die Gleichung $x^3 - 3x^2 + 4 = 0$ in ihren Rechners eingibt. Der Rechner ermittelt $x_1 = -1$; $x_2 = 2$ als Lösungen. Nena sagt: „Die Stellen −1 und 2 sind Extremstellen von f.“
Erläutern Sie, wie Nena die Extremstellen bestimmt hat. Was hat sie dabei übersehen? Korrigieren Sie Nenas Aussage.

Hinreichendes Kriterium für lokale Extremstellen mittels der 2. Ableitung

6 Die Abbildung zeigt den Graphen der Funktion f mit $f(x) = -\frac{1}{4}x^4 + 2x^2$ und den Graphen der Ableitungsfunktion f‘.

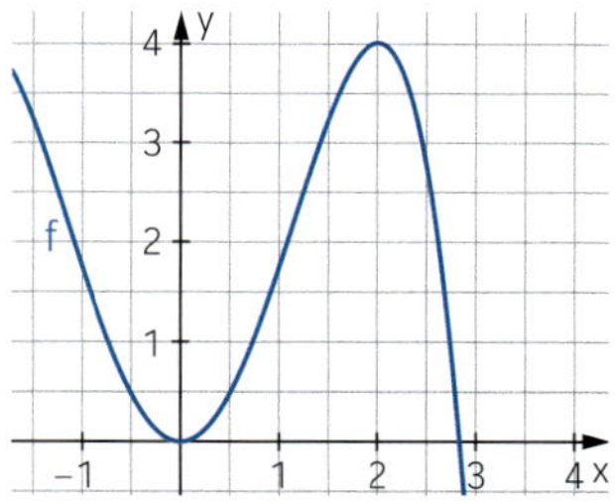

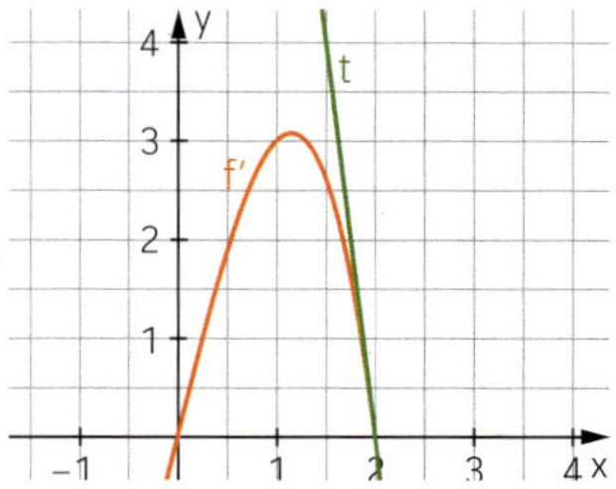

a) Zeigen Sie, dass das notwendige Kriterium für Extremstellen an der Stelle $x_H = 2$ erfüllt ist.

b) Noah sagt: „Wenn man den Monotoniesatz auf die Ableitungsfunktion f′ anwendet, kann man damit ein weiteres hinreichendes Kriterium für die Existenz eines Hochpunktes bei $x_H = 2$ angeben.“
Erläutern Sie Noahs Überlegungen anhand der Abbildungen.

c) Wie lautet das analoge hinreichende Kriterium für die Existenz eines Tiefpunktes? Erläutern Sie dieses.

Information

WES-125991-252

WES-125991-253

Zweite Ableitung

Definition

Hat die Ableitung f′ einer Funktion f ebenfalls eine Ableitung, so nennt man diese die **zweite Ableitung** der Funktion f und bezeichnet sie mit **f″**. Entsprechend ist f‴ die Ableitung von f″ bzw. die dritte Ableitung von f usw.

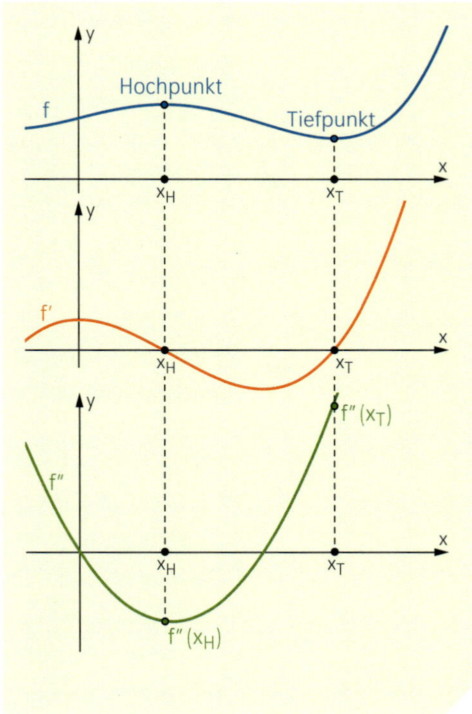

f″-Kriterium für Extremstellen (hinreichendes Kriterium)

Satz

Für eine Funktion f und ihre Ableitungen f′ und f″ gilt:

(1) Wenn $f'(x_H) = 0$ und zugleich $f''(x_H) < 0$, dann hat der Graph von f an der Stelle x_H einen Hochpunkt.

(2) Wenn $f'(x_T) = 0$ und zugleich $f''(x_T) > 0$, dann hat der Graph von f an der Stelle x_T einen Tiefpunkt.

Begründung:

Der Satz folgt aus dem Vorzeichenwechsel-Kriterium auf folgende Weise:

(1) $f'(x_H) = 0$ und $f''(x_H) < 0$ bedeutet, dass f′ an der Stelle x_H eine Nullstelle mit negativer Steigung hat. Also hat f′ an der Stelle x_H einen Vorzeichenwechsel von + nach −.

(2) $f'(x_T) = 0$ und $f''(x_T) > 0$ bedeutet, dass f′ an der Stelle x_T eine Nullstelle mit positiver Steigung hat. Also hat f′ an der Stelle x_T einen Vorzeichenwechsel von − nach + .

7 Bestimmen Sie die Koordinaten der lokalen Extrempunkte des Graphen der Funktion f.

a) $f(x) = \frac{1}{6}x^3 + 12x^2$

b) $f(x) = 4x^3 - 6x^2 + 9x$

c) $f(x) = x^6 + x^4$

d) $f(x) = e^x - 2x - 1$

e) $f(x) = \frac{1}{2}x - \sin(x)$

f) $f(x) = \frac{1}{2}x - \frac{1}{x}$

g) $f(x) = \frac{1}{4}x^2 - \sqrt{x}$

h) $f(x) = x - 4 + \frac{15}{x+4}$

i) $f(x) = e^x + e^{-x}$

j) $f(x) = \frac{1}{1 + e^{-x}}$

8 In den Abbildungen sind der Graph der Funktion f mit $f(x) = x^4$ und die Graphen der ersten und zweiten Ableitungsfunktion f′ und f″ dargestellt.

a) Überprüfen Sie, ob die Funktion f bei T(0 | 0) tatsächlich einen Tiefpunkt besitzt. Wenden Sie beide hinreichende Kriterien an. Was fällt Ihnen auf? Beschreiben Sie.

b) Welche Schlussfolgerungen ziehen Sie für künftige Funktionsuntersuchungen? Begründen Sie Ihre Aussagen.

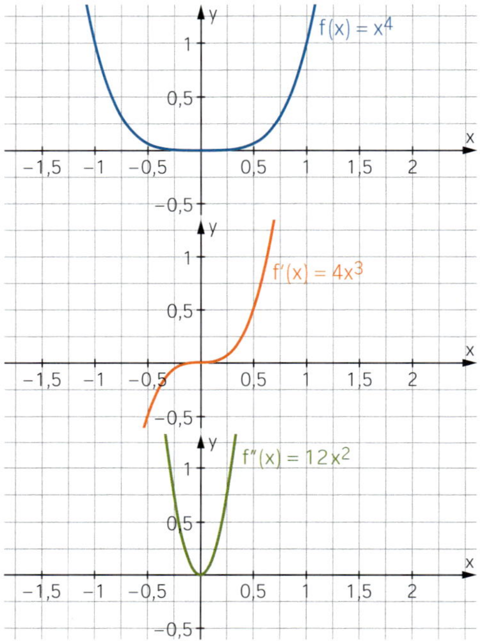

9 Gegeben ist die Funktion f mit $f(x) = 2x^4 - 3x^2 + 2x + 1$.

a) Bestimmen Sie f′ und f″.

b) Zeichnen Sie mit Ihrem Rechner die Graphen von f, f′ und f″ und erläutern Sie daran das hinreichende Kriterium für Extremstellen mit f″ nach.

LK 10 Die Funktion f gibt die Höhe eines Hubschraubers in Abhängigkeit von der Zeit an.

a) Beschreiben Sie die Bedeutung der Funktionen f′ und f″ in diesem Kontext.

b) Die Ableitungen f′ und f″ können in einem bestimmten Zeitintervall jeweils positiv oder negativ sein.
Übertragen Sie die Tabelle in Ihr Heft und deuten Sie die vier Möglichkeiten im Sachzusammenhang.

	$f' > 0$	$f' < 0$
$f'' > 0$	Der Hubschrauber steigt immer schneller auf.	
$f'' < 0$		

c) Begründen Sie das f″-Kriterium für Extremstellen inhaltlich in diesem Kontext.

11 In der Abbildung ist der Graph einer in $\mathbb{R}$ definierten und differenzierbaren Funktion f dargestellt.
Untersuchen Sie, ob der Graph der Funktion g einen Extrempunkt besitzt, wenn für die erste Ableitungsfunktion von g gilt:
$g'(x) = e^{f(x)}$.

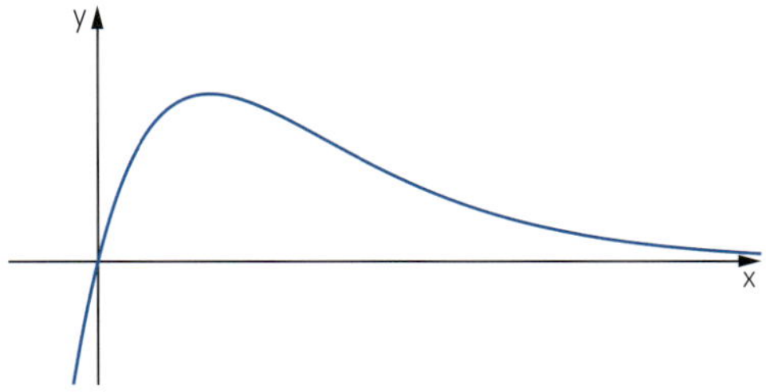

Weiterüben

12 ≡ Entscheiden Sie, welche der folgenden Aussagen wahr oder falsch sind. Begründen Sie Ihre Entscheidung.

a) Jede ganzrationale Funktion 4. Grades hat entweder zwei Hochpunkte und einen Tiefpunkt oder zwei Tiefpunkte und einen Hochpunkt.

b) Es gibt ganzrationale Funktionen 4. Grades, die keinen Punkt mit waagerechter Tangente besitzen.

c) Wenn eine ganzrationale Funktion 3. Grades einen Hochpunkt hat, so hat sie auch immer einen Tiefpunkt.

d) Ist $f'(x) = 0$ und $f''(x) = 0$, so besitzt die Funktion f keine Extremstellen.

13 ≡ Für $a \in \mathbb{R}$ ist die Funktion f gegeben durch $f(x) = x^3 - ax + 4$.

a) Begründen Sie mithilfe des Vorzeichenwechselkriteriums, dass für jedes $a > 0$ die Funktion f zwei Extremstellen hat.

b) Prüfen Sie, ob die Funktion f Extremstellen hat, falls $a \leq 0$ ist.

c) Untersuchen Sie, für welche $a \in \mathbb{R}$ die Funktion g mit $g(x) = 5x^3 + ax - 3$ Extremstellen besitzt.

LK **14** ≡ Ein Schiff in Seenot macht durch ein Leuchtsignal auf sich aufmerksam. Dazu wird die Leuchtkugel senkrecht nach oben geschossen. Die Höhe h(t) des Signals in Metern nach t Sekunden kann näherungsweise durch die Funktionsgleichung $h(t) = -4{,}9t^2 + 29{,}4t + 4$ beschrieben werden.
Bestimmen Sie die größte Höhe des Leuchtsignals.
Berechnen Sie h′ und auch die Ableitung h″ der Funktion h′.
Deuten Sie diese Funktionen im Sachzusammenhang.

LK **15** ≡ Zeigen Sie: Die Stelle a ist keine lokale Extremstelle von f, obwohl gilt $f'(a) = 0$.

a) $f(x) = -x^5 + 4;\ a = 0$

b) $f(x) = (x - 1)^3;\ a = 1$

c) $f(x) = x - \frac{x}{x^2 + 1};\ a = 0$

d) $f(x) = -\frac{1}{4}x^4 - x^3 + 2x - \frac{3}{4};\ a = -1$

2.6 Krümmungsverhalten – Wendepunkte

Einstieg

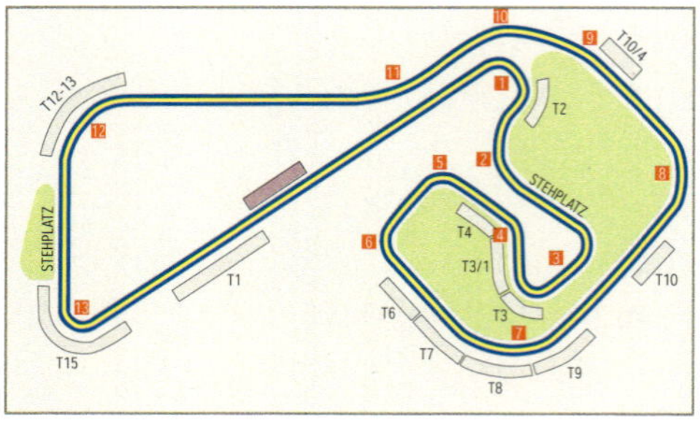

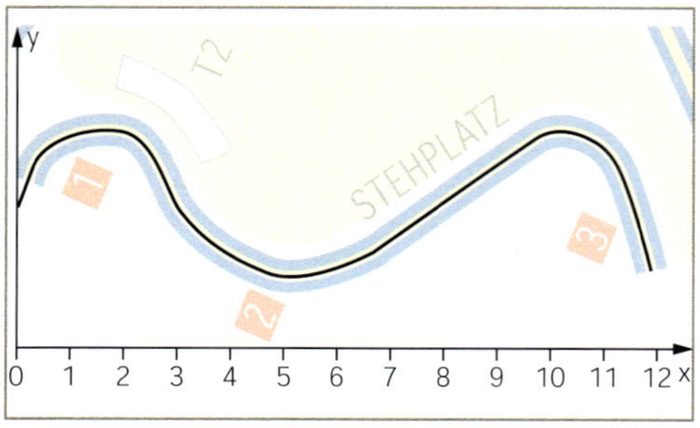

Der Sachsenring ist eine traditionsreiche Rennstrecke in Hohenstein-Ernstthal und Oberlungwitz. In der unteren Abbildung ist ein Ausschnitt der Rennstrecke dargestellt.

- Fassen Sie den Streckenabschnitt als Graphen einer Funktion f auf und übertragen Sie diesen in ein geeignetes Koordinatensystem. Skizzieren Sie den Graphen der Ableitungsfunktion f'.
- Eine Motorradfahrerin fährt auf dieser Strecke von links nach rechts. In welchen Bereichen durchfährt sie eine Rechts-, in welchen eine Linkskurve? Beschreiben Sie die Fahrposition der Fahrerin und des Motorrades in solchen Kurven.
- Wie verhält sich in diesen Intervallen der Graph von f'? Fassen Sie Ihre Beobachtungen zu einem Kriterium zusammen, mit dem man herausfinden kann, in welchem Intervall eine Links- oder Rechtskurve am Graphen von f vorliegt.

Aufgabe mit Lösung

Linkskurven – Rechtskurven

Der Abschnitt einer Rennstrecke kann von oben betrachtet vereinfacht durch den Graphen einer Funktion f dargestellt werden. Ein Motorradfahrer fährt die Strecke von links nach rechts.

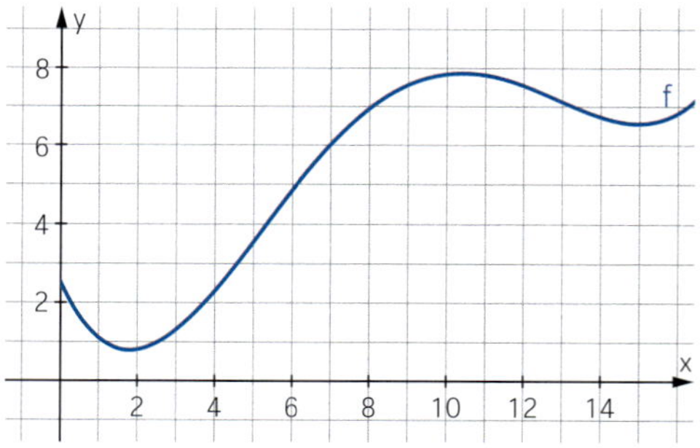

→ In den Kurven fahren Motorradfahrer in Schräglage. An welchen Stellen der Rennstrecke hat der Fahrer keine Schräglage?

Lösung

In einer Linkskurve sind sowohl Fahrer als auch Motorrad sehr stark nach links geneigt. In einer Rechtskurve ist die Neigung stark nach rechts in die Kurve. Wenn die Linkskurve in eine Rechtskurve wechselt oder umgekehrt, muss der Fahrer schnell seine Position wechseln. Dabei stehen Fahrer und Motorrad für einen Moment aufrecht. Diese Stellen liegen bei dem Graphen etwa bei $x \approx 5$ und $x \approx 13$.

→ Skizzieren Sie die Graphen der ersten und der zweiten Ableitungsfunktionen von f.
Geben Sie die Intervalle an, in denen der Graph von f links- bzw. rechtsgekrümmt ist.
Wie verhalten sich die Graphen von f' bzw. f'' in diesen Intervallen und an den Stellen, an denen sich das Krümmungsverhalten von f ändert?

Lösung

Im Intervall [0; 5] beschreibt der Graph annähernd eine Linkskurve. Im Intervall [5; 13] schließt sich eine Rechtskurve an, auf die eine Linkskurve im Intervall [13; 16] folgt.

An den Stellen, an denen sich das Krümmungsverhalten des Graphen von f ändert, hat der Graph von f′ Extremstellen. Dementsprechend hat f″ dort Nullstellen.

In den Intervallen, in denen der Graph von f linksgekrümmt ist, ist f′ streng monoton steigend. Somit ist f″ dort positiv.

In den Intervallen, in denen der Graph von f rechtsgekrümmt ist, ist f′ streng monoton fallend. Also ist f″ dort negativ.

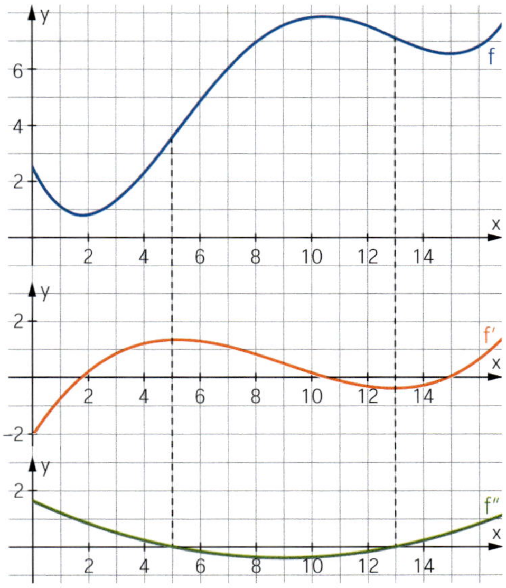

Information

Links- bzw. Rechtskurven

Der Graph von f bildet im Intervall I

(1) eine **Linkskurve**, falls die Ableitung **f′** im Intervall I **streng monoton steigt**.

(2) eine **Rechtskurve**, falls die Ableitung **f′** im Intervall I **streng monoton fällt**.

Nach dem Monotoniesatz gilt somit:

(1) Ist $f''(x) > 0$ für alle $x \in I$, so bildet der Graph von f im Intervall I eine Linkskurve.

(2) Ist $f''(x) < 0$ für alle $x \in I$, so bildet der Graph von f im Intervall I eine Rechtskurve.

WES-125991-261

Wendepunkte

Definition: In einem **Wendepunkt** geht der Graph einer Funktion f von einer Linkskurve in eine Rechtskurve über oder umgekehrt.

Satz: Jede Wendestelle von f ist eine lokale Extremstelle von f′.

Notwendiges Kriterium

Hat die Funktion f an der Stelle x_w eine Wendestelle, so ist $f''(x_w) = 0$.

Hinreichendes Kriterium

Hat die zweite Ableitung f″ an der Stelle x_w eine Nullstelle mit Vorzeichenwechsel, so ist x_w eine Wendestelle von f.

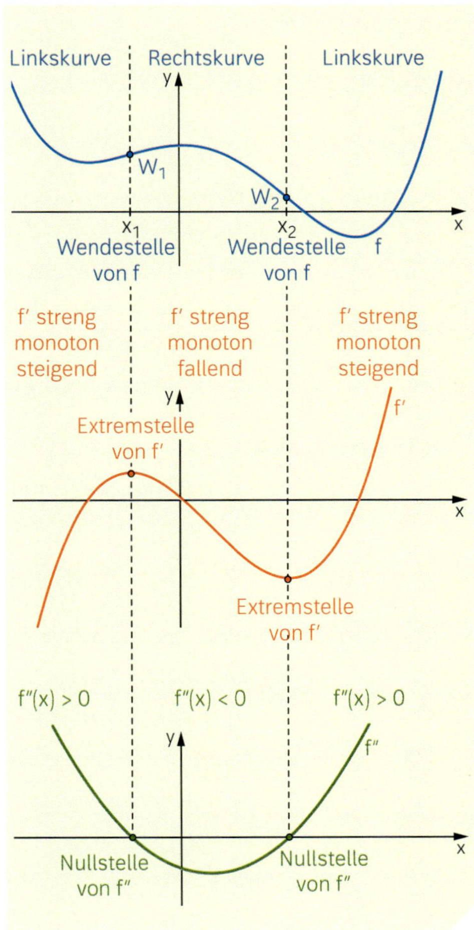

Hinweis:
Wenn $f''(x_0) = 0$ ist, so muss x_0 nicht unbedingt eine Wendestelle von f sein. Die Bedingung $f''(x_0) = 0$ ist also **notwendig**, aber **nicht hinreichend** dafür, dass f an der Stelle x_0 eine Wendestelle besitzt.
Ein Beispiel dafür ist $f(x) = x^4$.
Es gilt $f'(x) = 4x^3$ und $f''(x) = 12x^2$, daher ist $f''(0) = 0$. Die Stelle $x_0 = 0$ ist aber eine Extrem- und keine Wendestelle von f.
Das liegt daran, dass f″ an der Stelle $x_0 = 0$ nicht das Vorzeichen wechselt.

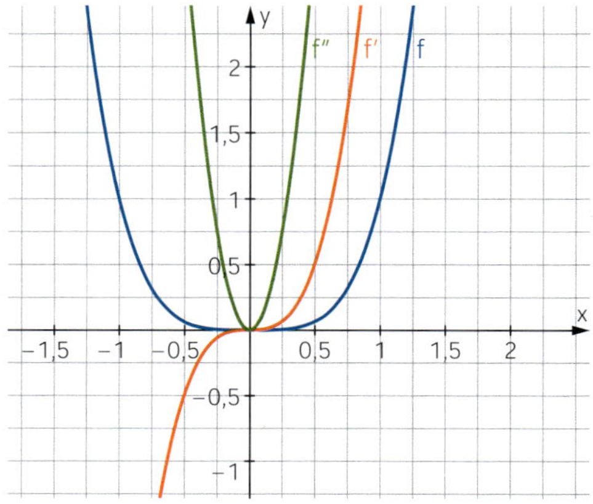

Üben

1 Berechnen Sie die Wendestellen der Funktion f.

a) $f(x) = \frac{1}{3}x^3 - x^2 + \frac{8}{3}$

b) $f(x) = \frac{1}{4}x^3 + \frac{3}{2}x^2$

c) $f(x) = \frac{1}{3}x^4 - 8x^2 + 1$

d) $f(x) = \frac{1}{5}x^5 + \frac{1}{2}x^4$

2 Von einer Funktion f ist die zweite Ableitung gegeben. Formulieren Sie begründete Aussagen zur Existenz von Wendestellen von f.

a) $f''(x) = x - 3$

b) $f''(x) = x^2 - 4$

c) $f''(x) = x^2$

d) $f''(x) = 3^x$

3 Von einer Funktion f ist der Graph der Ableitungsfunktion f′ gegeben.
Entscheiden Sie, ob die folgenden Aussagen wahr oder falsch sind. Begründen Sie.

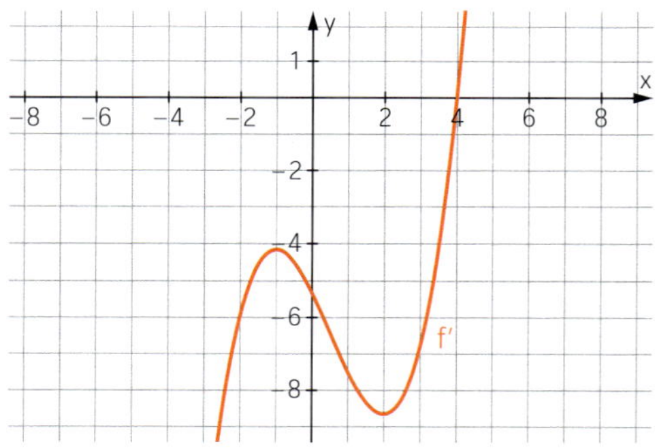

(1) Der Graph von f hat an der Stelle $x = 2$ einen Wendepunkt mit negativer Steigung.
(2) f ist für $2 < x < 4$ streng monoton steigend.
(3) Der Graph von f ist für $x \in [-1; 2]$ rechtsgekrümmt.
(4) Der Graph von f hat an den Stellen $x_1 = -1$ und $x_2 = 2$ jeweils einen Wendepunkt.
(5) Der Graph von f hat an der Stelle $x = 4$ einen Tiefpunkt.

4 Von einer Funktion f ist der Graph der Ableitungsfunktion f′ gegeben.
Geben Sie an, in welchen Intervallen der Graph von f links- bzw. rechtsgekrümmt ist. Begründen Sie Ihre Entscheidung.
Skizzieren Sie einen möglichen Graphen von f.

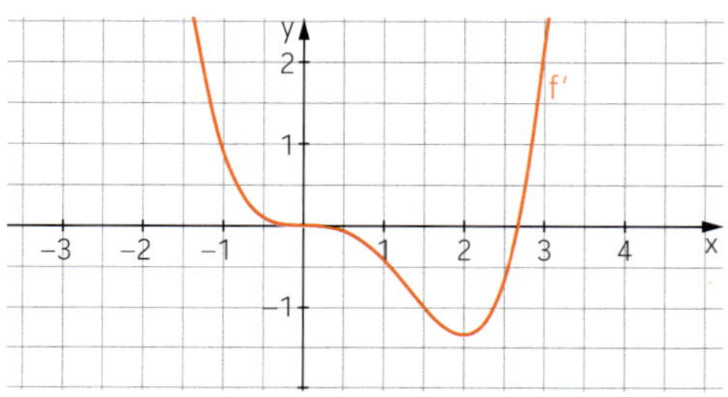

5 Erläutern Sie die Bedeutung eines Wendepunkts von f im Sachkontext:

a) f gibt den Temperaturverlauf während eines Tages an.

b) f gibt die Wassermenge an, die sich während eines Jahres in einem Stausee befindet.

c) f gibt Höhe eines Baumes im Verlaufe seines Lebens an.

d) f gibt die Tiefe eines Tauchers während eines Tauchgangs an.

6 Gegeben ist der Graph einer Ableitungsfunktion f'. Entscheiden Sie, ob die folgenden Aussagen wahr oder falsch sind. Begründen Sie Ihre Entscheidung.

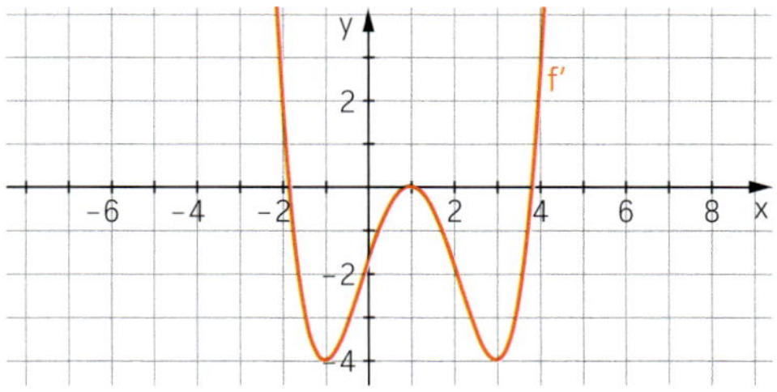

a) Der Graph von f hat im Intervall $[-2; 4]$ genau drei Wendepunkte.

b) Es gilt: $f''(1) > 0$.

c) Der Graph von f bildet im Intervall $[0; 2]$ eine Rechtskurve.

d) f ist im Intervall $[-2; 1]$ streng monoton fallend.

7 Gegeben ist der Graph der zweiten Ableitungsfunktion f''. Geben Sie die Intervalle an, in denen der Graph von f eine Links- bzw. eine Rechtskurve aufweist. Skizzieren Sie jeder für sich einen möglichen Verlauf der Ableitungsfunktion f'. Vergleichen Sie Ihre Graphen miteinander.

a)

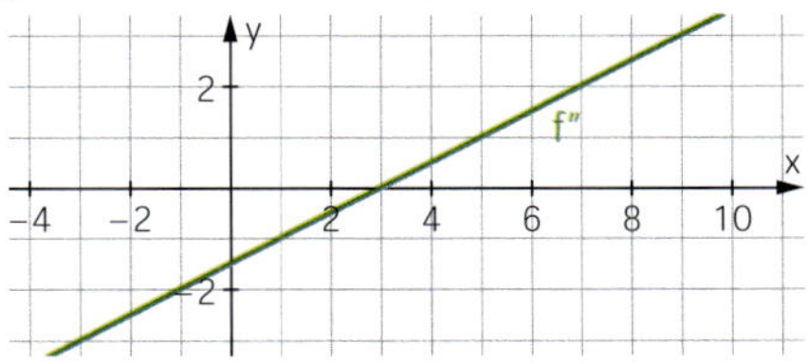

b)

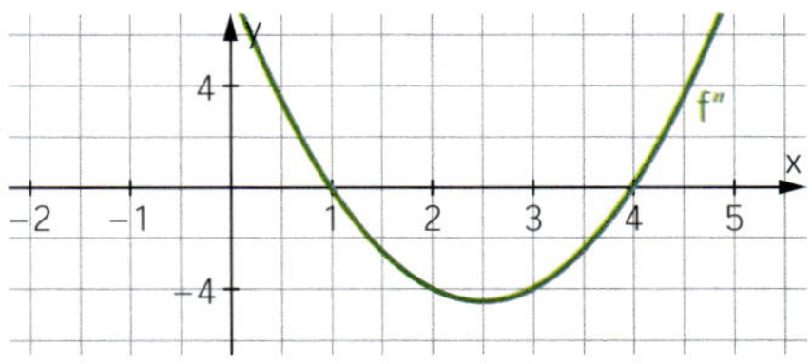

8 Bestimmen Sie die Intervalle, in denen der Graph von f eine Links- bzw. Rechtskurve bildet.

a) $f(x) = \frac{1}{3}x^3 - x$

b) $f(x) = x^5 - 4x^3$

c) $f(x) = x^2 - \frac{1}{x-1}$

d) $f(x) = e^{2x} - 20e^x + 5$

e) $f(x) = \ln(e^x + 4)$

f) $f(x) = \frac{1}{2}x^2 + \sin(x)$

9 In der Abbildung ist der Graph einer in $\mathbb{R}$ definierten und differenzierbaren Funktion f dargestellt.
Untersuchen Sie, ob der Graph der Funktion g einen Wendepunkt besitzt, wenn für die erste Ableitungsfunktion von g gilt:
$g'(x) = e^{f(x)}$.

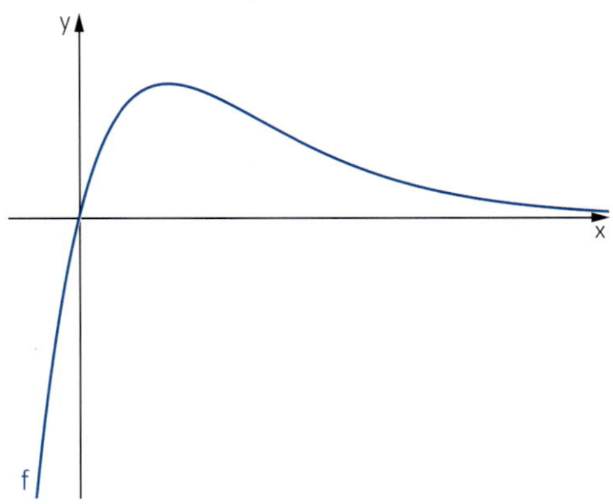

10 Von einer Funktion f ist ihre zweite Ableitung f″ mit $f''(x) = \frac{1}{2}x^2 + 3$ bekannt. Begründen Sie, weshalb der Graph von f linksgekrümmt ist.

11 Ergänzen Sie:

a) Wenn der Graph von f′ in einem Intervall streng monoton steigend ist, dann …

b) Wenn x_0 eine Wendestelle des Graphen von f ist, dann ist x_0 auch …

LK **12** Hier untersuchen Sie, wie viele Wendepunkte ganzrationale Funktionen haben können.

a) Begründen Sie, dass eine ganzrationale Funktion vierten Grades höchstens zwei Wendestellen haben kann.

b) Geben Sie eine ganzrationale Funktion vierten Grades an, die *keine* Wendestelle hat.

c) Begründen Sie, dass jede ganzrationale Funktion dritten Grades genau eine Wendestelle hat.

13 Skizzieren Sie einen möglichen Graphen einer Funktion f mit den folgenden Eigenschaften.

a) Der Graph von f hat den Hochpunkt H(−1 | 4) und den Wendepunkt W(1 | 2).

b) $f''(x) < 0$ für $x < 3$; $f''(3) = 0$; $f''(x) > 0$ für $x > 3$

Hinreichendes Kriterium für Wendestellen mittels der 3. Ableitung

14 Rechts sind der Graph der Funktion f und der Graph der Ableitungsfunktion f′ dargestellt.

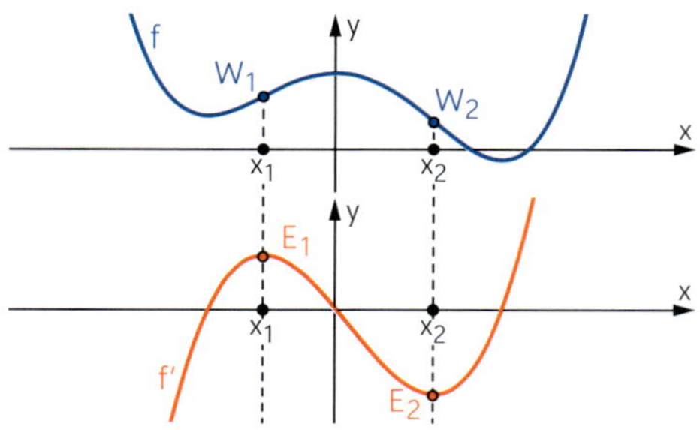

a) Lina behauptet, es gibt ein weiteres hinreichendes Kriterium für Wendestellen: „Wenn $f''(x_W) = 0$ und $f'''(x_W) \neq 0$ ist, dann hat f an der Stelle x_W eine Wendestelle.“ Begründen Sie dieses Kriterium anhand der Abbildung.

b) Vervollständigen Sie folgende Sätze:

1) Ist $f''(x_W) = 0$ und $f'''(x_W) < 0$, so ist an der Stelle x_W …

2) Ist $f''(x_W) = 0$ und $f'''(x_W) > 0$, so ist an der Stelle x_W …

Information

WES-125991-262

Hinreichendes Kriterium für Wendestellen (f‴-Kriterium)

Satz: Für eine Funktion f und ihre Ableitungen f′, f″ und f‴ gilt:

- Ist $f''(x_W) = 0$ und $f'''(x_W) \neq 0$, so ist x_W eine Wendestelle von f.
- Ist $f''(x_W) = 0$ und $f'''(x_W) < 0$, so ist an der Stelle x_W ein lokales Maximum von f′.
- Ist $f''(x_W) = 0$ und $f'''(x_W) > 0$, so ist an der Stelle x_W ein lokales Minimum von f′.

Üben

15 Bestimmen Sie die Wendepunkte des Graphen der Funktion f. Geben Sie an, ob ein Minimum oder ein Maximum des Anstiegs vorliegt. Prüfen Sie, ob Sattelpunkte vorliegen.

a) $f(x) = x^3 - 3x + 4$ **b)** $f(x) = 2x + 1$ **c)** $f(x) = x^4 + 3x^3 + 3x^2 + x$

d) $f(x) = 2e^x - 5x^2 - 2x + 4$ **e)** $f(x) = -x^4 + \frac{72}{x}$ **f)** $f(x) = x - \ln(e^x + 1)$

g) $f(x) = 2x^2 - \cos(x)$ **h)** $f(x) = 2\sin(x) + \frac{1}{2}\cos(x)$ **i)** $f(x) = x^2 - \frac{1}{x} + 4$

CAS

16 Ermitteln Sie die Koordinaten der Wendepunkte des Graphen von f mit $f(x) = \frac{1}{3}x^5 - 3x^3 + 4x$ mithilfe eines Rechners. Erläutern Sie daran verschiedenen Möglichkeiten, wie man die Wendestellen einer Funktion mit einem Rechner bestimmen kann.

17 Die dargestellten Schritte liefern zusammen mit der Funktion f mit $f(x) = (ax - 1) \cdot e^x$ die Lösung einer Aufgabe. Formulieren Sie eine zugehörige Aufgabenstellung und erläutern Sie den Lösungsweg.

(1) $f(x) = (ax - 1) \cdot e^x$
(2) $f''(x) = (a \cdot x + 2a - 1) \cdot e^x$
(3) $(a \cdot 0 + 2a - 1) \cdot e^0 = 0$
(4) $a = \frac{1}{2}$

18 Begründen Sie folgende Aussage grafisch für eine Funktion f.

a) Geht der Graph von f von einer Linkskurve in eine Rechtskurve über, so hat f′ an dieser Stelle ein Maximum.

b) Geht der Graph von einer Rechtskurve in eine Linkskurve über, so hat f′ an dieser Stelle ein Minimum.

c) Eine Wendetangente schneidet den Graphen im Wendepunkt.

Tangente im Wendepunkt

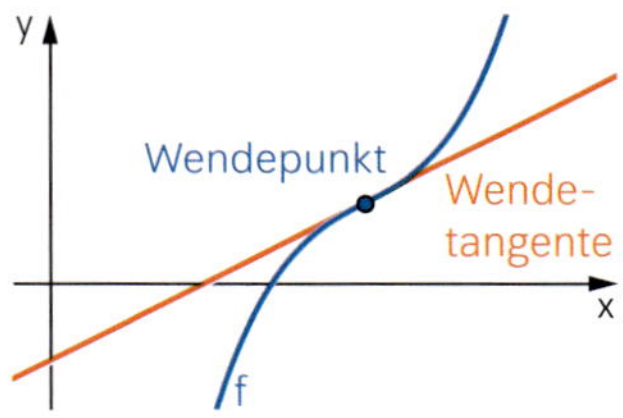

19 Gegeben ist die Funktion f mit $f(x) = x^3 + 3x^2 - 4$.

a) Bestimmen Sie die Koordinaten des Wendepunkts sowie eine Gleichung der Wendetangente.

b) Die Wendetangente schneidet die Koordinatenachsen in den Punkten P und Q. Berechnen Sie die Länge der Strecke $\overline{PQ}$.

c) Die Wendetangente und die Koordinatenachsen begrenzen ein Dreieck. Berechnen Sie den Flächeninhalt dieses Dreiecks und die Größe der Innenwinkel.

20 Die Abbildung zeigt den Graphen einer Ableitungsfunktion f′.
Entscheiden Sie, ob folgende Aussagen jeweils wahr oder falsch sind.
Begründen Sie.

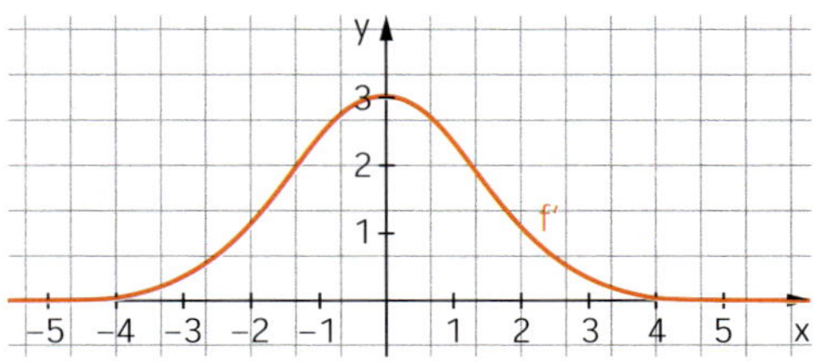

(1) Der Graph von f hat an der Stelle $x = 0$ einen Wendepunkt mit positiver Steigung.

(2) Der Graph von f hat an der Stelle $x = -1$ einen Hochpunkt.

(3) Der Graph von f hat bei $x = 0$ eine Tangente parallel zur Geraden mit der Gleichung $y = 2x$.

(4) Der Graph von f bildet im Intervall $[-4; -1]$ eine Linkskurve.

21 Sattelpunkte sind spezielle Wendepunkte. Erläutern Sie dies anhand der Abbildungen.

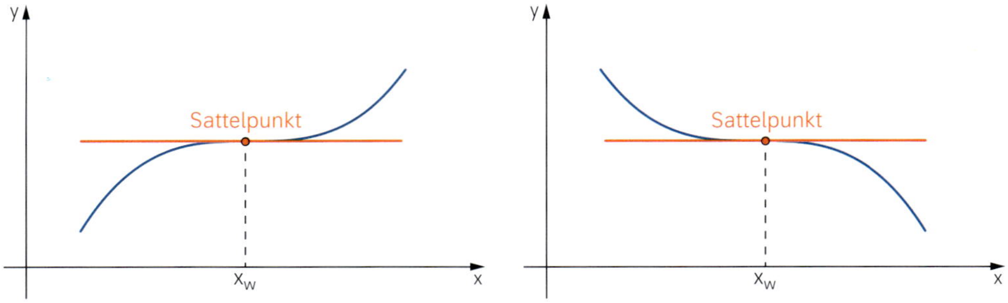

22 Laura behauptet: „Der Graph der Funktion f mit $f(x) = x^4 + 4x^3 + 6x^2 + 4x - 1$ hat an der Stelle $x = -1$ einen Sattelpunkt, da sowohl $f'(-1) = 0$ als auch $f''(-1) = 0$ gilt."
Nehmen Sie zu dieser Aussage Stellung.

23 Der Graph der Funktion f mit
$f(x) = x^4 - 6{,}8x^3 - 52x^2 + 530{,}4x$
wurde mithilfe eines Rechners gezeichnet. Es liegt die Vermutung nahe, dass ein Sattelpunkt vorliegt.

a) Untersuchen Sie rechnerisch, ob hier tatsächlich ein Sattelpunkt vorliegt.

b) Erläutern Sie, wie Sie das Problem mithilfe eines Rechners untersuchen können.

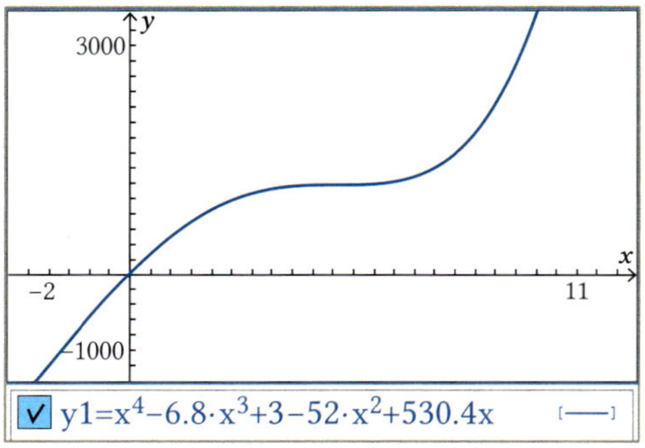

24 Gegeben ist die Funktion f mit $f(x) = -\frac{1}{4}x^3 + \frac{3}{2}x^2$.
Zeigen Sie, dass die Gerade durch den Hoch- und den Tiefpunkt des Graphen von f diesen im Wendepunkt schneidet.

Weiterüben

25 Der Graph einer ganzrationalen Funktion f ist symmetrisch zum Koordinatenursprung $O(0|0)$. Begründen Sie, dass der Graph von f an der Stelle 0 einen Wendepunkt hat.

26 Begründen Sie, dass jede ganzrationale Funktion mit ungeradem Grad größer als 1 mindestens eine Wendestelle hat.

LK 27 Gegeben ist die Funktion f durch $f(x) = t \cdot x^3 - 3x^2 + 8x$.
Welcher Wert muss für t gewählt werden, damit der Wendepunkt an der Stelle $x = 3$ liegt? Bestimmen Sie für diesen Wert von t auch die Koordinaten der Extrempunkte des Funktionsgraphen.

LK 28 Bestimmen Sie $a \in \mathbb{R}$ so, dass die Funktion f

(1) zwei Wendepunkte; (2) keinen Wendepunkt hat.

a) $f(x) = x^4 - 12ax^2 + 6x + 4$.

b) $f(x) = (x^2 - 4x + a)e^x$

Das Wichtigste auf einen Blick

Grenzwert einer Funktion – waagerechte Asymptote

Eine Zahl **g** heißt **Grenzwert der Funktion** f, wenn gilt: Wenn die x-Werte ($x \in D$) unbegrenzt größer bzw. kleiner werden, dann kommen die Funktionswerte f(x) der Zahl g beliebig nahe.

Wenn $x \to \infty$, dann $f(x) \to g$ bzw.
wenn $x \to -\infty$, dann $f(x) \to g$

Man schreibt: $\lim\limits_{x \to \infty} f(x) = g$; $\lim\limits_{x \to -\infty} f(x) = g$

Die Gerade mit der Gleichung $y = g$ heißt **(waagerechte) Asymptote** von f.

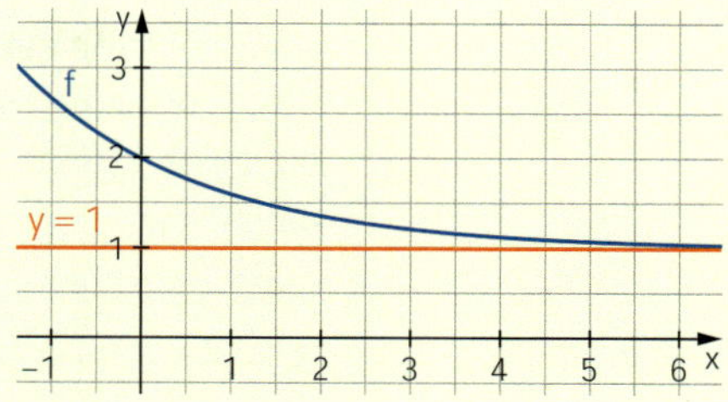

$f(x) = 0{,}6^x + 1$

$\lim\limits_{x \to -\infty} (0{,}6^x + 1) = 1$; Asymptote: $y = 1$

Waagereche Asymptoten bei gebrochen-rationalen Funktionen

Der Graph einer gebrochenrationalen Funktion f mit

$f(x) = \frac{a_n x^n + a_{n-1} x^{n-1} + \ldots + a_1 x + a_0}{b_m x^m + b_{m-1} x^{m-1} + \ldots + b_1 x + b_0}$

($a_n, b_m \neq 0$) besitzt für

- $n < m$ eine **waagerechte Asymptote** mit der Gleichung $\mathbf{y = 0}$;
- $n = m$ eine **waagerechte Asymptote** mit der Gleichung $\mathbf{y = \frac{a_n}{b_m}}$.

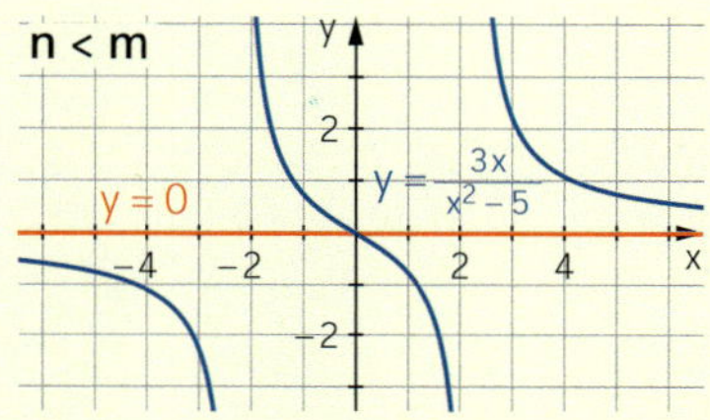

Der Grad des Zählers ist kleiner als der Grad des Nenners, also ist $y = 0$ die Gleichung der Asymptote.

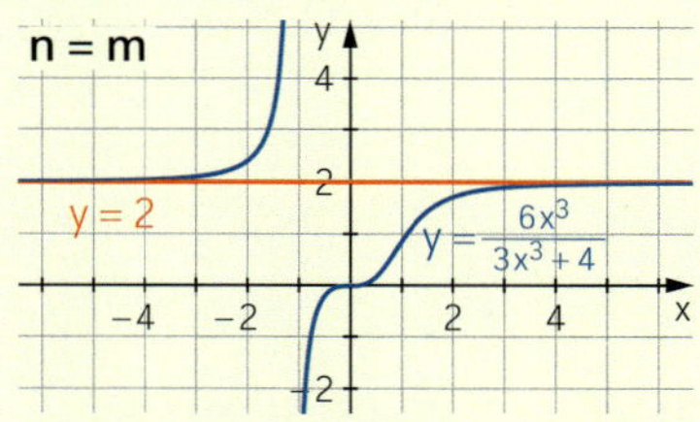

Der Grad des Zählers ist gleich dem Grad des Nenners und $a_n = 6$, $b_m = 3$, also ist $y = \frac{6}{3} = \frac{2}{1}$ die Gleichung der Asymptote.

Schräge Asymptoten bei gebrochen-rationalen Funktionen

Der Graph einer gebrochenrationalen Funktion f mit

$f(x) = \frac{a_n x^n + a_{n-1} x^{n-1} + \ldots + a_1 x + a_0}{b_m x^m + b_{m-1} x^{m-1} + \ldots + b_1 x + b_0}$

($a_n, b_m \neq 0$) besitzt für $\mathbf{n = m + 1}$ eine **schräge Asymptote** mit der Gleichung

$\mathbf{y = \frac{a_n}{b_m} \cdot x + c}$

Die reelle Zahl c ist zu bestimmen.

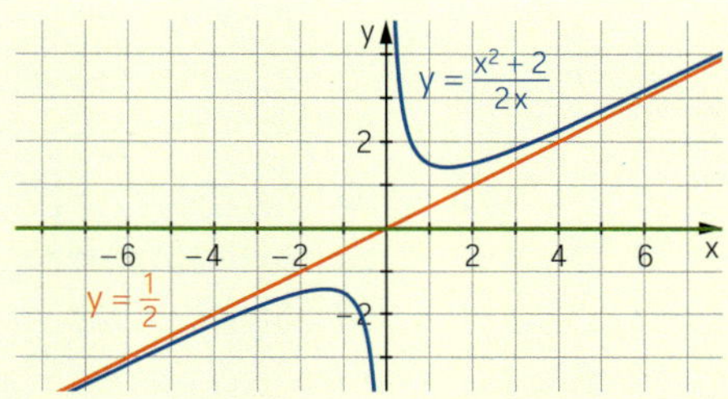

$y = \frac{x^2 + 2}{2x}$ lässt sich zu $y = \frac{1}{2}x + \frac{2}{x}$ umformen. Der ganzrationale Teil bildet die Gleichung der schrägen Asymptote.

Das Wichtigste auf einen Blick

Globalverlauf

Das Verhalten der Funktionswerte f(x) für betragsmäßig große x-Werte bezeichnet man als **Globalverlauf** der Funktion f.
Bei einer ganzrationalen Funktion f mit
$f(x) = a_n x^n + a_{n-1} x^{n-1} + \ldots + a_2 x^2 + a_1 x + a_0$,
bestimmt der $a_n x^n$ den Globalverlauf von f

$a_n > 0$ und $n \neq 0$		
	n gerade	n ungerade
$x \to \infty$	$f(x) \to \infty$	$f(x) \to \infty$
$x \to -\infty$	$f(x) \to \infty$	$f(x) \to -\infty$

$a_n < 0$ und $n \neq 0$		
	n gerade	n ungerade
$x \to \infty$	$f(x) \to -\infty$	$f(x) \to -\infty$
$x \to -\infty$	$f(x) \to -\infty$	$f(x) \to \infty$

$f(x) = \frac{1}{16}x^3 - 3x$

Für $x \to \infty$ gilt:
$f(x) \to \infty$
Für $x \to -\infty$ gilt:
$f(x) \to -\infty$

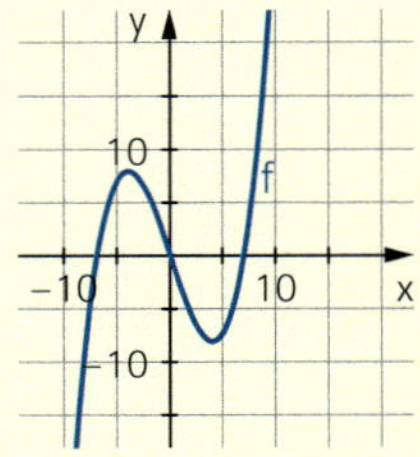

$f(x) = -2x^4 + 50x - 3$

Für $x \to \infty$ gilt:
$f(x) \to -\infty$
Für $x \to -\infty$ gilt:
$f(x) \to -\infty$

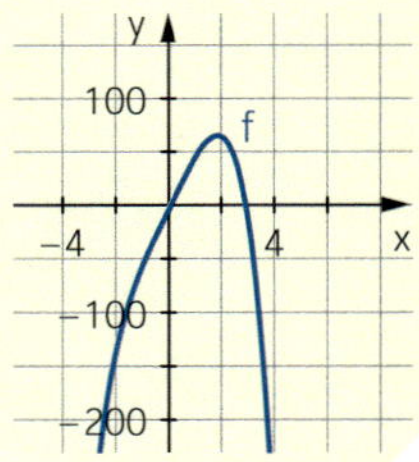

Grenzwert einer Funktionen an einer Stelle – Grenzwertsätze

Eine Zahl g heißt **Grenzwert einer Funktion f an der Stelle x_0**, wenn gilt:
Wenn x-Werte ($x \in D$) dem Wert x_0 beliebig nahekommen, dann kommen die Funktionswerte f(x) der Zahl g beliebig nah.
Kurz: Wenn $x \to x_0$, dann $f(x) \to g$
Man schreibt: $\lim\limits_{x \to x_0} f(x) = g$

Grenzwertsätze:

Für zwei Funktionen u und v mit den Grenzwerten $\lim\limits_{x \to x_0} u(x)$ und $\lim\limits_{x \to x_0} v(x)$ gilt:

(1) $\lim\limits_{x \to x_0} (u(x) + v(x)) = \lim\limits_{x \to x_0} u(x) + \lim\limits_{x \to x_0} v(x)$

(2) $\lim\limits_{x \to x_0} (u(x) - v(x)) = \lim\limits_{x \to x_0} u(x) - \lim\limits_{x \to x_0} v(x)$

(3) $\lim\limits_{x \to x_0} (u(x) \cdot v(x)) = \lim\limits_{x \to x_0} u(x) \cdot \lim\limits_{x \to x_0} v(x)$

(4) $\lim\limits_{x \to x_0} \left(\frac{u(x)}{v(x)}\right) = \frac{\lim\limits_{x \to x_0} u(x)}{\lim\limits_{x \to x_0} v(x)}$ für $\lim\limits_{x \to x_0} v(x) \neq 0$

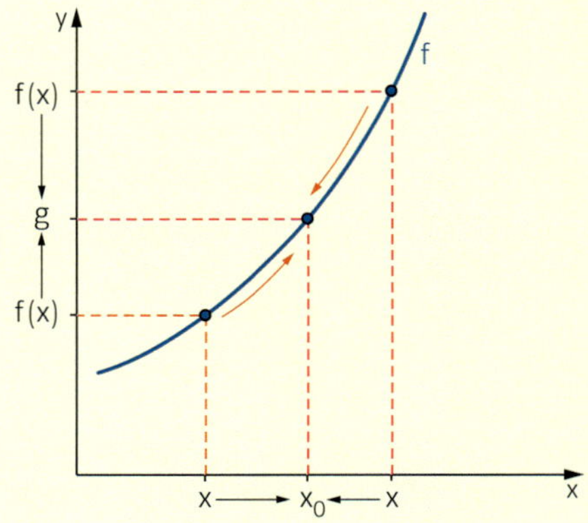

$\lim\limits_{x \to -1} (3x^2 + x - 1) = 1$

$\lim\limits_{x \to 0} ((x-1)(x+1)) = -1$

$\lim\limits_{x \to 1} \frac{2x^2 - 2}{x + 1} = 0$

Definitionslücken einer Funktion

Ist eine Funktion f als Quotient zweier Funktionen u und v mit $f(x) = \frac{u(x)}{v(x)}$ darstellbar und ist x_0 eine Nullstelle von v, dann bezeichnet man x_0 als **Definitionslücke** von f.

Man unterscheidet:

- Definitionslücken mit Vorzeichenwechsel
- Definitionslücken ohne Vorzeichenwechsel
- hebbare Definitionslücken

Eine Definitionslücke mit Vorzeichenwechsel nennt man auch **Polstelle**.

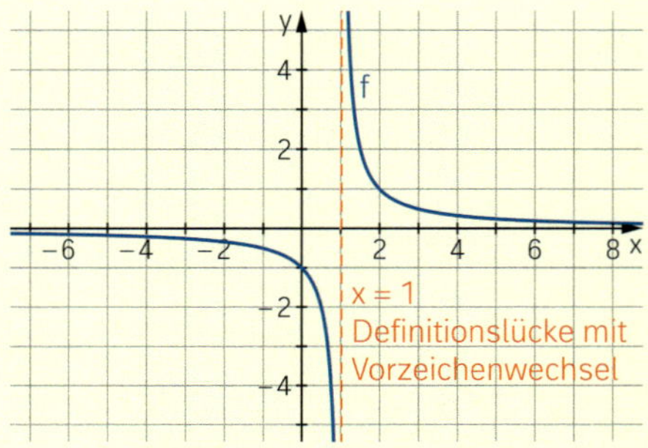

$f(x) = \frac{1}{x-1}$ hat eine Polstelle bei $x_0 = 1$

Das Wichtigste auf einen Blick

Stetigkeit

Eine Funktion f, die an der Stelle x_0 definiert ist, heißt **an der Stelle x_0 stetig**, falls

(1) $\lim\limits_{x \to x_0} f(x)$ existiert und

(2) $\lim\limits_{x \to x_0} f(x) = f(x_0)$.

Andernfalls heißt die Funktion **an der Stelle x_0 unstetig**.

Eine Funktion heißt **stetig über einem Intervall**, wenn sie an jeder Stelle des Intervalls stetig ist.

Eine Funktion heißt **stetig**, wenn sie an jeder Stelle ihres Definitionsbereichs stetig ist.

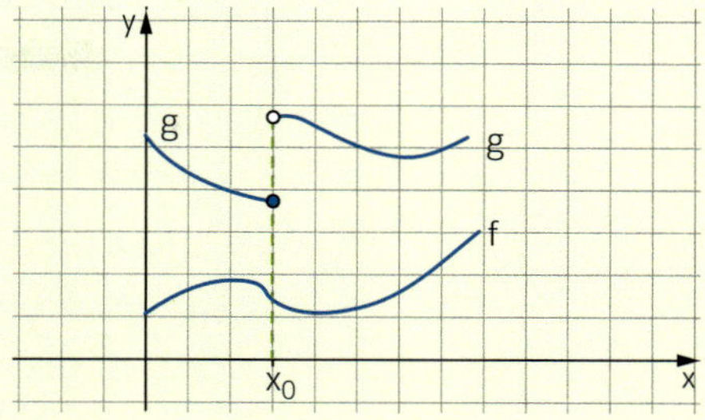

f ist stetig an der Stelle x_0.
g ist unstetig an der Stelle x_0.
Jede ganzrationale Funktion ist stetig in $\mathbb{R}$.

Symmetrien von Funktionsgraphen

Der Graph einer Funktion f ist **symmetrisch zur y-Achse**, falls $\mathbf{f(-x) = f(x)}$ für alle x gilt, sonst nicht.
Ist f eine ganzrationale Funktion, so gilt $f(-x) = f(x)$, falls das Polynom nur Potenzen von x mit **geraden Exponenten** enthält, sonst nicht.

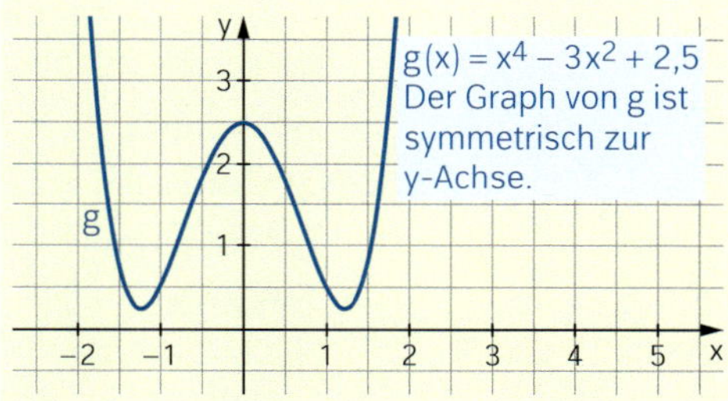

Der Graph einer Funktion f ist **symmetrisch zum Koordinatenursprung**, falls $\mathbf{f(-x) = -f(x)}$ für alle x gilt, sonst nicht.
Ist f eine ganzrationale Funktion, so gilt $f(-x) = -f(x)$, falls das Polynom nur Potenzen von x mit **ungeraden Exponenten** enthält, sonst nicht.

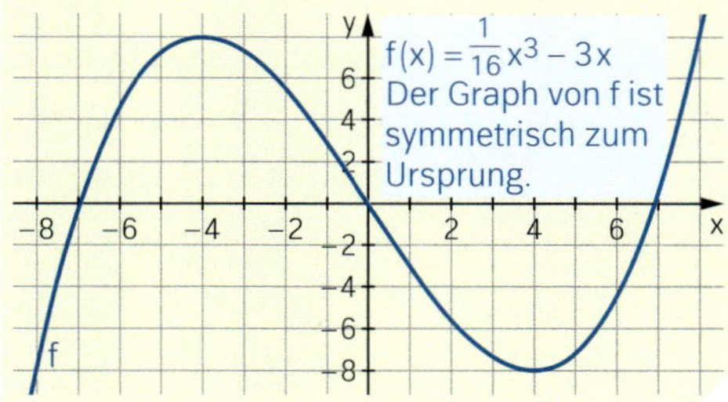

Monotonie und Extrempunkte

Gegeben ist eine in einem Intervall I definierte Funktion f.

(1) Wenn $\mathbf{f'(x) > 0}$ für alle x aus dem Intervall I gilt, dann ist die Funktion f im Intervall I **streng monoton steigend**.

(2) Wenn $\mathbf{f'(x) < 0}$ für alle x aus dem Intervall I gilt, dann ist die Funktion f im Intervall I **streng monoton fallend**.

In Hoch- oder Tiefpunkten des Funktionsgraphen erfolgt ein Wechsel der strengen Monotonie.

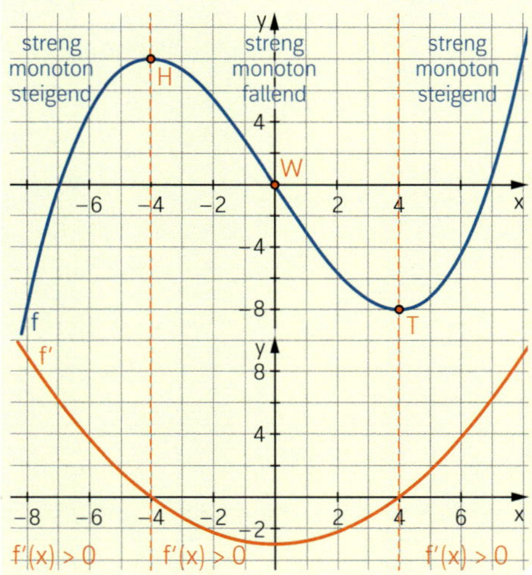

Das Wichtigste auf einen Blick

Extremstellen

Notwendiges Kriterium:
An jeder Extremstelle x_E gilt: $f'(x_E) = 0$
Aber nicht bei allen Nullstellen von f' müssen Extremstellen von f vorliegen.

Hinreichende Kriterien:

1) **Vorzeichenwechsel-Kriterium**
   - Ist $\mathbf{f'(x_e) = 0}$ und wechselt f' an der Stelle x_e das Vorzeichen **von + nach –**, so hat f an der Stelle x_e einen **Hochpunkt**.
   - Ist $\mathbf{f'(x_e) = 0}$ und wechselt f' an der Stelle x_e das Vorzeichen **von – nach +**, so hat f an der Stelle x_e einen **Tiefpunkt**.
2) **f''-Kriterium für Extremstellen**
   - Ist $\mathbf{f'(x_H) = 0}$ und $\mathbf{f''(x_H) < 0}$, so hat der Graph von f an der Stelle x_H einen **Hochpunkt.**
   - Ist $\mathbf{f'(x_T) = 0}$ und $\mathbf{f''(x_T) > 0}$, so hat der Graph von f an der Stelle x_T einen **Tiefpunkt.**

$f(x) = x^5 - 5x^4 + 5x^3$
$f'(x) = 5x^4 - 20x^3 + 15x^2$
$5x^2(x^2 - 4x + 3) = 0$
$x = 0$ oder $x = 1$
oder $x = 3$

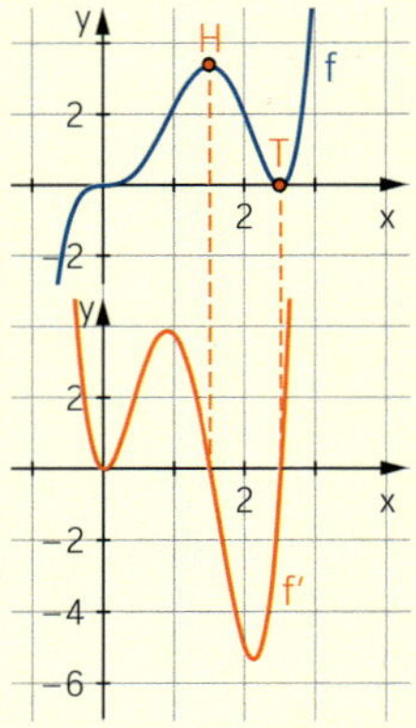

An der Stelle 0 liegt kein Extrempunkt vor.

An der Stelle 1 wechselt f' das Vorzeichen von + nach –, also hat der Graph von f an der Stelle 1 einen Hochpunkt.
$f''(x) = 20x^3 - 60x^2 + 30x$
Wegen $f''(3) = 90 > 0$
hat f an der Stelle 3 einen Tiefpunkt.

Links- bzw. Rechtskurven Wendepunkte

Der Graph von f bildet im Intervall I
(1) eine **Linkskurve**, falls die Ableitung **f'** im Intervall I **streng monoton wächst**.
(2) eine **Rechtskurve**, falls die Ableitung **f'** im Intervall I **streng monoton fällt**.

Nach dem Monotoniesatz gilt:
(1) Ist $f''(x) > 0$ für alle $x \in I$, so bildet der Graph von f im Intervall I eine **Linkskurve**.
(2) Ist $f''(x) < 0$ für alle $x \in I$, so bildet der Graph von f im Intervall I eine **Rechtskurve**.

In einem **Wendepunkt** geht der Graph einer Funktion von einer Linkskurve in eine Rechtskurve über oder umgekehrt.

- Wendepunkte sind Punkte mit maximaler Änderungsrate.
- Die Steigung der Graphen von f ist in einem Wendepunkt extremal.
- Ein Sattelpunkt ist ein Wendepunkt mit waagerechter Tangente.

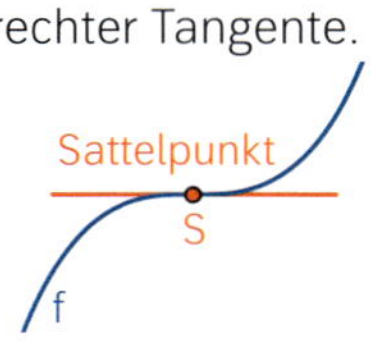

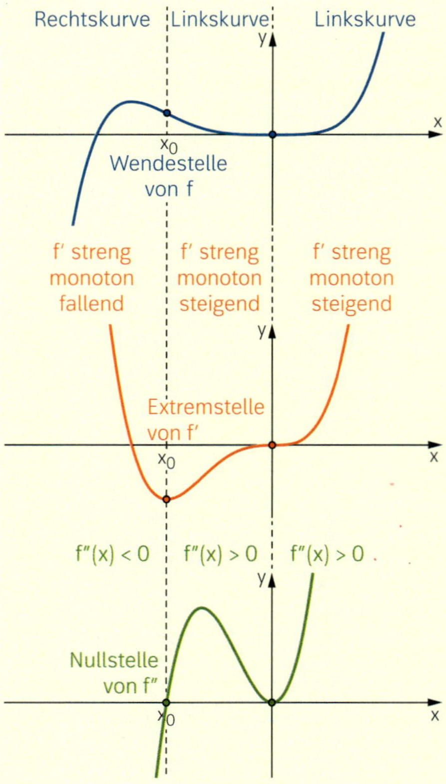

An der Stelle 0 liegt kein Wendepunkt vor.

Das Wichtigste auf einen Blick

Kriterien für Wendestellen

Notwendiges Kriterium

An jeder **Wendestelle** x_W gilt: $\mathbf{f''(x_W) = 0}$.
Aber nicht an allen Nullstellen von f″ liegen Wendestellen von f vor.

Hinreichendes Kriterium

1) Vorzeichenwechsel-Kriterium

Hat die zweite Ableitung f″ an der Stelle x_W eine **Nullstelle mit Vorzeichenwechsel**, so hat f an der Stelle x_W eine Wendestelle.

2) Kriterium mithilfe der 3. Ableitung

Für eine Funktion f und ihre zweite Ableitung f″ gilt:
Ist $f''(x_W) = 0$ und $f'''(x_W) \neq 0$,
so hat f an der Stelle x_W eine Wendestelle.

$f(x) = 3x^5 + 5x^4$
$f'(x) = 15x^4 + 20x^3$
$f''(x) = 60x^3 + 60x^2$

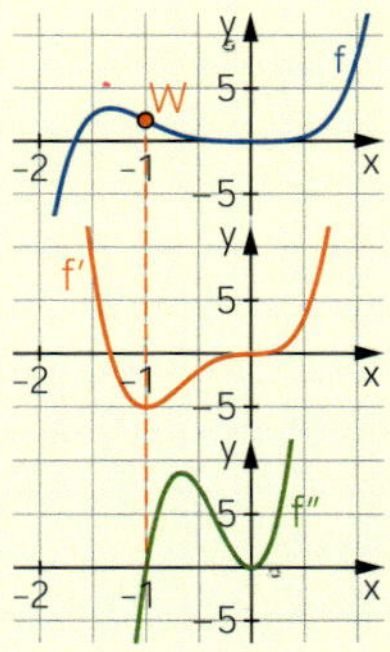

$60x^2(x + 1) = 0$
$x = 0$ oder $x = -1$
An der Stelle 0 liegt kein Wendepunkt vor.
An der Stelle -1 wechselt f″ das Vorzeichen, also liegt dort ein Wendepunkt von f vor.
Man kann auch so argumentieren:
$f'''(x) = 180x^2 + 120x$
Wegen $f'''(-1) = 180 - 120 = 60 \neq 0$ hat der Graph von f an der Stelle -1 einen Wendepunkt.

Klausurtraining

Lösungen im Anhang

Teil A

Lösen Sie die folgenden Aufgaben ohne Formelsammlung und ohne Taschenrechner.

1 Untersuchen Sie das Verhalten der Funktionswerte der Funktion f für den Fall $x \to +\infty$ und für den Fall $x \to -\infty$.

a) $f(x) = 2x^4 - x^2 + 3x - 1$ **b)** $f(x) = \frac{1}{3x^2 + 1}$ **c)** $f(x) = 3 + 0{,}5^x$

2 Bestimmen Sie die reelle Zahl a so, dass für die Funktion f mit $f(x) = \frac{a \cdot x^2 + 4 \cdot x}{4 - 5 \cdot x^2}$ gilt:
$y = \frac{1}{10}$ ist die Gleichung einer Asymptote zum Graphen der Funktion f.

3 Untersuchen Sie das Verhalten der Funktionswerte der Funktion f in der Nähe der Definitionslücken.

a) $f(x) = \frac{x^2 - 4}{x + 2}$ **b)** $f(x) = \frac{3}{x^3 - 1}$ **c)** $f(x) = \frac{4}{x^4}$

LK 4 Begründen Sie, dass der Graph der Funktion g mit $g(x) = \begin{cases} \ln(x + 2) & \text{für } x < 0 \\ -t \cdot x^2 + 1 & \text{für } x \geq 0 \end{cases}$
für keinen Wert $t \in \mathbb{R}$ stetig ist.

5 Begründen Sie, dass $y = 3 \cdot x$ eine Gleichung für die schräge Asymptote zum Graphen der Funktion g mit $g(x) = \frac{3x^2 + 2}{x}$ $(x \in D_g)$ ist.

6 Gegeben ist die Funktion h mit $h(x) = \frac{b \cdot (x + a) + 1}{x + a}$ $(x \in D_h)$.

a) Untersuchen Sie, für welche reellen Werte a und b der Graph der Funktion h symmetrisch zum Koordinatenursprung ist.

LK **b)** Bestimmen Sie a und b so, dass der Graph der Funktion h zum Punkt $(3 \mid -2)$ symmetrisch ist.

7 Zur Untersuchung der Symmetrie des Graphen der Funktion f mit $f(x) = 2x^3 - 6x$ mit $x \in \mathbb{R}$ wurden die in der Abbildung dargestellten Eingaben in einen Rechner gemacht.

a) Interpretieren Sie die Ausgaben des Rechners.

b) Geben Sie an, welche Ausgaben Sie vom Rechner erwarten, wenn der Funktionsterm der Funktion f durch den der Funktion g mit $g(x) = \frac{1}{2}x^4 - x^2$ ersetzt wird. Begründen Sie Ihre Angaben.

Define $f(x) = 2x^3 - 6x$
done
solve $(f(x) = f(-x))$
$\{x = 0, x = -\sqrt{3}, x = \sqrt{3}\}$
solve $(f(x) = -f(-x))$
$\{x = x\}$

8 Gegeben ist der Graph einer Ableitungsfunktion f'.

a) Bestimme Sie die Stellen an denen der Graph von f im Intervall $[-5; 3]$ Hoch- oder Tiefpunkte hat. Machen Sie begründete Aussagen über den Verlauf des Graphen von f an der Stelle $x = -1$

b) Skizzieren Sie einen möglichen Verlauf des Graphen von f im Intervall $[-5; 3]$.

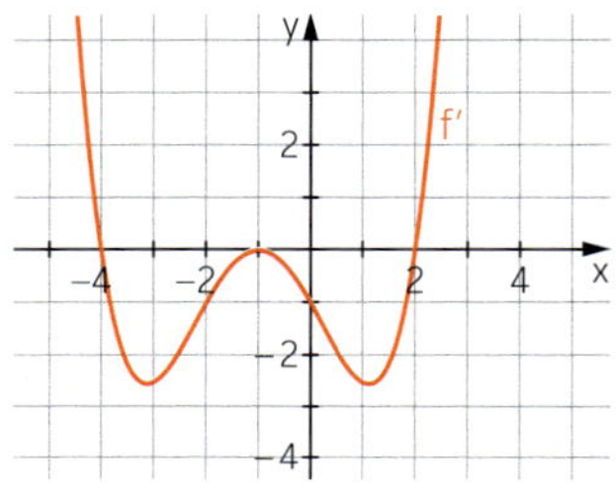

9 Abgebildet ist der Graph einer Ableitungsfunktion f'. Beschreiben Sie das Monotonieverhalten der zugehörigen Funktion f. Begründen Sie Ihre Aussagen und skizzieren Sie einen möglichen Graphen von f.

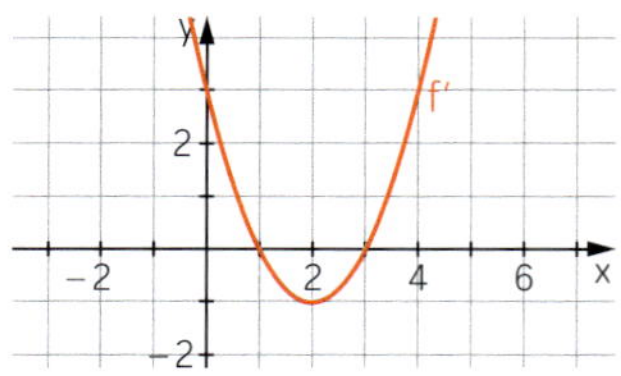

10 Dargestellt ist der Graph einer der drei gegebenen Funktionen f, g oder h mit

$f(x) = 2x^2 + 3x + 1$

$g(x) = -x^6 + x^2 + 1$

$h(x) = -x^3 + 3x + 1$

Geben Sie die Funktion an, die zu dem darstellten Graphen passt. Begründen Sie, dass die beiden anderen Funktionen dafür nicht in infrage kommen.

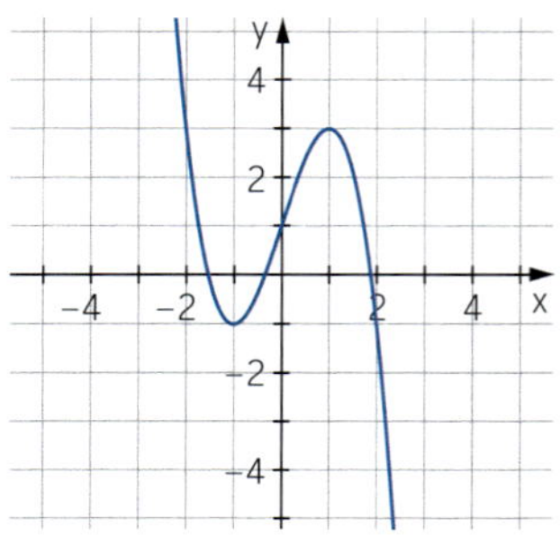

11 Gegeben ist die Funktion h mit $h(x) = x^2 - 2x + 1$ $(x \in \mathbb{R})$.

a) Zeigen Sie, dass die Funktion h an der Stelle $x = 1$ ein lokales Extremum besitzt und bestimmen Sie dessen Art.

b) Begründen Sie, ohne zu rechnen, dass die Funktion g mit $g(x) = e^{h(x)}$ ebenfalls an der Stelle $x = 1$ ein lokales Extremum besitzen muss.

12 Gegeben ist die Funktion f_t mit $f_t(x) = x + t \cdot x^3$ $(t \in R,\ t \neq 0)$.
Untersuchen Sie für welche Werte von t die Funktion f_t genau eine Nullstelle und mehr als eine Nullstelle hat.
Bestimmen Sie den Wert für t so, dass f_t an der Stelle $x = 2$ ein Maximum aufweist.

13 In der Abbildung ist der Graph einer linearen Funktion h mit negativem Anstieg zu sehen.

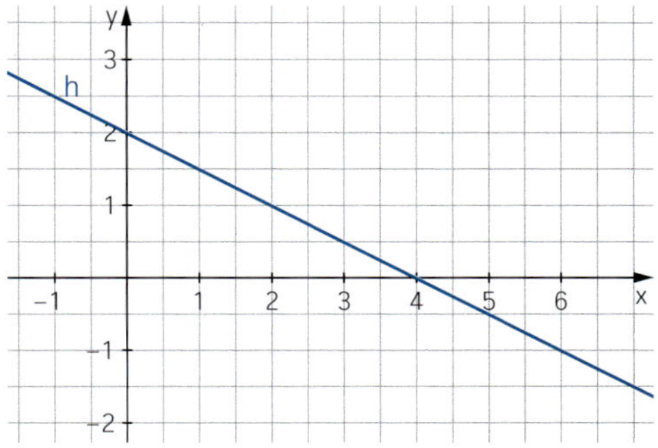

a) Begründen Sie, dass die für alle $x \in \mathbb{R},\ x > 0$ definierte Funktion f mit $f(x) = h(x) \cdot \ln(x)$ genau zwei Nullstellen besitzt.
b) Untersuchen Sie, ob die Funktion g mit $g(x) = \ln(h(x))$ auf ihrem größtmöglichen Definitionsbereich eine Extremstellen besitzt.

LK 14 Es werden die in $\mathbb{R}$ definierten und differenzierbaren Funktionen g und h betrachtet.
In der Abbildung sind Ausschnitte der Graphen der Funktion g und ihrer ersten Ableitungsfunktion g′ dargestellt.

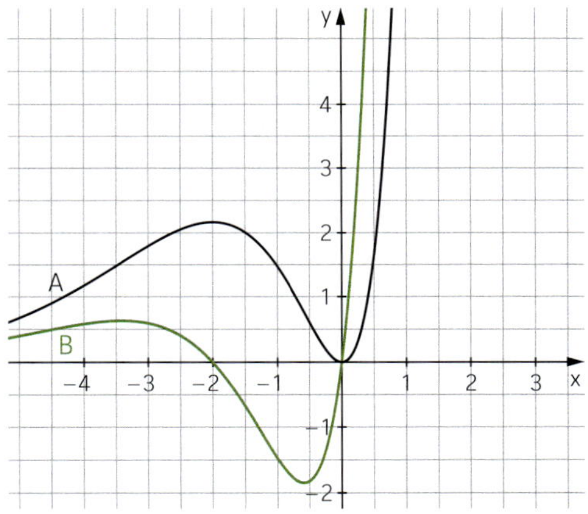

a) Ordnen Sie den Graphen A und B den Funktionen g und g' richtig zu.
Begründen Sie Ihre Entscheidung.
b) Für die Funktion g gilt: $g(x) = h(x) \cdot e^x$.
Ermitteln Sie eine Gleichung für h, wenn gilt:
$g'(x) = (4 \cdot x^2 + 8 \cdot x) \cdot e^x$

15 Betrachtet wird der Graph der in $\mathbb{R}$ definierten Funktion g mit $g(x) = -\frac{1}{4}x^3 + 2x$

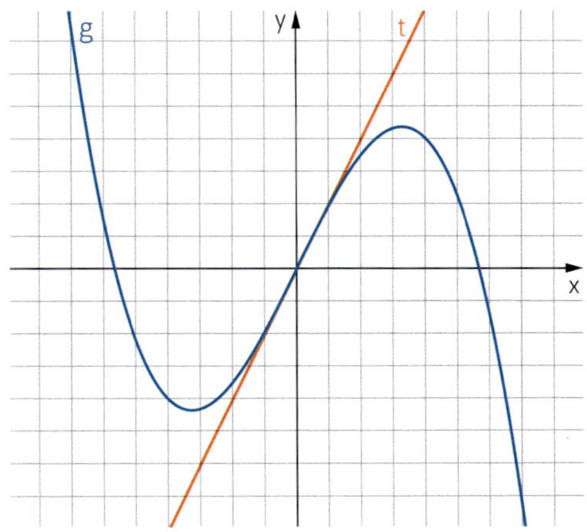

a) Begründen Sie, dass die Funktion g genau einen Wendepunkt besitzt.
b) Ermitteln Sie eine Gleichung für die Wendetangente.
c) Betrachtet werden die Graphen von linearen Funktionen l mit einem negativen Anstieg m, die durch den Wendepunkt von g verlaufen.
Beurteilen Sie, ob die folgende Aussage wahr oder falsch ist.
„Es existieren Werte für m, für die sich der Graph der linearen Funktion l und der Graph der Funktion g in genau einem Punkt schneiden."

Teil B **Bei der Lösung dieser Aufgaben können Sie die Formelsammlung und den Taschenrechner verwenden.**

LK **16** Gegeben ist die Funktion f mit $f(x) = \begin{cases} \frac{1}{x^2} & \text{für } x \leq \frac{1}{2} \\ a\,x & \text{für } x > \frac{1}{2} \end{cases}$.

Bestimmen Sie den Parameter $a \in \mathbb{R}$ so, dass f an der Stelle $x_0 = \frac{1}{2}$ stetig ist.

17 Bei einem Flug im Heißluftballon konnte aufgrund genauer Aufzeichnungen während des Flugs eine Funktion h ermittelt werden, welche die Höhe h(t) des Ballons (in m über NN) in Abhängigkeit von der Zeit t (in min) näherungsweise beschreibt:

$h(t) = 0{,}00002 \cdot t^4 - 0{,}003 \cdot t^3 - 0{,}014 \cdot t^2 + 11{,}69 \cdot t + 127 \quad (t_S \leq t \leq t_L)$

Die Aufzeichnungen beginnen zum Zeitpunkt $t_S = 0$, als der Ballon gerade startet, und enden zum Zeitpunkt t_L als der Ballon in einer Höhe von 156 m über NN landet , nachdem er seine maximale Höhe von ca. 434 m über NN erreicht hat.

a) Geben Sie die Höhe an, auf der der Heißluftballon gestartet ist.
Bestimmen Sie den Zeitpunkt der Landung.

b) Bestimmen Sie die Zeitintervalle, in denen sich der Ballon im Steig- bzw. Sinkflug befindet.

c) Es gelte: $f(t_1) = f(t_2)$ mit $t_2 - t_1 = 50$, wobei t_1 und t_2 zwischen dem Start und der Landung des Heißluftballons liegen sollen.
Deuten Sie diese Bedingung im Sachzusammenhang. Ermitteln Sie t_1 und t_2.

d) Bestimmen Sie den Zeitpunkt, zu dem die Flughöhe des Ballons am stärksten abnimmt.
Geben Sie die Änderungsrate der Flughöhe zu diesem Zeitpunkt an.

e) Es gibt einen Wert u mit $0 \leq u \leq 100$ für den die Gleichung $\frac{f(60) - f(0)}{60 - 0} = f'(u)$ gilt.
Geben Sie einen Näherungswert für u und dessen Bedeutung im Sachzusammenhang an.

18 Gegeben ist die Funktion f mit $f(x) = -2 \cdot e^{-2 \cdot x^2 + x}$ $(x \in \mathbb{R})$.

a) Geben Sie die Koordinaten des Extrempunkts an.
Beschreiben Sie den Verlauf des Graphen der Funktion f für $x \to +\infty$ und $x \to -\infty$.

b) Zeigen Sie, dass $x_1 = -\frac{1}{4}$ und $x_2 = \frac{3}{4}$ die einzigen Wendestellen der Funktion f sind.

c) Die abgebildeten drei Schritte liefern in Zusammenhang mit der Funktion f die Lösung einer Aufgabe.Formulieren Sie eine zugehörige Aufgabenstellung. Erläutern Sie den dargestellten Lösungsweg.

(1) $f'\left(-\frac{1}{4}\right) = -4e^{-\frac{3}{8}}$

(2) $0 = -4e^{-\frac{3}{8}} + n$ mit $n = 4e^{-\frac{3}{8}}$

(3) $y = -4e^{-\frac{3}{8}} \cdot x + 4e^{-\frac{3}{8}}$

d) Betrachtet wird nun die Funktion g mit $g(x) = k \cdot e^{k \cdot x^2 + x}$ $(x \in \mathbb{R}, k \in \mathbb{R}, k \neq 0)$.
Begründen Sie, dass es keinen Wert für k gibt, für den der Graph der Funktion g symmetrisch zur y-Achse verläuft.

e) Beurteilen Sie, ob die folgende Aussage wahr oder falsch ist.
„Für jeden Wert $k < 0$ ist der Graph der Funktion g an der Stelle $x = 0$ monoton fallend."

Anwendungen der Differentialrechnung

3

▲ *Bei Brücken und anderen Bauwerken findet man Bögen, die oft durch Funktionsgraphen modelliert werden können.*

In diesem Kapitel
lernen Sie, wie man Extremwertprobleme löst und passende Funktionen zu vorgegebenen Eigenschaften bestimmt. ▸

3.1 Extremwertprobleme

Einstieg

Viele zylinderförmige Konservendosen mit 850 ml Fassungsvermögen haben – unabhängig von ihrem Inhalt – dieselben Abmessungen. Untersuchen Sie, welche Gründe es hierfür geben könnte.
Entwerfen Sie dazu verschiedene Dosen mit 500 ml Fassungsvermögen und vergleichen Sie deren Materialbedarf.

Aufgabe mit Lösung

Größtmögliches Volumen einer Schachtel

Aus einem quadratischen Stück Pappe mit der Seitenlänge von 20 cm soll eine oben offene Schachtel hergestellt werden. Dazu werden an allen vier Ecken gleich große Quadrate aus der Pappe ausgeschnitten und anschließend die vier Ränder nach oben gebogen.

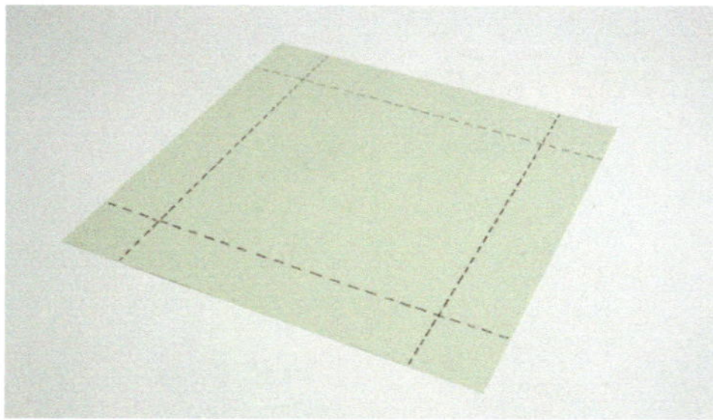

→ Stellen Sie eine solche Schachtel her und ermitteln Sie ihr Volumen.

Lösung

Wählt man als Höhe der Schachtel z. B. $h = 1\,\text{cm}$, so hat die quadratische Grundfläche eine Seitenlänge von $20\,\text{cm} - 2 \cdot 1\,\text{cm} = 18\,\text{cm}$.
Das Volumen der Schachtel beträgt dann $V = (18\,\text{cm})^2 \cdot 1\,\text{cm} = 324\,\text{cm}^2$.
Für andere Höhen ergibt sich:

Höhe in cm	1	2	3	4	5	6
Volumen in cm³	324	512	588	576	500	384

Bei einer Höhe zwischen 2 cm und 3 cm scheint das Volumen der Schachtel maximal zu sein.

→ Erstellen Sie einen Funktionsterm für die Funktion
V: Höhe x der Schachtel in cm → Volumen V der Schachtel in cm³.
Geben Sie den Definitionsbereich für diese Funktion an.

Lösung

Bezeichnet man die Höhe der Schachtel mit x, so ergibt sich für die Seitenlänge a der quadratischen Grundfläche $a = 20 - 2x$.
Das Volumen der Schachtel beträgt dann $V(x) = (20 - 2x)^2 \cdot x$.
Durch Ausmultiplizieren ergibt sich daraus $V(x) = (20 - 2x)^2 \cdot x = 4x^3 - 80x^2 + 400x$.

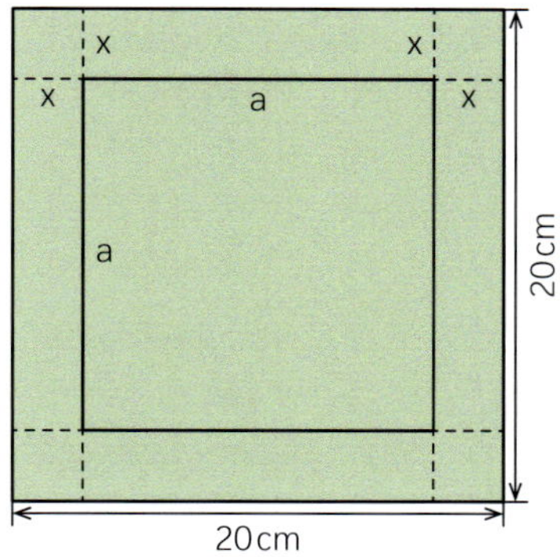

Da die Höhe der Schachtel positiv ist und kleiner als die Hälfte von 20cm sein muss, gilt $0 < x < 10$.
Nimmt man die Randwerte 0 und 10 mit dazu, so erhält man den Definitionsbereich [0; 10].

→ Zeichnen Sie den Graphen der Funktion für den angegebenen Definitionsbereich und beschreiben Sie ihn.

Lösung

Im Intervall [0; 10] hat der Graph der Funktion V in der Nähe der Stelle $x = 3{,}5$ einen Hochpunkt.
An dieser Stelle nimmt die Funktion das globale Maximum an.

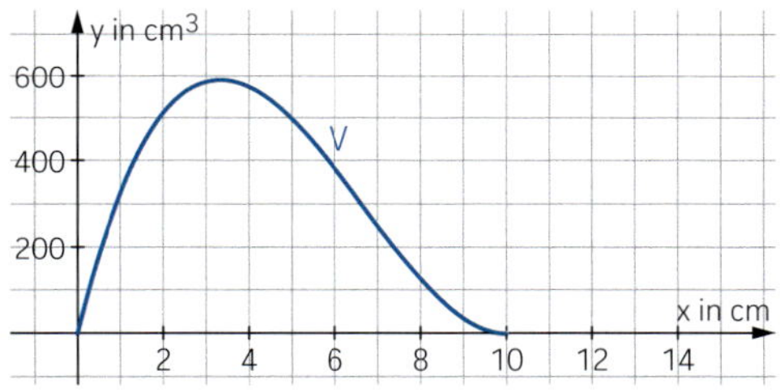

→ Berechnen Sie die Extrema der Funktion V mithilfe der Ableitung.

Lösung

Die Ableitung der Funktion V ist $V'(x) = 12x^2 - 160x + 400$. Deren Nullstellen sind mögliche Extremstellen der Funktion V.

Die Gleichung $12x^2 - 160x + 400 = 0$ hat die Lösungen $\frac{10}{3}$ und 10. Die Lösung 10 liefert den Tiefpunkt am rechten Rand des Intervalls, die Lösung $\frac{10}{3}$ den gesuchten Hochpunkt.
Da die Funktionswerte alle positiv und am Rand des Intervalls 0 sind, muss an der Stelle $\frac{10}{3}$ ein Hochpunkt vorliegen.

$$12x^2 - 160x + 400 = 0 \quad |:12$$
$$x^2 - \frac{40}{3}x + \frac{100}{3} = 0$$
$$x = \frac{20}{3} \pm \sqrt{\left(\frac{20}{3}\right)^2 - \frac{100}{3}}$$
$$= \frac{20}{3} \pm \sqrt{\frac{100}{9}} = \frac{20}{3} \pm \frac{10}{3}$$
$$x_1 = 10;\ x_2 = \frac{10}{3} = 3\frac{1}{3}$$

Somit kann auf den Nachweis mithilfe des Vorzeichenwechsel-Kriteriums oder des hinreichenden Kriteriums mit der 2. Ableitung verzichtet werden.

Der Funktionswert an der Stelle $\frac{10}{3}$ beträgt:

$$V\left(\frac{10}{3}\right) = 4 \cdot \left(\frac{10}{3}\right)^3 - 80 \cdot \left(\frac{10}{3}\right)^2 + 400 \cdot \left(\frac{10}{3}\right) = \frac{16\,000}{27} \approx 592{,}6$$

Die Schachtel hat bei einer Höhe von $3\frac{1}{3}$cm das größte Volumen, es beträgt ca. 592,6 cm³.
Die quadratische Grundfläche der Schachtel hat dann die Seitenlänge $\frac{40}{3}$cm ≈ 13,3 cm.

Information

WES-125991-311

Vorgehen beim Lösen von Extremwertaufgaben

(1) Sachverhalt skizzieren

Fertigen Sie eine Skizze an, in der alle wichtigen Größen mit Variablen eingetragen werden.
Die zu optimierende Größe soll entweder maximal oder minimal werden.

(2) Aufstellen einer Funktionsgleichung für die zu optimierende Größe

- **Extremalbedingung finden**
  Finden Sie eine Gleichung für die Berechnung der zu optimierende Größe. Diese Gleichung enthält in der Regel noch mehrere Variablen.
- **Nebenbedingung(en) finden**
  Finden Sie (eine) Gleichung(en) für den Zusammenhang zwischen diesen Variablen.
- **Zielfunktion angeben**
  Setzen Sie die Nebenbedingung in die Extremalbedingung ein, um die Anzahl der Variablen auf eine zu reduzieren.

(3) Ermitteln der Extremstellen der Zielfunktion

Die Extremstellen der Zielfunktionen können mit dem Rechner oder auch händisch berechnet werden.

(4) Ergebnis mit allen relevanten Größen am Sachverhalt prüfen

Gegeben ist die Funktion f mit $f(x) = -x^2 + 4$. Für welche Abmessungen ist der Flächeninhalt des Dreiecks OPQ mit $O(0|0)$, $P(u|0)$ mit $0 \le u \le 2$ und $Q(u|f(u))$ maximal?

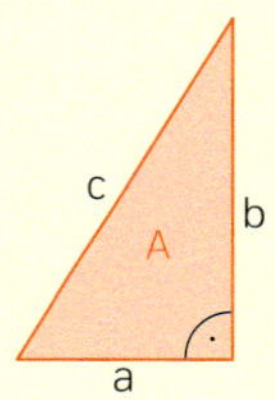

$A = \frac{1}{2} \cdot a \cdot b$

$a = u$

$b = f(u) = -u^2 + 4$

$A(u) = \frac{1}{2} \cdot u \cdot (-u^2 + 4)$

mit $\{u \in \mathbb{R} \mid 0 \le u \le 2\}$

$A'(u) = -\frac{3}{2} \cdot u^2 + 2 = 0$

$u_1 = -\sqrt{\frac{4}{3}}, \quad u_2 = \sqrt{\frac{4}{3}}$

$A''(u) = -3u$

$A''(u_1) > 0$ und $A''(u_2) < 0$

u_1 liegt außerhalb des Definitionsbereichs. u_2 liegt innerhalb des Definitionsbereichs. An dieser Stelle hat die Zielfunktion ein Maximum.
Weil $A(0) = 0$ und $A(2) = 0$ ist, können Randextrema ausgeschlossen werden.
Für $a = u_2 \approx 1{,}15$ und $b = f(u_2) \approx 2{,}67$ wird der Flächeninhalt des Dreiecks maximal.

Üben

1 Aus einem rechteckigen Stück Pappe mit den Seitenlängen 30 cm und 21 cm soll eine Schachtel ohne Deckel hergestellt werden, indem man an jeder Ecke ein Quadrat ausschneidet und anschließend die vier verbliebenen Randstücke nach oben biegt. Berechnen Sie die Höhe der Schachtel, sodass ihr Volumen möglichst groß ist.

2 Ein rechteckiges Plakat hat einen Flächeninhalt von $A = 35\,dm^2$. Es wird so bedruckt, dass die Ränder an den Seiten jeweils 4 cm, oben und unten jeweils 5 cm betragen.
Bei welchen Maßen des Plakats ist unter diesen Bedingungen die bedruckte Fläche am größten?

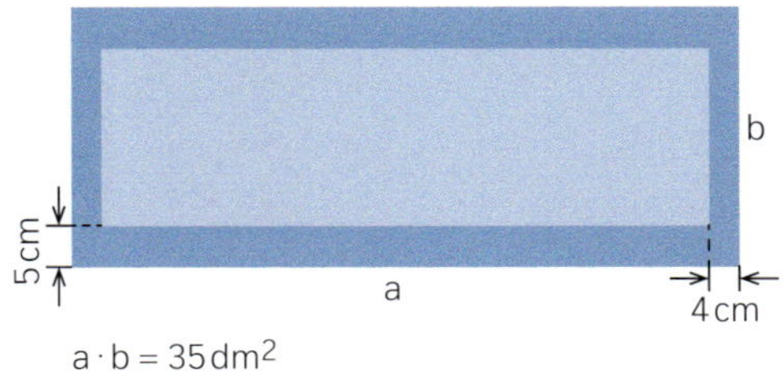

3 Aus einem Draht soll das Kantenmodell eines Quaders mit quadratischer Grundfläche hergestellt werden.
a) Der Draht ist 36 cm lang. Wie lang sind die Kanten zu wählen, damit die Quader maximales Volumen hat?
b) Der Draht ist a cm lang. Verallgemeinern Sie Ihre Überlegungen aus Teilaufgabe a).

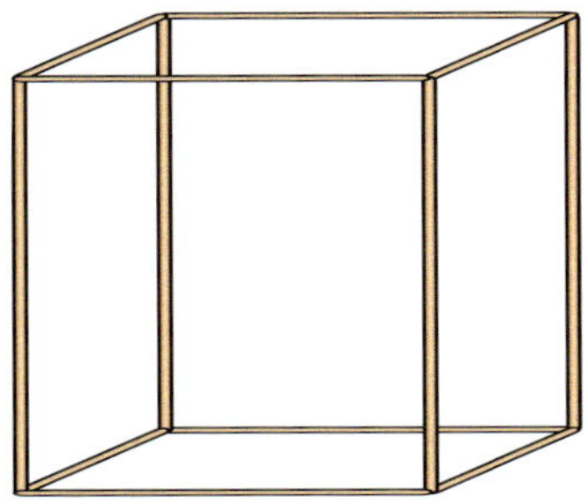

4 Aus einem rechteckigen Stück Blech gegebener Länge und der Breite 49 cm soll eine gleich lange Röhre mit möglichst großem, rechteckigem Querschnitt hergestellt werden.

5 Eine Streichholzschachtel soll eine Länge von 5 cm und ein Volumen von $20\,cm^3$ besitzen.
Bei welcher Breite und Höhe ist der Materialverbrauch am kleinsten?

6 Eine Werft stellt Luxusjachten her.
Die Gesamtkosten in Abhängigkeit von der Anzahl x der produzierten Jachten lassen sich näherungsweise durch die Funktion K mit $K(x) = x^3 - 9x^2 + 28x + 25$ und $0 \le x \le 16$ mit K (x) in Millionen Euro beschreiben.
Bei welcher Produktionsmenge sind die Stückkosten minimal?
Wie hoch sind die Stückkosten dann?

7 ☰ Eine 400-m-Laufbahn in einem Sportstadion besteht aus zwei Halbkreisen, die durch zwei parallele Strecken miteinander verbunden sind.
Wie müssen der Radius r der Halbkreise und die Länge x der parallelen Strecken gewählt werden, damit die mittlere Rechteckfläche maximalen Flächeninhalt hat?

8 ☰ Eine 330-ml-Getränkedose hat einen Durchmesser von 5,6 cm und eine Höhe von 14,5 cm. Nina und Tom wollen untersuchen, welche Maße eine Dose haben muss, damit man bei gleichem Volumen möglichst wenig Aluminium benötigt.

Nina meint:
„Meine Zielfunktion lautet
$O(r) = 2\pi r^2 + \frac{660}{r}$."

Tom sagt:
„Ich erhalte als Zielfunktion
$O(h) = \frac{660}{h} + 2\sqrt{330\pi} \cdot \sqrt{h}$."

a) Zeigen Sie, dass beide Zielfunktionen richtig aufgestellt wurden.

b) Begründen Sie, dass Ninas Zielfunktion für die Lösung des Problems besser geeignet ist. Führen Sie ihren Lösungsweg zu Ende.

9 ☰ Einem Kegel mit Radius $r = 30\,cm$ und Höhe $h = 60\,cm$ soll ein zweiter Kegel so einbeschrieben werden, dass die Spitze des zweiten Kegels im Mittelpunkt des Grundkreises des ersten Kegels liegt.
Wie sind Radius und Höhe des zweiten Kegels zu wählen, sodass sein Volumen maximal wird?

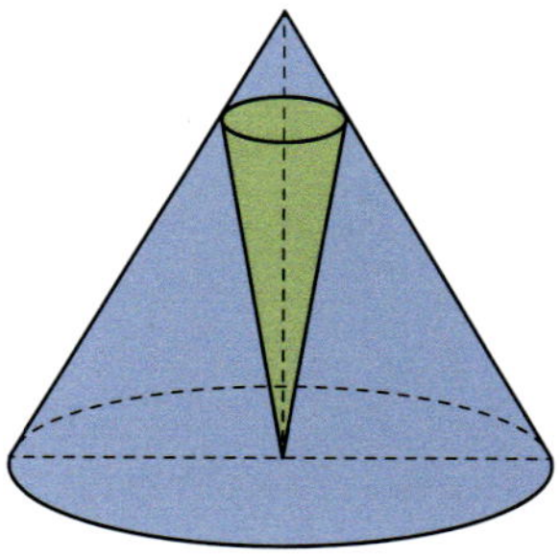

10 ☰ Der Querschnitt eines Kanals ist ein Rechteck mit unten angesetztem Halbkreis. Wählen Sie die Maße dieses Rechtecks so, dass bei gegebenem Umfang U des Querschnitts des Kanals sein Flächeninhalt möglichst groß wird.

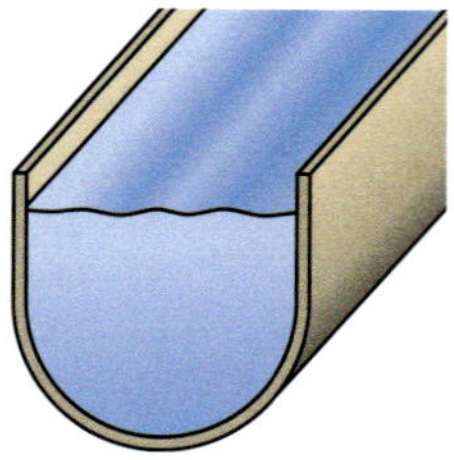

11 ☰ Einer Halbkugel mit Radius $r_H = 30\,cm$ soll ein Zylinder mit maximalem Volumen so einbeschrieben werden, dass der Zylinder auf dem Boden der Grundfläche der Halbkugel steht.
Wie sind Radius r_Z und Höhe h_Z des Zylinders zu wählen?

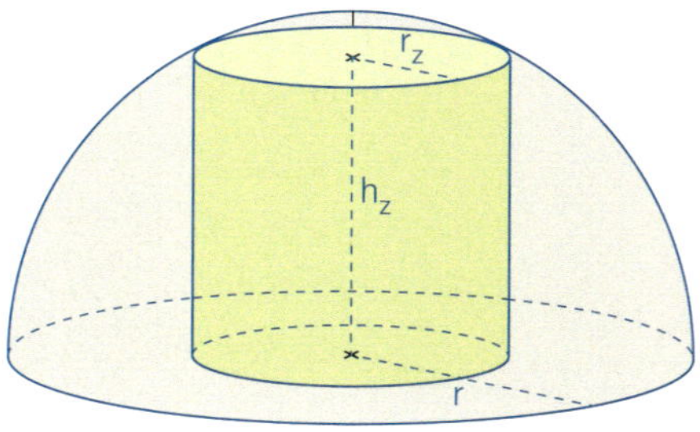

12 ≡ Die Funktion f ist gegeben durch die Gleichung $f(x) = 24 - x^2$. Die Punkte $A(u\,|\,f(u))$, $B(-u\,|\,f(-u))$ und $C(0\,|\,0)$ sind für $u \geq 0$ die Eckpunkte eines Dreiecks, das zwischen dem Graphen von f und der x-Achse einbeschrieben ist.
Für welche Werte von u erfüllt das Dreieck die angegebene Voraussetzung und für welche Werte von u wird die Fläche des Dreiecks maximal?

13 ≡ Gegeben ist ein Kreis mit dem Radius r. Rollt man einen Kreissektor zusammen, entsteht ein Kegel.
Bei welchem Mittelpunktswinkel α des Sektors entsteht ein Kegel mit maximalem Volumen?

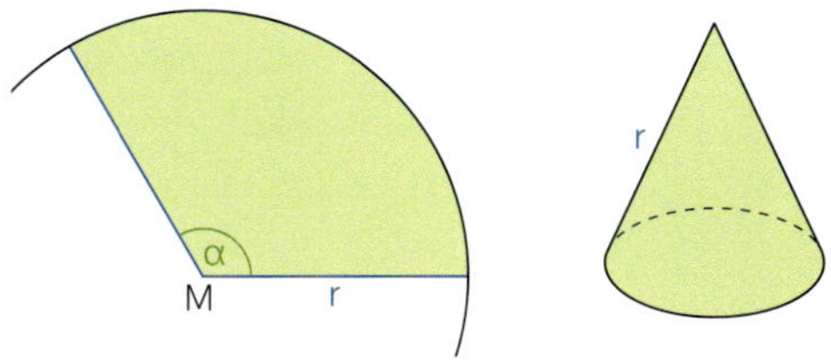

14 ≡ Modellieren Sie ein Reagenzglas mithilfe einfacher Körper. Es soll ein Fassungsvermögen von $40\,cm^3$ aufweisen.
Bestimmen Sie, bei welchen Abmessungen sich ein minimaler Materialverbrauch ergibt.
Bewerten Sie Ihr Ergebnis.

Weiterüben

15 ≡ Eine Firma stellt bedruckte T-Shirts her. Die monatlichen Gesamtkosten in Abhängigkeit von der produzierten Stückzahl lassen sich näherungsweise durch die Funktion K mit $K(x) = 0{,}0073\,x^3 - 0{,}19\,x^2 + 1{,}1\,x + 9{,}8$ beschreiben. Dabei wird x in Tausend T-Shirts und K(x) in 10 000 € angegeben.
Berechnen Sie, für welche Produktionsmenge die durchschnittlichen Kosten pro hergestelltem T-Shirt minimal sind.
Berechnen Sie die minimalen Kosten.

16 ≡ Von einer wertvollen Glas-Tischplatte mit den Abmessungen 64 cm mal 144 cm ist eine Ecke abgestoßen. Die Bruchkante kann parabelförmig mit der Gleichung $y = -\frac{1}{16}x^2 + 64$ modelliert werden, wobei x und y in cm angegeben werden.
Aus dem Rest soll eine möglichst große rechteckige achsenparallele Platte herausgeschnitten werden.
Ermitteln Sie die Abmessungen dieser rechteckigen Platte.

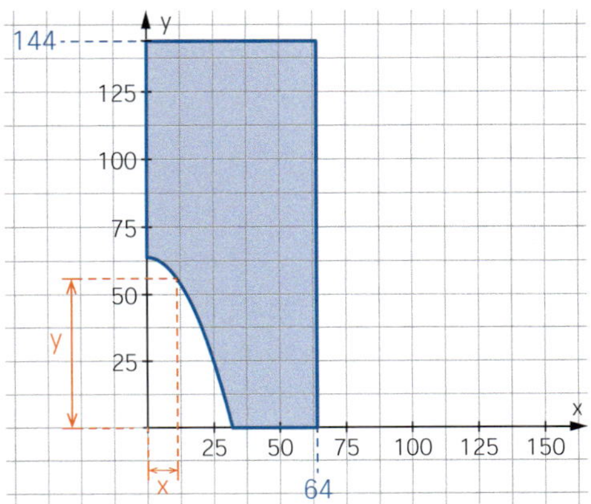

Randextrema

17 Gegeben ist die Funktion f mit $f(x) = (x-3)^2 + 2{,}5$ für $0 \leq x \leq 3$. Von allen achsenparallelen Rechtecken mit dem Ursprung als einem Eckpunkt und dem Punkt $P(x \mid f(x))$ als gegenüberliegendem Eckpunkt ist dasjenige mit maximalem Flächeninhalt zu bestimmen.

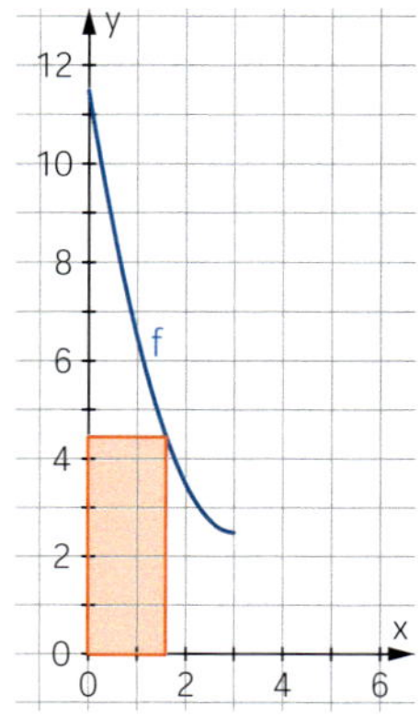

18 Gegeben ist die Funktion f mit $f(x) = \frac{1}{6}x^2 \cdot (6-x)$.
Der Punkt $P(u \mid f(u))$ mit $0 < u < 6$ liegt auf dem Graphen von f. Die Koordinatenachsen und die Parallelen zu den Achsen durch P bilden ein Rechteck. Bestimmen Sie u so, dass der Flächeninhalt des Rechtecks maximal ist. Ist für diesen Wert von u der Umfang des Rechtecks ebenfalls maximal?

19 Gegeben ist die Funktion f mit $f(x) = \frac{1}{6}x^3 - \frac{3}{2}x$. Der Punkt P liegt im 2. Quadranten auf dem Graphen von f. Die Gerade OP, die x-Achse sowie die Parallele zur y-Achse durch P begrenzen ein Dreieck OPQ.
Untersuchen Sie, ob es eine Lage des Punktes P gibt, für die der Flächeninhalt dieses Dreiecks einen extremalen Wert annimmt, und bestimmen Sie gegebenenfalls die Art des Extremums.

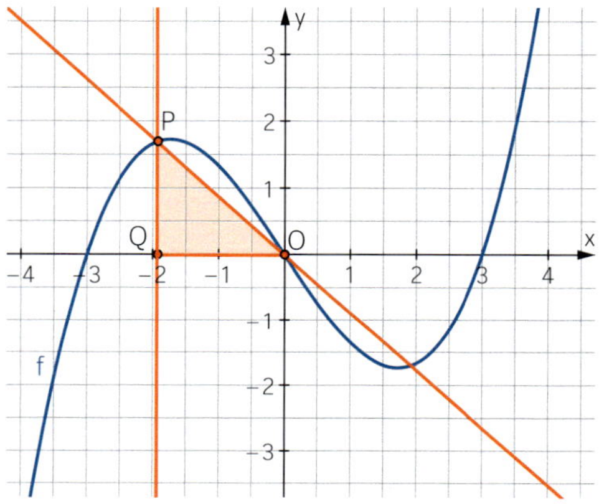

20 Gegeben ist die Parabel mit der Gleichung $y = 4 - x^2$. Es sollen die Koordinaten der Punkte der Parabel ermittelt werden, deren Abstand zum Koordinatenursprung minimal ist.

a) Tabea ermittelt folgende Zielfunktion: $f(x) = \sqrt{x^2 + (4 - x^2)^2}$
Zeigen Sie, dass die Funktion f tatsächlich die Zielfunktion ist.

b) Tabea sagt: „Statt f verwende ich die Funktion g mit $g(x) = x^2 + (4 - x^2)^2$, da sie einfacher abzuleiten ist und genau an der Stelle ein Minimum hat, an der auch f ein Minimum hat." Setzen Sie sich mit Tabeas Aussage auseinander und nutzen Sie die Funktion g zur Ermittlung der gesuchten Punkte. Argumentieren Sie auch mit der Kettenregel.

21 Gegeben ist die Funktion f mit $f(x) = 2^x$ und die Funktion g mit $g(x) = -(x-1)^2$.

a) Skizzieren Sie die Graphen der Funktionen f und g.

b) Skizzieren Sie auch den Graphen der Funktion d mit $d(x) = 2^x + (x-1)^2$. Erläutern Sie die Bedeutung der Funktionswerte der Funktion d.

c) Betrachten Sie nun den Graphen der Funktion h mit $h(x) = 0{,}5x - 4$. Dieser schneidet den Graphen der Funktion g an den Stellen x_1 und x_2.
Untersuchen Sie die folgende Behauptung:
„Der Abstand der beiden Graphen im Intervall $x_1 \leq x \leq x_2$ (parallel zur y-Achse gemessen) ist maximal an der Extremstelle von g."

22 Bestimmen Sie die Punkte auf dem Graphen der Funktion f mit $f(x) = \frac{2}{x^3}$, die den kleinsten Abstand vom Ursprung haben.

23 Gegeben sind Funktionen f_k mit $f_k(x) = x^2 - 6kx + k^2 + 4k$.

a) Bestimmen Sie die Koordinaten der Tiefpunkte der Graphen der Funktionen f_k.

b) Bestimmen Sie den Wert von k, für den der Tiefpunkt der Graphen der Funktionen am höchsten liegt. Geben Sie die Koordinaten dieses Punktes an.

24 Gegeben ist die Funktionenschar f_a mit $f_a(x) = a - x^2$ und $a > 0$. Mit $d_a(x)$ wird der Abstand eines Punktes $P(x \mid f_a(x))$ auf dem Graphen von f_a vom Koordinatenursprung bezeichnet.

a) Bestimmen Sie alle Extremstellen der Funktion d_1 und geben Sie die zugehörigen Punkte auf dem Graphen von f_1 an.

Hinweis: Wenn d_1 maximal bzw. minimal ist, dann ist auch $(d_1)^2$ maximal bzw. minimal.

b) Bestimmen Sie alle Extremstellen der Funktion $d_{0,2}$ und geben Sie die zugehörigen Punkte auf dem Graphen von $f_{0,2}$ an.

c) Vergleichen Sie die Ergebnisse aus den Teilaufgaben a) und b).

Bestimmen Sie alle Werte für den Parameter a, für die das Verhalten wie bei Teilaufgabe a) bzw. b) auftritt.

Weiterüben

25 Für den freien Fall gilt (ohne Berücksichtigung des Luftwiderstandes) die Zeit-Weg-Funktion s mit $s(t) = \frac{1}{2} \cdot g \cdot t^2$ $\left(g \approx 9{,}81\,\frac{m}{s^2}\right.$ bezeichnet die Konstante der Erdbeschleunigung$\left.\right)$.

a) Eine Kugel wird mit der Anfangsgeschwindigkeit $v_0 = 50\,\frac{km}{h}$ senkrecht nach oben geworfen.

Bestimmen Sie die Steigzeit und die Steighöhe.

b) Bestimmen Sie die Steigzeit und die Steighöhe, wenn die Kugel mit der Anfangsgeschwindigkeit v_0 senkrecht nach oben geworfen wird.

Vergleichen Sie Ihr Ergebnis mit einer Formelsammlung.

26 Ein Betrieb plant, neuartige Batterien für Drohnen herzustellen, die zum Stückpreis von 30 € verkauft werden sollen. Die Kosten für die Produktion von x Batterien betragen pro Monat

$K: x \mapsto \frac{1}{420000}x^3 - \frac{1}{160}x^2 + 22x + 5000$

mit $x \geq 0$.

Gehen Sie davon aus, dass alle hergestellten Batterien auch verkauft werden.

Berechnen Sie, für welche Produktionsmenge der monatliche Gewinn maximal wird.

Wie groß ist der maximale Gewinn?

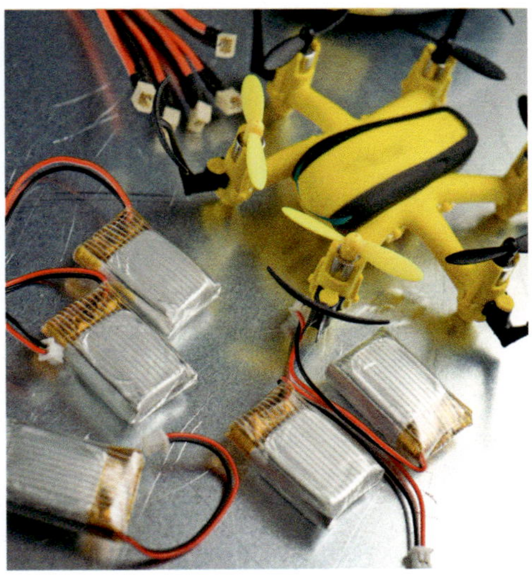

27 ≡ Gegeben ist die Funktion f mit $f(x) = -\frac{2}{3}x^3 + 6x^2 - 16x + \frac{40}{3}$.

a) Ermitteln Sie die Koordinaten der Extrem- und Wendepunkte des Graphen der Funktion f.

b) Stellen Sie in einem gemeinsamen Koordinatensystem die Graphen der Funktionen f und f′ dar.

c) Ermitteln Sie die Stelle x im Intervall [1; 5], für die der Abstand der Punkte $P(x \mid f(x))$ auf dem Graphen von f und $Q(x \mid f'(x))$ auf dem Graphen von f′ maximal wird.

28 ≡ Ein Lichtstrahl wird im Allgemeinen beim Übergang von einem Stoff in einen anderen gebrochen.
Bezeichnet c_1 die Geschwindigkeit, mit der sich der Lichtstrahl im oberen Medium bewegt, und c_2 die Geschwindigkeit, mit der sich der Lichtstrahl im unteren Medium bewegt, so erfolgt die Brechung so, dass die Zeit, die der Lichtstrahl insgesamt benötigt, um von P_1 nach P_2 zu gelangen, minimal ist.

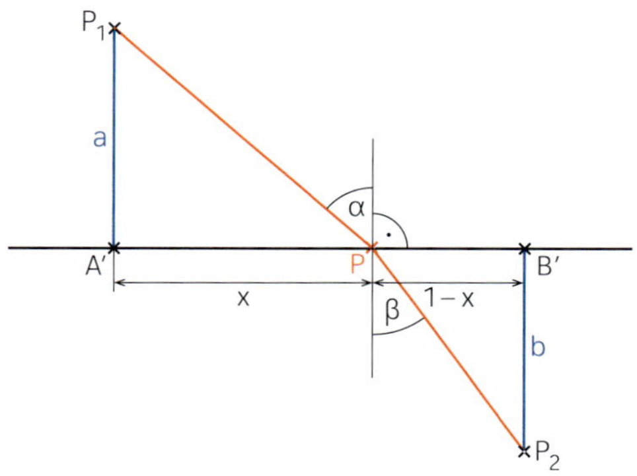

a) Bestimmen Sie x so, dass die Laufzeit des Lichtes von P_1 nach P_2 minimal ist. Wählen Sie dazu konkret $P_1(0 \mid 4)$, $P_2(1 \mid -2)$, $c_1 = 3$, $c_2 = 2$ und verwenden Sie zur Bestimmung der Lösung ihren Rechner.

b) Zeigen Sie, dass für die Winkel α und β gilt: $\frac{\sin(\alpha)}{\sin(\beta)} = \frac{c_1}{c_2}$

29 ≡ Ein Sattelschlepper soll ein Brückenbauteil auf einem Auflieger transportieren. Der Auflieger hat einen nahezu rechteckigen Grundriss mit einer Breite von 2,80 m.
Die kritischste Stelle des Transportwegs ist eine rechtwinklige Abzweigung von der insgesamt (Hausfront bis Hausfront) 8,80 m breiten Hauptstraße in eine insgesamt 6,20 m breite Nebenstraße.
Wie lang darf das Brückenteil maximal sein, damit diese Abzweigung für den Sattelschlepper passierbar ist?
Die Hinterachse des Aufliegers ist unabhängig lenkbar.

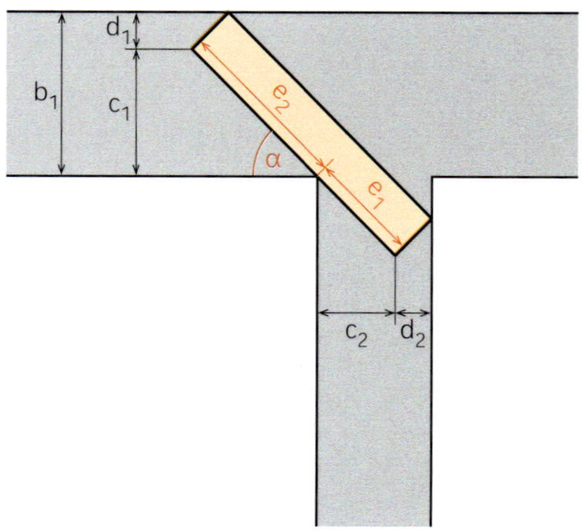

Lösen linearer Gleichungssysteme

Aktivieren

1 Erläutern Sie, wie man bei diesen Gleichungssystemen einen Wert leicht bestimmen kann.

a) $\left|\begin{array}{r} 3x-2y=5 \\ x+2y=7 \end{array}\right|$ b) $\left|\begin{array}{r} 2x+8y=18 \\ -2x+2y=2 \end{array}\right|$ c) $\left|\begin{array}{l} 8x-5y=2 \\ 8x+2y=9 \end{array}\right|$ d) $\left|\begin{array}{l} x+y=2 \\ x-y=10 \end{array}\right|$

2 Multiplizieren Sie eine oder beide Gleichungen so, dass Sie wie bei Aufgabe 1 einen Wert ganz leicht bestimmen können.

a) $\left|\begin{array}{r} 3x-2y=8 \\ 2x+y=3 \end{array}\right|$ b) $\left|\begin{array}{r} 4x+5y=18 \\ x+2y=2 \end{array}\right|$ c) $\left|\begin{array}{r} 3x-5y=10 \\ -2x+2y=-8 \end{array}\right|$ d) $\left|\begin{array}{r} x+y=10 \\ -5x+2y=20 \end{array}\right|$

Erinnern

WES-125991-301

Additionsverfahren zum Lösen eines linearen Gleichungssystems

Bei diesem Verfahren wählt man zwei Gleichungen eines linearen Gleichungssystems aus und verfährt dann wie folgt mit ihnen:

(1) Man multipliziert (oder dividiert) eine oder beide Gleichungen mit einer von 0 verschiedenen Zahl, sodass danach die Koeffizienten einer Variablen entgegengesetzte Zahlen zueinander sind.

(2) Anschließend werden beide Gleichungen addiert und man erhält eine neue Gleichung, in der eine Variable weniger enthalten ist.

(3) Eine der beiden Gleichungen wird durch die neue Gleichung ersetzt.

$\left|\begin{array}{l} 2x-5y=13 \\ 3x+6y=5 \end{array}\right| \begin{array}{l} \mid\cdot 3 \\ \mid\cdot(-2) \end{array}$

$\left|\begin{array}{r} 6x-15y=39 \\ -6x-12y=-12 \end{array}\right|$ ⊕

Beide Gleichungen addieren und die zweite Gleichung durch die neue Gleichung ersetzen:

$\left|\begin{array}{r} 2x-5y=13 \\ -27y=27 \end{array}\right|$

$\left|\begin{array}{r} 2x-5=13 \\ y=-1 \end{array}\right|$

$\left|\begin{array}{l} x=4 \\ y=-1 \end{array}\right|$

Also $L=\{(4\,|\,-1)\}$.

Festigen

3 Bestimmen Sie die Lösungsmenge des Gleichungssystems mit dem Additionsverfahren.

a) $\left|\begin{array}{r} -x+7y=5 \\ 3x+5y=11 \end{array}\right|$ b) $\left|\begin{array}{r} -4x+6y=14 \\ 4x+3y=-5 \end{array}\right|$ c) $\left|\begin{array}{r} -x-5y=-17 \\ 7x+5y=-1 \end{array}\right|$ d) $\left|\begin{array}{r} x+7y=-17 \\ 4x+y=13 \end{array}\right|$

e) $\left|\begin{array}{r} -u+5v=0 \\ -3u-4v=-19 \end{array}\right|$ f) $\left|\begin{array}{r} -2x+5y=19 \\ 3x-4y=-18 \end{array}\right|$ g) $\left|\begin{array}{r} -5x+y=18 \\ 2x-6y=4 \end{array}\right|$ h) $\left|\begin{array}{r} 6x-3y=3 \\ -4x+2y=-2 \end{array}\right|$

4 Eine griechische Sage berichtet von einem Kampf der Menschen gegen Zentauren (Mischwesen, deren Unterkörper vom Pferd ist und der Oberkörper vom Menschen). Es heißt darin, dass 270 Köpfe, 540 Arme und 780 Beine erbittert gegeneinander kämpften. Bestimmen Sie die Anzahl der Menschen und der Zentauren, die gegeneinander kämpften.

5 Ein gleichschenkliges Dreieck hat den Umfang 33 cm. Ein Schenkel ist dreimal so groß wie die Basis. Wie lang sind die Schenkel und die Basis?

3.2 Lineare Gleichungssysteme

Einstieg

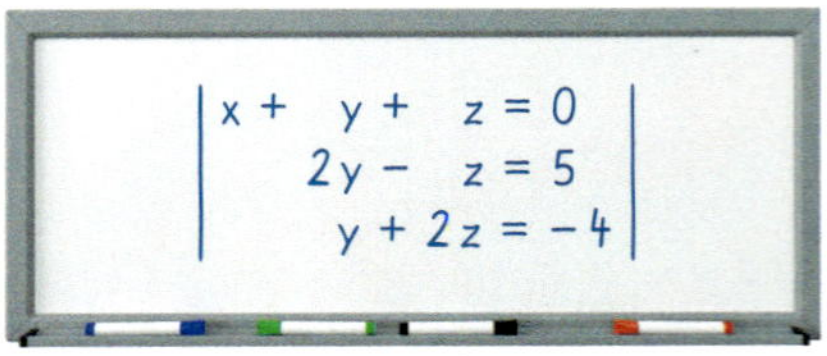

Lösen Sie das lineare Gleichungssystem. Beschreiben Sie, wie Sie dabei vorgegangen sind, und vergleichen Sie Ihre Lösungswege miteinander.

Aufgabe mit Lösung

Verschiedene Formen eines linearen Gleichungssystems

Entscheiden Sie, welches der beiden linearen Gleichungssysteme leichter zu lösen ist. Begründen Sie Ihre Entscheidung und lösen Sie dann dieses Gleichungssystem.

System (A) $\left|\begin{array}{rcl} x + 3y + z &=& 2 \\ -2x - 4y + 2z &=& 6 \\ 3x + y + z &=& 8 \end{array}\right|$

System (B) $\left|\begin{array}{rcl} x + 3y + z &=& 2 \\ y + 2z &=& 5 \\ z &=& 3 \end{array}\right|$

Lösung

Das lineare Gleichungssystem (B) ist leichter zu lösen, da man $z = 3$ in die beiden oberen Gleichungen einsetzen und diese dadurch vereinfachen kann:

$\left|\begin{array}{rcl} x + 3y + z &=& 2 \\ y + 2z &=& 5 \\ z &=& 3 \end{array}\right|$ Einsetzen und Vereinfachen

$\left|\begin{array}{rcl} x + 3y &=& -1 \\ y &=& -1 \\ z &=& 3 \end{array}\right|$ Einsetzen und Vereinfachen

Nun kann man $y = -1$ einsetzen und lösen:

$\left|\begin{array}{rcl} x &=& 2 \\ y &=& -1 \\ z &=& 3 \end{array}\right|$ $L = \{(2 \mid -1 \mid 3)\}$

Erläutern Sie die darstellten Umformungsschritte für das Gleichungssystem (A) und begründen Sie, dass beide Gleichungssysteme (A) und (B) dieselbe Lösungsmenge haben.

$\left|\begin{array}{rcl} x + 3y + z &=& 2 \\ -2x - 4y + 2z &=& 6 \\ 3x + y + z &=& 8 \end{array}\right|$ $\cdot 2$ ⊕ ; $\cdot(-3)$ ⊕

$\left|\begin{array}{rcl} x + 3y + z &=& 2 \\ 2y + 4z &=& 10 \\ -8y - 2z &=& 2 \end{array}\right|$ $\cdot 4$ ⊕

$\left|\begin{array}{rcl} x + 3y + z &=& 2 \\ 2y + 4z &=& 10 \\ 14z &=& 42 \end{array}\right|$ Gleichungssystem in Dreiecksgestalt

$\left|\begin{array}{rcl} x + 3y + z &=& 2 \\ y + 2z &=& 5 \\ z &=& 3 \end{array}\right|$

Lösung

Das Zweifache der ersten Gleichung wird zur zweiten Gleichung addiert. Das Dreifache der ersten Gleichung wird von der dritten Gleichung subtrahiert. Dadurch verschwindet in der zweiten und dritten Gleichung die Variable x.

Bei den neuen Gleichungen wird das Vierfache der zweiten Gleichung zur dritten Gleichung addiert. Dadurch verschwindet die Variable y.

Dividiert man dann in der zweiten Gleichung beide Seiten durch 2 und in der dritten Gleichung beide Seiten durch 14, erhält man das lineare Gleichungssystem (B).

Das Gleichungssystem (A) wurde in das Gleichungssystem (B) durch Umformungen einzelner Gleichungen bzw. durch Addieren von Gleichungen überführt. Beide Gleichungssysteme haben somit dieselbe Lösungsmenge $L = \{(2 \mid -1 \mid 3)\}$.

Information

WES-125991-321

Carl Friedrich Gauß (1777 – 1855)

Gauß-Algorithmus

Jedes lineare Gleichungssystem kann man systematisch lösen, indem man es in eine **Dreiecksgestalt** umformt. In dieser Gestalt hat jede Gleichung mindestens eine Variable weniger als die vorhergehende Gleichung. Zum Umformen wendet man das Additionsverfahren wiederholt an:

- Multiplikation beider Seiten einer Gleichung mit einer geeigneten Zahl ungleich null;
- Addition einer Gleichung zu einer anderen, sodass eine Variable wegfällt;
- gegebenenfalls Vertauschen der Reihenfolge der Gleichungen.

Die nicht veränderten Gleichungen führt man weiter mit.

$$\left|\begin{array}{rcl} 2x+2y+3z &=& 15 \\ -x+y+2z &=& 1 \\ -x-3y-3z &=& -10 \end{array}\right| \begin{array}{l} \\ \cdot 2 \\ \cdot 2 \end{array} \quad \oplus$$

$$\left|\begin{array}{rcl} 2x+2y+3z &=& 15 \\ 4y+7z &=& 17 \\ -4y-3z &=& -5 \end{array}\right| \quad \oplus$$

$$\left|\begin{array}{rcl} 2x+2y+3z &=& 15 \\ 4y+7z &=& 17 \\ 4z &=& 12 \end{array}\right| \begin{array}{l} \\ \\ :4 \end{array}$$

Dreiecksgestalt

$$\left|\begin{array}{rcl} 2x+2y+3z &=& 15 \\ 4y+7z &=& 17 \\ z &=& 3 \end{array}\right|$$

Einsetzen und Vereinfachen

$$\left|\begin{array}{rcl} 2x+2y &=& 6 \\ y &=& -1 \\ z &=& 3 \end{array}\right|$$

Einsetzen und Vereinfachen

$$\left|\begin{array}{rcl} x &=& 4 \\ y &=& -1 \\ z &=& 3 \end{array}\right|$$

Lösungsmenge: $L = \{(4 \mid -1 \mid 3)\}$

Vereinfachte Schreibweise

Man kann lineare Gleichungssysteme einfacher notieren, indem man die Variablen weglässt und nur die Koeffizienten und die Zahlen auf der rechten Seite notiert. Ein solches Zahlenschema wird als **erweiterte Koeffizientenmatrix** bezeichnet.

$$\left(\begin{array}{rrr|r} 2 & 2 & 3 & 15 \\ -1 & 1 & 2 & 1 \\ -1 & -3 & -3 & -10 \end{array}\right) \begin{array}{l} \\ \cdot 2 \\ \cdot 2 \end{array} \quad \oplus$$

erweiterte Koeffizientenmatrix

$$\left(\begin{array}{rrr|r} 2 & 2 & 3 & 15 \\ 0 & 4 & 7 & 17 \\ 0 & -4 & -3 & -5 \end{array}\right) \quad \oplus$$

$$\left(\begin{array}{rrr|r} 2 & 2 & 3 & 15 \\ 0 & 4 & 7 & 17 \\ 0 & 0 & 4 & 12 \end{array}\right) \begin{array}{l} \\ \\ :4 \end{array}$$

Üben

1 Lösen Sie das lineare Gleichungssystem, ohne einen Rechner zu verwenden.

a) $\left|\begin{array}{rcl} x-3y &=& -8 \\ 2x+y &=& 5 \end{array}\right|$

b) $\left|\begin{array}{rcl} 3x+4y &=& 7 \\ x+y &=& 2 \end{array}\right|$

c) $\left|\begin{array}{rcl} x+2y &=& 6 \\ 3x-y &=& 4 \end{array}\right|$

d) $\left|\begin{array}{rcl} x-y &=& 1 \\ x+y &=& 199 \end{array}\right|$

e) $\left|\begin{array}{rcl} x+y+z &=& 6 \\ 2x-y+3z &=& 9 \\ 2y+z &=& 7 \end{array}\right|$

f) $\left|\begin{array}{rcl} 2x-y+z &=& 4 \\ 10x-2y+z &=& 13 \\ x+y &=& -1 \end{array}\right|$

g) $\left|\begin{array}{rcl} 7a-3b+c &=& 16 \\ a+2b &=& -3 \\ b-c &=& -5 \end{array}\right|$

h) $\left|\begin{array}{rcl} 3x+2y-z &=& -5 \\ 6x+2z &=& -10 \\ x+y &=& -1 \end{array}\right|$

2 Im Lager einer Versandfirma sind 1890 Taschenbücher, 2400 Hörbücher und 1690 CDs. Um das Lager zu räumen, bietet die Firma drei Sortimente aus Taschenbüchern, Hörbüchern und CDs an. Kann damit das Lager vollständig geräumt werden?

	Taschenbücher	Hörbücher	CDs
Sortiment 1	2	2	4
Sortiment 2	3	6	1
Sortiment 3	4	2	1

Lineare Gleichungssysteme mit nicht genau einer Lösung

3 ≡ Antonia und Theo haben jeweils ein lineares Gleichungssystem in eine Dreiecksgestalt umgeformt.

Antonia:

$$\left|\begin{array}{rcl} -2x+4y+5z &=& 9 \\ 2x-3y-z &=& 5 \\ 4x-6y-2z &=& 7 \end{array}\right|$$

$$\left|\begin{array}{rcl} -2x+4y+5z &=& 9 \\ y+4z &=& 14 \\ 0 &=& 3 \end{array}\right|$$

Theo:

$$\left|\begin{array}{rcl} x-y-z &=& -1 \\ 2x+2y-10z &=& 2 \\ x+3y-9z &=& 3 \end{array}\right|$$

$$\left|\begin{array}{rcl} x-y-z &=& -1 \\ y-2z &=& 1 \\ 0 &=& 0 \end{array}\right|$$

a) Interpretieren Sie die letzte Zeile im Gleichungssystem von Antonia.

b) Theo hat als Lösungsmenge $L=\{(x|y|z)\,|\,x=3z,\ y=2z+1,\ z\in\mathbb{R}\}$ notiert.
Erläutern Sie, wie er zu diesem Ergebnis kommt.

Information

WES-125991-322

Anzahl von Lösungen bei linearen Gleichungssystemen

Ein lineares Gleichungssystem kann
(1) genau eine Lösung;
(2) unendlich viele Lösungen;
(3) keine Lösung
haben.

(1) $\left|\begin{array}{rcl} x &=& 1 \\ y &=& 2 \\ z &=& -3 \end{array}\right|$

$L=\{(1|2|-3)\}$

(2) $\left|\begin{array}{rcl} x-5z &=& 2 \\ y-4z &=& 3 \\ 0 &=& 0 \end{array}\right|$

$L=\{(2+5z|3+4z|z)\,|\,z\in\mathbb{R}\}$

(3) $\left|\begin{array}{rcl} x-2y-2{,}5z &=& -4{,}5 \\ y+4z &=& 14 \\ 0 &=& -3 \end{array}\right|$

$L=\{\ \}$

Die Lösungsmenge ist leer, da die Gleichung $0=-3$ nie erfüllt ist.

WES-125991-323

WES-125991-324
Rechnerhilfen

Lösen eines linearen Gleichungssystems mit einem Rechner

Bei vielen Rechnern muss man beim solve()- bzw. linSolve()-Befehl nur die Anzahl der Gleichungen und der Variablen festlegen und kann dann die Gleichungen eingeben. Falls das lineare Gleichungssystem mehrere Lösungen hat, führen einige Rechner Variablen wie z. B. c1 und c2 ein, für die beliebige reelle Zahlen eingesetzt werden können.

Manche Rechner bieten zusätzlich zum solve()-Befehl auch Schablonen zum Lösen an.

$$\left\{\begin{array}{l} 2\cdot x-2\cdot y-2\cdot z=-2 \\ x+2\cdot y-13\cdot z=8 \\ x+y-9z=5 \end{array}\right| x,y,z$$

$$\{x=5\cdot z+2,\ y=4\cdot z+3,\ z=z\}$$

Das Ergebnis des Rechners liefert die Lösungsmenge
$L=\{(5z+2|4z+3|z)\,|\,z\in\mathbb{R}\}$.

4 Lösen Sie das Gleichungssystem ohne Verwendung eines Rechners.

a) $\left|\begin{array}{r} x+\ \ y+\ \ z=2 \\ 2x-\ \ y+3z=1 \\ 3y-\ \ z=3 \end{array}\right|$ **b)** $\left|\begin{array}{r} x+y+\ \ z=3 \\ x-y+3z=3 \\ y-\ \ z=0 \end{array}\right|$ **c)** $\left|\begin{array}{r} x+\ \ y+\ \ z=1 \\ -3x-3y-3z=-3 \\ 4x+4y+4z=4 \end{array}\right|$

d) $\left|\begin{array}{r} x-0{,}5y+1{,}5z=0{,}5 \\ 2x-\ \ y+\ \ 3z=1 \\ 5x-2{,}5y+7{,}5z=2{,}5 \end{array}\right|$ **e)** $\left|\begin{array}{r} x-3y+4z=1 \\ 3x-\ \ y+2z=1 \\ x+5y-6z=1 \end{array}\right|$ **f)** $\left|\begin{array}{r} x+\ \ y-\ \ z=5 \\ 3x+2y+\ \ z=13 \\ 2x-3y+4z=0 \end{array}\right|$

5 Berechnen Sie ausgehend von der erweiterten Koeffizientenmatrix die Lösung des zugehörigen linearen Gleichungssystems.

a) $\left(\begin{array}{rrr:r} 3 & -1 & 2 & 35 \\ & 6 & -3 & -21 \\ & & -4 & -12 \end{array}\right)$ **b)** $\left(\begin{array}{rrr:r} 2 & 0 & 4 & 10 \\ & 5 & 1 & 6 \\ & & 3 & 9 \end{array}\right)$ **c)** $\left(\begin{array}{rrr:r} 6 & 2 & 1 & -4 \\ & 3 & 5 & 6 \\ & & 2 & 2 \end{array}\right)$

6 Bei einem linearen Gleichungssystem kann die Anzahl der Gleichungen von der Anzahl der Variablen verschieden sein. Bestimmen Sie die Lösungsmengen. Was fällt auf?

(1) $\left|\begin{array}{r} x+\ \ y=3 \\ 2x-3y=-4 \\ 4x-\ \ y=2 \end{array}\right|$ (2) $\left|\begin{array}{r} x+\ \ y=3 \\ 2x-3y=-4 \\ 4x-\ \ y=1 \end{array}\right|$ (3) $\left|\begin{array}{r} x+\ \ y-\ \ z=2 \\ x+2y-3z=1 \end{array}\right|$

7 Wo steckt der Fehler in dieser Rechnung?

$\left|\begin{array}{r} x+\ \ y=9 \\ 2x+\ \ y=7 \\ 3y=12 \end{array}\right|$ $:3$ $\left|\begin{array}{r} x+y=9 \\ 2x+y=7 \\ y=4 \end{array}\right|$ Einsetzen und Vereinfachen $\left|\begin{array}{r} x+y=9 \\ x\ \ \ \ =1{,}5 \\ y=4 \end{array}\right|$ $L=\{(1{,}5\,|\,4)\}$

Weiterüben

8 Stellen Sie ein Gleichungssystem mit drei Variablen x, y und z auf, das die angegebenen Bedingungen erfüllt. Tauschen Sie Ihre Gleichungssysteme untereinander aus und lösen Sie sie. Überprüfen Sie die Richtigkeit Ihrer Rechnungen mit einem Rechner.

a) Das Gleichungssystem hat drei Gleichungen und die eindeutig bestimmte Lösung $x=1,\ y=2$ und $z=3$.

b) Das Gleichungssystem hat drei Gleichungen und keine Lösung.

c) Das Gleichungssystem hat drei Gleichungen und $L=\{(2+z\,|\,3z-1\,|\,z)\,|\,z\in\mathbb{R}\}$ ist die Lösungsmenge des Systems.

d) Das Gleichungssystem hat zwei Gleichungen und $L=\{(2y+z\,|\,y\,|\,z)\,|\,y,z\in\mathbb{R}\}$ ist die Lösungsmenge des Systems.

9 Untersuchen Sie, wie sich der Parameter t auf die Lösungsmenge des Systems auswirkt.

a) $\left|\begin{array}{r} 2x-4y+\ \ 3z=6 \\ x+2y+\ \ z=8 \\ 3x-2y+t\cdot z=2 \end{array}\right|$

b) $\left|\begin{array}{r} 2x+6y-\ \ z=4 \\ -3x+6y+\ \ 3z=6 \\ -2x+4y+t\cdot z=4 \end{array}\right|$

$\left|\begin{array}{r} x+\ \ y+2z=3 \\ 3x+4y+5z=4 \\ 2x+t\cdot y+4z=6 \end{array}\right|$ $\cdot(-3)\ \cdot(-2)$ $\left|\begin{array}{r} x+\qquad y+2z=3 \\ y-\ \ z=-5 \\ (t-2)\cdot y\qquad =0 \end{array}\right|$

$t=2$: y beliebig; $L=\{(-7-3y\,|\,y\,|\,y+5)\,|\,y\in\mathbb{R}\}$

$t\neq 2$: $y=0$; $L=\{(-7\,|\,0\,|\,5)\}$

3.3 Bestimmen ganzrationaler Funktionen

Einstieg

Das Mustergestell einer Relaxliege weist folgende Maße auf:

- Die Gesamthöhe beträgt 80 cm.
- Der tiefste Punkt der Sitzfläche befindet sich 25 cm über dem Boden und ist 60 cm vom linken Rand entfernt.
- In 100 cm Entfernung vom linken Rand ist das Gestell 32 cm hoch.
- Die Gesamtlänge beträgt 145 cm.

Bestimmen Sie eine ganzrationale Funktion möglichst niedrigen Grades, die die obere Profillinie des Gestells beschreibt.

Aufgabe mit Lösung

Funktionsgleichung bestimmen

Im Rahmen der Computersimulation eines Abschnitts einer Mountainbike-Strecke soll deren Höhenprofil durch eine ganzrationale Funktion möglichst niedrigen Grades beschrieben werden. Der Graph hat auf dem ausgewählten Stück einen Hochpunkt H(0|2,5) und einen Tiefpunkt T(5|0).

→ Bestimmen Sie die Funktionsgleichung.

Lösung

Durch die genannten Punkte lassen sich insgesamt vier Gleichungen aufstellen:

(I) Der Graph verläuft durch den Punkt (0|2,5), also gilt $f(0) = 2{,}5$.
(II) Die Ableitung an der Stelle 0 ist 0, also gilt $f'(0) = 0$.
(III) Der Graph verläuft durch den Punkt (5|0), also gilt $f(5) = 0$.
(IV) Die Ableitung an der Stelle 5 ist 0, also gilt $f'(5) = 0$.

Da es vier Bedingungen gibt, wählt man eine ganzrationale Funktion f mit den vier Parametern a, b, c, d: $f(x) = ax^3 + bx^2 + cx + d$

Zwei der vier Bedingungen beziehen sich auf die Ableitung f' mit $f'(x) = 3ax^2 + 2bx + c$.

Aus den vier Bedingungen kann man ein lineares Gleichungssystem für die vier Parameter der Funktion f aufstellen. Dieses kann nun mit oder ohne Hilfe des Rechners gelöst werden.

```
Define f(x)=a·x³+b·x²+c·x+d          done
Define f1(x)=d/dx(f(x))              done
solve { f(0)=2.5
        f1(0)=0
        f(5)=0
        f1(5)=0 | a,b,c,d
                 {a=0.04, b=-0.3, c=0, d=2.5}
```

$$\begin{array}{ll} \text{(I)} & f(0) = 2{,}5 \\ \text{(II)} & f'(0) = 0 \\ \text{(III)} & f(5) = 0 \\ \text{(IV)} & f'(5) = 0 \end{array} \Rightarrow \left| \begin{array}{l} 0a + 0b + 0c + d = 2{,}5 \\ 0a + 0b + c = 0 \\ 125a + 25b + 5c + d = 0 \\ 75a + 10b + c = 0 \end{array} \right|$$

Aus (I) und (II) folgt $c = 0$ und $d = 2{,}5$.

Man erhält folgendes Gleichungssystem:

$$\left| \begin{array}{l} 125a + 25b = -2{,}5 \\ 75a + 10b = 0 \end{array} \right|$$

Dieses hat die Lösung $a = \frac{1}{25}$ und $b = -\frac{3}{10}$.

Das Gleichungssystem hat also die Lösung $a = 0{,}04$; $b = -0{,}3$; $c = 0$ und $d = 2{,}5$.
Die gesuchte Funktionsgleichung lautet daher: $f(x) = 0{,}04x^3 - 0{,}3x^2 + 2{,}5$
Die Probe am Graphen zeigt, dass die Funktionsgleichung zu den Bedingungen passt.

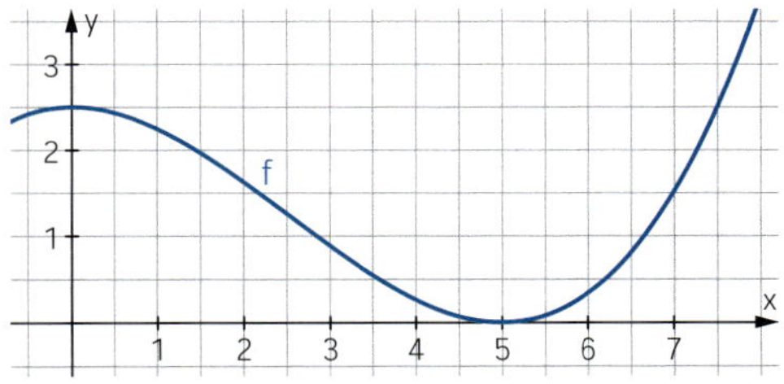

Information

WES-125991-331

knickfrei: glatter Übergang mit gleicher Steigung

Bestimmen ganzrationaler Funktionen mit vorgegebenen Eigenschaften

Vorgehensweise:

(1) Bei Sachsituationen: Modellieren mit geeigneten Vereinfachungen und Festlegen eines Koordinatensystems

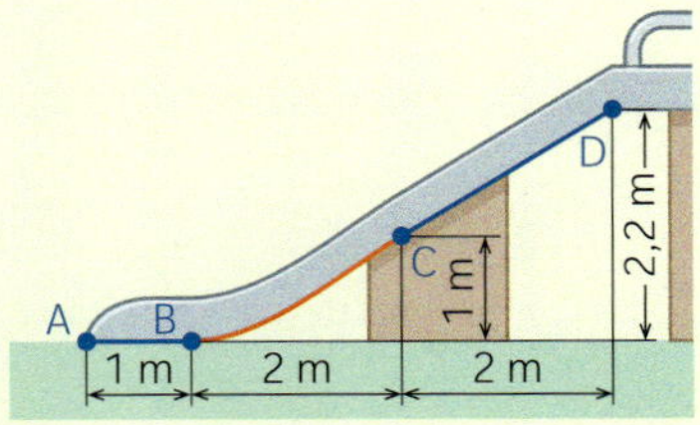

(1) Für eine Rutsche soll zwischen den Punkten B und C ein gebogenes Blechteil knickfrei an die geradlinigen Bleche zwischen A und B sowie C und D anschließen. Für das Koordinatensystem wird B als Ursprung gewählt.

(2) Formulieren der Bedingungen an die Funktion bzw. an ihre Ableitungen

(2) $f(0) = 0$ Punkt $B(0|0)$
$f(1) = 1$ Punkt $C(2|1)$
$f'(0) = 0$ waagerechte Tangente in B
$f'(2) = 0{,}6$ Steigung 0,6 in C

(3) Festlegen einer allgemeinen Funktionsgleichung möglichst niedrigen Grades

(3) Aufgrund der vier Bedingungen wird eine Funktion dritten Grades verwendet:
$f(x) = ax^3 + bx^2 + cx + d$

(4) Erstellen eines linearen Gleichungssystems mithilfe der Bedingungen und der Gleichung der Funktion bzw. ihrer Ableitungen

(4) $f'(x) = 3ax^2 + 2bx + c$; daraus folgt:

$$\left| \begin{array}{l} a \cdot 0^3 + b \cdot 0^2 + c \cdot 0 + d = 0 \\ a \cdot 2^3 + b \cdot 2^2 + c \cdot 2 + d = 1 \\ 3a \cdot 0^2 + 2b \cdot 0 + c = 0 \\ 3a \cdot 2^2 + 2b \cdot 2 + c = 0{,}6 \end{array} \right|$$

(5) Bestimmen der Koeffizienten der Funktionsgleichung durch Lösen des linearen Gleichungssystems

(5) $a = -0{,}1$; $b = 0{,}45$; $c = 0$; $d = 0$, also
$f(x) = -0{,}1x^3 + 0{,}45x^2$

(6) Probe am Graphen mithilfe eines Rechners und ggfs. Rückbezug auf die Sachsituation

(6)

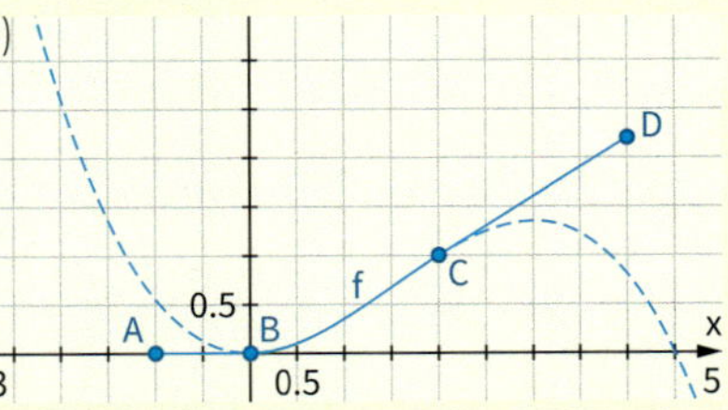

B und C liegen auf dem Graphen ✓
Steigung in B ist 0 ✓
Steigung in C ist 0,6 ✓

Üben

1 Bestimmen Sie die Gleichung einer ganzrationalen Funktion dritten Grades, deren Graph den Tiefpunkt T und den Hochpunkt H hat. Überprüfen Sie Ihr Ergebnis anhand einer Skizze.

a) $T(4|-32)$ und $H(0|0)$ b) $T(1|0)$ und $H(3|4)$

2 Für die maschinelle Herstellung einer Spielzeug-Eisenbahnbrücke soll die Form dieser Schienen durch eine ganzrationale Funktion dritten Grades beschrieben werden. Ermitteln Sie den Funktionsterm einer Funktion, die den unteren Rand der gebogenen Schiene modelliert.

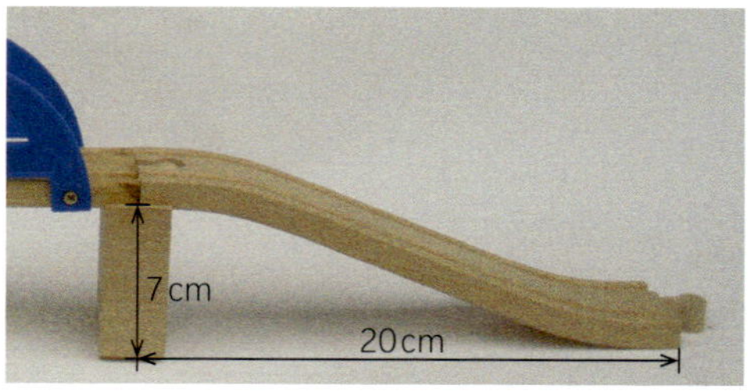

3 Eine Rutsche an der Kopenhagener Hafenpromenade *Kalvebod Bølge* ist aus drei Teilstücken montiert: zunächst ein gebogenes Stück, dann ein geradliniges Stück und dann wieder ein gebogenes Stück. Das erste Stück schließt knickfrei im Punkt A an den waagerechten Zugang und im Punkt B an das zweite gradlinige Teilstück an

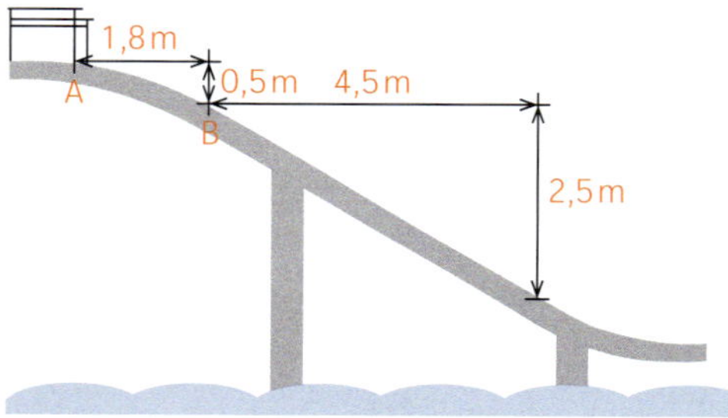

Bestimmen Sie eine ganzrationale Funktion möglichst niedrigen Grades, deren Graph die vordere obere Kante des ersten Teilstücks modelliert.

4 Geben Sie alle Bedingungen an, die sich aus den gegebenen Eigenschaften des Graphen der Funktion f ergeben.

a) Der Graph von f hat an der Stelle $x = 5$ eine Nullstelle und an der Stelle $x = 1$ einen Wendepunkt. Der Punkt $T(-2|-1)$ ist Tiefpunkt von f.

b) Der Graph von f besitzt einen Sattelpunkt an der Stelle $x = 4$ und hat an der Stelle $x = 1$ eine *gemeinsame Tangente* mit dem Graphen der Funktion g mit $g(x) = 2x^2 + 3$.

Man sagt auch: Die beiden Graphen **berühren sich**.

c) Der Graph von f schneidet die Gerade $y = 4x + 7$ auf der y-Achse und hat an der Stelle $x = 5$ eine Wendetangente mit der Steigung -2.

d) Der Graph von f schneidet die Parabel g mit $g(x) = x^2 - 3x + 1$ orthogonal im Punkt $A(4|5)$ und die Tangente im Punkt $B(-1|5)$ verläuft parallel zur Geraden $y = 4x - 8$.

5 Bei der Leichtathletik-WM 2019 in Doha wurde Christina Schwanitz mit einer Weite von 19,17 m Dritte im Kugelstoßen der Frauen.

a) Bestimmen Sie eine quadratische Funktion für die Flugbahn der Kugel, wenn noch bekannt ist, dass die Abstoßhöhe 1,97 m und der Abstoßwinkel 38° betrugen.

b) Berechnen Sie die maximale Höhe der Flugbahn und ermitteln Sie, unter welchem Winkel die Kugel auf dem Boden auftraf.

6 Ermitteln Sie die Funktionsgleichung.

a) Der Graph einer ganzrationalen Funktion dritten Grades verläuft punktsymmetrisch zum Koordinatenursprung und hat in $T(3\,|\,-54)$ einen Tiefpunkt.

b) Der Graph einer ganzrationalen Funktion vierten Grades verläuft achsensymmetrisch zur y-Achse, schneidet diese bei $y = 16$ und berührt die x-Achse an der Stelle 2.

Symmetrien im Ansatz

Symmetrie zur y-Achse: nur Summanden mit geraden Exponenten im Ansatz, also z.B. $f(x) = ax^4 + bx^2 + c$

Symmetrie zum Koordinatenursprung: nur Summanden mit ungeraden Exponenten im Ansatz, also z.B. $f(x) = ax^5 + bx^3 + c$

7 Bestimmen Sie eine ganzrationale Funktion dritten Grades, deren Graph die angegebenen Eigenschaften hat. Skizzieren Sie zunächst einen möglichen Verlauf des Graphen per Hand.

a) Der Koordinatenursprung ist Wendepunkt, der Punkt $H(3\,|\,2)$ ist Hochpunkt.

b) Der Graph verläuft durch den Koordinatenursprung und hat in $S(2\,|\,1)$ einen Sattelpunkt.

Der Graph einer ganzrationalen Funktion dritten Grades verläuft durch $P(0\,|\,4)$ und hat im Punkt $W(2\,|\,5)$ einen Wendepunkt. Die Wendetangente hat die Steigung $-1{,}5$.

$f(x) = ax^3 + bx^2 + cx + d$

$f'(x) = 3ax^2 + 2bx + c$

$f''(x) = 6ax + 2b$

Bedingungen:	Gleichungssystem:
$f(0) = 4$	$d = 4$
$f(2) = 5$	$8a + 4b + 2c + d = 5$
$f'(2) = -1{,}5$	$12a + 4b + c = -1{,}5$
$f''(2) = 0$	$12a + 2b = 0$

Lösung:

$a = 0{,}5$; $b = -3$; $c = 4{,}5$ und $d = 4$, also $f(x) = 0{,}5x^3 - 3x^2 + 4{,}5x + 4$.

Die Probe am Graphen zeigt, dass in $W(2\,|\,5)$ tatsächlich ein Wendepunkt vorliegt.

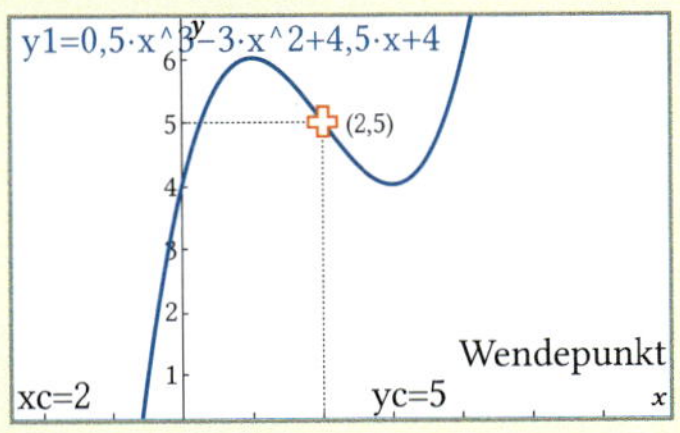

8 Bestimmen Sie eine ganzrationale Funktion vierten Grades, deren Graph die angegebenen Eigenschaften hat. Kontrollieren Sie Ihr Ergebnis, indem Sie den Graphen mit einem Rechner zeichnen.

a) Der Koordinatenursprung ist Extrempunkt, $W(-1\,|\,-3)$ ist Wendepunkt mit der Steigung 5.

b) Der Graph hat an der Stelle $x = 1$ eine Nullstelle mit der Steigung 8, an der Stelle $x = -1$ einen Sattelpunkt sowie einen Extrempunkt auf der y-Achse.

c) Der Graph ist achsensymmetrisch zur y-Achse. Im Wendepunkt $W(1\,|\,3)$ beträgt die Steigung -2.

9 Die eingezeichnete Profillinie des Fensterrahmens soll durch den Graphen einer ganzrationalen Funktion vierten Grades beschrieben werden. Legen Sie ein geeignetes Koordinatensystem fest und nutzen Sie die Symmetrie des Fensters aus.

10 ≡ Ermitteln Sie den Funktionsterm der im Steckbrief gesuchten Funktion.

11 ≡ Erstellen Sie selbstständig ähnliche „Steckbriefaufgaben“.
Tauschen Sie die Aufgaben untereinander aus und vergleichen Sie.

12 ≡ Überlegen Sie sich mögliche Strategien, wie man möglichst einfach solche „Steckbriefaufgaben“ verschiedenen Schwierigkeitsgrades erstellen kann.

13 ≡ Gegeben ist eine Funktion f mit $f(x) = ax^2 + bx$.
Bestimmen Sie a und b so, dass der Graph von f im Punkt P(1 | 2) einen Hochpunkt hat.

WANTED

ganzrationale Funktion 3. Grades

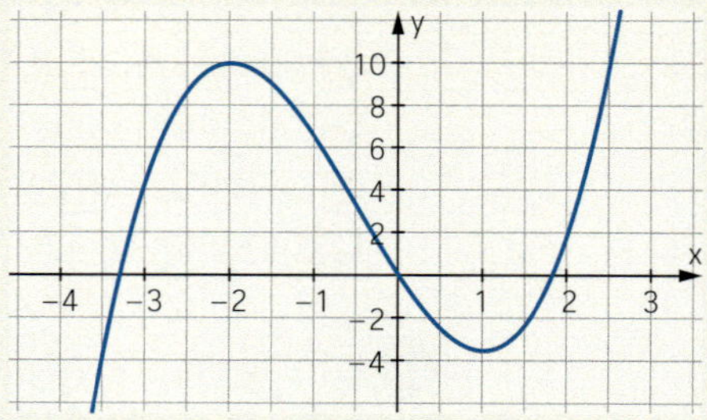

- Graph verläuft durch O(0 | 0) mit der Steigung −6
- Graph hat einen Hochpunkt H(−2 | 10)

14 ≡ Bestimmen Sie den Funktionsterm einer ganzrationalen Funktion zweiten Grades, die eine Nullstelle an der Stelle −2 und in H(1 | 6) einen Hochpunkt hat.

15 ≡ Bestimmen Sie eine ganzrationale Funktion möglichst niedrigen Grades, die durch den Ursprung verläuft, an der Stelle $x = 3$ die x-Achse berührt und an der Stelle $x = 1$ einen Extrempunkt besitzt. Begründen Sie, dass diese Funktion nicht eindeutig bestimmt ist.

16 ≡ Bestimmen Sie eine ganzrationale Funktion, deren Graph mit dem gegebenen Graphen übereinstimmt. Überlegen Sie zunächst, welchen Grad die Funktion haben kann.

a)

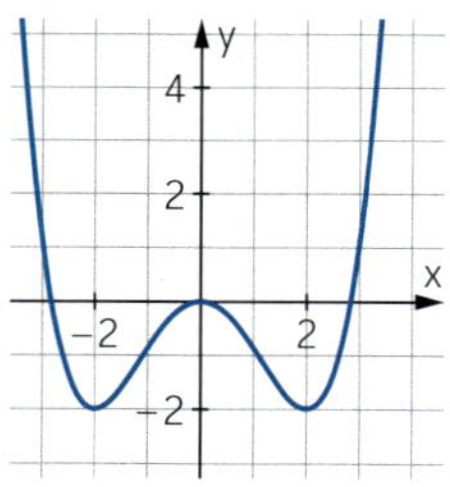

b)

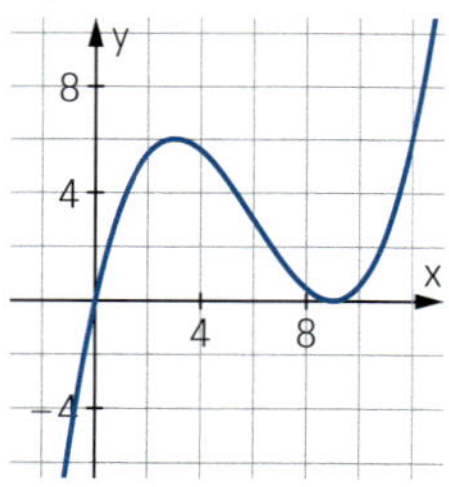

c)

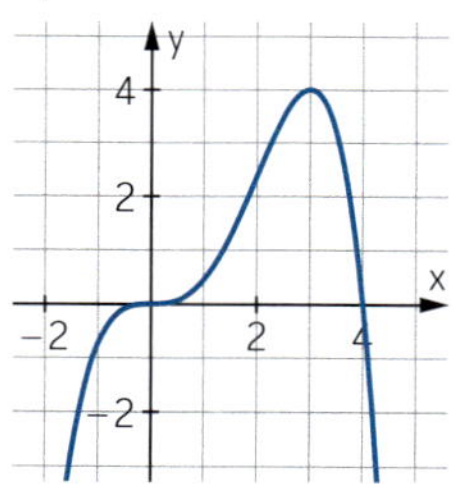

d)

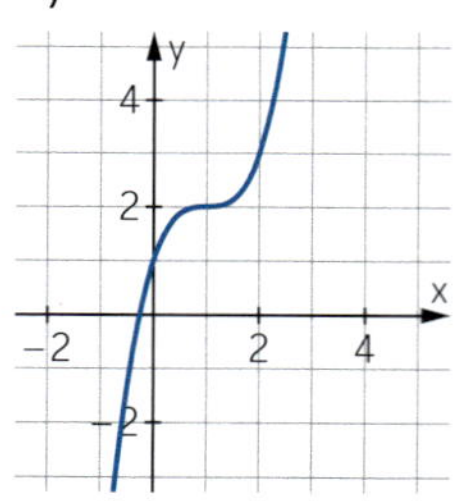

17 ≡ Formulieren Sie mithilfe der gegebenen Bedingungen eine Aufgabe zur Bestimmung einer ganzrationalen Funktion f.
Überlegen Sie, welchen Grad die Funktion mindestens haben muss.

a) (1) $f(1) = 2$ (2) $f'(1) = 0$ (3) $f''(-2) = 0$ (4) $f'(-2) = 1$ (5) $f''(1) \neq 0$

b) (1) $f(2) = 0$ (2) $f(4) = 2$ (3) $f'(4) = 0$ (4) $f''(4) = 0$ (5) $f'''(4) \neq 0$

18 ≡ Begründen Sie, dass eine ganzrationale Funktion dritten Grades mit zwei Nullstellen keine waagerechte Wendetangente hat.

19 ≡ Gesucht ist eine ganzrationale Funktion dritten Grades, deren Graph einen Tiefpunkt in $T(2|8)$ und einen Wendepunkt an der Stelle $x = 4$ mit der Steigung -3 hat.
Carla hat als Ergebnis $f(x) = \frac{1}{4}x^3 - 3x^2 + 9x$.
André zeichnet den Graphen mit dem Rechner und sagt: „Das passt aber nicht zu den Bedingungen.“ Überprüfen Sie Carlas Ergebnis und nehmen Sie Stellung.

Wenn in der Aufgabenstellung Extrem- oder Wendepunkte gefordert sind, verwendet man beim Aufstellen des linearen Gleichungssystems nur die notwendigen, aber keine hinreichenden Bedingungen. Daher ist es erforderlich, das Ergebnis am Graphen oder in einer Rechnung zu überprüfen.

20 ≡ Begründen Sie, dass es keine ganzrationale Funktion dritten Grades mit folgenden Eigenschaften gibt: Der Graph hat an der Stelle $x = 2$ die Tangente mit der Gleichung $y = -3x + 8$ und einen Hochpunkt in $H(3|0)$.

21 ≡ Skizzieren Sie eine Funktion, die an den Stellen $x = 0$ und $x = 2$ waagerechte Tangenten hat und durch die Punkte $P(1|4)$ und $Q(3|4)$ verläuft. Bestimmen Sie eine ganzrationale Funktion möglichst niedrigen Grades mit diesen Eigenschaften. Überprüfen Sie Ihr Ergebnis.

22 ≡ Bestimmen Sie eine ganzrationale Funktion möglichst niedrigen Grades, die einen Hochpunkt in $H(1|2)$, an der Stelle $x = 0$ eine Tangente mit der Steigung -2 und an der Stelle $x = 4$ eine Steigung von 3 hat. Überprüfen Sie Ihr Ergebnis.

23 ≡ Der Graph zeigt die Leistung eines Motors in Abhängigkeit von der Drehzahl.

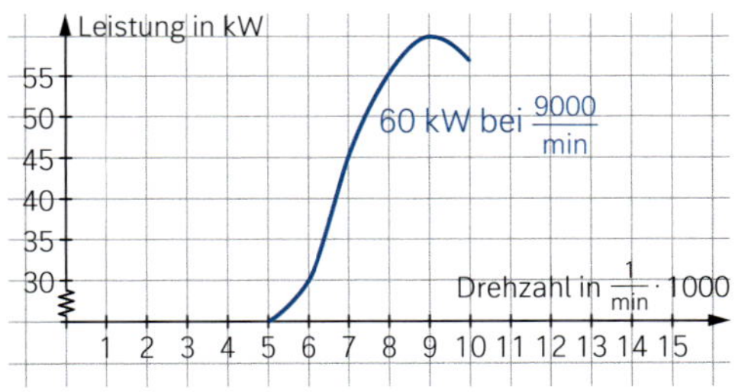

a) Wählen Sie fünf geeignete Punkte auf dem Graphen und bestimmen Sie eine ganzrationale Funktion möglichst niedrigen Grades, auf deren Graphen die gewählten Punkte liegen.
b) Verwenden Sie für die Bestimmung eines geeigneten Funktionsterms die Koordinaten des Wendepunkts und des Hochpunkts sowie die Steigung im Wendepunkt.
c) Zeichnen Sie beide Graphen und schätzen Sie die Güte der Modellierung ein.

24 ≡ Von einer ganzrationalen Funktion f vierten Grades sind folgende Bedingungen bekannt:
(1) $f(2) = 4$ (2) $f'(2) = 0$ (3) $f(0) = 0$ (4) $f''(0) = 0$ (5) $f'(0) = 1$

David: „$T(2 | 4)$ ist Tiefpunkt des Graphen von f, $W(0 | 0)$ ist Wendepunkt mit der Steigung 1.“

Anna: „Der Graph der Funktion f hat im Koordinatenursprung einen Wendepunkt. Die Wendetangente hat die Gleichung $y = x$. Im Punkt $P(2 | 4)$ hat der Graph eine waagerechte Tangente.“

Entscheiden Sie, ob die von David und Anna formulierten Aufgaben zu den gegebenen Bedingungen passen. Überprüfen Sie anschließend, ob die Aufgaben lösbar sind.

Weiterüben

25 ☰ Die beiden abgebildeten gradlinigen Gleisstücke sollen durch einen Übergangsbogen krümmungsruckfrei miteinander verbunden werden.

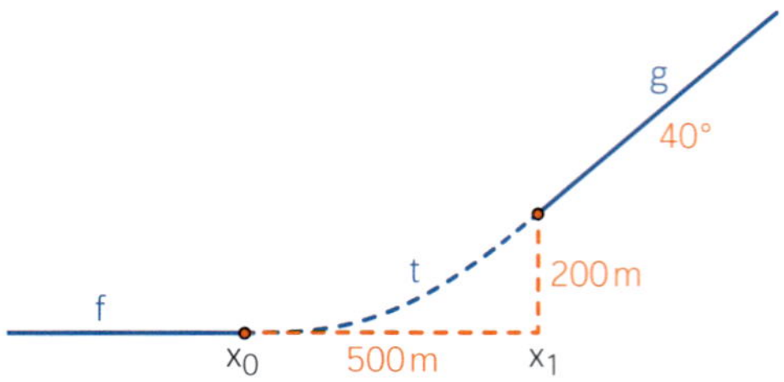

Bestimmen Sie einen geeigneten Funktionsterm für den Übergangsbogen zwischen den beiden Gleisstücken.

Bei *Trassierungsaufgaben* soll man die Graphen zweier Funktionen f und g durch den Graphen einer Trassenfunktion t verbinden. Bezeichnet man die beiden Anschlussstellen mit x_0 und x_1, so ist die Verbindung
- *sprungfrei*, falls $f(x_0) = t(x_0)$ und $t(x_1) = g(x_1)$ gilt;
- *knickfrei*, falls zusätzlich $f'(x_0) = t'(x_0)$ und $t'(x_1) = g'(x_1)$ gilt;
- *krümmungsruckfrei*, falls zusätzlich $f''(x_0) = t''(x_0)$ und $t''(x_1) = g''(x_1)$ gilt.

26 ☰ Der Bau der ersten transkontinentalen Eisenbahnlinie zwischen Atlantik und Pazifik in Nordamerika begann 1863. Da der Staat für jedes Streckenstück Zuschüsse gewährte und Land schenkte, verlegten die beiden Baugesellschaften *Central Pacific Railroad* und *Union Pacific Railroad* so schnell wie möglich so viele Streckengleise wie möglich.

So kam es dazu, dass die Gesellschaften nahezu parallele Gleise bauten, die einen von Ost nach West und die anderen von West nach Ost. Man einigte sich schließlich darauf, die beiden Strecken in den Hügeln am Großen Salzsee in Utah zu verbinden. Am 10. Mai 1869 wurde die Verbindung mit einem symbolischen goldenen Gleisnagel gefeiert.

In einem Koordinatensystem mit der Einheit Meile lässt sich der Verlauf der beiden Gleise wie in der Abbildung darstellen. Bestimmen Sie eine ganzrationale Funktion, die diesen Übergang krümmungsruckfrei beschreibt.

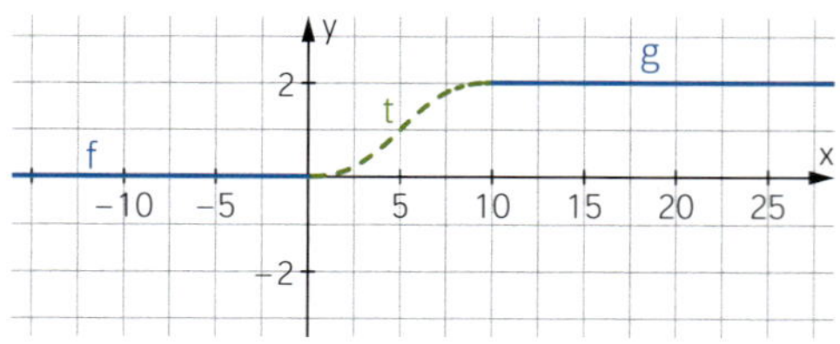

27 ☰ In einer Siedlung sollen zwei Stichstraßen miteinander verbunden werden, um dazwischen einen Supermarkt zu bauen. Bestimmen Sie eine ganzrationale Funktion, die den Straßenverlauf des Übergangsbogens zwischen den beiden Straßen beschreibt. Vergleichen und bewerten Sie verschiedene Lösungen.

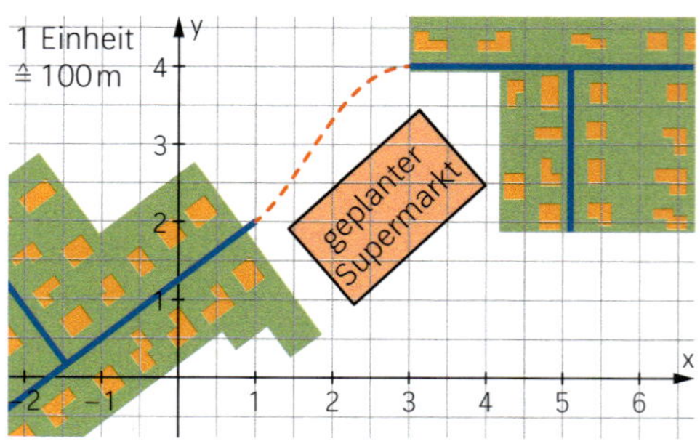

3.4 Regression

Ziel

In den zurücklegenden Schuljahren haben Sie schon Daten, z. B. Messreihen mithilfe von Funktionen beschrieben. Dazu haben Sie eine Regressionsfunktion bestimmt. In diesem Abschnitt können Sie Ihre Fähigkeiten dazu weiter verbessern.

Aufgabe mit Lösung

Messdaten mithilfe einer linearen Funktion beschreiben

Obwohl der Brite Joseph Wilson Swan (1828 – 1914) vor Thomas Alva Edison (1847 – 1931) die Kohlefadenlampe 1879 zum Patent angemeldet hatte, wird die Erfindung Edison zugeschrieben, da seine Lösung effizienter war. Eine Kohlefadenlampe besteht aus einem verkohlten Faden, durch den Strom geleitet wird. Der Kohlefaden erhitzt sich durch den Strom, bis er glüht.

JOSEPH SWAN, englischer Physiker, Chemiker und Erfinder mit seiner Glühbirne in seinem Hause zu Underhill, Niedrige fiel, Gatehead, um 1900.

In einem Stromleiter ist die Stromstärke umgekehrt proportional zum Widerstand. In einem Experiment wird bei einer Kohlefadenlampe der Widerstand in Abhängigkeit von der Stromstärke gemessen. Die Ergebnisse sind in der Tabelle dargestellt. Der Zusammenhang zwischen Stromstärke und Widerstand kann für diesen Messbereich näherungsweise als linear angenommen werden.

Stromstärke I (in Ampère)	Widerstand R (in Ohm)
0,3	344
0,4	322
0,5	310
0,6	298
0,7	289
0,8	276

→ Tragen Sie die Messwerte in ein Koordinatensystem ein und modellieren Sie den Zusammenhang durch eine Regressionsgerade.

Lösung

Zunächst gibt man die Daten in tabellarischer Form in den Rechner ein. Nach Auswahl des Modells der linearen Regression kann man sich nun die Regressionsgleichung anzeigen lassen und die Funktionsgleichung ablesen.

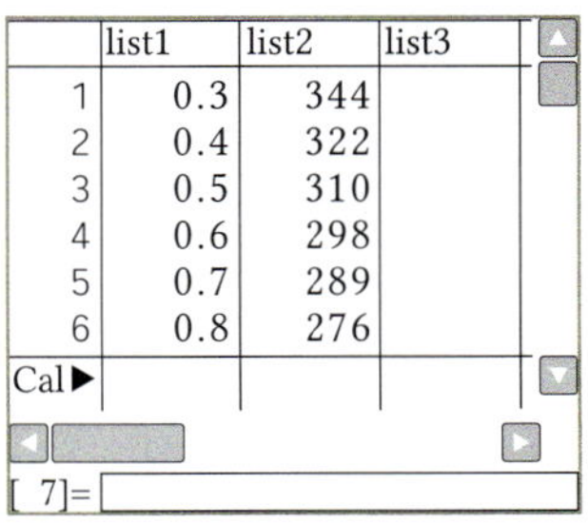

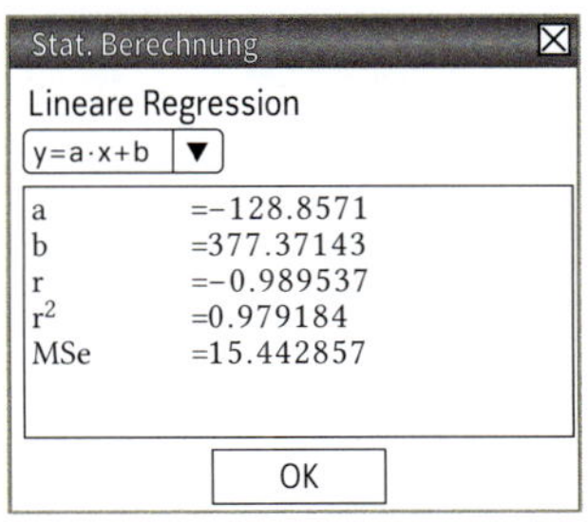

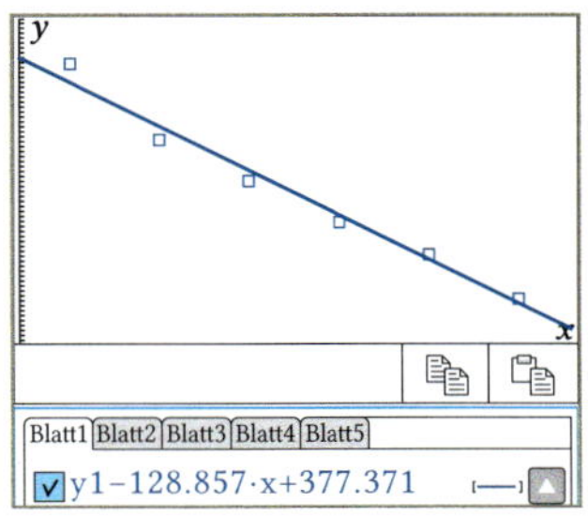

Die lineare Funktion, die die Messdaten am besten beschreibt, hat die Gleichung $y = -128{,}857\,x + 377{,}371$.

Information

WES-125991-341

Regressionsfunktion

In einem Experiment wird gemessen, wie eine Größe y von einer anderen Größe x abhängt.
Es werden n Messungen durchgeführt, sodass n Wertepaare $(x_1 | y_1), (x_2 | y_2), \ldots, (x_n | y_n)$ vorliegen.
Eine Funktion f, die derart bestimmt wurde, dass die Summe der n Fehlerquadrate

$$(y_1 - f(x_1))^2 + (y_2 - f(x_2))^2 + \ldots + (y_n - f(x_n))^2$$

minimal ist, heißt **Regressionsfunktion** (von y bezüglich x).
Handelt es sich bei der Regressionsfunktion um eine lineare Funktion, so wird der Graph dieser Funktion auch **Regressionsgerade** genannt.
Die Regressionsgerade verläuft immer durch den Punkt $M(\overline{x} | \overline{y})$ mit $\overline{x}$ arithmetisches Mittel der x_i-Werte und $\overline{y}$ arithmetisches Mittel der y_i-Werte.
Um zu vermeiden, dass sich lineare Abweichungen nach unten und oben gegenseitig aufheben, schlug Carl Friedrich Gauss (1777 – 1855) vor, mit den quadratischen Abweichungen zu rechnen. Diese Methode hat daher auch den Namen *Methode der kleinsten Quadrate* erhalten.
Als Regressionsfunktion wählt man – mithilfe eines von Gauss entwickelten, hier nicht näher erläuterten numerischen Verfahrens – diejenige Kurve aus, bei der die Summe aller Fehlerquadrate minimal wird.

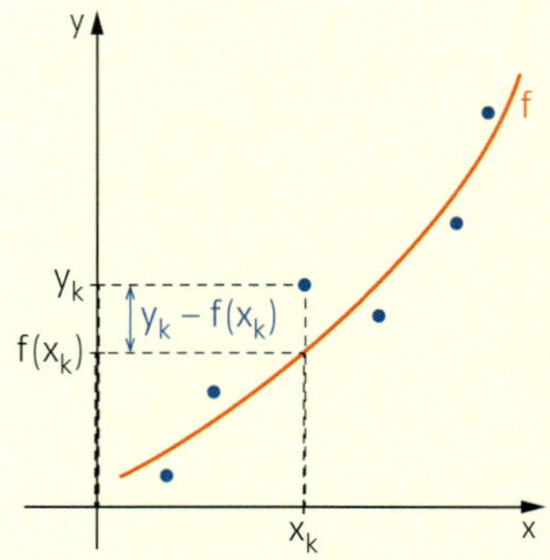

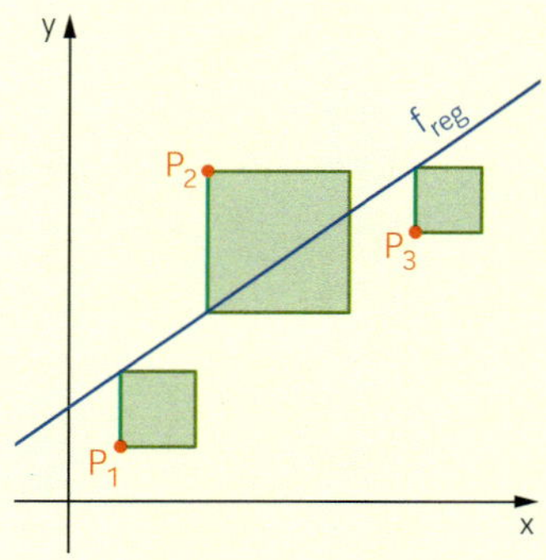

WES-125991-342
Rechnerhilfen

Regressionsfunktionen mit einem Taschenrechner bestimmen

Mit dem Taschenrechner lassen sich Regressionen nicht nur mit linearen Funktionen durchführen, sondern auch mit vielen anderen: quadratischen, kubischen, exponentiellen, logarithmischen ...
Oft unterscheiden sich die Graphen unterschiedlicher Regressionsfunktionen in dem Intervall, in dem die Messpunkte liegen, kaum voneinander. In solchen Fällen ist es prinzipiell egal, welchen Funktionstyp man als Regressionsfunktion auswählt.
Manchmal gelten für den jeweiligen Sachzusammenhang jedoch bestimmte Gesetzmäßigkeiten, anhand derer man auf einen bestimmten Funktionstyp schließen kann.

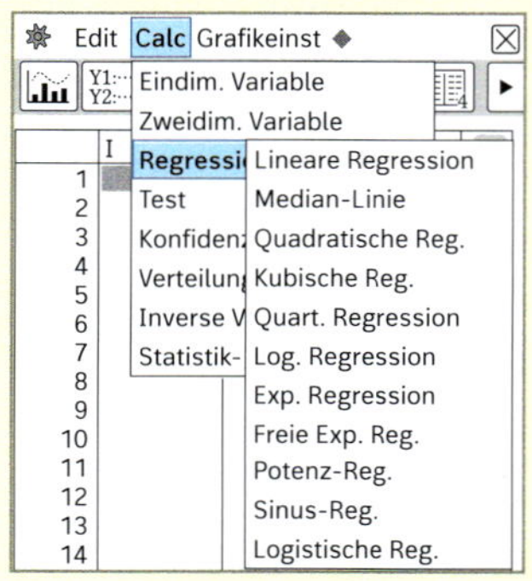

Üben

1 Die Geschwindigkeit eines Autos, das nach einem Halt vor einer Ampel beschleunigt, wird in Zeitabständen von jeweils einer halben Sekunde gemessen.

t (in s)	0,5	1,0	1,5	2,0	2,5	3,0
v (in $\frac{m}{s}$)	1,58	3,26	4,84	6,38	8,24	9,72

Handelt es sich um eine gleichmäßig beschleunigte Bewegung? Wie groß ist gegebenenfalls die konstante Beschleunigung?

2 In einem Experiment wurde der elektrische Widerstand eines Drahtstücks bei verschiedenen Temperaturen gemessen.

Temperatur ϑ (in °C)	50	80	100	120	160
Widerstand R (in Ω)	53,3	58,4	61,9	65,3	72,3

a) Zeichnen Sie die Messpunkte in ein Koordinatensystem und bestimmen Sie die Gleichung der Regressionsgeraden. Beurteilen Sie, ob ein linearer Zusammenhang ein gutes Modell darstellt.

b) Bestimmen Sie den Widerstand, den der Draht bei einer Temperatur von 20 °C hat.

3 Radon 220 ist ein Gas, das radioaktive Strahlung aussendet. Man kann dies mithilfe einer Ionisationskammer nachweisen. Abhängig von der verstrichenen Zeit t stellt man die folgende Stromstärken fest.
Zeigen Sie, dass die Stromstärke exponentiell fällt. Ermitteln Sie die Halbwertszeit.

Zeit t (in s)	0	30	60	90	120	150	180	210	240	270
Stromstärke I (in 10^{-12} A)	29,9	21,5	15,5	11,1	8,0	5,8	4,1	3,0	2,1	1,5

4 Bei Flaschenkürbissen wurde die Länge und die Breite gemessen.

Länge s (in mm)	60	40	25	200	120
Breite b (in mm)	44	23	13	180	92

Untersuchen Sie, ob die Funktion Länge → Breite durch eine Exponentialfunktion oder durch eine Potenzfunktion beschrieben werden kann.
Ermitteln Sie die Funktionsgleichung.

5 Untersuchen Sie, ob für die Planeten unseres Sonnensystems zwischen der mittleren Entfernung x von der Sonne (in Mio. km) und der Umlaufdauer y (in Tagen) ein Zusammenhang der Form $y = a \cdot x^b$ besteht. Bestimmen Sie gegebenenfalls die Konstanten a und b.

Planet	Merkur	Venus	Erde	Mars	Jupiter	Saturn	Uranus	Neptun
Entfernung x	57,9	108,2	149,6	227,9	778,3	1427	2870	4497
Umlaufdauer y	88	225	365	687	4329	10753	30660	60150

Interpolation und Regression

Um einen Graphen zu vorgegebenen Punkten zu bestimmen, gibt es verschiedene Ansätze, die am Beispiel der Punkte A(0|1), B(2|2,5), C(3|1,2), D(3,5|3) und E(4|3,2) einander gegenübergestellt werden.

Bei der **Interpolation** ist die Gleichung einer (ganzrationalen) Funktion gesucht, deren Graph exakt durch die vorgegebenen Punkte verläuft. Die Anzahl n dieser Punkte ergibt die Anzahl der Bedingungen und damit den Grad $n-1$ der gesuchten ganzrationalen Funktion.
Im vorliegenden Beispiel wählt man daher den Ansatz $f(x) = ax^4 + bx^3 + cx^2 + dx + e$ und setzt für jeden Punkt die Koordinaten ein. Dadurch erhält man ein lineares Gleichungssystem mit fünf Gleichungen, dessen Lösung die Werte für die gesuchten Parameter a, b, c, d und e ergibt.
Auf zwei Stellen nach dem Komma gerundet erhält man hier:
$f(x) = -1{,}09x^4 + 10{,}4x^3 - 31{,}95x^2 + 31{,}79x + 1$

Die Probe am Graphen zeigt, dass alle Punkte wie gefordert auf dem Graphen liegen. Allerdings ergibt sich insgesamt ein sehr welliger Verlauf zwischen den Punkten, der im Sachzusammenhang oft unerwünscht ist.

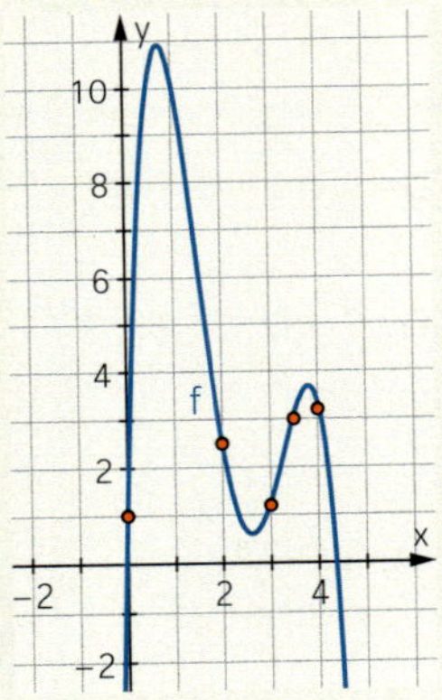

Bei der **Regression** gibt man je nach Sachzusammenhang den Funktionstyp vor und sucht dabei die Funktion, die am besten zu den Datenpunkten passt.
Die Regression wird benutzt, weil man bei größeren Datenmengen nicht erwarten kann, dass alle Punkte exakt auf der gesuchten Kurve liegen. In manchen Fällen kann es darüber hinaus keine Funktion geben, weil zum selben x-Wert mehrere y-Werte vorliegen.
Je nach zur Verfügung stehender Rechnertechnologie werden verschiedene Regressionsfunktionen angeboten. Sehr verbreitet ist die lineare Regression.

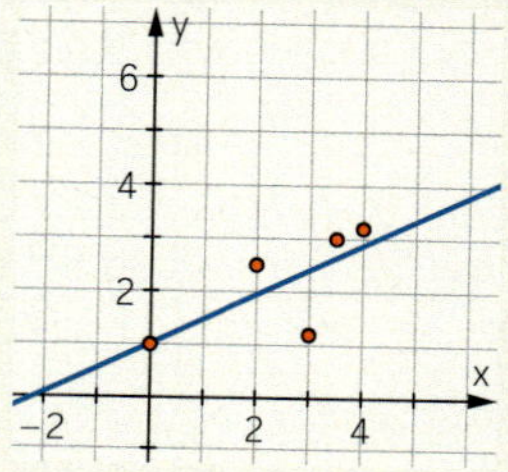

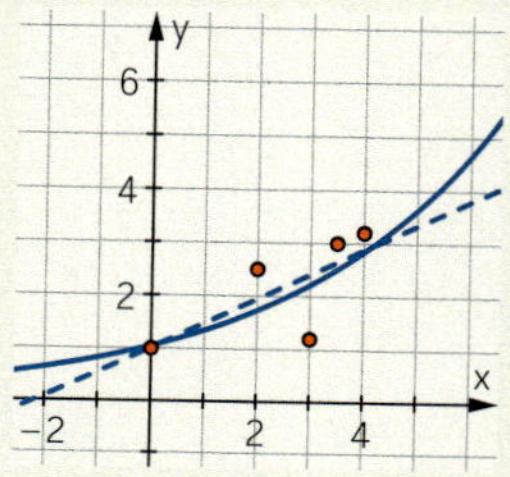

Zum Vergleich ist hier noch das Ergebnis einer exponentiellen Regression abgebildet.

Zwar liegen die Punkte bei der Regression nicht auf dem Graphen, aber die Kurven sind wesentlich glatter und geben den Sachzusammenhang deutlicher wieder. Welches Regressionsmodell hier angemessener ist, ergibt sich aus dem Sachzusammenhang, in dem die Daten gewonnen wurden.

1 Informieren Sie sich, welche Regressionsmöglichkeiten Ihr Rechner bietet.
Ändern Sie dann gezielt die Lage eines Datenpunkts (z. B. indem Sie Punkt C um 1 nach oben verschieben) und vergleichen Sie, welche unterschiedlichen Auswirkungen dies einerseits auf die Veränderung des Interpolationsgraphen und andererseits auf die Veränderung des Regressionsgraphen hat.

2 Unter Laborbedingungen wird das Wachstum einer Pflanze untersucht. Die Angaben beziehen sich auf die Höhe über dem Nährboden.

Zeit in Tagen	0	3	5	8	10	14
Höhe in cm	0	1,8	3,2	5,5	9,2	16,5

Vergleichen Sie die Graphen von Funktionen, die zu diesen Messdaten einerseits mit der Interpolation und andererseits mit der Regression gewonnen wurden.

Das Wichtigste auf einen Blick

Extremwertprobleme lösen

(1) Sachverhalt skizzieren
Fertigen Sie eine Skizze an, in der alle wichtigen Größen mit Variablen eingetragen werden. Die zu optimierende Größe soll entweder maximal oder minimal werden.

(2) Aufstellen einer Funktionsgleichung für die zu optimierende Größe

- **Extremalbedingung finden**
  Finden Sie eine Gleichung für die Berechnung der zu optimierende Größe. Diese Gleichung enthält in der Regel noch mehrere Variablen.
- **Nebenbedingung(en) finden**
  Finden Sie (eine) Gleichung(en) für den Zusammenhang zwischen diesen Variablen.
- **Zielfunktion angeben**
  Setzen Sie die Nebenbedingung in die Extremalbedingung ein, um die Anzahl der Variablen auf eine zu reduzieren.

(3) Ermitteln der Extremstellen der Zielfunktion
Die Extremstellen der Zielfunktionen können mit dem Rechner oder auch händisch berechnet werden.

(4) Ergebnis mit allen relevanten Größen am Sachverhalt prüfen

Gesucht: das größtmögliche Rechteck, das zwischen dem Graphen zu $f(x) = -\frac{1}{3}x^2 + 3$ und der x-Achse liegt

(1)

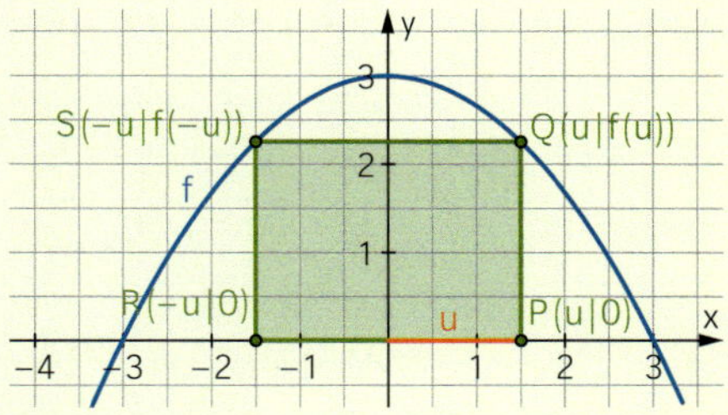

(2) $A = a \cdot b$

$a = 2u;\ b = f(u) = -\frac{1}{3}u^2 + 3$

$A(u) = 2u \cdot \left(-\frac{1}{3}u^2 + 3\right) = -\frac{2}{3}u^3 + 6u$

Es gilt $0 \le u \le 3$, also $D = [0; 3]$.

(3) $A'(u) = -2u^2 + 6$

$A''(u) = -4u$

$0 = -2u^2 + 6$,

also $u = \sqrt{3}$ *oder* $u = -\sqrt{3}$ — $-\sqrt{3}$ ist nicht im Definitionsbereich.

$A''(\sqrt{3}) = -4 \cdot \sqrt{3} < 0$, also lokales Maximum an der Stelle $\sqrt{3}$

$A(0) = 0,\ A(3) = 0$; kein Randextremum

(4) Das Rechteck mit dem Eckpunkt $Q(\sqrt{3}\,|\,2)$ hat den maximalen Flächeninhalt von $A = 2 \cdot \sqrt{3} \cdot 2 = 4\sqrt{3} \approx 6{,}93$.

Bestimmen ganzrationaler Funktionen

Vorgehensweise zur Bestimmung ganzrationaler Funktionen:

- Aufstellen eines allgemeinen Funktionsterms mit variablen Koeffizienten, ggf. Berücksichtigung von Symmetrien
- Einsetzen der Koordinaten der Punkte in den allgemeinen Funktionsterm
- Lösen des erhaltenen linearen Gleichungssystems
- Probe am Sachverhalt und falls nötig Wahl anderer Punkte oder eines anderen allgemeinen Funktionsterms, um ein passenderes Modell zu erhalten

Gesucht ist eine Funktion 3. Grades, deren Graph symmetrisch zum Koordinatenursprung ist und durch die Punkte $P(1\,|\,2)$ und $Q(3\,|\,0)$ verläuft.

$f(x) = ax^3 + bx$ (wegen Symmetrie)

$f(1) = a + b = 2$

$f(3) = 27a + 3b = 0$

Lineares Gleichungssystem:

$$\left|\begin{array}{r} a + b = 2 \\ 27a + 3b = 0 \end{array}\right|$$

Lösung: $a = -\frac{1}{4}$ und $b = \frac{3}{4}$

$f(x) = -\frac{1}{4}x^3 + \frac{3}{4}x$

Das Wichtigste auf einen Blick

Gauß-Algorithmus

Jedes lineare Gleichungssystem kann man systematisch lösen, indem man es in eine **Dreiecksgestalt** umformt. In dieser Gestalt hat jede Gleichung mindestens eine Variable weniger als die vorhergehende Gleichung. Zum Umformen wendet man das Additionsverfahren wiederholt an:

- Multiplikation beider Seiten einer Gleichung mit einer geeigneten Zahl ungleich null;
- Addition einer Gleichung zu einer anderen, sodass eine Variable wegfällt;
- gegebenenfalls Vertauschen der Reihenfolge der Gleichungen.

Die nicht veränderten Gleichungen führt man weiter mit.

$$\left|\begin{array}{rcr} 2x+2y+3z &=& 15 \\ -x+\ \ y+2z &=& 1 \\ -x-3y-3z &=& -10 \end{array}\right| \begin{array}{l} \\ \cdot 2 \\ \cdot 2 \end{array}$$

$$\left|\begin{array}{rcr} 2x+2y+3z &=& 15 \\ 4y+7z &=& 17 \\ -4y-3z &=& -5 \end{array}\right|$$

$$\left|\begin{array}{rcr} 2x+2y+3z &=& 15 \\ 4y+7z &=& 17 \\ 4z &=& 12 \end{array}\right| \begin{array}{l} \\ \\ :4 \end{array}$$

Dreiecksgestalt

$$\left|\begin{array}{rcr} 2x+2y+3z &=& 15 \\ 4y+7z &=& 17 \\ z &=& 3 \end{array}\right|$$

Einsetzen und Vereinfachen

$$\left|\begin{array}{rcr} 2x+2y &=& 6 \\ y &=& -1 \\ z &=& 3 \end{array}\right|$$

Einsetzen und Vereinfachen

$$\left|\begin{array}{rcr} x &=& 4 \\ y &=& -1 \\ z &=& 3 \end{array}\right|, \text{ also } L=\{(4\,|-1\,|\,3)\}$$

Lösungsmenge eines linearen Gleichungssystems

Ein lineares Gleichungssystem kann

- genau eine Lösung,
- keine Lösung,
- unendlich viele Lösungen

haben.

Keine Lösung:

$$\left|\begin{array}{rcr} x-2y+3z &=& 4 \\ 2y-4z &=& 8 \\ 0 &=& 2 \end{array}\right| \qquad L=\{\ \}$$

Unendlich viele Lösungen:

$$\begin{cases} 4\cdot x+3\cdot y+z=8 \\ -4\cdot x-2\cdot y+2\cdot z=-4 \\ x+y+z=3 \end{cases} \Big|\ x,y,z$$

$$\{x=2\cdot z-1,\ y=-3\cdot z+4,\ z=z\}$$

$L=\{(2z-1\,|\,4-3z\,|\,z)\,|\,z\in\mathbb{R}\}$

Klausurtraining

Lösungen im Anhang

Teil A

Lösen Sie die folgenden Aufgaben ohne Formelsammlung und ohne Rechner.

1 Anhand ihrer Eigenschaften sollen die Funktionsterme ganzrationaler Funktionen bestimmt werden.

a) Bestimmen Sie eine ganzrationale Funktion dritten Grades, deren Graph einen Hochpunkt in $H(0\,|\,5)$ und eine Nullstelle bei $x=1$ mit der Steigung -6 hat.

b) Der Graph einer ganzrationalen Funktion dritten Grades verläuft durch den Ursprung. Im Punkt $P(1\,|\,1)$ hat der Graph einen Extrempunkt und an der Stelle $x=3$ einen Wendepunkt. Wie lautet die Funktionsgleichung?

2 Bestimmen Sie die Lösungsmenge durch Anwenden des Gauß-Algorithmus.

a) $\left|\begin{array}{rcrcrcr} x & - & y & + & z & = & -2 \\ 2x & + & y & + & z & = & 3 \\ -x & + & 2y & - & z & = & 4 \end{array}\right|$
b) $\left|\begin{array}{rcrcrcr} x & - & 2y & + & z & = & 3 \\ 3x & - & 5y & + & 2z & = & 9 \\ x & - & 3y & + & 2z & = & 3 \end{array}\right|$
c) $\left|\begin{array}{rcrcrcr} 4x & - & 3y & - & 3z & = & 3 \\ 2x & - & 5y & - & z & = & 1 \\ x & + & y & - & z & = & 2 \end{array}\right|$

3 Bestimmen Sie einen möglichen Funktionsterm für den Graphen der Funktion.

a)
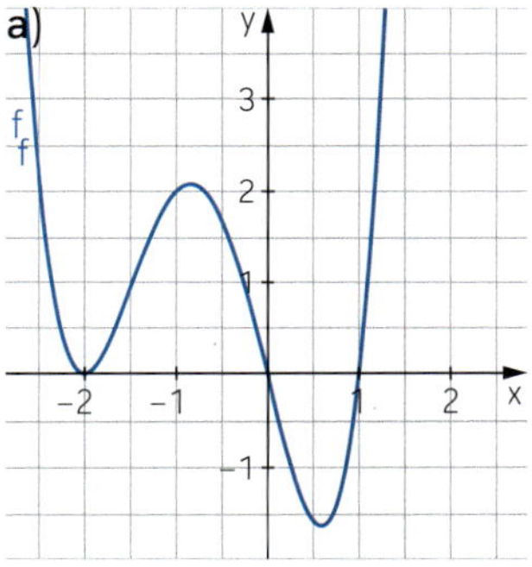

b)
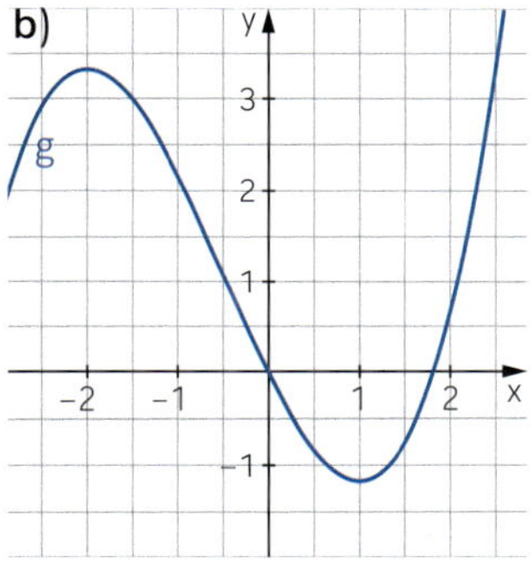

c)
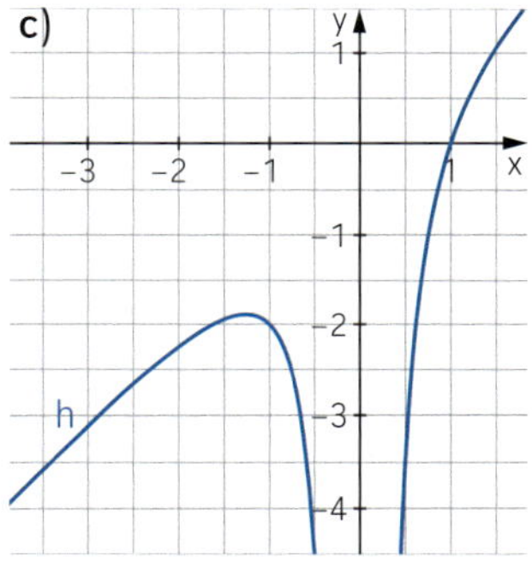

Teil B **Bei der Lösung dieser Aufgaben können Sie die Formelsammlung und den Rechner verwenden.**

4 Eine Kartonagenfabrik stellt quaderförmige Pakete mit quadratischen Seitenflächen her. Damit die Pakete nicht zu unhandlich sind, sollen noch zwei Bedingungen erfüllt sein:
(1) Die Länge soll nicht größer als 200 cm sein.
(2) Länge plus Umfang der quadratischen Seitenfläche soll 360 cm groß sein.
Ermitteln Sie die Abmessungen des Pakets mit dem größten Volumen. Geben Sie das maximale Volumen an.

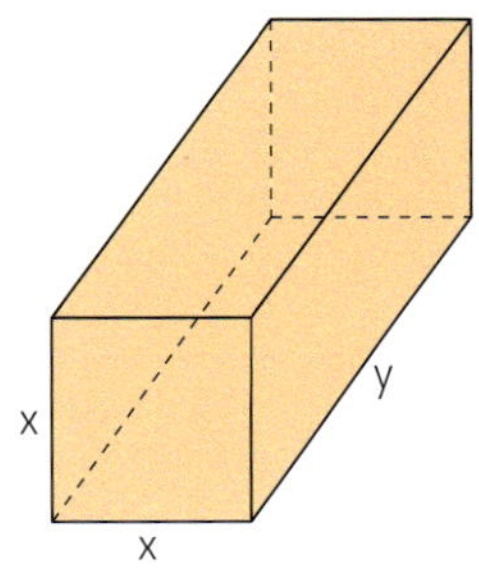

5 Bei jungen Bohnenpflanzen wurde die Höhe gemessen:

Zeit (in Tagen)	2	4	6	8	10	12	14
Höhe (in mm)	4	11	15	22	31	37	40

a) Bestimmen Sie die Gleichung der Regressionsgeraden.
b) Ermitteln Sie damit, wie hoch eine Bohnenpflanze nach 21 Tagen sein wird.

6 In der Grafik ist der Verlauf einer Krankheit dargestellt. Man kann den Krankheitsverlauf mit einer ganzrationalen Funktion vierten Grades annähern.
a) Beschreiben Sie anhand des Graphen den Verlauf der Krankheit.
b) Bestimmen Sie die zugehörige Funktionsgleichung.
c) Wie viele Personen waren erkrankt, als die Krankheitswelle ihren Höhepunkt hatte?

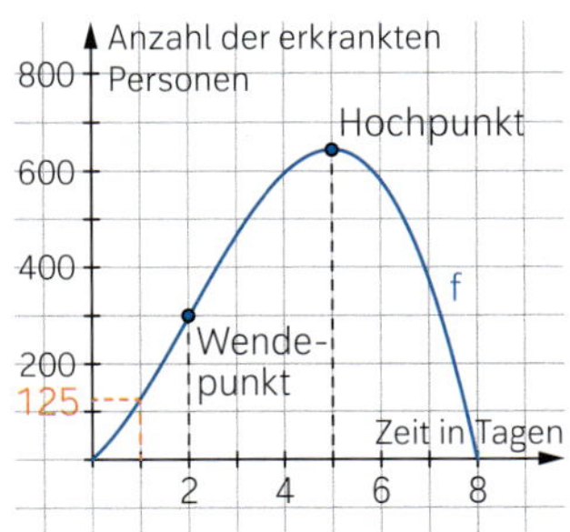

7 Es ist $f_k'(x) = 12x^3\left(x + \frac{1}{2}k\right)(x - 2k)^4,\ k > 0.$

Bestimmen Sie alle Extremstellen und Sattelstellen von f. Begründen Sie jeweils.

8 Gegeben sind Funktionen f_k durch $f_k(t) = k \cdot \left(1 - \frac{1}{e^t}\right)$ mit $k \in \mathbb{R}$.

a) Untersuchen Sie allgemein die Funktionen f_k.

b) Beschreiben Sie, durch welche Abbildungen die Graphen von f_k aus dem Graphen der Funktion g mit $g(t) = e^{-t}$ entstehen.

c) Die Tangente im Schnittpunkt des Graphen von f_k mit der x-Achse schneidet die Asymptote des Graphen von f_k in einem Punkt A; die Gerade mit der Gleichung $t = a$ schneidet diese im Punkt B und den Graphen von f_k im Punkt C_a.
Gibt es eine Zahl a, sodass der Flächeninhalt des Dreiecks ABC_a möglichst groß ist?

d) Für welche Werte von k können die Funktionen f_k einen Wachstumsprozess beschreiben?

9 In der Abbildung sind die Graphen der Funktionen f mit $f(x) = x^3 + ax^2 + bx + c$ und g mit $g(x) = mx$ dargestellt.

a) Bestimmen Sie die Funktionsgleichungen der Funktionen f und g.

b) Bestimmen Sie rechnerisch, an welcher Stelle x_0 im Intervall [1; 2] die Differenz der Funktionswerte $f(x_0)$ und $g(x_0)$ am kleinsten ist. Berechnen Sie auch, wie groß diese minimale Differenz ist.

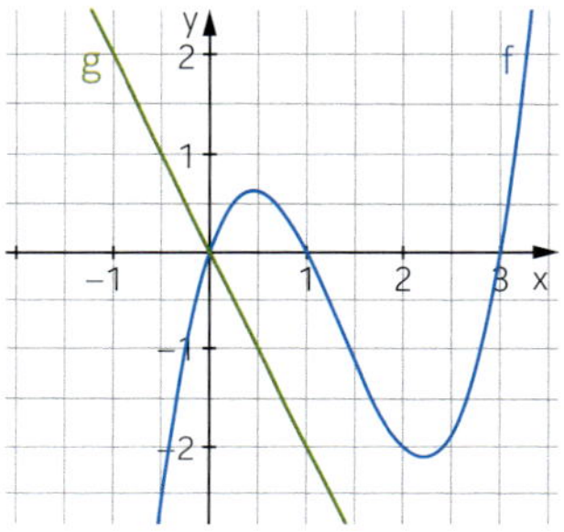

10 Gesucht sind Funktionsterme ganzrationaler Funktionen.

a) Bestimmen Sie eine ganzrationale Funktion dritten Grades, die folgende Bedingungen erfüllt:

- Die Stelle $x = -1$ ist eine Nullstelle von f.
- Der Funktionsgraph hat an der Stelle $x = -2$ einen Wendepunkt.
- Die Gleichung der Wendetangente lautet $y = 3x + 2{,}5$.

b) Der Graph einer ganzrationalen Funktion vierten Grades verläuft symmetrisch zur y-Achse, geht durch den Punkt $P(0|2)$ und hat im Punkt $Q(2|0)$ eine Tangente mit der Steigung 2. Bestimmen Sie die Gleichung dieser Funktion.

c) Der Graph einer ganzrationalen Funktion dritten Grades ist punktsymmetrisch zum Koordinatenursprung und verläuft durch den Punkt $P(2|-24)$. Die Wendetangente hat die Steigung −16.

11 Geben Sie einen möglichen Term für die Funktionen mit den folgenden Graphen an. Kontrollieren Sie mit ihrem Rechner.

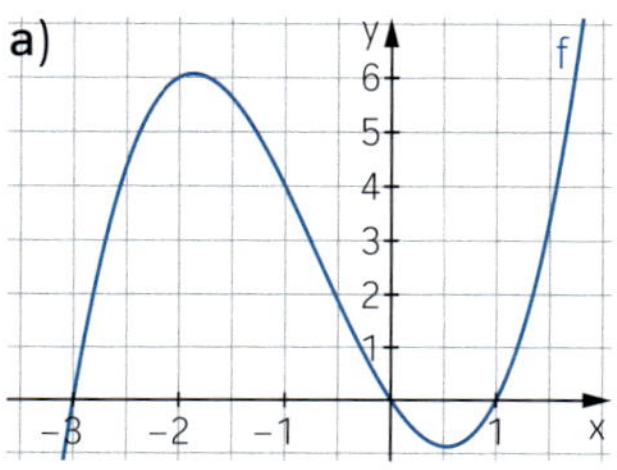

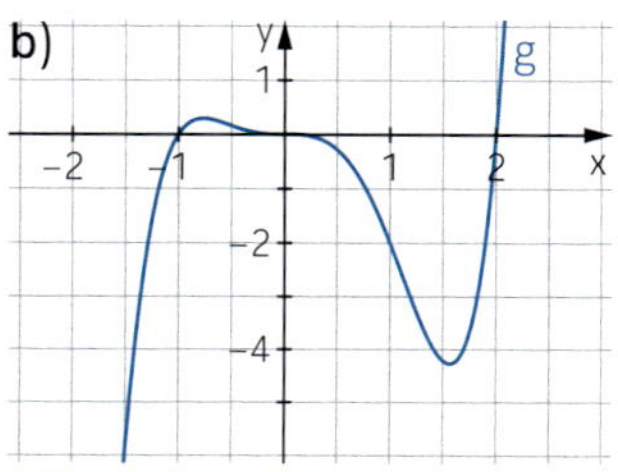

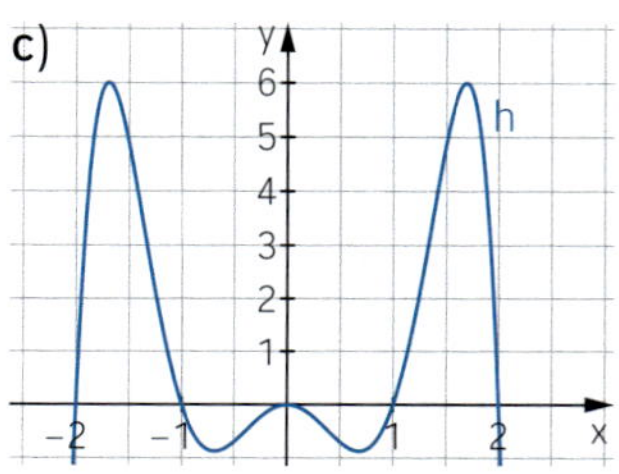

Vektoren und Geraden im Raum

4

▲ *Die Langkawi Sky-Bridge in Malaysia ist eine Fußgänger-Schrägseilbrücke. Die Brücke liegt auf einer Höhe von 700 m; sie ist 125 m lang und 1,8 m breit. Durch die Brücke sind zwei Aussichtsplattformen miteinander verbunden.*

In diesem Kapitel
lernen Sie, wie man Punkte und Geraden im Raum mithilfe von Vektoren mathematisch beschreiben kann und wie man die Lage von Geraden zueinander ermittelt. ▶

4.1 Punkte im Raum beschreiben

Einstieg

Wählen Sie in Ihrer Gruppe gemeinsam bestimmte Punkte im Klassenzimmer aus, wie z. B. die Ecke eines Tisches oder einen Punkt auf der Tafel.
Beschreiben Sie die Lage dieser Punkte möglichst präzise.
Erläutern Sie Ihre Vorgehensweise.
Vergleichen Sie Ihre Ergebnisse mit denen der anderen Gruppen.

Aufgabe mit Lösung

Dreidimensionales Koordinatensystem

Der abgebildete Flachdachbungalow soll saniert werden.

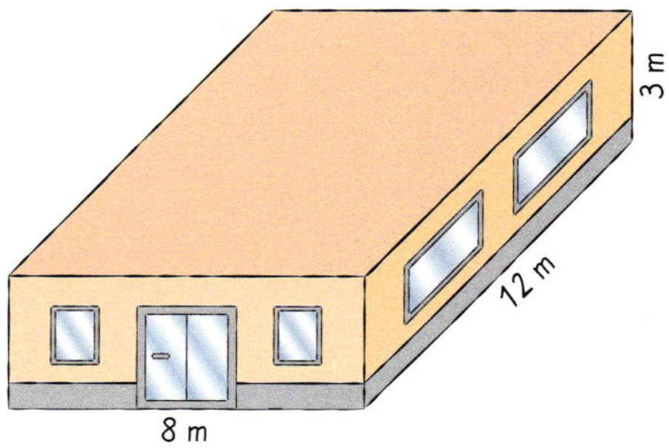

→ Legen Sie möglichst geschickt ein räumliches Koordinatensystem fest und zeichnen Sie ein Schrägbild des Bungalows in dieses Koordinatensystem.
Geben Sie die Koordinaten der Eckpunkte des Bungalows an.

Lösung

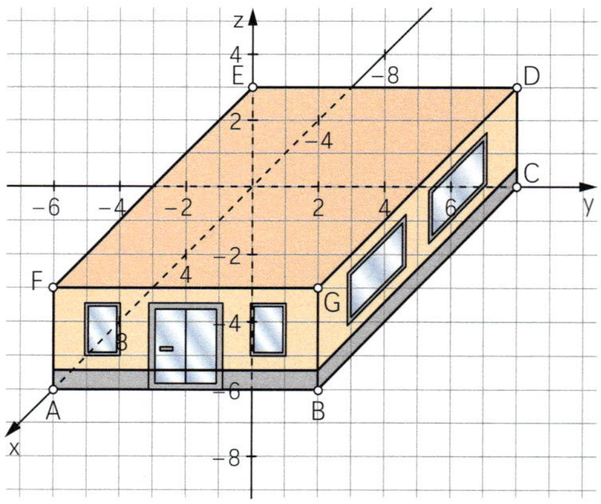

Um den Bungalow beschreiben zu können, müssen Länge, Breite und Höhe berücksichtigt werden. Deshalb wird das Koordinatensystem um eine dritte Achse so erweitert, dass alle drei Achsen paarweise orthogonal zueinander sind.

orthogonal bedeutet senkrecht

Man legt z. B. den Ursprung in die untere Ecke hinten links, sodass eine Koordinatenachse in der Verlängerung der Kante nach vorne verläuft. Man nennt sie x-Achse.
Die y-Achse zeigt in der Verlängerung einer Kante nach rechts, die z-Achse nach oben.
Die gemeinsame Längeneinheit der drei Achsen ist hier in Metern angegeben.
Um vom Koordinatenursprung O(0|0|0) zum Punkt A zu gelangen, geht man auf der x-Achse 12 Einheiten nach vorn; der Punkt A hat also die Koordinaten A(12|0|0).
Zum Punkt B gelangt man, indem man vom Ursprung 12 Einheiten nach vorn und 8 Einheiten nach rechts geht, also hat dieser Punkt die Koordinaten B(12|8|0).
Entsprechend findet man die Koordinaten der anderen Punkte:
C(0|8|0); D(0|8|3); E(0|0|3); F(12|0|3); G(12|8|3)

Die rechte Hälfte des Bungalows ist 2,5 m tief unterkellert.
Geben Sie die Koordinaten der Eckpunkte des Kellerbodens an und zeichnen Sie den Keller in das vorhandene Schrägbild ein.

Lösung

Die vier Eckpunkte des Kellerbodens liegen 2,5 Einheiten tief unter der rechten Haushälfte. Damit besitzen sie alle den Wert −2,5 als z-Koordinate.
Die Eckpunkte L und J liegen genau unter den Punkten B und C und haben damit die Koordinaten
L(12|8|−2,5); J(0|8|−2,5).
Die Punkte H und K liegen unterhalb der Mittelpunkte der Strecken $\overline{AB}$ und $\overline{OC}$ und haben die Koordinaten
H(12|4|−2,5); K(0|4|−2,5).

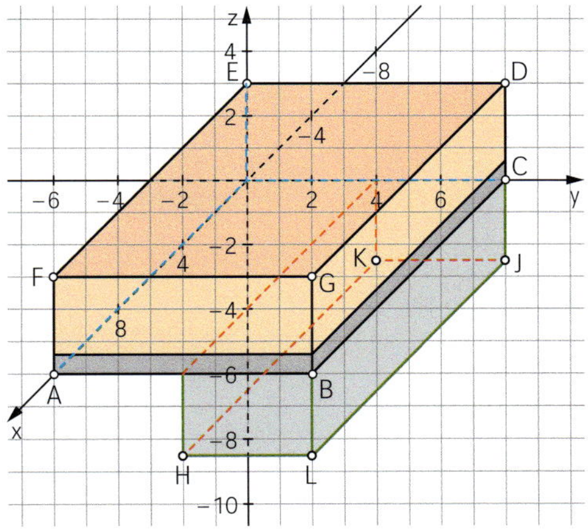

Information

WES-125991-411

WES-125991-412
Punkte im Raum

Koordinatensystem im Raum

Um die Lage von Punkten im Raum zu beschreiben, kann man ein räumliches Koordinatensystem mit drei Achsen verwenden.

Üblicherweise gilt dabei:
- gemeinsamer Achsenschnittpunkt: Ursprung O(0|0|0)
- Achsen sind paarweise orthogonal zueinander
- Achseneinteilung in je äquidistante (also gleichgroße) Einheitsstrecken

Je zwei Koordinatenachsen spannen eine Koordinatenebene auf. So spannen z. B. die x- und die y-Achse die xy-Ebene auf.

Die Koordinatenebenen sind paarweise orthogonal zueinander.

Ein solches Koordinatensystem wird auch **räumliches kartesisches Koordinatensystem** genannt.

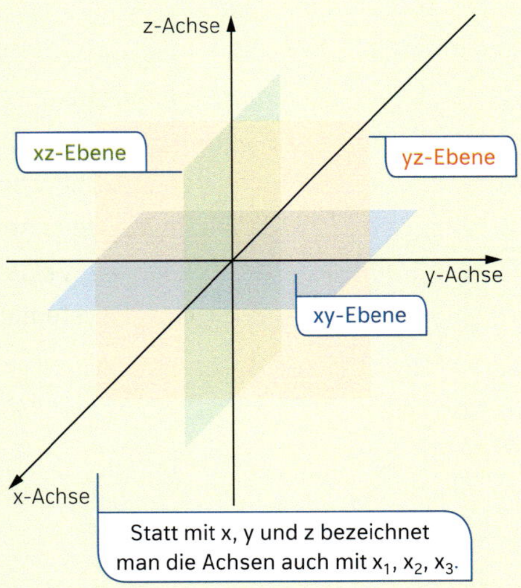

Information

WES-125991-413

Schrägbild eines räumlichen Koordinatensystems zeichnen

Üblicherweise zeichnet man ein Schrägbild eines räumlichen kartesischen Koordinatensystems wie folgt:

- Die Lage der y- und z-Achse entspricht der Lage der x- und y-Achse im ebenen kartesischen Koordinatensystem.
  Die Längeneinheit für zwei Kästchen wird je nach Problemstellung für beide Achsen festgelegt.
- Der Winkel zwischen der x-Achse und der y-Achse beträgt 45°. Die Kästchendiagonale entspricht einer Längeneinheit.
  Streckungsfaktor: $k = \frac{1}{2} \cdot \sqrt{2} \approx 0{,}7$

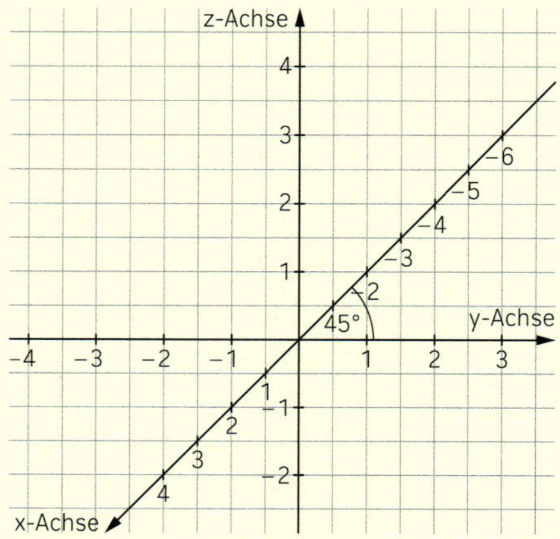

Punkte in ein räumliches Koordinatensystem einzeichnen

Zu jedem Zahlentripel, z. B. $(p_x \mid p_y \mid p_z)$, gehört ein Punkt mit diesen Koordinaten. Man findet ihn als Endpunkt eines Koordinatenzuges.
Dabei geht man vom Ursprung aus

- p_x Einheiten in Richtung der x-Achse,
- p_y Einheiten in Richtung der y-Achse,
- p_z Einheiten in Richtung der z-Achse.

Man schreibt dafür $P(p_x \mid p_y \mid p_z)$ und liest: „Punkt P mit den Koordinaten p_x, p_y, p_z."

Zum Einzeichnen des Punktes $P(2 \mid -3 \mid 3{,}5)$ geht man vom Ursprung aus

- 2 Einheiten in Richtung der x-Achse,
- dann 3 Einheiten in negative Richtung der y-Achse
- und schließlich 3,5 Einheiten in Richtung der z-Achse.

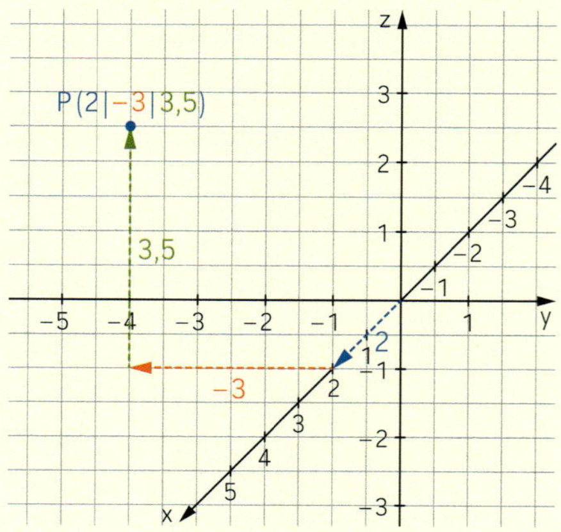

In einem räumlichen Koordinatensystem ist es im Allgemeinen nicht möglich, die Koordinaten von Punkten eindeutig abzulesen. Erst wenn weitere Angaben vorliegen, wie z. B. eingezeichnete Koordinatenzüge oder Lagebeschreibungen, kann man die Koordinaten eindeutig angeben.

Der Punkt $Q(0 \mid -4 \mid 2{,}5)$ wird an derselben Stelle im Schrägbild eingezeichnet wie der Punkt P.

Üben

1 Zeichnen Sie das Dreieck mit den Eckpunkten A, B, C in ein Koordinatensystem.
a) A(3|2|4), B(−2|−3|3), C(−4|1|−5) **b)** A(3|1|−1), B(−1|4|1), C(−3|−3|2)

2 Zeichnen Sie die Punkte A(4|3|5), B(2|−3|−1) und C(6|3|4) in ein Koordinatensystem. Geben Sie jeweils zwei weitere Punkte an, die im Schrägbild an derselben Stelle wie Punkt A, B oder C erscheinen.

3 Lina hat die Punkte P(1|3|4) und Q(−3|−4|−2) in das Koordinatensystem gezeichnet. Was hat sie dabei falsch gemacht? Erklären Sie.

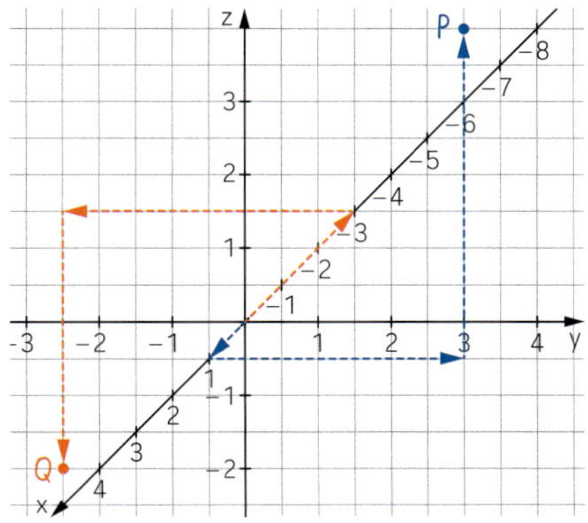

4 Eine gerade quadratische Pyramide hat die Höhe $h = 8\,cm$. Die Grundfläche hat die Seitenlänge $a = 10\,cm$.
Wählen Sie ein räumliches Koordinatensystem und zeichnen Sie die Pyramide ein. Bestimmen Sie die Koordinaten aller Eckpunkte.

5 Ein Turm hat vereinfacht die Form eines Quaders, auf den eine gerade Pyramide aufgesetzt wurde.
a) Wählen Sie ein Koordinatensystem mit D als Ursprung, sodass die Kanten des Quaders auf den Koordinatenachsen liegen.
Zeichnen Sie ein Schrägbild des Turms. Geben Sie die Koordinaten seiner Eckpunkte an.
b) Wählen Sie ein zweites Koordinatensystem, bei dem der Ursprung im Mittelpunkt M der Grundfläche ABCD liegt. Bestimmen Sie ebenfalls die Koordinaten aller Eckpunkte des Turms.
c) Vergleichen Sie die Koordinaten der Eckpunkte aus den Teilaufgaben a) und b) miteinander.

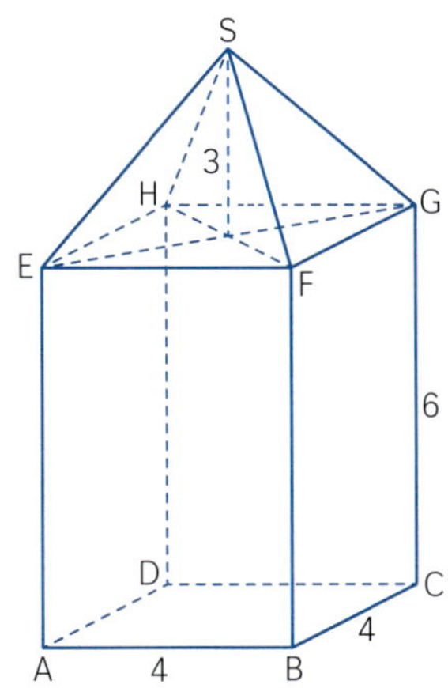

6 Ein Körper ist im Schrägbild dargestellt.
a) Beschreiben Sie die Lage der Punkte, die in jeweils einer Koordinate übereinstimmen.
b) Geben Sie zwei Punkte an, die in jeweils zwei Koordinaten übereinstimmen.

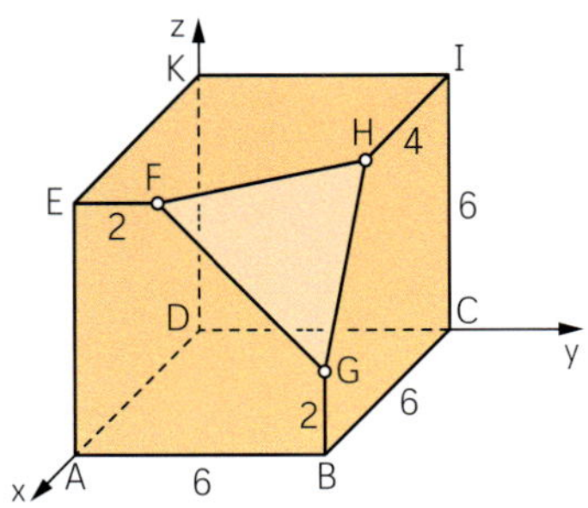

7 Beschreiben Sie die Lage aller Punkte im Koordinatensystem,
a) deren x-Koordinate 0 ist; **b)** deren z-Koordinate 0 ist;
c) deren x-und y-Koordinate 0 sind; **d)** deren z-Koordinate gleich 3 ist;
e) deren x-Koordinate gleich 2 und deren y-Koordinate gleich 3 ist.

Weiterüben

8 Gegeben sind die Punkte A(2|4|3) und B(4|5|4).

a) Zeichnen Sie die beiden Punkte in ein Koordinatensystem. Was stellen Sie fest?

b) Erläutern Sie, dass alle Punkte $P_k(2k|k|k)$ mit $k \in \mathbb{R}$ im Schrägbild des Koordinatensystems im Ursprung liegen.

c) Begründen Sie an einem Beispiel, dass zwei Punkte $A(a_x|a_y|a_z)$ und $A_k(a_x + 2k|a_y + k|a_z + k)$ mit $k \in \mathbb{R}$ im Schrägbild des Koordinatensystems an derselben Stelle liegen.

d) Im Koordinatensystem wurden die Punkte A(0|2|−1), B(0|5|−1), C(0|5|2) und D(2|3|3) eingezeichnet. Begründen Sie, dass das Viereck ABCD kein ebenes Viereck und somit auch kein Quadrat ist. Ändern Sie die Koordinaten von D so ab, dass aus ABCD ein ebenes Viereck wird.

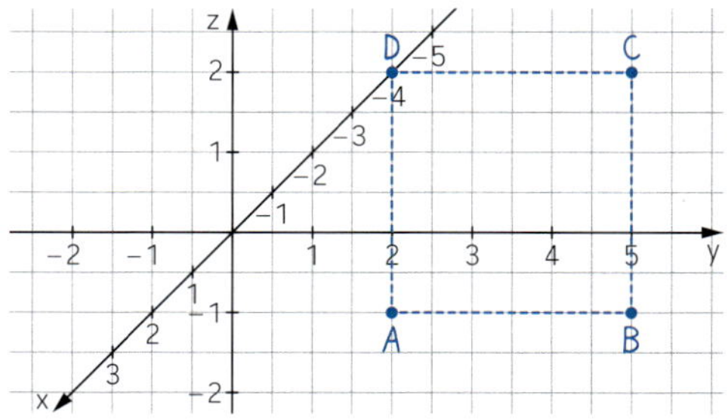

Projektion und Spiegelung von Punkten

9 Gegeben ist der Punkt P(2|3|4).

a) Projiziert man den Punkt P parallel zur y-Achse in die xz-Ebene, so erhält man den Bildpunkt P′ von P in der xz-Ebene.
Bestimmen Sie die Koordinaten von P′.

b) Bestimmen Sie entsprechend die Koordinaten der Bildpunkte P″ und P‴ bei der Projektion von P in die xy-Ebene und in die yz-Ebene.

c) Der Punkt P wird an der xz-Ebene gespiegelt. Geben Sie die Koordinaten des Bildpunktes an.

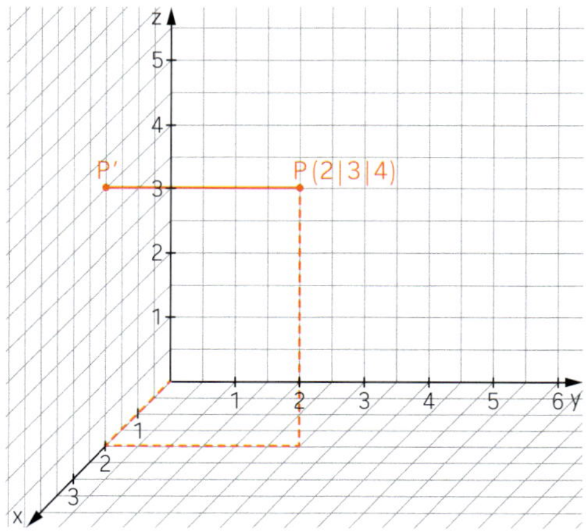

10 Die Punkte P(−4|0|0), Q(0|3|0), R(3|−2|4) und S(−8|5|−3) werden an einer Koordinatenebene oder am Koordinatenursprung gespiegelt.
Bestimmen Sie die Koordinaten der zugehörigen Bildpunkte.

a) Spiegelung an der xy-Ebene
b) Spiegelung an der xz-Ebene
c) Spiegelung an der yz-Ebene
d) Spiegelung am Koordinatenursprung

11 Entscheiden Sie für jeder der folgenden Aussagen, ob sie wahr oder falsch ist.
Begründen Sie Ihre Entscheidungen für die jeweils falschen Aussagen.

(1) Die x-Koordinate eines Punktes gibt seinen Abstand zur yz-Ebene an.

(2) P(x|y|z) und Q(y|x|z) sind Spiegelpunkte bezüglich der xy-Ebene.

(3) Bei der Spiegelung eines Punktes am Koordinatenursprung wechselt jede Koordinate des Punktes ihr Vorzeichen.

4.2 Vektoren

Einstieg

Die Paketzustellung mithilfe von Drohnen befindet sich im Erprobungsstadium. Der Ort einer Drohne wird in einem lokalen Koordinatensystem mit der Einheit Meter beschrieben. Die Drohne befindet sich im Punkt P (45 | −17 | 5) und soll das Paket auf der Dachterrasse eines Hauses im Punkt Q (36 | −5 | 6) absetzen. Beschreiben Sie, wie die Drohne fliegen muss, um vom Punkt P auf direktem Weg zum Punkt Q zu gelangen.

Aufgabe mit Lösung

Ein Dreieck im Raum verschieben

Das Dreieck ABC mit A (1 | −1 | 2), B (−1 | −4 | 2) und C (1 | −3 | 0) wird so verschoben, dass der Bildpunkt von A die Koordinaten A′(3 | 5 | 4) hat.

→ Bestimmen Sie die Koordinaten der Bildpunkte B′ und C′.
Zeichnen Sie beide Dreiecke und die Verschiebungspfeile in ein Koordinatensystem.

Lösung

Man vergleicht die Koordinaten des Punktes A mit denen seines Bildpunktes A′:

A(1 | −1 | 2)
+2 ↓ +6 ↓ +2 ↓
A′(3 | 5 | 4)

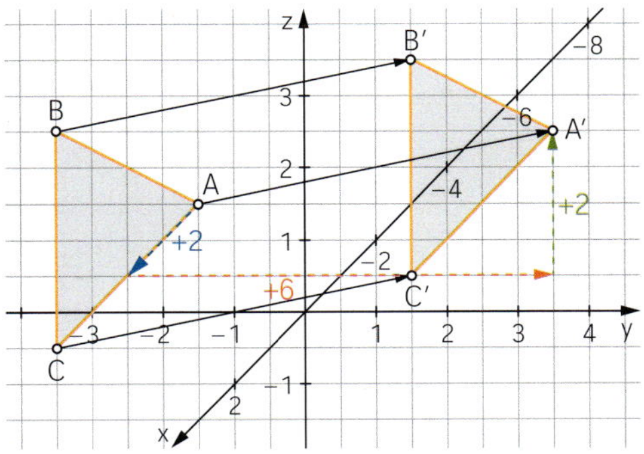

Um den Punkt A auf den Punkt A′ zu verschieben, geht man
- in x-Richtung um 2 Einheiten nach vorn, nämlich vom x-Wert 1 zum x-Wert 3,
- in y-Richtung um 6 Einheiten nach rechts, nämlich vom y-Wert −1 zum y-Wert 5,
- in z-Richtung um 2 Einheiten nach oben, nämlich vom z-Wert 2 zum z-Wert 4.

Durch Subtraktion der Koordinaten des Punktes A von den Koordinaten des Punktes A′ erhält man den Zahlenwert der Verschiebung. Ein negativer Zahlenwert bedeutet, dass man entgegen der Richtung der jeweiligen Koordinatenachse verschieben muss. Die gleiche Verschiebung führt man auch mit den Koordinaten der Punkte B und C durch:
B′(−1 + 2 | −4 + 6 | 2 + 2), also B′(1 | 2 | 4), sowie C′(1 + 2 | −3 + 6 | 0 + 2), also C′(3 | 3 | 2).

→ Die gleiche Verschiebung soll mit einer beliebigen Figur ausgeführt werden.
Wie kann man die Verschiebung durch Zahlen beschreiben?

Lösung

Die Koordinaten der Bildpunkte P′(x′ | y′ | z′) bei der Verschiebung eines beliebigen Punktes P (x | y | z) können wie folgt bestimmt werden:

$x' = x + 2; \quad y' = y + 6; \quad z' = z + 2$

Information

WES-125991-421

Bei der Bezeichnung der Koordinaten mit x, y, z wird für Vektoren auch die Notation $\vec{v} = \begin{pmatrix} v_x \\ v_y \\ v_z \end{pmatrix}$ verwendet.

WES-125991-422 Verschiebungen im Raum

Verschiebungen im Raum

Eine Verschiebung im Raum von einem Punkt P in einen Punkt Q kann durch einen Pfeil veranschaulicht werden.

P(	p_x	p_y	p_z)
	x-Richtung ↓	y-Richtung ↓	z-Richtung ↓
Q(	q_x	q_y	q_z)

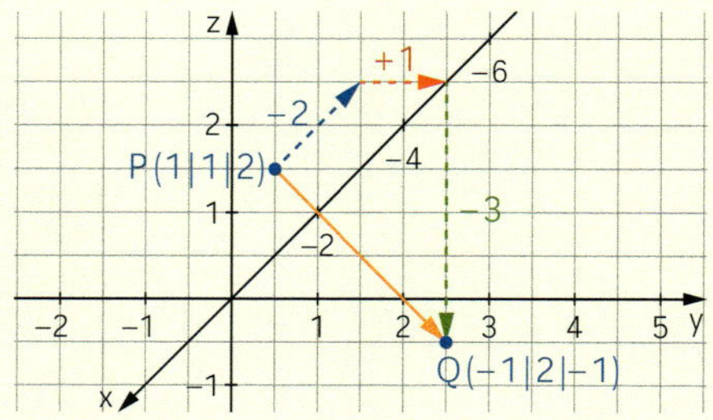

Vektoren

Ein **Vektor** $\vec{v}$ mit drei Koordinaten ist ein Zahlentripel, das man als Spalte schreibt:

$$\vec{v} = \begin{pmatrix} v_x \\ v_y \\ v_z \end{pmatrix}$$

Jeder Vektor beschreibt eine Verschiebung im Raum.

Der Vektor, der die Verschiebung eines Punktes P in den Punkt Q beschreibt, wird als **Verbindungsvektor** $\overrightarrow{PQ}$ bezeichnet.

Alle Pfeile, die parallel zueinander, gleich gerichtet und gleich lang sind, veranschaulichen den gleichen Vektor.

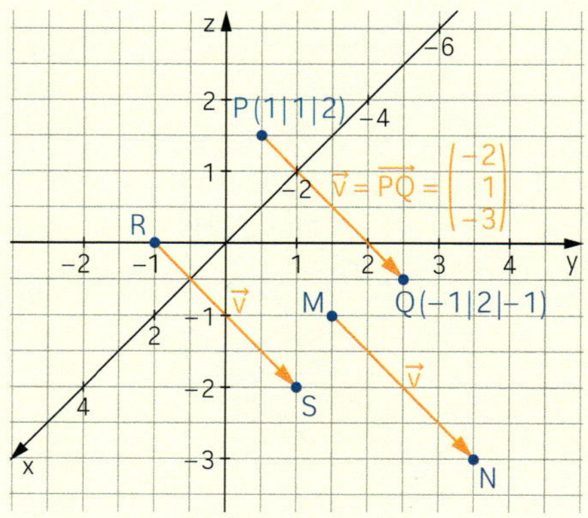

$\vec{v} = \overrightarrow{PQ} = \overrightarrow{MN} = \overrightarrow{RS}$

Besondere Vektoren

Der Verbindungsvektor $\overrightarrow{OA}$ des Ursprungs O und eines Punktes A heißt **Ortsvektor** des Punktes A.

Anstelle von $\overrightarrow{OA}$ schreibt man häufig auch nur $\vec{a}$.

Der Vektor $\vec{o} = \begin{pmatrix} 0 \\ 0 \\ 0 \end{pmatrix}$ heißt **Nullvektor**.

Der Vektor $-\vec{v} = \begin{pmatrix} -v_x \\ -v_y \\ -v_z \end{pmatrix}$ heißt **Gegenvektor** von $\vec{v} = \begin{pmatrix} v_x \\ v_y \\ v_z \end{pmatrix}$.

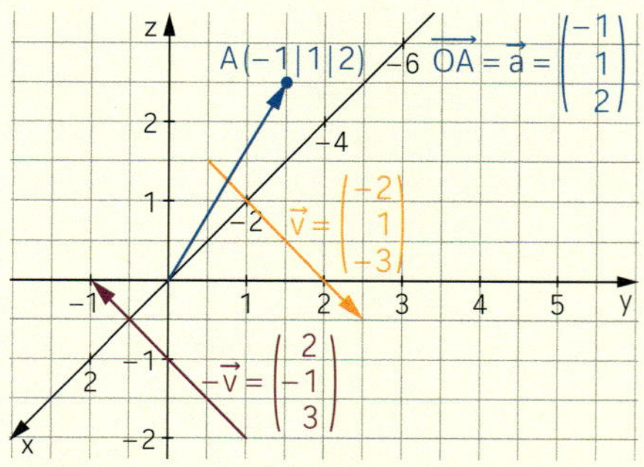

Der Ortsvektor $\overrightarrow{OA}$ beschreibt den Weg vom Koordinatenursprung zum Punkt A. Somit kann man die Lage eines Punktes auch mithilfe seines Ortsvektors beschreiben.

Üben

1 Der Punkt A wird in der xy-Ebene um den zweidimensionalen Vektor $\vec{v}$ verschoben. Bestimmen Sie die Koordinaten des Bildpunktes A′ grafisch.

a) $A(-2|1)$; $\vec{v} = \begin{pmatrix} 5 \\ 3 \end{pmatrix}$ **b)** $A(3|4)$; $\vec{v} = \begin{pmatrix} -2 \\ -2 \end{pmatrix}$ **c)** $A(2|-3)$; $\vec{v} = \begin{pmatrix} -2 \\ 3 \end{pmatrix}$

2 Der Punkt A wird um den Vektor $\vec{v}$ verschoben. A' ist der Bildpunkt von A. Bestimmen Sie den fehlenden Punkt oder den fehlenden Vektor.

a) $A(5|3|-1)$; $\vec{v} = \begin{pmatrix} 6 \\ 4 \\ 2 \end{pmatrix}$

b) $A(6|4|-3)$; $\vec{v} = \begin{pmatrix} 0 \\ 0 \\ 0 \end{pmatrix}$

c) $A(2|1|-1)$; $A'(0|6|-2)$

d) $\vec{v} = \begin{pmatrix} -7 \\ -9 \\ 8 \end{pmatrix}$; $A'(0|0|0)$;

3 Geben Sie den Gegenvektor von $\vec{v}$ an.

a) $\vec{v} = \begin{pmatrix} 1 \\ -2 \\ 3 \end{pmatrix}$ **b)** $\vec{v} = \begin{pmatrix} -2 \\ 0 \\ 1 \end{pmatrix}$ **c)** $\vec{v} = \begin{pmatrix} r \\ -s \\ t \end{pmatrix}$ **d)** $\vec{v} = \begin{pmatrix} 0 \\ 0 \\ 0 \end{pmatrix}$

4 Betrachten Sie den zweidimensionalen Vektor $\vec{v} = \begin{pmatrix} -4 \\ 3 \end{pmatrix}$.

a) Zeichnen Sie drei Pfeile, die zu $\vec{v}$ gehören, in ein ebenes Koordinatensystem ein.

b) Der Vektor $\vec{v}$ bildet bei einer Verschiebung den Punkt $A(3|5)$ auf den Punkt A' ab. Der Punkt B wird dabei auf den Punkt $B'(-1|2)$ abgebildet. Bestimmen Sie die Koordinaten der Punkte A' und B.

5 Wie viele verschiedene Vektoren sind in der Abbildung dargestellt? Begründen Sie.

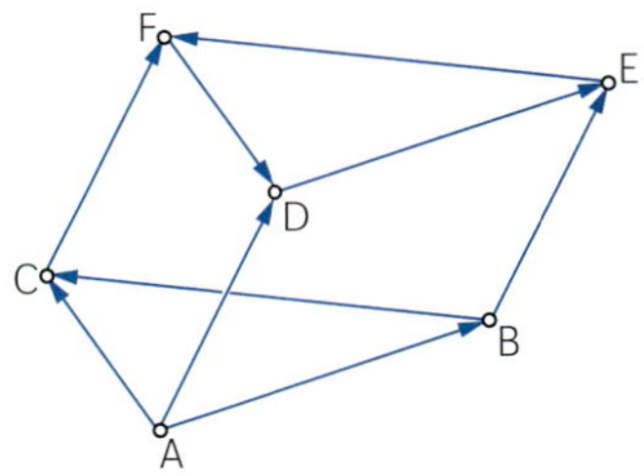

6 Das Dreieck mit den Eckpunkten $A(2|-3|-1)$, $B(1|-1|-2)$ und $C(1|-1|3)$ wird so verschoben, dass $A'(-1|2|0)$ der Bildpunkt von A ist.

a) Zeichnen Sie das Dreieck und das Bilddreieck.

b) Geben Sie den Vektor und den Gegenvektor dieser Verschiebung an.

c) Geben Sie die Koordinaten der Bildpunkte B' und C' an.

7 Der Vektor $\vec{v} = \begin{pmatrix} -3 \\ 2 \\ -1 \end{pmatrix}$ bildet den Punkt P bei einer Verschiebung auf den Punkt Q ab. Bestimmen Sie die Koordinaten des fehlenden Punktes Q bzw. P.

a) $P(12|-8|25)$

b) $Q(-6|15|17)$

c) $P(-1|-3|-7)$

d) $Q(q|q-5|3q+2)$; $q \in \mathbb{R}$

8 Betrachten Sie die folgenden Vektoren des abgebildeten Quaders.

(1) $\overrightarrow{DA}$; (2) $\overrightarrow{DC}$;
(3) $\overrightarrow{AB}$; (4) $\overrightarrow{BC}$;
(5) $\overrightarrow{CG}$; (6) $\overrightarrow{HF}$;
(7) $\overrightarrow{DB}$; (8) $\overrightarrow{EF}$

Welche Vektoren sind gleich?

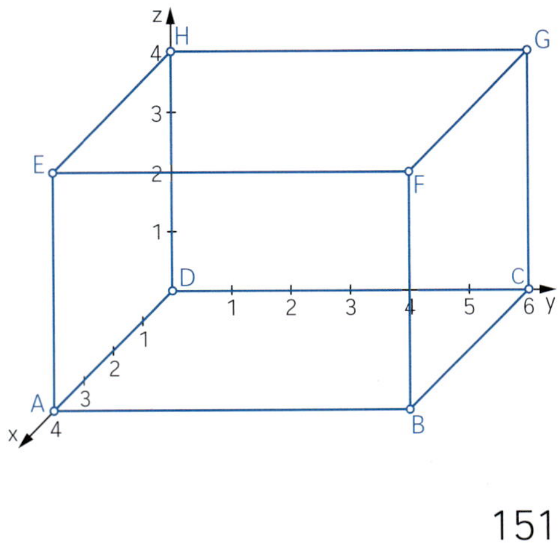

9 ≡ Betrachtet werden zwei beliebige Punkte A und B, die nicht im Koordinatenursprung liegen. Beurteilen Sie die folgende Aussage: *„Der Vektor $\overrightarrow{AB}$ kann kein Ortsvektor für einen beliebigen Punkt C sein, da er nicht im Koordinatenursprung beginnt."*

10 ≡ In dem Koordinatensystem sind die Pfeile $\overrightarrow{AB}$ und $\overrightarrow{OC}$ eingezeichnet.

a) Geben Sie zwei verschiedene Vektoren an, zu denen diese Pfeile passen.

b) Bestimmen Sie die Koordinaten der Punkte A und C, sodass gilt: $\overrightarrow{AB} = \overrightarrow{OC}$

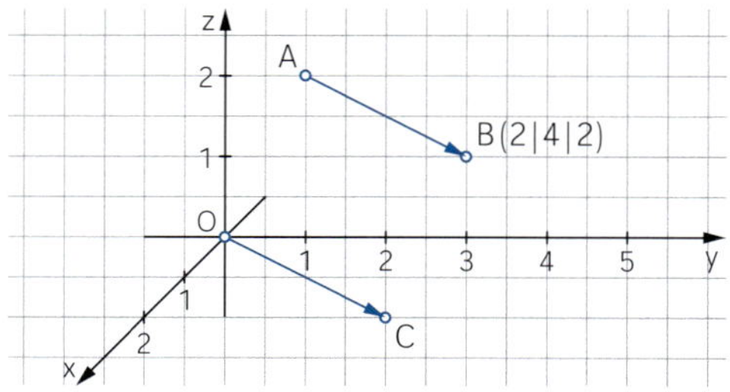

Länge eines Vektors bestimmen

11 ≡ Gegeben ist ein Punkt A. Man erhält den Bildpunkt A' von A durch eine Verschiebung mit dem Vektor $\vec{v} = \begin{pmatrix} 5 \\ 7 \\ 1{,}5 \end{pmatrix}$.
Bestimmen Sie die Länge der Strecke, um die der Punkt A verschoben wird.

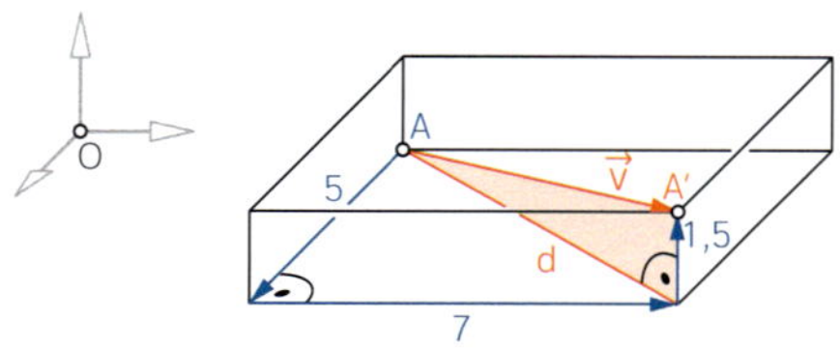

Information

WES-125991-423

Länge eines Vektors

Die **Länge** eines Vektors ist die Länge der Pfeile, die zu diesem Vektor gehören.
Statt Länge eines Vektors sagt man auch **Betrag** des Vektors und schreibt dafür $|\vec{v}|$.

Für $\vec{v} = \begin{pmatrix} v_x \\ v_y \\ v_z \end{pmatrix}$ gilt: $|\vec{v}| = \sqrt{v_x^2 + v_y^2 + v_z^2}$

$\vec{v} = \begin{pmatrix} 1 \\ 2 \\ -3 \end{pmatrix}$ hat die Länge

$|\vec{v}| = \sqrt{1^2 + 2^2 + (-3)^2} = \sqrt{14} \approx 3{,}74.$

Die Längeneinheit ist stets die Koordinateneinheit.

Abstand zweier Punkte

Der **Abstand** zweier Punkte A und B entspricht der Länge des Vektors $\overrightarrow{AB}$, also $\overline{AB} = |\overrightarrow{AB}|$. Daraus ergibt sich die Formel:
$|\overrightarrow{AB}| = \sqrt{(b_x - a_x)^2 + (b_y - a_y)^2 + (b_z - a_z)^2}$

$A(4|7|-3)$; $B(6|5|-4)$

$\overline{AB} = |\overrightarrow{AB}|$

$= \sqrt{(6-4)^2 + (5-7)^2 + (-4-(-3))^2}$

$= \sqrt{2^2 + (-2)^2 + (-1)^2} = 3$

Bemerkung:
Die Strecke $\overline{OA}$ ist eine Raumdiagonale im Koordinatenquader von A. Im rechtwinkligen Dreieck OBA (rot) gilt nach dem Satz des Pythagoras: $\overline{OA}^2 = \overline{OB}^2 + \overline{BA}^2$
Im rechtwinkligen Dreieck OCB (grau) gilt: $\overline{OB}^2 = \overline{OC}^2 + \overline{CB}^2$
Insgesamt ist: $\overline{OA}^2 = \overline{OC}^2 + \overline{CB}^2 + \overline{BA}^2$
Damit erhält man: $|\vec{v}|^2 = v_x^2 + v_y^2 + v_z^2$, also $|\vec{v}| = \sqrt{v_x^2 + v_y^2 + v_z^2}$

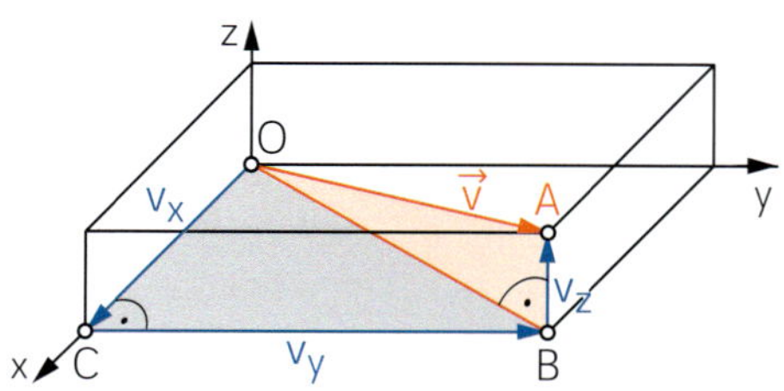

12 Ermitteln Sie die Länge des Vektors $\vec{v}$.

a) $\vec{v} = \begin{pmatrix} 2 \\ -3 \\ -4 \end{pmatrix}$ b) $\vec{v} = \begin{pmatrix} 2 \\ 0 \\ 5 \end{pmatrix}$ c) $\vec{v} = \begin{pmatrix} 2 \\ 2 \end{pmatrix}$ d) $\vec{v} = \begin{pmatrix} 0 \\ 0 \\ 0 \end{pmatrix}$

13 Welche Vektoren sind gleich lang?
Geben Sie jeweils einen weiteren Vektor mit gleicher Länge an.

$\vec{a} = \begin{pmatrix} -3 \\ 1 \\ 4 \end{pmatrix}$, $\vec{b} = \begin{pmatrix} 5 \\ 0 \\ 6 \end{pmatrix}$, $\vec{c} = \begin{pmatrix} -4 \\ -1 \\ -3 \end{pmatrix}$, $\vec{d} = \begin{pmatrix} 3 \\ -4 \\ 6 \end{pmatrix}$, $\vec{e} = \begin{pmatrix} 5 \\ 1 \\ -5 \end{pmatrix}$, $\vec{f} = \begin{pmatrix} -1 \\ 7 \\ -1 \end{pmatrix}$

14 Gegeben sind die Punkte $P(3|-5|4)$ und $Q(-5|-3|7)$.

a) Berechnen Sie jeweils den Abstand der Punkte P und Q zum Ursprung.

b) Berechnen Sie den Abstand von P und Q.

15 Bei einer Verschiebung wird der Punkt P auf den Punkt Q abgebildet. Geben Sie den Vektor an, der diese Verschiebung beschreibt. Berechnen Sie die Länge des Vektors.

a) $P(-3|4|12)$, $Q(4|-2|8)$ b) $P(25|-33|18)$, $Q(28|-37|21)$

c) $P(-8|2|4)$, $Q(11|-7|15)$ d) $P(-8|0|-8)$, $Q(0|-8|0)$

16 Berechnen Sie den Parameter k so, dass der Punkt P zum Punkt $Q(3|-6|1)$ den Abstand d besitzt.

a) $P(1|9|k)$, $d = \sqrt{230}$ b) $P(2|k|0)$, $d = \sqrt{3}$

c) $P(k|k|k)$, $d = \sqrt{85}$ d) $P(a|-6|k)$, $d = \sqrt{2(a^2+9)}$

17 Die Länge des Vektors $\vec{a} = \begin{pmatrix} 4 \\ -2 \\ 3 \end{pmatrix}$ soll berechnet werden.

Erläutern Sie die Fehler bei den Berechnungen mit dem Taschenrechner.

a)
$\sqrt{4^2} + \sqrt{(-2)^2} + \sqrt{3^2}$
9

b)
$\sqrt{4^2 - 2^2 + 3^2}$
4.58258

Weiter-üben

18 Berechnen Sie den Umfang des Dreiecks ABC.

a) $A(3|-2|7)$, $B(-1|2|5)$, $C(6|8|-9)$ b) $A(-6{,}2|-1{,}8)$, $B(5{,}3|3{,}4)$, $C(1{,}7|6{,}4)$

19 Bestimmen Sie im Viereck ABCD die Seiten- und Diagonalenlängen sowie den Umfang.

a) $A(-3|0|2)$, $B(4|1|0)$, $C(2|2|3)$, $D(-2|-1|0)$

b) $A(3|-2|1)$, $B(-1|2|3)$, $C(1|-1|2)$, $D(5|-5|0)$

LK 20 Beschreiben Sie die Lage aller Punkte $P(p_x|p_y)$ und $Q(q_x|q_y|q_z)$ deren Ortsvektoren die Länge 1 haben.

LK 21 Der Betrag eines Vektors ist genauso groß wie der Betrag der betragsmäßig größten Koordinate dieses Vektors.
Erläutern Sie, bei welchen Bedingungen ein solcher Fall eintritt.

4.3 Addition und Subtraktion von Vektoren

Einstieg

Ein Container wird beim Verladen zweimal verschoben.
Zuerst wird sein Eckpunkt A(−6 | 5 | 5) zum Punkt A′(4 | −2 | 0) verschoben, danach von A′ zu A″(−4 | −8 | 8).
Geben Sie die beiden Vektoren $\vec{v}$ und $\vec{w}$ an, die diese Verschiebungen beschreiben.
Welcher Vektor gibt die gesamte Verschiebung von A nach A″ an?
Beschreiben Sie, wie dieser Vektor mit den beiden Vektoren $\vec{v}$ und $\vec{w}$ zusammenhängt.

Aufgabe mit Lösung

Zweimalige Verschiebung eines Dreiecks

Ein Dreieck hat die Eckpunkte A(4 | 1 | 0), B(0 | −3 | 1) und C(6 | −1 | 2) und wird zuerst mit dem Vektor $\vec{v} = \begin{pmatrix} -3 \\ 4 \\ 2 \end{pmatrix}$ und danach mit dem Vektor $\vec{w} = \begin{pmatrix} 2 \\ -3 \\ 1 \end{pmatrix}$ verschoben.

→ Bestimmen Sie die Koordinaten der Eckpunkte der beiden Bilddreiecke.
Zeichnen Sie das Ausgangsdreieck und die beiden Bilddreiecke in ein Koordinatensystem.

Lösung

Für das erste Bilddreieck erhalten wir:
A′(4 − 3 | 1 + 4 | 0 + 2), also A′(1 | 5 | 2);
B′(0 − 3 | −3 + 4 | 1 + 2), also B′(−3 | 1 | 3);
C′(6 − 3 | −1 + 4 | 2 + 2), also C′(3 | 3 | 4).
Für das zweite Bilddreieck erhalten wir:
A″(1 + 2 | 5 − 3 | 2 + 1), also A″(3 | 2 | 3);
B″(−3 + 2 | 1 − 3 | 3 + 1), also B″(−1 | −2 | 4);
C″(3 + 2 | 3 − 3 | 4 + 1), also C″(5 | 0 | 5).

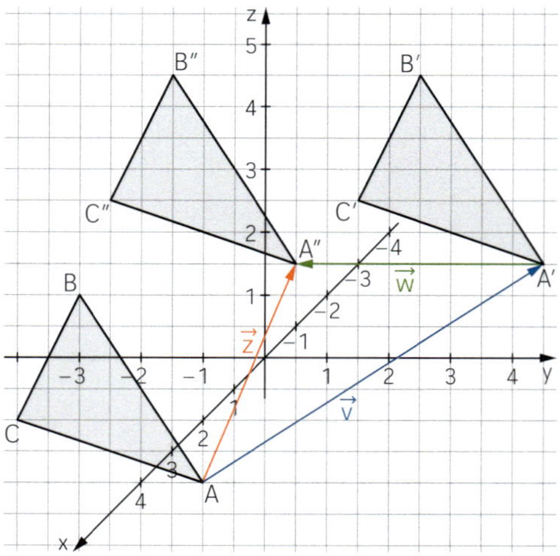

→ Geben Sie den Vektor $\vec{z}$ an, der die zweimalige Verschiebung durch eine Verschiebung ersetzt. Wie hängt $\vec{z}$ mit den beiden anderen Vektoren $\vec{v}$ und $\vec{w}$ zusammen?

Lösung

Durch die zweimalige Verschiebung ändert sich die erste Koordinate von A um $-3 + 2 = -1$.
Die zweite Koordinate ändert sich um $4 + (-3) = 1$ und die dritte Koordinate um $2 + 1 = 3$.
Die zweimalige Verschiebung kann also auch durch eine Verschiebung mit dem Vektor $\vec{z} = \begin{pmatrix} -1 \\ 1 \\ 3 \end{pmatrix}$ beschrieben werden. Die Koordinaten von $\vec{z}$ erhält man, indem man die Koordinaten von $\vec{v}$ und $\vec{w}$ addiert: $\vec{z} = \begin{pmatrix} -3 + 2 \\ 4 + (-3) \\ 2 + 1 \end{pmatrix} = \begin{pmatrix} -1 \\ 1 \\ 3 \end{pmatrix}$

Information

Vektoren addieren und subtrahieren

Zwei Vektoren $\vec{a}$ und $\vec{b}$ werden koordinatenweise addiert bzw. subtrahiert.

Den Vektor $\vec{a}+\vec{b}=\begin{pmatrix}a_x\\a_y\\a_z\end{pmatrix}+\begin{pmatrix}b_x\\b_y\\b_z\end{pmatrix}=\begin{pmatrix}a_x+b_x\\a_y+b_y\\a_z+b_z\end{pmatrix}$

nennt man die **Summe** oder den **Summenvektor** von $\vec{a}$ und $\vec{b}$.

Den Vektor $\vec{a}-\vec{b}=\begin{pmatrix}a_x\\a_y\\a_z\end{pmatrix}-\begin{pmatrix}b_x\\b_y\\b_z\end{pmatrix}=\begin{pmatrix}a_x-b_x\\a_y-b_y\\a_z-b_z\end{pmatrix}$

nennt man die **Differenz** oder den **Differenzvektor** von $\vec{a}$ und $\vec{b}$.

$\vec{a}=\begin{pmatrix}3\\1\\-2\end{pmatrix};\ \vec{b}=\begin{pmatrix}-4\\3\\8\end{pmatrix}$

$\vec{a}+\vec{b}=\begin{pmatrix}3\\1\\-2\end{pmatrix}+\begin{pmatrix}-4\\3\\8\end{pmatrix}=\begin{pmatrix}3+(-4)\\1+3\\-2+8\end{pmatrix}=\begin{pmatrix}-1\\4\\6\end{pmatrix}$

$\vec{a}-\vec{b}=\begin{pmatrix}3\\1\\-2\end{pmatrix}-\begin{pmatrix}-4\\3\\8\end{pmatrix}=\begin{pmatrix}3-(-4)\\1-3\\-2-8\end{pmatrix}=\begin{pmatrix}7\\-2\\-10\end{pmatrix}$

WES-125991-431

Vektoren grafisch addieren und subtrahieren – Vektorparallelogramm

Die Pfeile des Summenvektors $\vec{a}+\vec{b}$ und des Differenzvektors $\vec{a}-\vec{b}$ kann man mithilfe der Diagonalen in einem Parallelogramm aus Pfeilen von $\vec{a}$ und $\vec{b}$ konstruieren.

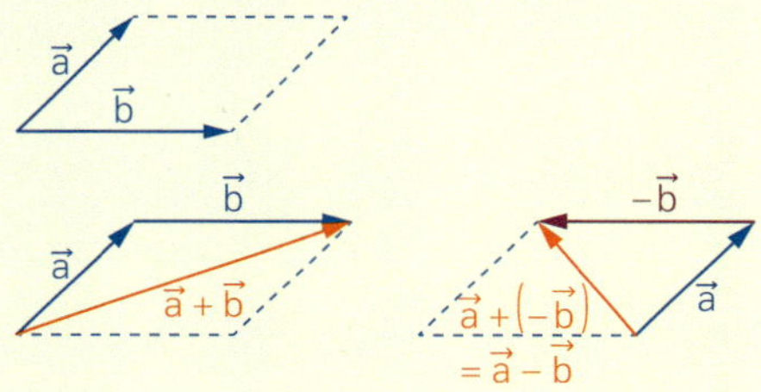

Dreiecksregel

Für alle Punkte P, Q und R im Koordinatensystem gilt: $\overrightarrow{PQ}+\overrightarrow{QR}=\overrightarrow{PR}$

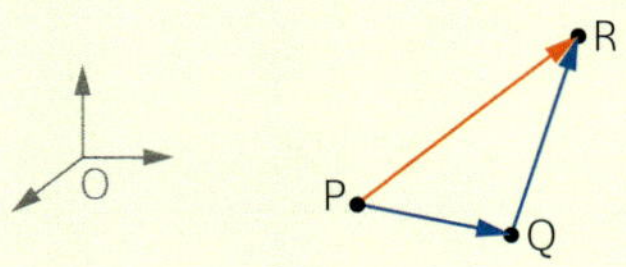

Für zwei Punkte A und B und ihre Ortsvektoren gilt somit: $\overrightarrow{OA}+\overrightarrow{AB}=\overrightarrow{OB}$

Der Verbindungsvektor $\overrightarrow{AB}$ zweier Punkte $A(a_x|a_y|a_z)$ und $B(b_x|b_y|b_z)$ lässt sich also als Differenz von zwei Ortsvektoren schreiben:

$\overrightarrow{AB}=\overrightarrow{OB}-\overrightarrow{OA}=\begin{pmatrix}b_x-a_x\\b_y-a_y\\b_z-a_z\end{pmatrix}$

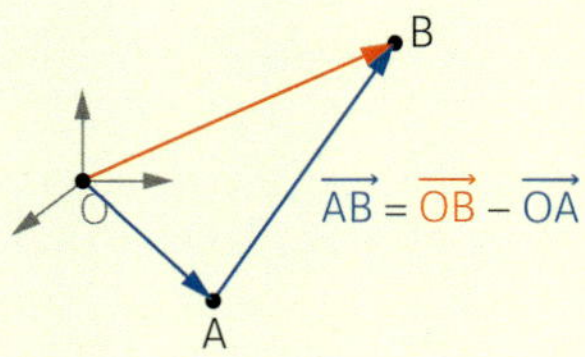

Üben

1 Geben Sie den Summen- oder Differenzvektor an.

a) $\begin{pmatrix}2\\3\\5\end{pmatrix}+\begin{pmatrix}1\\4\\-4\end{pmatrix}$ b) $\begin{pmatrix}6\\9\\3\end{pmatrix}+\begin{pmatrix}0\\0\\0\end{pmatrix}$ c) $\begin{pmatrix}1\\2\\4\end{pmatrix}-\begin{pmatrix}3\\-1\\-1\end{pmatrix}$ d) $\begin{pmatrix}1\\-2\\3\end{pmatrix}-\begin{pmatrix}5\\4\\-2\end{pmatrix}$

2 In der Abbildung sind die Pfeile der Vektoren $\vec{a}$, $\vec{b}$, $\vec{c}$ und $\vec{d}$ in der xy-Ebene dargestellt.
Stellen Sie die Summen- und Differenzvektoren mithilfe der vier Vektoren grafisch im Heft dar.

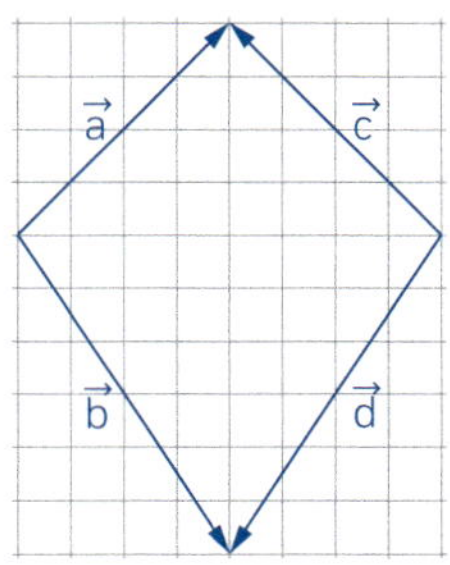

a) $\vec{a}+\vec{b}$ b) $\vec{a}+\vec{b}+\vec{c}$ c) $\vec{a}-\vec{c}$

d) $\vec{c}+\vec{d}$ e) $\vec{b}-\vec{a}+\vec{c}$ f) $\vec{a}-(\vec{b}+\vec{c})+\vec{d}$

g) $\vec{a}-(\vec{b}+\vec{d})$ h) $\vec{c}+\vec{d}-\vec{a}$ i) $\vec{d}-\vec{c}$

3 Geben Sie mögliche Koordinaten der Vektoren $\vec{u}$, $\vec{v}$ und $\vec{w}$ an.

a) $\vec{v} + \vec{u} = \begin{pmatrix} 0 \\ 0 \\ 0 \end{pmatrix}$ **b)** $\vec{u} - \vec{v} - \vec{w} = \begin{pmatrix} 1 \\ 0 \\ 0 \end{pmatrix}$ **c)** $\vec{u} + \vec{u} - \vec{v} = \begin{pmatrix} 3 \\ 4 \\ 5 \end{pmatrix}$ **d)** $\vec{u} - \vec{u} + \vec{w} = \begin{pmatrix} 2 \\ 1 \\ 1 \end{pmatrix}$

4 Entscheiden Sie, ob die Aussage wahr oder falsch ist. Begründen Sie.

a) $\vec{x} + (-\vec{x}) = \vec{o}$ **b)** $\vec{o} + (-\vec{x}) = -\vec{x}$ **c)** $\vec{x} - \vec{x} = |\vec{o}|$ **d)** $|\vec{x} - \vec{x}| = \vec{o}$

5 Leiten Sie aus dem Ansatz $\overrightarrow{AB} = \overrightarrow{OB} - \overrightarrow{OA}$ die Behauptung $\overrightarrow{AB} = -\overrightarrow{BA}$ her.

WES-125991-432

6 Untersuchen Sie die Gültigkeit des Kommutativ- und des Assoziativgesetzes für die Vektoraddition grafisch am Beispiel der Vektoren $\vec{a} = \begin{pmatrix} 3 \\ 2 \end{pmatrix}$, $\vec{b} = \begin{pmatrix} 3 \\ 0 \end{pmatrix}$ und $\vec{c} = \begin{pmatrix} -4 \\ -4 \end{pmatrix}$.

7 Gegeben sind die drei Vektoren
$\vec{a} = \overrightarrow{AB}$, $\vec{b} = \overrightarrow{AD}$ und $\vec{c} = \overrightarrow{AE}$.

a) Beschreiben Sie die folgenden Vektoren mithilfe der Vektoren $\vec{a}$, $\vec{b}$ und $\vec{c}$.

(1) $\overrightarrow{AC}$ (2) $\overrightarrow{BD}$
(3) $\overrightarrow{EB}$ (4) $\overrightarrow{EC}$

b) Geben Sie mithilfe der Eckpunkte des Quaders jeweils einen Vektor an, der mit
(1) $\vec{a} + \vec{b} + \vec{c}$; (2) $\vec{a} - (\vec{b} + \vec{c})$
beschrieben wird.

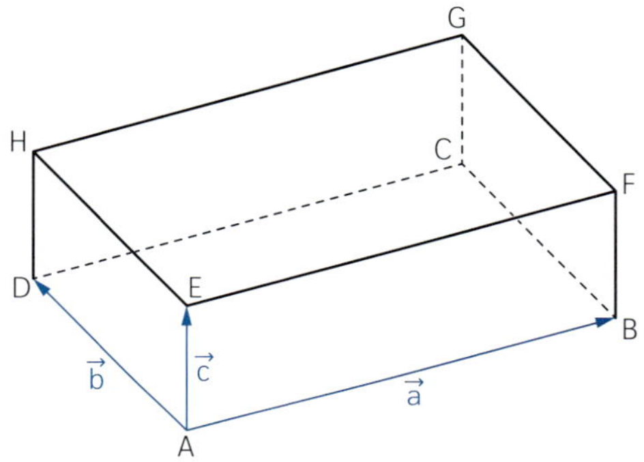

8 Vereinfachen Sie die Vektorsummen so weit wie möglich. Fertigen Sie dazu jeweils eine Skizze an.

a) $\overrightarrow{AB} + \overrightarrow{BC} + \overrightarrow{CD}$ **b)** $\overrightarrow{AB} - \overrightarrow{CB} + \overrightarrow{CA}$

c) $\overrightarrow{RS} + \overrightarrow{SR}$ **d)** $\overrightarrow{RP} - (\overrightarrow{RP} - \overrightarrow{PQ}) + \overrightarrow{QS}$

e) $\overrightarrow{FG} + \overrightarrow{GH} - \overrightarrow{FF}$ **f)** $\overrightarrow{PQ} - (\overrightarrow{SR} - \overrightarrow{QR}) + \overrightarrow{SP}$

9 Gegeben sind die Punkte A, B, C, D, E sowie die Vektoren $\vec{r} = \overrightarrow{AB}$, $\vec{s} = \overrightarrow{CD}$, $\vec{t} = \overrightarrow{BE}$ und $\vec{u} = \overrightarrow{CA}$.

Beschreiben Sie mithilfe der Vektoren $\vec{r}$, $\vec{s}$, $\vec{t}$ und $\vec{u}$ die folgenden Vektoren.

(1) $\overrightarrow{AC}$ (2) $\overrightarrow{AD}$
(3) $\overrightarrow{AE}$ (4) $\overrightarrow{BA}$
(5) $\overrightarrow{BC}$ (6) $\overrightarrow{BD}$
(7) $\overrightarrow{CB}$ (8) $\overrightarrow{CE}$
(9) $\overrightarrow{DA}$ (10) $\overrightarrow{DB}$
(11) $\overrightarrow{DE}$

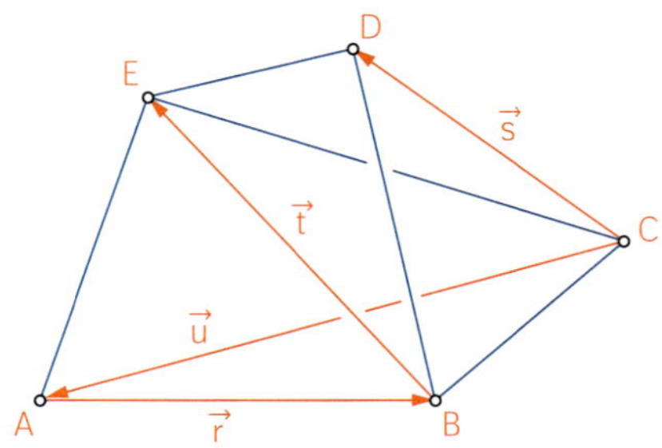

10 Betrachtet wird das Dreieck ABC mit den Eckpunkten A(4 | 1 | 0), B(0 | −3 | 1) und C(6 | −1 | 3) sowie die Vektoren $\vec{u} = \begin{pmatrix} -3 \\ 4 \\ 2 \end{pmatrix}$, $\vec{v} = \begin{pmatrix} 2 \\ -3 \\ 1 \end{pmatrix}$ und $\vec{w}$.

Die folgenden drei Rechnungen stellen gemeinsam den Ansatz zur Lösung einer Aufgabe dar:

(I) $\overrightarrow{OA'} = \overrightarrow{OA} + \vec{u} + \vec{v} + \vec{w}$ (II) $\overrightarrow{OB'} = \overrightarrow{OB} + \vec{u} + \vec{v} + \vec{w}$ (III) $\overrightarrow{OC'} = \overrightarrow{OC} + \vec{u} + \vec{v} + \vec{w}$

a) Deuten Sie die Ergebnisse der Rechnungen und geben Sie die Lösungen für $\vec{w} = \vec{o}$ an.

b) Formulieren Sie eine passende Aufgabenstellung.

c) Erläutern Sie die Bestimmung der Koordinaten des Vektors $\vec{w}$ für den Fall $\overrightarrow{OA'} = \overrightarrow{OA}$.

11 Den Gipfel der Schneekoppe (tschechisch Sněžka) kann man über einen Sessellift erreichen. Der Lift führt von einer Talstation T über eine Zwischenstation Z auf die Bergstation B.

Der Vektor $\overrightarrow{TZ} = \begin{pmatrix} 563 \\ 676 \\ 682 \end{pmatrix}$ beschreibt näherungsweise den Weg des Liftes von der Talstation zur Zwischenstation und der Vektor $\overrightarrow{ZB} = \begin{pmatrix} 1162 \\ 973 \\ 1434 \end{pmatrix}$ näherungsweise den Weg von der Zwischenstation zur Bergstation (Einheit des Koordinatensystems: 1 m).

a) Skizzieren Sie den Sachverhalt und bestimmen Sie den Vektor $\overrightarrow{TB}$.

b) Bei einer Erneuerung des Liftes wird die Zwischenstation verlegt. Der Weg von der Talstation zur Zwischenstation wird nun beschrieben durch $\overrightarrow{TZ_{neu}} = \begin{pmatrix} 488 \\ 534 \\ 645 \end{pmatrix}$.
Bestimmen Sie den Vektor $\overrightarrow{Z_{neu}B}$.

c) Vergleichen Sie die Längen der Wege von der Talstation zur Bergstation vor und nach der Verlegung der Zwischenstation.

12 Der Startpunkt S eines Heißluftballons kann in einem Koordinatensystem (mit der Einheit Meter) durch die Koordinaten S(225 | −349 | 114) beschrieben werden.

Der Vektor $\vec{v} = \begin{pmatrix} 150 \\ 600 \\ 1\,200 \end{pmatrix}$ beschreibt den Anstieg des Ballons in den ersten fünf Minuten bei nahezu konstanten Windverhältnissen.

a) Bestimmen Sie die Koordinaten des Punktes T, an dem sich der Ballon nach fünf Minuten befindet.

b) Berechnen Sie die Durchschnittsgeschwindigkeit in diesen ersten 5 Minuten.

Eigenschaften von Dreiecken und Vierecken untersuchen

13 Zeichnen Sie das Dreieck ABC in ein Koordinatensystem, berechnen Sie die Seitenlängen des Dreiecks und geben Sie den Typ des Dreiecks an.

a) A(1|2|5), B(1|5|9), C(1|−1|1)
b) A(0|2|6), B(4|2|5), C(−1|3|2)

Gegeben ist das Dreieck ABC mit A(1|2|1), B(3|4|2) und C(2|0|3).

Seitenlängen:

$a = |\overrightarrow{BC}| = \left|\begin{pmatrix} -1 \\ -4 \\ 1 \end{pmatrix}\right| = \sqrt{18};$

$b = |\overrightarrow{AC}| = \left|\begin{pmatrix} 1 \\ -2 \\ 2 \end{pmatrix}\right| = \sqrt{9} = 3;$

$c = |\overrightarrow{AB}| = \left|\begin{pmatrix} 2 \\ 2 \\ 1 \end{pmatrix}\right| = \sqrt{9} = 3$

Dreieck ist gleichschenklig, da $b = c$.
Weiterhin ist das Dreieck rechtwinklig, da $b^2 + c^2 = 3^2 + 3^2 = \left(\sqrt{18}\right)^2 = a^2$ gilt.

14 Untersuchen Sie, ob das Dreieck ABC ein besonderes Dreieck ist.

a) A(3|7|1), B(8|7|−3), C(3|11|6)
b) A(−1|0|6), B(3|−4|4), C(1|4|2)
c) A(6|1|0), B(2|3|0), C(3|0|2,5)

15 Stellen Sie die besonderen Dreiecke und ihre Eigenschaften (Seitenlängen, Winkel) in einer Tabelle zusammen. Geben Sie für jedes Dreieck ein Beispiel an. Vergleichen Sie Ihre Ergebnisse und ergänzen Sie gegebenenfalls.

16 Bestimmen Sie die Koordinaten des Punktes D so, dass ABCD ein Parallelogramm ist.

a) A(3|−2|4), B(7|2|1), C(4|6|6)
b) A(8|4|9), B(4|−1|3), C(5|2|8)

17 Untersuchen Sie, ob das Viereck ABCD ein Parallelogramm ist.

a) A(3|−1|2), B(1|0|−2), C(2|1|2), D(4|0|6)
b) A(5|0|2), B(0|−4|1), C(−3|1|0), D(−8|−3|−1)

Der Implikationspfeil ⇒ bedeutet: Wenn die linke Seite der Aussage wahr ist, so ist auch die rechte Seite der Aussage wahr.

LK 18 Beurteilen Sie, ob diese Aussagen für ein Dreieck ABC wahr oder falsch sind. Begründen Sie Ihre Entscheidung.

(I) $\vec{c} = \vec{a} + \vec{b} \Rightarrow |\vec{c}| = |\vec{a}| + |\vec{b}|$ (II) $|\vec{c}|^2 = |\vec{a}|^2 + |\vec{b}|^2 \Rightarrow \gamma = 90°$

LK 19 Gegeben sind die Punkte A(−1|2|2) und B(3|4|4). Beurteilen Sie die folgende Aussage: „Das Dreieck ABC ist für alle Punkte C(1 − k|3 + k|3 + k) mit $k \in \mathbb{R}$ gleichschenklig."

LK 20 Gegeben sind die Punkte S(3|2|2) und T(7|−1|2).

a) Ermitteln Sie die Koordinaten eines Punktes R mit z-Koordinate 2, sodass das Dreieck RST
(1) im Punkt S einen rechten Winkel hat.
(2) gleichschenklig ist und im Punkt S einen rechten Winkel hat.

b) Beschreiben Sie die Lage aller möglichen Punkte R, sodass das Dreieck RST gleichschenklig ist und im Punkt S einen rechten Winkel hat.

4.4 Vervielfachen von Vektoren

Einstieg

$$\underbrace{\begin{pmatrix}1\\-2\\3\end{pmatrix}+\begin{pmatrix}1\\-2\\3\end{pmatrix}+\begin{pmatrix}1\\-2\\3\end{pmatrix}+\begin{pmatrix}1\\-2\\3\end{pmatrix}}_{4\text{-mal}}=\begin{pmatrix}4\\-8\\12\end{pmatrix}$$

$$\underbrace{\begin{pmatrix}1\\-2\\3\end{pmatrix}+\begin{pmatrix}1\\-2\\3\end{pmatrix}+\begin{pmatrix}1\\-2\\3\end{pmatrix}+\begin{pmatrix}1\\-2\\3\end{pmatrix}+\begin{pmatrix}1\\-2\\3\end{pmatrix}}_{5\text{-mal}}=\begin{pmatrix}5\\-10\\15\end{pmatrix}$$

Viktor hat seine Hausaufgabe an der Tafel notiert.
Interpretieren Sie seine Berechnungen geometrisch.
Formulieren Sie eine allgemeingültige Aussage für die Multiplikation eines Vektors mit einer reellen Zahl.

Aufgabe mit Lösung

Vielfache eines Vektors bestimmen

Ein Wetterballon mit einer Radiosonde dient in der Meteorologie z. B. zur Messung von Temperatur, Luftdruck oder Luftfeuchtigkeit. Per GPS kann die Position des Wetterballons festgestellt und die Windrichtung ermittelt werden.
In den ersten Minuten nach dem Start bewegt sich der Ballon mit nahezu mit konstanter Geschwindigkeit und gradlinig.
Der Vektor $\vec{v}=\begin{pmatrix}0,5\\2\\4\end{pmatrix}$ beschreibt diese Bewegung (Längenangaben in m).

→ Zur Vereinfachung legt man das Koordinatensystem so, dass der Startpunkt in O(0|0|0) liegt. Bestimmen Sie die Koordinaten des Punkts P_1, an dem sich der Ballon nach einer Sekunde befindet.

Lösung

Die Sonde erreicht nach einer Sekunde den Punkt mit dem Ortsvektor $\overrightarrow{OP_1}=\begin{pmatrix}0,5\\2\\4\end{pmatrix}$.
Somit hat der Punkt P_1 die Koordinaten $P_1(0,5|2|4)$.

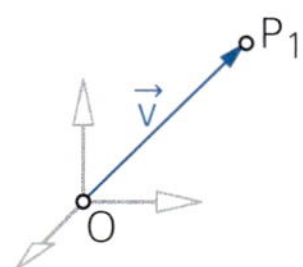

→ Nach 3 und 7,5 Sekunden passiert die Sonde die Punkte P_3 und $P_{7,5}$.
Bestimmen Sie die Koordinaten dieser Punkte.

Lösung

Der konstante Anstieg der Sonde pro Sekunde kann mithilfe des Vektor $\vec{v}=\begin{pmatrix}0,5\\2\\4\end{pmatrix}$ beschrieben werden. Nach 3 Sekunden gilt für den Ortsvektor $\overrightarrow{OP_3}$ des Punktes P_3:

$$\overrightarrow{OP_3}=\vec{v}+\vec{v}+\vec{v}=\begin{pmatrix}0,5+0,5+0,5\\2+2+2\\4+4+4\end{pmatrix}=\begin{pmatrix}3\cdot 0,5\\3\cdot 2\\3\cdot 4\end{pmatrix}=\begin{pmatrix}1,5\\6\\12\end{pmatrix}$$

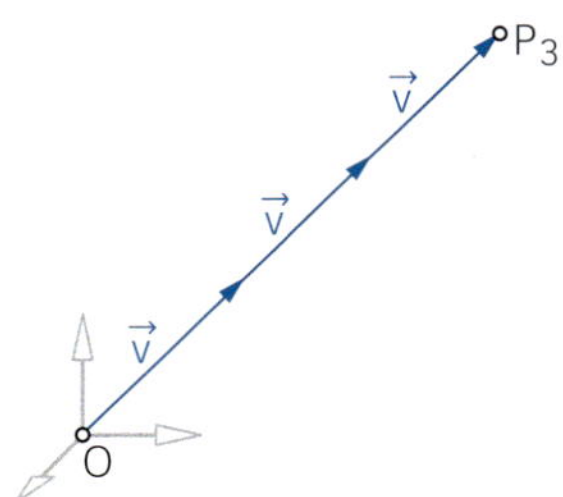

Nach 3 Sekunden hat die Radiosonde einen dreimal so langen Weg zurückgelegt wie nach einer Sekunde. Den Ortsvektor $\overrightarrow{OP_3}$ erhält man durch dreimaliges Addieren des Vektors $\vec{v}$. In der Rechnung wird dies durch Multiplikation jeder Koordinate von $\vec{v}$ mit dem Faktor 3 realisiert. Man schreibt dafür $3 \cdot \vec{v}$.

Entsprechend erhält: $\overrightarrow{OP_{7,5}} = 7{,}5 \cdot \vec{v} = \begin{pmatrix} 7{,}5 \cdot 0{,}5 \\ 7{,}5 \cdot 2 \\ 7{,}5 \cdot 4 \end{pmatrix} = \begin{pmatrix} 3{,}75 \\ 15 \\ 30 \end{pmatrix}$

Die Sonde passiert somit nach 3 Sekunden den Punkt $P_3(1{,}5\,|\,6\,|\,12)$ und nach 7,5 Sekunden den Punkt $P_{7,5}(3{,}75\,|\,15\,|\,30)$.

Information

WES-125991-441

Vervielfachen eines Vektors

Definition:

Ein Vektor $\vec{v} = \begin{pmatrix} v_x \\ v_y \\ v_z \end{pmatrix}$ wird mit einer reellen Zahl r vervielfacht, indem jede Koordinate mit r multipliziert wird. Man nennt den Vektor $r \cdot \vec{v} = r \cdot \begin{pmatrix} v_x \\ v_y \\ v_z \end{pmatrix} = \begin{pmatrix} r \cdot v_x \\ r \cdot v_y \\ r \cdot v_z \end{pmatrix}$

das **r-Fache des Vektors** $\vec{v}$.

Geometrische Deutung:

Für $\vec{v} \neq \vec{o}$ und $r \neq 0$ gilt:

- Die Pfeile der Vektoren $\vec{v}$ und $r \cdot \vec{v}$ sind parallel zueinander.
- Für $r > 0$ haben die Pfeile des Vektors $r \cdot \vec{v}$ dieselbe Richtung und die r-fache Länge wie die Pfeile des Vektors $\vec{v}$.
- Für $r < 0$ haben die Pfeile des Vektors $r \cdot \vec{v}$ die entgegengesetzte Richtung und die $|r|$-fache Länge wie die Pfeile von $\vec{v}$.

$\vec{v} = \begin{pmatrix} -2 \\ 0 \\ 3 \end{pmatrix}$

$3 \cdot \vec{v} = 3 \cdot \begin{pmatrix} -2 \\ 0 \\ 3 \end{pmatrix} = \begin{pmatrix} -6 \\ 0 \\ 9 \end{pmatrix}$

$(-2) \cdot \vec{v} = (-2) \cdot \begin{pmatrix} -2 \\ 0 \\ 3 \end{pmatrix} = \begin{pmatrix} 4 \\ 0 \\ -6 \end{pmatrix}$

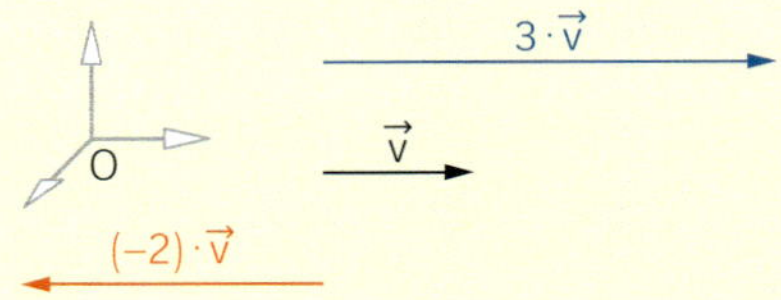

Parallele Vektoren

Definition:

Zwei Vektoren $\vec{v} \neq \vec{o}$ und $\vec{u} \neq \vec{o}$ heißen **parallel**, wenn sie Vielfache voneinander sind. Man sagt auch:
Die beiden Vektoren sind **kollinear**.

$\vec{v} = \begin{pmatrix} 3 \\ -1 \\ 4 \end{pmatrix}$; $\vec{u} = \begin{pmatrix} 1{,}5 \\ -0{,}5 \\ 2 \end{pmatrix}$; $\vec{w} = \begin{pmatrix} 6 \\ 5 \\ 4 \end{pmatrix}$

$\vec{v} \parallel \vec{u}$, da $\vec{u} = 0{,}5 \cdot \vec{v}$.

$\vec{v} \nparallel \vec{w}$, da es keinen Faktor r gibt, sodass $\vec{w} = r \cdot \vec{v}$ gilt.

Üben

1 Berechnen Sie.

a) $2 \cdot \begin{pmatrix} -1 \\ 5 \\ 7 \end{pmatrix}$ b) $1{,}5 \cdot \begin{pmatrix} 2 \\ -4 \\ 3 \end{pmatrix}$ c) $-\frac{1}{2} \cdot \begin{pmatrix} 4 \\ 0 \\ 5 \end{pmatrix}$ d) $(-3) \cdot \begin{pmatrix} 2 \\ 1 \\ -5 \end{pmatrix}$

2 Schreiben Sie den Vektor als ein Vielfaches eines Vektors mit ganzzahligen Koordinaten.

a) $\vec{a} = \begin{pmatrix} \frac{2}{3} \\ -1 \\ \frac{1}{3} \end{pmatrix}$ b) $\vec{a} = \begin{pmatrix} -4 \\ -\frac{3}{4} \\ \frac{1}{3} \end{pmatrix}$ c) $\vec{a} = \begin{pmatrix} 18 \\ -12 \\ 24 \end{pmatrix}$ d) $\vec{a} = \begin{pmatrix} -\frac{1}{2} \\ 20 \\ \frac{4}{6} \end{pmatrix}$

3 Begründen Sie: Der Vektor $\vec{b}$ ist kein Vielfaches des Vektors $\vec{a} = \begin{pmatrix} 2 \\ 4 \\ 1 \end{pmatrix}$.

a) $\vec{b} = \begin{pmatrix} -2 \\ -4 \\ 0 \end{pmatrix}$ b) $\vec{b} = \begin{pmatrix} 1 \\ 4 \\ 3 \end{pmatrix}$ c) $\vec{b} = \begin{pmatrix} 1 \\ 2 \\ 3 \end{pmatrix}$ d) $\vec{b} = \begin{pmatrix} t \\ -4 \\ 1 \end{pmatrix}$

4 Bestimmen Sie einen Vektor, der dieselbe Richtung wie der Vektor $\vec{a}$, aber die Länge 1 hat. Wie viele Lösungen gibt es?

a) $\vec{a} = \begin{pmatrix} 2 \\ -1 \\ 2 \end{pmatrix}$ b) $\vec{a} = \begin{pmatrix} 5 \\ 3 \\ -4 \end{pmatrix}$

c) $\vec{a} = \begin{pmatrix} 9 \\ 0 \\ 5 \end{pmatrix}$ d) $\vec{a} = \begin{pmatrix} 1 \\ 0 \\ 1 \end{pmatrix}$

Der Vektor $\vec{a} = \begin{pmatrix} 3 \\ -4 \\ 2 \end{pmatrix}$ hat die Länge

$|\vec{a}| = \sqrt{3^2 + (-4)^2 + 2^2} = \sqrt{29}$.

Der Vektor $\vec{b} = \frac{1}{\sqrt{29}} \cdot \vec{a}$ hat die Länge 1

und die gleiche Richtung wie $\vec{a}$.

5 Untersuchen Sie, welche der Vektoren paarweise parallel zueinander sind.

$\vec{a} = \begin{pmatrix} 2 \\ -5 \\ 4 \end{pmatrix}$; $\vec{b} = \begin{pmatrix} -4 \\ 10 \\ 8 \end{pmatrix}$;

$\vec{c} = \begin{pmatrix} -2{,}4 \\ 6 \\ -4{,}8 \end{pmatrix}$; $\vec{d} = \begin{pmatrix} -2 \\ 5 \\ 4 \end{pmatrix}$;

$\vec{e} = \begin{pmatrix} 300 \\ -750 \\ 600 \end{pmatrix}$; $\vec{f} = \begin{pmatrix} 1 \\ -2{,}5 \\ -2 \end{pmatrix}$

$\vec{u} = \begin{pmatrix} 10 \\ 4 \\ -6 \end{pmatrix}$; $\vec{v} = \begin{pmatrix} -5 \\ 2 \\ 3 \end{pmatrix}$

Falls $\vec{u} \parallel \vec{v}$ ist, dann gibt es ein $k \in \mathbb{R}$ mit $\vec{u} = k \cdot \vec{v}$:

$$\begin{pmatrix} 10 \\ 4 \\ -6 \end{pmatrix} = k \cdot \begin{pmatrix} -5 \\ 2 \\ 3 \end{pmatrix}$$

$$\left| \begin{array}{l} 10 = -5k \\ 4 = 2k \\ -6 = 3k \end{array} \right| \begin{array}{l} \text{, also } k = -2 \\ \text{, also } k = 2 \\ \text{, also } k = -2 \end{array}$$

Es gibt kein solches k, somit sind die Vektoren $\vec{u}$ und $\vec{v}$ nicht parallel.

6 Die Eckpunkte eines Vierecks ABCD haben die Koordinaten $A(-2|5|8)$, $B(2|10|15)$, $C(3|-2|9)$, $D(-5|-12|-5)$. Weisen Sie nach, dass ABCD ein Trapez ist.

Linearkombination

7 Betrachtet wird der Quader mit den Eckpunkten A, B, C, D, E, F, G und H. Beschreiben Sie die Vektoren mithilfe der Vektoren $\vec{u}$, $\vec{v}$ und $\vec{w}$.

a) $\overrightarrow{AB}$ b) $\overrightarrow{DB}$

c) $\overrightarrow{DF}$ d) $\overrightarrow{EC}$

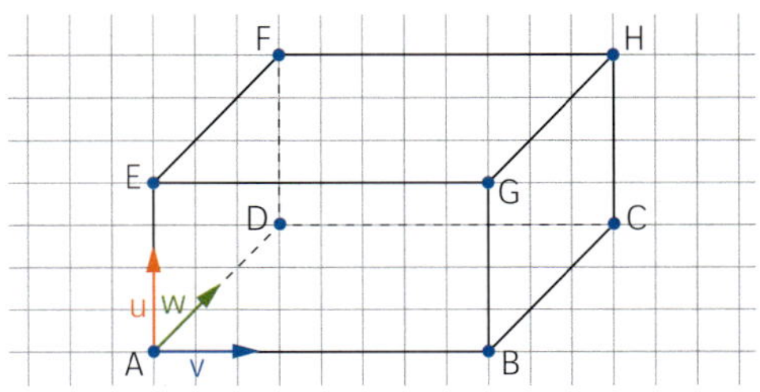

Information

WES-125991-442

Linearkombination

Gegeben sind die Vektoren $\vec{a_1}, \vec{a_2}, ..., \vec{a_n}$. Eine Summe von Vielfachen dieser Vektoren der Art $k_1\vec{a_1} + k_2\vec{a_2} + ... + k_n\vec{a_n}$ mit $k_1, k_2, ..., k_n \in \mathbb{R}$ nennt man **Linearkombination** dieser Vektoren. Eine Linearkombination von Vektoren ist wieder ein Vektor.

$\vec{a} = \begin{pmatrix} 1 \\ 2 \\ 2 \end{pmatrix}$, $\vec{b} = \begin{pmatrix} -2 \\ 1 \\ 1 \end{pmatrix}$

$$1 \cdot \begin{pmatrix} 1 \\ 2 \\ 2 \end{pmatrix} - 2 \cdot \begin{pmatrix} -2 \\ 1 \\ 1 \end{pmatrix} = \begin{pmatrix} 5 \\ 0 \\ 0 \end{pmatrix} = \vec{v}$$

8 Veranschaulichen Sie die Linearkombination.

a) $2\cdot\begin{pmatrix}1\\0\end{pmatrix}+3\cdot\begin{pmatrix}1\\1\end{pmatrix}$

b) $4\cdot\begin{pmatrix}1\\-1\end{pmatrix}-3\cdot\begin{pmatrix}2\\3\end{pmatrix}+\begin{pmatrix}-2\\4\end{pmatrix}$

9 Fassen Sie so weit wie möglich zusammen und berechnen Sie anschließend.

a) $\begin{pmatrix}2\\-5\\3\end{pmatrix}+\begin{pmatrix}2\\-5\\3\end{pmatrix}+\begin{pmatrix}2\\-5\\3\end{pmatrix}+\begin{pmatrix}-3\\1\\1\end{pmatrix}+\begin{pmatrix}-3\\1\\1\end{pmatrix}$

b) $\begin{pmatrix}10\\6\\4\end{pmatrix}+4\cdot\begin{pmatrix}5\\3\\2\end{pmatrix}-\begin{pmatrix}2\\-7\\-2\end{pmatrix}-2\cdot\begin{pmatrix}2\\-7\\-2\end{pmatrix}+\begin{pmatrix}-2\\7\\2\end{pmatrix}$

10 Berechnen Sie.

a) $2\cdot\begin{pmatrix}-2\\2\\1\end{pmatrix}-3\cdot\begin{pmatrix}4\\3\\-5\end{pmatrix}$

b) $-\frac{1}{3}\cdot\begin{pmatrix}6\\0\\-3\end{pmatrix}+\frac{1}{2}\cdot\begin{pmatrix}15\\-8\\6\end{pmatrix}$

c) $2s\cdot\begin{pmatrix}2\\1\\-4\end{pmatrix}-\begin{pmatrix}3r\\-2r\\r\end{pmatrix}$; $r, s\in\mathbb{R}$

d) $r\cdot\begin{pmatrix}4\\3\\-3\end{pmatrix}-3\cdot\begin{pmatrix}2\\3+r\\-2r\end{pmatrix}+2\cdot\begin{pmatrix}3\\-4\\1\end{pmatrix}$; $r, s\in\mathbb{R}$

11 Stellen Sie den rot gezeichneten Vektor mithilfe der Vektoren $\vec{a}$ und $\vec{b}$ dar.

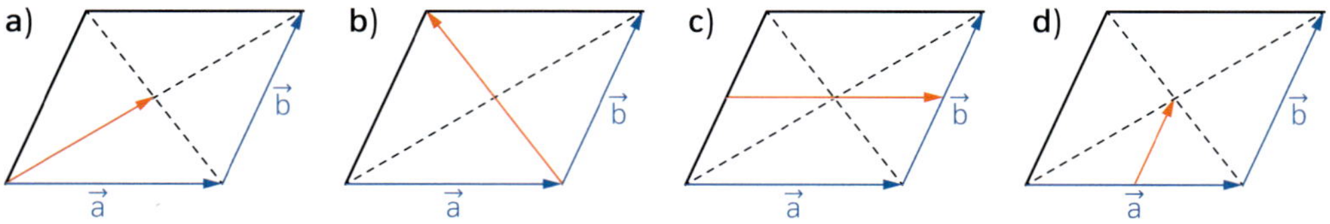

12 Stellen Sie einen der Vektoren $\vec{a}$, $\vec{b}$, $\vec{c}$ und $\vec{d}$ als Linearkombination der drei anderen dar.

a) $\vec{a}=\begin{pmatrix}-1\\1\\0\end{pmatrix}$; $\vec{b}=\begin{pmatrix}0\\0\\1\end{pmatrix}$; $\vec{c}=\begin{pmatrix}1\\0\\1\end{pmatrix}$; $\vec{d}=\begin{pmatrix}2\\-3\\0\end{pmatrix}$

b) $\vec{a}=\begin{pmatrix}2\\1\\-1\end{pmatrix}$; $\vec{b}=\begin{pmatrix}0\\1\\3\end{pmatrix}$; $\vec{c}=\begin{pmatrix}1\\-2\\2\end{pmatrix}$; $\vec{d}=\begin{pmatrix}3\\0\\2\end{pmatrix}$

13 Zu den Vektoren $\vec{a}$, $\vec{b}$ und $\vec{c}$ sind die zugehörigen Pfeile gegeben. Übertragen Sie die Pfeile wie im Beispiel auf Karopapier und zeichnen Sie je einen Pfeil zu dem angegebenen Vektor.

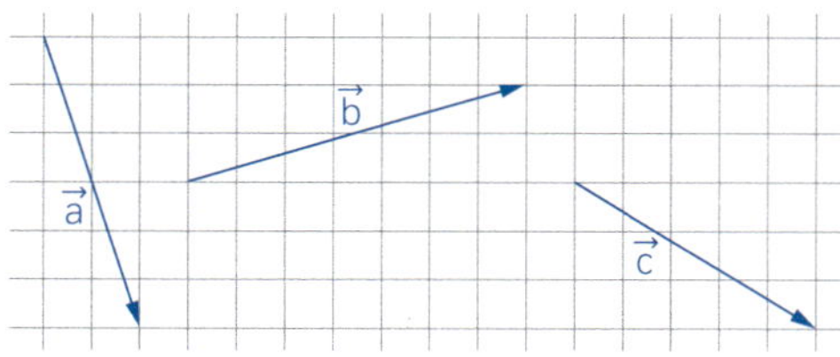

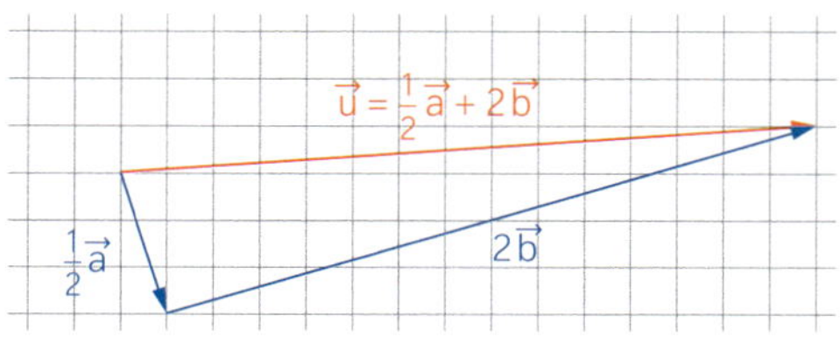

a) $\vec{u}=\vec{a}+\frac{1}{2}\vec{b}$

b) $\vec{v}=2\vec{c}+\frac{1}{2}\vec{b}-\frac{3}{4}\vec{a}$

c) $\vec{w}=3\vec{c}-4\vec{a}$

d) $\vec{z}=\vec{a}-\left(2\vec{b}+\frac{1}{2}\vec{c}\right)$

14 Überprüfen Sie, ob sich der Vektor $\vec{w}$ als Linearkombination der Vektoren $\vec{u}$ und $\vec{v}$ darstellen lässt.

a) $\vec{u}=\begin{pmatrix}1\\2\\-3\end{pmatrix}$; $\vec{v}=\begin{pmatrix}4\\0\\1\end{pmatrix}$; $\vec{w}=\begin{pmatrix}2\\-4\\7\end{pmatrix}$

b) $\vec{u}=\begin{pmatrix}2\\1\\0\end{pmatrix}$; $\vec{v}=\begin{pmatrix}3\\-1\\0\end{pmatrix}$; $\vec{w}=\begin{pmatrix}-1\\2\\1\end{pmatrix}$

c) $\vec{u}=\begin{pmatrix}2\\1\\0\end{pmatrix}$; $\vec{v}=\begin{pmatrix}1\\-4\\3\end{pmatrix}$; $\vec{w}=\begin{pmatrix}120\\-390\\300\end{pmatrix}$

d) $\vec{u}=\begin{pmatrix}-4\\5\\12\end{pmatrix}$; $\vec{v}=\begin{pmatrix}1\\-2\\6\end{pmatrix}$; $\vec{w}=\begin{pmatrix}2\\-3\\0\end{pmatrix}$

Mittelpunkt einer Strecke

15 Gegeben sind die Punkte A(3|−4|7) und B(−9|8|3).
Bestimmen Sie die Koordinaten des Mittelpunktes der Strecke $\overline{AB}$.

Information

WES-125991-443

Satz

Für den Mittelpunkt M einer Strecke $\overline{AB}$

gilt: $\overrightarrow{OM} = \overrightarrow{OA} + \overrightarrow{AM}$

$= \overrightarrow{OA} + \frac{1}{2} \cdot \overrightarrow{AB}$

$= \overrightarrow{OA} + \frac{1}{2} \cdot \left(\overrightarrow{OB} - \overrightarrow{OA}\right)$

$= \frac{1}{2} \cdot \left(\overrightarrow{OA} + \overrightarrow{OB}\right)$

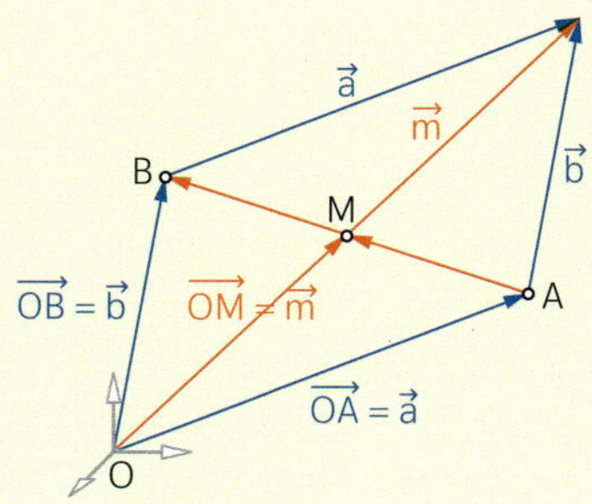

$2 \cdot \vec{m} = \vec{a} + \vec{b}$, also

$\overrightarrow{OM} = \vec{m} = \frac{1}{2} \cdot \left(\vec{a} + \vec{b}\right) = \frac{1}{2} \cdot \left(\overrightarrow{OA} + \overrightarrow{OB}\right)$

16 Berechnen Sie den Mittelpunkt der Strecke $\overline{AB}$.

a) A(3|−5|8); B(6|0|−4) **b)** A(3|4|−2); B(−5|1|2t)

17 M_1, M_2 und M_3 sind die Mittelpunkte der Seitenflächen BCGF, CGHD bzw. ABFE des abgebildeten Quaders.

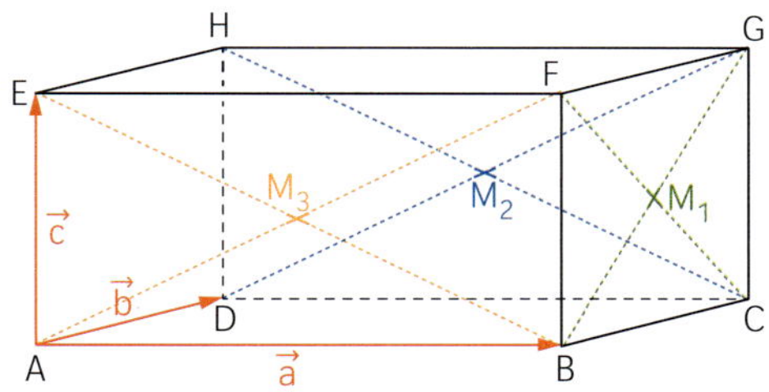

a) Stellen Sie die Vektoren $\overrightarrow{AM_1}$, $\overrightarrow{M_1M_2}$, $\overrightarrow{HM_3}$ und $\overrightarrow{M_2A}$ mithilfe der Vektoren $\vec{a}$, $\vec{b}$ und $\vec{c}$ dar.

b) Beschreiben Sie jeweils die Lage der Punkte bezüglich des abgebildeten Quaders, die zu folgenden Vektoren gehören:

(1) $\frac{1}{2}\vec{b} + \vec{a} + \frac{1}{2}\vec{c}$ (2) $\frac{1}{2}\vec{c} + \frac{1}{2}\vec{b} + \frac{1}{2}\vec{a}$ (3) $\frac{1}{2}\left(\vec{b} - \vec{a}\right)$

18 Die abgebildete gerade quadratische Pyramide hat die Eckpunkte A, B, C und D, sowie die Spitze S.
Stellen Sie die Vektoren $\overrightarrow{MS}$, $\overrightarrow{CS}$ und $\overrightarrow{SB}$ mithilfe der Vektoren $\vec{a}$, $\vec{b}$ und $\vec{c}$ dar.

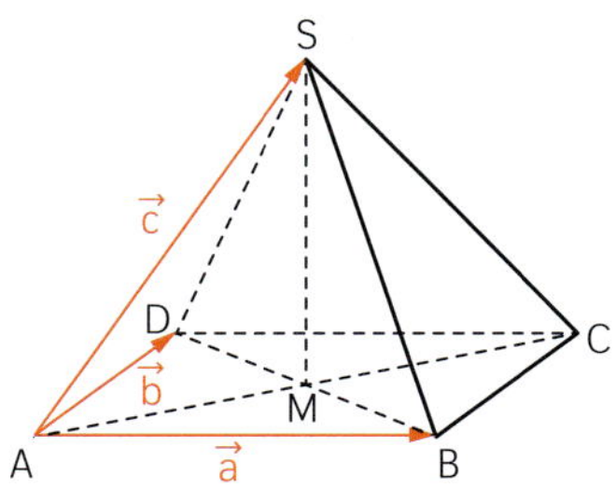

19 Gegeben sind die Punkte A(2|4|−3) und M(4|−6|1). Der Punkt A′ entsteht durch Spiegelung des Punktes A am Punkt M.
Ermitteln Sie die Koordinaten des Punktes A‘.

20 Betrachtet wird der nebenstehende allgemeine Lösungsweg.

a) Erläutern Sie die Umformungen.

b) Formulieren Sie eine Aufgabenstellung mit der Lösung $Q(-5|3|-3)$.

$M(m_x | m_y | m_z)$, $P(p_x | p_y | p_z)$

$$\overrightarrow{OM} = \frac{1}{2}\left(\overrightarrow{OP} + \overrightarrow{OQ}\right)$$

$$2 \cdot \overrightarrow{OM} = \overrightarrow{OP} + \overrightarrow{OQ}$$

$$\overrightarrow{OQ} = 2 \cdot \overrightarrow{OM} - \overrightarrow{OP}$$

$$\overrightarrow{OQ} = \begin{pmatrix} 2m_x - p_x \\ 2m_y - p_y \\ 2m_z - p_z \end{pmatrix}$$

$Q(2m_x - p_x | 2m_y - p_y | 2m_z - p_z)$

21 Im abgebildeten Trapez ist die Seite $\overline{CD}$ parallel zur Seite $\overline{AB}$ und halb so lang wie diese. Die Punkte X, Y und Z sind jeweils die Mittelpunkte der Seiten. Stellen Sie die folgenden Vektoren als Linearkombination der Vektoren $\vec{a} = \overrightarrow{AB}$ und $\vec{b} = \overrightarrow{AD}$ dar.

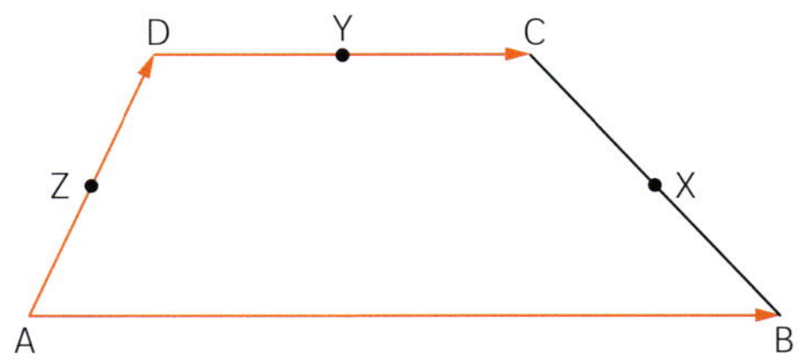

(1) $\overrightarrow{BC}$ (2) $\overrightarrow{AC}$ (3) $\overrightarrow{DB}$ (4) $\overrightarrow{XA}$ (5) $\overrightarrow{BZ}$ (6) $\overrightarrow{XZ}$ (7) $\overrightarrow{YZ}$ (8) $\overrightarrow{YB}$

22 Gegeben ist ein Dreieck ABC mit den Eckpunkten $A(2|1|4)$, $B(-4|5|6)$ und $C(6|-5|2)$. M_a, M_b und M_c sind die Seitenmittelpunkte des Dreiecks.
Bestimmen Sie die Koordinaten der Vektoren $\overrightarrow{AB}$, $\overrightarrow{AC}$, $\overrightarrow{BC}$ sowie $\overrightarrow{M_aM_b}$, $\overrightarrow{M_aM_c}$, $\overrightarrow{M_bM_c}$.
Welche Folgerungen können Sie für die Dreiecke ABC und $M_aM_bM_c$ ziehen?

LK 23 Betrachtet wird das Dreieck ABC. Beschreiben Sie einen Lösungsweg zur Berechnung des Schwerpunkts S des Dreiecks mithilfe der Eckpunkte A,B und C.

Der Schwerpunkt S eines Dreiecks teilt die Seitenhalbierende s_a mit dem Seitenschnittpunkt M_a im Verhältnis $\frac{|AS|}{|SM_a|} = \frac{2}{1}$.

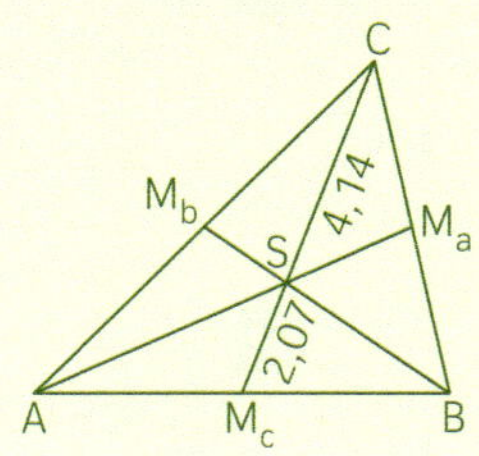

LK 24 Zeigen Sie, dass der Abstand des Mittelpunktes M der Strecke $\overline{OE}$ mit $E(0|0|k)$ zum Koordinatenursprung O proportional zu $\frac{k}{2}$ ist.

Lineare Abhängigkeit von Vektoren

LK 25 Die Vektoren $\vec{a} = \overrightarrow{AB}$, $\vec{b} = \overrightarrow{AD}$ und $\vec{c} = \overrightarrow{AE}$ spannen einen Quader auf. Die Punkte R, S, T und U sind Kantenmitten des gezeichneten Quaders.

a) Stellen Sie die Vektoren $\overrightarrow{RU}$ und $\overrightarrow{ST}$ jeweils mithilfe der Vektoren $\vec{a}$, $\vec{b}$ und $\vec{c}$ dar.

b) Untersuchen Sie, ob die beiden Vektoren $\overrightarrow{RU}$ und $\overrightarrow{ST}$ Vielfache voneinander sind.

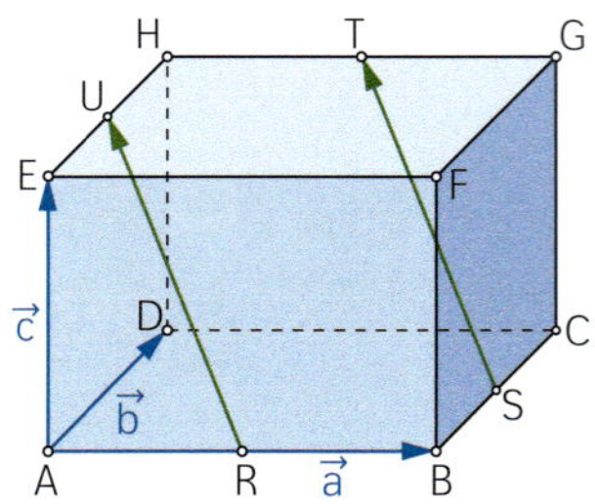

Information

WES-125991-444

Lineare Abhängigkeit

Drei Vektoren $\vec{a} \neq \vec{o}$, $\vec{b} \neq \vec{o}$ und $\vec{c} \neq \vec{o}$ heißen **linear unabhängig**, wenn das lineare Gleichungssystem zu $r \cdot \vec{a} + s \cdot \vec{b} + t \cdot \vec{c} = \vec{o}$ einzig die Lösung $r = s = t = 0$ besitzt.
Gibt es eine weitere Lösung, so sind die Vektoren **linear abhängig** voneinander.
In diesem Fall kann man einen der Vektoren jeweils als Linearkombination der anderen beiden Vektoren darstellen.

Zwei voneinander linear abhängige Vektoren bezeichnet man auch als zueinander **kollinear**; drei voneinander linear abhängige Vektoren auch als zueinander **komplanar**.

$\vec{a} = \begin{pmatrix} 1 \\ 2 \\ 2 \end{pmatrix}$, $\vec{b} = \begin{pmatrix} -2 \\ 1 \\ 1 \end{pmatrix}$, $\vec{c} = \begin{pmatrix} 5 \\ 0 \\ 0 \end{pmatrix}$, $\vec{d} = \begin{pmatrix} 1 \\ 4 \\ 1 \end{pmatrix}$

$$1 \cdot \begin{pmatrix} 1 \\ 2 \\ 2 \end{pmatrix} + (-2) \cdot \begin{pmatrix} -2 \\ 1 \\ 1 \end{pmatrix} + 1 \cdot \begin{pmatrix} 5 \\ 0 \\ 0 \end{pmatrix} = \begin{pmatrix} 0 \\ 0 \\ 0 \end{pmatrix}$$

Die Vektoren $\vec{a}$, $\vec{b}$ und $\vec{c}$ sind linear abhängig voneinander.

$$r \cdot \begin{pmatrix} 1 \\ 2 \\ 2 \end{pmatrix} + s \cdot \begin{pmatrix} -2 \\ 1 \\ 1 \end{pmatrix} + t \cdot \begin{pmatrix} 1 \\ 4 \\ 1 \end{pmatrix} = \begin{pmatrix} 0 \\ 0 \\ 0 \end{pmatrix}$$

$$\begin{pmatrix} r \cdot 1 \\ r \cdot 2 \\ r \cdot 2 \end{pmatrix} + \begin{pmatrix} s \cdot (-2) \\ s \cdot 1 \\ s \cdot 1 \end{pmatrix} + \begin{pmatrix} t \cdot 1 \\ t \cdot 4 \\ t \cdot 1 \end{pmatrix} = \begin{pmatrix} 0 \\ 0 \\ 0 \end{pmatrix}$$

$$\text{solve}\left(\boldsymbol{r} \times \begin{bmatrix} 1 \\ 2 \\ 2 \end{bmatrix} + \boldsymbol{s} \times \begin{bmatrix} -2 \\ 1 \\ 1 \end{bmatrix} + \boldsymbol{t} \times \begin{bmatrix} 1 \\ 4 \\ 1 \end{bmatrix} = \begin{bmatrix} 0 \\ 0 \\ 0 \end{bmatrix}, \{\boldsymbol{r}, \boldsymbol{s}, \boldsymbol{t}\} \right)$$

$$\{r = 0,\ s = 0,\ t = 0\}$$

Die Vektoren $\vec{a}$, $\vec{b}$ und $\vec{d}$ sind voneinander linear unabhängig.

LK 26 Zeigen Sie grafisch, dass die Vektoren $\begin{pmatrix} 3 \\ 1 \end{pmatrix}$, $\begin{pmatrix} -2 \\ -4 \end{pmatrix}$ und $\begin{pmatrix} 5 \\ -5 \end{pmatrix}$ linear abhängig sind.

LK 27 Untersuchen Sie, ob die Vektoren voneinander linear abhängig sind.

a) $\begin{pmatrix} 3 \\ 1 \\ 0 \end{pmatrix}$; $\begin{pmatrix} 1 \\ 0 \\ -2 \end{pmatrix}$; $\begin{pmatrix} 1 \\ 1 \\ 2 \end{pmatrix}$ **b)** $\begin{pmatrix} -5 \\ 2 \\ 3 \end{pmatrix}$; $\begin{pmatrix} -2 \\ 1 \\ 2 \end{pmatrix}$; $\begin{pmatrix} -1 \\ -1 \\ -5 \end{pmatrix}$ **c)** $\begin{pmatrix} 2 \\ -2 \\ 2 \end{pmatrix}$; $\begin{pmatrix} 1 \\ 1 \\ -3 \end{pmatrix}$; $\begin{pmatrix} 6 \\ -3 \\ 1 \end{pmatrix}$; $\begin{pmatrix} -2 \\ 4 \\ -4 \end{pmatrix}$

LK 28 Charlotte soll Vektoren auf lineare Abhängigkeit untersuchen. Sie behauptet: „Das geht schnell. Da brauche ich nicht rechnen, nur hinschauen.“ Hat Sie recht? Begründen Sie.

a) $\begin{pmatrix} 6 \\ 2 \\ -3 \end{pmatrix}$; $\begin{pmatrix} 3 \\ 1 \\ -1{,}5 \end{pmatrix}$ **b)** $\begin{pmatrix} 0 \\ 1 \\ 0 \end{pmatrix}$; $\begin{pmatrix} 3 \\ 5 \\ 0 \end{pmatrix}$; $\begin{pmatrix} -4 \\ 0 \\ -7 \end{pmatrix}$ **c)** $\begin{pmatrix} 1 \\ 2 \\ 3 \end{pmatrix}$; $\begin{pmatrix} -2 \\ 5 \\ 6 \end{pmatrix}$; $\begin{pmatrix} -1 \\ 7 \\ 9 \end{pmatrix}$

LK 29 Geben Sie je einen Vektor $\vec{c}$ und einen Vektor $\vec{d}$ an, sodass die Vektoren $\vec{a}$, $\vec{b}$ und $\vec{c}$ linear unabhängig und die Vektoren $\vec{a}$, $\vec{b}$ und $\vec{d}$ linear abhängig voneinander sind.

a) $\vec{a} = \begin{pmatrix} 2 \\ 0 \\ 0 \end{pmatrix}$; $\vec{b} = \begin{pmatrix} 0 \\ 3 \\ 0 \end{pmatrix}$ **b)** $\vec{a} = \begin{pmatrix} 2 \\ 0 \\ 2 \end{pmatrix}$; $\vec{b} = \begin{pmatrix} -2 \\ 1 \\ 0 \end{pmatrix}$ **c)** $\vec{a} = \begin{pmatrix} 4 \\ 6 \\ -2 \end{pmatrix}$; $\vec{b} = \begin{pmatrix} -2 \\ -3 \\ 1 \end{pmatrix}$

LK 30 Untersuchen Sie, ob es Werte für den reellen Parameter t gibt, sodass die drei Vektoren voneinander linear abhängig sind.

a) $\begin{pmatrix} 1 \\ 3 \\ 2 \end{pmatrix}$; $\begin{pmatrix} 2 \\ 2 \\ -1 \end{pmatrix}$; $\begin{pmatrix} 0 \\ t \\ 10 \end{pmatrix}$ **b)** $\begin{pmatrix} t \\ -1 \\ 1 \end{pmatrix}$; $\begin{pmatrix} 0 \\ t \\ -1 \end{pmatrix}$; $\begin{pmatrix} 5t \\ 1 \\ 3 \end{pmatrix}$ **c)** $\begin{pmatrix} 1 \\ t \\ t+1 \end{pmatrix}$; $\begin{pmatrix} 2 \\ t \\ t+2 \end{pmatrix}$; $\begin{pmatrix} 3 \\ t \\ t+3 \end{pmatrix}$

LK 31 Begründen Sie.

a) Drei Vektoren mit zwei Koordinaten sind immer voneinander linear abhängig.

b) Vier Vektoren mit drei Koordinaten sind immer voneinander linear abhängig.

4.5 Orthogonalität von Vektoren – Skalarprodukt

Einstieg

Der griechische Mathematiker Pythagoras wurde um 570 v. Chr. auf der Insel Samos geboren. Ihm zu Ehren steht auf der Hafenmole der nach ihm benannten Stadt Pythagorio auf Samos ein Denkmal. Das aus Stein gefertigte Dreieck hat bezüglich eines Koordinatensystems mit der Einheit Meter die Eckpunkte A(2|2|1), B(2|−1|9) und C(2|−1|1).
Ist das Dreieck ABC rechtwinklig?
Entwickeln Sie ein Kriterium, mit dem man überprüfen kann, ob zwei beliebige Vektoren $\vec{a} = \begin{pmatrix} a_x \\ a_y \\ a_z \end{pmatrix}$ und $\vec{b} = \begin{pmatrix} b_x \\ b_y \\ b_z \end{pmatrix}$ orthogonal zueinander sind.

Aufgabe mit Lösung

Rechtwinklige Dreiecke

Ein dreieckiges Segel hat bezüglich eines Koordinatensystems mit der Einheit Meter die Eckpunkte A(5|3|6), B(1|1|2) und C(2|−1|2).

→ Untersuchen Sie, ob das Segel die Form eines rechtwinkligen Dreiecks besitzt.

Lösung

Mit der Umkehrung des Satzes des Pythagoras kann man prüfen, ob ein Dreieck rechtwinklig ist: Wenn für die Seitenlängen a, b, c eines Dreiecks $a^2 + b^2 = c^2$ gilt, dann liegt gegenüber der Seite c ein rechter Winkel.
Man erhält:

$$|\overrightarrow{AB}| = \left|\begin{pmatrix} -4 \\ -2 \\ -4 \end{pmatrix}\right| = \sqrt{(-4)^2 + (-2)^2 + (-4)^2} = \sqrt{16 + 4 + 16} = \sqrt{36} = 6$$

$$|\overrightarrow{BC}| = \left|\begin{pmatrix} 1 \\ -2 \\ 0 \end{pmatrix}\right| = \sqrt{1 + 4} = \sqrt{5}$$

$$|\overrightarrow{AC}| = \left|\begin{pmatrix} -3 \\ -4 \\ -4 \end{pmatrix}\right| = \sqrt{9 + 16 + 16} = \sqrt{41}$$

Es gilt also: $|\overrightarrow{AB}|^2 + |\overrightarrow{BC}|^2 = 36 + 5 = 41 = |\overrightarrow{AC}|^2$

Daher beschreiben $\overrightarrow{AB}$ und $\overrightarrow{BC}$ die Katheten und $\overrightarrow{AC}$ die Hypotenuse des rechtwinkligen Dreiecks ABC.

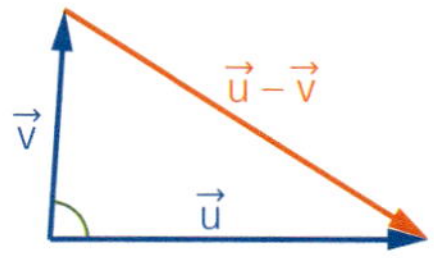

Entwickeln Sie ein Kriterium, mit dem man überprüfen kann, ob zwei beliebige Vektoren $\vec{u} = \begin{pmatrix} u_x \\ u_y \\ u_z \end{pmatrix}$ und $\vec{v} = \begin{pmatrix} v_x \\ v_y \\ v_z \end{pmatrix}$ mit $\vec{u} \neq \vec{o}$ und $\vec{v} \neq \vec{o}$ orthogonal zueinander sind.

Lösung

Nach dem Satz des Pythagoras und seiner Umkehrung sind die Vektoren $\vec{u}$ und $\vec{v}$ mit $\vec{u} \neq \vec{o}$ und $\vec{v} \neq \vec{o}$ genau dann orthogonal zueinander, wenn $|\vec{u}|^2 + |\vec{v}|^2 = |\vec{u} - \vec{v}|^2$ gilt.

Mithilfe der Koordinaten lässt sich dies so schreiben:

$$u_x^2 + u_y^2 + u_z^2 + v_x^2 + v_y^2 + v_z^2 = (u_x - v_x)^2 + (u_y - v_y)^2 + (u_z - v_z)^2$$
$$= u_x^2 - 2u_xv_x + v_x^2 + u_y^2 - 2u_yv_y + v_y^2 + u_z^2 - 2u_zv_z + v_z^2$$

Durch Subtraktion der quadratischen Terme auf beiden Seiten erhält man

$$0 = -2u_xv_x - 2u_yv_y - 2u_zv_z$$

Division durch (-2) liefert die Bedingung $u_xv_x + u_yv_y + u_zv_z = 0$.

$\vec{u}$ und $\vec{v}$ sind also genau dann orthogonal zueinander, wenn $u_xv_x + u_yv_y + u_zv_z = 0$ gilt.

Information

WES-125991-451

Skalarprodukt und Orthogonalität von Vektoren

Definition:

Unter dem Skalarprodukt $\vec{u} \circ \vec{v}$ zweier Vektoren $\vec{u} = \begin{pmatrix} u_x \\ u_y \\ u_z \end{pmatrix}$ und $\vec{v} = \begin{pmatrix} v_x \\ v_y \\ v_z \end{pmatrix}$ versteht man die reelle Zahl $r = u_xv_x + u_yv_y + u_zv_z$.

Das Skalarprodukt der Vektoren $\vec{u}$ und $\vec{v}$ wird mit $\vec{u} \circ \vec{v}$ bezeichnet:

$$\boldsymbol{\vec{u} \circ \vec{v} = \begin{pmatrix} u_x \\ u_y \\ u_z \end{pmatrix} \circ \begin{pmatrix} v_x \\ v_y \\ v_z \end{pmatrix} = u_xv_x + u_yv_y + u_yv_y}$$

$\vec{a} = \begin{pmatrix} 2 \\ 3 \\ -1 \end{pmatrix}$; $\vec{b} = \begin{pmatrix} 1 \\ 4 \\ 7 \end{pmatrix}$

$$\vec{a} \circ \vec{b} = \begin{pmatrix} 2 \\ 3 \\ -1 \end{pmatrix} \circ \begin{pmatrix} 1 \\ 4 \\ 7 \end{pmatrix} = 2 \cdot 1 + 3 \cdot 4 + (-1) \cdot 7 = 7$$

Orthogonalitätsbedingung für zwei Vektoren

Zwei Vektoren $\vec{u}$ und $\vec{v}$ mit $\vec{u} \neq 0$ und $\vec{v} \neq 0$ heißen genau dann **orthogonal** $\vec{u} \perp \vec{v}$, wenn $\vec{u} \circ \vec{v} = 0$ gilt.

$\vec{u} = \begin{pmatrix} 5 \\ 1 \\ 3 \end{pmatrix}$; $\vec{v} = \begin{pmatrix} 0 \\ 3 \\ -1 \end{pmatrix}$

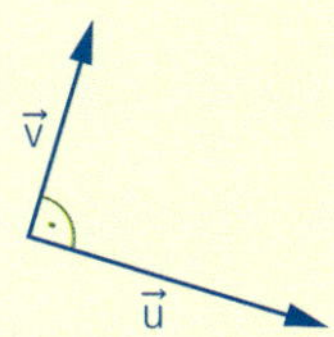

$$\vec{u} \circ \vec{v} = \begin{pmatrix} 5 \\ 1 \\ 3 \end{pmatrix} \circ \begin{pmatrix} 0 \\ 3 \\ -1 \end{pmatrix} = 5 \cdot 0 + 1 \cdot 3 + 3 \cdot (-1) = 0$$

$\vec{u} \perp \vec{v}$

Bemerkung: Die Bezeichnung Skalarprodukt kommt daher, dass das Ergebnis dieser Rechenoperation kein Vektor, sondern eine reelle Zahl ist. Reelle Zahlen werden in der Vektorrechnung und in der Physik auch als *Skalare* bezeichnet, da sie richtungsunabhängig sind.

Üben

1 Berechnen Sie das Skalarprodukt.

a) $\begin{pmatrix} 1 \\ -2 \\ 3 \end{pmatrix} \circ \begin{pmatrix} 2 \\ 4 \\ 7 \end{pmatrix}$ b) $\begin{pmatrix} 3 \\ 0 \\ 4 \end{pmatrix} \circ \begin{pmatrix} 6 \\ 7 \\ -4 \end{pmatrix}$ c) $\begin{pmatrix} 1 \\ -2 \\ 0 \end{pmatrix} \circ \begin{pmatrix} 2 \\ 1 \\ 7 \end{pmatrix}$ d) $\begin{pmatrix} 1 \\ 0 \\ 3 \end{pmatrix} \circ \begin{pmatrix} 0 \\ -2 \\ 0 \end{pmatrix}$

2 Finden Sie den Fehler.

a) $\begin{pmatrix}2\\-1\\3\end{pmatrix}\circ\begin{pmatrix}1\\4\\2\end{pmatrix}=\begin{pmatrix}2\\-4\\6\end{pmatrix}$ b) $\begin{pmatrix}1\\1\\1\end{pmatrix}\circ\begin{pmatrix}1\\1\\1\end{pmatrix}=1$ c) $\begin{pmatrix}0\\2\\1\end{pmatrix}\circ\begin{pmatrix}1\\1\\2\end{pmatrix}=5$ d) $\begin{pmatrix}2\\2\\2\end{pmatrix}\circ\begin{pmatrix}-1\\-1\\-1\end{pmatrix}=-2$

3 Überprüfen Sie mit dem Skalarprodukt, ob $\vec{u}$ und $\vec{v}$ orthogonal zueinander sind.

a) $\vec{u}=\begin{pmatrix}2\\3\\-2\end{pmatrix};\ \vec{v}=\begin{pmatrix}1\\2\\4\end{pmatrix}$ b) $\vec{u}=\begin{pmatrix}-1\\2\\-4\end{pmatrix};\ \vec{v}=\begin{pmatrix}2\\-2\\1\end{pmatrix}$

c) $\vec{u}=\begin{pmatrix}3\\-5\\-4\end{pmatrix};\ \vec{v}=\begin{pmatrix}3\\3\\10\end{pmatrix}$ d) $\vec{u}=\begin{pmatrix}0\\0\\1\end{pmatrix};\ \vec{v}=\begin{pmatrix}1\\1\\0\end{pmatrix}$

4 Informieren Sie sich, wie Sie mit Ihrem Rechner das Skalarprodukt berechnen können. Überprüfen Sie damit Ihre Ergebnisse aus Aufgabe 3.

$\begin{bmatrix}1\\2\\-4\end{bmatrix} \Rightarrow a$	$\begin{bmatrix}1\\2\\-4\end{bmatrix}$
$\begin{bmatrix}2\\1\\1\end{bmatrix} \Rightarrow b$	$\begin{bmatrix}2\\1\\1\end{bmatrix}$
dotP(a,b)	0

5 Bestimmen Sie den reellen Parameter k, sodass die Vektoren orthogonal sind.

a) $\begin{pmatrix}3\\-4\\2\end{pmatrix},\begin{pmatrix}1\\2\\k\end{pmatrix}$ b) $\begin{pmatrix}0\\-4\\2\end{pmatrix},\begin{pmatrix}1\\k\\k+1\end{pmatrix}$ c) $\begin{pmatrix}2k\\3\\-3\end{pmatrix},\begin{pmatrix}k\\6\\4k\end{pmatrix}$ d) $\begin{pmatrix}a\\a\\a\end{pmatrix},\begin{pmatrix}0\\1\\k\end{pmatrix};\ a\in\mathbb{R}$

6 Untersuchen Sie, ob das Dreieck ABC rechtwinklig, gleichschenklig oder gleichseitig ist.

a) A(0 | −1 | 3); B(−2 | 1 | 3); C(−2 | −1 | 8)

b) A(1 | 2 | 1); B(5 | 2 | −3); C(1 | 6 | −3)

A(1 | 1 | 1); B(6 | 1 | 1); C(1 | 4 | 5)

$\overrightarrow{AB}\circ\overrightarrow{AC}=\begin{pmatrix}5\\0\\0\end{pmatrix}\circ\begin{pmatrix}0\\3\\4\end{pmatrix}=0$

$|\overrightarrow{AB}|=\sqrt{5^2}=5;\ |\overrightarrow{AC}|=\sqrt{3^2+4^2}=5$

Das Dreieck ABC ist also rechtwinklig und gleichschenklig.

7 Geben Sie drei verschiedene Vektoren an, die orthogonal zu $\vec{u}$ sind.

a) $\vec{u}=\begin{pmatrix}1\\2\\3\end{pmatrix}$ b) $\vec{u}=\begin{pmatrix}-1\\2\\4\end{pmatrix}$ c) $\vec{u}=\begin{pmatrix}3\\-2\\7\end{pmatrix}$ d) $\vec{u}=\begin{pmatrix}-2\\-6\\1\end{pmatrix}$

8 Auf einem Spielplatz stehen Klettertürme mit dreieckförmigen Dachflächen. Die Eckpunkte einer der Dachflächen haben in einem Koordinatensystem mit der Einheit Meter die Koordinaten A(2,45 | 1,3 | 2,25), B(1,9 | 4,45 | 2,38) und C(3,75 | 3,05 | 2,57). Bei der Einweihung des Spielplatzes wurde von einer rechtwinkligen Dachfläche gesprochen. Überprüfen Sie die Aussage.

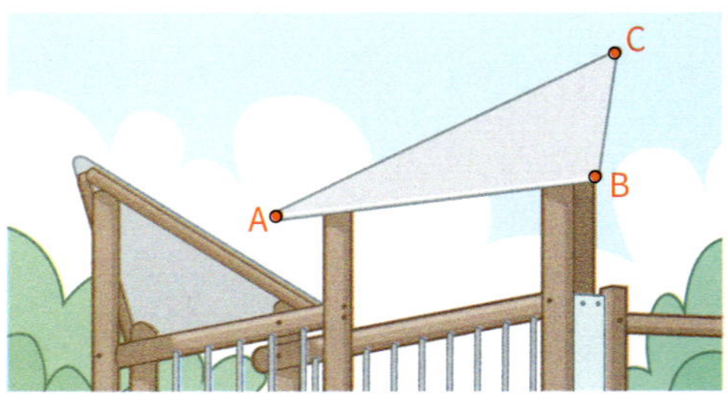

9 Untersuchen Sie, welche besondere Eigenschaften das Viereck ABCD mit den Punkten A(2 | 1 | 3), B(2 | 7 | 11), C(12 | 7 | 11) und D(12 | 1 | 3) hat.

10 Ordne den Skalarprodukten der Vektoren $\vec{u} = \begin{pmatrix} 1 \\ -2 \\ 1 \end{pmatrix}$ und $\vec{v} = \begin{pmatrix} -3 \\ 6 \\ -3 \end{pmatrix}$ auf dem grünen Zettel den passenden Skalar auf dem blauen Zettels zu.

$\vec{u} \circ \vec{u}$ $\quad \vec{u} \circ \vec{v}$ $\quad \vec{u} \circ 3\vec{u}$ $\quad -\vec{u} \circ \vec{v}$ $\quad \vec{v} \circ \vec{v}$ $\quad \vec{v} \circ 3\vec{u}$ $\quad 3\vec{u} \circ 3\vec{u}$ $\quad -\vec{v} \circ 3\vec{u}$

$|\vec{u}|^2$ $\quad 3 \cdot |\vec{u}|^2$ $\quad -3 \cdot |\vec{u}|^2$ $\quad 9 \cdot |\vec{u}|^2$ $\quad -9 \cdot |\vec{u}|^2$

Skalarprodukt eines Vektors mit sich selbst

$\vec{a} \circ \vec{a} = |\vec{a}|^2$

Skalarprodukt zueinander paralleler Vektoren

$\vec{b} = k \cdot \vec{a}$

Falls $k > 0$ gilt:

$\vec{a} \circ \vec{b} = |\vec{a}||\vec{b}| = k \cdot |\vec{a}|^2$

Falls $k < 0$ gilt:

$\vec{a} \circ \vec{b} = -|\vec{a}||\vec{b}| = -k \cdot |\vec{a}|^2$

11 Gegeben sind die Punkte $A(3|7|-2)$, $B(8|9|-1)$ und $C(7|11|0)$.

a) Bestimmen Sie die Koordinaten des Punktes D, sodass das Viereck ABCD ein Parallelogram beschreibt.

b) Zeigen sie, dass es sich bei dem Viereck ABCD um ein Rechteck handelt.

c) Bestimmen Sie drei weitere von D verschiedene Punkte D_1, D_2, D_3, sodass die Vierecke $ABCD_1$, $ABCD_2$, $ABCD_3$ Trapeze beschreiben.

12 Wie viele Vektoren gibt es, die orthogonal zum Vektor $\vec{u} = \begin{pmatrix} 1 \\ 0 \\ 0 \end{pmatrix}$ sind? Beschreiben Sie ihre geometrische Lage und verallgemeinern Sie dies für einen beliebigen Vektor $\vec{u}$.

13 Bestimmen Sie zu den gegebenen Punkte A und B einen Punkt C so, dass die Vektoren $\overrightarrow{AB}$ und $\overrightarrow{AC}$ orthogonal zueinander sind.

a) $A(0|-1|-3)$; $B(2|4|-1)$ **b)** $A(-4|2|3)$; $B(6|-2|5)$

14 Bestimmen Sie Vektoren $\vec{b}$ und $\vec{c}$, sodass die Vektoren $\vec{a}$, $\vec{b}$ und $\vec{c}$ paarweise orthogonal sind.

a) $\vec{a} = \begin{pmatrix} 0 \\ 1 \\ 0 \end{pmatrix}$ **b)** $\vec{a} = \begin{pmatrix} 1 \\ 1 \\ 0 \end{pmatrix}$ **c)** $\vec{a} = \begin{pmatrix} 1 \\ 0 \\ 3 \end{pmatrix}$ **d)** $\vec{a} = \begin{pmatrix} 1 \\ -1 \\ 2 \end{pmatrix}$

15 Überprüfen Sie die angegebenen Rechengesetze für das Skalarprodukt

(1) zunächst anhand der Vektoren

$\vec{a} = \begin{pmatrix} 2 \\ 1 \\ 3 \end{pmatrix}$, $\vec{b} = \begin{pmatrix} -2 \\ 2 \\ 1 \end{pmatrix}$ und $\vec{c} = \begin{pmatrix} 1 \\ -2 \\ -1 \end{pmatrix}$;

(2) und dann allgemein für

$\vec{a} = \begin{pmatrix} a_x \\ a_y \\ a_z \end{pmatrix}$, $\vec{b} = \begin{pmatrix} b_x \\ b_y \\ b_z \end{pmatrix}$ und $\vec{c} = \begin{pmatrix} c_x \\ c_y \\ c_z \end{pmatrix}$.

Kommutativgesetz:

$\vec{a} \circ \vec{b} = \vec{b} \circ \vec{a}$

Distributivgesetz:

$\vec{a} \circ (\vec{b} + \vec{c}) = \vec{a} \circ \vec{b} + \vec{a} \circ \vec{c}$

LK 16 Für die Multiplikation reeller Zahlen a, b, c gilt das Assoziativgesetz $a \cdot (b \cdot c) = (a \cdot b) \cdot c$.

a) Begründen Sie, dass man für das Skalarprodukt kein Assoziativgesetz formulieren kann.

b) Zeigen Sie anhand eines Beispiels, dass auch die folgende Gleichung **nicht** gilt:

$\vec{a} \cdot (\vec{b} \circ \vec{c}) = (\vec{a} \circ \vec{b}) \cdot \vec{c}$

4.6 Parameterform einer Geraden

Einstieg

Ein Tauchboot startet im Punkt A(10 | 12 | 0) und bewegt sich mit konstanter Geschwindigkeit in Richtung des Vektors $\vec{b} = \begin{pmatrix} 74 \\ 65 \\ -4 \end{pmatrix}$ vorwärts (Einheiten in m).
Erläutern Sie, wie man die Koordinaten eines beliebigen Punktes des Tauchbootkurses erhalten kann.

Aufgabe mit Lösung

Geraden im Raum mit Vektoren beschreiben

Ein Flugzeug wird bezüglich eines Koordinatensystems mit der Einheit Kilometer von einer Radarstation im Punkt P(14 | −26 | 4) geortet. Eine Minute später befindet es sich im Punkt Q(−16 | 30 | 5). Dabei wird vorausgesetzt, dass das Flugzeug seine Richtung und Geschwindigkeit nicht ändert.

→ Bestimmen Sie die Koordinaten der Punkte, an denen sich das Flugzeug
(1) drei Minuten nach Beobachtungsbeginn, (2) eine halbe Minute vor Beobachtungsbeginn befindet.

Lösung

(1) Die Flugrichtung kann durch den Vektor $\vec{u} = \overrightarrow{PQ} = \begin{pmatrix} -16-14 \\ 30+26 \\ 5-4 \end{pmatrix} = \begin{pmatrix} -30 \\ 56 \\ 1 \end{pmatrix}$ beschrieben werden.

Drei Minuten nach Beobachtungsbeginn hat sich das Flugzeug 3-mal so weit von P entfernt und befindet sich im Punkt R.
Den zurückgelegten Weg kann man durch den Vektor $3 \cdot \begin{pmatrix} -30 \\ 56 \\ 1 \end{pmatrix}$ beschreiben.

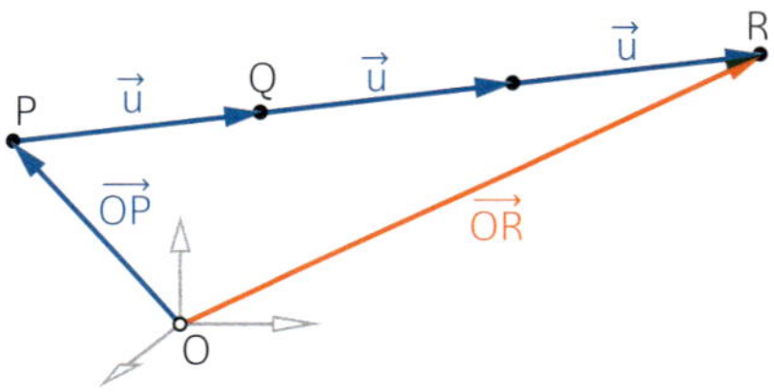

Für den Ortsvektor von R gilt: $\overrightarrow{OR} = \overrightarrow{OP} + 3 \cdot \vec{u} = \begin{pmatrix} 14 \\ -26 \\ 4 \end{pmatrix} + 3 \cdot \begin{pmatrix} -30 \\ 56 \\ 1 \end{pmatrix} = \begin{pmatrix} 14 \\ -26 \\ 4 \end{pmatrix} + \begin{pmatrix} -90 \\ 168 \\ 3 \end{pmatrix} = \begin{pmatrix} -76 \\ 142 \\ 7 \end{pmatrix}$

Das Flugzeug befindet sich drei Minuten nach Beobachtungsbeginn im Punkt R(−76 | 142 | 7).

(2) Entsprechend kann der in einer halben Minute zurückgelegte Weg durch den Vektor $\frac{1}{2} \cdot \vec{u} = \frac{1}{2} \cdot \begin{pmatrix} -30 \\ 56 \\ 1 \end{pmatrix}$ beschrieben werden.

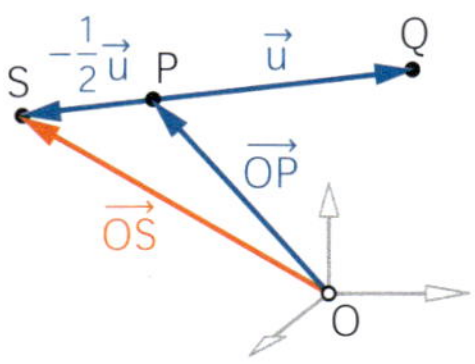

Um den Punkt S zu erreichen, in dem sich das Flugzeug eine halbe Minute vor Beobachtungsbeginn befand, muss man in die entgegengesetzte Richtung gehen:

$$\overrightarrow{OS} = \overrightarrow{OP} - \frac{1}{2} \cdot \vec{u} = \begin{pmatrix} 14 \\ -26 \\ 4 \end{pmatrix} - \frac{1}{2} \cdot \begin{pmatrix} -30 \\ 56 \\ 1 \end{pmatrix} = \begin{pmatrix} 14 \\ -26 \\ 4 \end{pmatrix} - \begin{pmatrix} -15 \\ 28 \\ 0{,}5 \end{pmatrix} = \begin{pmatrix} 29 \\ -54 \\ 3{,}5 \end{pmatrix}$$

Das Flugzeug befand sich eine halbe Minute vor Beobachtungsbeginn im Punkt S(29 | −54 | 3,5).

Später wird das Flugzeug in den Punkten A(−166 | 310 | 10) und B(−226 | 534 | 12) geortet. Untersuchen Sie, ob das Flugzeug seine Richtung beibehalten hat.

Lösung

Wenn das Flugzeug seine Richtung $\vec{u}$ beibehält, kann die Flugbahn durch eine Gerade beschrieben werden, auf der die Punkte P, A und B liegen müssten.

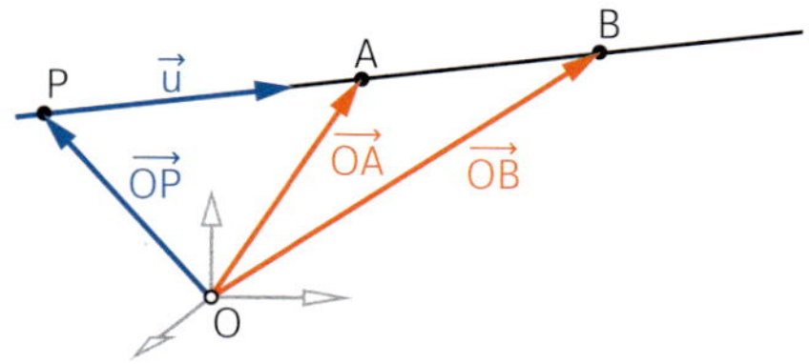

Falls A auf dieser Geraden liegt, so müsste man A von P aus erreichen, indem man ein Vielfaches von $\vec{u}$ an $\overrightarrow{OP}$ anträgt, also:

$\overrightarrow{OA} = \overrightarrow{OP} + k \cdot \vec{u}$ mit $k \in \mathbb{R}$

Durch Einsetzen erhält man: $\begin{pmatrix} -166 \\ 310 \\ 10 \end{pmatrix} = \begin{pmatrix} 14 \\ -26 \\ 4 \end{pmatrix} + k \cdot \begin{pmatrix} -30 \\ 56 \\ 1 \end{pmatrix} = \begin{pmatrix} 14 - 30k \\ -26 + 56k \\ 4 + k \end{pmatrix}$

Das heißt, k müsste das folgende lineare Gleichungssystem erfüllen: $\left| \begin{array}{l} -166 = 14 - 30k \\ 310 = -26 + 56k \\ 10 = 4 + k \end{array} \right|$

Durch Vereinfachen ergibt sich daraus: $\left| \begin{array}{l} k = 6 \\ k = 6 \\ k = 6 \end{array} \right|$

Für den Ortsvektor $\overrightarrow{OA}$ gilt somit: $\overrightarrow{OA} = \overrightarrow{OP} + 6 \cdot \vec{u}$

Das Flugzeug erreicht also den Punkt A ohne seine Richtung zu ändern.

Falls B auch auf der Geraden liegt, müsste es ein k geben, das das lineare Gleichungssystem $\left| \begin{array}{l} -226 = 14 - 30k \\ 534 = -26 + 56k \\ 12 = 4 + k \end{array} \right|$ erfüllt. Durch Vereinfachen erhält man: $\left| \begin{array}{l} k = 8 \\ k = 10 \\ k = 8 \end{array} \right|$

Es gibt also kein k, sodass gilt: $\overrightarrow{OB} = \overrightarrow{OP} + k \cdot \vec{u}$

Der Punkt B liegt nicht auf der Geraden durch P und Q.

Somit hat das Flugzeug zwischen den Punkten A und B seine Richtung geändert.

Information

WES-125991-461

WES-125991-462
Parameterform Gerade

Parameterform einer Geraden

Durch einen Punkt A und einen Vektor $\vec{u} \neq \vec{o}$ ist eine Gerade g bestimmt.

Für jeden Punkt X auf der Geraden g gibt es eine Zahl $k \in \mathbb{R}$, sodass gilt:

$\overrightarrow{OX} = \overrightarrow{OA} + k \cdot \vec{u}$

Für Punkte außerhalb der Geraden g gibt es eine solche Zahl k nicht.

Diese Vektorgleichung bezeichnet man als **Parameterform** der Geraden g mit dem **Parameter k**.

Den Vektor $\overrightarrow{OA}$ bezeichnet man als **Stützvektor** von g, den Vektor $\vec{u}$ als **Richtungsvektor** von g.

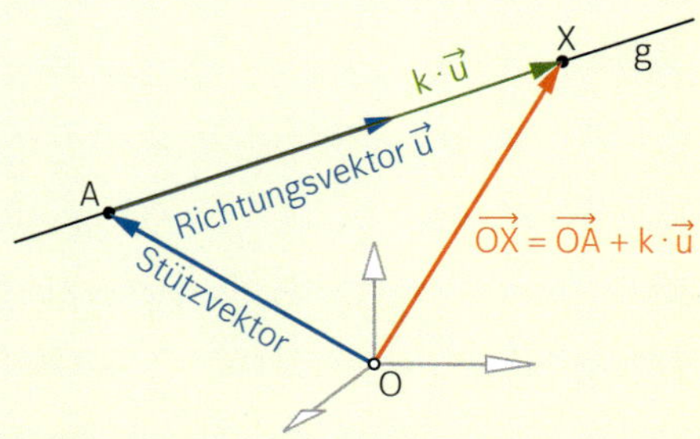

g: $\overrightarrow{OX} = \begin{pmatrix} -2 \\ 3 \\ 1 \end{pmatrix} + k \cdot \begin{pmatrix} 2 \\ -5 \\ 7 \end{pmatrix}$

Für $k = 3$ ergibt sich:

$\overrightarrow{OX} = \begin{pmatrix} -2 \\ 3 \\ 1 \end{pmatrix} + 3 \cdot \begin{pmatrix} 2 \\ -5 \\ 7 \end{pmatrix} = \begin{pmatrix} 4 \\ -12 \\ 22 \end{pmatrix}$

Also liegt der Punkt P(4 | −12 | 22) auf der Geraden g.

Anmerkungen:

(1) Damit man alle Punkte der Geraden erhält, muss der Parameter $k \in \mathbb{R}$ alle reellen Zahlen durchlaufen.

(2) Für die Ortsvektoren $\overrightarrow{OA}$ und $\overrightarrow{OX}$ der Punkte A und X schreibt man kürzer $\vec{a}$ und $\vec{x}$.
Die Gleichung $\overrightarrow{OX} = \overrightarrow{OA} + k \cdot \vec{u}$ kann man dann kürzer schreiben als $\vec{x} = \vec{a} + k \cdot \vec{u}$.

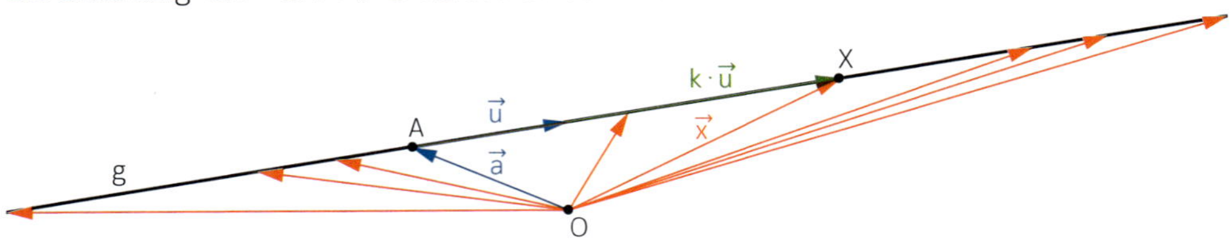

Üben

1 Gegeben sind der Punkt P(1|−2|4) und der Vektor $\vec{v} = \begin{pmatrix} 4 \\ -5 \\ 3 \end{pmatrix}$.
Stellen Sie eine Gleichung der Geraden g auf, die durch den Punkt P in Richtung des Vektors $\vec{v}$ verläuft.
Berechnen Sie die Koordinaten der Punkte auf g, die man für $k = -2; -1; 0; 1; 2; 3$ erhält und geben Sie drei weitere Punkte der Geraden an.

2 Bestimmen Sie drei verschiedene Parameterformen für die Gerade durch die Punkte A und B.

a) A(−3|6|12); B(5|0|1)
b) A(−5|7|4); B(1|−4|6)
c) A(9|0|−5); B(0|0|0)
d) A(0|0|0); B(7|7|8)

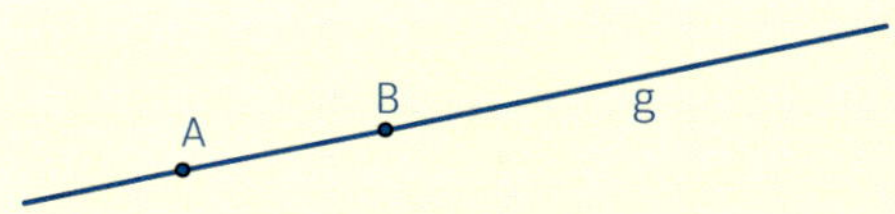

Mögliche Richtungsvektoren für die Gerade g:
$\overrightarrow{AB}$; $\overrightarrow{BA}$; $2 \cdot \overrightarrow{AB}$; $-0{,}5 \cdot \overrightarrow{AB}$; ...

3 Prüfen Sie, ob die Punkte A, B und C auf der Geraden g liegen.

a) g: $\vec{x} = \begin{pmatrix} 0 \\ 3 \\ 1 \end{pmatrix} + k \cdot \begin{pmatrix} 2 \\ 1 \\ -2 \end{pmatrix}$; $k \in \mathbb{R}$; A(−4|1|5); B(2|4|2); C(10|8|−9)

b) g: $\vec{x} = \begin{pmatrix} 1 \\ -2 \\ 5 \end{pmatrix} + m \cdot \begin{pmatrix} -1 \\ 1 \\ -1 \end{pmatrix}$; $m \in \mathbb{R}$; A(4|−5|8); B(2|−1|4); C(−4|1|2)

4 Zeigen Sie, dass die Punkte A(6|4|0), B(4|5|−3) und C(2|6|−6) kein Dreieck bilden.

5 Gegeben ist die Gerade g mit g: $\overrightarrow{OX} = \begin{pmatrix} -7 \\ 4 \\ 3 \end{pmatrix} + k \cdot \begin{pmatrix} 8 \\ 6 \\ -8 \end{pmatrix}$ $(k \in \mathbb{R})$.

a) Zeigen Sie, dass durch die Parameterform $\overrightarrow{OX} = \begin{pmatrix} 1 \\ 10 \\ -5 \end{pmatrix} + t \cdot \begin{pmatrix} -8 \\ -6 \\ 8 \end{pmatrix}$ mit $t \in \mathbb{R}$ dieselbe Gerade beschrieben wird.

b) Geben Sie eine weitere Parameterform für die Gerade g an.

c) Beurteilen Sie die folgende Aussage:
„Multipliziert man die Koordinaten des Stützvektors von g mit einer reellen Zahl, beschreibt diese Gleichung ebenfalls die Gerade g."

6 Die Parameterform der Geraden

$g\colon \vec{x} = \begin{pmatrix} 3 \\ -6 \\ 9 \end{pmatrix} + k \cdot \begin{pmatrix} -2 \\ 4 \\ -8 \end{pmatrix}$ mit $k \in \mathbb{R}$

soll vereinfacht werden.

Beurteilen Sie die angegebene Lösung.

> Für die Lage einer Geraden im Raum ist die Richtung, aber nicht die Länge der Vektoren entscheidend.
> Daher „kürze“ ich die Vektoren:
>
> $g\colon \vec{x} = \begin{pmatrix} 1 \\ -2 \\ 3 \end{pmatrix} + k \cdot \begin{pmatrix} 1 \\ -2 \\ 4 \end{pmatrix}$

7 Bestimmen Sie den Parameter $a \in \mathbb{R}$ so, dass der Punkt A auf der Geraden g liegt.

a) $g\colon \vec{x} = \begin{pmatrix} -1 \\ a \\ 1 \end{pmatrix} + t \cdot \begin{pmatrix} 1 \\ 0 \\ 0 \end{pmatrix}$; $A(0|4|1)$

b) $g\colon \vec{x} = \begin{pmatrix} 2 \\ -1 \\ 0 \end{pmatrix} + t \cdot \begin{pmatrix} 1 \\ a \\ 1 \end{pmatrix}$; $A(-1|11|-3)$

c) $g\colon \vec{x} = \begin{pmatrix} 2-a \\ 10 \\ -3 \end{pmatrix} + t \cdot \begin{pmatrix} 1 \\ -3 \\ a \end{pmatrix}$; $A(7|-11|11)$

d) $g\colon \vec{x} = \begin{pmatrix} a \\ -2a \\ a^2 \end{pmatrix} + t \cdot \begin{pmatrix} a-4{,}5 \\ a \\ -1{,}5a \end{pmatrix}$; $A(0|0|0)$

8 Eine Gerade durch den Koordinatenursprung heißt *Ursprungsgerade*.

a) Geben Sie drei verschiedene Parameterformen für die Ursprungsgerade durch den Punkt $A(3|-2|4)$ an.

b) Zeigen Sie, dass auch die Parameterform $\overrightarrow{OX} = \begin{pmatrix} -9 \\ 6 \\ -12 \end{pmatrix} + r \cdot \begin{pmatrix} 3 \\ -2 \\ 4 \end{pmatrix}$ mit $r \in \mathbb{R}$ diese Ursprungsgerade beschreibt.

c) Erläutern Sie, wie man an der Parameterform einer Geraden feststellen kann, ob es sich um eine Ursprungsgerade handelt.

LK **9** Für jede reelle Zahl t ist ein Punkt P_t durch $P_t(3+2t|5t|-2-4t)$ gegeben.

a) Zeigen Sie, dass alle Punkte P_t auf einer Geraden liegen, und geben Sie eine Parameterform dieser Geraden an.

b) Untersuchen Sie, ob die Punkte A_t mit $A_t(2t-3|4-2t|t^2)$ für alle reellen Werte von t auf einer Geraden liegen.

c) Untersuchen Sie, auf welcher Geraden der Schar $g_a\colon \vec{x} = \begin{pmatrix} 4 \\ 2 \\ 3 \end{pmatrix} + s \cdot \begin{pmatrix} 2+2a \\ 4 \\ -1+2a \end{pmatrix}$ mit $a, s \in \mathbb{R}$ der Punkt $Q(12|-6|17)$ liegt.

Beschreiben von Strecken

10 Die Gerade g verläuft durch die Punkte A und B. Prüfen Sie, ob der Punkt P auf der Strecke $\overline{AB}$ liegt.

a) $A(-2|5|3)$; $B(2|-3|1)$; $P(-14|29|9)$

b) $A(3{,}5|3{,}5|2{,}5)$; $B(-0{,}5|7{,}5|-1{,}5)$; $P(3|3|3)$

c) $A\left(\frac{1}{3}\middle|\frac{1}{6}\middle|\frac{1}{2}\right)$; $B\left(\frac{1}{6}\middle|\frac{1}{2}\middle|\frac{1}{3}\right)$; $P(0|1|0)$

> Gerade durch A und B:
> $g\colon \overrightarrow{OX} = \overrightarrow{OA} + k \cdot \overrightarrow{AB}$, $k \in \mathbb{R}$
> Ein Punkt P liegt auf der Strecke $\overline{AB}$, falls gilt: $0 \le k \le 1$
>
> 
>

11 Die Punkte $A(5|-3|-1)$, $B(2|-1|2)$ und $C(-1|1|6)$ liegen auf einer Geraden.
Welcher Punkt liegt zwischen den anderen beiden Punkten?

12 ≡ Zur Planung einer Lasershow muss genau bekannt sein, auf welche Punkte ein bestimmter Laserstrahl trifft. In einem örtlichen Koordinatensystem wird ein Laserstrahl vom Punkt A(1|0|3) ausgesandt. Seine Richtung lässt sich durch den Vektor $\vec{v} = \begin{pmatrix} 2 \\ -1 \\ 4 \end{pmatrix}$ beschreiben. Geben Sie die Menge alle Punkte an, die von diesem Laserstrahl erreicht werden.

13 ≡ Bestimmen Sie die Menge aller Punkte, die durch die folgende Parameterform beschrieben werden. Erläutern Sie, welche Punkte dadurch beschrieben werden.

a) $\vec{x} = \begin{pmatrix} -2 \\ 0 \\ 3 \end{pmatrix} + k \cdot \begin{pmatrix} 1 \\ 3 \\ 0 \end{pmatrix}$; $k \in \mathbb{R}$ und $-2 \leq k \leq 3$ **b)** $\vec{x} = \begin{pmatrix} 0 \\ 2 \\ -5 \end{pmatrix} + k \cdot \begin{pmatrix} 4 \\ -2 \\ 1 \end{pmatrix}$; $k \in \left]1, 5\right[$

14 ≡ Gegeben sind die Punkte A(9|−1|4) und B(3|−3|0).

a) Stellen Sie eine Gleichung der Geraden g auf, die durch die Punkte A und B verläuft. Geben Sie die Koordinaten zweier Punkte auf g an, die zwischen A und B liegen.

b) Untersuchen Sie, ob es einen Punkt mit drei gleichen Koordinaten auf g gibt.

15 ≡ Prüfen Sie, ob die Punkte A und B auf der Geraden g liegen. Falls ja, beschreiben Sie die Strecke $\overline{AB}$ mithilfe der Parameterform von g.

g: $\vec{x} = \begin{pmatrix} -2 \\ 1 \\ 3 \end{pmatrix} + s \cdot \begin{pmatrix} -4 \\ -4 \\ 2 \end{pmatrix}$; $s \in \mathbb{R}$; A(−14|−11|9); B(18|21|−7)

16 ≡ Gegeben sind die Ortsvektoren $\overrightarrow{OP} = \begin{pmatrix} -4 \\ 2 \\ -2 \end{pmatrix}$, $\overrightarrow{OQ} = \begin{pmatrix} -6 \\ -2 \\ 2 \end{pmatrix}$, $\overrightarrow{OR} = \begin{pmatrix} -1 \\ 8 \\ -8 \end{pmatrix}$, $\overrightarrow{OS} = \begin{pmatrix} -5 \\ 0 \\ 0 \end{pmatrix}$.

Die folgenden Schritte stellen die Lösung einer Aufgabe im Zusammenhang mit diesen Vektoren dar.

Erläutern Sie diese Schritte und interpretieren Sie die Lösung für $t \in \mathbb{R}$ geometrisch.

⇔ bedeutet „genau dann, wenn …“

a) (1) $\vec{x} = \overrightarrow{OP} + t \cdot (\overrightarrow{OQ} - \overrightarrow{OP})$
(2) $\overrightarrow{OR} = \overrightarrow{OP} + t \cdot (\overrightarrow{OQ} - \overrightarrow{OP}) \Leftrightarrow t = -\frac{3}{2}$

b) (1) $\vec{x} = \overrightarrow{OP} + t \cdot (\overrightarrow{OQ} - \overrightarrow{OP})$
(2) $\overrightarrow{OS} = \overrightarrow{OP} + 0{,}5 \cdot (\overrightarrow{OQ} - \overrightarrow{OP})$

17 ≡ Ein Tauchboot startet im Punkt A(−6713|4378|−236) eines Koordinatensystems mit der Einheit Meter. Es fährt auf einem Kurs in Richtung des Vektors $\vec{u} = \begin{pmatrix} 63 \\ -71 \\ -8 \end{pmatrix}$ und sucht nach einem Wrack in etwa 500 m Tiefe. Die xy-Ebene beschreibt die Meeresoberfläche.

a) Bestimmen Sie die Koordinaten des Punktes P, in dem das Tauchboot eine Tiefe von 500 m erreicht, wenn es seinen Kurs beibehält.

b) Der Suchscheinwerfer des Tauchboots kann Objekte in ca. 100 m Entfernung gerade noch sichtbar machen. Kann die Crew des Tauchboots im Punkt P das Wrack sehen, das sich bei Punkt W(−4565|2115|−508) befindet? Begründen Sie durch eine Rechnung.

18 ≡ Den Tunnelbau mit einer Tunnelbohrmaschine kann man in einem Koordinatensystem mit der Einheit m beschreiben. Der Bohrkopf wird vom Tunnelanfang A(250 | 780 | 1030) aus täglich um den Vektor $\vec{b} = \begin{pmatrix} 4 \\ 4 \\ -2 \end{pmatrix}$ vorangetrieben.

a) Geben Sie die Strecke an, die von der Bohrmaschine während eines Tages zurückgelegt wird.

b) Nach zehn Tagen ist die Bohrung beendet. Bestimmen Sie die Koordinaten des Tunnelendes.

c) Begründen Sie, dass die Parameterform $\overrightarrow{OX} = \begin{pmatrix} 250 \\ 780 \\ 1030 \end{pmatrix} + k \cdot \begin{pmatrix} 4 \\ 4 \\ -2 \end{pmatrix}$ mit $k \in \mathbb{R}$ und $0 \le k \le 10$ die Strecke beschreibt, die der Bohrkopf zurückgelegt hat.

19 ≡ Gegeben ist die Gerade $g: \vec{x} = \begin{pmatrix} -1 \\ 2 \\ 0 \end{pmatrix} + t \cdot \begin{pmatrix} 1 \\ 0 \\ -1 \end{pmatrix}$ mit $t \in \mathbb{R}$.

a) Begründen Sie, dass g die y-Achse nicht schneidet.

b) Unter allen Punkte auf g gibt es einen Punkt, der den geringsten Abstand zum Koordinatenursprung besitzt. Berechnen Sie die Koordinaten dieses Punktes.

Spurpunkte einer Geraden

20 ≡ Geben Sie die Gleichung einer Gerade an,

(1) die nur die xy-Ebene schneidet.

(2) deren Punkte alle auch Punkte der yz-Ebene sind.

(3) die nur die xz-Ebene im Punkt B(5 | 0 | −1) schneidet.

(4) parallel zur xy-Ebene verläuft.

(5) welche die xy-Ebene im Punkt C(−3 | −8 | 0) und die yz-Ebene schneidet, aber keinen gemeinsamen Punkt mit der die xz-Ebene besitzt.

(6) welche die x-Achse und die yz-Ebene schneidet.

21 ≡ Im abgebildeten Koordinatensystem ist die Gerade $g: \overrightarrow{OX} = \begin{pmatrix} 2 \\ 2 \\ 1 \end{pmatrix} + k \cdot \begin{pmatrix} 1 \\ 2 \\ -1 \end{pmatrix}$; $k \in \mathbb{R}$ dargestellt. Ihre Lage im Raum ist aus dieser Abbildung nicht gut erkennbar.

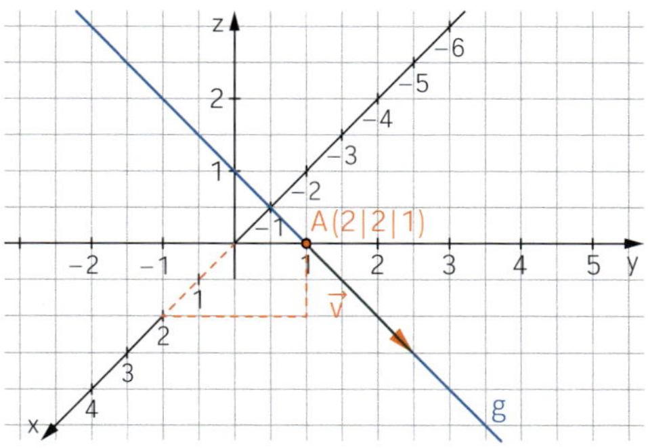

a) Berechnen Sie die Schnittpunkte der Geraden mit der xz- und der yz-Ebene.

b) Beschreiben Sie mithilfe der Schnittpunkte die Lage der Geraden im Raum.

Information

WES-125991-463

Spurpunkte einer Geraden

Die Schnittpunkte einer Geraden mit den Koordinatenebenen bezeichnet man als **Spurpunkte** der Geraden.

Schreibweise:

Schnittpunkt der Geraden mit der

- xy-Ebene: $S_{xy}(x \mid y \mid 0)$
- xz-Ebene: $S_{xz}(x \mid 0 \mid z)$
- yz-Ebene: $S_{yz}(0 \mid y \mid z)$

Mithilfe der Spurpunkte erhält man eine gute Vorstellung von der Lage der Geraden im Koordinatensystem.

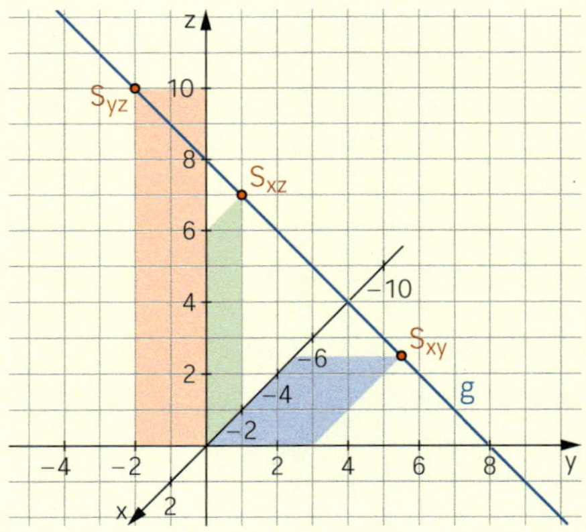

Spurpunkte bestimmen

Zur Bestimmung des Spurpunktes S_{xy} wird wie folgt vorgegangen:

- Man setzt die z-Koordinate gleich 0 und bestimmt t.
- Anschließend bestimmt man die x- und y-Koordinate.

Entsprechend kann man die Spurpunkte S_{xz} und S_{yz} bestimmen.

$g\colon \vec{x} = \begin{pmatrix} -3 \\ 1 \\ 4 \end{pmatrix} + t \cdot \begin{pmatrix} 1 \\ -1 \\ 2 \end{pmatrix};\ t \in \mathbb{R}$

$4 + 2t = 0$; also $t = -2$

$x = -3 + (-2) \cdot 1 = -3 + (-2) = -5$

$y = 1 + (-2) \cdot (-1) = 1 + 2 = 3$

$S_{xy}(-5 \mid 3 \mid 0)$

$S_{xz}(-2 \mid 0 \mid 6)$ und $S_{yz}(0 \mid -2 \mid 10)$

22 Ermitteln Sie die Spurpunkte der Geraden g (mit $k \in \mathbb{R}$) mit den Koordinatenebenen und zeichnen Sie damit die Gerade in einem Koordinatensystem.

a) $g\colon \vec{x} = \begin{pmatrix} -4 \\ 8 \\ 9 \end{pmatrix} + k \cdot \begin{pmatrix} -2 \\ 3 \\ 3 \end{pmatrix}$ b) $g\colon \vec{x} = \begin{pmatrix} 10 \\ -4 \\ 9 \end{pmatrix} + k \cdot \begin{pmatrix} 0 \\ 2 \\ -3 \end{pmatrix}$ c) $g\colon \vec{x} = \begin{pmatrix} 2 \\ 2 \\ 2 \end{pmatrix} + k \cdot \begin{pmatrix} -1 \\ 1 \\ -1 \end{pmatrix}$

23 Die Gerade g verläuft parallel zur xy-Ebene.
Geben Sie die Schnittpunkte der Geraden mit den Koordinatenebenen an und bestimmen Sie eine Parameterform der Geraden g.

a)

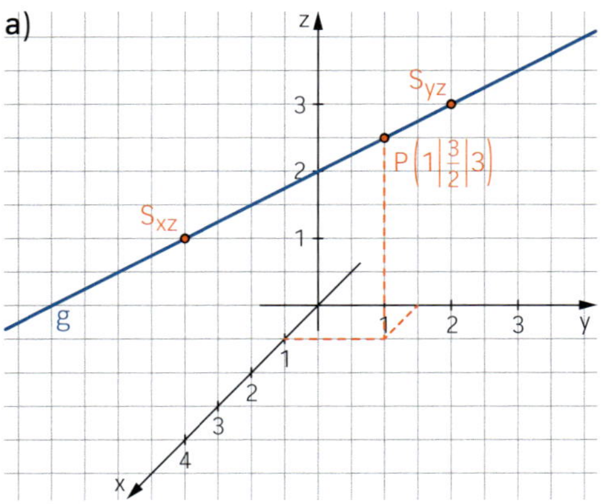

b)

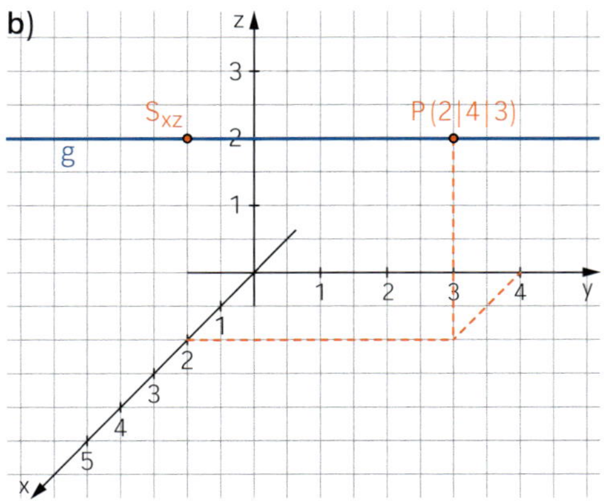

24 ☰ Entscheiden Sie, ob die Aussage wahr oder falsch ist. Begründen Sie Ihre Entscheidung.

a) Eine Gerade, die eine Koordinatenebene orthogonal schneidet, hat keinen weiteren Schnittpunkt mit einer der anderen zwei Koordinatenebenen.

b) Es gibt Geraden, die keine Schnittpunkte mit den Koordinatenebenen besitzen.

c) Geraden, die auf einer der Achsen liegen, haben nur einen gemeinsamen Punkt mit den Koordinatenebenen.

d) Eine Gerade, die parallel zu einer Koordinatenebene liegt, schneidet eine der anderen Ebenen orthogonal.

25 ☰ Untersuchen Sie die Lage der Geraden im Koordinatensystem mithilfe der Schnittpunkte der Geraden mit den Koordinatenebenen.

a) $g\colon \vec{x} = \begin{pmatrix} -18 \\ 8 \\ 20 \end{pmatrix} + r \cdot \begin{pmatrix} 6 \\ -2 \\ -5 \end{pmatrix};\ r \in \mathbb{R}$ **b)** $g\colon \vec{x} = \begin{pmatrix} 4 \\ 1 \\ 3 \end{pmatrix} + r \cdot \begin{pmatrix} 2 \\ 0 \\ 1 \end{pmatrix};\ r \in \mathbb{R}$ **c)** $g\colon \vec{x} = \begin{pmatrix} -2 \\ 2 \\ 1 \end{pmatrix} + r \cdot \begin{pmatrix} 1 \\ 2 \\ 0 \end{pmatrix};\ r \in \mathbb{R}$

Weiterüben

26 ☰ Gegeben ist die Gerade $g\colon \vec{x} = \begin{pmatrix} 2 \\ 1 \\ -5 \end{pmatrix} + k \cdot \begin{pmatrix} 1 \\ 1 \\ -4 \end{pmatrix}$ mit $k \in \mathbb{R}$. Erläutern Sie die Schritte des Lösungswegs und formulieren Sie eine passende Aufgabenstellung.

$\begin{pmatrix} 0 \\ y \\ z \end{pmatrix} = \begin{pmatrix} 2 \\ 1 \\ -5 \end{pmatrix} + k \cdot \begin{pmatrix} 1 \\ 1 \\ -4 \end{pmatrix}$, also $\begin{matrix} 0 = 2 + k \Leftrightarrow k = -2 \\ y = 1 - 2 \cdot 1 = -1 \\ z = -5 - 2 \cdot (-4) = 3 \end{matrix}$ und somit $S_{yz}(0\,|\,-1\,|\,3)$.

$0 = \begin{pmatrix} 1 \\ 1 \\ -4 \end{pmatrix} \circ \begin{pmatrix} a \\ b \\ c \end{pmatrix} = a + b - 4c \Rightarrow a = b = 2,\ c = 1$

$h\colon \vec{x} = \begin{pmatrix} 0 \\ -1 \\ 3 \end{pmatrix} + s \cdot \begin{pmatrix} 2 \\ 2 \\ 1 \end{pmatrix}$ mit $s \in \mathbb{R}$

27 ☰ Bestimmen Sie eine Parameterform der Geraden g mit den angegebenen Eigenschaften.

a) Die Gerade g liegt auf der y-Achse.

b) Die Gerade g verläuft parallel zur z-Achse durch den Punkt $A(7\,|\,4\,|\,6)$.

c) Die Gerade g liegt in der yz-Ebene und die 2. und 3. Koordinate aller Punkte auf g sind gleich.

d) Die Gerade g verläuft parallel im Abstand 3 zur xy-Ebene, schneidet die z-Achse und verläuft durch den Punkt $P(3\,|\,3\,|\,3)$.

e) Die Gerade g schneidet die yz-Ebene im Punkt $P(0\,|\,5\,|\,-2)$ und verläuft parallel zur x-Achse.

28 ☰ Untersuche die Geradenscharen.

a) Für jede reelle Zahl t ist ein Punkt P_t gegeben durch $P_t(3 + 2t\,|\,5t\,|\,-2 - 4t)$. Zeigen Sie, dass alle Punkte P_t auf einer Geraden liegen, und geben Sie eine Parameterdarstellung dieser Geraden an.

b) Untersuchen Sie, ob die Punkte A_t mit $A_t(2t - 3\,|\,4 - 2t\,|\,t^2)$ für alle reellen Werte von t auf einer Geraden liegen.

c) Untersuchen Sie, auf welcher Geraden der Schar $g_a\colon x = \begin{pmatrix} 4 \\ 2 \\ 3 \end{pmatrix} + s \begin{pmatrix} 2 + 2a \\ 4 \\ -1 + 2a \end{pmatrix}$ mit $a, r \in \mathbb{R}$ der Punkt $Q(12\,|\,-6\,|\,17)$ liegt.

4.7 Lagebeziehungen zwischen Geraden

Einstieg

Bezogen auf ein Koordinatensystem mit der Einheit Kilometer können die Flugrouten zweier Flugzeuge durch die Geraden g und h modelliert werden.

$$g: \vec{x} = \begin{pmatrix} 9{,}2 \\ -4 \\ 2 \end{pmatrix} + s \cdot \begin{pmatrix} 1{,}2 \\ -2{,}4 \\ 1 \end{pmatrix};\ s \in \mathbb{R}$$

$$h: \vec{x} = \begin{pmatrix} 7{,}6 \\ -3{,}2 \\ 1 \end{pmatrix} + t \cdot \begin{pmatrix} 2{,}2 \\ -2 \\ 1{,}5 \end{pmatrix};\ t \in \mathbb{R}$$

Untersuchen Sie, ob es auf diesen Routen zu einer Kollision kommen kann.

Aufgabe mit Lösung

Lage von Geraden im Raum

Gegeben sind die Geraden $g: \vec{x} = \begin{pmatrix} 2 \\ -1 \\ 1 \end{pmatrix} + s \cdot \begin{pmatrix} 1 \\ -1 \\ 2 \end{pmatrix}$ und $h: \vec{x} = \begin{pmatrix} 6 \\ -4 \\ 7 \end{pmatrix} + t \cdot \begin{pmatrix} 0 \\ 1 \\ -4 \end{pmatrix}$ mit $s, t \in \mathbb{R}$.

→ Untersuchen Sie die Lage der Geraden g und h.

Lösung

Man prüft zunächst, ob die Geraden g und h parallel zueinander sind.
Die Geraden g und h sind genau dann zueinander parallel, wenn ihre Richtungsvektoren $\vec{u}$ und $\vec{v}$ Vielfache voneinander sind.
Also untersucht man, ob es einen Faktor k mit $\vec{u} = k \cdot \vec{v}$ gibt. Dies führt zu der Vektorgleichung $\begin{pmatrix} 1 \\ -1 \\ 2 \end{pmatrix} = k \cdot \begin{pmatrix} 0 \\ 1 \\ -4 \end{pmatrix}$ und damit zu dem Gleichungssystem $\left| \begin{array}{rl} 1 = & 0 \cdot k \\ -1 = & k \\ 2 = & -4 \cdot k \end{array} \right|$ bzw.

$\left| \begin{array}{l} 1 = 0 \\ k = -1 \\ k = -\frac{1}{2} \end{array} \right|$ mit $L = \{\ \}$.

Da das Gleichungssystem keine Lösung hat, sind die Richtungsvektoren $\vec{u}$ und $\vec{v}$ keine Vielfachen voneinander und die beiden Geraden g und h sind nicht zueinander parallel.
Als Nächstes untersucht man, ob die Geraden g und h gemeinsame Punkte haben.
Wenn g und h einen gemeinsamen Schnittpunkt S haben, liegt dieser sowohl auf g als auch auf h. Das heißt, es gibt Werte für s und t, sodass gilt:

$\overrightarrow{OS} = \begin{pmatrix} 2 \\ -1 \\ 1 \end{pmatrix} + s \cdot \begin{pmatrix} 1 \\ -1 \\ 2 \end{pmatrix}$ und $\overrightarrow{OS} = \begin{pmatrix} 6 \\ -4 \\ 7 \end{pmatrix} + t \cdot \begin{pmatrix} 0 \\ 1 \\ -4 \end{pmatrix}$, also $\begin{pmatrix} 2 \\ -1 \\ 1 \end{pmatrix} + s \cdot \begin{pmatrix} 1 \\ -1 \\ 2 \end{pmatrix} = \begin{pmatrix} 6 \\ -4 \\ 7 \end{pmatrix} + t \cdot \begin{pmatrix} 0 \\ 1 \\ -4 \end{pmatrix}$.

$\left| \begin{array}{rl} 2 + s = & 6 \\ -1 - s = & -4 + t \\ 1 + 2s = & 7 - 4t \end{array} \right|$, also $\left| \begin{array}{rl} s = & 4 \\ -1 - 4 = & -4 + t \\ 1 + 8 = & 7 - 4t \end{array} \right|$ und somit $\left| \begin{array}{l} s = 4 \\ t = -1 \\ t = -\frac{1}{2} \end{array} \right|$ mit $L = \{\ \}$.

Da das lineare Gleichungssystem keine Lösung besitzt, haben die Geraden g und h auch keine gemeinsamen Punkte. Die beiden Geraden g und h sind nicht parallel zueinander und schneiden sich trotzdem nicht. In der Ebene haben zwei Geraden, die nicht parallel zueinander sind, immer einen Schnittpunkt. Im Raum müssen sich zwei zueinander nicht parallele Geraden nicht unbedingt schneiden.

Information

WES-125991-471

Windschiefe Geraden

Geraden im Raum, die nicht parallel sind und keinen gemeinsamen Punkt haben, heißen zueinander **windschief**.

$g: \vec{x} = \begin{pmatrix} 0 \\ 0 \\ 1 \end{pmatrix} + r \cdot \begin{pmatrix} 0 \\ 1 \\ 1 \end{pmatrix}$; $h: \vec{x} = \begin{pmatrix} 0 \\ 2 \\ 0 \end{pmatrix} + r \cdot \begin{pmatrix} 3 \\ -1 \\ 1 \end{pmatrix}$; $r, s \in \mathbb{R}$

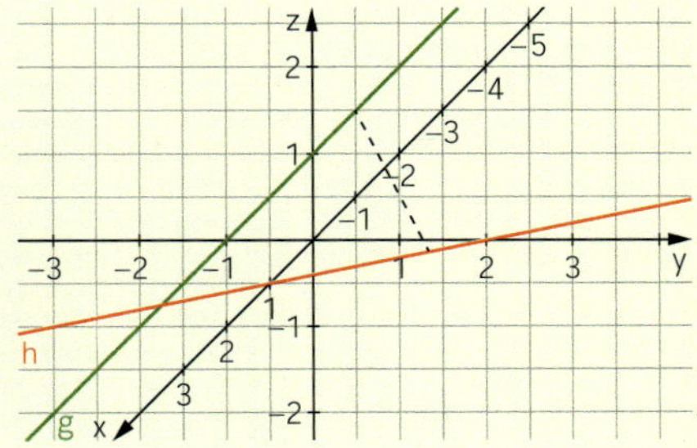

WES-125991-472

Lage zweier Geraden im Raum untersuchen

Gegeben sind zwei Geraden $g: \vec{x} = \vec{a} + r \cdot \vec{u}$ und $h: \vec{x} = \vec{b} + s \cdot \vec{v}$ mit $r, s \in \mathbb{R}$

WES-125991-473 Rechnerhilfen

Auf Parallelität prüfen
Sind die Richtungsvektoren $\vec{u}$ und $\vec{v}$ Vielfache voneinander?
Gibt es ein $k \in \mathbb{R}$ mit $\vec{v} = k \cdot \vec{u}$?

- **ja** → g und h sind parallel zueinander.
  - **Punktprobe**
    Liegt der Punkt A mit dem Stützvektor $\vec{a}$ auf der Geraden h?
    Gibt es ein $s \in \mathbb{R}$ mit $\vec{a} = \vec{b} + s \cdot \vec{v}$?
    - **ja** → g und h sind parallel zueinander und **identisch**.
    - **nein** → g und h sind **parallel** zueinander und verschieden.
- **nein** → g und h sind nicht parallel zueinander.
  - **Auf Schnittpunkt prüfen**
    Hat das System $\vec{a} + r \cdot \vec{u} = \vec{b} + s \cdot \vec{v}$ eine Lösung?
    Gibt es $r, s \in \mathbb{R}$ mit $\vec{a} + r \cdot \vec{u} = \vec{b} + s \cdot \vec{v}$?
    - **ja** → g und h **schneiden sich** in einem Punkt S.
    - **nein** → g und h sind **windschief** zueinander.

g und h sind parallel zueinander und **identisch**.

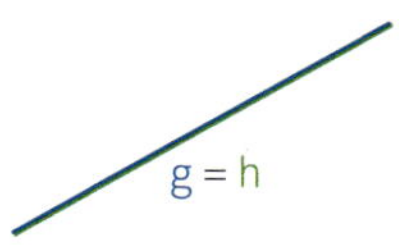

Beispiel:

$g: \vec{x} = \begin{pmatrix} 2 \\ 1 \\ 3 \end{pmatrix} + r \cdot \begin{pmatrix} -1 \\ 0 \\ 2 \end{pmatrix}$

$h: \vec{x} = \begin{pmatrix} 1 \\ 1 \\ 5 \end{pmatrix} + s \cdot \begin{pmatrix} 2 \\ 0 \\ -4 \end{pmatrix}$

mit $r, s \in \mathbb{R}$

g und h sind **parallel** zueinander und verschieden.

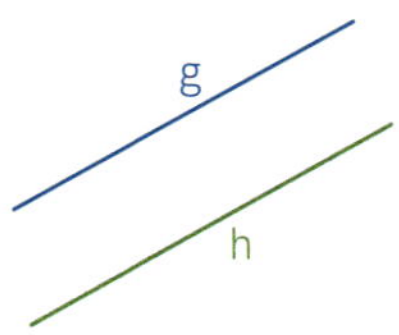

Beispiel:

$g: \vec{x} = \begin{pmatrix} 2 \\ 1 \\ 3 \end{pmatrix} + r \cdot \begin{pmatrix} -1 \\ 0 \\ 2 \end{pmatrix}$

$h: \vec{x} = \begin{pmatrix} 2 \\ 2 \\ 1 \end{pmatrix} + s \cdot \begin{pmatrix} -2 \\ 0 \\ 4 \end{pmatrix}$

mit $r, s \in \mathbb{R}$

g und h **schneiden sich** in einem Punkt S.

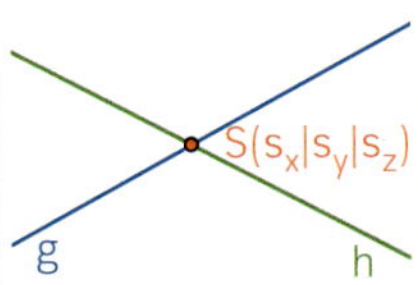

Beispiel:

$g: \vec{x} = \begin{pmatrix} 2 \\ 1 \\ 3 \end{pmatrix} + r \cdot \begin{pmatrix} -1 \\ 0 \\ 2 \end{pmatrix}$

$h: \vec{x} = \begin{pmatrix} 1 \\ -1 \\ 4 \end{pmatrix} + s \cdot \begin{pmatrix} 0 \\ 2 \\ 1 \end{pmatrix}$

mit $r, s \in \mathbb{R}$; $S(1|1|5)$

g und h sind **windschief** zueinander.

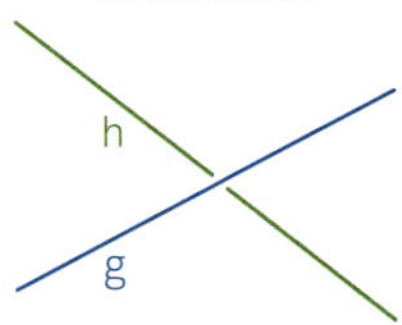

Beispiel:

$g: \vec{x} = \begin{pmatrix} 2 \\ 1 \\ 3 \end{pmatrix} + r \cdot \begin{pmatrix} -1 \\ 0 \\ 2 \end{pmatrix}$

$h: \vec{x} = \begin{pmatrix} 2 \\ 2 \\ 1 \end{pmatrix} + s \cdot \begin{pmatrix} 1 \\ 1 \\ 2 \end{pmatrix}$

mit $r, s \in \mathbb{R}$

Üben

1 Untersuchen Sie die Lage der Geraden g und h zueinander.

a) $g: \vec{x} = \begin{pmatrix} -1 \\ 3 \\ 2 \end{pmatrix} + r \cdot \begin{pmatrix} 2 \\ 1 \\ -1 \end{pmatrix};\ r \in \mathbb{R};$ $\quad h: \vec{x} = \begin{pmatrix} -2 \\ 1 \\ 7 \end{pmatrix} + s \cdot \begin{pmatrix} 1 \\ 0 \\ 1 \end{pmatrix};\ s \in \mathbb{R}$

b) $g: \vec{x} = \begin{pmatrix} -5 \\ 1 \\ 2 \end{pmatrix} + r \cdot \begin{pmatrix} -2 \\ 3 \\ -1 \end{pmatrix};\ r \in \mathbb{R};$ $\quad h: \vec{x} = \begin{pmatrix} 2 \\ 5 \\ 3 \end{pmatrix} + s \cdot \begin{pmatrix} 4 \\ -6 \\ 2 \end{pmatrix};\ s \in \mathbb{R}$

c) $g: \vec{x} = \begin{pmatrix} 4 \\ 1 \\ -2 \end{pmatrix} + r \cdot \begin{pmatrix} 1 \\ -3 \\ 2 \end{pmatrix};\ r \in \mathbb{R};$ $\quad h: \vec{x} = \begin{pmatrix} 17 \\ -38 \\ 24 \end{pmatrix} + s \cdot \begin{pmatrix} -5 \\ 15 \\ -10 \end{pmatrix};\ s \in \mathbb{R}$

d) $g: \vec{x} = \begin{pmatrix} 3 \\ 6 \\ 4 \end{pmatrix} + r \cdot \begin{pmatrix} 2 \\ 4 \\ 1 \end{pmatrix};\ r \in \mathbb{R};$ $\quad h: \vec{x} = \begin{pmatrix} 1 \\ 0 \\ 3 \end{pmatrix} + s \cdot \begin{pmatrix} 2 \\ 3 \\ -1 \end{pmatrix};\ s \in \mathbb{R}$

2 Was wurde bei der Berechnung des Schnittpunktes der Geraden g und h falsch gemacht?

$g: \vec{x} = \begin{pmatrix} 3 \\ 3 \\ 1 \end{pmatrix} + t \cdot \begin{pmatrix} 2 \\ 3 \\ 1 \end{pmatrix};\ t \in \mathbb{R};\quad h: \vec{x} = \begin{pmatrix} 3 \\ 0 \\ 1 \end{pmatrix} + k \cdot \begin{pmatrix} 1 \\ 3 \\ 1 \end{pmatrix};\ r \in \mathbb{R}$

$$\left| \begin{array}{l} 3 + 2t = 3 + k \\ 3 + 3t = 3k \\ 1 + t = 1 + k \end{array} \right|$$

Aus der ersten Gleichung erhalte ich $k = 2t$.
Dies setze ich in die zweite Gleichung ein.

Löse ich dann die zweite Gleichung nach t auf, so erhalte ich $t = 1$.
Setze ich $t = 1$ in die Parameterform von g ein, so erhalte ich den Schnittpunkt S(5|6|2) der beiden Geraden.

3 Geben Sie eine Parameterform der Geraden h an, die parallel zur Geraden g durch den Punkt P verläuft.

a) $g: \vec{x} = \begin{pmatrix} 3 \\ 8 \\ 4 \end{pmatrix} + k \cdot \begin{pmatrix} -2 \\ -3 \\ 5 \end{pmatrix};\ k \in \mathbb{R}$ P(15|26|31)

b) $g: \vec{x} = \begin{pmatrix} -2 \\ 3 \\ 1 \end{pmatrix} + k \cdot \begin{pmatrix} 1 \\ -4 \\ 0 \end{pmatrix};\ k \in \mathbb{R}$ P(8|16|5)

4 Gegeben ist die Gerade g mit der Parameterform $g: \vec{x} = \begin{pmatrix} 1 \\ 1 \\ 0 \end{pmatrix} + t \cdot \begin{pmatrix} 4 \\ 2 \\ 1 \end{pmatrix};\ t \in \mathbb{R}.$

a) Geben Sie eine Parameterform einer Geraden an, die
(1) parallel zu g ist;
(2) identisch mit g ist;
(3) g schneidet;
(4) windschief zu g ist;
(5) g im Punkt S(9|5|2) schneidet;
(6) g senkrecht schneidet.

b) Beschreiben Sie Ihr Vorgehen.

5 Gegeben sind die Geraden g und h mit $g: \vec{x} = \begin{pmatrix} 3 \\ 3 \\ 4 \end{pmatrix} + s \cdot \begin{pmatrix} 1 \\ 1 \\ 2 \end{pmatrix}$ und $h: \vec{x} = \begin{pmatrix} -2 \\ -2 \\ 2 \end{pmatrix} + t \cdot \vec{u};\ s, t \in \mathbb{R}.$

a) Untersuchen Sie für $\vec{u} = \begin{pmatrix} 4 \\ a \\ 0 \end{pmatrix}$ den Einfluss des Parameters $a \in \mathbb{R}$ auf die Lage der Geraden h.

b) Bestimmen Sie einen neuen Richtungsvektor $\vec{u}$, sodass sich beide Geraden g und h in einer der Koordinatenebenen schneiden.

6 Die Lage der Geraden g und h wurde untersucht.
Überprüfen Sie die Lösung und korrigieren Sie die Fehler.

$$g: \vec{x} = \begin{pmatrix} -2 \\ 6 \\ -3 \end{pmatrix} + k \cdot \begin{pmatrix} 3 \\ -2 \\ 2 \end{pmatrix}; \quad h: \vec{x} = \begin{pmatrix} 7 \\ 4 \\ -4 \end{pmatrix} + k \cdot \begin{pmatrix} 1 \\ -2 \\ 3 \end{pmatrix}; \; k \in \mathbb{R}$$

(1) Die Richtungsvektoren $\begin{pmatrix} 3 \\ -2 \\ 2 \end{pmatrix}$ und $\begin{pmatrix} 1 \\ -2 \\ 3 \end{pmatrix}$ von g und h sind keine Vielfachen,
also sind g und h nicht parallel zueinander.

(2) $\left| \begin{array}{l} -2 + 3k = 7 + k \\ 6 - 2k = 4 - 2k \\ -3 + 2k = -4 + 3k \end{array} \right|$, also $\left| \begin{array}{l} 2k = 9 \\ 0 = -2 \\ -k = -1 \end{array} \right|$

g und h sind windschief zueinander.

7 Prüfen Sie, ob sich die beiden Geraden g und h schneiden.
Falls ja: Sind sie orthogonal zueinander?

a) $g: \vec{x} = \begin{pmatrix} 2 \\ 4 \\ -3 \end{pmatrix} + r \cdot \begin{pmatrix} -2 \\ 1 \\ 3 \end{pmatrix}; \quad h: \vec{x} = \begin{pmatrix} 2 \\ 4 \\ -3 \end{pmatrix} + s \cdot \begin{pmatrix} 1 \\ -1 \\ 1 \end{pmatrix}$ mit $r, s \in \mathbb{R}$

b) $g: \vec{x} = \begin{pmatrix} 1 \\ 4 \\ 6 \end{pmatrix} + r \cdot \begin{pmatrix} -1 \\ 3 \\ 5 \end{pmatrix}; \quad h: \vec{x} = \begin{pmatrix} -5 \\ 2 \\ -1 \end{pmatrix} + s \cdot \begin{pmatrix} 7 \\ -1 \\ 2 \end{pmatrix}$ mit $r, s \in \mathbb{R}$

8 Gegeben sind die Gerade g mit der Parameterform $g: \vec{x} = \begin{pmatrix} 2 \\ 1 \\ 8 \end{pmatrix} + r \cdot \begin{pmatrix} 2 \\ 0 \\ -1 \end{pmatrix}$ und die Punkte $A(3|1|4)$, $B(-2|4|1)$, $C(-2|1|3)$ und $D(3|-2|6)$.

a) Untersuchen Sie, wie die Gerade g und die Gerade durch die Punkte A und B zueinander liegen. Zeichnen Sie die Geraden in ein Koordinatensystem.

b) Zeigen Sie, dass die vier Punkte A, B, C und D Eckpunkte eines Parallelogramms sind. In welchem Punkt schneiden sich die Diagonalen dieses Parallelogramms?

LK **9** Die Positionen von Flugzeugen im Luftraum kann man durch Punkte in einem räumlichen Koordinatensystem mit der Einheit Kilometer beschreiben, bei dem die als Ebene betrachtete Erdoberfläche in der xy-Ebene liegt.
Ein Passagierflugzeug bewegt sich auf einem als geradlinig angenommenen Kurs vom Punkt $P(8{,}5|-28|7{,}5)$ pro Sekunde um $\begin{pmatrix} -0{,}12 \\ 0{,}175 \\ 0 \end{pmatrix}$.

Zum gleichen Zeitpunkt, in dem sich das Passagierflugzeug im Punkt P befindet, fliegt ein zweites Flugzeug vom Punkt $Q(22|15{,}5|7{,}3)$ aus geradlinig so weiter, dass es sich pro Sekunde um den Vektor $\begin{pmatrix} 0{,}1 \\ -0{,}05 \\ 0{,}001 \end{pmatrix}$ bewegt.

a) Untersuchen Sie, ob es auf den beiden Flugbahnen zu einer Kollision kommen könnte.

b) Geben Sie die Geschwindigkeiten der beiden Flugzeuge an.

10 Bezogen auf ein Koordinatensystem mit der Einheit Meter kann die Flugroute eines Sportflugzeugs nach dem Start näherungsweise durch die Gerade g mit
$g: \vec{x} = \begin{pmatrix} 420 \\ -630 \\ 120 \end{pmatrix} + r \cdot \begin{pmatrix} 40 \\ 50 \\ 11 \end{pmatrix}$; $r \in \mathbb{R}$ angegeben werden. In der Nähe des Flugplatzes steht ein Windrad. Der höchste Punkt des Windrads hat die Koordinaten P(1380 | 570 | 170). Überprüfen Sie, ob das Flugzeug bei gleichbleibendem Kurs genau über das Windrad hinweg fliegt. Falls ja, in welchem Abstand überfliegt es das Windrad?

11 Gegeben sind die Punkte $A(x_A | 4 | 0)$, $B(-2 | y_B | 9)$ und C(6 | −2 | 3) mit $x_A, y_B \in \mathbb{R}$.

a) Bestimmen Sie den Wert von x_A, sodass A auf der Geraden $g: \vec{x} = \begin{pmatrix} 4 \\ 1 \\ 1 \end{pmatrix} + r \cdot \begin{pmatrix} 2 \\ 3 \\ -1 \end{pmatrix}$, $r \in \mathbb{R}$ liegt.

b) Erläutern Sie im Zusammenhang mit den Punkten B und C die Schlussfolgerungen, die aus den dargestellten Schritten gezogen werden können.

$$\begin{pmatrix} 8 \\ -2-y_B \\ -6 \end{pmatrix} = \overrightarrow{CB}$$

$$\sqrt{8^2 + (-2-y_B)^2 + (-6)^2} \geq 10$$
$$\Leftrightarrow 100 + (-2-y_B)^2 \geq 100$$
$$\Leftrightarrow (-2-y_B)^2 \geq 0$$

12 Gegeben sind die Gerade $g: \vec{x} = \begin{pmatrix} 0{,}5 \\ 2 \\ -4 \end{pmatrix} + k \cdot \begin{pmatrix} 0 \\ -1 \\ 2 \end{pmatrix}$ mit $k \in \mathbb{R}$ sowie der Punkt $P_t(1 | 2t+5 | -10-4t)$ mit $t \in \mathbb{R}$.
Bestimmen Sie eine Gleichung der Geraden h, auf der alle möglichen Punkte P_t liegen. Wie liegen die Geraden g und h zueinander?

Weiter-üben

Ein **Spat** ist ein vierseitiges Prisma, das als Grundfläche ein Parallelogramm hat.

13 Der dargestellte Spat ist durch die Punkte A(3 | 4 | 2), B(5 | 4 | 1), D(3 | 5 | 1) und E(4 | 5 | 2) gegeben.

a) Bestimmen Sie die Koordinaten der übrigen Eckpunkte des Spats.

b) Untersuchen Sie, ob die Raumdiagonalen $\overline{AG}$ und $\overline{EC}$ windschief zueinander sind.

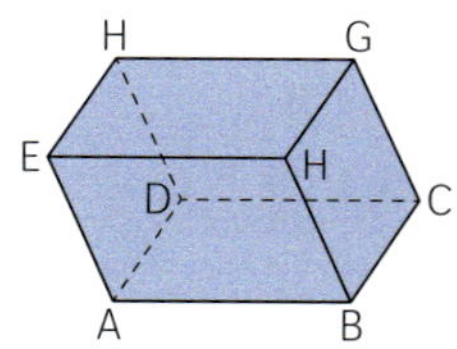

14 Von dem abgebildeten Pyramidenstumpf sind die Punkte A(6 | 0 | 0), B(6 | 6 | 0), C(0 | 6 | 0), E(4 | 2 | 5) und F(4 | 4 | 5) gegeben.
Die Deckfläche EFGH ist ein Quadrat.
Die Punkte P und Q sind die Mittelpunkte der Seiten $\overline{BC}$ und $\overline{FG}$.

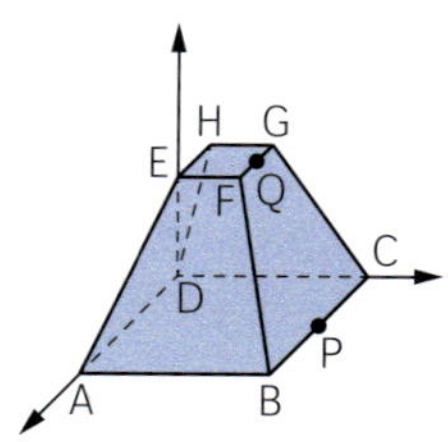

a) Ermitteln Sie die Koordinaten der Punkte G und H. Zeichnen Sie das Schrägbild des Pyramidenstumpfes in ein Koordinatensystem.

b) Untersuchen Sie die Lage der drei Geraden AQ, BH und EP zueinander.

c) Erläutern Sie die Rechnung für die Geraden g und h ($a, b \in \mathbb{R}$) mit
$g: \vec{x} = \begin{pmatrix} 6 \\ 0 \\ 0 \end{pmatrix} + a \cdot \begin{pmatrix} -2 \\ 2 \\ 5 \end{pmatrix}$, $h: \vec{x} = \begin{pmatrix} 6 \\ 6 \\ 0 \end{pmatrix} + b \cdot \begin{pmatrix} -2 \\ -2 \\ 5 \end{pmatrix}$.
Treffen sie eine Aussage über die Lage des Punktes K.

$$\begin{pmatrix} 6 \\ 0 \\ 0 \end{pmatrix} + a \cdot \begin{pmatrix} -2 \\ 2 \\ 5 \end{pmatrix} = \begin{pmatrix} 6 \\ 6 \\ 0 \end{pmatrix} + b \cdot \begin{pmatrix} -2 \\ -2 \\ 5 \end{pmatrix} \Rightarrow a = b = \frac{3}{2}$$

$$\begin{pmatrix} 6 \\ 0 \\ 0 \end{pmatrix} + \frac{3}{2} \cdot \begin{pmatrix} -2 \\ 2 \\ 5 \end{pmatrix} = \begin{pmatrix} 3 \\ 3 \\ 7{,}5 \end{pmatrix}; \text{ also } K(3|3|7{,}5)$$

LK 15 Die Geradenschar g_t ist durch $g_t\colon \vec{x} = \begin{pmatrix} 5+t \\ -10-3t \\ 33+11t \end{pmatrix} + k \cdot \begin{pmatrix} 2 \\ -1 \\ 2 \end{pmatrix}$ mit $k \in \mathbb{R}$ gegeben.

a) Untersuchen Sie die Lage der Geraden dieser Geradenschar zueinander.

b) Für welchen Wert des Parameters t schneidet die zugehörige Gerade g_t die z-Achse?

c) Bestimmen Sie den Parameter t so, dass der Punkt $A(-10\,|\,-15\,|\,68)$ auf der zugehörigen Geraden g_t liegt. Bestimmen Sie die Koordinaten eines Punktes B auf dieser Geraden, sodass die Punkte A und B den Abstand 12 haben.

LK 16 Gegeben sind die Gerade g und die Geradenschar h_t mit den Parameterformen
$g\colon \vec{x} = \begin{pmatrix} 2 \\ 1 \\ -1 \end{pmatrix} + r \cdot \begin{pmatrix} -1 \\ 2 \\ 1 \end{pmatrix};\ r \in \mathbb{R}$ und $h_t\colon \vec{x} = \begin{pmatrix} 1-t \\ 3+2t \\ 1+t \end{pmatrix} + s \cdot \begin{pmatrix} 1 \\ -2 \\ -2 \end{pmatrix};\ s, t \in \mathbb{R}$.

a) Zeigen Sie, dass jede Gerade der Geradenschar h_t die Gerade g in einem Punkt S_t schneidet. Bestimmen Sie die Koordinaten des Schnittpunktes.

b) Bestimmen Sie den Parameter t so, dass die zugehörige Gerade h_t die Gerade g im Punkt $S(-13\,|\,31\,|\,14)$ schneidet.

LK 17 **Das Grubenunglück von Lengede**

Am 24. Oktober 1963 ereignete sich im niedersächsischen Lengede ein Grubenunglück, als ein Klärteich einbrach und sich ca. 460 000 Kubikmeter Wasser und Schlamm in die Grube „Mathilde" ergossen. Zu diesem Zeitpunkt befanden sich 129 Männer unter Tage. 19 Männer wurden unmittelbar durch den Wassereinbruch getötet, 79 Bergleute konnten am nächsten Tag über Wasserbohrlöcher gerettet werden. Am 1. November wurden 3 weitere Bergleute gerettet, sie befanden sich in einer Luftblase und hatten sich durch Klopfzeichen bemerkbar gemacht. Am 3. November vernahm man Lebenszeichen von weiteren Männern aus dem Hohlraum „Alter Mann". 21 Kumpel hatten sich bei dem Wassereinbruch in den „Alten Mann" retten können. Eine Bohrung in diesen Bereich war schwierig. Erst 14 Tage nach dem Wassereinbruch, am 7. November 1963, konnten noch 11 Männer gerettet werden. Dabei kam die sogenannte „Dahlbuschbombe", eine Rettungskapsel, zum Einsatz, mit der die Männer über ein 522 mm dickes Bohrloch zu Tage befördert wurden. Die Geschichte des tragischen Unglücks wurde 2003 in dem zweiteiligen Fernsehdrama „Das Wunder von Lengede" verfilmt.

In einem Bergwerk kam es zu einem Wassereinbruch. Doch die Bergleute konnten sich aus dem Stollen in eine Höhle retten, deren Eingang die Koordinaten $(120\,|\,315\,|\,-80)$ in Metern hat. Das Wasser stand bei -90 m. Der Stollen verläuft vom Höhleneingang in Richtung $\begin{pmatrix} -25 \\ -36 \\ -12 \end{pmatrix}$.

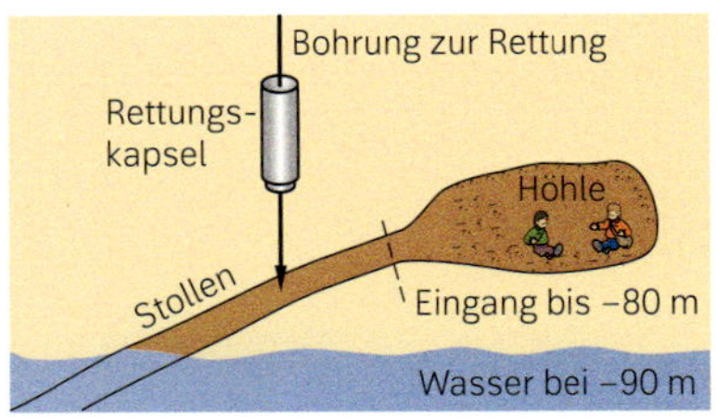

Die Rettungsbohrung soll nicht durch die Höhlendecke erfolgen, da die Bergleute dadurch möglicherweise verletzt werden könnten. Es soll versucht werden, mit einer senkrechten Bohrung von der Erdoberfläche (xy-Ebene) den Stollen auf dem Teilstück zu treffen, das nicht geflutet ist.
Finden Sie den Bereich auf der Erdoberfläche, von dem aus die Bohrungen den Stollen zwischen dem Wasser und dem Höhleneingang treffen.

Licht und Schatten

Wenn Licht auf einen Gegenstand fällt, dann entsteht am Boden oder an der nebenstehenden Wand ein Schatten. Dabei unterscheidet man zwei Fälle:

Fällt das Licht parallel ein (z. B. Sonnenlicht), spricht man von **Parallelprojektion**.

Geht das Licht von einer punktförmigen Lichtquelle aus, spricht man von **Zentralprojektion**.

In vielen Bereichen der Computeranimation werden Lichteffekte mit den entsprechenden Schatten eingesetzt. Wie berechnet man solche Schattenbilder?

Beispiel

Ein quaderförmiges Kunstobjekt wird tagsüber von der Sonne angestrahlt und nachts von einem Scheinwerfer beleuchtet. Wie berechnet und zeichnet man jeweils den Schatten?

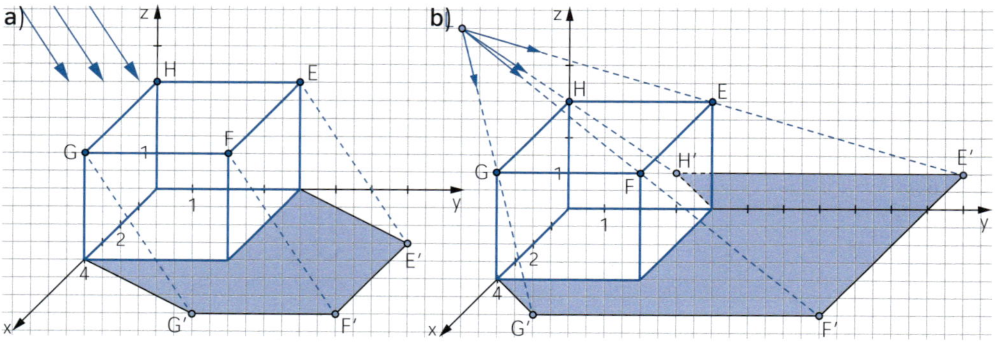

Der Quader hat eine Grundfläche von $4\,m \times 4\,m$ und eine Höhe von $3\,m$.
Eine Ecke liegt im Koordinatenursprung.

a) Die parallelen Sonnenstrahlen treffen mit der Richtung $\vec{v} = \begin{pmatrix} 2 \\ 3 \\ -2 \end{pmatrix}$ auf den Quader.

Der Abbildung kann man entnehmen, dass die Eckpunkte G, F und E den Schatten bestimmen. Der Lichtstrahl durch den Punkt G kann als Gerade mit dem Richtungsvektor $\vec{v}$ beschrieben werden. Er trifft die xy-Ebene im Punkt G′, d. h., für G′ gilt $z = 0$.

Der Punkt G′ liegt auf der Geraden mit $\vec{x} = \begin{pmatrix} 4 \\ 0 \\ 3 \end{pmatrix} + s \cdot \begin{pmatrix} 2 \\ 3 \\ -2 \end{pmatrix}$ mit der Bedingung $z = 0$,

also $0 = 3 - 2s$. Daraus folgt $s = 1{,}5$.

Setzt man diesen Wert in die Geradengleichung ein, so ergibt sich G′(7 | 4,5 | 0). Durch analoges Vorgehen erhält man die anderen Schattenpunkte F′(7 | 8,5 | 0) und E′(3 | 8,5 | 0).

b) Die Lichtquelle L befindet sich an der Position L(2 | −2 | 6). In diesem Fall hat jeder Lichtstrahl einen anderen Richtungsvektor. Beispielsweise liegt der Schattenpunkt G auf der Geraden LG mit $\vec{x} = \begin{pmatrix} 2 \\ -2 \\ 6 \end{pmatrix} + t \cdot \begin{pmatrix} 4-2 \\ 0+2 \\ 3-6 \end{pmatrix} = \begin{pmatrix} 2 \\ -2 \\ 6 \end{pmatrix} + t \cdot \begin{pmatrix} 2 \\ 2 \\ -3 \end{pmatrix}$.

Aus der Bedingung $z = 0$ bestimmt man $t = 2$ und somit G′(6 | 2 | 0).
Die anderen Schattenpunkte sind F′(6 | 10 | 0), E′(−2 | 10 | 0) und H′(−2 | 2 | 0).

1 In Wohngebieten und auf Landstraßen werden bewegliche Schatten als störend empfunden. Die Schatten sind besonders lang, wenn die Sonne weit östlich oder westlich am Himmel steht.
Große Windräder können eine Gesamthöhe von 200 m haben.

Berechnen Sie die Schattenlängen einer solchen Anlage für Sonnenstrahlen, die mit den folgenden beiden Richtungen auf das Windrad treffen: $\vec{v} = \begin{pmatrix} 1 \\ 4 \\ -1 \end{pmatrix}$ und $\vec{u} = \begin{pmatrix} 2 \\ -6 \\ -1 \end{pmatrix}$

2 Vor einer Wand steht eine gerade quadratische Pyramide mit der Kantenlänge 4 und der Höhe 5.

a) Die Pyramide wird von der Sonne beschienen. Die Sonnenstrahlen treffen mit der Richtung $\vec{v} = \begin{pmatrix} 2 \\ 3 \\ -2 \end{pmatrix}$ auf die Pyramide.
Berechnen und zeichnen Sie den Schatten am Boden.

b) Parallele Lichtstrahlen fallen mit der Richtung $\vec{v} = \begin{pmatrix} 0{,}5 \\ -2 \\ -1 \end{pmatrix}$ auf die Pyramide.

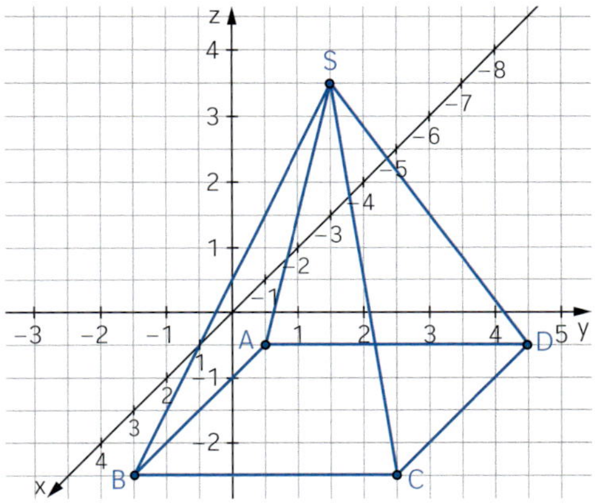

Berechnen und zeichnen Sie den Schatten, der am Boden und an der Wand in der xz-Ebene entsteht.
Hinweis: Berechnen Sie zunächst den Schattenpunkt von S am Boden, um die „Knickstellen“ an der x-Achse zu erhalten.

c) Berechnen und zeichnen Sie den Schatten am Boden für eine Zentralprojektion mit einer Lichtquelle in L (0 | 2 | 10).

3 Vor einer Wand in der yz-Ebene steht ein kleiner Turm mit quadratischer Grundfläche und der Höhe 6 m.

a) Bestimmen Sie die Eckpunkte.

b) Der Turm wirft einen Schatten auf die Wand und den Boden.
Berechnen Sie die Schattenpunkte, wenn die Richtung der Sonnenstrahlen durch $\vec{v} = \begin{pmatrix} -5 \\ 3 \\ -3 \end{pmatrix}$ gegeben ist.

c) Berechnen und zeichnen Sie den Schatten für den Fall, dass der Turm von einer Lichtquelle in L (2 | 0 | 10) beleuchtet wird.

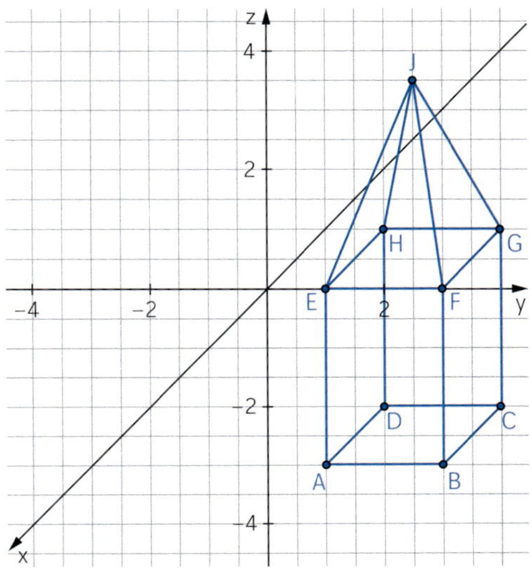

Das Wichtigste auf einen Blick

Koordinatensystem

Ein **kartesisches Koordinatensystem im Raum** besteht aus drei Achsen mit einem gemeinsamen Nullpunkt, dem **Ursprung** des Koordinatensystems. Je zwei Achsen sind orthogonal zueinander und spannen eine **Koordinatenebene** auf. Auf den Achsen werden Einheitsstrecken derselben Länge festgelegt. Diese Länge nennt man **Einheit** des Koordinatensystems.
Zu jedem Zahlentripel $(x|y|z)$ gehört ein Punkt $P(x|y|z)$ im Koordinatensystem.

Schrägbild eines räumlichen Koordinatensystems auf Karogitter:

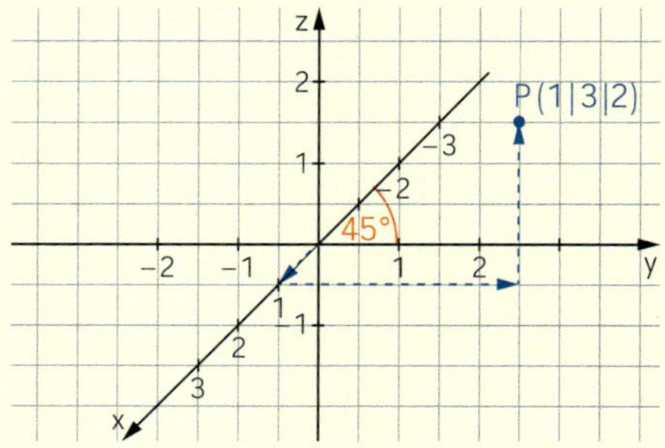

Vektoren

Ein **Vektor** $\vec{v}$ mit drei Koordinaten ist ein geordnetes Zahlentripel, das man als Spalte schreibt: $\vec{v} = \begin{pmatrix} v_x \\ v_y \\ v_z \end{pmatrix}$

Durch einen Vektor wird eine Verschiebung im Raum beschrieben.

Der Vektor $-\vec{v}$ ist der **Gegenvektor des Vektors** $\vec{v}$.

Den Vektor $\vec{p}$, der den Koordinatenursprung O in den Punkt P verschiebt, bezeichnet man als **Ortsvektor des Punktes P:**

$\vec{p} = \overrightarrow{OP}$

$A(-1|4|5)$; $B(3|-2|6)$

Verschiebung von A nach B mit dem Vektor:

$$\vec{v} = \overrightarrow{AB} = \begin{pmatrix} 3-(-1) \\ -2-4 \\ 6-5 \end{pmatrix} = \begin{pmatrix} 4 \\ -6 \\ 1 \end{pmatrix}$$

Gegenvektor:

$$-\vec{v} = \begin{pmatrix} -4 \\ 6 \\ -1 \end{pmatrix}$$

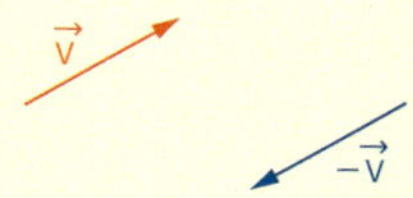

Ortsvektoren:

$$\vec{a} = \overrightarrow{OA} = \begin{pmatrix} -1 \\ 4 \\ 5 \end{pmatrix};$$

$$\vec{b} = \overrightarrow{OB} = \begin{pmatrix} 3 \\ -2 \\ 6 \end{pmatrix}$$

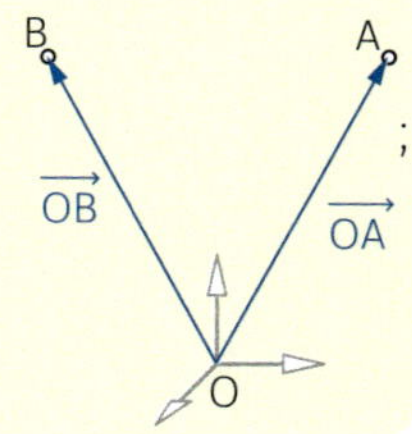

Länge eines Vektors

Unter der **Länge** oder dem **Betrag** eines Vektors $\vec{v}$ versteht man die Länge der Pfeile, die zu dem Vektor gehören.

Man schreibt: $|\vec{v}|$

Für die Länge $|\vec{v}|$ eines Vektors $\vec{v} = \begin{pmatrix} v_x \\ v_y \\ v_z \end{pmatrix}$ gilt:

$$|\vec{v}| = \sqrt{v_x^2 + v_y^2 + v_z^2}$$

$$\vec{v} = \begin{pmatrix} 4 \\ -6 \\ 1 \end{pmatrix}$$

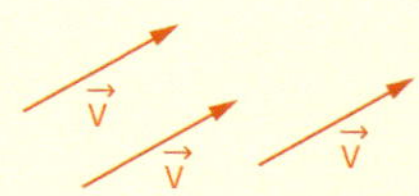

$$|\vec{v}| = \sqrt{4^2 + (-6)^2 + 1^2} = \sqrt{53} \approx 7{,}28$$

Abstand zweier Punkte

Der Abstand zweier Punkte $A(a_x|a_y|a_z)$ und $B(b_x|b_y|b_z)$ ist gleich der Länge des Verbindungsvektors $\overrightarrow{AB}$.

Es gilt also:

$$|AB| = |\overrightarrow{AB}| = \sqrt{(b_x - a_x)^2 + (b_y - a_y)^2 + (b_z - a_z)^2}$$

$$|\overrightarrow{AB}| = \sqrt{(3-(-1))^2 + (-2-4)^2 + (6-5)^2} = \sqrt{53} \approx 7{,}28$$

Das Wichtigste auf einen Blick

Addition und Subtraktion von Vektoren

Die Hintereinanderausführung zweier Verschiebungen entspricht der **Addition** der zugehörigen Vektoren $\vec{a}$ und $\vec{b}$.

Es gilt:

$$\vec{a}+\vec{b}=\begin{pmatrix}a_x\\a_y\\a_z\end{pmatrix}+\begin{pmatrix}b_x\\b_y\\b_z\end{pmatrix}=\begin{pmatrix}a_x+b_x\\a_y+b_y\\a_z+b_z\end{pmatrix}$$

Für die **Subtraktion** zweier Vektoren $\vec{a}$ und $\vec{b}$ gilt:

$$\vec{a}-\vec{b}=\begin{pmatrix}a_x\\a_y\\a_z\end{pmatrix}-\begin{pmatrix}b_x\\b_y\\b_z\end{pmatrix}=\begin{pmatrix}a_x-b_x\\a_y-b_y\\a_z-b_z\end{pmatrix}$$

$$\vec{a}=\begin{pmatrix}4\\-3\\2\end{pmatrix};\ \vec{b}=\begin{pmatrix}-7\\6\\-4\end{pmatrix}$$

$$a+\vec{b}=\begin{pmatrix}4+(-7)\\-3+6\\2+(-4)\end{pmatrix}=\begin{pmatrix}-3\\3\\-2\end{pmatrix}$$

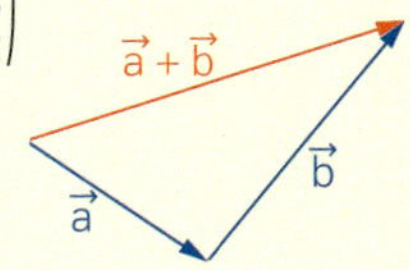

$$\vec{a}-\vec{b}=\begin{pmatrix}4-(-7)\\-3-6\\2-(-4)\end{pmatrix}=\begin{pmatrix}11\\-9\\6\end{pmatrix}$$

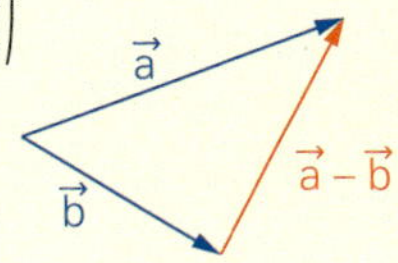

Vervielfachen eines Vektors

Ein Vektor $\vec{v}=\begin{pmatrix}v_x\\v_y\\v_z\end{pmatrix}$ wird koordinatenweise mit einer reellen Zahl r **vervielfacht**.

Es gilt: $r\cdot\vec{v}=r\cdot\begin{pmatrix}v_x\\v_y\\v_z\end{pmatrix}=\begin{pmatrix}r\cdot v_x\\r\cdot v_y\\r\cdot v_z\end{pmatrix}$

Die Pfeile der Vektoren $\vec{v}$ und $r\cdot\vec{v}$ sind parallel zueinander.

Man sagt: Die Vektoren sind **kollinear**.

$$3\cdot\begin{pmatrix}4\\-6\\1\end{pmatrix}=\begin{pmatrix}3\cdot 4\\3\cdot(-6)\\3\cdot 1\end{pmatrix}=\begin{pmatrix}12\\-18\\3\end{pmatrix}$$

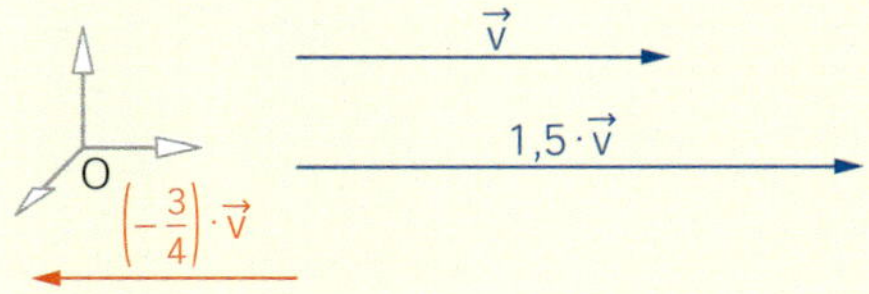

Skalarprodukt und Orthogonalität

Das **Skalarprodukt** zweier Vektoren $\vec{u}$ und $\vec{v}$ wird wie folgt berechnet:

$$\vec{u}\circ\vec{v}=\begin{pmatrix}u_x\\u_y\\u_z\end{pmatrix}\circ\begin{pmatrix}v_x\\v_y\\v_z\end{pmatrix}=u_xv_x+u_yv_y+u_zv_z$$

Das Skalarprodukt eines Vektors mit sich selbst ist das Quadrat seiner Länge:
$\vec{u}\circ\vec{u}=|\vec{u}|^2$

Zwei Vektoren $\vec{u}$ und $\vec{v}$ mit $\vec{u}\neq 0$ und $\vec{v}\neq 0$ heißen genau dann **orthogonal** $u\perp v$, wenn $u\circ v=0$.

$$\vec{u}=\begin{pmatrix}-2\\3\\1\end{pmatrix};\ \vec{v}=\begin{pmatrix}4\\-1\\8\end{pmatrix};\ \vec{w}=\begin{pmatrix}4\\3\\-1\end{pmatrix}$$

$$\vec{u}\circ\vec{v}=(-2)\cdot 4+3\cdot(-1)+1\cdot 8=-3$$

$$\begin{pmatrix}-2\\3\\1\end{pmatrix}\circ\begin{pmatrix}-2\\3\\1\end{pmatrix}=14=\left|\begin{pmatrix}-2\\3\\1\end{pmatrix}\right|^2$$

$$\vec{u}\circ\vec{w}=(-2)\cdot 4+3\cdot 3+1\cdot(-1)=0$$

$\vec{u}$ und $\vec{w}$ sind orthogonal zueinander.

Linearkombination

Gegeben sind die Vektoren $\vec{a_1}, \vec{a_2}, \ldots, \vec{a_n}$.
Eine Summe von Vielfachen dieser Vektoren der Art $k_1\vec{a_1}+k_2\vec{a_2}+\ldots+k_n\vec{a_n}$ mit $k_1, k_2, \ldots, k_n\in\mathbb{R}$ nennt man **Linearkombination** dieser Vektoren.
Eine Linearkombination von Vektoren ist wieder ein Vektor.

$$\vec{a}=\begin{pmatrix}1\\2\\2\end{pmatrix},\ \vec{b}=\begin{pmatrix}-2\\1\\1\end{pmatrix}$$

$$1\cdot\begin{pmatrix}1\\2\\2\end{pmatrix}-2\cdot\begin{pmatrix}-2\\1\\1\end{pmatrix}=\begin{pmatrix}5\\0\\0\end{pmatrix}=\vec{v}$$

Das Wichtigste auf einen Blick

Lineare Abhängigkeit

Vektoren heißen voneinander **linear abhängig**, wenn sich einer der Vektoren als Linearkombination der übrigen darstellen lässt. Vektoren heißen voneinander **linear unabhängig**, wenn keiner der Vektoren eine Linearkombination der übrigen ist.
Zwei voneinander linear abhängige Vektoren bezeichnet man als zueinander **kollinear**.
Drei voneinander linear abhängige Vektoren bezeichnet man als zueinander **komplanar**.

$\vec{a} = \begin{pmatrix} 2 \\ 3 \\ 1 \end{pmatrix}$; $\vec{b} = \begin{pmatrix} 4 \\ -1 \\ 2 \end{pmatrix}$; $\vec{c} = \begin{pmatrix} -2 \\ 11 \\ -1 \end{pmatrix}$
sind voneinander linear abhängig, da gilt:
$3\vec{a} - 2\vec{b} = \vec{c}$

Parameterform einer Geraden

Eine Gerade g durch einen Punkt A mit einem Richtungsvektor $\vec{v} \neq \vec{o}$ kann durch eine **Parametergleichung** mit dem **Parameter k** beschrieben werden:
g: $\overrightarrow{OX} = \overrightarrow{OA} + k \cdot \vec{v}$ mit $k \in \mathbb{R}$
Eine Gerade kann durch verschiedene Parameterformen beschrieben werden.

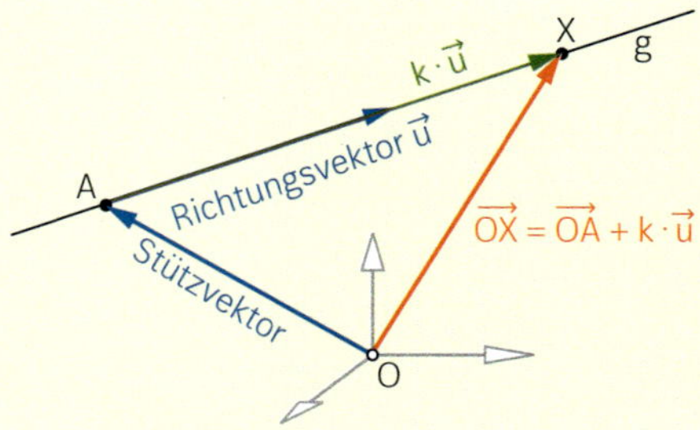

$A(6|6|-1)$; $\vec{v} = \begin{pmatrix} 3 \\ 2 \\ -1 \end{pmatrix}$
g: $\overrightarrow{OX} = \begin{pmatrix} 6 \\ 6 \\ -1 \end{pmatrix} + k \cdot \begin{pmatrix} 3 \\ 2 \\ -1 \end{pmatrix}$

Spurpunkte einer Geraden

Die Schnittpunkte einer Geraden mit den Koordinatenebenen bezeichnet man als **Spurpunkte** der Gerade.

Schreibweise:
Schnittpunkt der Geraden mit der
- xy-Ebene: $S_{xy}(x|y|0)$
- xz-Ebene: $S_{xz}(x|0|z)$
- yz-Ebene: $S_{yz}(0|y|z)$

Mithilfe der Spurpunkte erhält man eine gute Vorstellung von der Lage der Geraden im Koordinatensystem.

g: $\vec{x} = \begin{pmatrix} 1 \\ 0 \\ 2 \end{pmatrix} + t \cdot \begin{pmatrix} 1 \\ 3 \\ -2 \end{pmatrix}$

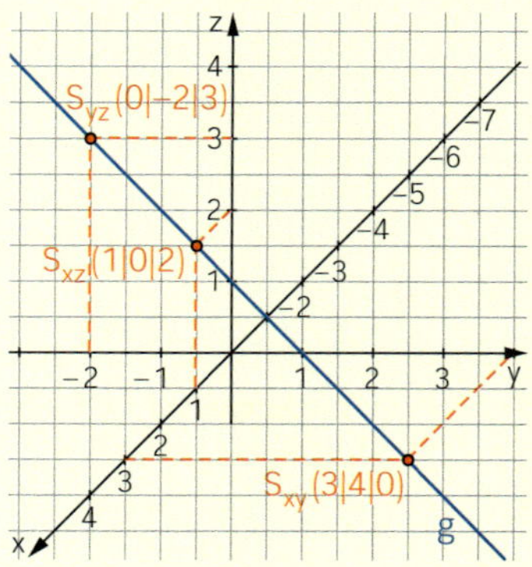

Geraden durch zwei Punkte

Eine Gerade g durch die Punkte A und B hat die Parameterform
g: $\overrightarrow{OX} = \overrightarrow{OA} + k \cdot \left(\overrightarrow{OB} - \overrightarrow{OA}\right)$ mit $k \in \mathbb{R}$,
bzw. g: $\overrightarrow{OX} = \overrightarrow{OA} + k \cdot \overrightarrow{AB}$ mit $k \in \mathbb{R}$.

$A(6|6|-1)$; $B(0|2|1)$
$$g: \overrightarrow{OX} = \begin{pmatrix} 6 \\ 6 \\ -1 \end{pmatrix} + k \cdot \left(\begin{pmatrix} 6 \\ 6 \\ -1 \end{pmatrix} - \begin{pmatrix} 0 \\ 2 \\ 1 \end{pmatrix}\right)$$
$$= \begin{pmatrix} 6 \\ 6 \\ -1 \end{pmatrix} + k \cdot \begin{pmatrix} -6 \\ -4 \\ 2 \end{pmatrix}$$

Das Wichtigste auf einen Blick

Lagebeziehungen von Geraden

Gegeben sind zwei Geraden $g\colon \vec{x} = \vec{a} + r \cdot \vec{u}$ und $h\colon \vec{x} = \vec{b} + s \cdot \vec{v}$ mit $r, s \in \mathbb{R}$

Auf Parallelität prüfen
Sind die Richtungsvektoren $\vec{u}$ und $\vec{v}$ Vielfache voneinander?
Gibt es $k \in \mathbb{R}$ mit $\vec{v} = k \cdot \vec{u}$?

- **ja** → g und h sind parallel zueinander.
  - **Punktprobe**
    Liegt der Punkt A mit dem Ortsvektor $\vec{a}$ auf der Geraden h?
    Gibt es $s \in \mathbb{R}$ mit $\vec{a} = \vec{b} + s \cdot \vec{v}$?
    - **ja** → g und h sind parallel zueinander und **identisch**.

      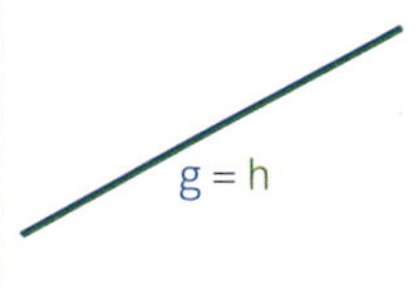

      Beispiel
      $g\colon \vec{x} = \begin{pmatrix} 1 \\ 0 \\ 2 \end{pmatrix} + r \cdot \begin{pmatrix} 1 \\ 3 \\ -2 \end{pmatrix}$
      $h\colon \vec{x} = \begin{pmatrix} 2 \\ 3 \\ 0 \end{pmatrix} + s \cdot \begin{pmatrix} -2 \\ -6 \\ 4 \end{pmatrix}$
      mit $r, s \in \mathbb{R}$
    - **nein** → g und h sind **parallel** zueinander und verschieden.

      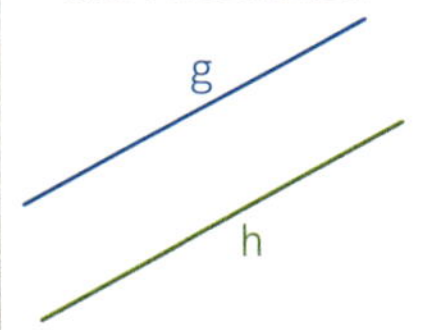

      Beispiel
      $g\colon \vec{x} = \begin{pmatrix} 1 \\ 0 \\ 2 \end{pmatrix} + r \cdot \begin{pmatrix} 1 \\ 3 \\ -2 \end{pmatrix}$
      $h\colon \vec{x} = \begin{pmatrix} 2 \\ 2 \\ 0 \end{pmatrix} + s \cdot \begin{pmatrix} -2 \\ -6 \\ 4 \end{pmatrix}$
      mit $r, s \in \mathbb{R}$
- **nein** → g und h sind nicht parallel zueinander.
  - **Auf Schnittpunkt prüfen**
    Hat das System $\vec{a} + r \cdot \vec{u} = \vec{b} + s \cdot \vec{v}$ eine Lösung?
    Gibt es $r, s \in \mathbb{R}$ mit $\vec{a} + r \cdot \vec{u} = \vec{b} + s \cdot \vec{v}$?
    - **ja** → g und h **schneiden sich** in einem Punkt S.

      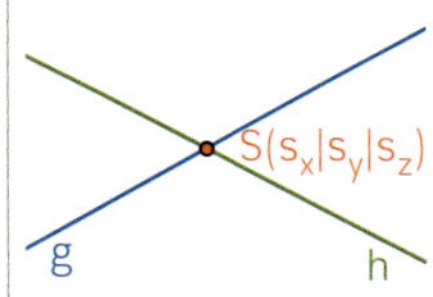

      Beispiel
      $g\colon \vec{x} = \begin{pmatrix} 1 \\ 0 \\ 2 \end{pmatrix} + r \cdot \begin{pmatrix} 1 \\ 3 \\ -2 \end{pmatrix}$
      $h\colon \vec{x} = \begin{pmatrix} 2 \\ 3 \\ 0 \end{pmatrix} + s \cdot \begin{pmatrix} 1 \\ 2 \\ 4 \end{pmatrix}$
      mit $r, s \in \mathbb{R}$; $S(2|3|0)$
    - **nein** → g und h sind **windschief** zueinander.

      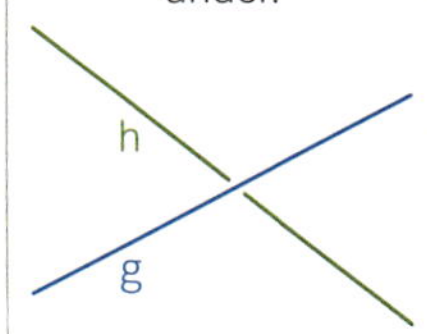

      Beispiel
      $g\colon \vec{x} = \begin{pmatrix} 1 \\ 0 \\ 2 \end{pmatrix} + r \cdot \begin{pmatrix} 1 \\ 3 \\ -2 \end{pmatrix}$
      $h\colon \vec{x} = \begin{pmatrix} 2 \\ 3 \\ 1 \end{pmatrix} + s \cdot \begin{pmatrix} 1 \\ 2 \\ 4 \end{pmatrix}$
      mit $r, s \in \mathbb{R}$

Klausurtraining

Lösungen im Anhang

Teil A

Lösen Sie die folgenden Aufgaben ohne Formelsammlung und ohne Taschenrechner.

1 Berechnen Sie: $\frac{1}{2} \cdot \begin{pmatrix} 4 \\ -3 \\ 6 \end{pmatrix} - 2 \cdot \begin{pmatrix} -2 \\ 1 \\ -1 \end{pmatrix} + \frac{2}{3} \cdot \begin{pmatrix} 9 \\ -6 \\ 4 \end{pmatrix}$

2 Geben Sie die Koordinaten eines Punktes an, der nicht der Ursprung ist und der

a) in der xy-Ebene und in der yz-Ebene liegt;

b) in der xy-Ebene liegt sowie gleich weit von der x-Achse und der y-Achse entfernt ist;

c) gleich weit von der y-Achse und der z-Achse entfernt ist.

3 **a)** Berechnen Sie die Koordinaten des Mittelpunktes M der Strecke $\overline{AB}$ mit A(−3|4|7) und B(5|−2|1).
b) Der Punkt M(2|−3|−5) ist der Mittelpunkt der Strecke $\overline{PQ}$ mit P(−3|1|4). Bestimmen Sie die Koordinaten von Q.

4 Die Abbildung zeigt die Skizze eines Hauses mit Satteldach.
a) Zeichnen Sie das Haus maßstabsgetreu in ein kartesisches Koordinatensystem mit der angegebenen Lage ein.
b) Geben Sie die Koordinaten aller Eckpunkte des Gebäudes an.
c) Berechnen Sie die Längen der Dachkanten.

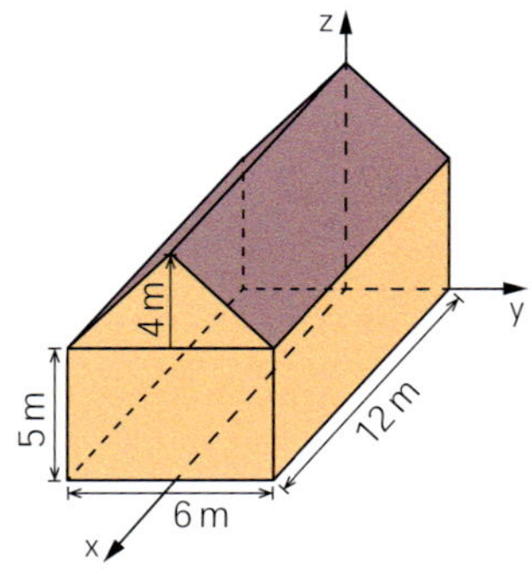

5 Die Punkte A(3|−1|1), B(2|2|1) und C(0|0,5|1) bilden die Grundfläche einer Pyramide mit der Spitze S(1|−0,5|5).
a) Zeigen Sie, dass die Grundfläche der Pyramide parallel zur xy-Ebene liegt.
b) Geben Sie die Höhe der Pyramide an.

6 Bestimmen Sie die Koordinaten der Bildpunkte des Punktes A(3|−2|4), wenn dieser
a) an der xz-Ebene; **b)** an der x-Achse;
c) zuerst an der xy-Ebene und anschließend an der yz-Ebene gespiegelt wird.

7 Gegeben sind die Punkte A(3|−1|4), B(7|3|1), C(5|4|2) und D(1|0|5).
a) Zeigen Sie, dass die Punkte A bis D die Eckpunkte eines Parallelogramms sind.
b) Prüfen Sie, ob das Parallelogramm auch eine Raute ist.
c) Bestimmen Sie die Koordinaten des Schnittpunktes der Diagonalen des Parallelogramms.

8 Eine Gerade g ist gegeben durch $g\colon \vec{x} = \begin{pmatrix} 2 \\ -3 \\ 4 \end{pmatrix} + k \cdot \begin{pmatrix} 4 \\ 1 \\ -2 \end{pmatrix}$ mit $k \in \mathbb{R}$.
a) Geben Sie eine zweite Parameterdarstellung von g an.
b) Zeigen Sie, dass die Gerade g ebenfalls durch $\vec{x} = \begin{pmatrix} 86 \\ 18 \\ -38 \end{pmatrix} + r \cdot \begin{pmatrix} -20 \\ -5 \\ 10 \end{pmatrix}$; $r \in \mathbb{R}$ dargestellt.

9 Für jede reelle Zahl a wird die Gerade $g_a\colon \vec{x} = \begin{pmatrix} 5-4a \\ 2a \\ 4+6a \end{pmatrix} + t \cdot \begin{pmatrix} 2 \\ -1 \\ -3 \end{pmatrix}$ mit $t \in \mathbb{R}$ betrachtet.
a) Zeigen Sie, dass für keinen Wert von a der Punkt P(0|0|0) auf g_a liegt.
b) Beurteilen Sie die folgende Aussage: Alle Geraden g_a sind identisch.wird.

10 Untersuchen Sie, ob die Punkte A(2|3|1), B(5|1|−2), C(−4|7|7) ein Dreieck bilden.

11 Die Gerade g geht durch die Punkte P(−5|−11|6) und Q(10|10|−3).
a) Bestimmen Sie die Koordinaten der Spurpunkte von g, d.h. die Koordinaten der Schnittpunkte von g mit den Koordinatenebenen.
b) Zeichnen Sie die Gerade in ein Koordinatensystem.

12 Gegeben sind die Punkte U(0|4|2), V(0|0|0) und W(0|4|0). Geben Sie die Koordinaten eines Punktes P an, der von U, V und W den gleichen Abstand hat.

13 Gegeben sind die beiden Geraden $g: \vec{x} = \begin{pmatrix} 2 \\ -1 \\ 0 \end{pmatrix} + r \cdot \begin{pmatrix} 3 \\ -1 \\ 2 \end{pmatrix}$ und $h: \vec{x} = \begin{pmatrix} 1 \\ 1 \\ -1 \end{pmatrix} + s \cdot \begin{pmatrix} 2 \\ b \\ c \end{pmatrix}$ mit $r, s, b, c \in \mathbb{R}$. Bestimmen Sie Werte für b und c, sodass

a) die Geraden g und h zueinander parallel sind;

b) sich g und h im Punkt P(−13|4|−10) schneiden.

LK 14 Gegeben sind die Punkte A(4|0|0), B(3|6|0) und $C_t(2|2|t)$.
Untersuchen Sie, für welche reellen Werte von t

a) das Dreieck ABC_t rechtwinklig ist; **b)** das Dreieck ABC_t gleichschenklig ist.

15 Gegeben sind die Punkte A(3|2|−1) und B(7|−4|6) sowie die Gerade $g: \vec{x} = \begin{pmatrix} 6 \\ 4 \\ 5 \end{pmatrix} + r \cdot \begin{pmatrix} -2 \\ 1 \\ 2 \end{pmatrix}$.

a) Bestimmen Sie einen Punkt C auf der Geraden g so, dass das Dreieck ABC bei C einen rechten Winkel hat.

b) Berechnen Sie den Flächeninhalt des Dreiecks ABC.

16 Untersuchen Sie, ob die Vektoren voneinander linear abhängig oder unabhängig sind:

a) $\begin{pmatrix} 4 \\ 2 \\ -3 \end{pmatrix}, \begin{pmatrix} -2 \\ -1 \\ 1 \end{pmatrix}$ **b)** $\begin{pmatrix} 2 \\ -3 \\ 5 \end{pmatrix}, \begin{pmatrix} 4 \\ 7 \\ 1 \end{pmatrix}, \begin{pmatrix} 0 \\ -13 \\ 9 \end{pmatrix}$ **c)** $\begin{pmatrix} -1 \\ 2 \\ 5 \end{pmatrix}, \begin{pmatrix} 1 \\ 1 \\ 0 \end{pmatrix}, \begin{pmatrix} -5 \\ 4 \\ 10 \end{pmatrix}$

Teil B

Bei der Lösung dieser Aufgaben können Sie die Formelsammlung und den Taschenrechner verwenden.

17 Gegeben sind die Punkte A(11|1|6) und B(5|−1|2).

a) Stellen Sie eine Gleichung der Geraden g auf, die durch die Punkte A und B verläuft. Geben Sie die Koordinaten zweier Punkte auf g an, die zwischen A und B liegen.

b) Untersuchen Sie, ob es einen Punkt mit drei gleichen Koordinaten auf g gibt.

18 Zeichnen Sie das Dreieck ABC mit den Eckpunkten A(6|−2|1), B(2|2|−1) und C(−4|−1|3) in ein Koordinatensystem.
Bestimmen Sie die längste Seite.

19 Bestimmen Sie den reellen Parameter t so, dass das Dreieck ABC mit den Eckpunkten A(3|−2|4), B(5|0|5), C(1|t|2) gleichschenklig ist.

20 Untersuchen Sie, ob das Viereck ABCD mit A(3|1|6); B(4|3|9); C(5|1|12) und D(4|−1|9) ein besonderes Viereck ist.

LK 21 Gegeben sind die Punkte A(−3|−2|5), B(2|−3|3) und $C_k(k|-3|5)$.

a) Berechnen Sie für $k = -10$ den Umfang des Dreiecks ABC_{-10}.

b) Für welche Werte von k ist das Dreieck ABC_k mit der Basis $\overline{AB}$ gleichschenklig? Kann es auch gleichseitig sein?

22 Gegeben sind die Geraden g und h mit g: $\vec{x} = \begin{pmatrix} 2 \\ -3 \\ 4 \end{pmatrix} + t \cdot \begin{pmatrix} 4 \\ 1 \\ -2 \end{pmatrix}$ und h: $\vec{x} = \begin{pmatrix} -6 \\ -5 \\ 8 \end{pmatrix} + s \cdot \begin{pmatrix} 3 \\ 2 \\ 1 \end{pmatrix}$; $t, s \in \mathbb{R}$.

a) Bestimmen Sie den Schnittpunkt der Geraden g mit der Geraden h.

b) Zeigen Sie, dass der Punkt P(3|1|11) auf der Geraden h liegt.
Bestimmen Sie eine Gerade k durch den Punkt P, die parallel zur Geraden g verläuft.

23 Gegeben sind die Punkte A(2|1|−1), B(6|4|−2), C(5|6|0), D(1|3|1), F(4|6|4) und H(−1|5|7).
Die Punkte A, B, C, D, E, F, G und H sind Eckpunkte eines schiefen Prismas mit der Grundfläche ABCD.

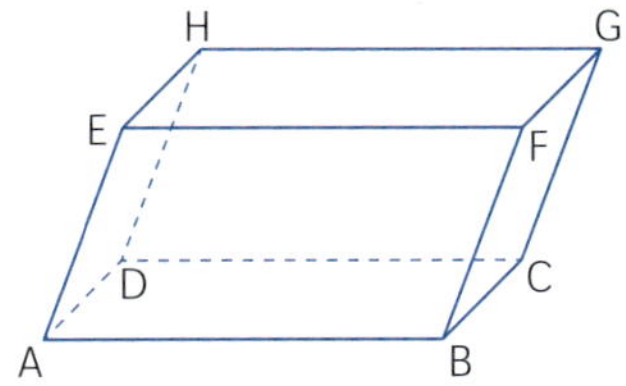

a) Geben Sie die Koordinaten der Punkte G und E an.

b) Weisen Sie nach, dass die Grundfläche des Prismas ein Rechteck ist.

c) Untersuchen Sie, ob sich alle Raumdiagonalen des Prismas in genau einem Punkt schneiden. Berechnen Sie gegebenenfalls die Koordinaten des Schnittpunktes dieser Raumdiagonalen.

LK 24 **a)** Bestimmen Sie den Parameter t so, dass das Dreieck ABC_t mit den Eckpunkten A(3|−2|4), B(5|0|5) und C_t(1|t|2) einen rechten Winkel bei A hat.

b) Die Gerade g verläuft im Punkt A orthogonal zu den Katheten des Dreiecks ABC_t.
Zeigen Sie, dass der Punkt S(−11|2|24) auf g liegt.

c) S ist die Spitze der Pyramide ABC_tS. Berechnen Sie das Volumen dieser Pyramide.

LK 25 Von einem Flugplatz, der in der xy-Ebene liegt, hebt ein Sportflugzeug im Punkt A(4|1|0) von der Startbahn ab. Es fliegt in den ersten drei Minuten auf einem Kurs, der annähernd durch die Gerade g: $\vec{x} = \begin{pmatrix} 4 \\ 1 \\ 0 \end{pmatrix} + r \cdot \begin{pmatrix} 18 \\ 14 \\ 3 \end{pmatrix}$ (r in Minuten ab dem Abheben) beschrieben werden kann.

Die Längeneinheit beträgt 100 m. Nach drei Minuten ändert der Pilot seinen Kurs und fliegt in den nächsten 20 Minuten ohne weitere Kursänderung pro Minute um den Vektor $\vec{u} = \begin{pmatrix} 22 \\ 19 \\ 1{,}2 \end{pmatrix}$ weiter.

a) Mit welcher Geschwindigkeit hebt die Maschine vom Boden ab? In welchem Punkt befindet sich das Flugzeug 10 Minuten nach dem Abheben? Welche Geschwindigkeit hat es dort?

b) Ein zweites Flugzeug befindet sich in dem Moment, in dem das Sportflugzeug in A abhebt, im Punkt B(220|−180|32). Es bewegt sich über längere Zeit pro Minute um den Vektor $\vec{v} = \begin{pmatrix} 14 \\ 25 \\ 0 \end{pmatrix}$ weiter.
Bestimmen Sie den Abstand der beiden Flugzeuge 10 Minuten nach dem Abheben des Sportflugzeugs.

c) Untersuchen Sie, ob es zu einer Kollision kommen könnte, wenn die beiden Flugzeuge ihren Kurs beibehalten.

Analytische Geometrie bei Ebenen

5

▲ *Für die Planung und den Bau von Häusern sind viele Berechnungen erforderlich. Dazu muss auch die Lage von Flächen und Kanten im Raum mathematisch genau beschrieben werden.*

In diesem Kapitel
lernen Sie, wie man Ebenen im Raum beschreibt, was ein Vektorprodukt ist und wie man die Lage von Geraden und Ebenen sowie die Lage von Ebenen zueinander bestimmt. ▸

5.1 Parameterform von Ebenen

Einstieg

Familie Müller hat auf ihrem Haus eine Solaranlage anbringen lassen. In einem Koordinatensystem hat die linke untere Ecke der Anlage die Koordinaten A(0|0|4). Die Kanten eines Kollektors können durch die Vektoren $\vec{u} = \begin{pmatrix} 0 \\ 1 \\ 0 \end{pmatrix}$ und $\vec{v} = \begin{pmatrix} -0{,}4 \\ 0 \\ 1{,}6 \end{pmatrix}$ beschrieben werden.

Erläutern Sie, wie man die Koordinaten eines beliebigen Punktes der Solaranlage bestimmen kann und geben Sie die Koordinaten des Punktes B an.

Aufgabe mit Lösung

Eimerkettenbagger erzeugt eine ebene Fläche

Zum Abbau von Braunkohle wurden riesige Schaufelrad- und Eimerkettenbagger, wie sie noch heute in Ferropolis bei Gräfenhainichen in Sachsen-Anhalt zu sehen sind, verwendet.

Die Fahrt des Baggers sowie die Bewegung der Eimerkette wird jeweils durch eine Gerade modelliert.
Dabei wird die Eimerkette beim Schürfen in Richtung des Vektors $\vec{v}$ nach oben gezogen, während sich der Bagger, der sich anfangs im Punkt A(8|3|6) befindet, langsam in Richtung des Vektors $\vec{u}$ bewegt. Die Vektoren $\vec{u}$ und $\vec{v}$ haben die Koordinaten $\vec{u} = \begin{pmatrix} -1 \\ 4 \\ 0 \end{pmatrix}$ und $\vec{v} = \begin{pmatrix} -1 \\ 2 \\ 1 \end{pmatrix}$. Durch die Bewegung der Eimerkette und die Bewegung des Baggers wird eine ebene Fläche erzeugt. Berechnen Sie die Koordinaten des Punktes B in der Abbildung.

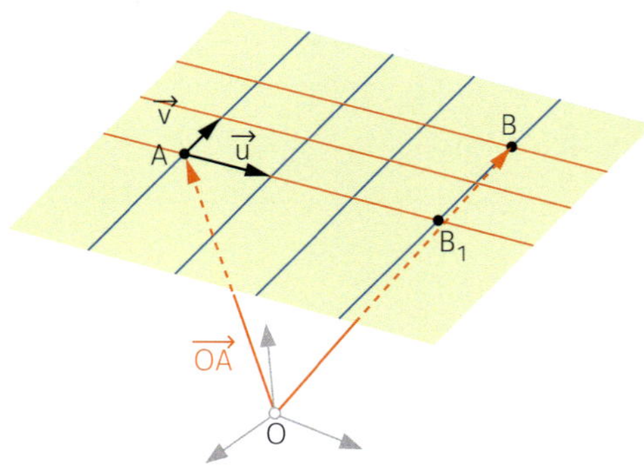

Lösung

Der Bagger bewegt sich entlang einer Geraden von A nach B_1. Die Eimerkette bewegt sich entlang einer Geraden, die durch B_1 und B verläuft. Es ist:

$$\overrightarrow{OB} = \overrightarrow{OA} + \overrightarrow{AB_1} + \overrightarrow{B_1B} = \overrightarrow{OA} + 3 \cdot \vec{u} + 2 \cdot \vec{v} = \begin{pmatrix} 8 \\ 3 \\ 6 \end{pmatrix} + 3 \cdot \begin{pmatrix} -1 \\ 4 \\ 0 \end{pmatrix} + 2 \cdot \begin{pmatrix} -1 \\ 2 \\ 1 \end{pmatrix} = \begin{pmatrix} 3 \\ 19 \\ 8 \end{pmatrix}$$

Der Punkt B hat die Koordinaten B(3|19|8).

Die Positionen, die ein Eimer des Baggers einnimmt, kann mithilfe der Ebene E beschrieben werden. Geben Sie den Ortsvektor eines beliebigen Punktes X dieser Ebene E an.

Lösung

Im Modell wird die Ebene E durch die Bewegungen des Baggers und der Eimerkette aufgespannt. Wir können jeden Punkt X dieser Ebene E erreichen, indem wir vom Punkt A aus zunächst ein Vielfaches des Vektors $\vec{u}$, also $s \cdot \vec{u}$ (Bewegung des Baggers) und danach ein Vielfaches des Vektors $\vec{v}$, also $t \cdot \vec{v}$ (Bewegung der Eimerkette) zurücklegen.
Somit gibt es für jeden Punkt X der Ebene zwei reelle Zahlen s und t, für die gilt:
$\overrightarrow{OX} = \overrightarrow{OA} + s \cdot \vec{u} + t \cdot \vec{v};\ s, t \in \mathbb{R}$

Information

Zwei Vektoren sind **linear unabhängig**, wenn sie keine Vielfachen voneinander sind, also nicht parallel zueinander sind.

WES-125991-511

Parameterform einer Ebene

Durch einen Punkt A und zwei linear unabhängige Vektoren $\vec{u} \neq \vec{o}$ und $\vec{v} \neq \vec{o}$ ist eine Ebene E bestimmt.

Für jeden Punkt X der Ebene E gilt:
$\mathbf{\overrightarrow{OX} = \overrightarrow{OA} + s \cdot \vec{u} + t \cdot \vec{v}}$ mit $s, t \in \mathbb{R}$

Eine solche Vektorgleichung bezeichnet man als **Parameterform der Ebene E** mit den Parametern s und t.

Kurzschreibweise:
$\mathbf{E\colon \vec{x} = \vec{a} + s \cdot \vec{u} + t \cdot \vec{v}}$ mit $s, t \in \mathbb{R}$

Für Punkte, die nicht in der Ebene liegen, gibt es keine Zahlen s und t, die die Parameterform erfüllen.

Setzt man für s und t zwei beliebige Zahlen in die Parameterform der Ebene E ein, so ergibt sich der Ortsvektor $\overrightarrow{OX}$ jedes Punktes X der Ebene E.

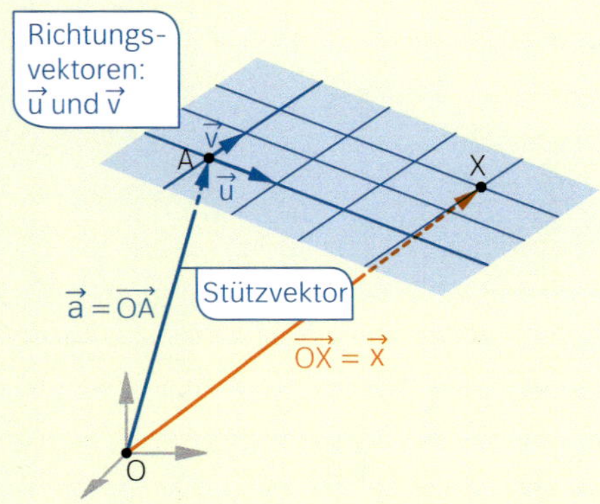

$A(2|-1|3);\ \vec{u} = \begin{pmatrix} 1 \\ 0 \\ -2 \end{pmatrix};\ \vec{v} = \begin{pmatrix} -6 \\ 5 \\ 9 \end{pmatrix}$

Da $\vec{u}$ und $\vec{v}$ nicht parallel zueinander sind, spannen sie die Ebene E auf.

$E\colon \overrightarrow{OX} = \begin{pmatrix} 2 \\ -1 \\ 3 \end{pmatrix} + s \cdot \begin{pmatrix} 1 \\ 0 \\ -2 \end{pmatrix} + t \cdot \begin{pmatrix} -6 \\ 5 \\ 9 \end{pmatrix};\ s, t \in \mathbb{R}$

Für $s = 2$ und $t = 1$ ergibt sich aus der Parameterform der Punkt $P(-2|4|8)$:

$\begin{pmatrix} 2 \\ -1 \\ 3 \end{pmatrix} + 2 \cdot \begin{pmatrix} 1 \\ 0 \\ -2 \end{pmatrix} + 1 \cdot \begin{pmatrix} -6 \\ 5 \\ 9 \end{pmatrix} = \begin{pmatrix} -2 \\ 4 \\ 8 \end{pmatrix}$

Üben

1 Gegeben ist die Parameterform der Ebene

$E\colon \vec{x} = \begin{pmatrix} 3 \\ -5 \\ 10 \end{pmatrix} + s \cdot \begin{pmatrix} -1 \\ 6 \\ 2 \end{pmatrix} + t \cdot \begin{pmatrix} 3 \\ -0{,}5 \\ 12 \end{pmatrix}$ mit $s, t \in \mathbb{R}$.

Bestimmen Sie die Punkte der Ebene zu den folgenden Parameterwerten.

a) $s = 2;\ t = 3$

b) $s = -4;\ t = 12$

c) $s = 0{,}6;\ t = -2{,}4$

d) $s = \frac{1}{5};\ t = -\frac{3}{8}$

2 Betrachten Sie die Abbildung.
Bestimmen Sie die Ortsvektoren der Punkte B, C und D in der Ebene E mithilfe der Vektoren $\overrightarrow{OA}$, $\vec{u}$ und $\vec{v}$.

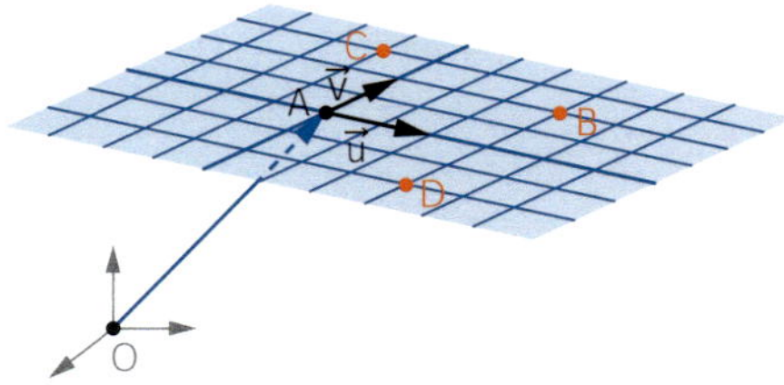

3 Gegeben ist die Parameterform $\vec{x} = \begin{pmatrix} -3 \\ 2 \\ 6 \end{pmatrix} + s \cdot \begin{pmatrix} 4 \\ 16 \\ -12 \end{pmatrix} + t \cdot \begin{pmatrix} -1 \\ -4 \\ 3 \end{pmatrix}$; $s, t \in \mathbb{R}$

a) Begründen Sie, dass durch diese Parameterform keine Ebene bestimmt wird.

b) Ändern Sie den zweiten Richtungsvektor der Parameterform so, dass durch die Parameterform eine Ebene bestimmt wird, die den Punkt $P(0|0|-9)$ enthält.

4 Von einer Ebene E sind die Punkte A, B und C gegeben.
Bestimmen Sie Parametergleichung dieser Ebene.

a) $A(2|-1|3)$; $B(-1|0|0)$; $C(3|0|-1)$

b) $A(1|2|-3)$; $B(2|1|0)$; $C(0|1|4)$

c) $A(0|0|0)$; $B(1|0|1)$; $C(-1|0|1)$

d) $A(2|3|0)$; $B(4|2|1)$; $C(-2|5|-2)$

Begründen Sie, warum die Angabe der Punkte A, B und C in Teilaufgabe d) nicht ausreicht, um die zugehörige Ebene E eindeutig zu beschreiben.

5 Eine Gerade im Raum ist eindeutig festgelegt durch:
(1) zwei Punkte oder (2) einen Punkt und einen Richtungsvektor.
Überlegen Sie, wodurch eine Ebene eindeutig festgelegt werden kann.
Die Fotos zeigen verschiedene Möglichkeiten, eine Glasplatte auf Füße und Latten zu legen.

(A) (B) (C) (D)

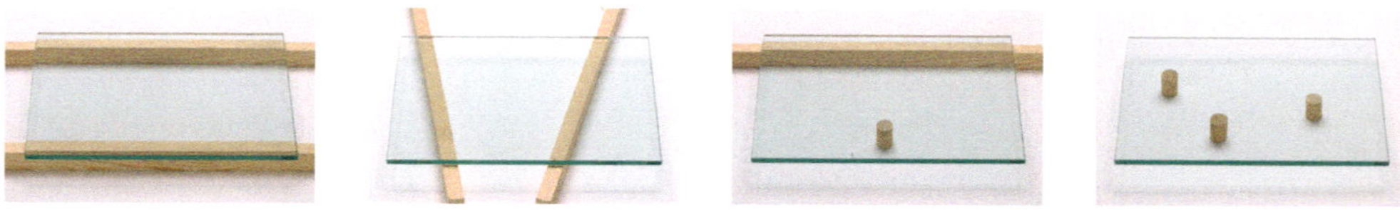

a) Unterscheiden Sie die verschiedene Fälle voneinander und erläutern Sie, wie man eine Parameterform der Ebene erhält.

b) Geben Sie eine Parameterform der Ebene E an, die durch die Gerade g und den Punkt P festgelegt wird.

$g: \vec{x} = \begin{pmatrix} 4 \\ 0 \\ 2 \end{pmatrix} + s \cdot \begin{pmatrix} 3 \\ -1 \\ -3 \end{pmatrix}$; $s \in \mathbb{R}$; $P(1|4|-1)$;

c) Zeigen Sie, dass sich die Geraden g und h schneiden, und geben Sie eine Parameterform der Ebene E an, die durch g und h festgelegt wird.

$g: \vec{x} = \begin{pmatrix} -3 \\ 2 \\ -1 \end{pmatrix} + s \cdot \begin{pmatrix} -1 \\ 2 \\ 1 \end{pmatrix}$; $h: \vec{x} = \begin{pmatrix} -2 \\ 0 \\ -2 \end{pmatrix} + t \cdot \begin{pmatrix} 2 \\ 1 \\ -1 \end{pmatrix}$; $s, t \in \mathbb{R}$

d) Zeigen Sie, dass die Geraden g und h parallel zueinander sind, und geben Sie eine Parameterform der Ebene E an, in der g und h liegen.

$g: \vec{x} = \begin{pmatrix} 5 \\ 0 \\ 2 \end{pmatrix} + s \cdot \begin{pmatrix} 3 \\ -1 \\ 4 \end{pmatrix}$; $h: \vec{x} = \begin{pmatrix} 0 \\ -1 \\ -1 \end{pmatrix} + t \cdot \begin{pmatrix} -3 \\ 1 \\ -4 \end{pmatrix}$; $s, t \in \mathbb{R}$

6 Hugo behauptet: „Für jede Ebene E kann ich zwei unterschiedliche Parameterformen angeben." Nehmen Sie zu dieser Aussage begründet Stellung.

7 Ordnen Sie die Parameterformen den zugehörigen Skizzen der Ebenen zu. Skizzieren Sie die fehlende Ebene in Ihrem Heft.

$E_1\colon \vec{x} = \begin{pmatrix} 0 \\ 0 \\ 2 \end{pmatrix} + s \cdot \begin{pmatrix} 1 \\ 0 \\ 0 \end{pmatrix} + t \cdot \begin{pmatrix} 0 \\ 1 \\ 0 \end{pmatrix};\ s, t \in \mathbb{R}$

$E_2\colon \vec{x} = \begin{pmatrix} 0 \\ 0 \\ 0 \end{pmatrix} + s \cdot \begin{pmatrix} 0 \\ 1 \\ 1 \end{pmatrix} + t \cdot \begin{pmatrix} -1 \\ 0 \\ 0 \end{pmatrix};\ s, t \in \mathbb{R}$

$E_3\colon \vec{x} = \begin{pmatrix} 1 \\ 0 \\ 0 \end{pmatrix} + s \cdot \begin{pmatrix} 0 \\ 0 \\ 1 \end{pmatrix} + t \cdot \begin{pmatrix} 0 \\ 1 \\ 0 \end{pmatrix};\ s, t \in \mathbb{R}$

$E_4\colon \vec{x} = \begin{pmatrix} 0 \\ 1 \\ 0 \end{pmatrix} + s \cdot \begin{pmatrix} 1 \\ 0 \\ 1 \end{pmatrix} + t \cdot \begin{pmatrix} -1 \\ 0 \\ 1 \end{pmatrix};\ s, t \in \mathbb{R}$

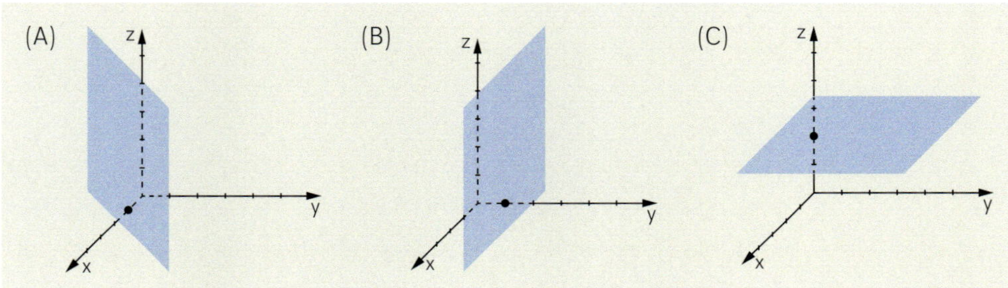

8 Geben Sie eine Parameterform für die Ebene an, in der das Dreieck bzw. das Viereck liegt. Die Punkte liegen entweder in den Koordinatenebenen oder ihr Abstand von der xy-Ebene ist eingezeichnet. Eine Kästchenlänge entspricht einer Koordinateneinheit.

a)

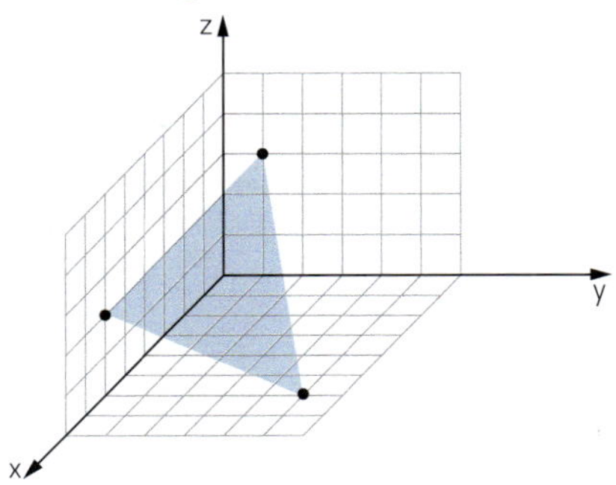

b)

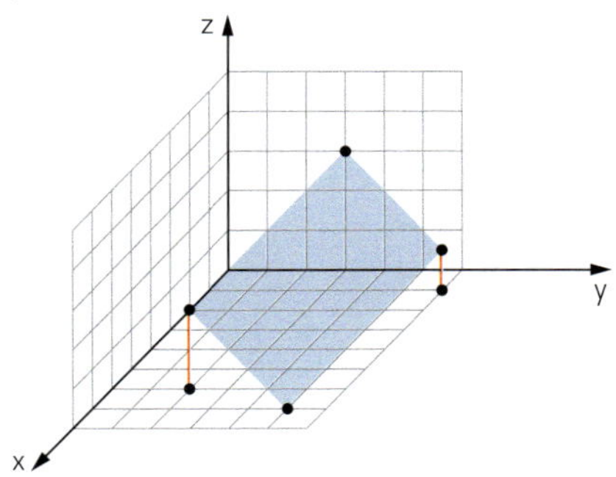

9 Das Bild zeigt den Kirchturm des gefluteten Dorfes Graun am Reeschenpass. Das Dach hat die Form einer geraden quadratischen Pyramide mit einer Höhe von 12 m und einer Breite von 5 m. Legen Sie ein Koordinatensystem fest, in dem die Pyramide liegen soll. Bestimmen Sie Parameterformen für die Ebenen, in denen jeweils eine der vier Seitenflächen oder die Grundfläche der Pyramide liegen.

10 ≡ Geben Sie eine Parameterform der Ebene E an.

a)

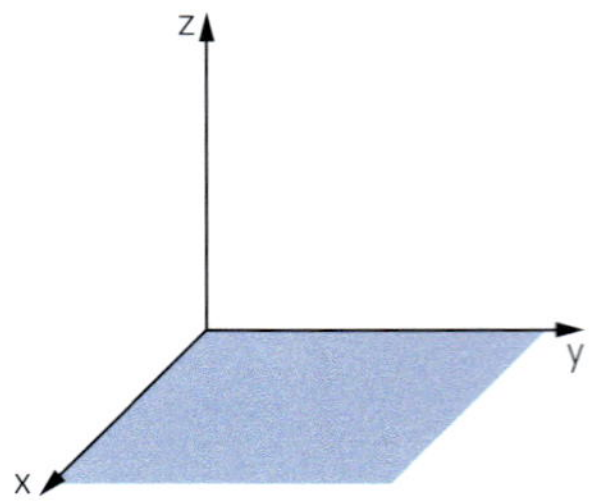

b)

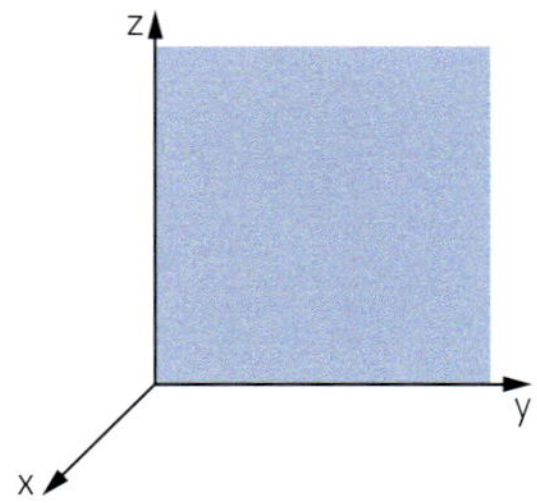

c) E schneidet die x-Achse an der Stelle 3, die y-Achse an der Stelle 1 und die z-Achse an der Stelle −1.

d) E hat mit der xy-Ebene die Punkte P(2|0|0) und Q(0|−2|0) gemeinsam und schneidet die z-Achse an der Stelle 4.

e)

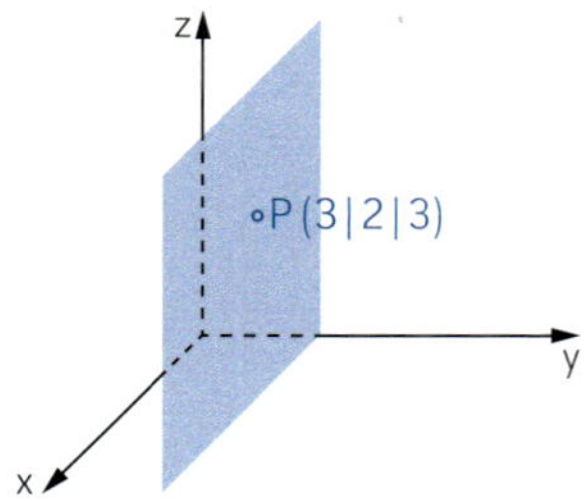

f)

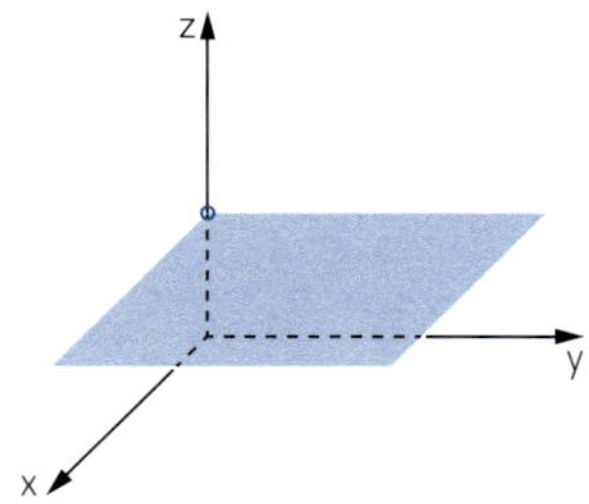

g) E enthält die z-Achse und hat mit der xy-Ebene die Gerade

$g: \vec{x} = t \cdot \begin{pmatrix} 1 \\ 2 \\ 0 \end{pmatrix}$ $(t \in \mathbb{R})$ gemeinsam.

11 ≡ Kim und Ole haben als Hausaufgabe zu den drei Punkten A(2|4|0), B(5|7|−2) und C(11|13|−6) eine Parameterform der Ebene aufgestellt, in der alle drei Punkte liegen. Überprüfen Sie die Lösungen von Kim und Ole. Erläutern Sie, worauf man achten muss, wenn man aus drei Punkten eine Parameterform einer Ebene bestimmen will.

Kim:

$$\overrightarrow{OX} = \begin{pmatrix} 2 \\ 4 \\ 0 \end{pmatrix} + r \cdot \begin{pmatrix} 5-2 \\ 7-4 \\ -2-0 \end{pmatrix} + s \cdot \begin{pmatrix} 11-2 \\ 13-4 \\ -6-0 \end{pmatrix}$$
$$= \begin{pmatrix} 2 \\ 4 \\ 0 \end{pmatrix} + r \cdot \begin{pmatrix} 3 \\ 3 \\ -2 \end{pmatrix} + s \cdot \begin{pmatrix} 9 \\ 9 \\ -6 \end{pmatrix}$$

Ole:

$$\overrightarrow{OX} = \begin{pmatrix} 2 \\ 4 \\ 0 \end{pmatrix} + r \cdot \begin{pmatrix} 5 \\ 7 \\ -2 \end{pmatrix} + s \cdot \begin{pmatrix} 11 \\ 13 \\ -6 \end{pmatrix};\ s, t \in \mathbb{R}$$

12 ≡ Prüfen Sie, ob durch die Angabe eine Ebene festgelegt ist.
Formulieren Sie die Kriterien für die Prüfung.

a) Gegeben sind drei Punkte P, Q und R.

(1) P(1|2|3); Q(2|3|4); R(3|4|5)

(2) P(1|0|−6); Q(12|8|5); R(9|11|12)

b) Gegeben sind eine Gerade g mit $s \in \mathbb{R}$ und ein Punkt P.

(1) $g: \vec{x} = \begin{pmatrix} 1 \\ 0 \\ 0 \end{pmatrix} + s \cdot \begin{pmatrix} 5 \\ 2 \\ -3 \end{pmatrix}$; P(14|6|9)

(2) $g: \vec{x} = \begin{pmatrix} 1 \\ -1 \\ 2 \end{pmatrix} + s \cdot \begin{pmatrix} -1 \\ 0 \\ 3 \end{pmatrix}$; P(−9|−1|32)

c) Gegeben sind zwei Geraden g_1 und g_2 mit $s, t \in \mathbb{R}$.

(1) $g_1: \vec{x} = \begin{pmatrix} 2 \\ 1 \\ 4 \end{pmatrix} + s \cdot \begin{pmatrix} 3 \\ 0 \\ 1 \end{pmatrix}$; $g_2: \vec{x} = \begin{pmatrix} 1 \\ 2 \\ 3 \end{pmatrix} + t \cdot \begin{pmatrix} -1 \\ 2 \\ 1 \end{pmatrix}$

(2) $g_1: \vec{x} = s \cdot \begin{pmatrix} 2 \\ -1 \\ 0 \end{pmatrix}$; $g_2: \vec{x} = \begin{pmatrix} 2 \\ 3 \\ 1 \end{pmatrix} + t \cdot \begin{pmatrix} 4 \\ -2 \\ 0 \end{pmatrix}$

Punktprobe für Ebenen

13 Gegeben sind die Parameterform $\vec{x} = \begin{pmatrix} 1 \\ 5 \\ -1 \end{pmatrix} + s \cdot \begin{pmatrix} 2 \\ -3 \\ 6 \end{pmatrix} + t \cdot \begin{pmatrix} 0 \\ 1 \\ 4 \end{pmatrix}$ mit $s, t \in \mathbb{R}$ einer Ebene E und ein Punkt $A(3\,|\,5\,|\,17)$.

Sascha hat überprüft, ob A in der Ebene E liegt. Dabei ging er wie folgt vor.

$$\begin{pmatrix} 3 \\ 5 \\ 17 \end{pmatrix} = \begin{pmatrix} 1 \\ 5 \\ -1 \end{pmatrix} + s \cdot \begin{pmatrix} 2 \\ -3 \\ 6 \end{pmatrix} + t \cdot \begin{pmatrix} 0 \\ 1 \\ 4 \end{pmatrix} \rightarrow \left| \begin{array}{l} 3 = 1 + 2s \\ 5 = 5 - 3s + t \\ 17 = -1 + 6s + 4t \end{array} \right|$$

$$\left\{ \begin{array}{l} 3 = 1 + 2s \\ 5 = 5 - 3s + t \\ 17 = -1 + 6s + 4t \end{array} \right| s, t$$

$\{s = 1,\ t = 3\}$

Also liegt A in der Ebene.

a) Erklären Sie sein Vorgehen.

b) Wenden Sie diese Vorgehen für die Punkte $B(-3\,|\,12\,|\,-9)$ und $C(5\,|\,-3\,|\,9)$ selbst an.

Information

Punktprobe für Ebenen

Für jeden Punkt X der Ebene E gibt es zwei Zahlen $s, t \in \mathbb{R}$, sodass

$\overrightarrow{OX} = \overrightarrow{OA} + s \cdot \vec{u} + t \cdot \vec{v}$

gilt.

Für Punkte, die nicht in der Ebene E liegen, gibt es keine Zahlen s und t, die die Vektorgleichung erfüllen.

Punktprobe für den Punkt $Q(1\,|\,4\,|\,4)$ in der Ebene $\vec{x} = \begin{pmatrix} 2 \\ -1 \\ 3 \end{pmatrix} + s \cdot \begin{pmatrix} 1 \\ 0 \\ -2 \end{pmatrix} + t \cdot \begin{pmatrix} -6 \\ 5 \\ 9 \end{pmatrix}$ mit $s, t \in \mathbb{R}$:

Einsetzen in die Parametergleichung liefert $\begin{pmatrix} 1 \\ 4 \\ 4 \end{pmatrix} = \begin{pmatrix} 2 \\ -1 \\ 3 \end{pmatrix} + s \cdot \begin{pmatrix} 1 \\ 0 \\ -2 \end{pmatrix} + t \cdot \begin{pmatrix} -6 \\ 5 \\ 9 \end{pmatrix}$.

Da das lineare Gleichungssystem $\left| \begin{array}{r} s - 6t = -1 \\ 5t = 5 \\ -2s + 9t = 1 \end{array} \right|$ keine Lösung hat, liegt der Punkt Q nicht in der Ebene.

14 Timo hat überprüft, ob der Punkt $P(5\,|\,0\,|\,11)$ in der Ebene mit der Parameterform $\vec{x} = \begin{pmatrix} 3 \\ 1 \\ 4 \end{pmatrix} + s \cdot \begin{pmatrix} -2 \\ 3 \\ 1 \end{pmatrix} + t \cdot \begin{pmatrix} 0 \\ 1 \\ 3 \end{pmatrix}$ mit $s, t \in \mathbb{R}$ liegt. Erläutern Sie, wo er sich geirrt hat.

$$\begin{pmatrix} 5 \\ 0 \\ 11 \end{pmatrix} = \begin{pmatrix} 3 \\ 1 \\ 4 \end{pmatrix} + s \cdot \begin{pmatrix} -2 \\ 3 \\ 1 \end{pmatrix} + t \cdot \begin{pmatrix} 0 \\ 1 \\ 3 \end{pmatrix}, \text{ also } \left| \begin{array}{l} 2 = -2s \\ -1 = 3s + t \\ 7 = s + 3t \end{array} \right|$$

Aus der ersten Zeile erhalte ich $s = -1$. Eingesetzt in die zweite Zeile erhalte ich daraus $t = 2$. Also liegt P in der Ebene.

15 Untersuchen Sie, ob die gegebenen vier Punkte ein *ebenes Viereck* bestimmen, also ein Viereck, das in einer Ebene liegt. Erläutern Sie, wie Sie dabei vorgegangen sind.

a) $P_1(7\,|\,2\,|\,-1)$ $\quad P_2(-1\,|\,2\,|\,3)$ $\quad P_3(0\,|\,-2\,|\,2)$ $\quad P_4(3\,|\,2\,|\,1)$

b) $P_1(2\,|\,1\,|\,3)$ $\quad P_2(-2\,|\,2\,|\,1)$ $\quad P_3(0\,|\,0\,|\,4)$ $\quad P_4(-2\,|\,-1\,|\,5)$

16 Gegeben sind die Geraden g: $\vec{x} = \begin{pmatrix} -1 \\ 2 \\ 1 \end{pmatrix} + t \cdot \begin{pmatrix} 2 \\ 0 \\ -1 \end{pmatrix}$ $(t \in \mathbb{R})$ und h, wobei h durch die Punkte A(−1 | 3 | 1) und B(3 | 3 | −1) verläuft.

a) Zeigen Sie, dass die Geraden g und h parallel verlaufen.

b) Die Ebene E enthält die Geraden g und h. Bestimmen Sie eine Gleichung von E.

17 Von einem Parallelogramm ABCD sind die drei Eckpunkte A(1 | 4 | 3), B(2 | 3 | 8) und C(4 | 5 | 2) bekannt.

a) Bestimmen Sie die Koordinaten des Punktes D.

b) Untersuchen Sie, ob die Punkte F(2,5 | 4,5 | 2,5) und P(−1 | −2 | 25) innerhalb des Parallelogramms ABCD liegen.

E: $\vec{x} = \overrightarrow{OA} + r \cdot \overrightarrow{AB} + s \cdot \overrightarrow{AD}$; $r, s \in \mathbb{R}$

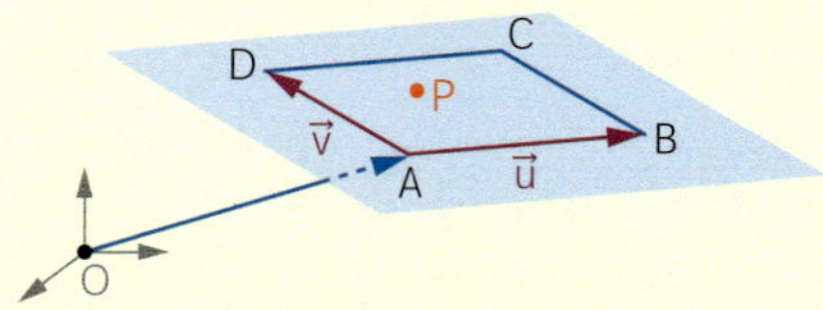

P liegt im Parallelogramm, wenn gilt:
$0 \le r \le 1$ und $0 \le s \le 1$

18 Gegeben sind die Eckpunkte A(1 | 2 | 3), B(−1 | −2 | 2) und C(2 | 1 | 4) des Dreiecks ABC.

a) Der Schwerpunkt eines Dreiecks ist der Schnittpunkt der drei Seitenhalbierenden. Bestimmen Sie die Koordinaten des Schwerpunktes des Dreiecks ABC.

b) Zeigen Sie, dass es keine Ebene E gibt, in der die Punkte A, B, C und der Koordinatenursprung liegen.

Weiterüben

19 Eine Ebenenschar E_a ist durch E_a: $\vec{x} = \begin{pmatrix} 2 \\ 1 \\ a \end{pmatrix} + s \cdot \begin{pmatrix} 3 \\ 5 \\ -1 \end{pmatrix} + t \cdot \begin{pmatrix} 2 \\ -2 \\ 0 \end{pmatrix}$ mit $a, s, t \in \mathbb{R}$ gegeben.

a) Beschreiben Sie die Lage der Ebenen E_a zueinander.

b) Gegeben sind die beiden Geraden g_1 und g_2 mit den Parameterformen

g_1: $\vec{x} = \begin{pmatrix} 2 \\ 1 \\ 5 \end{pmatrix} + r \cdot \begin{pmatrix} 2 \\ -2 \\ 0 \end{pmatrix}$ und g_2: $\vec{x} = \begin{pmatrix} 2 \\ 1 \\ 8 \end{pmatrix} + k \cdot \begin{pmatrix} 3 \\ 5 \\ -1 \end{pmatrix}$ mit $r, k \in \mathbb{R}$.

Zeigen Sie, dass jede Gerade in einer Ebene E_a liegt, und begründen Sie, dass g_1 und g_2 windschief zueinander sind.

20 Von einem Würfel der Kantenlänge 4 wird eine Ecke abgeschnitten.

a) Geben Sie eine Parameterform für die Ebene an, in der die Schnittfläche liegt.

b) Welche Einschränkungen sind für die Parameter vorzunehmen, damit die Gleichung die dreieckige Schnittfläche beschreibt?

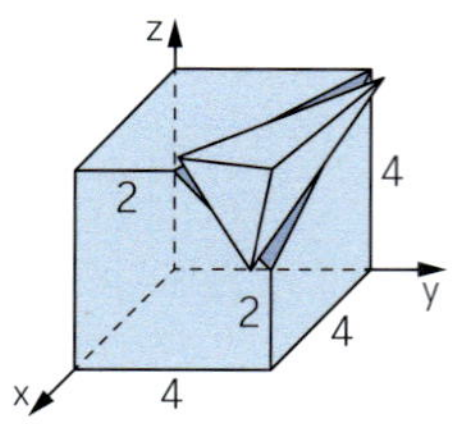

21 Begründen Sie ohne Rechnung, warum die angegebenen Geraden in der Ebene E liegen.

a) Gegeben ist die Ebene E: $\vec{x} = \begin{pmatrix} 3 \\ 1 \\ 4 \end{pmatrix} + r \cdot \begin{pmatrix} -1 \\ 2 \\ 2 \end{pmatrix} + s \cdot \begin{pmatrix} 3 \\ 1 \\ -1 \end{pmatrix}$; $r, s \in \mathbb{R}$.

(1) g: $\vec{x} = \begin{pmatrix} 3 \\ 1 \\ 4 \end{pmatrix} + t \cdot \begin{pmatrix} -1 \\ 2 \\ 2 \end{pmatrix}$; $t \in \mathbb{R}$

(2) g: $\vec{x} = \begin{pmatrix} 3 \\ 1 \\ 4 \end{pmatrix} + t \cdot \begin{pmatrix} 3 \\ 1 \\ -1 \end{pmatrix}$; $t \in \mathbb{R}$

b) Gegeben ist die Ebene E: $\vec{x} = \vec{a} + r \cdot \vec{u} + s \cdot \vec{v}$ mit $r, s \in \mathbb{R}$.

(1) g: $\vec{x} = \vec{a} + t \cdot \vec{u}$; $t \in \mathbb{R}$

(2) g: $\vec{x} = \vec{a} + t \cdot \vec{v}$; $t \in \mathbb{R}$

(3) g: $\vec{x} = \vec{a} + \vec{u} + t \cdot \vec{v}$; $t \in \mathbb{R}$

(4) g: $\vec{x} = \vec{a} + 3\vec{v} + t \cdot \vec{u}$; $t \in \mathbb{R}$

5.2 Normalenform und Koordinatenform einer Ebene

Einstieg

Der Schattenstab einer Sonnenuhr in London hat die Richtung des Vektors $\vec{n} = \begin{pmatrix} 1 \\ 1 \\ 2 \end{pmatrix}$ und steht im Punkt A(−3|2|2) orthogonal auf der Ebene E, in der das Ziffernblatt der Sonnenuhr liegt.
Ein Punkt auf dem Ziffernblatt hat die Koordinaten B(−2|3|1).
Überprüfen Sie, ob die Punkte C(−1|−2|3) und D(1|1|0) ebenfalls in dieser Ebene liegen. Beschreiben Sie Ihr Vorgehen.

Aufgabe mit Lösung

Normalenform einer Ebene

Die Gerade g mit dem Richtungsvektor $\vec{n} = \begin{pmatrix} 2 \\ 1 \\ 2 \end{pmatrix}$ verläuft durch den Ursprung.
Die Ebene E ist orthogonal zur Geraden g und schneidet diese im Punkt P(4|2|4).

→ Erläutern Sie, woran man erkennt, ob eine Gerade orthogonal zu einer Ebene verläuft.

Lösung

Ist eine Gerade g orthogonal zu einer Ebene E, so müsste der Richtungsvektor $\vec{n}$ dieser Geraden orthogonal zu allen Richtungsvektoren der Ebene sein.

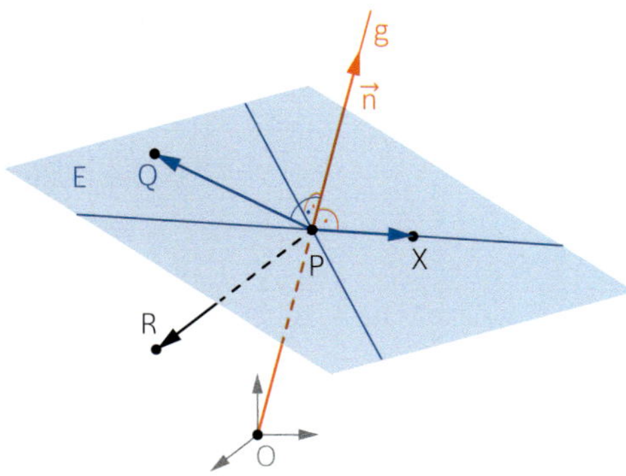

→ Untersuchen Sie, ob die Punkte Q(3|16|−2) und R(−1|8|5) in der Ebene E liegen.

Lösung

Falls Q in E liegt, ist $\overrightarrow{PQ}$ ein möglicher Richtungsvektor von E, da P ebenfalls in E liegt.
Somit müsste $\overrightarrow{PQ}$ orthogonal zu $\vec{n}$, dem Richtungsvektor der zu E orthogonalen Geraden, verlaufen. Es müsste demnach gelten: $\vec{n} \circ \overrightarrow{PQ} = 0$

Ist X(x|y|z) ein Punkt der Ebene E, so ist der Vektor $\overrightarrow{PX}$ orthogonal zu $\vec{n}$.

$\vec{n} \circ \overrightarrow{PQ} = \begin{pmatrix} 2 \\ 1 \\ 2 \end{pmatrix} \circ \left[\begin{pmatrix} 3 \\ 16 \\ -2 \end{pmatrix} - \begin{pmatrix} 4 \\ 2 \\ 4 \end{pmatrix}\right] = \begin{pmatrix} 2 \\ 1 \\ 2 \end{pmatrix} \circ \begin{pmatrix} -1 \\ 14 \\ -6 \end{pmatrix} = -2 + 14 - 12 = 0$; Q liegt also in E.

Entsprechend untersuchen wir, ob R in E liegt.

$\vec{n} \circ \overrightarrow{PR} = \begin{pmatrix} 2 \\ 1 \\ 2 \end{pmatrix} \circ \left[\begin{pmatrix} -1 \\ 8 \\ 5 \end{pmatrix} - \begin{pmatrix} 4 \\ 2 \\ 4 \end{pmatrix}\right] = \begin{pmatrix} 2 \\ 1 \\ 2 \end{pmatrix} \circ \begin{pmatrix} -5 \\ 6 \\ 1 \end{pmatrix} = -10 + 6 + 2 = -2 \neq 0$; R liegt nicht in E.

Beschreiben Sie ein Kriterium, mit dessen Hilfe man untersuchen kann, ob ein Punkt X in der Ebene E liegt oder nicht.

Lösung

Ist $X(x|y|z)$ ein Punkt der Ebene E, so ist der Vektor $\overrightarrow{PX}$ orthogonal zu $\vec{n}$. Es gilt

$\vec{n} \circ \overrightarrow{PX} = \vec{n} \circ \left(\overrightarrow{OX} - \overrightarrow{OP}\right) = 0$, also $\begin{pmatrix} 2 \\ 1 \\ 2 \end{pmatrix} \circ \left(\begin{pmatrix} x \\ y \\ z \end{pmatrix} - \begin{pmatrix} 4 \\ 2 \\ 4 \end{pmatrix}\right) = 0$ und damit $\begin{pmatrix} 2 \\ 1 \\ 2 \end{pmatrix} \circ \begin{pmatrix} x \\ y \\ z \end{pmatrix} - \begin{pmatrix} 2 \\ 1 \\ 2 \end{pmatrix} \circ \begin{pmatrix} 4 \\ 2 \\ 4 \end{pmatrix} = 0.$

Daraus folgt $2x + 2y + 2z - (2 \cdot 4 + 1 \cdot 2 + 2 \cdot 4) = 0$ und damit $2x + y + 2z - 18 = 0$.

Ein Punkt $X(x|y|z)$ liegt also in der Ebene E, wenn seine Koordinaten die Gleichung $2x + y + 2z = 18$ erfüllen, sonst nicht.

Information

WES-125991-521

Normalenvektor einer Ebene

Definition:

Ein Vektor $\vec{n} \neq \vec{o}$ heißt **Normalenvektor** einer Ebene E, wenn er orthogonal zur Ebene E ist.

Damit ist ein Normalenvektor einer Ebene orthogonal zu allen Richtungsvektoren dieser Ebene. Alle Normalenvektoren einer Ebene sind Vielfache voneinander.

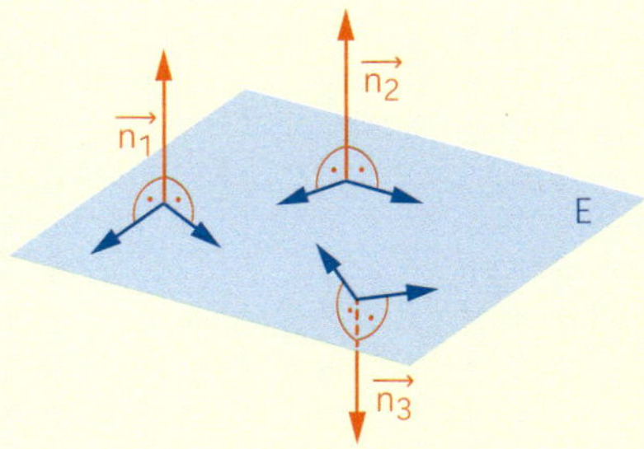

Normalenform einer Ebene

Jeder Punkt einer Ebene E ist durch einen Punkt A in E und einen Normalenvektor $\vec{n}$ von E festgelegt. Ein Punkt X liegt genau dann in E, wenn der Vektor $\overrightarrow{AX}$ orthogonal zum Normalenvektor $\vec{n}$ ist, d. h. die Gleichung $\vec{n} \circ \left(\overrightarrow{OX} - \overrightarrow{OA}\right) = 0$ gilt.

Mit $\vec{x} = \overrightarrow{OX}$ und $\vec{a} = \overrightarrow{OA}$ schreibt man diese Gleichung dann als **E:** $\boldsymbol{\vec{n} \circ (\vec{x} - \vec{a}) = 0}$.

Eine solche Vektorgleichung bezeichnet man als **Normalenform der Ebene E**.

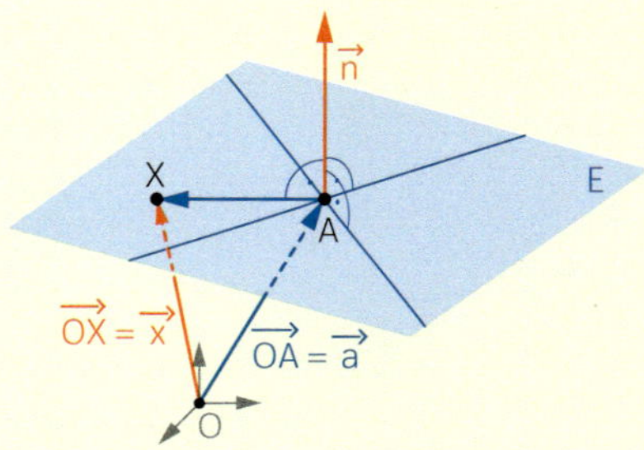

$A(-6|5|7)$; $\vec{n} = \begin{pmatrix} 2 \\ -3 \\ 4 \end{pmatrix}$

Normalenform:

E: $\begin{pmatrix} 2 \\ -3 \\ 4 \end{pmatrix} \circ \left(\vec{x} - \begin{pmatrix} -6 \\ 5 \\ 7 \end{pmatrix}\right) = 0$

Koordinatenform einer Ebene

Die Normalenform $\vec{n} \circ (\vec{x} - \vec{a}) = 0$ kann man umformen zu $\vec{n} \circ \vec{x} - \vec{n} \circ \vec{a} = 0$ also $\vec{n} \circ \vec{x} = \vec{n} \circ \vec{a}$.

Mit $\vec{x} = \begin{pmatrix} x \\ y \\ z \end{pmatrix}$; $\vec{n} = \begin{pmatrix} n_x \\ n_y \\ n_z \end{pmatrix}$ und $\vec{n} \circ \vec{a} = d$

lässt sich dies als lineare Gleichung für die Koordinaten von $\vec{x}$ schreiben:

E: $\boldsymbol{n_x x + n_y y + n_z z = d}$

Eine solche Gleichung bezeichnet man als **Koordinatenform der Ebene E**.

Umformen in Koordinatenform:

$\begin{pmatrix} 2 \\ -3 \\ 4 \end{pmatrix} \circ \vec{x} - \begin{pmatrix} 2 \\ -3 \\ 4 \end{pmatrix} \circ \begin{pmatrix} -6 \\ 5 \\ 7 \end{pmatrix} = 0$

$\begin{pmatrix} 2 \\ -3 \\ 4 \end{pmatrix} \circ \vec{x} = \begin{pmatrix} 2 \\ -3 \\ 4 \end{pmatrix} \circ \begin{pmatrix} -6 \\ 5 \\ 7 \end{pmatrix}$; also

E: $2x - 3y + 4z = 1$

Der Punkt $P(2|1|0)$ liegt in E:

$2 \cdot 2 - 3 \cdot 1 + 4 \cdot 0 = 1$

Der Punkt $Q(3|4|2)$ liegt nicht in E:

$2 \cdot 3 - 3 \cdot 4 + 4 \cdot 2 = 2 \neq 1$

Üben

1 Bestimmen Sie eine Normalen- und eine Koordinatenform der Ebene E, die den Punkt P enthält und den Normalenvektor $\vec{n}$ hat. Prüfen Sie, ob der Punkt Q(−3|−27|0) in E liegt.

a) P(3|−5|2); $\vec{n} = \begin{pmatrix} 3 \\ -1 \\ 2 \end{pmatrix}$
b) P(−1|−1|4); $\vec{n} = \begin{pmatrix} 2 \\ 0 \\ -1 \end{pmatrix}$
c) P(0|0|0); $\vec{n} = \begin{pmatrix} 2 \\ 1 \\ -2 \end{pmatrix}$
d) P(7|−20|−3); $\vec{n} = \begin{pmatrix} 1 \\ -1 \\ -1 \end{pmatrix}$

2 Geben Sie die zugehörige Koordinatenform der Ebene E an und bestimmen Sie die Koordinaten zweier Punkte, die in E liegen.

a) $E: \begin{pmatrix} 2 \\ -3 \\ 1 \end{pmatrix} \circ \left[\vec{x} - \begin{pmatrix} 4 \\ 0 \\ -5 \end{pmatrix}\right] = 0$
b) $E: \begin{pmatrix} 2 \\ -1 \\ 1 \end{pmatrix} \circ \vec{x} = 5$
c) $E: \begin{pmatrix} 3 \\ -1 \\ 2 \end{pmatrix} \circ \vec{x} = \begin{pmatrix} 3 \\ -1 \\ 2 \end{pmatrix} \circ \begin{pmatrix} -5 \\ 4 \\ 2 \end{pmatrix}$
d) $E: \begin{pmatrix} 1 \\ 2 \\ -4 \end{pmatrix} \circ \vec{x} = 0$

3 Bestimmen Sie ohne Rechner eine Koordinatenform der Ebene E.

a) $E: \vec{x} = \begin{pmatrix} 3 \\ 0 \\ 0 \end{pmatrix} + r \cdot \begin{pmatrix} 2 \\ 1 \\ 0 \end{pmatrix} + s \cdot \begin{pmatrix} -1 \\ -2 \\ 1 \end{pmatrix};\ r, s \in \mathbb{R}$

b) $E: \vec{x} = \begin{pmatrix} 1 \\ 1 \\ -3 \end{pmatrix} + r \cdot \begin{pmatrix} -3 \\ 1 \\ 0 \end{pmatrix} + s \cdot \begin{pmatrix} 1 \\ -3 \\ 1 \end{pmatrix};\ r, s \in \mathbb{R}$

c) $E: \vec{x} = \begin{pmatrix} 5 \\ -1 \\ 2 \end{pmatrix} + r \cdot \begin{pmatrix} 3 \\ 1 \\ -1 \end{pmatrix} + s \cdot \begin{pmatrix} -2 \\ 1 \\ 2 \end{pmatrix};\ r, s \in \mathbb{R}$

d) $E: \vec{x} = \begin{pmatrix} 7 \\ 2 \\ -5 \end{pmatrix} + r \cdot \begin{pmatrix} 0 \\ 1 \\ 0 \end{pmatrix} + s \cdot \begin{pmatrix} 0 \\ 0 \\ 1 \end{pmatrix};\ r, s \in \mathbb{R}$

4 Die Ebene E enthält die Punkte A, B und C. Bestimmen Sie eine Parameterform, eine Normalenform und eine Koordinatenform von E.

a) A(1|0|3); B(0|2|1); C(2|2|4)
b) A(0|1|2); B(3|3|3); C(−1|1|4)
c) A(0|0|0); B(1|0|3); C(−1|2|0)
d) A(2|2|2); B(5|2|1); C(3|2|4)

$E: \vec{x} = \begin{pmatrix} -4 \\ 2 \\ 5 \end{pmatrix} + r \cdot \begin{pmatrix} 2 \\ 0 \\ -1 \end{pmatrix} + s \cdot \begin{pmatrix} 1 \\ 2 \\ -1 \end{pmatrix};\ r, s \in \mathbb{R}$

Bestimmen eines Normalenvektors $\vec{n}$ der Ebene E:

(1) $\vec{n} \circ \begin{pmatrix} 2 \\ 0 \\ -1 \end{pmatrix} = 0$; also $2n_x - n_z = 0$

(2) $\vec{n} \circ \begin{pmatrix} 1 \\ 2 \\ -1 \end{pmatrix} = 0$; also $n_x + 2n_y - n_z = 0$

Der Rechner liefert die Lösung:

```
solve({2nx−nz=0, nx+2ny−nz=0},{nx, ny, nz})
                    {nx=nx, ny=0.5·nx, z=2·nx}
```

Wählt man z. B. $n_x = 1$, erhält man $n_y = 0{,}5$ und $n_z = 2$.

Aus $\vec{n} = \begin{pmatrix} 1 \\ 0{,}5 \\ 2 \end{pmatrix}$ und $\begin{pmatrix} 1 \\ 0{,}5 \\ 2 \end{pmatrix} \circ \begin{pmatrix} -4 \\ 2 \\ 5 \end{pmatrix} = 7$

ergibt sich die Koordinatenform $E: x + 0{,}5y + 2z = 7$.

5 Metin will eine Parameterform für die Ebene E mit $E: 4x + 3y - z = 1$ bestimmen. Die folgenden Schritte hat er in seinem Hefter notiert. Erläutern Sie sein Vorgehen.

$z = 4x + 3y - 1 \rightarrow$
$z = 4 \cdot 1 - 1 = 3$ → A(1 | 0 | 3)
$z = 3 \cdot 1 - 1 = 2$ → B(0 | 1 | 2)
$z = -1$ → C(0 | 0 | −1)

$\vec{x} = \begin{pmatrix} 1 \\ 0 \\ 3 \end{pmatrix} + r \cdot \begin{pmatrix} 0-1 \\ 1-0 \\ 2-3 \end{pmatrix} + s \cdot \begin{pmatrix} 0-0 \\ 0-1 \\ -1-2 \end{pmatrix} = \begin{pmatrix} 1 \\ 0 \\ 3 \end{pmatrix} + r \cdot \begin{pmatrix} -1 \\ 1 \\ -1 \end{pmatrix} + s \cdot \begin{pmatrix} 0 \\ -1 \\ -3 \end{pmatrix}$ mit $r, s \in \mathbb{R}$

6 Prüfen Sie, welche der folgenden Gleichungen dieselbe Ebene beschreiben.

(1) $\begin{pmatrix} 1 \\ -1 \\ 2 \end{pmatrix} \circ \left[\vec{x} - \begin{pmatrix} 4 \\ 2 \\ -2 \end{pmatrix}\right] = 0$ (2) $\begin{pmatrix} -1 \\ 1 \\ 2 \end{pmatrix} \circ \left[\vec{x} - \begin{pmatrix} 1 \\ 1 \\ 2 \end{pmatrix}\right] = 0$

(3) $\vec{x} = \begin{pmatrix} 3 \\ 3 \\ 2 \end{pmatrix} + r \cdot \begin{pmatrix} 2 \\ 0 \\ -1 \end{pmatrix} + s \cdot \begin{pmatrix} 4 \\ 6 \\ 1 \end{pmatrix}$ (4) $\vec{x} = \begin{pmatrix} 1 \\ 1 \\ 2 \end{pmatrix} + r \cdot \begin{pmatrix} 1 \\ -2 \\ 1 \end{pmatrix} + s \cdot \begin{pmatrix} 4 \\ 0 \\ -4 \end{pmatrix}$

(5) $x - y + 2z = 6$ (6) $2x - 2y + 4z = 8$

7 Bestimmen Sie eine Koordinatenform der Ebene E mit den angegebenen Eigenschaften.

a) E ist parallel zur xz-Ebene.

b) E ist parallel zur yz-Ebene und schneidet die x-Achse im Punkte $P(4|0|0)$.

c) E ist orthogonal zur x-Achse und enthält den Punkt $Q(2|1|2)$.

WES-125991-522

8 Die Schnittpunkte einer Ebene E mit den Koordinatenachsen werden als **Spurpunkte der Ebene** bezeichnet.

E: $4x + 3y - 4z = 12$
Beim Spurpunkt S_x sind die y- und z-Koordinate gleich 0.
Es ergibt sich: $4x = 12$, also $x = 3$.
Somit ist $S_x(3 | 0 | 0)$.

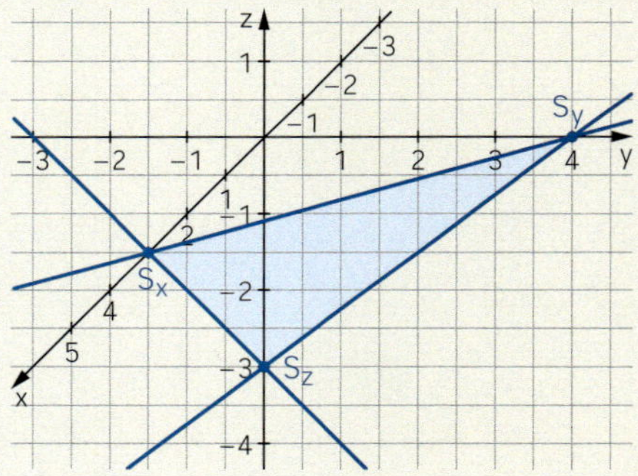

a) Clara hat die Ebene E mithilfe ihrer Spurpunkte gezeichnet. Erläutern Sie, wie Clara die Koordinaten von S_x berechnet hat.

b) Berechnen Sie analog die fehlenden zwei Spurpunkte S_y und S_z.

c) Bestimmen Sie die Spurpunkte der Ebene F: $-2x + 6y + 3z = -18$. Zeichnen Sie anschließend mithilfe des Dreiecks die Ebene ins Koordinatensystem.

d) Beschreiben Sie die Lage einer Ebene E, welche nur den Spurpunkt $S_x(3|0|0)$, aber keinen weiteren besitzt. Bestimmen Sie eine Koordinatenform für E. Untersuchen Sie anhand geeigneter weiterer Beispiele, wie sich die besondere Lage einer Ebene auf deren Spurpunkte auswirkt.

9 Toni behauptet, Ebenen mit besonderer Lage (parallel zu einer Koordinatenachse oder -ebene) leicht an der Koordinatenform erkennen zu können: „Eine Ebene ist zu den Koordinatenachsen parallel, deren Koordinaten nicht in der Koordinatenform vorkommen." Nehmen Sie zu Tonis Aussage Stellung und beschreiben Sie die Lage der Ebene E.

a) E: $y = 3$ **b)** E: $y + 3z = 2$ **c)** E: $x - 3y = -3$ **d)** E: $x + y + 3z = 0$

10 Geben Sie eine Koordinatenform zur dargestellten Ebene an.

a)

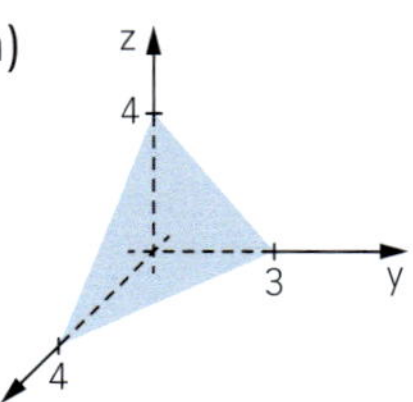

b)

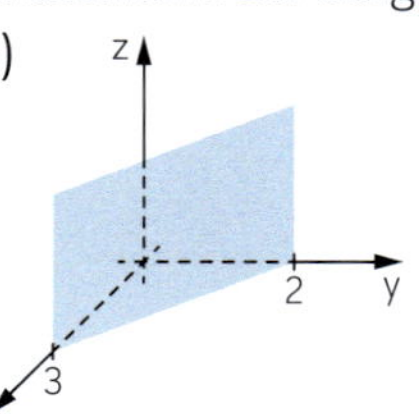

c)

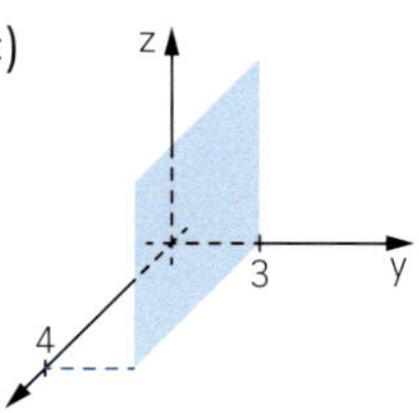

d)

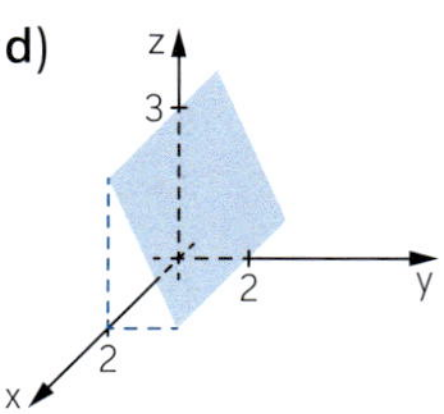

11 Bestimmen Sie eine Koordinatenform für die Ebene, deren Spurpunkte und Spurgeraden abgebildet sind.

Spurgeraden sind die Schnittgeraden einer Ebene mit den Koordinatenebenen.

a)

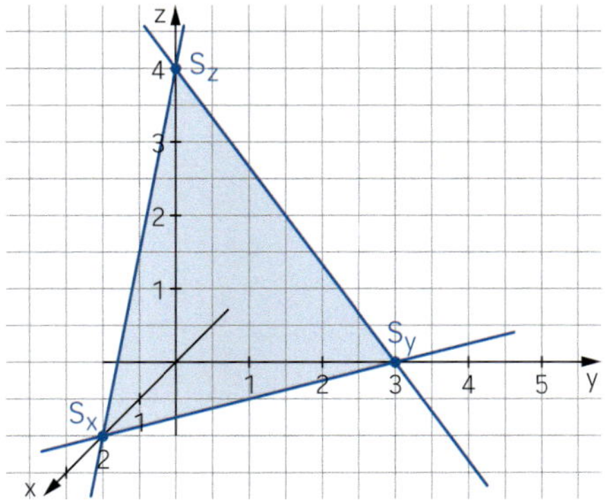

b)

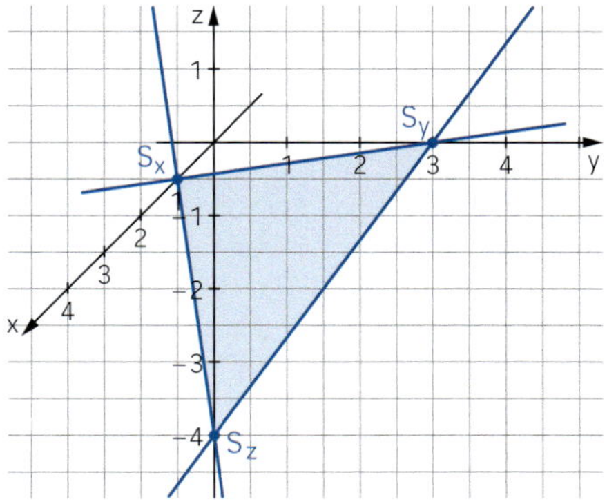

LK Lage von Ebenen zueinander

LK 12 Gegeben sind die vier Ebenen E_1: $2x + 5y - z = -8$; E_2: $3x - y + 2z = 12$; E_3: $-8x - 20y + 4z = 32$ und E_4: $6x + 15y - 3z = 27$.
Untersuchen Sie die Lage von jeweils zwei der Ebenen zueinander. Erläutern Sie, wie man an den Koordinatenformen erkennt, wie die Ebenen zueinander liegen.

Information

WES-125991-523

Lage zweier Ebenen im Raum untersuchen

Man kann drei Fälle unterscheiden, die man wie folgt an der Koordinatenform erkennt.

Auf Parallelität prüfen
Sind die Normalenvektoren beider Ebenen Vielfache voneinander?

ja → Die beiden Ebenen sind **parallel zueinander**.

Auf Identität prüfen
Liegt ein beliebiger Punkt der einen Ebene auch in der anderen Ebene?

ja → Die beiden Ebenen sind **identisch**.

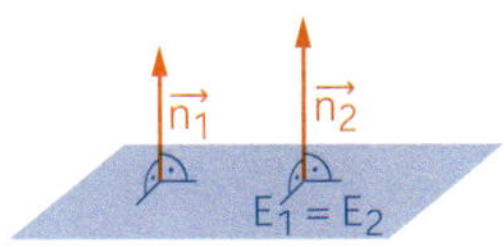

Beispiel:
E_1: $x - 2y + 4z = 1$
E_2: $2x - 4y + 8z = 2$

nein → Die beiden Ebene sind parallel, aber **nicht identisch**.

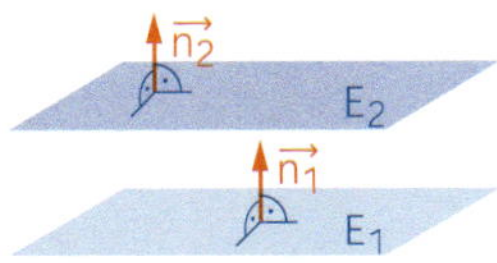

Beispiel:
E_1: $x - 2y + 4z = 1$
E_2: $x - 2y + 4z = 5$

nein (Parallelität) → Die beiden Ebenen **schneiden sich** in einer Schnittgeraden.

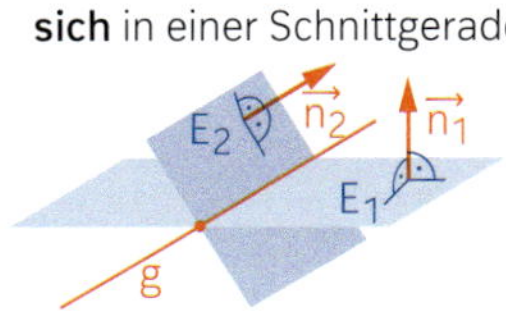

Beispiel:
E_1: $x - 2y + 4z = 1$
E_2: $+ 3z = 2$

LK 13 Untersuchen Sie die Lage der Ebenen E_1 und E_2 zueinander.

a) $E_1: 6x + 3y - 9z = 15;$
$E_2: -2x - y + 3z + 5 = 0$

b) $E_1: 3x - 12y + 6z = -18;$
$E_2: -2x + 8y - 4z + 12 = 0$

c) $E_1: 4x + 2y + z = 10;$
$E_2: -x - 3y + 4z + 6 = 0$

d) $E_1: \vec{x} = \begin{pmatrix} -1 \\ 2 \\ 2 \end{pmatrix} + r \cdot \begin{pmatrix} -2 \\ 3 \\ 2 \end{pmatrix} + s \cdot \begin{pmatrix} 6 \\ -5 \\ 2 \end{pmatrix}; r, s \in \mathbb{R};$
$E_2: 2x + 2y - z - 4 = 0$

LK 14 Ordnen Sie den Abbildungen die jeweiligen drei Ebenen zu. Begründen Sie Ihre Zuordnung. Geben Sie für die übrigen zwei Abbildungen drei passende Ebenen an.

(1) $E_1: x - y + z = 2;$
$E_2: -x + y - z = 2;$
$E_3: 3x + y - z = 1$

(2) $E_1: z = -3;$
$E_2: 2y + 2z = 5;$
$E_3: 2x + 3y + \quad = 3$

(3) $E_1: 3x + 2y - 3z = 8;$
$E_2: x + 2y - 3z = 1;$
$E_3: -4y + 6z = 5$

(A) (B) (C) (D) (E)

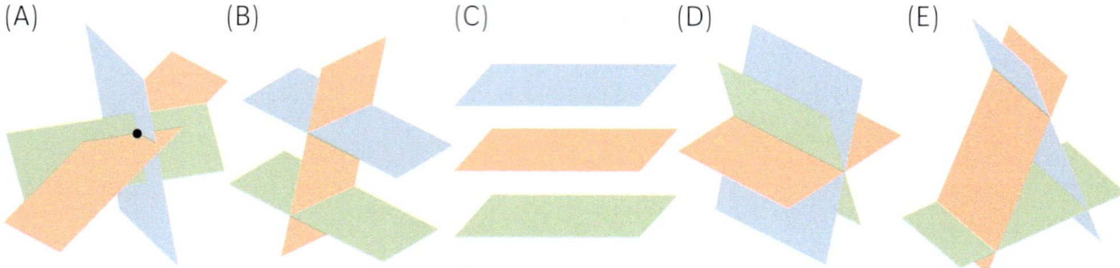

LK 15 Zur Untersuchung der Lage zweier Ebenen nutzt Josefa ihren Rechner. Für die Ebenen $E: x + y - z = 1$ und $F: 4x - y - z = 3$ erhält sie das dargestellte Ergebnis.

```
solve({x + y – z = 1, 4x – y – z = 3}, {x, y, z})
                    {x = x,  y = 1.5x – 1, z = 2.5x – 2}
```

Daraus schlussfolgert Sie, dass die beiden Ebenen sich mit der Schnittgeraden
$g: \vec{x} = \begin{pmatrix} 0 \\ -1 \\ -2 \end{pmatrix} + t \cdot \begin{pmatrix} 1 \\ 1{,}5 \\ 2{,}5 \end{pmatrix};\ t \in \mathbb{R}$ schneiden.

a) Interpretieren Sie das Ergebnis und begründen Sie damit Josefas Schlussfolgerung.

b) Untersuchen Sie analog zu Josefas Vorgehen die Lage der beiden Ebenen.

(1) $E: 3x - 2y + z = 4;$
$F: x \quad - 2z = -1$

(2) $E: 2x - y + 3z = 3;$
$F: 2x - y + 3z = -3$

(3) $E: -x + \quad y - 2z = 1;$
$F: 2x - 2y + 4z = -2$

LK 16 Untersuchen Sie die Lage der Ebenen zueinander. Bestimmen Sie gegebenenfalls die Schnittgerade.

a) $E_1: 6x + 3y - 9z = 15;$
$E_2: -2x - \quad y + 3z = -5;$
$E_3: 4x + 2y + 6z = 5$

b) $E_1: 2x + y \quad = 5;$
$E_2: 4x + 2y + z = 10;$
$E_3: 4x + 2y \quad = 3$

c) $E_1: x = 1;$
$E_2: x = -1;$
$E_3: x = 0$

Weiterüben

17 Gegeben ist die Ebene $E: x - y + (a - 1) \cdot z = -1 \ (a \in \mathbb{R})$.
Untersuchen Sie Lagebeziehung der Koordinatenachsen und der Ebene E in Abhängigkeit von a.

18 Die Punkte A(2 | 1 | 0), B(5 | 3 | 0), C(3 | 6 | 0) und D(0 | 4 | 0) sind die Eckpunkte der Grundfläche eines Quaders, dessen Höhe 6 LE beträgt.

a) Zeichnen Sie ein Schrägbild des Quaders.
Bestimmen Sie die Koordinaten der Eckpunkte E, F, G und H der Deckfläche.

b) Geben Sie möglichst einfach je eine Koordinatenform der Ebenen an, in denen die Seitenflächen bzw. die Deckfläche des Quaders liegen.
Hinweis: Verwenden Sie Ihre Kenntnisse über die Koordinatenformen von zueinander parallelen Ebenen.

19 In einem Würfel der Kantenlänge 6 liegt der Punkt P auf der Kante $\overline{BF}$ zwischen den Eckpunkten B und F.

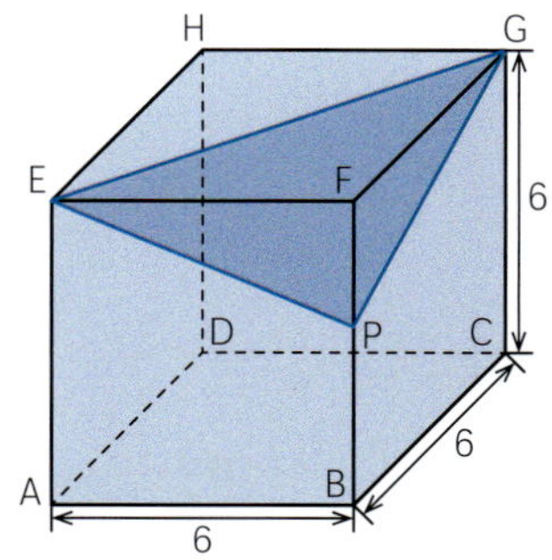

a) Legen Sie ein geeignetes Koordinatensystem fest und zeichnen Sie den Würfel ein.

b) Die Ebene E enthält die Punkte E, P und G.
Bestimmen Sie eine Koordinatenform von E, wenn der Punkt P der Mittelpunkt der Strecke $\overline{BF}$ ist.

c) Bestimmen Sie die Koordinaten von P so, dass $\begin{pmatrix} 3 \\ 3 \\ 4 \end{pmatrix}$ ein Normalenvektor von E ist.
Berechnen Sie für diesen Fall den Umfang des Dreiecks EPG.

LK 20 Bestimmen Sie eine Koordinatenform der Ebene E, die durch die Punkte A, B und C festgelegt ist. Geben Sie anschließend eine Koordinatenform der Ebene F an, die parallel zur Ebene E ist und den Punkt P enthält.

a) A(0 | 1 | 2); B(2 | 0 | 4); C(4 | 8 | 0); P(3 | −4 | 1)

b) A(3 | 1 | −1); B(4 | 1 | 1); C(−2 | −2 | 3); P(5 | −2 | 2)

LK 21 Emilia betrachtet die Ebene E mit der Koordinatengleichung $E: x + 2y + 3z = 7$. Sie sagt:
„Wenn $A(a_x | a_y | a_z)$ in E liegt, dann hat das Skalarprodukt von $\vec{n} = \begin{pmatrix} 1 \\ 2 \\ 3 \end{pmatrix}$ und $\vec{a} = \begin{pmatrix} a_x \\ a_y \\ a_z \end{pmatrix}$ immer den Wert 7.
Aber was bedeutet das geometrisch?"
Erklären Sie diesen Sachverhalt mithilfe der Gleichung $\vec{n} \circ \vec{a} = \vec{n} \circ \vec{a}_{\parallel}$.
Hinweis: $\vec{a} = \vec{a}_{\parallel} + \vec{a}_{\perp}$ mit $\vec{a}_{\parallel} \parallel n$ und $\vec{a}_{\perp} \perp n$

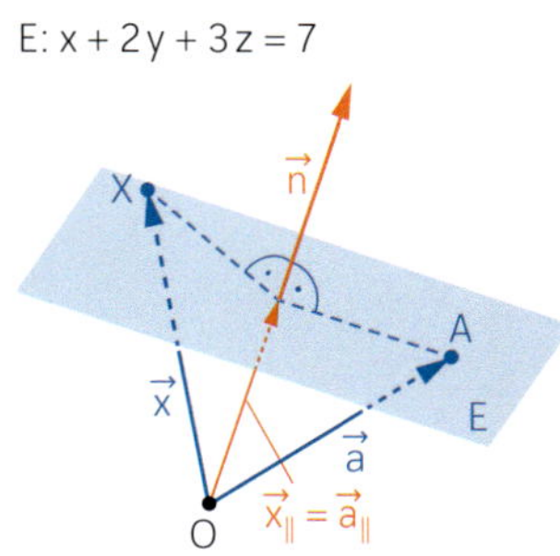

LK 22 In einem Koordinatensystem werden die geraden Prismen $AB_tC_tDE_tF_t$ mit A(0 | 0 | 0), $B_t(t | 0 | 0)$, $C_t(t | 5 | 0)$, D(0 | 5 | 0), $E_t(t | t+2 | t)$ und $F_t(0 | t+2 | t)$ mit $t \in \mathbb{R}^+$ betrachtet. Weiterhin ist die Ebene $H: 2x + z = 6$ gegeben.

a) Bestimmen Sie den Parameter t so, dass die Seitenflächen $AB_tE_tF_t$ und CDF_tE_t senkrecht aufeinander stehen.

b) Begründen Sie, dass die Ebene H parallel zur y-Achse verläuft.

c) Untersuchen Sie, für welche Werte von t die Ebene H und das Prisma gemeinsame Punkte haben.

5.3 Vektorprodukt

Einstieg

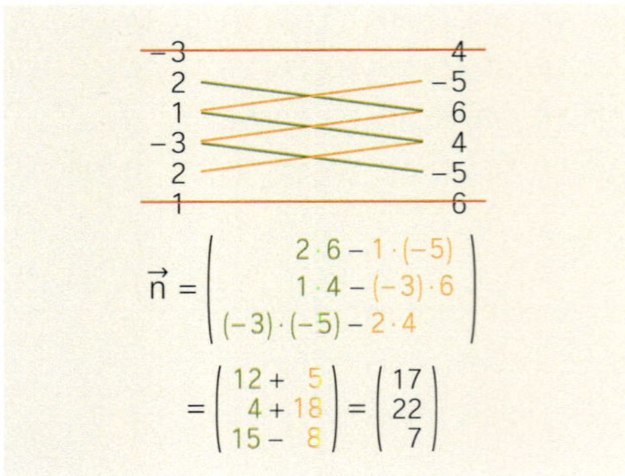

Für die Vektoren $\vec{a}$ und $\vec{b}$ mit

$\vec{a} = \begin{pmatrix} -3 \\ 2 \\ 1 \end{pmatrix}$ und $\vec{b} = \begin{pmatrix} 4 \\ -5 \\ 6 \end{pmatrix}$

ist ein zu beiden Vektoren orthogonaler Vektor $\vec{n}$ gesucht.
Zeigen Sie, dass der nebenstehende Vektor dieser Bedingung genügt und beschreiben Sie, wie er sich aus dem angegebenen Schema bestimmen lässt.

Aufgabe mit Lösung

Vektoren, die zu zwei Vektoren orthogonal sind

→ Bestimmen Sie alle Vektoren $\vec{c}$, die sowohl zu $\vec{a} = \begin{pmatrix} 2 \\ -3 \\ 1 \end{pmatrix}$ als auch zu $\vec{b} = \begin{pmatrix} 1 \\ 2 \\ -1 \end{pmatrix}$ orthogonal sind.

Lösung

Für die gesuchten Vektoren $\vec{c} = \begin{pmatrix} c_x \\ c_y \\ c_z \end{pmatrix}$ muss gelten $\vec{a} \circ \vec{c} = 0$ und $\vec{b} \circ \vec{c} = 0$, also:

$$\left| \begin{array}{l} 2c_x - 3c_y + c_z = 0 \\ c_x + 2c_y - c_z = 0 \end{array} \right|$$

$$\left| \begin{array}{lll} 2c_x - 3c_y & = -c_z & \cdot 2 \\ c_x + 2c_y & = c_z & \cdot 3 \end{array} \right| \quad \cdot(-2)$$

$$\left| \begin{array}{ll} 7c_x & = c_z \\ -7c_y & = -3c_z \end{array} \right|$$

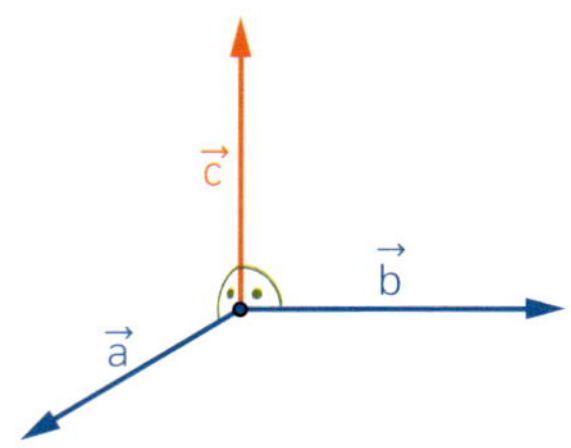

$$\left| \begin{array}{l} c_x = \frac{1}{7}c_z \\ c_y = \frac{3}{7}c_z \end{array} \right|$$

Für jede beliebige Wahl von c_z erhält man einen zu $\vec{a}$ und $\vec{b}$ orthogonalen Vektor.

Setzt man $c_z = 7$, so ergibt sich $c_x = 1$ und $c_y = 3$, also $\vec{c} = \begin{pmatrix} 1 \\ 3 \\ 7 \end{pmatrix}$.

→ Geben Sie alle möglichen Lösungen für $\vec{c} = \begin{pmatrix} c_x \\ c_y \\ c_z \end{pmatrix}$ an. Wie unterscheiden sich die verschiedenen Lösungsvektoren?

Lösung

Alle möglichen Vektoren, die sowohl zu $\vec{a}$ als auch $\vec{b}$ orthogonal sind, haben die Form

$$\begin{pmatrix} \frac{1}{7}c_z \\ \frac{3}{7}c_z \\ c_z \end{pmatrix} = \frac{c_z}{7} \cdot \begin{pmatrix} 1 \\ 3 \\ 7 \end{pmatrix} = t \cdot \begin{pmatrix} 1 \\ 3 \\ 7 \end{pmatrix} \text{ mit } t = \frac{c_z}{7} \text{ und } t \neq 0.$$

Diese Vektoren sind Vielfache voneinander, sie unterscheiden sich nur durch ihre Länge, aber nicht durch ihre Richtung.

Information

$\vec{a} \times \vec{b}$
Gelesen:
a Kreuz b;
Man spricht auch vom **Kreuzprodukt**.

WES-125991-531

Vektorprodukt

Definition

Das **Vektorprodukt** $\vec{a} \times \vec{b}$ zweier Vektoren

$\vec{a} = \begin{pmatrix} a_x \\ a_y \\ a_z \end{pmatrix}$ und $\vec{b} = \begin{pmatrix} b_x \\ b_y \\ b_z \end{pmatrix}$ ist der Vektor

$$\vec{a} \times \vec{b} = \begin{pmatrix} a_y b_z - a_z b_y \\ a_z b_x - a_x b_z \\ a_x b_y - a_y b_x \end{pmatrix}.$$

Merkhilfe zum Berechnen:

$$\vec{a} \times \vec{b} = \begin{pmatrix} a_y b_z - a_z b_y \\ a_z b_x - a_x b_z \\ a_x b_y - a_y b_x \end{pmatrix}$$

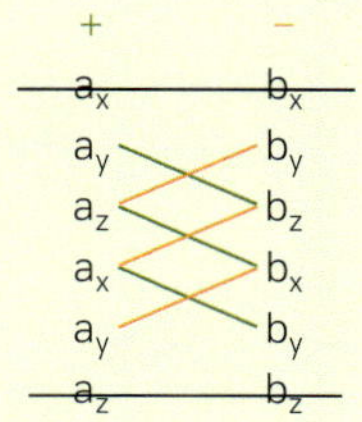

$\vec{a} = \begin{pmatrix} 0 \\ 4 \\ 5 \end{pmatrix}$; $\vec{b} = \begin{pmatrix} 5 \\ -2 \\ 3 \end{pmatrix}$;

$$\vec{a} \times \vec{b} = \begin{pmatrix} 4 \cdot 3 & -5 \cdot (-2) \\ 5 \cdot 5 & -0 \cdot 3 \\ 0 \cdot (-2) - 4 \cdot 5 & \end{pmatrix} = \begin{pmatrix} 22 \\ 25 \\ -20 \end{pmatrix}$$

Geometrische Deutung

Sind die Vektoren $\vec{a}$ und $\vec{b}$ verschieden vom Nullvektor und keine Vielfachen voneinander, so ist der Vektor $\vec{a} \times \vec{b}$ sowohl zu $\vec{a}$ als auch zu $\vec{b}$ orthogonal.

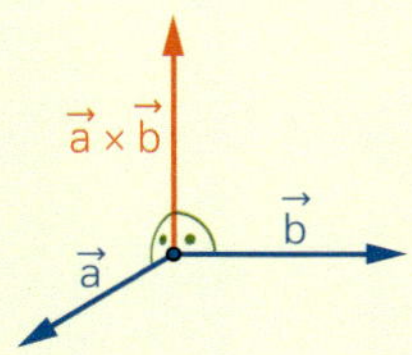

Bemerkung:
Die Rechner besitzen zur Berechnung des Vektorprodukts zweier Vektoren $\vec{a}$ und $\vec{b}$ einen vordefinierten Befehl.
Dieser Befehl liefert den Vektor $\vec{a} \times \vec{b}$.

crossP $\left(\begin{bmatrix} 0 \\ 4 \\ 5 \end{bmatrix}, \begin{bmatrix} 5 \\ -2 \\ 3 \end{bmatrix}\right)$ $\begin{bmatrix} 22 \\ 25 \\ -20 \end{bmatrix}$

Üben

1 Berechnen Sie händisch das Vektorprodukt der Vektoren $\vec{a}$ und $\vec{b}$.

a) $\vec{a} = \begin{pmatrix} 3 \\ -1 \\ 2 \end{pmatrix}$; $\vec{b} = \begin{pmatrix} 4 \\ 2 \\ -3 \end{pmatrix}$ b) $\vec{a} = \begin{pmatrix} 0 \\ -5 \\ 2 \end{pmatrix}$; $\vec{b} = \begin{pmatrix} 3 \\ 2 \\ -4 \end{pmatrix}$ c) $\vec{a} = \begin{pmatrix} 2 \\ -1 \\ 1 \end{pmatrix}$; $\vec{b} = \begin{pmatrix} 1 \\ 0 \\ 4 \end{pmatrix}$

2 Gegeben sind die Vektoren $\vec{a}$ und $\vec{b}$ mit $\vec{a} = \begin{pmatrix} 2 \\ 3 \\ 1 \end{pmatrix}$ und $\vec{b} = \begin{pmatrix} -1 \\ -3 \\ 1 \end{pmatrix}$.

a) Untersuchen Sie, ob der Vektor $\vec{c} = \begin{pmatrix} -2 \\ 1 \\ 1 \end{pmatrix}$ sowohl zu $\vec{a}$ als auch zu $\vec{b}$ orthogonal ist.

b) Vergleichen Sie $\vec{c}$ mit dem Vektorprodukt $\vec{a} \times \vec{b}$ und begründen Sie Ihre Beobachtung.

3 Bestimmen Sie drei Vektoren, die sowohl zu $\vec{u} = \begin{pmatrix} 3 \\ 5 \\ -2 \end{pmatrix}$ als auch zu $\vec{v} = \begin{pmatrix} 0 \\ -1 \\ 3 \end{pmatrix}$ orthogonal sind.

4 Bestimmen Sie das Vektorprodukt von $\vec{u}$ und $\vec{v}$ und erklären Sie das Ergebnis.

a) $\vec{u} = \begin{pmatrix} -3 \\ 0 \\ 1 \end{pmatrix}$; $\vec{v} = \begin{pmatrix} 2 \\ 0 \\ -1 \end{pmatrix}$ b) $\vec{u} = \begin{pmatrix} 0 \\ 0 \\ 5 \end{pmatrix}$; $\vec{v} = \begin{pmatrix} 0 \\ 3 \\ 0 \end{pmatrix}$ c) $\vec{u} = \begin{pmatrix} -2 \\ -4 \\ 1 \end{pmatrix}$; $\vec{v} = \begin{pmatrix} 4 \\ 8 \\ -2 \end{pmatrix}$

5 Begründen Sie, dass der Vektor $\vec{a}=\begin{pmatrix}-1\\-2\\1\end{pmatrix}$ orthogonal zu den Vektoren $\vec{b}=\begin{pmatrix}0\\1\\2\end{pmatrix}$ und $\vec{c}=\begin{pmatrix}3\\1\\5\end{pmatrix}$ ist. Geben Sie drei weitere Vektoren an, die zu $\vec{b}$ und $\vec{c}$ orthogonal sind.

6 Geben Sie einen Vektor $\vec{a}$ an, der zu $\vec{b}=\begin{pmatrix}-1\\0\\1\end{pmatrix}$ und $\vec{c}=\begin{pmatrix}1\\2\\0\end{pmatrix}$ orthogonal ist.

Bestimmen Sie dann drei weitere Vektoren an, die zu $\vec{b}$ und $\vec{c}$ orthogonal sind.

7 Untersuchen Sie am Beispiel der Vektoren $\vec{u}=\begin{pmatrix}2\\-1\\3\end{pmatrix}$ und $\vec{v}=\begin{pmatrix}3\\5\\-2\end{pmatrix}$, ob das Vektorprodukt $\vec{u}\times\vec{v}$ kommutativ ist.
Formulieren Sie Ihr Ergebnis als Satz.

8 Von einem Prisma ABCDEFGH sind die Punkte $A(-1|5|-3)$, $B(3|8|-4)$, $C(2|10|-2)$, $D(-2|7|-1)$ und $F(1|10|2)$ gegeben.

a) Untersuchen Sie, was für ein besonderes Viereck die Grundfläche ABCD ist.

b) Prüfen Sie, ob $\overrightarrow{AB}\times\overrightarrow{BC}=\overrightarrow{BF}$ gilt.

c) Ist $\overrightarrow{HD}$ das Vektorprodukt von $\overrightarrow{AB}$ und $\overrightarrow{BC}$? Begründen Sie.

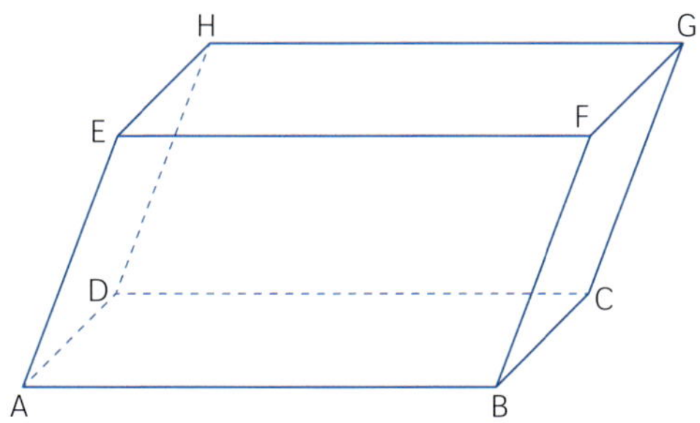

LK 9 Im Unterricht werden mögliche Rechengesetze für das Vektorprodukt diskutiert.

a) Jannis behauptet, dass das Vektorprodukt zweier paralleler Vektoren immer der Nullvektor ist. Überprüfen Sie seine Behauptung anhand geeigneter dreidimensionaler Vektoren.

b) Julia möchte die Gültigkeit eines Distributivgesetzes untersuchen. Dazu nutzt sie allgemeine Vektoren $\vec{a}=\begin{pmatrix}a_x\\a_y\\a_z\end{pmatrix}$, $\vec{b}=\begin{pmatrix}b_x\\b_y\\b_z\end{pmatrix}$ und $\vec{c}=\begin{pmatrix}c_x\\c_y\\c_z\end{pmatrix}$.

Vervollständigen Sie die Rechnung und überprüfen Sie die Gültigkeit ihrer Vermutung.

$$\vec{a}\times\vec{b}+\vec{a}\times\vec{c}=\begin{pmatrix}a_x\\a_y\\a_z\end{pmatrix}\times\begin{pmatrix}b_x\\b_y\\b_z\end{pmatrix}+\begin{pmatrix}a_x\\a_y\\a_z\end{pmatrix}\times\begin{pmatrix}c_x\\c_y\\c_z\end{pmatrix}=\begin{pmatrix}a_yb_z-a_zb_y\\a_zb_x-c_xb_z\\a_xb_y-a_yb_x\end{pmatrix}+\begin{pmatrix}a_yc_z-a_zc_y\\a_zc_x-a_xc_z\\a_xc_y-a_yb_x\end{pmatrix}$$

$$\vec{a}\times(\vec{b}+\vec{c})=\ldots$$

c) Ansgar hat die eine Skizze angefertigt. Formulieren Sie die zugehörige Gesetzmäßigkeit.

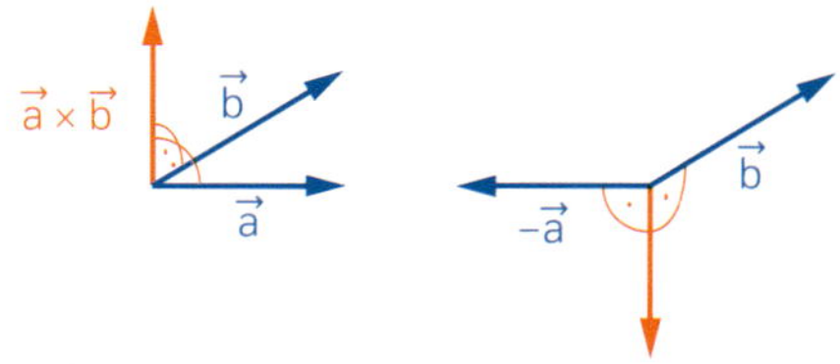

d) Untersuchen Sie die Gültigkeit des Gesetzes $\vec{a}\times(\lambda\cdot\vec{b})=\lambda\cdot(\vec{a}\times\vec{b})$ mithilfe mindestens zweier Beispiele für dreidimensionale Vektoren $\vec{a}$ und $\vec{b}$ und einer reellen Zahl λ. Veranschaulichen Sie den Zusammenhang auch geometrisch.

LK 10 Geben Sie jeweils den Parameter t so an, dass $\vec{c}$ orthogonal zu $\vec{a}$ und $\vec{b}$ ist.

a) $\vec{a} = \begin{pmatrix} -2 \\ 1 \\ 5 \end{pmatrix}$; $\vec{b} = \begin{pmatrix} t \\ 0 \\ -1 \end{pmatrix}$; $\vec{c} = \begin{pmatrix} -1 \\ 13 \\ -3 \end{pmatrix}$

b) $\vec{a} = \begin{pmatrix} -2 \\ 1 \\ 5 \end{pmatrix}$; $\vec{b} = \begin{pmatrix} 2t \\ t \\ 0 \end{pmatrix}$; $\vec{c} = \begin{pmatrix} -5 \\ 10 \\ -4 \end{pmatrix}$

LK 11 Zeigen Sie:
Zwei Vektoren $\vec{u} \neq \vec{o}$ und $\vec{v} \neq \vec{o}$ sind genau dann parallel zueinander, wenn gilt: $\vec{u} \times \vec{v} = \vec{o}$

WES-125991-532

Koordinatengleichung einer Ebene mit dem Vektorprodukt bestimmen

12 Bestimmen Sie eine Koordinatengleichung der Ebene E, die durch eine Parameterform gegeben ist.

a) $E: \vec{x} = \begin{pmatrix} 3 \\ 0 \\ 0 \end{pmatrix} + s \cdot \begin{pmatrix} 2 \\ 1 \\ 0 \end{pmatrix} + t \cdot \begin{pmatrix} -1 \\ -2 \\ 1 \end{pmatrix}$; $s, t \in \mathbb{R}$

b) $E: \vec{x} = \begin{pmatrix} 1 \\ 1 \\ -3 \end{pmatrix} + s \cdot \begin{pmatrix} -3 \\ 1 \\ 0 \end{pmatrix} + t \cdot \begin{pmatrix} 1 \\ -3 \\ 1 \end{pmatrix}$; $s, t \in \mathbb{R}$

c) $E: \vec{x} = \begin{pmatrix} 0 \\ -1 \\ 2 \end{pmatrix} + s \cdot \begin{pmatrix} 0 \\ 2 \\ 3 \end{pmatrix} + t \cdot \begin{pmatrix} 0 \\ -3 \\ 1 \end{pmatrix}$; $s, t \in \mathbb{R}$

d) $E: \vec{x} = \begin{pmatrix} 1 \\ -2 \\ 1 \end{pmatrix} + s \cdot \begin{pmatrix} 1 \\ -4 \\ -1 \end{pmatrix} + t \cdot \begin{pmatrix} 0 \\ 7 \\ 1 \end{pmatrix}$; $s, t \in \mathbb{R}$

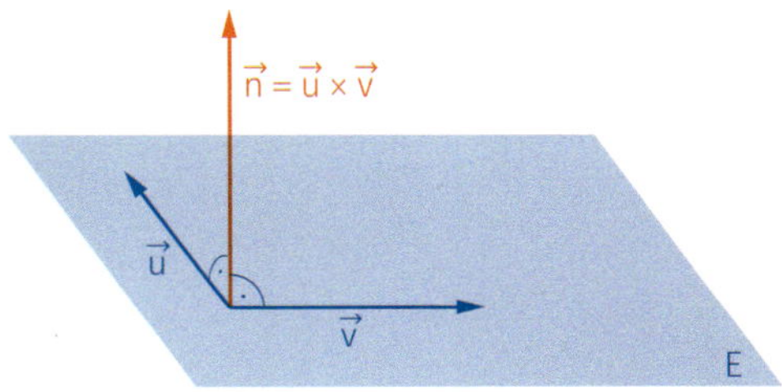

13 Untersuchen Sie mithilfe des Vektorprodukts die Ebenen E_1 und E_2 auf Parallelität.

a) $E_1: \vec{x} = \begin{pmatrix} 2 \\ -1 \\ 1 \end{pmatrix} + r \cdot \begin{pmatrix} 1 \\ -2 \\ 3 \end{pmatrix} + s \cdot \begin{pmatrix} -4 \\ 0 \\ 2 \end{pmatrix}$; $r, s \in \mathbb{R}$

$E_2: \vec{x} = \begin{pmatrix} -1 \\ 1 \\ 0 \end{pmatrix} + k \cdot \begin{pmatrix} -2 \\ 4 \\ -4 \end{pmatrix} + t \cdot \begin{pmatrix} 1 \\ 6 \\ -8 \end{pmatrix}$; $k, t \in \mathbb{R}$

b) $E_1: \vec{x} = \begin{pmatrix} 2 \\ 0 \\ 1 \end{pmatrix} + r \cdot \begin{pmatrix} -2 \\ 1 \\ -1 \end{pmatrix} + s \cdot \begin{pmatrix} 1 \\ 0 \\ 1 \end{pmatrix}$; $r, s \in \mathbb{R}$

$E_2: \vec{x} = \begin{pmatrix} 0 \\ -2 \\ 1 \end{pmatrix} + k \cdot \begin{pmatrix} -7 \\ 2 \\ -5 \end{pmatrix} + t \cdot \begin{pmatrix} 4 \\ -1 \\ 3 \end{pmatrix}$; $k, t \in \mathbb{R}$

14 Betrachtet wird die Pyramide ABCS mit $A(0|0|0)$, $B(3|2|-1)$ und $C(1|3|-2)$.

a) Die Pyramidenspitze S liegt senkrecht über A bezüglich der Grundfläche ABC und hat den Abstand 5 von A.
Bestimmen Sie Koordinaten von S.
Kontrollergebnis: $S\left(-\frac{1}{\sqrt{3}} \middle| \frac{5}{\sqrt{3}} \middle| \frac{7}{\sqrt{3}}\right)$

b) Berechnen Sie das Volumen der Pyramide.

Weiterüben

15 Gegeben sind die Vektoren $\vec{u} = \begin{pmatrix} 1 \\ 0 \\ 4 \end{pmatrix}$ und $\vec{v} = \begin{pmatrix} a \\ 2 \\ 0 \end{pmatrix}$ mit $a \in \mathbb{R}$.
Untersuchen Sie, ob es einen Wert für a gibt, sodass die y-Koordinate und z- Koordinate des Vektors $\vec{u} \times \vec{v}$ übereinstimmen.

16 Für jedes reelle t enthält die Ebene E_t die Punkte $A(-1|1|-1)$, $B_t(-1|2|2t+1)$ und $C_t(5|3t+1|-1)$. Die Gerade g_t ist für jedes t orthogonal zur Ebene E_t und verläuft durch den Punkt $P(7|-11|4)$.

a) Für welchen Wert von t verläuft g_t parallel zu einer Koordinatenachse?

b) Berechnen Sie für diesen Wert von t den Flächeninhalt des Dreiecks AB_tC_t.

5.4 Lagebeziehung zwischen Geraden und Ebenen

Einstieg

Die Flugbahn eines Hanggleiters über eine Bergwiese kann modellhaft mithilfe eines Vektors $\vec{v} = \begin{pmatrix} -1{,}5 \\ 3 \\ 1 \end{pmatrix}$ beschrieben werden, wobei die Wiese durch die Ebene $E: 2x - 2y + 9z = 7$ modelliert wird.
Wie kann man rechnerisch zeigen, dass er parallel zur Bergwiese fliegt?
Im Punkt $A(-0{,}5\,|\,3\,|\,2)$ ändert der Gleiter seine Richtung in $\vec{u} = \begin{pmatrix} -1 \\ 3 \\ 0 \end{pmatrix}$, um zu landen.
In welchem Punkt trifft er auf die Wiese?

Aufgabe mit Lösung

Lage einer Geraden zu einer Ebene

Wie kann eine Gerade bezüglich der Ebene $E: 2x - 3y + z = 1$ liegen? Skizzieren Sie die möglichen Fälle und geben Sie jeweils eine Parameterform einer passenden Geraden an. Formulieren Sie allgemeine Bedingungen an den Richtungsvektor und den Normalenvektor.

Lösung

Für die Lagebeziehung von einer Ebene und einer Geraden sind drei Fälle möglich:

(1) Die Gerade liegt in der Ebene.

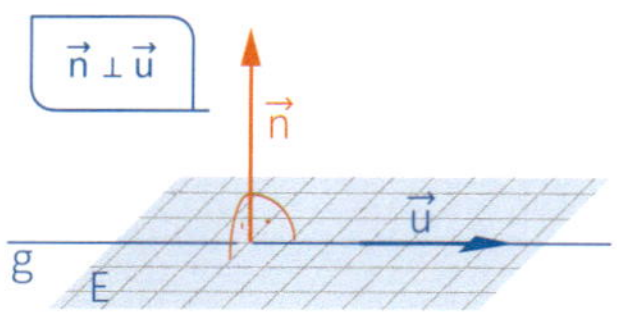

Der Richtungsvektor der Geraden ist orthogonal zum Normalenvektor der Ebene wie z. B. $\begin{pmatrix} 1 \\ 1 \\ 1 \end{pmatrix}$.
Als Stützvektor kann man den Ortsvektor eines Punktes der Ebene wählen z. B. $\begin{pmatrix} -1 \\ -1 \\ 0 \end{pmatrix}$.

$g: \vec{x} = \begin{pmatrix} -1 \\ -1 \\ 0 \end{pmatrix} + t \cdot \begin{pmatrix} 1 \\ 1 \\ 1 \end{pmatrix};\ t \in \mathbb{R}$

(2) Die Gerade liegt parallel zur Ebene.

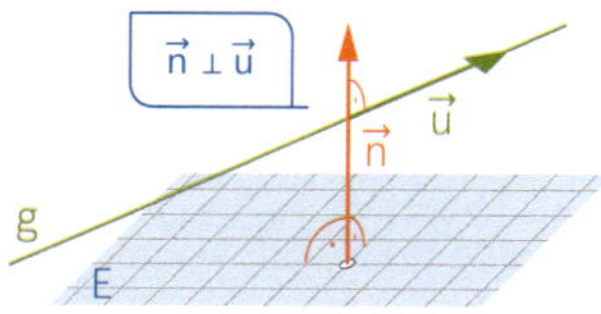

Der Richtungsvektor der Geraden ist orthogonal zum Normalenvektor der Ebene wie z. B. $\begin{pmatrix} 1 \\ 1 \\ 1 \end{pmatrix}$.
Man wählt aber als Stützvektor den Ortsvektor eines Punktes, der nicht in E liegt z. B. $\begin{pmatrix} -1 \\ -1 \\ 0 \end{pmatrix}$.

$g: \vec{x} = \begin{pmatrix} 1 \\ 0 \\ 0 \end{pmatrix} + t \cdot \begin{pmatrix} 1 \\ 1 \\ 1 \end{pmatrix};\ t \in \mathbb{R}$

(3) Die Gerade schneidet die Ebene.

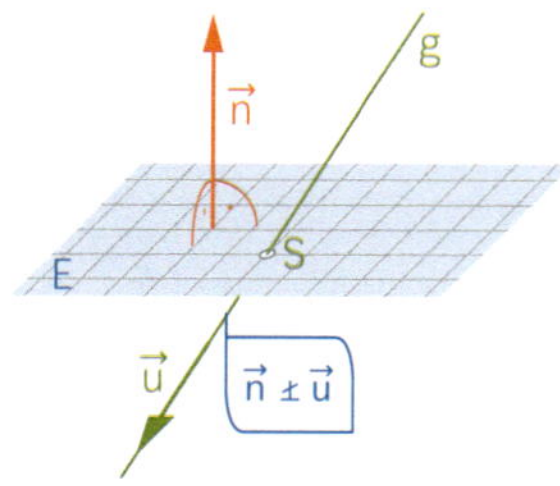

Der Richtungsvektor der Geraden ist nicht orthogonal zum Normalenvektor der Ebene wie z. B. $\begin{pmatrix} 1 \\ 0 \\ 1 \end{pmatrix}$.
Der Stützvektor kann beliebig gewählt werden, z. B. $\begin{pmatrix} 1 \\ 1 \\ 0 \end{pmatrix}$.

$g: \vec{x} = \begin{pmatrix} 1 \\ 1 \\ 0 \end{pmatrix} + t \cdot \begin{pmatrix} 1 \\ 0 \\ 1 \end{pmatrix};\ t \in \mathbb{R}$

Gegeben ist die Gerade $g\colon \vec{x} = \begin{pmatrix} 1 \\ -1 \\ 2 \end{pmatrix} + t \cdot \begin{pmatrix} 1 \\ -1 \\ 1 \end{pmatrix}$ $(t \in \mathbb{R})$. Untersuchen Sie deren Lage bezüglich der Ebene E und berechnen Sie, falls vorhanden, die Koordinaten des Schnittpunktes S.

Lösung

Der Normalenvektor $\vec{n} = \begin{pmatrix} 2 \\ -3 \\ 1 \end{pmatrix}$ der Ebene E und der Richtungsvektor $\vec{u} = \begin{pmatrix} 1 \\ -1 \\ 1 \end{pmatrix}$ sind nicht orthogonal zueinander, da $\vec{n} \circ \vec{u} = 2 \cdot 1 - 3 \cdot (-1) + 1 \cdot 1 = 6 \neq 0$. Demnach schneidet die Gerade die Ebene. Da der Schnittpunkt S in der Ebene liegt, kann man die Gerade koordinatenweise in die Ebenengleichung einsetzen. Man erhält den Wert für t zur Berechnung des Schnittpunktes: $2 \cdot (1 + t) - 3 \cdot (-1 - t) + (2 + t) = 1 \;\rightarrow\; t = -1$

t in g einsetzen: $\vec{x} = \begin{pmatrix} 1 \\ -1 \\ 2 \end{pmatrix} + (-1) \cdot \begin{pmatrix} 1 \\ -1 \\ 1 \end{pmatrix} = \begin{pmatrix} 0 \\ 0 \\ 1 \end{pmatrix} \rightarrow S(0|0|1)$

Information

WES-125991-541

Lage einer Geraden und einer Ebene im Raum untersuchen

Gegeben sind die Gerade $g\colon \vec{x} = \vec{a} + t \cdot \vec{u}$ und die Ebene $E\colon \vec{n} \circ \vec{x} = d$ mit Normalenvektor $\vec{n}$. Es bietet sich folgende Strategie an:

Auf Parallelität prüfen
Ist der Vektor $\vec{u}$ orthogonal zum Vektor $\vec{n}$?
Gilt $\vec{u} \circ \vec{n} = 0$?

- ja → g und E sind parallel zueinander.
  - **Punktprobe**
    Liegt der Punkt A mit dem Ortsvektor $\vec{a}$ in der Ebene E?
    Gilt $\vec{n} \circ \vec{a} = d$?
    - ja → g ist **parallel** zu E, und liegt in E.
    - nein → g ist **parallel** zu E liegt aber nicht in E.
- nein → g und E sind nicht parallel zueinander. → g und E **schneiden sich** in einem Punkt S.

g ist **parallel** zu E, und liegt in E.

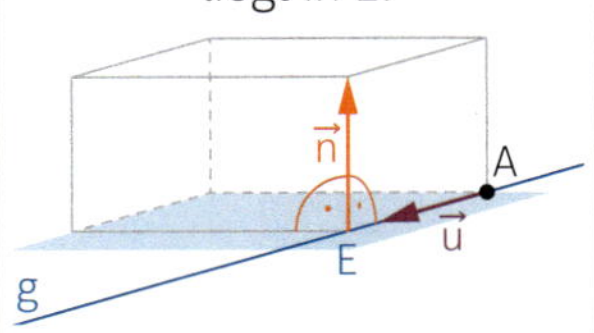

$E\colon 2x - 6y + z = 7$

$g\colon \vec{x} = \begin{pmatrix} 0 \\ 0 \\ 7 \end{pmatrix} + t \cdot \begin{pmatrix} 6 \\ 2 \\ 0 \end{pmatrix},\; t \in \mathbb{R}$

g ist **parallel** zu E liegt aber nicht in E.

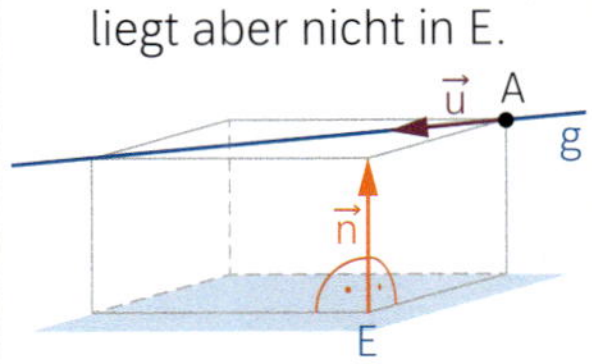

$E\colon 2x - 6y + z = 7$

$g\colon \vec{x} = \begin{pmatrix} 9 \\ 1 \\ 7 \end{pmatrix} + t \cdot \begin{pmatrix} 6 \\ 2 \\ 0 \end{pmatrix},\; t \in \mathbb{R}$

g und E **schneiden sich** in einem Punkt S.

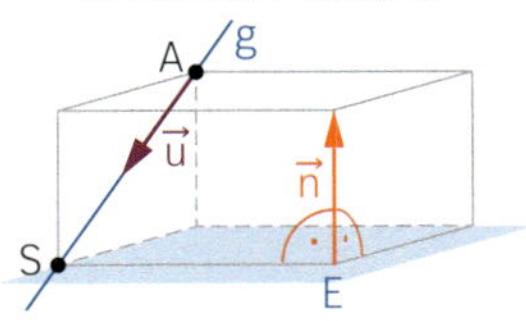

$E\colon 2x - 6y + z = 7$

$g\colon \vec{x} = \begin{pmatrix} 9 \\ 1 \\ 7 \end{pmatrix} + t \cdot \begin{pmatrix} 5 \\ 5 \\ 0 \end{pmatrix},\; t \in \mathbb{R}$

Üben

1 Untersuchen Sie rechnerisch jeweils die Lage der Gerade g zur Ebene F.

a) g: $\vec{x} = \begin{pmatrix} 2 \\ 1 \\ 4 \end{pmatrix} + r \cdot \begin{pmatrix} 3 \\ 1 \\ 2 \end{pmatrix}$; $r \in \mathbb{R}$;
F: $x + y - 2z = 3$

b) g: $\vec{x} = \begin{pmatrix} 3 \\ 2 \\ 1 \end{pmatrix} + r \cdot \begin{pmatrix} 1 \\ -1 \\ 0 \end{pmatrix}$; $r \in \mathbb{R}$;
F: $2x + 3y - 7z = 11$

c) g: $\vec{x} = \begin{pmatrix} 0 \\ 1 \\ -1 \end{pmatrix} + r \cdot \begin{pmatrix} 3 \\ -2 \\ -1 \end{pmatrix}$; $r \in \mathbb{R}$;
F: $x + 2y - z = 3$

d) g verläuft durch die Punkte $A(3|-2|-1)$ und $B(6|1|-7)$; F: $x - y + z = 2$

2 Die Gerade g verläuft durch den Punkt A und hat den Richtungsvektor $\vec{u}$.
Bestimmen Sie alle gemeinsamen Punkte der Geraden g und der Ebene E.

a) $A(1|2|3)$; $\vec{u} = \begin{pmatrix} 1 \\ 2 \\ -3 \end{pmatrix}$
E: $x - 2y - 3z = 6$

b) $A(0|3|2)$; $\vec{u} = \begin{pmatrix} 1 \\ 2 \\ 3 \end{pmatrix}$
E: $2x - 2y - 2z = 3$

c) $A(2|-1|1)$; $\vec{u} = \begin{pmatrix} -1 \\ 3 \\ 1 \end{pmatrix}$
E: $x + y - 3z = 1$

d) $A(3|-2|-1)$; $\vec{u} = \begin{pmatrix} 1 \\ 1 \\ -2 \end{pmatrix}$
E: $-x + y - z = -2$

3 Ermitteln Sie die Lage der Geraden g und der Ebene E zueinander.
Ändern Sie dann die Gleichung von g so, dass g in E liegt.

a) g: $\vec{x} = \begin{pmatrix} 2 \\ 9 \\ -4 \end{pmatrix} + r \cdot \begin{pmatrix} 1 \\ 2 \\ 3 \end{pmatrix}$; $r \in \mathbb{R}$;
E: $x + 2y + 3z = 8$

b) g: $\vec{x} = \begin{pmatrix} 3 \\ 5 \\ 2 \end{pmatrix} + r \cdot \begin{pmatrix} 1 \\ 3 \\ 2 \end{pmatrix}$; $r \in \mathbb{R}$;
E: $2y - 3z = 8$

4 Geben Sie jeweils eine Gerade g an, die

a) orthogonal zur xy-Ebene verläuft.

b) in der xz-Ebene liegt.

c) die parallel zur yz-Ebene ist.

d) die xy-Ebene in $S(3|4|0)$ schneidet.

5 Bestimmen Sie eine Koordinatenform einer Ebene E, die

a) parallel zur x-Achse verläuft.

b) die y-Achse enthält.

c) die z-Achse orthogonal schneidet.

d) alle Koordinatenachsen schneidet.

WES-125991-542

6 Lina untersucht die Lage der Geraden g mit g: $\vec{x} = \begin{pmatrix} 3 \\ 1 \\ -1 \end{pmatrix} + k \cdot \begin{pmatrix} 1 \\ -1 \\ 2 \end{pmatrix}$; $r \in \mathbb{R}$ und der Ebene E mit E: $2x - 4y + z = 9$.

Ich setze die drei Koordinaten $x = 3 + k$, $y = 1 - k$ und $z = -1 + 2k$ in die Koordinatenform der Ebene E ein. An der Lösungsmenge der Gleichung kann ich sofort erkennen, welcher Fall vorliegt.

a) Erläutern Sie Linas Überlegung und überprüfen Sie damit die Lagebeziehung zwischen E und g.

b) Untersuchen Sie auf die gleiche Weise die Lage von E und der Geraden h mit
h: $\vec{x} = \begin{pmatrix} -5 \\ -2 \\ 11 \end{pmatrix} + r \cdot \begin{pmatrix} 3 \\ 2 \\ 2 \end{pmatrix}$; $r \in \mathbb{R}$.

7 Gegeben ist die Ebene E: $x - y + (a - 1) \cdot z = -1$ $(a \in \mathbb{R})$. Untersuchen Sie Lagebeziehung der Koordinatenachsen und der Ebene E in Abhängigkeit von a.

8 ≡ Ebenengleichungen liegen nicht immer in Koordinatenform oder Normalform vor. Statt einen Normalenvektor der Ebene zu bestimmen und dann die Koordinatenform aufzustellen, geht Jan einen anderen Weg.

a) Gegeben sind die Gerade $g\colon \vec{x} = \begin{pmatrix} 3 \\ 2 \\ 3 \end{pmatrix} + t \cdot \begin{pmatrix} 5 \\ -6 \\ 7 \end{pmatrix}$ $(t \in \mathbb{R})$ und die Ebene E in Parameterform $E\colon \vec{x} = \begin{pmatrix} 1 \\ -2 \\ 1 \end{pmatrix} + r \cdot \begin{pmatrix} -2 \\ 3 \\ 4 \end{pmatrix} + s \cdot \begin{pmatrix} 4 \\ 1 \\ -2 \end{pmatrix}$ $(r, s \in \mathbb{R})$.

Beschreiben Sie, wie Jan vorgegangen ist und welche Schlüsse man aus seinem Ergebnis ziehen kann.

$$\begin{pmatrix} 3 \\ 2 \\ 3 \end{pmatrix} + t \cdot \begin{pmatrix} 5 \\ -6 \\ 7 \end{pmatrix} = \begin{pmatrix} 1 \\ -2 \\ 1 \end{pmatrix} + r \cdot \begin{pmatrix} -2 \\ 3 \\ 4 \end{pmatrix} + s \cdot \begin{pmatrix} 4 \\ 1 \\ -2 \end{pmatrix} \rightarrow \left| \begin{matrix} 3 + 5t = 1 - 2r + 4s \\ 2 - 6t = -2 + 3r + s \\ 3 + 7t = 1 + 4r - 2s \end{matrix} \right| \quad \left| \begin{matrix} t = 0 \\ r = 1 \\ s = 1 \end{matrix} \right|$$

b) Wenden Sie Jans Idee auf E und die Gerade $h\colon \vec{x} = \begin{pmatrix} 3 \\ 2 \\ 3 \end{pmatrix} + t \cdot \begin{pmatrix} 2 \\ 11 \\ 8 \end{pmatrix}$ $(t \in \mathbb{R})$ an und ermitteln Sie die Lagebeziehung.

9 ≡ Hannes bestimmt den Schnittpunkt der Geraden g mit $g\colon \vec{x} = \begin{pmatrix} 2 \\ 2 \\ 3 \end{pmatrix} + t \cdot \begin{pmatrix} 1 \\ -2 \\ 1 \end{pmatrix}$; $t \in \mathbb{R}$ und der Ebene E mit $E\colon \vec{x} = \begin{pmatrix} -1 \\ -1 \\ -2 \end{pmatrix} + r \cdot \begin{pmatrix} -1 \\ 1 \\ 1 \end{pmatrix} + s \cdot \begin{pmatrix} 1 \\ 1 \\ 7 \end{pmatrix}$; $r, s \in \mathbb{R}$ mit einem Rechner und gibt als Lösung den Schnittpunkt $S\left(-4 \left| \frac{5}{3} \right| \frac{8}{3}\right)$ an.

Nehmen Sie zu seinem Ergebnis Stellung und berichtigen Sie.

$$\begin{cases} 2 + t = -1 - r + s \\ 2 - 2t = -1 + r + s \\ 3 + t = -2 + r + 7s \end{cases} \Big| r, s, t$$

$$\left\{ r = -4,\ s = \frac{5}{3},\ t = \frac{8}{3} \right\}$$

10 ≡ Carlotta hat die Lage der Geraden g und der Ebene E zueinander untersucht. Erläutern Sie, was sie dabei falsch gemacht hat.

$$g\colon \vec{x} = \begin{pmatrix} -1 \\ -1 \\ 4 \end{pmatrix} + r \cdot \begin{pmatrix} 2 \\ 3 \\ -3 \end{pmatrix}; \quad E\colon \vec{x} = \begin{pmatrix} 0 \\ 16 \\ -1 \end{pmatrix} + r \cdot \begin{pmatrix} -1 \\ 1 \\ -2 \end{pmatrix} + s \cdot \begin{pmatrix} 2 \\ -1 \\ 0 \end{pmatrix}; \quad r, s \in \mathbb{R}$$

Gleichsetzen führt auf $r \cdot \begin{pmatrix} -3 \\ -2 \\ 1 \end{pmatrix} + s \cdot \begin{pmatrix} 2 \\ -1 \\ 0 \end{pmatrix} = \begin{pmatrix} -1 \\ -17 \\ 5 \end{pmatrix}$; also $\left| \begin{matrix} -3r + 2s = -1 \\ -2r - s = -17 \\ r = 5 \end{matrix} \right|$.

Das Gleichungssystem hat die einzige Lösung $r = 5,\ s = 7$.

Damit ergibt sich für den gesuchten Schnittpunkt S der Ortsvektor:

$$\overrightarrow{OS} = \begin{pmatrix} -1 \\ -1 \\ 4 \end{pmatrix} + 5 \cdot \begin{pmatrix} 2 \\ 3 \\ -3 \end{pmatrix} = \begin{pmatrix} 9 \\ 14 \\ -11 \end{pmatrix}$$

11 ≡ Es wird die der Lagebeziehung der Geraden $g\colon \vec{x} = \begin{pmatrix} 6 \\ 3 \\ -7 \end{pmatrix} + t \cdot \begin{pmatrix} -1 \\ -8 \\ 9 \end{pmatrix}$; $t \in \mathbb{R}$ und der Ebene $E\colon x + y + z = 2$ untersucht. Interpretieren Sie die angegebene Rechnung.

Define $g(t) = \begin{bmatrix} 6 \\ 3 \\ -7 \end{bmatrix} + t \cdot \begin{bmatrix} -1 \\ -8 \\ 9 \end{bmatrix}$ — done

solve $\left(\text{dotP}\left(g(t), \begin{bmatrix} 1 \\ 1 \\ 1 \end{bmatrix} \right) = 2, t \right)$ — $\{t = t\}$

12 ≡ Eine gerade quadratische Pyramide hat die Grundkantenlänge 4 und die Höhe 8.
Die Punkte P, Q, R und S liegen auf den Seitenkanten.
Der Punkt P hat die z-Koordinate 2.
Die Punkte Q und R haben die z-Koordinate 4.
Die Ebene E enthält die Punkte P, Q und R.
Bestimmen Sie die Koordinaten des Punktes S so, dass auch S in E liegt.

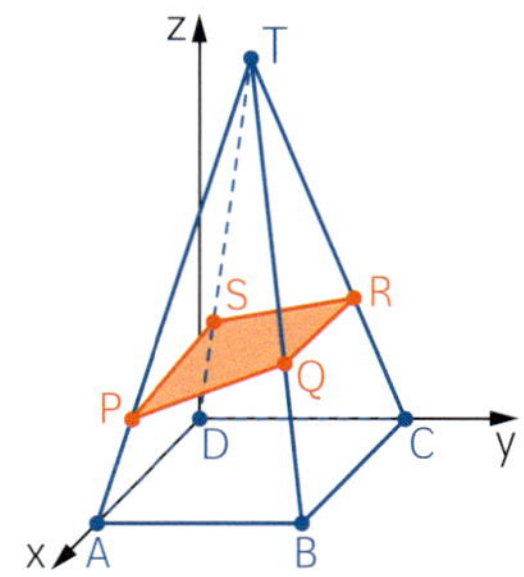

Weiterüben

13 ≡ Bestimmen Sie den Wert des Parameters a so, dass die zugehörige Gerade g_a mit der Ebene E keine gemeinsamen Punkte hat.

$g_a\colon \vec{x} = \begin{pmatrix} 1 \\ -6 \\ -3 \end{pmatrix} + t \cdot \begin{pmatrix} 0 \\ -3 \\ a \end{pmatrix};\quad E\colon \vec{x} = \begin{pmatrix} -1 \\ 3 \\ 2 \end{pmatrix} + r \cdot \begin{pmatrix} 1 \\ -1 \\ 0 \end{pmatrix} + s \cdot \begin{pmatrix} 2 \\ 1 \\ 1 \end{pmatrix};\ r, s, t \in \mathbb{R}$

14 ≡ Bei der Planung und dem Bau eines Daches sind viele Berechnungen erforderlich. Die Maßangaben in der Zeichnung sind in Meter angegeben.

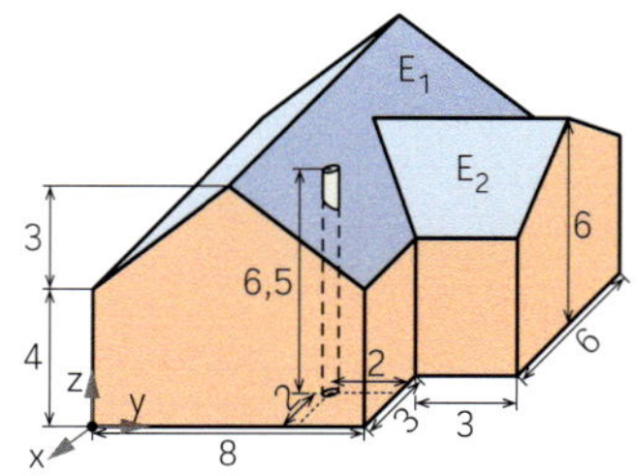

a) Stellen Sie für die Ebenen, in der sich die Dachflächen E_1 bzw. E_2 befinden, jeweils eine Parametergleichung auf. Schränken Sie die Parameter geeignet ein.

b) Bestimmen Sie einen Term zur Berechnung der Koordinaten des Punktes S, in dem der Schornstein die Dachfläche E_1 durchstößt. Der Durchmesser des Schornsteins soll dabei vernachlässigt werden.

15 ≡ Gegeben sind die Geradenschar $g_t\colon \vec{x} = \begin{pmatrix} 2 \\ 1 \\ 1 \end{pmatrix} + k \cdot \begin{pmatrix} 1+t \\ 1-t \\ 2t \end{pmatrix}$ für $t \in \mathbb{R}$ und die Ebene $E\colon 2x + z - 3 = 0$.

a) Für welchen Wert des Parameters t ist die zugehörige Gerade g_t parallel zur Ebene E? Liegt g_t in diesem Fall in E?

b) Untersuchen Sie, ob es Geraden der Schar gibt, die orthogonal zur Ebene E sind.

16 ≡ Gegeben sind die Geradenschar $g_t\colon \vec{x} = \begin{pmatrix} 1 \\ 0 \\ -1 \end{pmatrix} + k \cdot \begin{pmatrix} 3t \\ -3t \\ 8 \end{pmatrix}$ für $t \in \mathbb{R}$ und die Ebene $E\colon x + y + z - 8 = 0$.

a) Untersuchen Sie, ob es Geraden der Schar gibt, die parallel oder orthogonal zur Ebene E sind.

b) Berechnen Sie den Schnittpunkt S_t einer Geraden g_t mit der Ebene E. Welcher der Schnittpunkte S_t hat vom Ursprung die geringste Entfernung?

17 ≡ Fassen Sie die Geraden g und h mit

$g\colon \vec{x} = \begin{pmatrix} 1 \\ 1 \\ 3 \end{pmatrix} + r \cdot \begin{pmatrix} -1 \\ 1 \\ 2 \end{pmatrix}$ und $h\colon \vec{x} = \begin{pmatrix} 3 \\ 1 \\ -2 \end{pmatrix} + s \cdot \begin{pmatrix} -1 \\ 1 \\ 2 \end{pmatrix};\ r, s \in \mathbb{R}$

als Schnittgeraden der abgebildeten Figur auf.
Geben Sie drei geeignete Ebenen an.

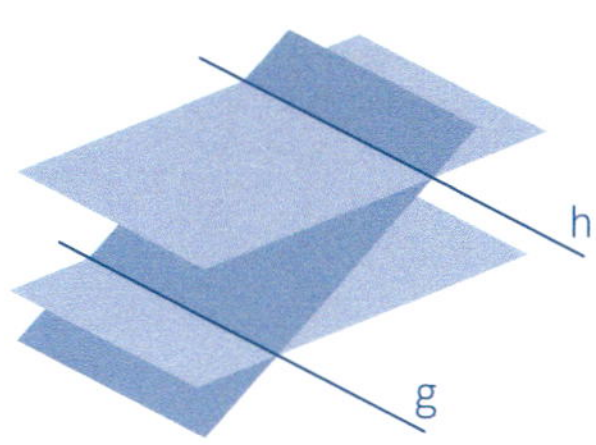

Das Wichtigste auf einen Blick

Parameterform einer Ebene

Durch einen Punkt A und zwei Vektoren $\vec{u} \neq \vec{o}$ und $\vec{v} \neq \vec{o}$, die nicht parallel zueinander sind, ist eine Ebene E bestimmt.
Diese Ebene E kann durch eine **Parameterform** mit den Parametern s und t beschrieben werden:

$\mathbf{E\colon \overrightarrow{OX} = \overrightarrow{OA} + s \cdot \vec{u} + t \cdot \vec{v}}$ mit $s, t \in \mathbb{R}$

Eine Ebene kann durch verschiedene Parameterformen beschrieben werden.

$A(1|2|-1)$;

$\vec{u} = \begin{pmatrix} 3 \\ -2 \\ 1 \end{pmatrix}$;

$\vec{v} = \begin{pmatrix} 1 \\ -1 \\ 4 \end{pmatrix}$

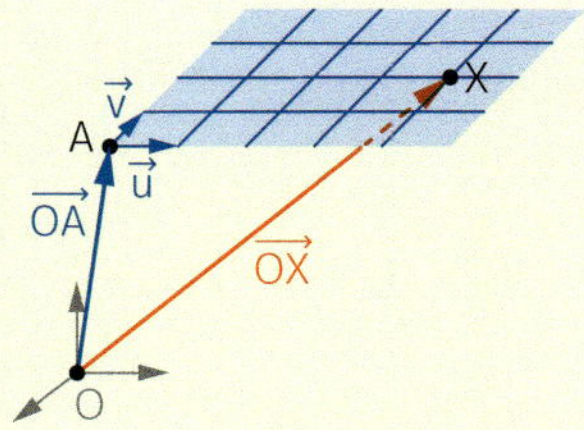

$E\colon \overrightarrow{OX} = \begin{pmatrix} 1 \\ 2 \\ -1 \end{pmatrix} + s \cdot \begin{pmatrix} 3 \\ -2 \\ 1 \end{pmatrix} + t \cdot \begin{pmatrix} 1 \\ -1 \\ 4 \end{pmatrix}$; $s, t \in \mathbb{R}$

Normalenvektor, Normalenform und Koordinatenform einer Ebene

Ein **Normalenvektor** $\vec{n}$ einer Ebene E ist orthogonal zu E und somit orthogonal zu allen Richtungsvektoren von E.

Ist $A(a_x|a_y|a_z)$ ein Punkt der Ebene E und $\vec{n} = \begin{pmatrix} n_x \\ n_y \\ n_z \end{pmatrix}$ ein Normalenvektor von E, dann erfüllen die Koordinaten jeden Punktes $X(x|y|z)$ der Ebene E die

Normalenform:

$\mathbf{E\colon \vec{n} \circ \left(\overrightarrow{OX} - \overrightarrow{OA}\right) = 0}$

Mit $d = \vec{n} \circ \overrightarrow{OA}$ erhält man daraus die

Koordinatenform:

$\mathbf{E\colon\ n_x x + n_y\, y + n_z z = d}$

Die Koordinaten von Punkten, die nicht in E liegen, erfüllen diese Gleichungen nicht.

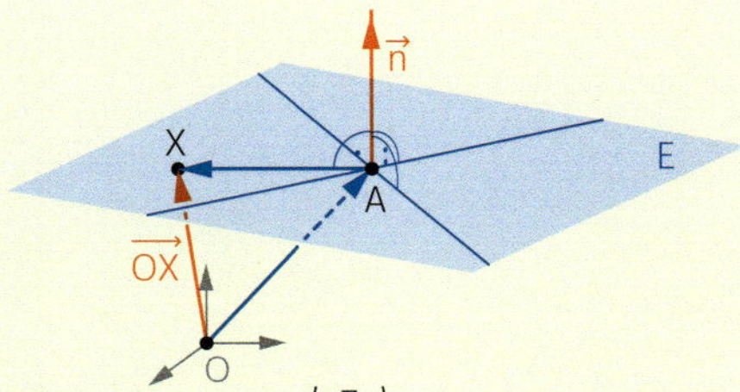

$A(1|2|-1)$; $\vec{n} = \begin{pmatrix} 7 \\ 11 \\ 1 \end{pmatrix}$

Normalenform:

$E\colon \begin{pmatrix} 7 \\ 11 \\ 1 \end{pmatrix} \circ \left(\overrightarrow{OX} - \begin{pmatrix} 1 \\ 2 \\ -1 \end{pmatrix}\right) = 0$

Koordinatenform:

$E\colon 7x + 11y + z = 28$

Der Punkt $P(3|0|7)$ liegt in E, da $7 \cdot 3 + 11 \cdot 0 + 7 = 28$.
Der Punkt $Q(1|2|4)$ liegt nicht in E.

Vektorprodukt

$\vec{a} \times \vec{b}$
Gelesen:
a Kreuz b;
Man spricht auch vom **Kreuzprodukt**.

Das **Vektorprodukt** $\vec{a} \times \vec{b}$ zweier Vektoren $\vec{a} = \begin{pmatrix} a_x \\ a_y \\ a_z \end{pmatrix}$ und $\vec{b} = \begin{pmatrix} b_x \\ b_y \\ b_z \end{pmatrix}$ ist der Vektor

$\mathbf{\vec{a} \times \vec{b}} = \begin{pmatrix} \mathbf{a_y b_z - a_z b_y} \\ \mathbf{a_z b_x - a_x b_z} \\ \mathbf{a_x b_y - a_y b_x} \end{pmatrix}$.

Geometrische Deutung

Sind die Vektoren $\vec{a}$ und $\vec{b}$ verschieden vom Nullvektor und keine Vielfachen voneinander, so ist der Vektor $\vec{a} \times \vec{b}$ sowohl zu $\vec{a}$ als auch zu $\vec{b}$ orthogonal.

Merkhilfe zum Berechnen:

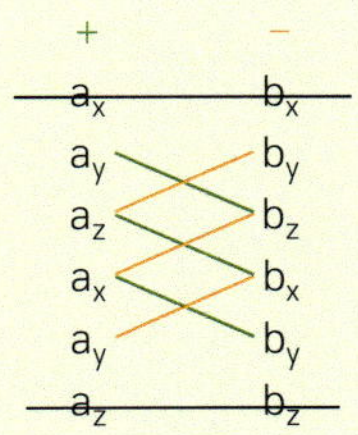

$\vec{a} \times \vec{b} = \begin{pmatrix} a_y b_z - a_z b_y \\ a_z b_x - a_x b_z \\ a_x b_y - a_y b_x \end{pmatrix}$

$\vec{a} = \begin{pmatrix} 0 \\ 4 \\ 5 \end{pmatrix}$; $\vec{b} = \begin{pmatrix} 5 \\ -2 \\ 3 \end{pmatrix}$;

$\vec{a} \times \vec{b} = \begin{pmatrix} 4 \cdot 3 \quad - 5 \cdot (-2) \\ 5 \cdot 5 \quad - 0 \cdot 3 \\ 0 \cdot (-2) - 4 \cdot 5 \end{pmatrix} = \begin{pmatrix} 22 \\ 25 \\ -20 \end{pmatrix}$

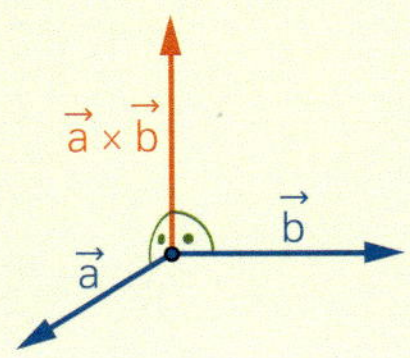

Das Wichtigste auf einen Blick

Lagebeziehungen von Ebenen

Man kann drei Fälle unterscheiden, die man wie folgt an der Koordinatenform erkennt.

Auf Parallelität prüfen
Sind die Normalenvektoren beider Ebenen Vielfache voneinander?

ja → Die beiden Ebenen sind **parallel zueinander**.

Auf Identität prüfen
Liegt ein beliebiger Punkt der einen Ebene auch in der anderen Ebene?

ja → Die beiden Ebenen sind **identisch**.

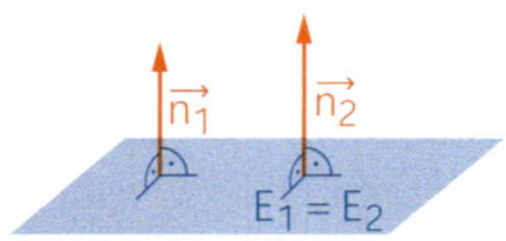

E_1: $x - 2y + 4z = 1$;
E_2: $2x - 4y + 8z = 2$

nein → Die beiden Ebene sind parallel, aber **nicht identisch**.

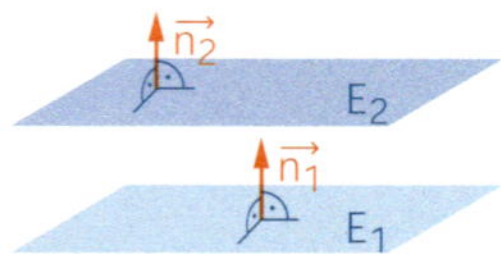

E_1: $x - 2y + 4z = 1$;
E_2: $x - 2y + 4z = 5$

nein (Parallelität) → Die beiden Ebenen **schneiden sich** in einer Schnittgeraden.

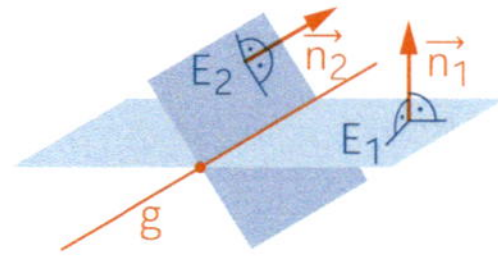

E_1: $x - 2y + 4z = 1$;
E_2: $+ 3z = 2$

Lagebeziehungen zwischen Gerade und Ebene

Gegeben sind die Gerade $g\colon \vec{x} = \vec{a} + t \cdot \vec{u}$ und die Ebene $E\colon \vec{n} \circ \vec{x} = d$ mit Normalenvektor $\vec{n}$.
Es bietet sich folgende Strategie an:

Auf Parallelität prüfen
Ist der Vektor $\vec{u}$ orthogonal zum Vektor $\vec{n}$, d. h. *gilt* $\vec{u} \circ \vec{n} = 0$*?*

ja → g und E sind parallel zueinander.

Punktprobe
Liegt der Punkt A mit dem Ortsvektor $\vec{a}$ in der Ebene E, d. h. *gilt* $\vec{n} \circ \vec{a} = d$*?*

ja → g ist **parallel** zu E, und liegt in E.

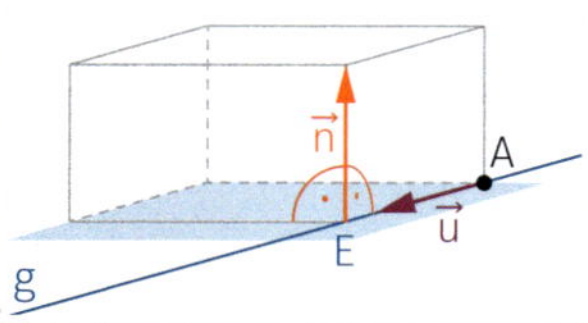

E: $2x - 6y + z = 7$;
g: $\vec{x} = \begin{pmatrix} 0 \\ 0 \\ 7 \end{pmatrix} + t \cdot \begin{pmatrix} 6 \\ 2 \\ 0 \end{pmatrix}$; $t \in \mathbb{R}$

nein → g ist **parallel** zu E liegt aber nicht in E.

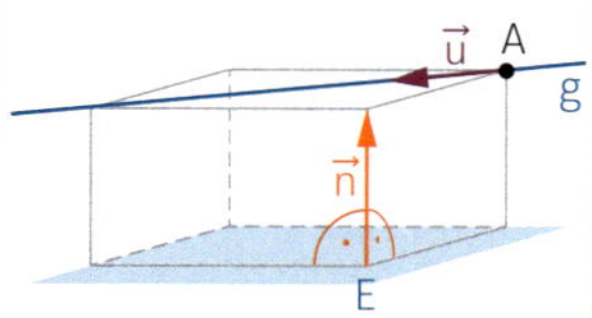

E: $2x - 6y + z = 7$;
g: $\vec{x} = \begin{pmatrix} 9 \\ 1 \\ 7 \end{pmatrix} + t \cdot \begin{pmatrix} 6 \\ 2 \\ 0 \end{pmatrix}$; $t \in \mathbb{R}$

nein (Parallelität) → g und E sind nicht parallel zueinander. → g und E **schneiden sich** in einem Punkt S.

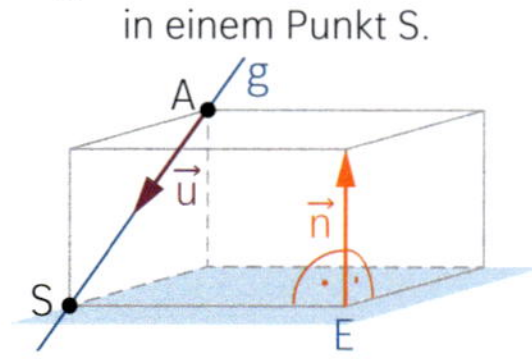

E: $2x - 6y + z = 7$;
g: $\vec{x} = \begin{pmatrix} 9 \\ 1 \\ 7 \end{pmatrix} + t \cdot \begin{pmatrix} 5 \\ 5 \\ 0 \end{pmatrix}$; $t \in \mathbb{R}$

Teil A **Lösen Sie die folgenden Aufgaben ohne Formelsammlung und ohne Taschenrechner.**

1 Ermitteln Sie eine Koordinatengleichung der dargestellten Ebene.

a)

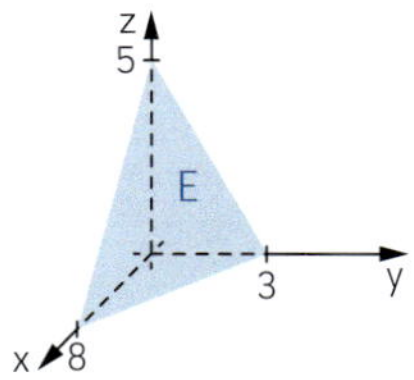

b)

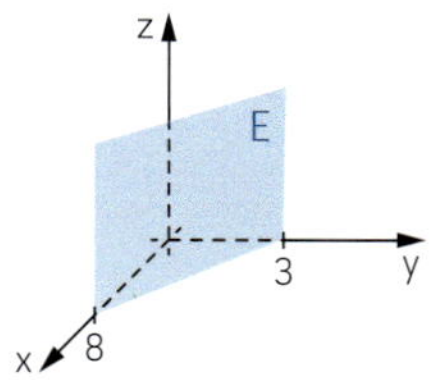

2 Eine Ebene E ist parallel zur x-Achse und enthält die Punkte $A(12{,}5\,|\,3\,|\,4)$ und $B(2{,}5\,|\,6\,|\,0)$.

a) Stellen Sie eine Koordinatengleichung von E auf.

b) Bestimmen Sie eine Parameterform derjenigen Geraden g, die in E liegt und im Punkt B orthogonal zur Geraden AB ist.

3 Untersuchen Sie die Lage der Ebenen zueinander. Bestimmen Sie gegebenenfalls die Schnittgerade.

a) E_1: $6x + 3y - 9y = 15$; E_2: $-2x - y + 3z = -5$; E_3: $4x + 2y + 6z = 5$

b) E_1: $2x + y = 5$; E_2: $4x + 2y + z = 10$; E_3: $4x + 2y = 3$

4 Gegeben sind die Ebene $E: 2x - z = 4$ und der Punkt $P(4\,|\,2\,|\,-1)$.

a) Geben Sie eine Parameterform einer Geraden g an, die

(1) parallel zu E durch P verläuft; (2) orthogonal zu E durch P verläuft.

b) Beschreiben Sie die Lage aller möglichen Geraden, die parallel zur Ebene E sind und durch den Punkt P gehen.

5 Gegeben sind die Ebene $E: 2x - 4y - 5z = 10$ und die Gerade $g: \vec{x} = \begin{pmatrix} 3 \\ 1 \\ -4 \end{pmatrix} + t \cdot \begin{pmatrix} 1 \\ -2 \\ 2 \end{pmatrix}$; $t \in \mathbb{R}$.
Zeigen Sie, dass g parallel zu E ist, aber nicht in E liegt.

6 Gegeben sind die Gerade $g: \vec{x} = \begin{pmatrix} 7 \\ 2 \\ -2 \end{pmatrix} + k \cdot \begin{pmatrix} -2 \\ 2 \\ 1 \end{pmatrix}$ mit $k \in \mathbb{R}$ und der Punkt $P(2\,|\,4\,|\,2)$.
Bestimmen Sie eine Koordinatenform der Ebene E, welche die Gerade g und den Punkt P enthält.

7 Gegeben sind die Geraden $g: \vec{x} = \begin{pmatrix} 0 \\ -1 \\ 1 \end{pmatrix} + s \cdot \begin{pmatrix} 2 \\ -1 \\ 1 \end{pmatrix}$ und $h: \vec{x} = \begin{pmatrix} 1 \\ -1 \\ 2 \end{pmatrix} + t \cdot \begin{pmatrix} 2 \\ 2 \\ -2 \end{pmatrix}$; $s, t \in \mathbb{R}$.

a) Zeigen Sie, dass die Geraden g und h windschief sind.

b) Bestimmen Sie die Gleichung einer zu g parallelen Geraden k, die h schneidet.

c) Die Ebene E enthält die Geraden k und h. Ermitteln eine Gleichung von E in parameterfreier Form.

8 Bestimmen Sie die Schnittpunkte der Ebene E mit den Koordinatenachsen (Spurpunkte) und stellen Sie die Ebene E in einem Koordinatensystem dar.

$E: \vec{x} = \begin{pmatrix} 2 \\ 1 \\ 0 \end{pmatrix} + s \cdot \begin{pmatrix} -2 \\ 1 \\ 0 \end{pmatrix} + t \cdot \begin{pmatrix} -0{,}8 \\ 0 \\ 1 \end{pmatrix}$; $s, t \in \mathbb{R}$

9 Gegeben ist die Schar von Ebenen E_a: $ax + (2-a)\cdot z = a$ mit reellem a.

a) Es gibt eine Koordinatenebene, zu der alle Ebenen der Schar senkrecht stehen. Geben Sie diese an.

b) Zeigen Sie, dass jeweils zwei verschiedene Ebenen der Schar nicht parallel zueinander sind.

Teil B **Bei der Lösung dieser Aufgaben können Sie die Formelsammlung und den Taschenrechner verwenden.**

10 Gegeben sind die beiden Geraden g_1 und g_2 durch g_1: $\vec{x} = \begin{pmatrix} -1 \\ 7 \\ 5 \end{pmatrix} + r\cdot\begin{pmatrix} 1 \\ -1 \\ -1 \end{pmatrix}$; $r\in\mathbb{R}$ und g_2: $x = \begin{pmatrix} 1 \\ 6 \\ -2 \end{pmatrix} + s\cdot\begin{pmatrix} 1 \\ 0 \\ 2 \end{pmatrix}$; $s\in\mathbb{R}$, sowie der Punkt $P(6|4|4)$.

a) Untersuchen Sie, wie die beiden Geraden zueinander liegen.
Zeigen Sie, dass durch g_1 und P eine Ebene festgelegt ist, und bestimmen Sie eine Koordinatengleichung dieser Ebene.

b) Bestimmen Sie eine Parameterform derjenigen Geraden h, die durch P geht und g_1 und g_2 schneidet.

11 Betrachten Sie die Abbildung. Die roten Punkte sollen in den Koordinatenebenen liegen.
Schneidet die Gerade die Ebene? Begründen Sie.

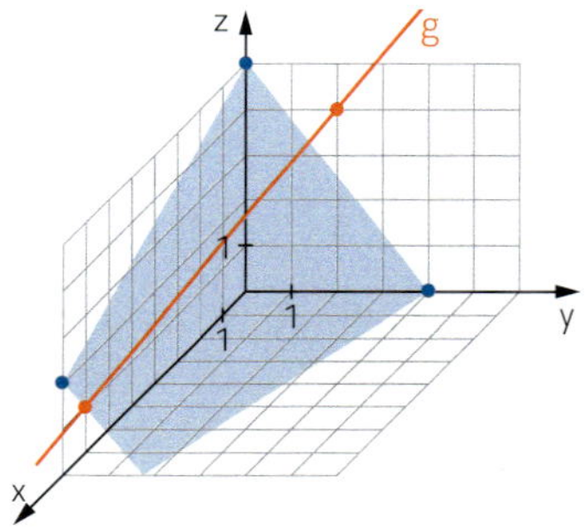

12 Betrachtet werden die Ebene E: $x + y - z - 1 = 0$ und für $a\in\mathbb{R}$ die Geraden g_a: $x = \begin{pmatrix} 2 \\ -1 \\ 0 \end{pmatrix} + t\cdot\begin{pmatrix} a-1 \\ 2 \\ -2 \end{pmatrix}$ mit $t\in\mathbb{R}$.

a) Untersuchen Sie, ob es einen Wert von a gibt, für den g_a orthogonal zur E ist.

b) Ermitteln Sie den Wert von a, für den die Gerade g_a in der Ebene E liegt.

LK 13 Gegeben sind die Ebenen E_1: $x + 2y = 8$ und E_2: $x + 2y + 4z = 8$.

a) Stellen Sie die beiden Ebenen in einem gemeinsamen Koordinatensystem dar.
Geben Sie eine Parameterform der Schnittgeraden von E_1 und E_2 an.

b) Die Spurpunkte von E_2 bilden mit dem Koordinatenursprung die Eckpunkte einer dreiseitigen Pyramide. Berechnen Sie das Volumen dieser Pyramide.

c) Die Ebene E_3 hat dieselbe Spurgerade mit der yz-Ebene wie E_2 und ist parallel zur x-Achse.Ermitteln Sie eine Gleichung von E_1.

LK 14 Gegeben sind eine Ebene E und eine Schar von Geraden g_a.

E: $2x - 4y + z = -5$; $\quad g_a$: $\vec{x} = \begin{pmatrix} 0 \\ 1 \\ 2 \end{pmatrix} + t\cdot\begin{pmatrix} 0{,}5 \\ 0{,}5 \\ a \end{pmatrix}$ mit $t, a\in\mathbb{R}$

a) Für welchen Parameterwert von a verläuft g_a parallel zu E?

b) Zeigen Sie, dass keine Gerade g_a der Schar in der Ebene E liegt.

c) Bestimmen Sie die Koordinaten der Schnittpunkte der Geraden g_a mit E in Abhängigkeit von a.

Wahrscheinlichkeits-rechnung

6

▲ *Wahrscheinlichkeiten geben Auskunft darüber, mit welchen Chancen ein Ereignis eintritt.*
In einer Wettervorhersage für einen Ort wird zum Beispiel eine Regenwahrscheinlichkeit von 40 % für den nächsten Tag angegeben, weil es bei der vorhergesehenen Wetterlage in 40 von 100 Fällen an diesem Ort geregnet hat.

In diesem Kapitel
bestimmen Sie Wahrscheinlichkeiten mithilfe von Tabellen und Baumdiagrammen und untersuchen, ob zwei Ereignisse voneinander stochastisch unabhängig sind. Außerdem lernen Sie eine besondere Wahrscheinlichkeitsverteilung kennen, bei der nur die Ereignisse „Erfolg" und „Misserfolg" betrachtet werden. ▶

Zufallsversuche

Aktivieren

1 Ein idealer Würfel wird einmal geworfen.

a) Welche Ergebnisse gehören zu dem Ereignis
E: *Die geworfene Zahl ist größer als vier?*
Wie groß ist die Wahrscheinlichkeit für dieses Ereignis?

b) Welche Wahrscheinlichkeit haben die Ereignisse A und B?
A: *Die geworfene Zahl ist negativ.* B: *Die geworfene Zahl ist kleiner als sieben.*

c) Beim achtmaligen Werfen des Würfels sind die folgenden Zahlen gefallen:
3; 4; 2; 6; 6; 1; 4; 6
Geben Sie die absolute und die relative Häufigkeit des Ergebnisses „6“ an.

2 In einer Urne befinden sich 10-Cent- und 20-Cent-Münzen. Es wird zweimal zufällig eine Münze gezogen.

a) Ergänzen Sie die Wahrscheinlichkeiten des Baumdiagramms im Heft.

b) Zu dem Versuch kann ein weiteres Baumdiagramm erstellt werden. Beschreiben Sie die Unterschiede zum Zufallsversuch in a), indem Sie auf Ziehvorgänge mit und ohne Zurücklegen eingehen.

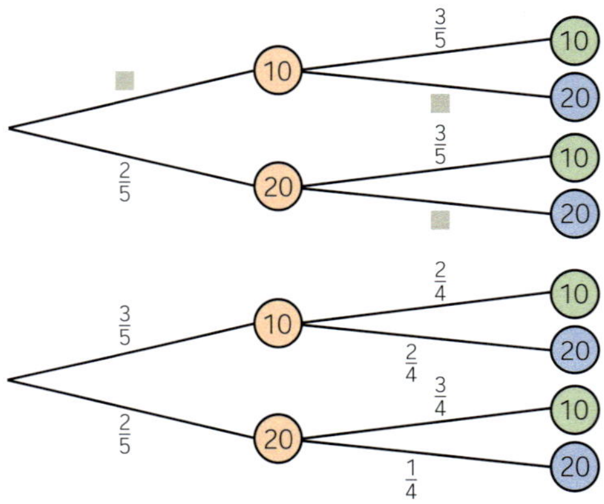

c) Untersuchen Sie, welche der Urnen für die Versuche in a) und b) genutzt werden können. Gibt es eine Urne, welche nur für a) bzw. nur für b) verwendet werden kann?

(1) (2) (3) (4)

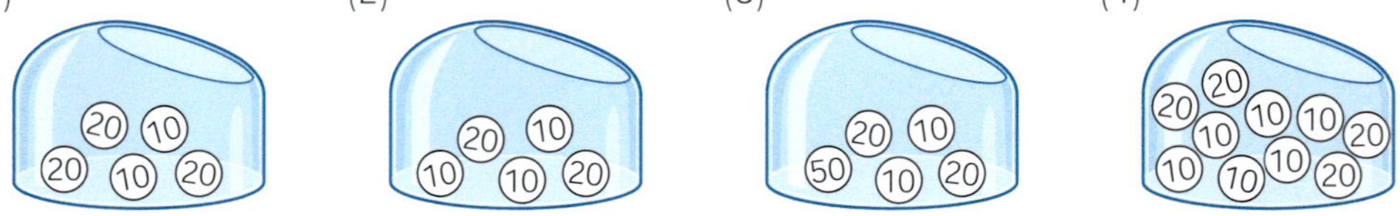

3 In einer Urne befinden sich drei rote, zwei gelbe und fünf blaue Kugeln. Aus der Urne wird zweimal zufällig eine Kugel gezogen.

a) Stellen Sie den Sachverhalt für das Ziehen mit und ohne Zurücklegen in einem beschrifteten Baumdiagramm dar.

b) Berechnen Sie jeweils die Wahrscheinlichkeiten für die folgenden Ereignisse.

(1) *Es werden zwei rote Kugeln gezogen.*

(2) *Es wird zweimal die gleiche Farbe gezogen.*

(3) *Es wird erst eine rote und dann eine blaue Kugel gezogen.*

(4) *Es wird eine rote und eine blaue Kugel gezogen.*

c) Formulieren Sie die Gegenereignisse für die Ereignisse in b) mit eigenen Worten. Geben Sie deren Wahrscheinlichkeiten an.

Erinnern

Statt Zufallsversuch sagt man auch **Zufallsexperiment**.

WES-125991-601

Zufallsversuch

Ein Zufallsversuch ist ein Versuch, der die folgenden Kriterien erfüllt:

- Es sind mehrere Versuchsausgänge möglich; diese nennt man **Ergebnisse**. Alle möglichen Ergebnisse werden in der **Ergebnismenge S** zusammengefasst.
- Man kann nicht vorhersagen, welches Ergebnis bei der Durchführung auftritt.
- Der Versuch ist in gleicher Weise (beliebig oft) wiederholbar.

Zufallsversuch: Würfeln
Ergebnis: Werfen einer 1
Ergebnismenge: S = {1; 2; 3; 4; 5; 6}

WES-125991-602

Gesetz der großen Zahlen

Der Ausgang jeder einzelnen Durchführung eines Zufallsversuchs ist rein zufällig und daher nicht vorhersehbar.
Die dabei ermittelten relativen Häufigkeiten schwanken aber mit zunehmender Versuchsanzahl in der Regel immer weniger um einen festen Wert.

Zufallsversuch:
Werfen einer Reißzwecke

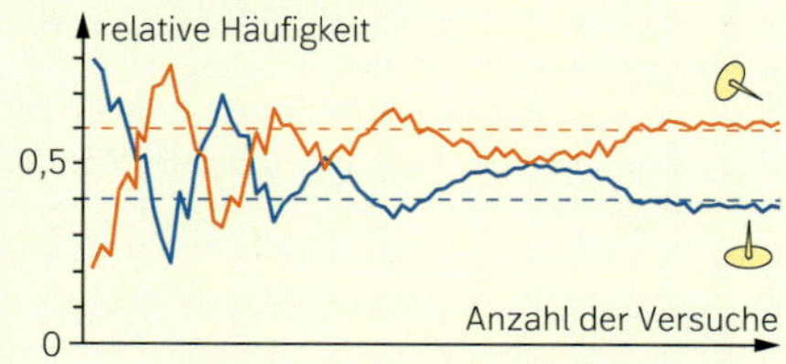

Wahrscheinlichkeit (engl.) probability (franz.) probabilité (lat.) probabilitas

WES-125991-603

Wahrscheinlichkeit

Die **Wahrscheinlichkeit** eines Ergebnisses ist der Wert, um den die relativen Häufigkeiten bei häufiger Versuchsdurchführung schwanken. Für die Wahrscheinlichkeit eines Ergebnisses schreibt man **P (Ergebnis)**.
Die Summe der Wahrscheinlichkeiten aller Ergebnisse beträgt 1.

Ergebnismenge:
S = {; }

P() = 0,4 und P(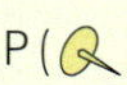) = 0,6
P() + P() = 0,4 + 0,6 = 1

WES-125991-604

Ereignis, Summenregel

Verschiedene Ergebnisse lassen sich zu einem **Ereignis E** zusammenfassen. Ereignisse sind Mengen.

Summenregel:
Die Wahrscheinlichkeit eines Ereignisses ist die Summe der Wahrscheinlichkeiten der zugehörigen Ergebnisse.

Würfeln eines Lego-Vierers mit den folgenden Wahrscheinlichkeiten:

E	 1	 2	 3	 4	 5	 6
P(E)	0,48	0,06	0,06	0,28	0,06	0,06

Ereignis E: *Zahl ist Quadratzahl*
E = {1; 4}
P(E) = P(1) + P(4)
P(E) = 0,48 + 0,28
= 0,76

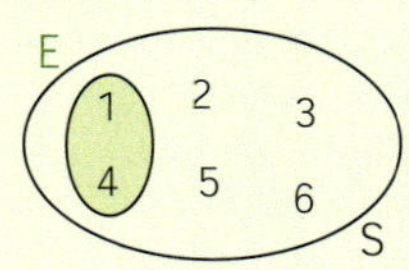

WES-125991-605

Gegenereignis, Komplementärregel

Das **Gegenereignis $\overline{E}$** eines Ereignisses E enthält alle Ergebnisse der Ergebnismenge S, die nicht zu E gehören.

Komplementärregel:
Da jedes Element der Ergebnismenge S entweder zur Menge E oder der Menge der Gegenereignisse $\overline{E}$ zugeordnet werden kann, gilt: $\mathbf{P(E) + P(\overline{E}) = 1}$

Werfen eines Würfels mit den Augenzahlen 1 bis 6

- Ereignis E: *Augenzahl ist keine 6*
  $E = \{1; 2; 3; 4; 5\}$
  Gegenereignis $\overline{E}$: *Augenzahl ist 6*
  $\overline{E} = \{6\}$
  $P(E) = 1 - P(\overline{E})$
  $= 1 - 0{,}06$
  $= 0{,}94$

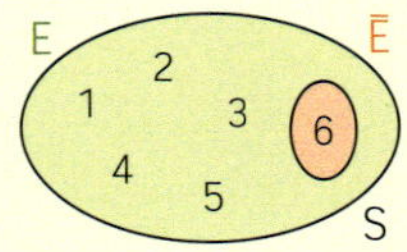

WES-125991-606

Unmögliches und sicheres Ereignis

Erfüllt keines der Ergebnisse eines Zufallsversuchs die Bedingung für das Ereignis E, so wird das Ereignis als **unmögliches Ereignis** bezeichnet.
Es gilt: $P(E) = 0$

Erfüllen alle Ergebnisse eines Zufallsversuchs die Bedingung für das Ereignis E, so wird das Ereignis **sicheres Ereignis** genannt.
Es gilt: $P(E) = 1$

- Ereignis E: *Augenzahl ist größer als 6*
  $E = \{\ \}$
  $P(E) = 0$

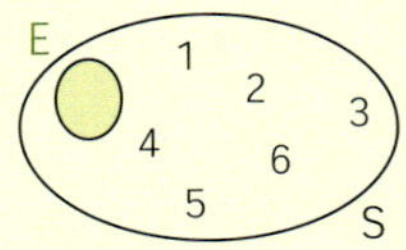

- Ereignis E: *Augenzahl ist höchstens 6*
  $E = S$
  $= \{1; 2; 3; 4; 5; 6\}$
  $P(E) = P(S)$
  $= 1$

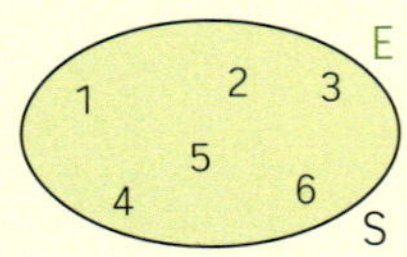

WES-125991-607

Mehrstufige Zufallsversuche mit einem Baumdiagramm darstellen

Ein Zufallsversuch, der in mehreren Schritten nacheinander durchgeführt wird, heißt **mehrstufig**.
Mehrstufige Zufallsversuche lassen sich in Form von **Baumdiagrammen** darstellen.
Zu jedem Ergebnis gehört ein sogenannter Pfad des Baumdiagramms.
Die Ergebnisse werden am Ende des Pfads notiert.
An den Pfaden werden auf allen Stufen die Wahrscheinlichkeiten des Zufallsversuchs notiert.

Zweimaliges Ziehen ohne Zurücklegen aus einem Gefäß mit zwei grünen und drei weißen Kugeln

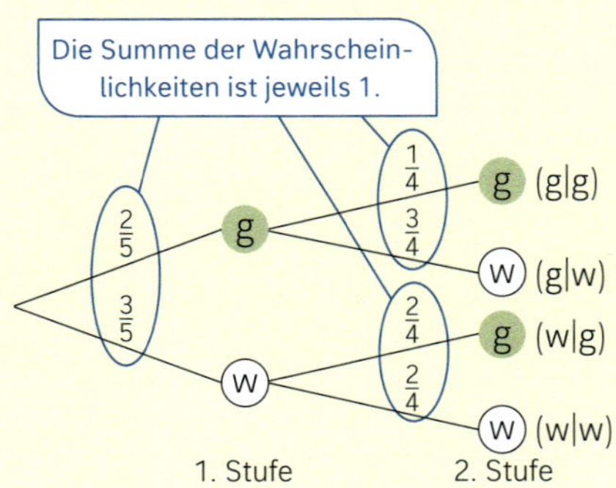

WES-125991-608

Pfadmultiplikationsregel

Die Wahrscheinlichkeit eines Pfades ist gleich dem Produkt der Wahrscheinlichkeiten längs des Pfades.

E: *Erst eine grüne und dann eine weiße Kugel ziehen*
$P(g\,|\,w) = \frac{2}{5} \cdot \frac{3}{4} = \frac{3}{10}$

Es wird $P(g\,|\,w)$ als Kurzschreibweise für $P((g\,|\,w))$ vereinbart.

Pfadadditionsregel

Gehören zu einem Ereignis mehrere Pfade in einem Baumdiagramm, so ist die Wahrscheinlichkeit dieses Ereignisses gleich der Summe der Pfadwahrscheinlichkeiten der zu dem Ereignis gehörenden Ergebnisse.

E: *Zweimal dieselbe Farbe ziehen*

$P(E) = P(w|w) + P(g|g)$
$= \frac{3}{5} \cdot \frac{2}{4} + \frac{2}{5} \cdot \frac{1}{4}$
$= \frac{3}{10} + \frac{1}{10} = \frac{2}{5}$

WES-125991-609

Zufallsgrößen und deren Wahrscheinlichkeitsverteilung

Eine **Zufallsgröße X** ordnet jedem Ergebnis eines Zufallsexperiments eine reelle Zahl k zu.

Alle Ergebnisse, denen die Zahl k zugeordnet wird, kann man zu einem Ereignis zusammenfassen. Dieses Ereignis beschreibt man durch $X = k$.

Die **Wahrscheinlichkeitsverteilung** einer Zufallsgröße X ordnet jedem Wert k der Zufallsgröße seine Wahrscheinlichkeit $P(X = k)$ zu.

Eine Münze wird dreimal geworfen. Je Wappen beträgt der Gewinn 1 €, je Zahl ist 1 € zu zahlen.

Zufallsgröße X: *Gewinn beim dreifachen Münzwurf*

Ergebnis	Gewinn k	Ereignis	$P(X = k)$
(W|W|W)	3	$X = 3$	$P(X = 3) = \frac{1}{2} \cdot \frac{1}{2} \cdot \frac{1}{2} = \frac{1}{8}$
(W|W|Z)	1	$X = 1$	$P(X = 1) = 3 \cdot \left(\frac{1}{2} \cdot \frac{1}{2} \cdot \frac{1}{2}\right) = \frac{3}{8}$
(W|Z|W)	1		
(Z|W|W)	1		
(W|Z|Z)	−1	$X = -1$	$P(X = -1) = 3 \cdot \left(\frac{1}{2} \cdot \frac{1}{2} \cdot \frac{1}{2}\right) = \frac{3}{8}$
(Z|W|Z)	−1		
(Z|Z|W)	−1		
(Z|Z|Z)	−3	$X = -3$	$P(X = -3) = \frac{1}{2} \cdot \frac{1}{2} \cdot \frac{1}{2} = \frac{1}{8}$

Festigen

4 Bestimmen Sie für die abgebildeten Polyeder die Wahrscheinlichkeit für die folgenden Ereignisse:

(1) *Die Augenzahl ist keine Primzahl.*
(2) *Die Augenzahl ist durch 2 oder durch 3 teilbar.*
(3) *Die Augenzahl ist durch 4 oder durch 6 teilbar.*
(4) *Die Augenzahl ist weder durch 4 noch durch 5 teilbar.*
(5) *Die Augenzahl ist 12.*
(6) *Die Augenzahl ist größer oder gleich 1.*

Tetra: 4
Hexa: 6
Okta: 8
Dodeka: 12
Ikosa (eigentlich Eikosa): 20

Tetraeder

Hexaeder

Oktaeder

Dodekaeder

Ikosaeder

5 Das abgebildete Glücksrad wird einmal gedreht. Es lohnt sich, auf ein Ereignis zu wetten, wenn die Wahrscheinlichkeit des Ereignisses mindestens 50 % beträgt. Begründen Sie ihre Antwort.

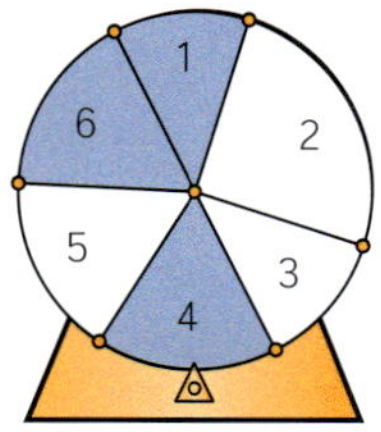

a) Lohnt es sich, darauf zu wetten, dass Weiß gedreht wird?

b) Lohnt es sich auf eine Zahl zu wetten, die größer als 3 ist?

c) Hat das Ereignis A: *Die gedrehte Zahl ist keine Primzahl* eine höhere oder niedrigere Wahrscheinlichkeit als die in a) und b) betrachteten Ereignisse?

d) Geben Sie Ereignisse an, die eine Wahrscheinlichkeit

(1) größer als 50 %; (2) gleich 50 % haben.

6 Das Glücksrad wird zweimal gedreht.

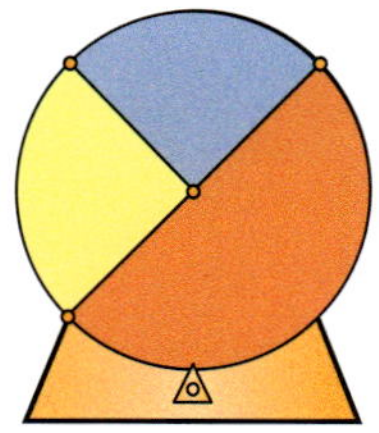

a) Folgende Ereignisse werden betrachtet:

A: *zweimal die gleiche Farbe*
B: *zuerst Rot*
C: *zweimal Rot*
D: *keinmal Rot*
E: *höchstens einmal Gelb*
F: *mindestens einmal Blau*

Bestimmen Sie jeweils die Wahrscheinlichkeit.

b) Ergänzen Sie die Lücken im Heft. Beschreiben Sie die Ereignisse mit eigenen Worten. *Beispiel:* $B \cap F = \{(Rot | Blau)\}$

(1) $C \cup D =$ ■ (2) $A \cap D =$ ■ (3) $B \cap C =$ ■ (4) ■ $= \{(Rot | Rot)\}$

(5) ■ $= \{(Rot | Rot); (Rot | Gelb); (Gelb | Rot); (Blau | Rot); (Rot | Blau)\}$ (6) ■ $= \{\ \}$

7 In einer Stadt sind 45,1 % der Einwohnerinnen und Einwohner verheiratet, 6,7 % verwitwet und 9,4 % geschieden.

a) Ermitteln Sie den Anteil der ledigen Menschen in der Stadt.

b) Trifft man zufällig fünf Menschen, die in der Stadt leben, dann ist die Wahrscheinlichkeit, dass niemand von ihnen verheiratet ist, nur ca. 5 %. Zeigen Sie, dass diese Aussage zutrifft.

c) Entscheiden Sie, ob die folgenden Aussagen wahr oder falsch sind:

(1) Die Wahrscheinlichkeit, dass unter fünf Menschen, die in der Stadt leben, genau einer verheiratet ist, beträgt 95 %.

(2) Die Wahrscheinlichkeit, dass unter fünf Menschen, die in der Stadt leben, mindestens einer verheiratet ist, beträgt 95 %.

(3) Die Wahrscheinlichkeit, dass unter fünf Menschen, die in der Stadt leben, alle verheiratet sind, beträgt 95 %.

8 Wirft man Reißzwecken einer bestimmten Sorte, dann tritt die Lage *Kopf: Nadelspitze nach oben* mit der Wahrscheinlichkeit 0,4 und die Lage *Seite: Nadelspitze zur Seite* mit der Wahrscheinlichkeit 0,6 auf. Eine Reißzwecke wird dreimal geworfen.

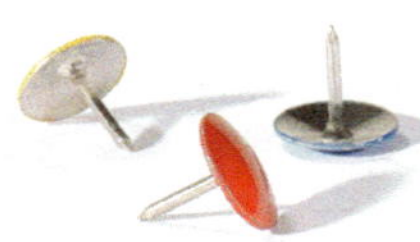

a) Zeichnen Sie das beschriftete Baumdiagramm.

b) Mit welcher Wahrscheinlichkeit tritt das Ergebnis (Kopf; Kopf; Seite) auf?

c) Welche Wahrscheinlichkeit hat das Ereignis *Kopf kommt öfter als Seite*?

d) Welche Wahrscheinlichkeit hat das Ereignis *Nur Kopf oder nur Seite*?

e) Bestimmen Sie die Wahrscheinlichkeit für das Ereignis *Mindestens einmal Kopf*.

6.1 Vierfeldertafeln und Baumdiagramme

Einstieg

Am 23. Juni 2016 gab es im Vereinigten Königreich ein Referendum zum EU-Verbleib. Vervollständigen Sie die folgende Tabelle mit den Ergebnissen in Ihrem Heft.

	für EU	gegen EU	Summe
bis 24 Jahre			9,4 %
über 24 Jahre		49,4 %	
gesamt	48,1 %	51,9 %	100 %

Die BBC berichtete, dass 73 % der Wählenden im Alter bis 24 Jahre für den Verbleib in der EU stimmten.
Überprüfen Sie diese Meldung und fertigen Sie ein Baumdiagramm an.

Aufgabe mit Lösung

Vierfeldertafeln erstellen

Im Jahr 2017 gab es 11 525 registrierte Fälle von Sachbeschädigung durch Graffiti in Deutschland. Dabei wurden 1 219 Sachbeschädigungen von unter 14-Jährigen begangen, davon 321 durch Mädchen. Allein durch Jungen aller Altersgruppen wurden 10 094 Fälle verzeichnet.

→ Erstellen Sie eine geeignete tabellarische Übersicht über die absoluten Häufigkeiten der Sachbeschädigungen durch Graffiti. (Unterscheiden Sie in vier Gruppen: unter 14; über 14; Mädchen und Jungen). Tragen Sie in einer zweite Tabelle die relativen Häufigkeiten ein.

Lösung

Die nebenstehende Tabelle führt alle gegebenen Daten übersichtlich auf.
Man berechnet nun für die Gruppe der unter 14-Jährigen, dass 1 219 – 321 = 898 Sachbeschädigungen durch Jungen durchgeführt wurden. An allen Fällen waren 11 525 – 10 094 = 1 431 Mädchen beteiligt. Entsprechend kann man die anderen fehlenden Daten mittels Subtraktion berechnen. Man erhält die zweite Tabelle.
Die Tabelle mit den relativen Häufigkeiten erhält man, indem man alle absoluten Häufigkeiten durch die Gesamtzahl 11 525 alle Sachbeschädigungen dividiert.

	unter 14	ab 14	gesamt
Junge			10 094
Mädchen	321		
gesamt	1 219		11 525

	unter 14	ab 14	gesamt
Junge	898	9 196	10 094
Mädchen	321	1 110	1 431
gesamt	1 219	10 306	11 525

	unter 14	ab 14	gesamt
Junge	7,8 %	79,8 %	87,6 %
Mädchen	2,8 %	9,6 %	12,4 %
gesamt	10,6 %	89,4 %	100 %

Die Registrierung von Sachbeschädigungen durch Graffiti kann als zweistufiges Zufallsexperiment aufgefasst werden. Zum einen wird erfasst, ob die Person ein Junge oder ein Mädchen ist. Weiterhin kann das Alter (unter 14 oder 14 und älter) aufgenommen werden. Stellen Sie diesen Zufallsversuch in einem beschrifteten Baumdiagramm dar.

Lösung

Fragt man zuerst, ob eine Person ein Junge oder ein Mädchen ist und danach nach dem Alter, so erhält man das folgende Baumdiagramm.

Baumdiagramm

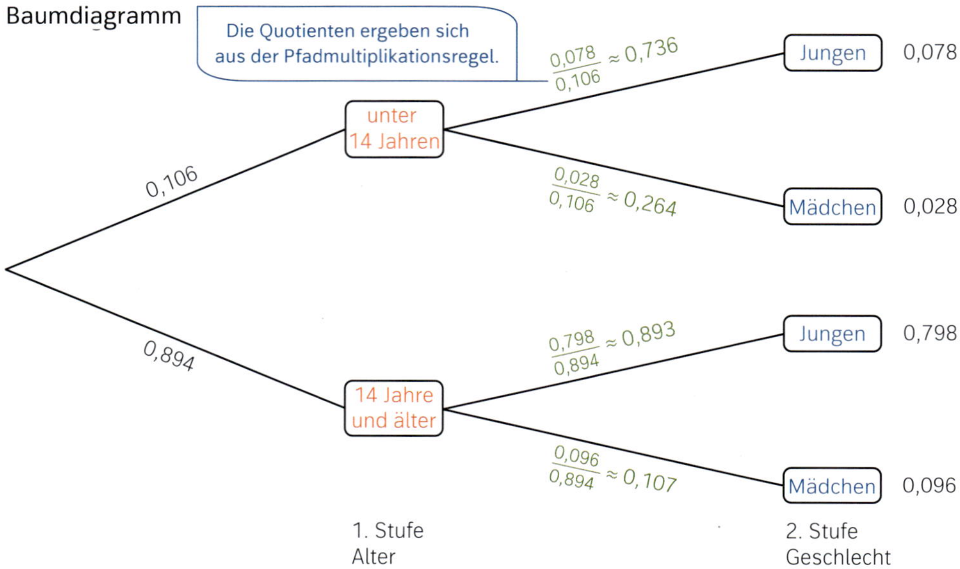

Ändert man die Reihenfolge und fragt erst nach dem Geschlecht und dann nach dem Alter, ergibt sich ein zweites Baumdiagramm.

Umgekehrtes Baumdiagramm

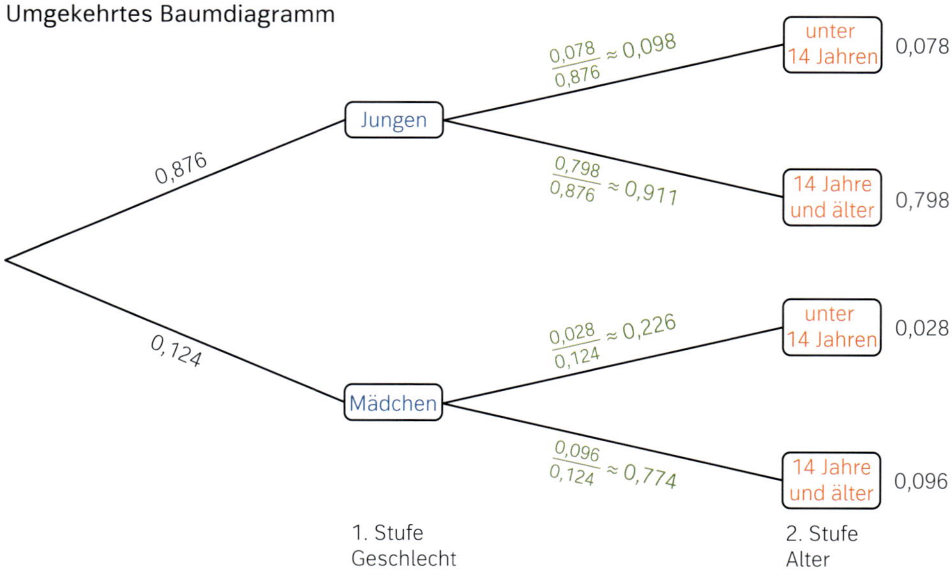

Beide Baumdiagramme beschreiben das gleiche Zufallsexperiment. Lediglich die Reihenfolge der Merkmale hat sich geändert.

Information

WES-125991-611

P(A∩B) ist die Wahrscheinlichkeit, dass die Ereignisse A und B gleichzeitig eintreten.

Vierfeldertafeln und Baumdiagramme

Die Wahrscheinlichkeiten, dass zwei Ausprägungen zweier Merkmale zutreffen, kann man in einer Vierfeldertafel erfassen.

Merkmal	B	$\overline{B}$	Summe
A	$P(A \cap B)$	$P(A \cap \overline{B})$	$P(A)$
$\overline{A}$	$P(\overline{A} \cap B)$	$P(\overline{A} \cap \overline{B})$	$P(\overline{A})$
Summe	$P(B)$	$P(\overline{B})$	1

Zu einer Vierfeldertafel gehören zwei Baumdiagramme.

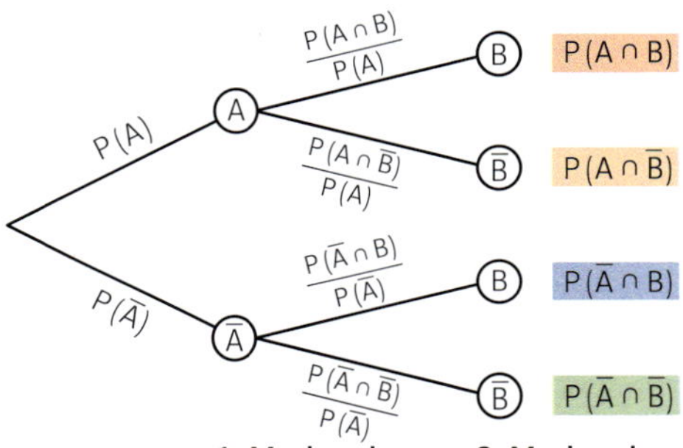

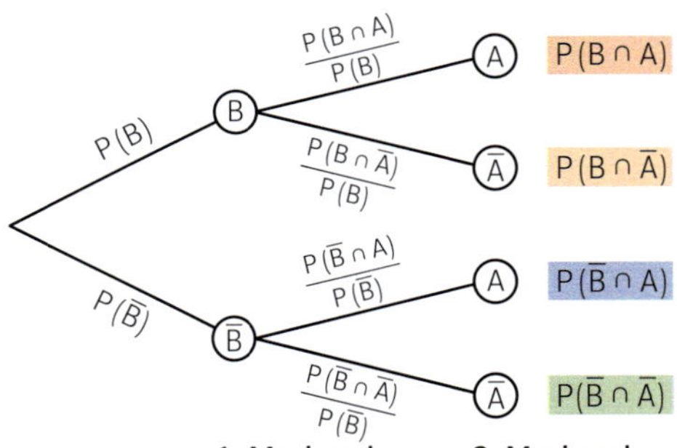

Nach einer Befragung zu Haustieren und Wohnverhältnissen wurde folgende Vierfeldertafel erstellt.

	Katze (K)	Hund (H)	
Wohnung (W)	40 %	20 %	60 %
Eigenheim (E)	30 %	10 %	40 %
gesamt	70 %	30 %	100 %

Man erhält die beiden Baumdiagramme.

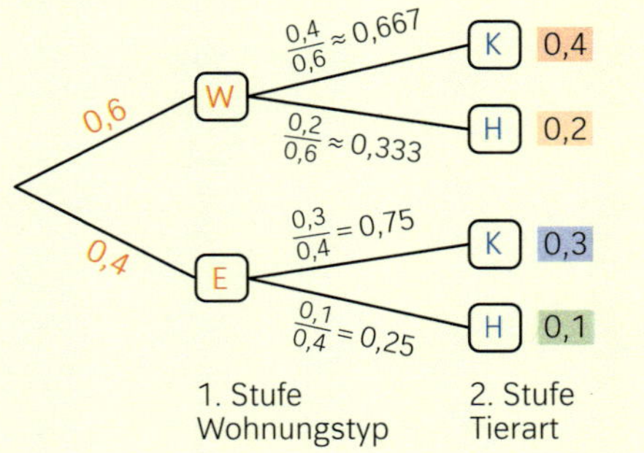

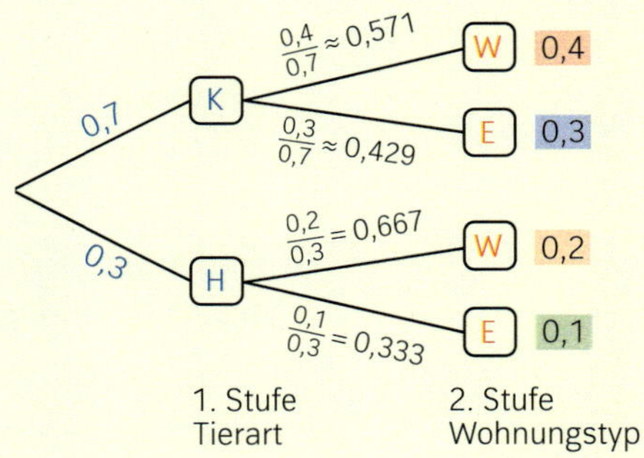

Üben

1 Ergänzen Sie die Vierfeldertafel im Heft und zeichnen Sie beide Baumdiagramme.

a)

	B	$\overline{B}$	
A	0,05		0,2
$\overline{A}$		0,44	
			1

b)

	B	$\overline{B}$	
A		0,4	
$\overline{A}$			0,3
	0,52		1

2 Vervollständigen Sie das Baumdiagramm sowie die zugehörige Vierfeldertafel im Heft.

	B	$\overline{B}$	
A	18,7 %		55 %
$\overline{A}$			
			100 %

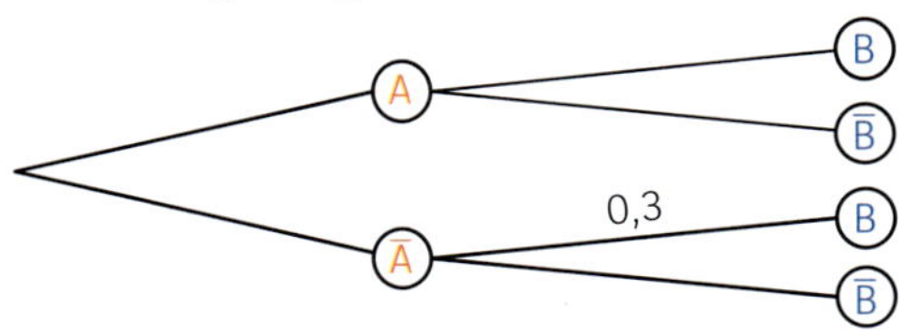

3 ≡ Eine Arbeitsmarkt-Statistik besagt, dass 28,6 % aller Angestellten in Teilzeit arbeiten. Der Prozentsatz von Teilzeitkräften, die weiblich sind, beträgt insgesamt 23 %. Der Prozentsatz der Frauen, die als Vollzeitkräfte arbeiten, beträgt 26 %.
Tragen Sie die Daten in eine Vierfeldertafel ein und ergänzen Sie die fehlende Werte.
Erstellen Sie die beiden zugehörige Baumdiagramme.

4 ≡ Bei der Herstellung von Halogenlampen treten zwei Fehlerarten auf. Die zugehörige Vierfeldertafel mit den entsprechenden Fehlerarten ist abgebildet.

	Glühdraht defekt	Glühdraht intakt	gesamt
Glaskolben defekt	0,01 %	0,99 %	1 %
Glaskolben intakt	2,99 %	96,01 %	99 %
gesamt	3 %	97 %	100 %

a) Entscheiden Sie, welche der gegebenen Aussagen wahr sind. Begründen Sie ihre Entscheidung..
(1) Bei 1 % der Halogenlampen ist der Glaskolben defekt.
(2) 0,01 % der Halogenlampen weisen beide Fehler auf.
(3) 97 % der Halogenlampen sind vollständig intakt.
(4) 0,99 % der Halogenlampen mit intakten Glühdrähten haben einen Fehler im Glaskolben.
(5) 97 % der Halogenlampen weisen keinen Defekt auf.
(6) Der Anteil der Lampen mit intaktem Glaskolben und defektem Glühdraht beträgt 2,99 %.
b) Formulieren Sie selbst zwei wahre und zwei falsche Aussagen.

5 ≡ Laut einer Veröffentlichung des Instituts der deutschen Wirtschaft bewarben sich im Jahr 2016 durchschnittlich 13,8 Personen auf eine freie Stelle.
Die relativen Häufigkeiten bezüglich Geschlecht und Eignung dieser Bewerber sind in der Tabelle dargestellt.

	männlich	weiblich	gesamt
geeignet	0,1594	0,1812	0,3406
ungeeignet	0,3551	0,3043	0,6594
gesamt	0,5145	0,4855	1

a) Entwickeln Sie ein beschriftetes Baumdiagramm und seine Umkehrung.
b) Beschreiben Sie jeweils die Wahrscheinlichkeiten, die auf der zweiten Stufe berechnet wurden, im Sachzusammenhang.

6 ≡ Das beschriftete Baumdiagramm enthält Informationen zu den im Verkehrszentralregister in Flensburg erfassten Personen. Es ist das Geschlecht (**m**ännlich, **w**eiblich) erfasst und die Frage, ob der Führerschein entzogen wurde (**j**a, **n**ein).

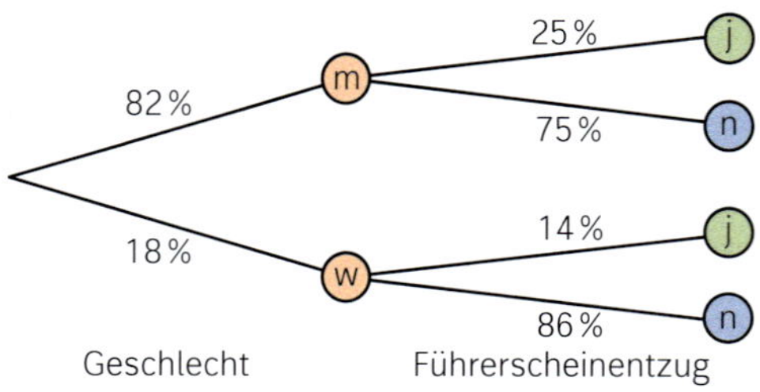

a) Legen Sie zu diesen Daten eine vollständige Vierfeldertafel mit relativen Häufigkeiten an.
b) Entwickeln Sie aus der Vierfeldertafel das andere mögliche beschriftete Baumdiagramm.
c) Schreiben Sie zu den Daten einen Zeitungsartikel zu den entzogenen Führerscheinen.

Stochastische Unabhängigkeit zweier Ereignisse

7 Es wird zweimal aus einer Urne mit zwei schwarzen und drei weißen Kugeln gezogen.

a) Erklären Sie mit eigenen Worten, warum eine Unterscheidung zwischen Ziehen mit und ohne Zurücklegen notwendig ist.

b) Übertragen Sie die Vierfeldertafeln und Baumdiagramme ins Heft und ergänzen Sie die fehlenden Einträge sowie Beschriftungen. Begründen Sie, dass die Vierfeldertafeln und das Baumdiagramm zu den Angaben passen.

Mit Zurücklegen		1. Zug schwarz	1. Zug weiß	gesamt
2. Zug	schwarz	$0,4 \cdot 0,4 = 0,16$		0,4
	weiß			
gesamt		0,4		1

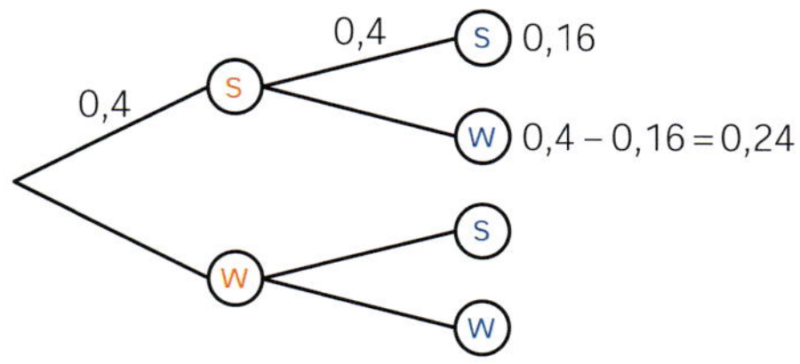

Ohne Zurücklegen		1. Zug schwarz	1. Zug weiß	gesamt
2. Zug	schwarz	$0,4 \cdot 0,25 = 0,1$		
	weiß			
gesamt		0,4		1

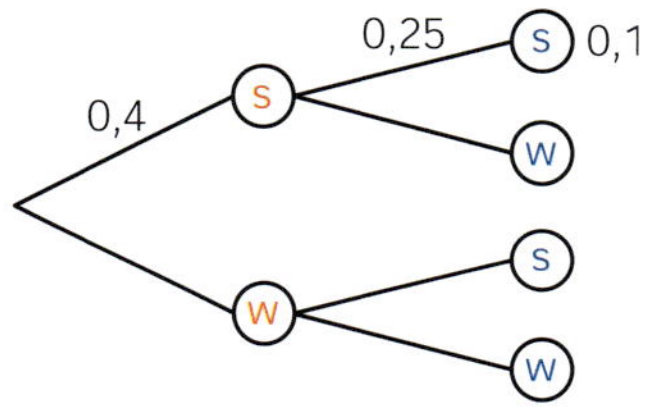

c) Formulieren Sie Gemeinsamkeiten und Unterschiede für Ziehvorgänge mit Zurücklegen und ohne Zurücklegen in Bezug auf die vollständigen Vierfeldertafeln und die beschrifteten Baumdiagramme.

Information

WES-125991-612

Stochastische Unabhängigkeit

Ein Ereignis B ist von einem Ereignis A stochastisch unabhängig, wenn die Wahrscheinlichkeit für das Eintreten von B immer gleich ist, egal ob das Ereignis A eingetreten ist oder nicht.

- In der Vierfeldertafel erkennt man die Unabhängigkeit daran, dass in jedem inneren Feld das Produkt der zugehörigen Randfelder entsteht.
- Am Baumdiagramm erkennt man die Unabhängigkeit an den gleichen Wahrscheinlichkeiten auf den Teilpfaden der 2. Stufe.

Zwei Ereignisse A und B heißen **stochastisch unabhängig**, wenn gilt:
$P(A \cap B) = P(A) \cdot P(B)$
Ansonsten nennt man sie **stochastisch abhängig.**

Die Ereignisse A und B sind stochastisch unabhängig.

	B	$\overline{B}$	gesamt
A	0,12	0,08	0,2
$\overline{A}$	0,48	0,32	0,8
gesamt	0,6	0,4	1

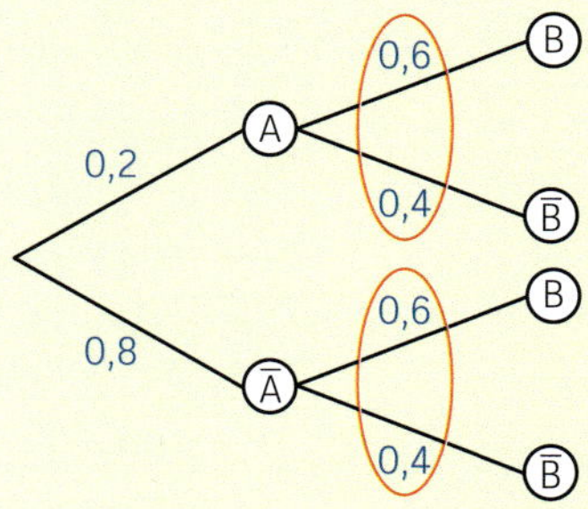

8 Gegeben ist eine Vierfeldertafel und ein zugehöriges Baumdiagramm.

	B	$\overline{B}$	gesamt
A	0,15	0,05	0,2
$\overline{A}$	0,45	0,35	0,8
gesamt	0,6	0,4	1

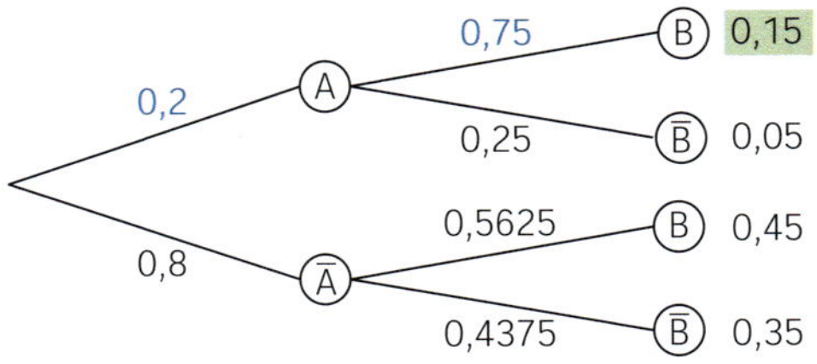

a) Begründen Sie, dass mit folgender Zeile die stochastische Abhängigkeit der Ereignisse A und B gezeigt ist: $0{,}2 \cdot 0{,}6 = 0{,}12 \neq 0{,}15$

b) Beschreiben Sie mit Hilfe des Baumdiagramms, woran man die stochastische Abhängigkeit der Ereignisse A und B erkennen kann. Geben Sie allgemein an, wie man in einem Baumdiagramm stochastische Unabhängigkeit erkennen kann.

9 Das Baumdiagramm enthält Informationen aus einer Urlaubsregion darüber, ob eine Person, die Ski fahren kann (A), auch Snowboard fahren kann (B).
Bestimmen Sie die fehlenden Wahrscheinlichkeiten im Baumdiagramm. Entscheiden Sie damit, ob die beiden Ereignisse A und B stochastisch unabhängig sind.

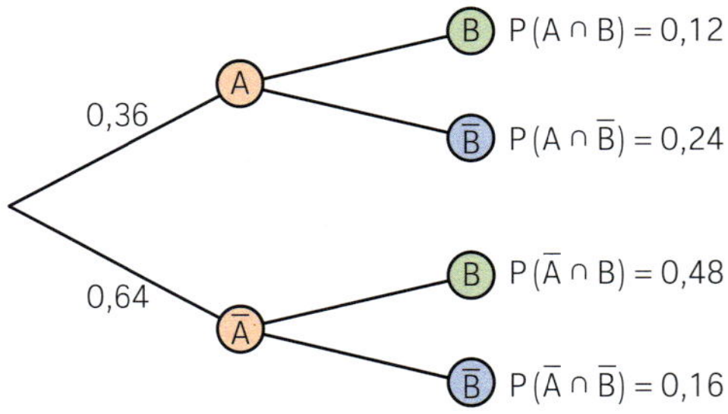

10 In einem Biologie-Experiment züchtet die Forscher-AG einer Schule Fruchtfliegen. Das Ergebnis einer Zählung nach einiger Zeit ist in der Tabelle dargestellt.
Sprechen diese Daten für oder gegen die stochastische Unabhängigkeit von Geschlecht und Augenfarbe der Tierchen?

	männlich	weiblich	gesamt
rote Augen	42	81	123
weiße Augen	54	21	75
gesamt	96	102	198

11 In einer kardiologischen Studie wurde die Frage untersucht, ob das Auftreten neuer Läsionen (Schäden) in den Herzkranzgefäßen mit dem Merkmal „Rauchen" zusammenhängt.
Die Tabelle zeigt das Ergebnis der Beobachtung an 230 Patienten nach drei Jahren (absolute Häufigkeiten).
Überprüfen Sie die Daten dieser Studie auf stochastische Abhängigkeit.

Läsionen (neu) / Raucher	ja	nein	gesamt
ja	34	33	
nein	42	121	
gesamt			

Tipp: Ergänzen Sie zunächst die fehlenden Daten in der Tabelle.

12 Ein Roulette hat 37 Felder. Untersuchen Sie, ob die Ereignisse A und B beim Roulette stochastisch unabhängig sind.

a) Die Kugel fällt auf A: *eine rote Zahl*; B: *eine gerade Zahl.*
b) Die Kugel fällt auf A: *eine schwarze Zahl*; B: *eine gerade Zahl.*
c) Die Kugel fällt auf A: *eine rote Zahl*; B: *auf eine Primzahl.*

13 Untersuchen Sie anhand der Daten von GALTON, ob die Augenfarbe von Vater und Sohn unabhängig voneinander ist.

Augenfarbe von Vater und Sohn

Sir FRANCIS GALTON, ein Vetter von CHARLES DARWIN hat wichtige Grundlagen der Vererbungstheorie geschaffen.
Er untersuchte dazu auch die Augenfarbe von 1000 Söhnen und deren Vätern.

Augenfarbe Vater / Augenfarbe Sohn	hell	dunkel
hell	471	148
dunkel	151	230

14 Ergänzen Sie die Vierfeldertafel ohne Hilfsmittel im Heft, für den Fall, dass die Ereignisse A und B stochastisch unabhängig sind.

a)

	A	$\overline{A}$	gesamt
B			0,4
$\overline{B}$	0,54		
gesamt			1

b)

	A	$\overline{A}$	gesamt
B			0,2
$\overline{B}$			
gesamt		0,15	1

15 Die Ereignisse A und B sind stochastisch abhängig.
Prüfen Sie, ob die Vierfeldertafel vollständig ausgefüllt werden kann.

a)

	A	$\overline{A}$	gesamt
B			0,4
$\overline{B}$	0,54		
gesamt		0,16	1

b)

	A	$\overline{A}$	gesamt
B			0,2
$\overline{B}$			
gesamt		0,15	1

16 Betrachten Sie beim Werfen eines regelmäßigen Dodekaeders die Ereignisse
A: *Augenzahl ist durch 2 teilbar*
B: *Augenzahl ist durch 3 teilbar*
C: *Augenzahl ist durch 4 teilbar*

a) Stellen Sie begründete Hypothesen über die stochastische Abhängigkeit oder stochastische Unabhängigkeit der folgenden Ereignisse auf.
(1) $A \cap B$ (2) $A \cap C$ (3) $B \cap C$

b) Untersuchen Sie nun, ob die Ereignisse stochastisch unabhängig voneinander sind.

Sind beim Werfen eines idealen Würfels die Ereignisse A und B stochastisch unabhängig voneinander?
A: *Die Augenzahl ist durch 3 teilbar*
B: *Die Augenzahl ist eine Primzahl*
$A = \{3; 6\}$; $B = \{2; 3; 5\}$; $A \cap B = \{3\}$
$P(A) = \frac{1}{3}$; $P(B) = \frac{1}{2}$; $P(A \cap B) = \frac{1}{6}$
$P(A) \cdot P(B) = \frac{1}{3} \cdot \frac{1}{2} = \frac{1}{6} = P(A \cap B)$
Also sind die Ereignisse A und B stochastisch unabhängig voneinander.

$A \cap B$ heißt, dass die Ereignisse A und B gleichzeitig eintreten

Weiterüben

17 Untersuchen Sie, ob sich die Angaben in dem Zeitungsartikel widersprechen.

31 % aller Männer rauchen.
26 % aller Frauen rauchen.
56 % aller Raucher sind Männer.
53 % aller Nichtraucher sind Frauen.

18 Im Zeitungsartikel wird über Alkohol am Steuer berichtet.

a) Stellen Sie die Daten des Zeitungsartikels in einer vollständig ausgefüllten Vierfeldertafel und in einem beschrifteten Baumdiagramm zusammen.
Welche zusätzlichen Daten kann man dem umgekehrten Baumdiagramm entnehmen? Entwerfen Sie dazu einen kurzen Zeitungsartikel.

b) Ein zufällig ausgewählter Unfallhergang mit Personenschaden soll betrachtet werden. Wie groß ist die Wahrscheinlichkeit, dass dieser Unfall
(1) unter Alkoholeinwirkung geschah, wenn bekannt ist, dass er zwischen 4 Uhr morgens und 18 Uhr abends stattfand;
(2) zwischen 4 Uhr morgens und 18 Uhr abends stattfand, wenn zusätzlich bekannt ist, dass Alkohol im Spiel war?

Polizei warnt vor Alkohol am Steuer

In Deutschland wurden im vergangenen Jahr insgesamt ca. 390 000 Unfälle mit Personenschaden registriert.
Davon wurden 10,2 % unter Alkoholeinfluss verursacht. Während sich 24,6 % der Verkehrsunfälle ohne Alkoholeinfluss in der Zeit zwischen 18 Uhr abends und 4 Uhr morgens ereigneten, fiel bei den Unfällen unter Alkoholeinfluss ein Anteil von 68,0 % in diesen Zeitraum.

19 Zwei Würfel werden gleichzeitig geworfen.
Prüfen Sie, welche der folgenden Ereignisse stochastisch unabhängig voneinander sind.
A: *Die Würfel zeigen einen Pasch, d. h. die Augenzahlen stimmen überein.*
B: *Die Augensumme beträgt höchstens 4.*
C: *Einer der beiden Würfel zeigt eine 6.*

20 In einer Urne sind vier blaue, drei weiße und zwei rote Kugeln. Es werden 2 Kugeln
(1) mit Zurücklegen; (2) ohne Zurücklegen gezogen.
Erläutern Sie anhand dieses Zufallsexperiments mit eigenen Worten die Bedeutung der Begriffe stochastische Abhängigkeit und stochastische Unabhängigkeit.

21 Gegeben sind zwei Urnen U_1 und U_2, welche mit den folgenden Kugeln befüllt sind.
U_1: vier schwarze und sechs weiße Kugeln
U_2: eine schwarze und vier weiße Kugeln
Es wird eine der beiden Urnen zufällig ausgewählt und dann eine Kugel zufällig gezogen.

a) Es wird eine weiße Kugel gezogen.
Bestimmen Sie die Wahrscheinlichkeit, dass diese aus der Urne U_1 stammt.

b) Passen Sie die Anzahl der Kugeln in der Urne U_2 so an, dass bei dem Zug einer weißen Kugel die wahrscheinliche Herkunftsurne nicht mehr angegeben werden kann.

c) Es wird eine dritte Urne U_3 hinzugefügt. Der Ziehvorgang wird beibehalten.
Beschreiben Sie den Inhalt der Urne U_3 mit Hilfe der gegebenen Rechnung.

$$\frac{20}{132} = \frac{\frac{1}{3} \cdot \frac{w}{12}}{\frac{1}{3} \cdot \frac{w}{12} + \frac{1}{3} \cdot \frac{6}{10} + \frac{1}{3} \cdot \frac{4}{5}}$$

6.2 Bedingte Wahrscheinlichkeit – Wahlthema Grundkurs

Einstieg

Studie zur Konzentrationsfähigkeit

14 % der Teilnehmenden an der Studie hatten gefrühstückt und zeigten eine hohe Konzentrationsfähigkeit. Insgesamt zeigten 50 % aller Teilnehmenden eine hohe Konzentrationsfähigkeit.

Nur 20 % aller Kinder und Jugendlichen frühstücken am Morgen vor der Schule. Eine Studie untersuchte, ob sich ein Frühstück vor der Schule auf die Leistungsfähigkeit am Vormittag auswirkt.
Erstellen Sie ein Baumdiagramm. Beurteilen Sie, ob sich ein Frühstück vor der Schule positiv auf die Konzentration auswirkt.

Aufgabe mit Lösung

Stochastische Abhängigkeit von Ereignissen

Anna und Bert haben mehrfach montags in der 1. Stunde gefehlt. Anna versäumte 15 % der 1. Stunden an Montagen, Bert 10 %. In 5 % aller Fälle fehlten sogar beide.

Zeigen Sie, dass Berts Fehlen montags in der 1. Stunde stochastisch abhängig davon ist, ob Anna fehlt oder nicht fehlt. Bestimmen Sie
- die Wahrscheinlichkeit, dass Bert fehlt, wenn Anna fehlt und
- die Wahrscheinlichkeit, dass Bert fehlt, wenn Anna nicht fehlt.

Vergleichen Sie die beiden Wahrscheinlichkeiten miteinander.

Lösung

Folgende Ereignisse werden betrachtet:
A: *Anna fehlt montags in der 1. Stunde*; B: *Bert fehlt montags in der 1. Stunde*
Es gilt: $P(A) = 0{,}15;\ P(B) = 0{,}10;\ P(A \cap B) = 0{,}05$
Die beiden Ereignisse sind stochastisch unabhängig, falls gilt: $P(A \cap B) = P(A) \cdot P(B)$
Hier gilt allerdings $P(A) \cdot P(B) = 0{,}15 \cdot 0{,}1 = 0{,}015 \neq 0{,}05 = P(A \cap B)$.
Somit ist Berts Fehlen montags in der 1. Stunde davon abhängig, ob Anna fehlt oder nicht.

Die gesuchten Wahrscheinlichkeiten kann man mithilfe eines Baumdiagramms bestimmen. Die fehlenden roten Werte lassen sich aus den gegebenen blauen Werten berechnen.

- Die Wahrscheinlichkeit, dass Bert an den Tagen fehlt, an denen Anna auch fehlt, beträgt $\frac{1}{3}$.
- Die Wahrscheinlichkeit, dass Bert an den Tagen fehlt, an denen Anna nicht fehlt, beträgt $\frac{1}{17}$.

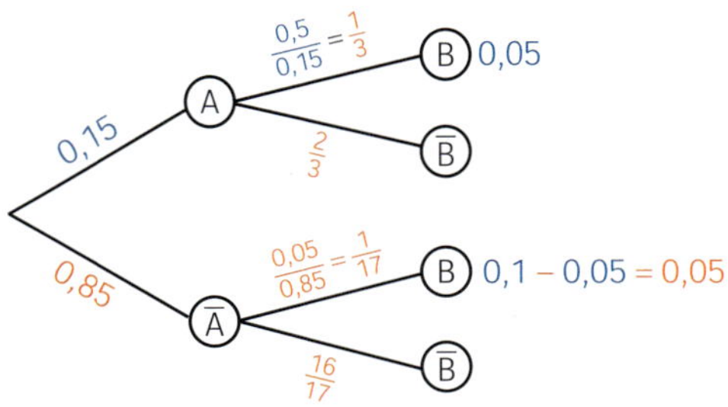

Es gilt: $\frac{1}{3} = \frac{17}{51} > \frac{3}{51} = \frac{1}{17}$
Also ist die Wahrscheinlichkeit, dass Bert auch fehlt, wenn Anna fehlt, deutlich größer als die Wahrscheinlichkeit, dass Bert fehlt, wenn Anna da ist.

Information

WES-125991-621

Bedingte Wahrscheinlichkeit

Bei zweistufigen Zufallsexperimenten können die Wahrscheinlichkeiten der Ereignisse auf der zweiten Stufe davon abhängen, welches Ereignis auf der ersten Stufe eintritt. Die Wahrscheinlichkeit, dass ein Ereignis B eintritt, nachdem ein Ereignis A eingetreten ist, nennt man **(bedingte) Wahrscheinlichkeit von B unter der Bedingung A**.

Schreibweise: $P_A(B)$

Aus der Pfadmultiplikationsregel ergibt sich:

$$P_A(B) = \frac{P(A \cap B)}{P(A)}$$

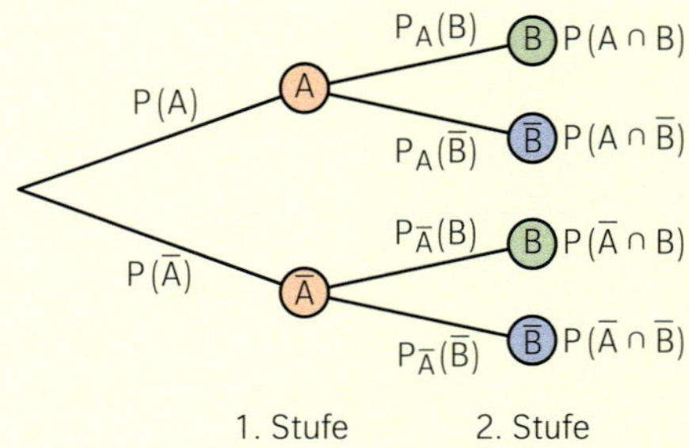

Die bedingten Wahrscheinlichkeiten stehen an den Pfaden der 2. Stufe im Baumdiagramm.

WES-125991-622

Sprachliche Formulierungen

Ereignis A: *Das Auto ist rot*

Ereignis B: *Das Auto ist ein E-Auto*

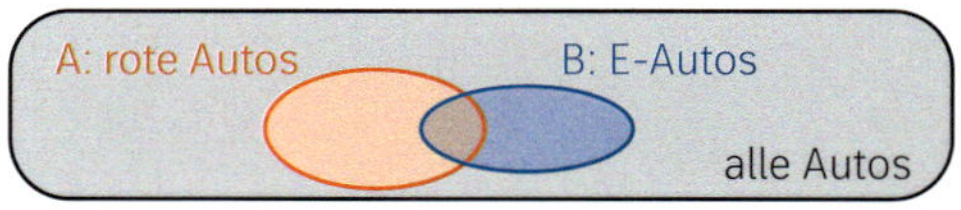

Mathematische Notation	Beispielformulierung mit Wahrscheinlichkeit	Beispielformulierung mit Anteil	Grundgesamtheit
$P(A)$	Die Wahrscheinlichkeit, dass ein Auto rot ist	Der Anteil der roten Autos (unter den Autos)	alle Autos
$P_A(B)$	Die Wahrscheinlichkeit, dass ein rotes Auto ein E-Auto ist	Der Anteil der E-Autos unter den roten Autos	rote Autos
$P_B(A)$	Die Wahrscheinlichkeit, dass ein E-Auto rot ist	Der Anteil der roten Autos unter den E-Autos	E-Autos
$P(A \cap B)$	Die Wahrscheinlichkeit, dass ein Auto ein rotes E-Auto ist	Der Anteil der roten E-Autos (unter den Autos)	alle Autos
$P_A(\overline{B})$	Die Wahrscheinlichkeit, dass ein rotes Auto kein E-Auto ist	Der Anteil der Nicht-E-Autos unter den roten Autos	rote Autos
$P_B(\overline{A})$	Die Wahrscheinlichkeit, dass ein E-Auto nicht rot ist	Der Anteil der nicht roten Autos unter den E-Autos	E-Autos

Üben

1 Gegeben sind die Ereignisse A: *Die Person hat lange Haare* und B: *Die Person ist weiblich*. Interpretieren Sie jeweils den Ausdruck im Sachkontext.

(1) $P(B)$ (2) $P_B(A)$ (3) $P(\overline{A} \cap B)$ (4) $P_A(\overline{B})$ (5) $P_{\overline{A}}(B)$ (6) $P_{\overline{B}}(\overline{A})$

2 Notieren Sie die Informationen des Baumdiagramms über Raucher und Nichtraucher in mathematischer Notation.

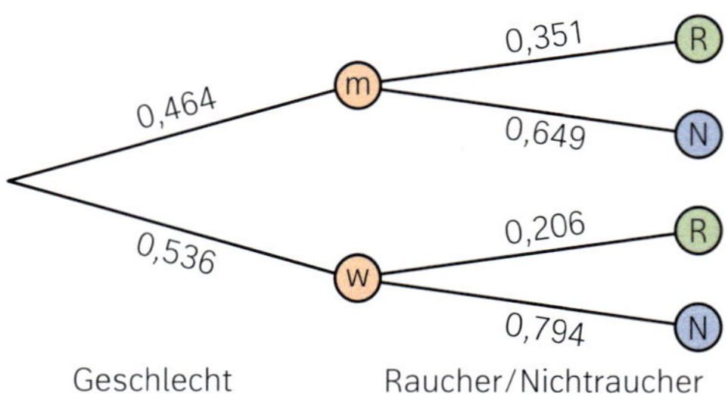

Überprüfen Sie, die Aussagen auf Richtigkeit:

(1) Die Wahrscheinlichkeit, dass eine Frau zu den Rauchern gehört, beträgt 11,04 %.

(2) Die Wahrscheinlichkeit, dass eine Person eine Frau ist und zu den Rauchern gehört, beträgt etwa 11,04 %.

(3) Die Wahrscheinlichkeit, dass eine Person Nichtraucher ist, beträgt ca. 73 %.

3 ≡ Definieren Sie zwei Ereignisse, die zu den folgenden Wahrscheinlichkeiten gehören, und geben Sie eine passende Notation für diese Wahrscheinlichkeiten an. *Tipp: Bestimmen Sie zunächst mit einem Baumdiagramm die fehlenden Wahrscheinlichkeiten.*

(1) Der Anteil der männlichen Wähler der Partei A beträgt 10 %.

(2) Der Anteil der Personen, die männlich sind und Partei A gewählt haben, beträgt 10 %.

(3) Der Anteil der Wähler der Partei A unter den Männern beträgt 10 %.

(4) Der Anteil der Männer unter den Wählern der Partei A beträgt 10 %.

4 ≡ In einer Studie mit 1 000 Jugendlichen wurde das Mediennutzungsverhalten untersucht. Es ging um den Umgang mit sozialen Medien und Online-Spielen.
44 Jugendliche wurden als mediensüchtig (S) eingestuft, darunter 24 Mädchen (M). 472 der Jungen (J) gelten als nicht mediensüchtig.

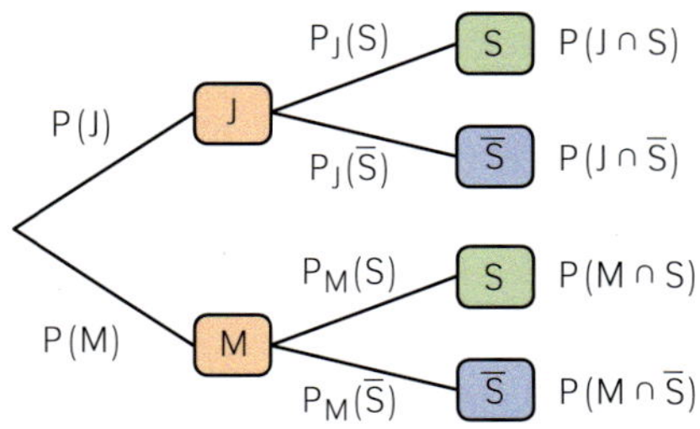

Überprüfen Sie, ob Mediensucht und Geschlecht in der untersuchten Gruppe stochastisch abhängig oder unabhängig sind.

5 ≡ Bei einer Wahl wurde eine repräsentative Befragung durchgeführt. Daraufhin schrieben zwei Zeitungen die folgenden Schlagzeilen. Untersuche, welche Schlagzeile zutreffend ist.

(1) Jeder vierte Wähler der Partei A ist unter 30.

(2) Jeder vierte Wähler unter 30 entschied sich für Partei A.

		Wahl der Partei		gesamt
		A	sonstige	
Alter	unter 30 J.	4,5 %	13,5 %	18,0 %
	30 J. und älter	7,5 %	74,5 %	82,0 %
gesamt		12,0 %	88,0 %	100 %

6 ≡ Laut Melderegister leben in Sachsen etwa 4,09 Millionen Menschen. Davon haben etwa 0,3 Millionen eine andere Staatsangehörigkeit als die deutsche. Insgesamt haben in Deutschland von den 84,3 Millionen Menschen 12,3 Millionen eine ausländische Staatsangehörigkeit. Beurteilen Sie die Möglichkeit, in Sachsen eine Person ohne deutsche Staatsbürgerschaft anzutreffen im Vergleich zum bundesdeutschen Gebiet.

7 ≡ Die Tabelle basiert auf einer Studie zu Ernährungsgewohnheiten.

a) Berechnen Sie die fehlenden Daten und vervollständigen Sie die Tabelle im Heft.

b) Wie hoch ist die Wahrscheinlichkeit, dass eine zufällig ausgewählte Person sich vegetarisch ernährt, wenn sie in einer Stadt mit mindestens 500 000 Einwohnern lebt?

	in Orten mit … Einwohnern		gesamt
	< 500 000	≥ 500 000	
vegetarische Ernährung	0,055		0,1
Ernährung mit Fleischanteilen	0,645		
gesamt		0,3	1

c) Schreiben Sie einen möglichst aussagekräftigen Zeitungsartikel zu dem dargestellten Sachverhalt.

Umgekehrte Baumdiagramme

8 In Deutschland sind etwa 0,1 % der Bevölkerung mit HIV infiziert. Der üblicherweise eingesetzte ELISIA-Test zum Nachweis einer HIV-Infektion hat eine hohe Sicherheit (Sensitivität). Bei 99,9 % der tatsächlich infizierten Testpersonen (K) erfolgt eine positive Testreaktion (R). Nur bei 0,3 % der nicht-infizierten Testpersonen wird irrtümlich eine Infektion angezeigt (Spezifität 99,7 %).

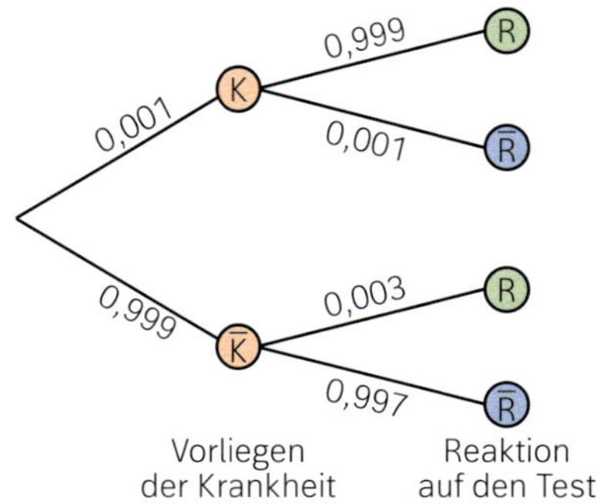

a) Julia möchte die Wahrscheinlichkeit berechnen, dass eine positiv getestete Person wirklich krank ist. Dafür ermittelt sie die Wahrscheinlichkeit $P_R(K)$.

Erklären Sie die Rechnung von Julia mit eigenen Worten.

1. Schritt: $P(K \cap R) = P(K) \cdot P_K(R)$ und $P(R) = P(K) \cdot P_K(R) + P(\overline{K}) \cdot P_{\overline{K}}(R)$

2. Schritt: $P_R(K) = \frac{P(K) \cdot P_K(R)}{P(K) \cdot P_K(R) + P(\overline{K}) \cdot P_{\overline{K}}(R)} = \frac{0{,}001 \cdot 0{,}999}{0{,}001 \cdot 0{,}999 + 0{,}999 \cdot 0{,}003} = \frac{0{,}000999}{0{,}003996} = 0{,}25$

b) Julia ist von dem Ergebnis schockiert. „Wenn nur ein Viertel aller positiv getesteten Personen wirklich krank sind, dann lohnt sich der Test gar nicht.“ Martin möchte die Aussage überprüfen und erstellt das umgekehrte Baumdiagramm.
Bestimmen Sie anhand des Baumdiagramms die Wahrscheinlichkeit, das eine negativ getestete Person trotzdem HIV-infiziert ist. Diskutieren Sie die Aussage von Julia im Sachzusammmenhang.

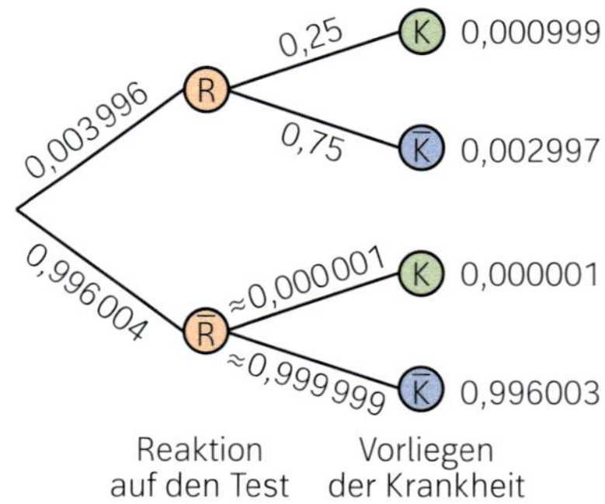

Information

WES-125991-623

Satz von Bayes

Das vollständige Baumdiagramm mit dem Ereignis A auf der erste Stufe und dem Ereignis B auf der zweiten Stufen ist bekannt. Dann lässt sich die Wahrscheinlichkeit, dass A eintritt unter der Bedingung, dass B bereits eingetreten ist, wie folgt berechnen:

$$P_B(A) = \frac{P(A) \cdot P_A(B)}{P(A) \cdot P_A(B) + P(\overline{A}) \cdot P_{\overline{A}}(B)}$$

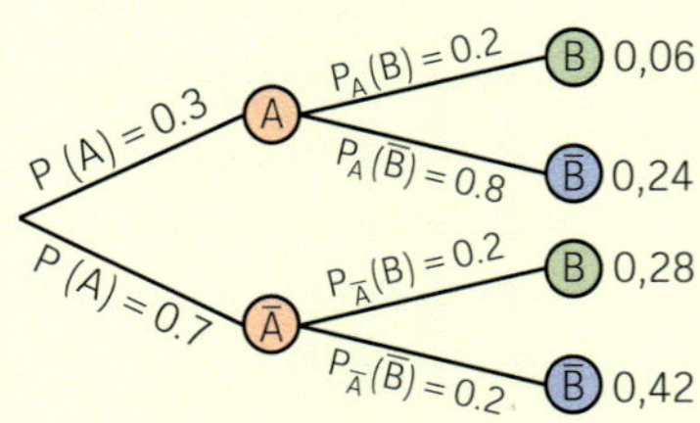

$$P_B(A) = \frac{0{,}3 \cdot 0{,}2}{0{,}3 \cdot 0{,}2 + 0{,}7 \cdot 0{,}2} \approx 0{,}68$$

Die Formel geht auf den englischen Mathematiker **Thomas Bayes** (1702–1761) zurück.

9 Zecken können Krankheiten wie zum Beispiel Borreliose übertragen. Nach einem Biss soll ein Schnelltest Gewissheit bringen. Dieser erkennt infizierte Zecken zu 92,86 % und nichtinfizierte Zecken zu 95,83 %. In einer Region sind 10 % der Zecken mit Borrelien infiziert. Ermitteln Sie die Wahrscheinlichkeit, dass eine positiv getestete Zecke wirklich Borrelien in sich trägt.

10 Eine neue Züchtung Zimmerpflanzen hat entweder glatte oder gerollte Blätter und die Blüten können einfarbig oder zweifarbig sein. Aus 6 % der Samen entwickeln sich Pflanzen mit zweifarbigen Blüten und gerollten Blättern. Aus 4 % der Samen entstehen Pflanzen mit einfarbigen Blüten und gerollten Blättern. Der Anteil an Samen, die zu einfarbigen Blüten führt, wird nun mit p bezeichnet.

a) Bestimmen Sie die Wahrscheinlichkeit, dass eine Pflanze mit gerollten Blättern zweifarbige Blüten bekommt.

b) Bestimmen Sie p, wenn 28 % der Pflanzen mit zweifarbigen Blüten gerollte Blätter bekommen.

c) Untersuchen Sie, ob ein Wert für p existiert, sodass die beiden Ereignisse stochastisch unabhängig sind.

d) Untersuchen Sie, für welches p der Anteil der Pflanzen mit einfarbigen Blüten und glatten Blättern größer ist, als der Anteil der Pflanzen mit zweifarbigen Blüten und gerollten Blättern.

11 **TBC-Test**

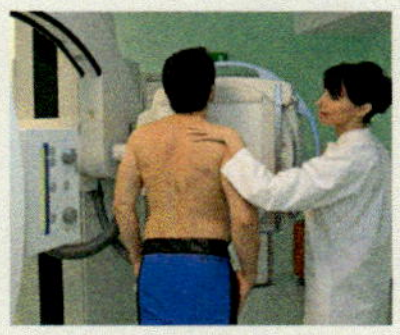

Tuberkulose (kurz TBC) ist weltweit immer noch eine der gefährlichsten Infektionskrankheiten. Bis in die 90er-Jahre wurden in Deutschland Röntgen-Reihenuntersuchungen durchgeführt. Dabei wurde festgestellt, ob Schatten auf der Lunge zu sehen waren. Als der Anteil der Erkrankten aber auf unter 0,2 % gesunken war und die Gefährdung durch zu häufige Belastung des Körpers durch Röntgenstrahlung in den Blick geriet, wurde die flächendeckende Reihenuntersuchung eingestellt. Ein weiterer Gesichtspunkt war in diesem Zusammenhang der sehr hohe Anteil von 30 % falsch-negativer Befunde und der nicht zu übersehende Anteil von 2 % falsch-positiver Befunde.

a) Erläutern Sie, was mit „falsch-negativen" und „falsch-positiven" Befunden gemeint ist.

b) Mit welcher Wahrscheinlichkeit

(1) ist eine Person mit auffälligem Röntgenbefund tatsächlich an Tuberkulose erkrankt?

(2) leidet eine Person, bei der auf der Röntgenaufnahme nichts Auffälliges bemerkt wird, tatsächlich nicht an Tuberkulose?

c) Deuten Sie die Berechnungsergebnisse. Nehmen Sie dazu an, dass bei 100 000 Personen eine Röntgenuntersuchung durchgeführt wird.

12 Bei der Kontrollmessung werden fehlerhafte SIM-Karten zu 95 % als solche erkannt. Einwandfreie SIM-Karten werden irrtümlich zu 2 % als fehlerhaft angezeigt. Tatsächlich sind 90 % der hergestellten SIM-Karten einwandfrei.

a) Eine zufällig gegriffene SIM-Karte wird als fehlerhaft angezeigt. Mit welcher Wahrscheinlichkeit ist sie wirklich defekt?

b) Eine zufällig gegriffene SIM-Karte wird als einwandfrei angezeigt. Mit welcher Wahrscheinlichkeit ist sie wirklich fehlerfrei?

c) Es wird überlegt, generell zweimal zu messen. Berechnen Sie die Wahrscheinlichkeiten aller möglichen Ereignisse. Ist die doppelte Kontrolle zu empfehlen?

Wahrscheinlichkeitsrechnung – Axiome

Der Briefwechsel von BLAISE PASCAL (1623 – 1662) mit PIERRE DE FERMAT (1607 – 1665) aus dem Jahr 1654 gilt als die Geburtsstunde der Wahrscheinlichkeitsrechnung.

In den folgenden Jahrzehnten beschäftigten sich verschiedene Mathematiker vor allem mit der Frage, wie man den Begriff Wahrscheinlichkeit definieren könne.
Die klassische Definition, die wir bei Zufallsversuchen mit gleichwahrscheinlichen Ergebnissen anwenden, wurde von CHRISTIAAN HUYGENS, JAKOB BERNOULLI und ABRAHAM DE MOIVRE vorbereitet und schließlich von PIERRE-SIMON LAPLACE im Jahr 1812 veröffentlicht.

Richard von Mises

Zu Beginn des 20. Jahrhunderts versuchte der österreichische Mathematiker RICHARD VON MISES die theoretischen Grundlagen der Wahrscheinlichkeitsrechnung mithilfe einer sogenannten frequentistischen Definition der Wahrscheinlichkeit zu legen, um damit auch die Nicht-LAPLACE-Versuche zu erfassen:

Die Wahrscheinlichkeit eines Ereignisses ist die relative Häufigkeit, mit der es in einer großen Anzahl gleicher, wiederholter, voneinander unabhängiger Zufallsversuche auftritt, d. h. die Wahrscheinlichkeit eines Ereignisses ist gleich dem Grenzwert der relativen Häufigkeit einer unendlichen Versuchsreihe.

Richard von Mises (1883 – 1953)
studierte in Wien und Brünn, war Professor für Mathematik in Straßburg, Dresden und Berlin. In Berlin war er Direktor des ersten Institutes für Angewandte Mathematik.
Als der nationalsozialistische Staat am 7. April 1933 mit dem „Gesetz zur Wiederherstellung des Berufsbeamtentums“ alle Beamten jüdischer Herkunft aus dem Staatsdienst entließ, verlor VON MISES seine Anstellung. Er emigrierte nach Istanbul und von dort 1939 weiter in die USA.
Ab 1943 lehrte er an der Harvard University in Boston.

1 Kritik am Ansatz von Richard von Mises

Außer dem Argument „Es gibt keine unendlich langen Versuchsreihen“ wurde folgender Einwand formuliert:
Bei konvergenten Zahlenfolgen unterscheiden sich die Folgenglieder mit wachsender Platznummer n immer weniger vom Grenzwert.
Bei einer Folge von relativen Häufigkeiten dagegen kann es durchaus vorkommen, dass sich die relativen Häufigkeiten mit zunehmender Versuchszahl wieder vom „Grenzwert“ entfernen. Es ist gerade das Charakteristische eines Zufallsvorgangs, dass „der Zufall kein Gedächtnis hat“, wie es der französische Mathematiker BERTRAND 1889 formulierte.
Erläutern Sie dies am Beispiel des n-fachen Münzwurfs.
Beachten Sie:
Man kann ausrechnen, mit welcher Wahrscheinlichkeit sich die relative Häufigkeit des Ergebnisses *Wappen* von der zugrunde liegenden Wahrscheinlichkeit $p = 0{,}5$ um mehr als $\frac{1}{100}$ unterscheidet:

Anzahl der Würfe	100	500	1 000	5 000	10 000
Wahrscheinlichkeit für größere Abweichung als $\frac{1}{100}$ von $p = 0{,}5$	76,4 %	62,3 %	50,7 %	15,3 %	4,4 %

Die Wahrscheinlichkeit wird zwar immer kleiner, aber niemals null.

Beispiel von fünf Simulationen des 500-fachen Münzwurfs:
Nur 3 der 5 Folgen liegen bei $n = 500$ im Intervall $[0{,}49; 0{,}51]$

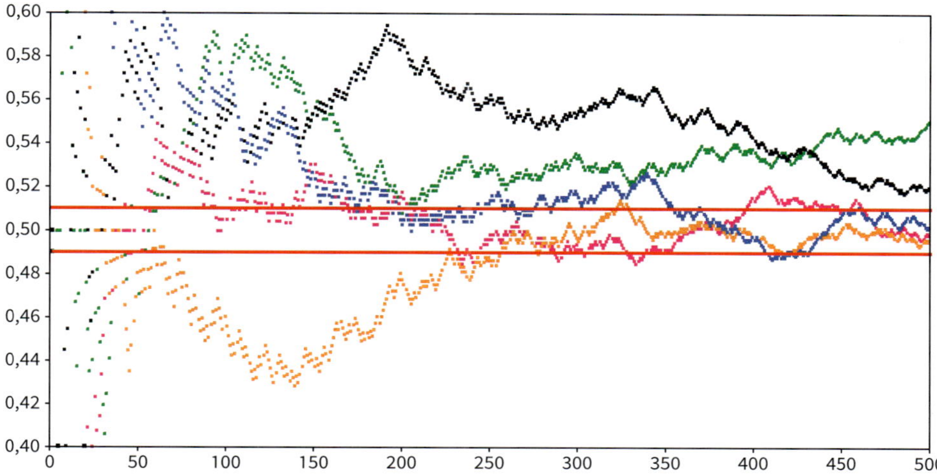

Andrej Nikolajewitsch Kolmogorow

Axiom: grundlegender Lehrsatz, der ohne Beweis einleuchtet (von axioun (griech.): für recht halten)

$E_1 \cup E_2$ bedeutet „E_1 oder E_2."

Das Axiomensystem von Kolmogorow

Dem russischen Mathematiker Andrej Nikolajewitsch Kolmogorow gelang dann 1933 eine aus wissenschaftlicher Sicht befriedigende „Definition". Dabei wird der Begriff der Wahrscheinlichkeit nicht inhaltlich festgelegt, sondern es werden nur Eigenschaften angegeben, die für Wahrscheinlichkeiten gelten sollten.
Diese Eigenschaften von Wahrscheinlichkeiten sind die sogenannten
Axiome der Wahrscheinlichkeitsrechnung.

Andrej Nikolajewitsch Kolmogorow (1903-1987)
studierte an der Universität Moskau, wurde dort 1930 Professor. Durch seine wichtigen Beiträge zur Wahrscheinlichkeitstheorie und Statistik, zur Mengenlehre und Topologie, zur Analysis sowie zur Informationstheorie wurden diese Gebiete erheblich weiterentwickelt.

Kolmogorow'sches Axiomensystem der Wahrscheinlichkeitsrechnung

Für die Wahrscheinlichkeit P(E) von Ereignissen und Ergebnismenge S gilt:
(K1) $\mathbf{P(E) \geq 0}$ (K2) $\mathbf{P(S) = 1}$ (K3) $\mathbf{P(E_1 \cup E_2) = P(E_1) + P(E_2)}$, **falls** $\mathbf{E_1 \cap E_2 = \{\ \}}$

In Worten:
(K1) Wahrscheinlichkeiten von Ereignissen sind nichtnegative Zahlen.
(K2) Die Wahrscheinlichkeit der Ergebnismenge ist gleich 1 (100 %).
(K3) Falls die Ereignisse E_1 und E_2 unvereinbar sind, berechnet sich die relative Häufigkeit bzw. die Wahrscheinlichkeit des zusammengesetzten Ereignisses $E_1 \cup E_2$ als Summe aus den relativen Häufigkeiten bzw. Wahrscheinlichkeiten der Einzel-Ereignisse.

2 Vergleich der Kolmogorow-Axiome mit den Eigenschaften relativer Häufigkeiten
Kolmogorow formulierte diese Eigenschaften von Wahrscheinlichkeiten in Analogie zu Eigenschaften von relativen Häufigkeiten. Welche sind dies?
Geben Sie die entsprechenden drei Eigenschaften an.

6.3 Zählstrategien

Einstieg

Ein Beutel enthält die abgebildeten sechs Buchstaben. Es werden zufällig drei Buchstaben ohne Zurücklegen aus dem Beutel gezogen. Untersuchen Sie, wie viele Ergebnisse möglich sind, wenn man die Reihenfolge der Buchstaben beachtet.
Wie verändert sich diese Anzahl, wenn die Reihenfolge nicht beachtet wird? Bestimmen Sie damit die Wahrscheinlichkeit, die Buchstaben H, A, I in beliebiger Reihenfolge zu ziehen.

Aufgabe mit Lösung

Anzahl der möglichen Lottoergebnisse

Auf einem Schulfest wird das Lottospiel „3 aus 5" veranstaltet. In einem Behälter befinden sich fünf Kugeln, die mit den Ziffern 1 bis 5 beschriftet sind. Nacheinander werden zufällig drei Kugeln ohne Zurücklegen gezogen. Man gewinnt, wenn man alle drei gezogenen Zahlen angekreuzt hat.

→ Notieren Sie systematisch alle Reihenfolgen, in der die drei Kugeln gezogen werden können.

Lösung

Es gibt fünf verschiedene Kugeln und es wird dreimal nacheinander jeweils eine Kugel gezogen und nicht zurückgelegt.
Da jede Zahl nur einmal im Behälter enthalten ist, gibt es für den ersten Zug fünf Möglichkeiten, für den zweiten noch vier Möglichkeiten und für den dritten nur noch drei Möglichkeiten. Auf diese Weise erhält man die folgenden $5 \cdot 4 \cdot 3 = 60$ möglichen Reihenfolgen:

1, 2, 3	1, 2, 4	1, 2, 5	1, 3, 4	1, 3, 5	1, 4, 5	2, 3, 4	2, 3, 5	2, 4, 5	3, 4, 5
1, 3, 2	1, 4, 2	1, 5, 2	1, 4, 3	1, 5, 3	1, 5, 4	2, 4, 3	2, 5, 3	2, 5, 4	3, 5, 4
2, 1, 3	2, 1, 4	2, 1, 5	3, 1, 4	3, 1, 5	4, 1, 5	3, 2, 4	3, 2, 5	4, 2, 5	4, 3, 5
2, 3, 1	2, 4, 1	2, 5, 1	3, 4, 1	3, 5, 1	4, 5, 1	3, 4, 2	3, 5, 2	4, 5, 2	4, 5, 3
3, 1, 2	4, 1, 2	5, 1, 2	4, 1, 3	5, 1, 3	5, 1, 4	4, 2, 3	5, 2, 3	5, 2, 4	5, 3, 4
3, 2, 1	4, 2, 1	5, 2, 1	4, 3, 1	5, 3, 1	5, 4, 1	4, 3, 2	5, 3, 2	5, 4, 2	5, 4, 3

mögliche Anordnungen der Zahlen 1, 2, 3

mögliche Anordnungen der Zahlen 3, 4, 5

→ Beim Lottospiel kommt es nicht auf die Reihenfolge der gezogenen Zahlen an.
Wie viele unterschiedlich ausgefüllte Lottoscheine sind möglich? Berechnen Sie damit die Wahrscheinlichkeit, die drei gezogenen Zahlen angekreuzt zu haben.

Lösung

In den Spalten der Tabelle erkennt man, dass es $3 \cdot 2 \cdot 1 = 6$ Möglichkeiten gibt, drei verschiedene Zahlen anzuordnen. Da die Reihenfolge nicht interessiert, erhält man somit $\frac{5 \cdot 4 \cdot 3}{3 \cdot 2 \cdot 1} = \frac{60}{6} = 10$ unterschiedlich ausgefüllte Lottoscheine.
Die Wahrscheinlichkeit, die drei gezogenen Zahlen angekreuzt zu haben, beträgt also $\frac{1}{10}$.

Information

WES-125991-631

Fakultät

Das Produkt der natürlichen Zahlen von 1 bis n wird als n **Fakultät** bezeichnet.
Man schreibt: n!

$n! = n \cdot (n-1) \cdot \ldots \cdot 2 \cdot 1$ gibt die Anzahl der Möglichkeiten an, n verschiedene Objekte auf n verschiedenen Plätzen anzuordnen.

$1! = 1$
$2! = 2 \cdot 1 = 2$
$3! = 3 \cdot 2 \cdot 1 = 6$
$4! = 4 \cdot 3 \cdot 2 \cdot 1 = 24$
usw.
Weiterhin vereinbart man: $0! = 1$

Anzahl der Möglichkeiten beim Ziehen ohne Zurücklegen – Binomialkoeffizient

WES-125991-632
Rechnerhilfen

Aus n verschiedenen Objekten sollen k Objekte ohne Zurücklegen gezogen werden. Man unterscheidet zwei Fälle:

(1) mit Beachtung der Reihenfolge
Die Anzahl der Möglichkeiten beträgt:
$n \cdot (n-1) \cdot \ldots \cdot (n-(k-1)) = \frac{n!}{(n-k)!}$

(2) ohne Beachtung der Reihenfolge
Die Anzahl der Anordnungen von k verschiedenen Objekten beträgt k!. Also ergibt sich die Anzahl der Möglichkeiten aus $\frac{n!}{k! \cdot (n-k)!}$. Dieser Term wird als $\binom{n}{k}$ geschrieben und heißt **Binomialkoeffizient**.

$\binom{n}{k}$ wird gelesen: **n über k**

Anzahl der Möglichkeiten beim Ziehen von vier Elementen ohne Zurücklegen aus sieben verschiedenen Objekten:

(1) mit Beachtung der Reihenfolge
$7 \cdot 6 \cdot 5 \cdot 4 = \frac{7 \cdot 6 \cdot 5 \cdot 4 \cdot 3 \cdot 2 \cdot 1}{3 \cdot 2 \cdot 1}$
$= \frac{7!}{3!} = \frac{7!}{(7-4)!} = 840$

(2) ohne Beachtung der Reihenfolge
Es gibt $4! = 24$ Möglichkeiten, vier verschiedene Objekte anzuordnen.
Man erhält also:
$\binom{7}{4} = \frac{7!}{4! \cdot (7-4)!} = \frac{840}{24} = 35$

Rechnerbefehl: nCr(7, 4)

Üben

1 Berechnen Sie durch geschicktes Kürzen.

a) $\binom{7}{5}$ b) $\binom{9}{6}$
c) $\binom{8}{3}$ d) $\binom{10}{2}$

$\binom{6}{4} = \frac{6!}{4! \cdot (6-4)!}$
$= \frac{6 \cdot 5 \cdot 4 \cdot 3 \cdot 2 \cdot 1}{4 \cdot 3 \cdot 2 \cdot 1 \cdot 2 \cdot 1} = \frac{6 \cdot 5}{2 \cdot 1} = 3 \cdot 5 = 15$

2 Hier werden Eigenschaften von Binomialkoeffizienten untersucht.

a) Berechnen Sie die Binomialkoeffizienten. Was fällt auf?
(1) $\binom{7}{5}$; $\binom{7}{2}$ (2) $\binom{7}{7}$; $\binom{7}{0}$

b) Martha berechnet den Binomialkoeffizienten $\binom{45}{43}$. Vereinfachen Sie die Berechnung.

$\binom{45}{43} = \frac{45 \cdot 44 \cdot 43 \cdot 42 \cdot 41 \cdot \ldots \cdot 5 \cdot 4 \cdot 3}{43 \cdot 42 \cdot 41 \cdot 40 \cdot \ldots \cdot 5 \cdot 4 \cdot 3 \cdot 2 \cdot 1} = 990$

c) Begründen Sie die Beobachtungen von a) allgemein, d. h. dass immer gilt $\binom{n}{k} = \binom{n}{n-k}$.

3 Begründen Sie die Aussage für einen konkreten Wert von n.
Zeigen Sie anschließend die allgemeine Gültigkeit der Aussage.

a) $\binom{n}{0} = 1$ b) $\binom{n}{n} = 1$ c) $\binom{n}{1} = n$ d) $\binom{n}{1} = \binom{n}{n-1}$

4 Bei einem schulischen Wettrennen nehmen 25 Mädchen teil.

a) Berechnen Sie die Anzahl der Möglichkeiten den ersten, zweiten und dritten Platz zu besetzen.

b) Berechnen Sie die Anzahl der Möglichkeiten für die drei Erstplatzierten.

c) Vor dem Rennen klatschen die Mädchen ein. Berechnen Sie die Anzahl der „Klatsch"-Geräusche.

d) Die Läuferinnen dürfen sich vor Beginn des Rennens eines von fünf verschiedenfarbigen Schweißbändern aussuchen. Ermitteln Sie die Gesamtzahl der Schweißbänder, damit jede Läuferin zwischen den fünf Farben wählen kann.

5 In einer Urne befinden sich sieben verschiedenfarbige Kugeln.

a) Aus der Urne werden nacheinander vier Kugeln zufällig entnommen.
Ermitteln Sie die Anzahl an Möglichkeiten bei Beachtung der Reihenfolge.

b) Mit einem Griff werden vier Kugeln aus der Urne entnommen, d. h. die Reihenfolge spielt keine Rolle. Berechnen Sie die Anzahl der Möglichkeiten.

c) Beschreiben Sie einen passenden Zufallsversuch zum Term $\binom{7}{5}$.

d) Lucas behauptet: „Die Wahrscheinlichkeit sechs bestimmte Farben zufällig mit einem Griff zu ziehen, ist genauso groß, wie eine bestimmte Farbe zufällig zu ziehen."
Prüfen Sie die Aussage auf Richtigkeit.

6 Es existieren viele verschiedene Lottovarianten.
Vergleichen Sie die Chancen, alle gezogenen Zahlen angekreuzt zu haben.

Deutschland	6 aus 49	Italien	6 aus 90
Schweden	7 aus 35	Polen	5 aus 42
Vereinigte Staaten	5 aus 55	Litauen	6 aus 30

LK 7 Zieht man k Elemente ohne Zurücklegen, aber mit Beachtung der Reihenfolge aus n verschiedenen Objekten, so gilt laut der Information für die Anzahl der Möglichkeiten die Gleichung $n \cdot (n-1) \cdot \ldots \cdot (n-(k-1)) = \frac{n!}{(n-k)!}$.

a) Vollziehen Sie die Gültigkeit der Gleichung an drei selbst gewählten Beispielen nach.

b) Weisen Sie die Gültigkeit der Gleichung allgemein nach.

8 Aus den 32 Karten eines gut gemischten Skatspiels werden acht gezogen.
Wie groß ist die Wahrscheinlichkeit dafür, dass diese
(1) die acht Kreuz-Karten,
(2) vier Kreuz- und vier Pik-Karten,
(3) acht schwarze Karten sind?

9 In einer Klasse sind 14 Mädchen und 12 Jungen. Für eine Präsentation sollen durch ein Losverfahren drei Kinder ausgewählt werden.
Bestimmen Sie die Wahrscheinlichkeitsverteilung für die Anzahl der ausgelosten Mädchen.

10 Beim uruguayanischen Lottospiel „5 de oro“ werden fünf aus 44 Kugeln gezogen. Finden Sie den Fehler in den folgenden Aussagen.

(1) Es gibt $44 \cdot 43 \cdot 42 \cdot 41 \cdot 40 = 130\,320\,960$ mögliche Lottoergebnisse in Uruguay.

(2) Da $44 - 5 = 39$, gibt es $\frac{44 \cdot 43 \cdot \ldots \cdot 39}{5 \cdot 4 \cdot 3 \cdot 2 \cdot 1}$ mögliche Lottoergebnisse in Uruguay.

11 Die Tabelle zeigt die Wahrscheinlichkeiten für jede mögliche Anzahl an Richtigen beim Lottospiel „6 aus 49“. Begründen Sie diese Zahlen.

Anzahl der Richtigen	0	1	2	3	4	5	6
Wahrschein-lichkeit	$\frac{6\,096\,454}{13\,983\,816}$	$\frac{5\,775\,588}{13\,983\,816}$	$\frac{1\,851\,150}{13\,983\,816}$	$\frac{246\,820}{13\,983\,816}$	$\frac{13\,545}{13\,983\,816}$	$\frac{258}{13\,983\,816}$	$\frac{1}{13\,983\,816}$

Weiterüben

12 In einem Behälter sind vier rote und 5 schwarze Kugeln. Es werden drei Kugeln ohne Zurücklegen gezogen.

a) Johanna und Sebastian interessieren sich für die Wahrscheinlichkeit des Ereignisses E: *keine rote Kugel*.

Wer rechnet korrekt? Begründen Sie Ihre Antwort und bestätigen Sie diese an einem Baumdiagramm.

Johanna:

$\frac{nCr(4,0) \cdot nCr(5,3)}{nCr(9,3)}$ $\qquad \frac{5}{42}$

Sebastian:

$\frac{nCr(4,0)}{nCr(9,3)}$ $\qquad \frac{1}{84}$

b) Ermitteln Sie die Wahrscheinlichkeitsverteilung der Zufallsgröße X: *Anzahl der roten Kugeln*.

13 Luise sagt: „Ich bestimme die Wahrscheinlichkeit für sechs Richtige im Lotto mithilfe der Pfadmultiplikationsregeln. Die Wahrscheinlichkeit, dass eine von meinen sechs getippten Zahlen bei der Ziehung der 1. Gewinnzahl aus der Urne mit 49 Kugeln gezogen wird, ist $\frac{6}{49}$. Die Wahrscheinlichkeit, dass eine von den übrigen fünf getippten Zahlen bei der Ziehung der 2. Gewinnzahl gezogen wird, beträgt $\frac{5}{48}$ usw.“

a) Führen Sie die Überlegungen von Luise zu Ende und bestimmen Sie so die Wahrscheinlichkeit für sechs Richtige beim „6 aus 49“-Lotto.

b) Bestimmen Sie auch die Anzahl der Möglichkeiten für die Tipps beim „6 aus 49“ Lotto mithilfe der Formel aus der Information und vergleichen Sie das Ergebnis mit der Lösung aus Teilaufgabe a).

c) Führen Sie die Berechnungsstrategien von a) und b) für fünf Richtige durch. Diskutieren Sie zu zweit die praktische Anwendung beider Strategien.

d) Begründen Sie, dass die Wahrscheinlichkeit für 43 Richtige beim „43 aus 49“-Lotto genau so groß ist wie die Wahrscheinlichkeit für sechs Richtige beim „6 aus 49“-Lotto.

6.4 Binomialverteilung

Einstieg

Ein Hersteller von Erfrischungsgetränken wirbt damit, dass im Deckel jeder siebten Flasche ein Gewinncode abgedruckt ist. Joris kauft drei Flaschen des Erfrischungsgetränks. Stellen Sie jeweils einen Term für die Wahrscheinlichkeit auf, dass Joris keinen, genau einen, zwei bzw. drei Gewinncodes erhält.

Aufgabe mit Lösung

Wahrscheinlichkeitsverteilung

Julia nimmt sich vor, beim ersten Klingeln des Weckers aufzustehen. Derzeit schafft sie diesen Erfolg im Schnitt an einem von fünf Schultagen. Die Zufallsgröße X gibt an, wie oft Julia an drei aufeinanderfolgenden Tagen beim ersten Klingeln aufsteht.

Bestimmen Sie die Wahrscheinlichkeitsverteilung der Zufallsgröße X.

Lösung

Auf jeder Stufe des dreistufigen Zufallsexperiments interessiert nur, ob Julia es schafft, direkt aufstehen (Erfolg E) oder nicht (Misserfolg $\bar{E}$).

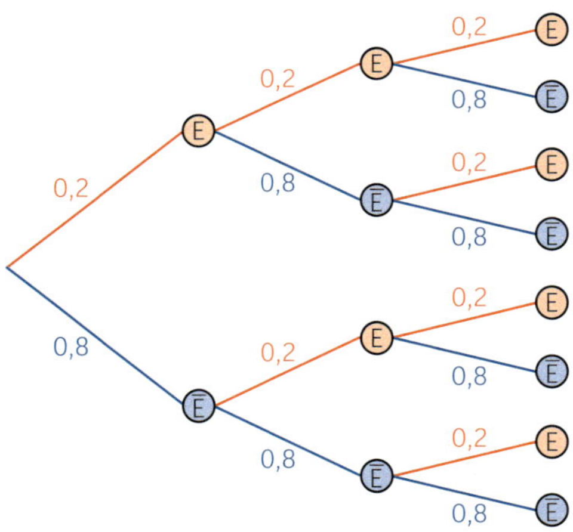

Man erhält die folgenden Wahrscheinlichkeiten:

- drei Erfolge: $P(E|E|E) = 0{,}2^3$
- zwei Erfolge: $P(E|E|\bar{E}) = P(E|\bar{E}|E) = P(\bar{E}|E|E) = 0{,}2^2 \cdot 0{,}8$
- ein Erfolg: $P(E|\bar{E}|\bar{E}) = P(\bar{E}|E|\bar{E}) = P(\bar{E}|\bar{E}|E) = 0{,}2 \cdot 0{,}8^2$
- kein Erfolg: $P(\bar{E}|\bar{E}|\bar{E}) = 0{,}8^3$

Für die Wahrscheinlichkeitsverteilung der Zufallsgröße X ergibt sich damit:

Anzahl k der Erfolge	Anzahl der Pfade	Wahrscheinlichkeit eines Pfades	Wahrscheinlichkeit P (X = k) für k Erfolge
3	1	$0{,}2^3 \cdot 0{,}8^0$	$1 \cdot 0{,}2^3 \cdot 0{,}8^0 = 0{,}008$
2	3	$0{,}2^2 \cdot 0{,}8^1$	$3 \cdot 0{,}2^2 \cdot 0{,}8^1 = 0{,}096$
1	3	$0{,}2^1 \cdot 0{,}8^2$	$3 \cdot 0{,}2^1 \cdot 0{,}8^2 = 0{,}384$
0	1	$0{,}2^0 \cdot 0{,}8^3$	$1 \cdot 0{,}2^0 \cdot 0{,}8^3 = 0{,}512$

Begründen Sie, dass die Formel zur Berechnung der Wahrscheinlichkeit für k Erfolge $P(X = k) = \binom{3}{k} \cdot 0{,}2^k \cdot 0{,}8^{3-k}$ lautet.

Lösung

Betrachtet man die letzte Spalte der Tabelle, ergibt sich ein Muster für die Berechnung der Wahrscheinlichkeit von k Erfolgen. Ein einzelner Pfad im Baumdiagramm von k Erfolgen besitzt die Wahrscheinlichkeit $0{,}2^k \cdot 0{,}8^{3-k}$. Es interessiert nicht, an welchen Tagen die k Erfolge stattfinden. Es handelt sich also um ein Ziehen mit Zurücklegen ohne Beachtung der Reihenfolge. Somit gibt es $\binom{3}{k}$ Pfade, welche die gleiche Wahrscheinlichkeit besitzen.

Man erhält die Formel $P(X = k) = \binom{3}{k} \cdot 0{,}2^k \cdot 0{,}8^{3-k}$.

Information

Jakob I. Bernoulli (1655 – 1705)

WES-125991-642

WES-125991-641 Rechnerhilfen

Bernoulli-Experiment

Ein Zufallsexperiment mit nur zwei möglichen Ergebnissen heißt **Bernoulli-Experiment**. Die Ergebnisse nennt man **Erfolg** bzw. **Misserfolg**.

Die Erfolgswahrscheinlichkeit bezeichnet man mit p. Die Wahrscheinlichkeit für einen Misserfolg ist dann $1 - p$.

Bernoulli-Kette und Binomialverteilung

Wird ein Bernoulli-Experiment n-mal durchgeführt und ändert sich die Erfolgswahrscheinlichkeit nicht, so spricht man von einer n-stufigen **Bernoulli-Kette** bzw. von einer **Bernoulli-Kette der Länge n**.

In der Regel wird dabei die Zufallsgröße X betrachtet, die die Anzahl der Erfolge angibt. Die Verteilung der Zufallsgröße X nennt man **Binomialverteilung**.

Binomialkoeffizient

Die Anzahl der Pfade mit genau k Erfolgen in einer n-stufigen Bernoulli-Kette berechnet man mit dem Binomialkoeffizienten $\binom{n}{k}$.

Bernoulli-Formel

Satz

Für eine n-stufige Bernoulli-Kette mit der Erfolgswahrscheinlichkeit p gilt für die Wahrscheinlichkeit für genau k Erfolge:

$$P(X = k) = \binom{n}{k} \cdot p^k \cdot (1 - p)^{n-k}$$

Wahrscheinlichkeit für genau k Erfolge – Anzahl der Pfade mit genau k Erfolgen – Wahrscheinlichkeit eines Pfades mit genau k Erfolgen

---

Bernoulli-Experiment:
Werfen eines idealen Würfels

Erfolg: Werfen einer 6

Misserfolg: keine 6 wird geworfen

Erfolgswahrscheinlichkeit: $p = \frac{1}{6}$

Misserfolgswahrscheinlichkeit: $1 - p = \frac{5}{6}$

Wirft man den Würfel fünfmal, so handelt es sich um eine fünfstufige Bernoulli-Kette.

Die Zufallsgröße X gibt nun die Anzahl der Sechsen an und kann die Werte 0, 1, 2, 3, 4, 5 annehmen.

Die Verteilung von X ist eine Binomialverteilung.

In diesem Fall gibt es

$\binom{5}{3} = 10$ Pfade

mit dem Ereignis *Genau dreimal Sechs*.

k	P(X = k)
0	$P(X = 0) = \binom{5}{0} \cdot \left(\frac{1}{6}\right)^0 \cdot \left(\frac{5}{6}\right)^5 = 0{,}40188$
1	$P(X = 1) = \binom{5}{1} \cdot \left(\frac{1}{6}\right)^1 \cdot \left(\frac{5}{6}\right)^4 = 0{,}40188$
2	$P(X = 2) = \binom{5}{2} \cdot \left(\frac{1}{6}\right)^2 \cdot \left(\frac{5}{6}\right)^3 = 0{,}16075$
3	$P(X = 3) = \binom{5}{3} \cdot \left(\frac{1}{6}\right)^3 \cdot \left(\frac{5}{6}\right)^2 = 0{,}03215$
4	$P(X = 4) = \binom{5}{4} \cdot \left(\frac{1}{6}\right)^4 \cdot \left(\frac{5}{6}\right)^1 = 0{,}00322$
5	$P(X = 5) = \binom{5}{5} \cdot \left(\frac{1}{6}\right)^5 \cdot \left(\frac{5}{6}\right)^0 = 0{,}00013$

Üben

1 Entscheiden Sie, ob es sich bei dem Zufallsexperiment um eine Bernoulli-Kette handelt. Begründen Sie Ihre Entscheidung. Geben Sie im Falle einer Bernoulli-Kette die Wahrscheinlichkeiten für Erfolg und Misserfolg an.

a) Ein Würfel wird achtmal geworfen. Es wird die Augenzahl notiert.

b) Ein Würfel wird achtmal geworfen. Es wird geprüft, ob eine 6 gefallen ist.

c) Aus einem Behälter mit 20 schwarzen und 10 weißen Kugeln werden 12 Kugeln gezogen. Die gezogenen Kugeln werden jedes Mal in die Urne zurückgelegt. Die Anzahl der gezogenen weißen Kugeln wird gezählt.

d) Aus einem Behälter mit 20 schwarzen und 10 weißen Kugeln werden 12 Kugeln nacheinander herausgenommen. Die Anzahl der gezogenen weißen Kugeln wird gezählt.

e) Zwei Münzen werden mehrfach geworfen. Wenn beide Münzen das gleiche Ergebnis zeigen, gewinnt man.

2 Erläutern Sie die Bedeutung des Terms an einem passenden Sachzusammenhang.

a) $\binom{10}{4} \cdot \left(\frac{1}{6}\right)^4 \cdot \left(\frac{5}{6}\right)^6$

b) $\binom{20}{5} \cdot \left(\frac{1}{3}\right)^5 \cdot \left(\frac{2}{3}\right)^{15} + \binom{20}{6} \cdot \left(\frac{1}{3}\right)^6 \cdot \left(\frac{2}{3}\right)^{14}$

3 Bei einer Umfrage in den USA gaben 44 % der Jugendlichen und 41 % der Erwachsenen an, an Geister zu glauben.
Wie groß ist die Wahrscheinlichkeit dafür, dass unter 24 in den USA zufällig ausgesuchten

(1) Jugendlichen genau zehn an Geister glauben;

(2) Erwachsenen genau acht an Geister glauben?

4 Definieren Sie eine Zufallsgröße X so, dass das Zufallsexperiment als Bernoulli-Kette aufgefasst werden kann.

a) Aus einem Skatblatt werden nacheinander vier Karten gezogen, wobei die gezogene Karte jeweils sofort zurückgelegt wird.

b) Auf einer Website wird zufällig und mit gleicher Wahrscheinlichkeit einer von insgesamt acht verschiedenen Werbebannern eingeblendet.

c) Bei einem Medikament treten bei 12 % der Patientinnen und Patienten die in der Packungsbeilage genannten Nebenwirkungen auf.

d) Bei einem Autohersteller wird jedes Auto nach der Fertigstellung geprüft, ob es in diesem Zustand ausgeliefert werden kann. Bei etwa 5 % der Autos sind Nachbesserungen nötig.

5 Der britische Naturforscher Sir Francis Galton (1822–1911) hatte die Idee, Kugeln durch ein Feld mit gleichmäßig angeordneten Nägeln laufen zu lassen. Unten fallen die Kugeln in verschiedene nebeneinander angeordnete Fächer (Galton-Brett).
Erläutern Sie, unter welchen Bedingungen eine solche Versuchsanordnung durch eine Bernoulli-Kette beschrieben werden kann.

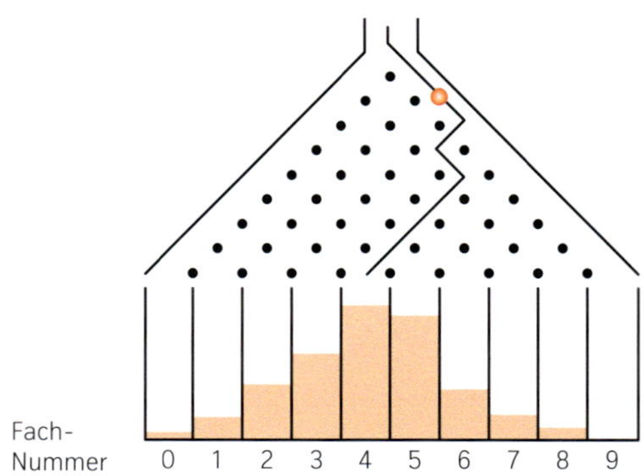

Wahrscheinlichkeiten einer binomialverteilten Zufallsgröße mit dem Rechner berechnen

6 ≡ Im Menü des Taschenrechners findet man unter den Wahrscheinlichkeitsverteilungen auch die Binomialverteilung. Ein Oktaederwürfel wird sechsmal geworfen.
Ermitteln Sie mit dem Taschenrechner die Wahrscheinlichkeitsverteilung der Zufallsgröße X: *Man wirft eine Drei oder eine Vier.*

7 ≡ Stellen Sie einen Term zur Berechnung der gesuchten Wahrscheinlichkeit auf und berechnen Sie diese anschließend.

a) *Ein Würfel wird 6-mal geworfen.*
Mit welcher Wahrscheinlichkeit tritt die Augenzahl 6
(1) genau 2-mal;
(2) genau 4-mal
auf?

b) *Ein reguläres Oktaeder wird 8-mal geworfen.*
Mit welcher Wahrscheinlichkeit tritt die Augenzahl 3
(1) genau 1-mal;
(2) genau 2-mal
auf?

c) *Ein reguläres Dodekaeder wird 12-mal geworfen.*
Mit welcher Wahrscheinlichkeit tritt die Augenzahl 12
(1) genau 3-mal;
(2) genau 4-mal
auf?

d) *Ein reguläres Ikosaeder wird 20-mal geworfen.*
Mit welcher Wahrscheinlichkeit tritt die Augenzahl 5
(1) genau 2-mal;
(2) genau 4-mal
auf?

8 ≡ Verbalisieren Sie die Bedeutung der gegebenen Werte einer Bernoulli-Kette und bestimmen Sie die Wahrscheinlichkeit.

a) $n = 50;\ p = 0{,}3;\ P(X = 15)$

b) $n = 150;\ p = 0{,}1;\ P(X = 16)$

c) $n = 200;\ p = 0{,}23;\ P(X = 50)$

d) $n = 800;\ p = 0{,}6;\ P(X = 49) + P(X = 50)$

9 ≡ Die Wahrscheinlichkeit, dass ein Neugeborenes ein Junge ist, beträgt etwa 0,514.

a) In einem Krankenhaus werden an einem Tag 12 Kinder geboren.
Bestimmen Sie die Wahrscheinlichkeit, dass es genau 6 Jungen und 6 Mädchen sind.

b) Bestimmen Sie die Verteilung der Zufallsgröße X: *Anzahl der Mädchen in einer Familie mit vier Kindern.*

c) Mit welcher Wahrscheinlichkeit sind in einer Familie mit sechs Kindern mehr Jungen als Mädchen?

10 ≡ 25 % aller Wahlberechtigten sind jünger als 30 Jahre, 75 % sind jünger als 60 Jahre.

a) Wie groß ist die Wahrscheinlichkeit, dass unter 8 zufällig ausgesuchten Wahlberechtigten
(1) genau 2 Personen jünger als 30 Jahre sind;
(2) genau 6 Personen jünger als 60 Jahre sind?

b) Bestimmen Sie die Binomialverteilung für (1) $p = 0{,}25$ und (2) $p = 0{,}75$
bei einer Zufallsauswahl von 10 wahlberechtigten Personen.
Stellen Sie diese Verteilung grafisch dar.

11 ≡ Die Zufallsgröße X ist binomialverteilt mit $n = 50$ und $p_1 = 0{,}61$, die Zufallsgröße Y binomialverteilt mit $n = 50$ und $p_2 = 0{,}39$. Begründen Sie, dass gilt: $P(X = 30) = P(Y = 20)$

12 Zeichnen Sie das Histogramm einer Binomialverteilung mit $n = 10$ und $p = 0{,}5$. Interpretieren Sie das Histogramm.
Erläutern Sie, welche Auswirkungen eine höhere bzw. geringere Erfolgswahrscheinlichkeit p bei unveränderter Versuchsanzahl n auf die Gestalt des Histogramms hat.

13 Ordnen Sie die gegebenen Binomialverteilungen den richtigen Histogrammen zu. Begründen Sie ihre Entscheidung. Was fällt Ihnen auf?

a) $n = 7;\ p = 0{,}5$ **b)** $n = 5;\ p = 0{,}2$ **c)** $n = 5;\ p = 0{,}5$ **d)** $n = 5;\ p = 0{,}8$

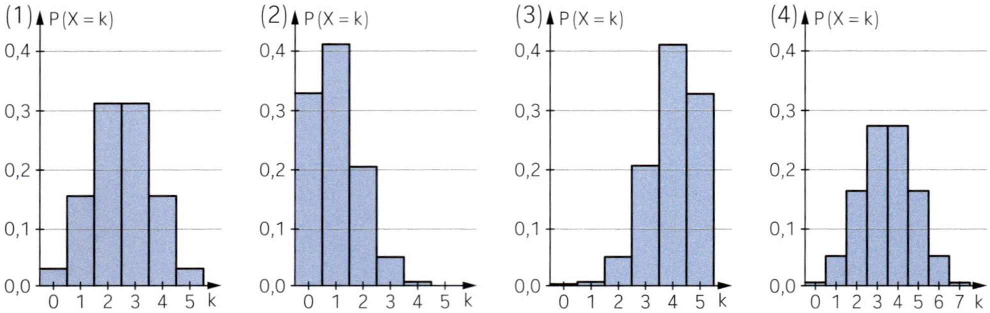

14 Begründen Sie: Man erhält das Histogramm einer Binomialverteilung für $p_2 = 1 - p_1$, indem man das Histogramm für p_1 an der Parallelen zur P-Achse durch $k = \frac{n}{2}$ spiegelt.

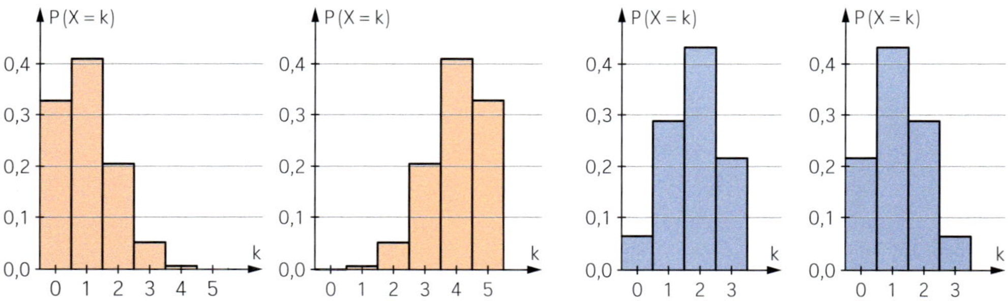

$n = 5$ und $p_1 = 0{,}2$ bzw. $p_2 = 0{,}8$ $n = 3$ und $p_1 = 0{,}6$ bzw. $p_2 = 0{,}4$

15 Ein Hersteller spezieller Elektronikbauteile muss trotz eigener Warenkontrolle damit rechnen, dass 1 % der ausgelieferten Bauteile defekt ist. Die Bauteile werden in Packungen von 100 Stück geliefert. Da es zu aufwendig ist, defekte Bauteile zurückzuschicken, entsorgen die Abnehmer der Ware sie selbst und dürfen im Ausgleich je nach Anteil defekter Bauteile den eigentlichen Stückpreis von 4,90 € für die gesamte Lieferung reduzieren.
Der Hersteller schlägt die folgenden zwei Regelungen vor:

(1)

Anzahl defekter Bauteile	1, 2, 3	> 3
Preisminderung in €	0,30	0,90

(2)

Anzahl defekter Bauteile	1	2	3	4	5	> 5
Preisminderung in €	0,10	0,20	0,30	0,40	0,50	0,90

Ermitteln Sie jeweils den zu erwartenden Stückpreis. Vergleichen Sie die Ergebnisse.

16 Ein Discounter wirbt damit, dass die Pflanzen, die er im Angebot hat, eine 90 %-ige Anwachsgarantie haben.

a) Nehmen Sie an, dass Sie ein Kunde des Discounters sind. Definieren Sie eine geeignete Zufallsgröße X, welche sich auf die Angabe bezieht. Geben Sie mögliche Histogramme an. Vergleichen Sie ihre Ergebnisse.

b) Beschreiben Sie eine mögliche Situation, um die Angaben des Herstellers zu prüfen. Geben Sie entsprechende Werte an, bei denen Sie sich für oder gegen die Angabe des Herstellers entscheiden würden.

c) Ergänzen Sie a, b und c im gegebenen Term und deuten Sie diesen im Sachzusammenhang. Geben Sie eine Fragestellung an, welche man mit diesem Term beantworten könnte.

$$1 - \binom{100}{0} \cdot 0{,}9^a \cdot b^c$$

17 **Hütchenspiel**

In größeren Städten und Tourismuszentren trifft man an öffentlichen Plätzen oft sogenannte Hütchenspieler. Bei einem Hütchenspiel versteckt der Spielbetreiber eine Kugel unter einem von drei „Hütchen" und verschiebt dann die Hütchen schnell untereinander. Der Spieler gewinnt, wenn er nach dem Verschieben auf das Hütchen mit der Kugel zeigen kann.

Das Hütchenspiel ist eine Form des Trickbetrugs: Dem Spieler wird vermittelt, er könne bei aufmerksamer Betrachtung die Verschiebungen verfolgen und das richtige Hütchen identifizieren, was jedoch durch Manipulationen vom Spielbetreiber nicht der Fall ist.

Isabell und Oskar spielen vier Runden eines nicht manipulierten Hütchenspiels und tippen einfach per Zufall auf eines der Hütchen.

a) Isabell sagt: „Mit dieser Methode ist es nach drei Misserfolgen sehr wahrscheinlich, beim vierten Tipp zu gewinnen." Nehmen Sie Stellung zu der Aussage.

b) Ermitteln Sie die Wahrscheinlichkeitsverteilung der Zufallsgröße X: *Anzahl der Erfolge*. Stellen Sie diese Wahrscheinlichkeitsverteilung grafisch dar.

c) Oskar meint: „Die Wahrscheinlichkeit ist größer, keinmal Erfolg zu haben, als drei- oder viermal Erfolg zu haben." Überprüfen Sie die Behauptung.

18 Bei einer binomialverteilten Zufallsgröße X ist die Erfolgswahrscheinlichkeit p unbekannt. Dafür sind die Anzahl n der Durchführungen, die Anzahl k der Erfolge und die Wahrscheinlichkeit für genau k Erfolge gegeben.

a) Die Werte betragen $n = 200$, $k = 48$ und $P(X = k) = 0{,}04$.
Erläutern Sie das im Rechnerfenster dargestellte Vorgehen zur Ermittlung der Erfolgswahrscheinlichkeit p.

b) Ermitteln Sie die Erfolgswahrscheinlichkeit p für das Bernoulli-Experiment mit $n = 400$, $k = 38$ und $P(X = k) = 0{,}0226$.

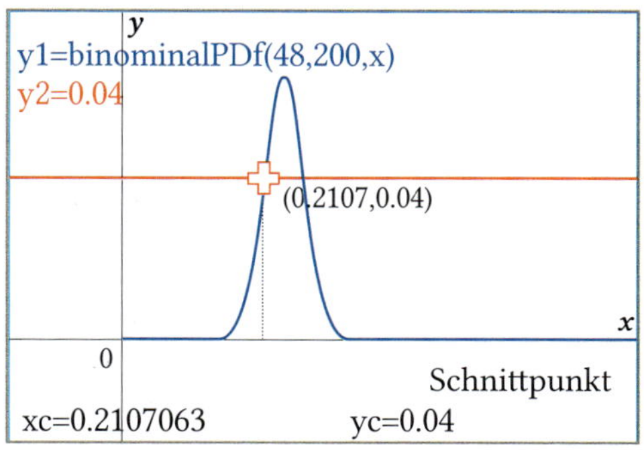

19 ≡ Zwei Würfel werden fünfmal geworfen. Zu diesem Vorgang werden die drei Zufallsgrößen X, Y und Z betrachtet.

Zufallsgröße X:	Zufallsgröße Y:	Zufallsgröße Z:
Anzahl der Würfe mit einem Pasch	*Anzahl der Würfe mit einer 6*	*Anzahl der Würfe mit einer geraden Summe*

Ordnen Sie die Zufallsgrößen dem richtigen Histogramm zu. Begründen Sie Ihre Entscheidung.

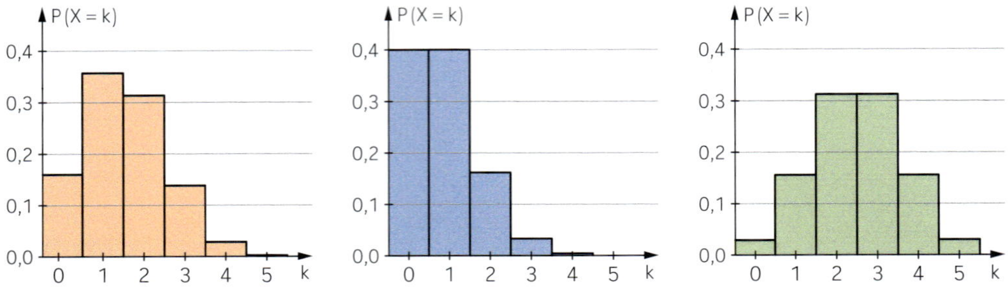

20 ≡ Bei einem Glücksspiel wird mit zwei Würfeln geworfen, deren Würfelnetze abgebildet sind. Es wird immer das Produkt der Augenzahlen gebildet.

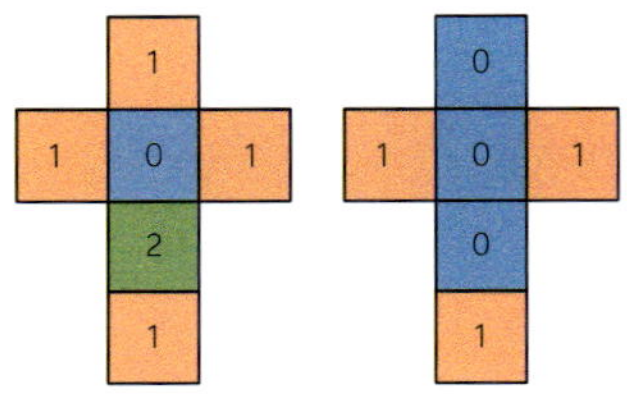

Ein Spiel wird als **fair** bezeichnet, wenn der Erwartungswert für den Gewinn gleich Null ist.

a) Bestimmen Sie die Wahrscheinlichkeitsverteilung der Zufallsgröße X: *Anzahl des Ergebnisses 0 bei 10 Würfen.*

b) Zeichnen Sie das zugehörige Histogramm.

c) Wirft der Spieler das Produkt 0, so muss er 3 € an die Bank zahlen. Legen Sie Gewinnsummen für die anderen möglichen Produkte fest, sodass das Spiel fair ist.

21 ≡ Auf einem Jahrmarkt wird das nebenstehende Glücksrad eingesetzt. Nach einem Einsatz von 5€ wird das Rad dreimal gedreht. Es gibt zwei Gewinnmöglichkeiten. Dreht ein Spieler dreimal gelb, erhält dieser 10€. Erscheint dreimal blau, erhält der Spieler seinen Einsatz zurück. In allen anderen Fällen gewinnt er nichts.

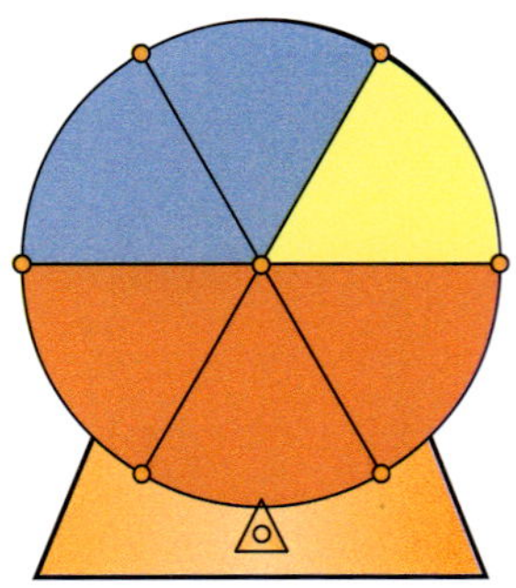

a) Begründen Sie, dass der Term zum Gewinn von 10 € mit $\binom{3}{3} \cdot \left(\frac{60}{360}\right)^3 \cdot \left(\frac{300}{360}\right)^0$ ermittelt werden kann.

b) Beurteilen Sie folgende Aussage auf Richtigkeit: „Einer von 200 Spielern gewinnt."

c) Die Sektoren werden in ihrer Größe verändert. Bestimmen Sie mit Hilfe des Baumdiagramms die neue Größe des gelben Sektors.

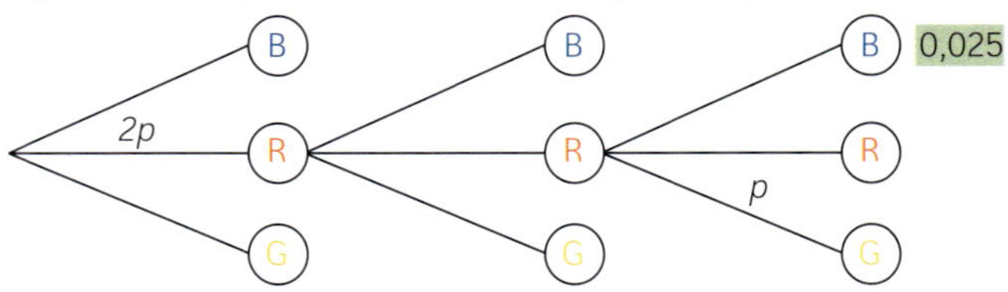

d) Der Stand soll mit dem Werbeschild „Einer von 100 gewinnt 10 €." beworben werden. Passen Sie die Spielsituation so an, dass die Aussage zutreffend ist.

Weiterüben

22 ≡ Drei Münzen werden sechsmal geworfen. Bestimmen Sie die Wahrscheinlichkeit für das Ereignis E.

a) E: *viermal 2 Wappen*

b) E: *fünfmal mindestens 1 Wappen*

c) E: *zweimal lauter Wappen*

d) E: *dreimal höchstens 1 Wappen*

e) E: *einmal kein Wappen*

E_0: *2 Wappen beim Wurf von 3 Münzen*

$p_0 = P(E_0) = \binom{3}{2} \cdot 0{,}5^2 \cdot 0{,}5^1 = 0{,}375$

E: *dreimal 2 Wappen beim sechsfachen Wurf von 3 Münzen*

$P(E) = \binom{6}{3} \cdot p_0^3 \cdot (1 - p_0)^{6-3} \approx 0{,}257$

23 ≡ Ein Kontrolleur prüft 58 Autos auf einem Parkplatz mit Parkscheinautomaten auf abgelaufene Parkscheine. Aus Erfahrung weiß er, dass die Quote an überzogenen Parkzeiten etwa 4 % beträgt. Anschließend kontrolliert er 95 Autos entlang einer Straße mit Parkscheibenpflicht, an der im Schnitt mit 5 % Verstößen zu rechnen ist.

a) Berechnen Sie die Wahrscheinlichkeit des Ereignisses, dass genau sechs Parkverstöße, nämlich drei auf dem Parkplatz und drei entlang der Straße, auftreten.

b) Berechnen Sie die Wahrscheinlichkeit dafür, dass der Kontrolleur am Ende seiner Tour genau einen Parkverstoß registriert hat.

24 ≡ In einem Kurs sind 15 Mädchen und 12 Jungen. Für ein Interview sollen drei Jugendliche zufällig ausgewählt werden.

a) Die Zufallsauswahl geschieht durch ein Losverfahren, also durch Ziehen ohne Zurücklegen. Bestimmen Sie die Wahrscheinlichkeitsverteilung der Zufallsgröße
X: *Anzahl der durch Losverfahren für das Interview ausgewählten Mädchen.*

b) Wenn die Zufallsauswahl als Ziehen mit Zurücklegen erfolgen würde, könnte es vorkommen, dass eine Person mehr als einmal ausgewählt würde. Andererseits ist dann die Bestimmung der Wahrscheinlichkeitsverteilung weniger aufwendig.
Vergleichen Sie die Wahrscheinlichkeitsverteilung der Zufallsgröße X aus Teilaufgabe a) mit der Wahrscheinlichkeitsverteilung der Zufallsgröße
Y: *Anzahl der durch ein Glücksrad für das Interview ausgewählten Mädchen*.

c) Die Zufallsauswahl von drei Jugendlichen erfolgt nun in der Jahrgangsstufe, die von 150 Mädchen und 120 Jungen besucht wird.
Bestimmen Sie die beiden Wahrscheinlichkeitsverteilungen der oben genannten Zufallsgrößen X und Y.

d) Erläutern Sie aufgrund der berechneten Wahrscheinlichkeiten in den Teilaufgaben a), b) und c) die folgende Regel:

Binomialansatz bei Stichprobennahmen
Zieht man aus einer großen Gesamtheit nur wenige Elemente zufällig heraus, so ergeben sich annähernd gleiche Wahrscheinlichkeitswerte beim Ziehen mit oder ohne Zurücklegen.

6.5 Kumulierte Binomialverteilung

Einstieg

In einem Supermarkt werden Äpfel zweiter Wahl in Tüten zu je acht Äpfeln zu einem Sonderpreis verkauft. Leider hat in diesen Tüten durchschnittlich einer von vier Äpfeln eine Druckstelle.
Ermitteln Sie die Wahrscheinlichkeit dafür,
(1) höchstens vier; (2) weniger als drei;
(3) mehr als sechs; (4) mindestens fünf;
(5) mindestens zwei und höchstens fünf
Äpfel mit Druckstellen in einer Tüte zu finden. Erläutern Sie Ihr Vorgehen am Diagramm der Verteilung.

Aufgabe mit Lösung

Summation von Wahrscheinlichkeiten

Mit ca. 56 % aller Reparaturen bei Smartphones ist der Bruch des Displays, z. B. durch Herunterfallen, der häufigste Defekt. Es wird zufällig eine Stichprobe von 8 defekten Smartphones untersucht.

→ Berechnen Sie die Wahrscheinlichkeit, dass höchstens 5 Smartphones in der Stichprobe einen Displayschaden haben. Veranschaulichen Sie Ihr Vorgehen am Histogramm.

Lösung

Die Wahrscheinlichkeiten für 0, 1, 2, 3, 4 und 5 Smartphones mit Displayschaden werden addiert $(n = 8;\; p = 0{,}56)$:

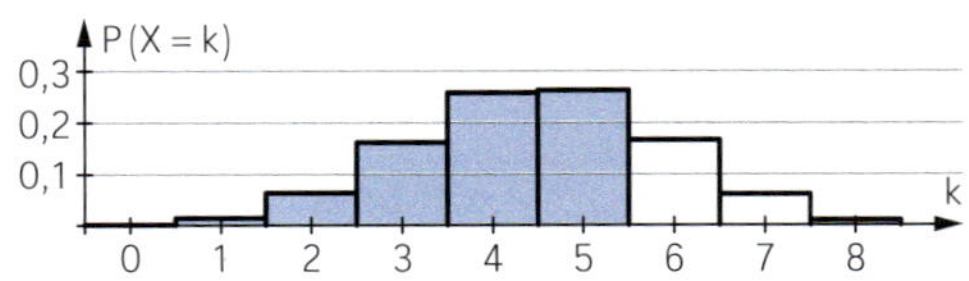

$$P(X \le 5) = P(X = 0) + P(X = 1) + P(X = 2) + P(X = 3) + P(X = 4) + P(X = 5)$$

$$= \sum_{k=0}^{5} P(X = k)$$ — Summe aller $P(X = k)$ für k von 0 bis 5

$$\approx 0{,}001 + 0{,}014 + 0{,}064 + 0{,}162 + 0{,}258 + 0{,}263 = 0{,}762$$

→ Um nicht alle Wahrscheinlichkeiten für 0 bis 5 Erfolge einzeln addieren zu müssen, gibt es einen Taschenrechnerbefehl.

```
binomialCdf(0, 5, 8, 0.56)
                    0.762352
```

Nutzen Sie entsprechende Befehle zur Berechnung der Wahrscheinlichkeit, dass
(1) weniger als 4; (2) mindestens 6;
(3) mehr als 2; (4) mindestens 2 und höchstens 7
Smartphones einen Displayschaden haben.
Veranschaulichen Sie dies jeweils an einem Histogramm.

Lösung

(1) Da „weniger als 4" gleichbedeutend mit „höchstens 3" ist, wird $P(X \le 3)$ berechnet:

binomialCdf(0, 3, 8, 0.56)
0.241612

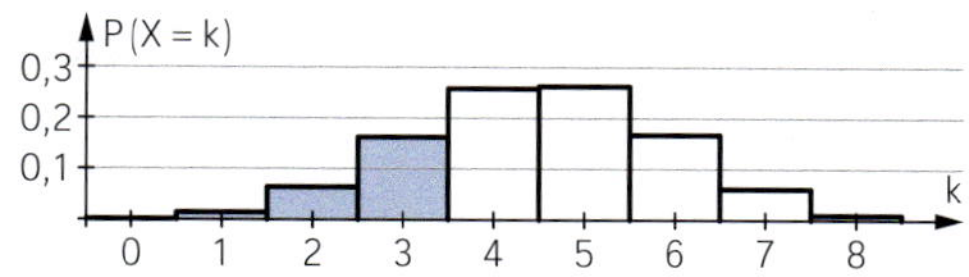

(2) Es wird $P(X \ge 6)$ berechnet:

binomialCdf(6, 8, 8, 0.56)
0.237648

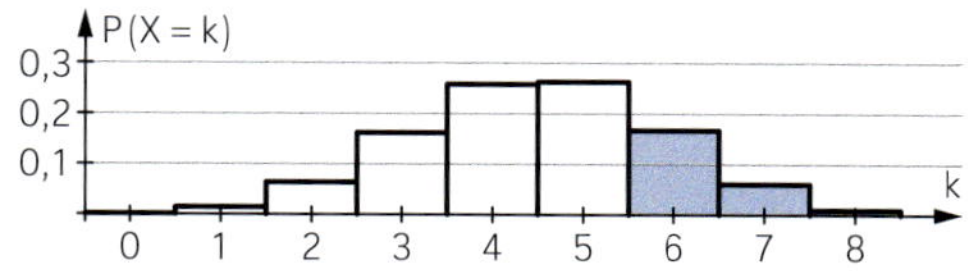

$X \ge 6$ ist das Gegenereignis von $X \le 5$.
Also ist $P(X \ge 6) = 1 - P(X \le 5)$.

(3) Da „mehr als 2" gleichbedeutend mit „mindestens 3" ist, wird $P(X \ge 3)$ berechnet:

binomialCdf(3, 8, 8, 0.56)
0.920575

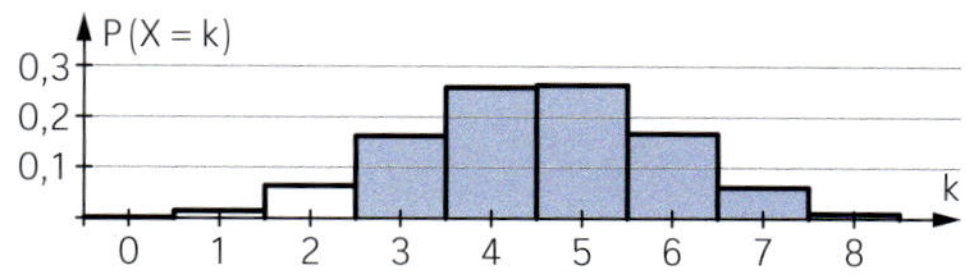

(4) Es wird $P(2 \le X \le 7)$ berechnet:

binomialCdf(2, 7, 8, 0.56)
0.97462

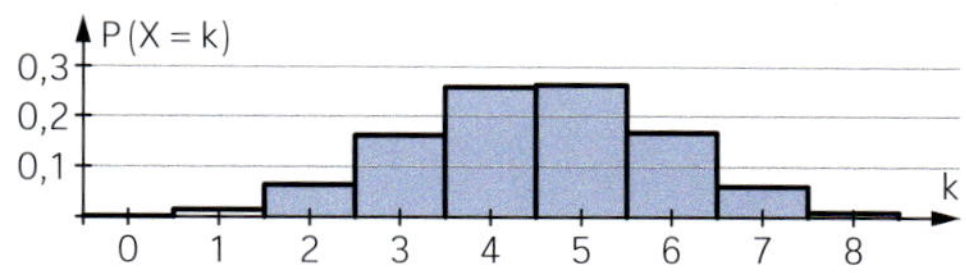

Information

WES-125991-651

WES-125991-652
Rechnerhilfen

Kumulierte Binomialverteilung

Das Aufsummieren von Wahrscheinlichkeiten wird als **Kumulieren** bezeichnet.
Für eine binomialverteilte Zufallsgröße X nennt man die Wahrscheinlichkeit
$P(X \le k) = P(X = 0) + P(X = 1) + \ldots + P(X = k)$
kumulierte Wahrscheinlichkeit.

$$P(X \le k) = \binom{n}{0} p^0 (1-p)^{n-0} + \binom{n}{1} p^1 (1-p)^{n-1} + \ldots + \binom{n}{k} p^k (1-p)^{n-k} = \sum_{i=0}^{k} \binom{n}{i} p^i (1-p)^{n-i}$$

Kumulierte Binomialverteilung für $n = 5$ und $p = 0{,}4$:

k	P(X = k)	kumulierte Wahrscheinlichkeit P(X ≤ k)
0	0,078	$P(X = 0) = 0{,}078$
1	0,259	$P(X \le 1) = 0{,}078 + 0{,}259 = 0{,}337$
2	0,346	$P(X \le 2) = 0{,}337 + 0{,}346 = 0{,}683$
3	0,230	$P(X \le 3) = 0{,}683 + 0{,}230 = 0{,}913$
4	0,077	$P(X \le 4) = 0{,}913 + 0{,}077 = 0{,}990$
5	0,010	$P(X \le 5) = 0{,}990 + 0{,}010 = 1$

Intervallwahrscheinlichkeiten

Ereignis	Wahrscheinlichkeit
höchstens k Erfolge	$P(X \le k)$
weniger als k Erfolge	$P(X < k)$
mehr als k Erfolge	$P(X > k)$
mindestens k Erfolge	$P(X \ge k)$
mindestens a und höchstens b Erfolge	$P(a \le X \le b)$

Die Wahrscheinlichkeiten lassen sich mit einem Rechner direkt berechnen.

Wahrscheinlichkeit	Rechnerbefehl
$P(X \le 2)$	binomialCdf(0, 2, 5, 0.4)
$P(X < 2)$	binomialCdf(0, 1, 5, 0.4)
$P(X > 3)$	binomialCdf(4, 5, 5, 0.4)
$P(X \ge 3)$	binomialCdf(3, 5, 5, 0.4)
$P(1 \le X \le 4)$	binomialCdf(1, 4, 5, 0.4)

Üben

1 Ein Multiple-Choice-Test besteht aus 50 sogenannte Items (Aufgaben) mit jeweils 5 Antworten, von denen jeweils nur eine richtig ist. Mit welcher Wahrscheinlichkeit kann man durch bloßes Raten
(1) mehr als 20 Items;
(2) genau 15 Items;
(3) weniger als 10 Items;
(4) mindestens 10 und höchstens 20 Items richtig beantworten?

2 Das „German Wunderkind" Dirk Nowitzki spielte vom Jahr 1998 bis zum Jahr 2019 für die Dallas Mavericks in der nordamerikanischen Basketball-Liga NBA.
Eine Sportredaktion versuchte die Anzahl erfolgreicher Freiwürfe von Nowitzki für das nächste Spiel abzuschätzen.
a) Modellieren Sie die Situation als kumulierte Binomialverteilung, indem Sie auf folgende Fragen eingehen:
(1) Welcher Zufallsversuch wird mehrfach wiederholt?
(2) Was könnte eine Zufallsgröße X beschreiben?
(3) Welche Zahlenwerte benötigen Sie?
b) Diskutieren Sie, notwendige Vereinfachungen für die Modellierung.

3 Die Binomialverteilung dreier Zufallsgrößen ist in den Diagrammen dargestellt.
a) Geben Sie Anzahl an Durchführungen an.
b) Beschreiben Sie die markierten Ereignisse mit eigenen Worten.
c) Geben Sie für die Zufallsgröße X das markierte Intervall und die zugehörige Wahrscheinlichkeitsberechnung mit Hilfe des Summensymbols an

(1)
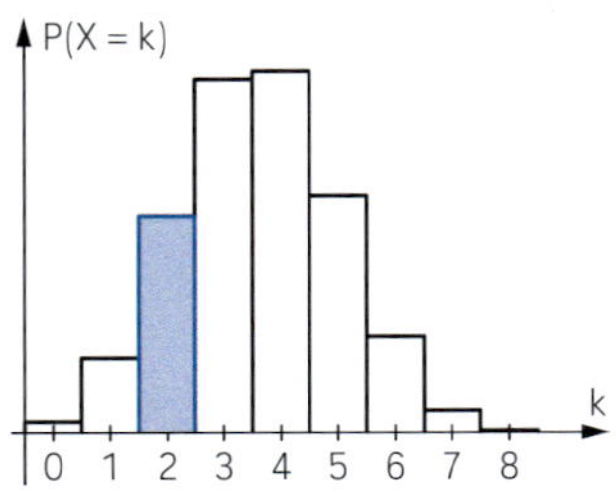

(2)
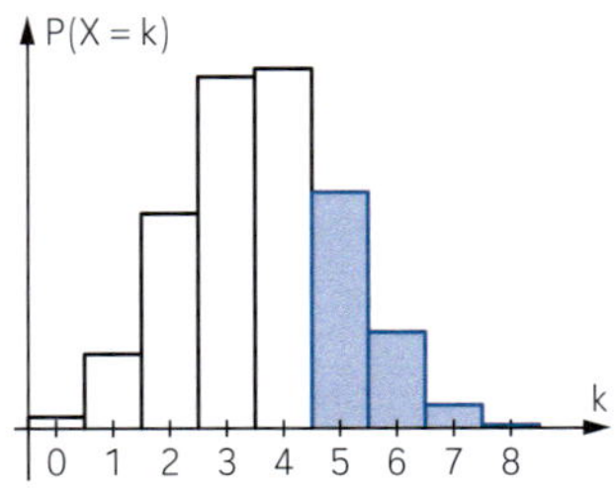

(3)
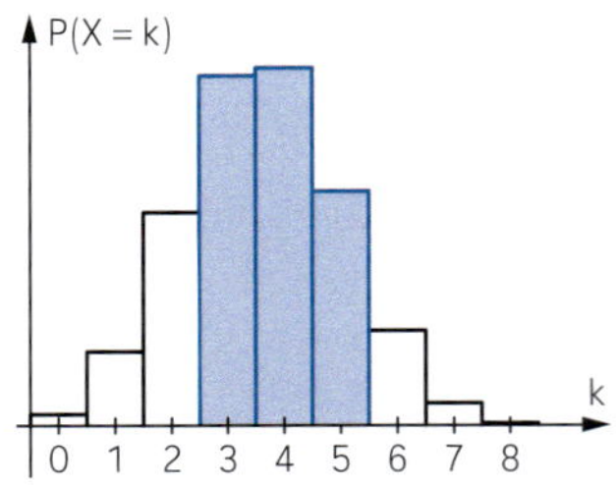

4 Im Histogramm ist die binomialverteilte Zufallsgröße X.
a) Geben Sie Intervalle für X an, welche die jeweilige Bedingung für die Wahrscheinlichkeit P erfüllt.
(1) $P(X = k) \geq 0{,}8$
2) $P(X = k) \leq 0{,}4$
(3) $0{,}1 \leq P(X = k) \leq 0{,}4$
4) $0{,}6 \leq P(X = k) \leq 0{,}8$
(5) $P(X = k) = 1$
6) $P(X = k) = 0$
b) Geben Sie begründete einen Näherungswert für die Erfolgswahrscheinlichkeit p an.

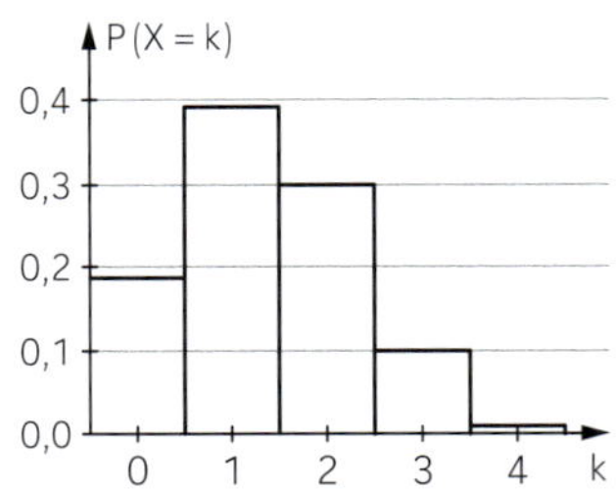

5 ≡ In Schweden ist es eine Tradition, dass Weihnachten Milchreis als Dessert serviert wird. In einem der Schälchen findet sich versteckt eine Mandel. Derjenige, der diese findet, bekommt ein zusätzliches Geschenk.

Die Familie Sigurdsson feiert das Weihnachtsfest stets mit insgesamt 8 Personen. Eine dieser Personen ist der 7-jährige Ole. Es ist anzunehmen, dass dieses Weihnachtsfest weitere zehn Jahre so stattfinden wird.

a) Berechnen Sie die Wahrscheinlichkeit dafür, dass Ole in den nächsten zehn Jahren keine Mandel erhalten wird.

b) Bestimmen Sie die größtmögliche Anzahl an Mandeln, welche Ole erhalten könnte.

c) Oles ältere Schwestern Christina und Ingalill diskutieren über die Wahrscheinlichkeit, mit der Ole eine Mandel erhält. Beurteilen Sie beide Rechenwege im Sachzusammenhang.

Christina:
$P(X = 1) = \binom{10}{1} \cdot \left(\frac{1}{8}\right)^1 \cdot \left(\frac{7}{8}\right)^9 = 0{,}3758$

Ingalill:
$P(X \geq 1) = \sum_{i=1}^{10} \binom{10}{i} \cdot \left(\frac{1}{8}\right)^i \cdot \left(\frac{7}{8}\right)^{10-i} = 0{,}7369$

d) Diskutieren Sie Möglichkeiten, die Chance auf mindestens eine Mandel für Ole zu erhöhen bzw. zu verringern.

LK 6 ≡ Die Zufallsgröße X gibt die Anzahl an Lampen an, welche nach zwei Jahren noch funktionstüchtig sind.

		$P(X \geq k)$				
n	k	0,1	0,2	0,3	0,4	0,5
10	0	0,3487	0,1074	0,0282	0,0060	0,0010
	1	0,7361	0,3758	0,1493	0,0464	0,0107
	2	0,9298	0,6778	0,3828	0,1673	0,0547
	3	0,9872	0,8791	0,6496	0,3823	0,1719
	4	0,9884	0,9672	0,8497	0,6331	0,3770
	5	0,9999	0,9936	0,9527	0,8338	0,6230
	6	1,0000	0,9991	0,9894	0,9452	0,8281
	7	1,0000	0,9999	0,9984	0,9877	0,9453
	8	1,0000	1,0000	0,9999	0,9983	0,9893
	9	1,0000	1,0000	1,0000	0,9999	0,9990

a) Bestimmen Sie mit der Tabelle die Wahrscheinlichkeit, dass von zehn Lampen nach zwei Jahren

(1) weniger als drei Lampen defekt sind, wenn die Wahrscheinlichkeit für einen Defekt in den zwei Jahren 0,2 beträgt.

(2) zwischen vier und sieben Lampen defekt sind, wenn die Wahrscheinlichkeit für einen Defekt in den zwei Jahren 0,3 beträgt.

(3) mindestens sechs Lampen defekt sind, wenn die Wahrscheinlichkeit für einen Defekt in den zwei Jahren 0,5 beträgt.

b) Erläutern Sie: Die Wahrscheinlichkeit, dass bei einer Defektwahrscheinlichkeit von 0,7 nach zwei Jahren von zehn Lampen höchstens fünf defekt sind, beträgt 1 – 0,8497.

7 ≡ Bei der Seitenwahl in einer Fußball-Liga wird immer die Auswärtsmannschaft zuerst gefragt, ob sie die farbige oder schwarze Seite der Münze wählt. Die Zufallsvariable X gibt für 18 Spiele die Anzahl der durch den Kapitän richtig vorausgesagten Farbe der Münze an.

a) Beschreiben Sie die gegebenen Intervalle der Zufallsvariable X mit eigenen Worten.

(1) $X = 7$ (2) $X \in [7; 14]$ (3) $X \in [9; 18]$ (4) $X \in [0; 9[$ (5) $X \in]1; 17[$

b) Ordnen Sie die gegebenen Wahrscheinlichkeiten den richtigen Intervallen aus a) zu.

(1) 0,4073 (2) 0,8773 (3) 0,9999 (4) 0,1214 (5) 0,5927

c) Begründen Sie, dass die Wahrscheinlichkeit, die Seitenwahl zweimal zu gewinnen, genauso groß ist, wie sie 16-mal zu gewinnen.

8 **Bei Überbuchung Bares**

Sogenannte No-Show-Passagiere, die ihren Flug nicht antreten, veranlassen die Airlines, ihre Flüge um 10 bis 15 Prozent zu überbuchen. Erscheinen mehr Passagiere als erwartet, können die überzähligen Passagiere nicht an Bord gehen. Oft wird eingecheckten Passagieren mit Bargeld der freiwillige Verzicht auf den Flug schmackhaft gemacht.
Geboten werden z. B. Lockprämien zwischen 100 Euro bei Inlandsflügen (mit garantiertem Sitzplatz in der nächsten Maschine) bis zu 200 Euro bei Interkontinentalflügen inklusive Übernachtung am jeweiligen Abflugort plus Sitzplatz in der Business Class auf dem Flug am darauffolgenden Tag. Sitzen gebliebene Passagiere haben zudem nach EU-Recht Anspruch auf Entschädigung. Auch die notwendigen Übernachtungen und Spesen muss die Fluggesellschaft bezahlen.

Ein Airbus A 320 hat 168 Sitzplätze. Angenommen, die Fluggesellschaft lässt eine Überbuchung von 12 % zu und es treten 85 % der Passagiere ihren gebuchten Flug an.
Wie groß ist die Wahrscheinlichkeit, dass keiner der Passagiere, die den Flug antreten, zurückgewiesen werden muss?

9 Von den 100 Beschäftigten eines Betriebs kommen durchschnittlich 40 % mit dem Auto zur Arbeit.

a) Nennen Sie Annahmen, damit der Versuch als Bernoulli-Kette aufgefasst werden kann.
b) Berechnen Sie die Wahrscheinlichkeit, dass 50 Parkplätze besetzt sind.
c) Berechnen Sie die Wahrscheinlichkeit, dass 50 Parkplätze ausreichen.
d) Beschreiben Sie folgende Terme im Sachzusammenhang.

(1) $\sum_{i=10}^{80} \binom{100}{i} \cdot 0{,}4^i \cdot 0{,}6^{100-i}$ (2) $1 - \sum_{i=0}^{10} \binom{100}{i} \cdot 0{,}4^i \cdot 0{,}6^{100-i}$

10 Aus Studienergebnissen weiß man, dass in 80 % der Haushalte in Deutschland ein Fahrrad vorhanden ist. In einer Stichprobe werden Befragungen in 30 Haushalten durchgeführt. Die Zufallsgröße X gibt die Anzahl der Haushalte mit Fahrrad an.

a) Bestimmen Sie den Wert für k, sodass gilt

(1) $P(X \leq k) > 0{,}3$; (2) $P(X > k) \leq 0{,}5$.

b) Bestimmen Sie die Mindestanzahl an Haushalten, die befragt werden müssen, damit mit mindestens 95 % Wahrscheinlichkeit 20 Haushalte aussagen, dass sie über ein Fahrrad verfügen.

Weiterüben

11 Für die Verbesserung des Kundendienstes soll eine Befragung von mindestens 100 Kunden durchgeführt werden. Allerdings ist ein solches Interview 50 % der angesprochenen Personen nicht angenehm und wird abgelehnt.

a) Untersuchen Sie, mit welcher Wahrscheinlichkeit 200, 210, 220 bzw. 230 Personen für das Finden der Interview-Teilnehmenden ausreichen. Stellen Sie die Zuordnung *Anzahl der Personen → Wahrscheinlichkeit für mindestens 100 Interview-Teilnehmer* grafisch dar.

b) Durch das Verteilen von Gutscheinen wird die Interview-Bereitschaft der Personen auf 75 % erhöht. Wie viele Personen muss man nun ansprechen, wenn die Wahrscheinlichkeit für mindestens 100 Interview-Teilnehmenden mindestens 90 % betragen soll?

12 Um Innenstadt-Parkhäuser möglichst gut auszulasten, vermieten die Betreiber der Parkhäuser Dauerstellplätze.
Für Parkgäste, die keinen Anspruch auf einen festen Stellplatz haben, aber eine feste Monatsgebühr von 120 € für das Parken bezahlen, sind Bereiche im Parkhaus reserviert. Sollten sie wider Erwarten keinen Parkplatz finden, so steht ihnen ein Nachlass von jeweils 6 € pro Tag ohne Parkplatz zu.
In einem Parkhaus hat der Betreiber einen Bereich von 40 Monatsstellplätzen eingerichtet. Gebucht worden sind 50 Monatsstellplätze.

a) Begründen Sie, dass die Belegung der Monatsstellplätze durch eine Binomialverteilung mit $p = 0{,}8$ modelliert werden kann.

b) Bestimmen Sie die zu erwartenden Tageseinnahmen durch die Vermietung der 50 Monatsstellplätze.

c) Untersuchen Sie, wie sich der Erwartungswert für die Einnahmen verändert, wenn die Anzahl der angenommenen Reservierungen verringert oder vermehrt wird.
Ermitteln Sie die Anzahl der Monatsstellplätze, bei welcher die erwarteten Tageseinnahmen maximal sind.

13 Deutsche Euro-Münzen werden an fünf Standorten geprägt. 21 % aller Münzen tragen ein „J“, was auf die Prägung in Hamburg hinweist.
Mohammed hat 46 Münzen in seiner Spardose. Die Zufallsgröße X zählt die Anzahl der in Hamburg geprägten Münzen in der Spardose und wird als binomialverteilt angenommen.

Berlin	A
München	D
Stuttgart	F
Karlsruhe	G
Hamburg	J

a) Unter welcher Voraussetzung ist die Annahme, dass die Zufallsgröße X binomialverteilt ist, angemessen?

b) Berechnen Sie die Wahrscheinlichkeit dafür, dass genau 10 Münzen aus Hamburger Prägung in der Spardose enthalten sind.
Berechnen Sie die Wahrscheinlichkeit dafür, dass mehr als 7 und höchstens 10 Münzen aus Hamburger Prägung in der Spardose enthalten sind.

c) Zwei weitere Prägeanstalten befinden sich in Karlsruhe und Stuttgart.
Es ist bekannt, dass die Wahrscheinlichkeit, dass sich unter den 46 Münzen mindestens 5 Münzen aus Karlsruher Prägung befinden, 79,04 % beträgt.
Bestimmen Sie auf Basis dieser Angabe die Wahrscheinlichkeit dafür, dass eine deutsche Euro-Münze aus Karlsruhe stammt.

d) 2 €-Münzen werden von Banken in Rollen von 25 Stück verpackt.
Es ist bekannt, dass die Wahrscheinlichkeit, dass von 20 Rollen mindestens 10 Rollen mindestens 6 Münzen aus Stuttgarter Prägung enthalten, 82,17 % beträgt.
Bestimmen Sie auf Basis dieser Angabe die Wahrscheinlichkeit dafür, dass eine 2 €-Münze aus Stuttgart stammt.

6.6 Mindestanzahl an Versuchen für mindestens einen Erfolg

Einstieg

Zu Beginn des Spiels *Mensch ärgere dich nicht* müssen die Spielteilnehmer eine Sechs würfeln, um eine Spielfigur ins Spiel zu bringen. Wie oft muss man mindestens würfeln, damit mit einer Wahrscheinlichkeit von mindestens 90 % mindestens eine Sechs dabei ist?

Aufgabe mit Lösung

Mindestens ein Erfolg

Der Autor Mark Burnett untersuchte in seinem Buch *Perfect Passwords* 6 Millionen Accounts und erstellte aus den Daten eine Liste der 1000 beliebtesten Passwörter. In einer Liste der beliebtesten Passwörter von 2016 liegt 123456 auf dem ersten Platz. Gut 4 % aller untersuchten Nutzerkonten verwenden dieses Passwort.

Worst passwords of 2016

1.	123456	2.	password
3.	12345	4.	12345678
5.	football	6.	qwerty
7.	1234567890	8.	1234567
9.	princess	10.	1234

→ Bei Attacken auf Internetkonten werden oft einfach sehr viele Passwörter ausprobiert, um Zugang zu einem Konto zu erhalten. Wie viele Konten muss ein Angreifer mindestens attackieren, damit mit einer Wahrscheinlichkeit von mindestens 95 % mindestens ein Passwort darunter 123456 lautet?

Lösung

Die Zufallsgröße X beschreibt die Anzahl der Nutzerkonten mit dem Passwort 123456 bei insgesamt n Konten. Da die Erfolgswahrscheinlichkeit $p = 0{,}04$ beträgt, erhält man $1 - p = 0{,}96$.

Gesucht wird der kleinste Wert n, sodass für das Ereignis $X \geq 1$ gilt:

$P(X \geq 1) = 1 - P(X = 0) = 1 - 0{,}96^n \geq 0{,}95$; also $0{,}96^n \leq 0{,}05$

Mit einem Rechner findet man durch Probieren folgende Werte:

n	60	70	75	**74**	73
$0{,}96^n$	0,08635	0,05741	0,04681	**0,04876**	0,05079

Der kleinste Wert n, für den $0{,}96^n \leq 0{,}05$ gilt, ist $n = 74$.

Man kann die Gleichung auch mit einem Rechner nach n lösen.

solve$(0.96^n \leq 0.05, n)$
$\{n \geq 73.3853\}$

Es genügt also schon, mindestens 74 Benutzerkonten zu attackieren, damit mit einer Wahrscheinlichkeit von mindestens 95 % mindestens ein Benutzerkonto darunter mit dem Passwort 123456 ist. Die „Ungewöhnlichkeit" eines Passworts ist also ein wichtiger Sicherheitsfaktor.

Information

Da in der Aufgabenstellung dreimal das Wort „mindestens" vorkommt, werden Aufgaben dieses Typs oft als **Dreimal-mindestens-Aufgaben** bezeichnet.

WES-125991-661

WES-125991-662
Rechnerhilfen

Mindestanzahl an Versuchen für mindestens einen Erfolg

Tritt die Frage auf, wie oft man ein Bernoulli-Experiment mit der Erfolgswahrscheinlichkeit p mindestens durchführen muss, um mit einer Mindestwahrscheinlichkeit m mindestens einen Erfolg zu haben, kann man wie folgt Vorgehen.
Aus der Bedingung $P(X \geq 1) \geq m$
ergibt sich nach der Komplementärregel
$1 - P(X = 0) \geq m$ und somit
$\mathbf{P(X = 0) \leq 1 - m}$.
Man erhält also den gesuchten Mindestwert für n aus der Lösung der Ungleichung
$\mathbf{(1 - p)^n \leq 1 - m}$.

Wie oft muss man mit zwei Würfeln mindestens würfeln, um mit einer Wahrscheinlichkeit von mindestens 90 % mindestens einmal einen Sechser-Pasch zu würfeln?
gegeben: $p = \frac{1}{36}$; $m = 0{,}9$
gesucht: n
$P(X \geq 1) \geq 1 - P(X = 0) \geq 0{,}9$
$P(X = 0) \leq 1 - 0{,}9$
$\left(1 - \frac{1}{36}\right)^n \leq 1 - 0{,}9$
$n \geq 81{,}7364$
Man muss mindestens 82-mal würfeln.

Üben

1 Nach den Ergebnissen der Verbraucherstichprobe verfügt mittlerweile jeder zehnte Haushalt in Deutschland über einen Pay-TV-Anschluss.
Bestimmen Sie die Anzahl an Haushalten, die ausgewählt werden müssten, damit in dieser Stichprobe mit einer Wahrscheinlichkeit von mindestens 95 % ein Haushalt mit Pay-TV-Anschluss ist.

2 Beim Zielwerfen auf dem Schulfest treffen nur zwei von zehn Bällen ihr Ziel. Die 11 d fragt sich, wie viele Bälle mindestens geworfen werden müssen, damit das Ziel mit einer Wahrscheinlichkeit von mindestens 95 % mindestens einmal getroffen wird.

a) Maximilian hat die Aufgabe grafisch gelöst. Erläutern Sie sein Vorgehen.

b) Treffen Sie mit dieser Methode jeweils eine Aussage, wie sich die benötigte Mindestzahl der Würfe verändert,
(1) wenn sich die Trefferquote verbessert;
(2) wenn man eine kleinere Wahrscheinlichkeit für mindestens einen Treffer wählt.

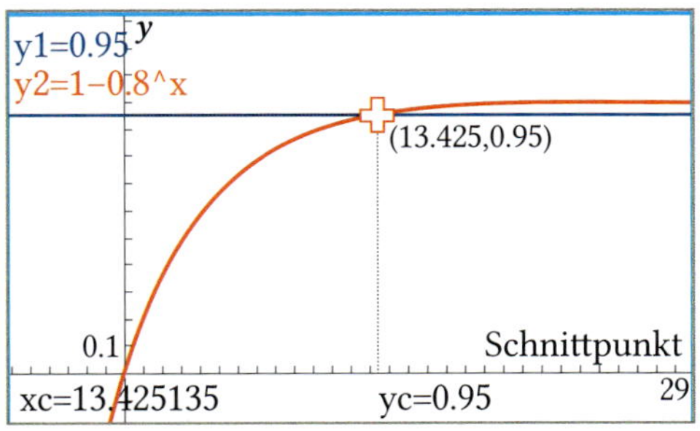

3 Ein Spieler setzt beim Roulette mit 37 Fächern auf seine Lieblingszahl 1.

a) Ermitteln Sie die Wahrscheinlichkeit dafür, dass die Kugel
(1) erst in der siebten Runde auf der 1 liegen bleibt;
(2) in sieben Runden nicht auf der 1 liegen geblieben ist.

b) Bestimmen Sie die Mindestanzahl an Runden, damit die Aussage „Die Kugel wird mindestens einmal auf der 1 liegen bleiben." mit einer Wahrscheinlichkeit von mindestens 90 % getroffen werden kann.

4 Die Frage nach mindestens einem Erfolg ist in verschiedenen Situationen sinnvoll.

a) Bestimmen Sie die Mindestanzahl an Würfen für einen
(1) Hexaeder; (2) Dodekaeder; (3) Ikosaeder, damit die Augenzahl 1 mit einer Wahrscheinlichkeit von mindestens 95 % mindestens einmal fällt.

b) 3,8 % der Haushalte in Deutschland verfügen über ein Auto, das geleast ist.
Bestimmen Sie die Mindestanzahl an Haushalten für eine Stichprobe, damit in dieser Stichprobe mit einer Wahrscheinlichkeit von mindestens 90 % mindestens ein Haushalt ist, der über ein geleastes Auto verfügt.

c) 1,4 % der bei einer Landtagswahl abgegebenen Stimmen waren ungültig.
Ermitteln Sie die Mindestanzahl an Stimmzetteln, die zufällig ausgewählt werden müssen, bis mit einer Wahrscheinlichkeit von mindestens 50 % mindestens ein ungültiger Stimmzettel darunter ist.

5 Der folgenden Tabelle ist zu entnehmen, welche Blutgruppen eines Spenders für welche Empfänger geeignet sind.

a) Man findet hierzu oft die Formulierung:
Menschen mit Blutgruppe 0 sind ideale Spender; Menschen mit Blutgruppe AB ideale Empfänger.
Erläutern Sie diese Aussage.

b) In der letzten Zeile der Tabelle ist angegeben, mit welcher relativen Häufigkeit welche Blutgruppe in Deutschland vorkommt. Diese relativen Häufigkeiten sollen für die folgende Frage als Wahrscheinlichkeiten interpretiert werden. Im Rahmen eines Stadtfests wird zu einer Blutspendeaktion aufgerufen.
Wie viele Blutspender müssen sich mindestens melden, damit unter diesen mit einer Wahrscheinlichkeit von mindestens 90 % mindestens eine Person mit der Blutgruppe
(1) 0 – (2) 0 (3) B – (4) B + (5) A – (6) A + (7) AB – (8) AB + ist?

		Spender							
		0 –	0 +	B –	B +	A –	A +	AB –	AB +
Empfänger	AB +								
	AB –								
	A +								
	A –								
	B +								
	B –								
	0 +								
	0 –								
Anteil:		**6 %**	**35 %**	**2 %**	**9 %**	**6 %**	**37 %**	**1 %**	**4 %**

LK **6** Welche Bedingung muss für n erfüllt sein, damit bei einem n-stufigen Bernoulli-Versuch mindestens zwei Erfolge vorliegen?
Bestimmen Sie eine solche Mindestanzahl n für das BERNOULLI-Experiment *n-faches Werfen eines Würfels* durch systematisches Probieren.

Varianz und Standardabweichung

Aktivieren

1 Eine Firma hat einen Spielautomaten so konstruiert, dass er pro Spiel in 25 % der Fälle kein Geld ausschüttet, in 40 % der Fälle 50 Cent, in 23 % der Fälle 1 €, in 10 % der Fälle 2 € und in 2 % der Fälle 5 €. Der Einsatz pro Spiel beträgt 1 €.
Bestimmen Sie den Erwartungswert und die Standardabweichung der Zufallsgröße X: *Gewinn bei einem Spiel mit dem Spielautomaten*.

Erinnern

WES-125991-691

Ein Spiel ist **fair**, wenn der Erwartungswert des Gewinns gleich 0 ist.

Erwartungswert einer Zufallsgröße

Eine Zufallsgröße X nimmt die Werte $x_1, \ldots, x_m$ mit den Wahrscheinlichkeiten $P(X = x_1), \ldots, P(X = x_m)$ an.
Der **Erwartungswert** der Zufallsgröße X ist:

$$\mathbf{E(X) = x_1 \cdot P(X = x_1) + \ldots + x_m \cdot P(X = x_m)}$$

Er beschreibt das zu erwartende arithmetische Mittel der aufgetretenen Werte der Zufallsgröße bei häufiger Versuchsdurchführung.

Der Erwartungswert für den Gewinn beträgt

$$E(X) = 3 \cdot \tfrac{1}{8} + 1 \cdot \tfrac{3}{8} + (-1) \cdot \tfrac{3}{8} + (-3) \cdot \tfrac{1}{8} = 0.$$

Man kann erwarten, in dem Spiel langfristig weder Geld zu gewinnen noch Geld zu verlieren.
Man sagt: Das Spiel ist *fair*.

WES-125991-692

Standardabweichung und Varianz einer Zufallsgröße

Eine Zufallsgröße X nimmt die Werte $x_1, \ldots, x_n$ mit den Wahrscheinlichkeiten $P(X = x_1), \ldots, P(X = x_n)$ an und hat den Erwartungswert E (X).
Die **mittlere quadratische Abweichung** oder auch **Varianz Var (X)** ist:

$$\begin{aligned}\mathbf{Var(X)} &= \mathbf{(x_1 - E(X))^2 \cdot P(X = x_1)} \\ &\quad \mathbf{+ (x_2 - E(X))^2 \cdot P(X = x_2)} \\ &\quad \mathbf{+ \ldots} \\ &\quad \mathbf{+ (x_n - E(X))^2 \cdot P(X = x_n)}\end{aligned}$$

Die **Standardabweichung** der Zufallsgröße X ist die Wurzel aus der Varianz: $\sqrt{\mathbf{Var(X)}}$
Sie ist ein Maß für die Streuung der Werte der Wahrscheinlichkeitsverteilung um den Erwartungswert E (X).

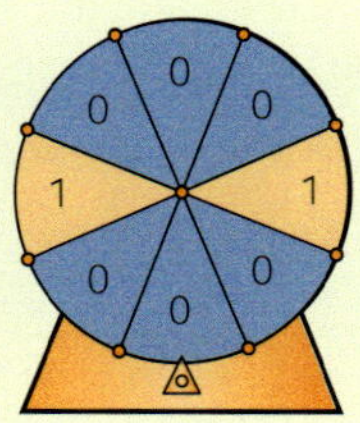

Null: kein Gewinn
Eins: 1 € Gewinn

P (Null) = 0,75; P (Eins) = 0,25
X: *Auszahlung in €*

$$E(X) = 0\,€ \cdot 0{,}75 + 1\,€ \cdot 0{,}25 = 0{,}25\,€$$

$$Var(X) = (-0{,}25\,€)^2 \cdot 0{,}75 + (0{,}75\,€)^2 \cdot 0{,}25 = 0{,}1875\,€^2$$

$$\sqrt{Var(X)} = \sqrt{0{,}1875\,€} \approx 0{,}43\,€$$

Im Mittel weicht der Gewinn um etwa 0,43 € vom durchschnittlichen Gewinn von 0,25 € ab.

Festigen

2 Bestimmen Sie die Wahrscheinlichkeitsverteilung der Zufallsgröße X: *Augenzahl des Würfels.* Zeigen Sie, dass die zu den drei unterschiedlich beschrifteten Würfeln gehörenden Wahrscheinlichkeitsverteilungen den gleichen Erwartungswert, aber unterschiedliche Standardabweichungen haben.

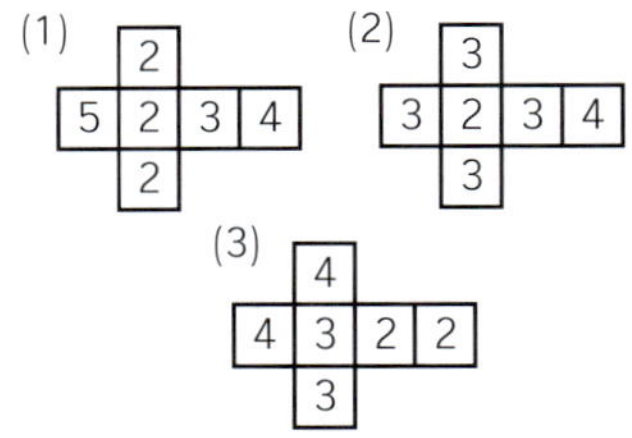

3 Ein rotes und ein grünes regelmäßiges Tetraeder werden geworfen.
Vergleichen Sie die Wahrscheinlichkeitsverteilungen der drei Zufallsgrößen
X: *Augensumme der beiden Tetraeder,*
Y: *Differenz der Augenzahlen des roten und des grünen Tetraeders,*
Z: *Differenz der Augenzahlen der beiden Tetraeder.*
Bestimmen Sie jeweils Erwartungswert und Standardabweichung. Vergleichen Sie.

4 In einer Lostrommel befinden sich 10 % Gewinnlose und 90 % Nieten. Sophia will so lange Lose kaufen, bis sie einen Gewinn gezogen hat, maximal jedoch vier Lose.
Mit welchem Geldbetrag muss sie rechnen, wenn ein Los 3 € kostet?

5 Das Histogramm stellt die Wahrscheinlichkeitsverteilung der Zufallsgröße X: *Augensumme beim Werfen zweier Würfel* dar. Nur die Wahrscheinlichkeit für den Wert $X = 7$ fehlt.

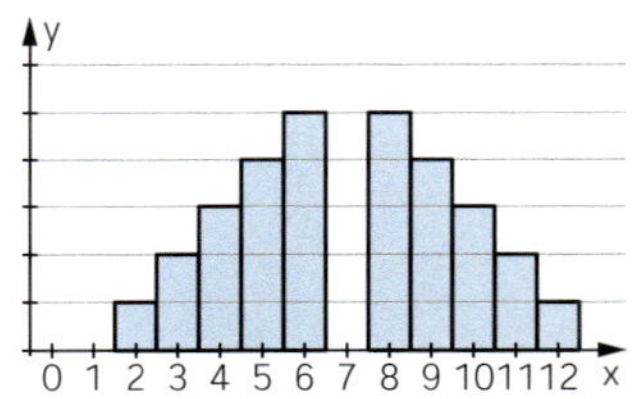

a) Bestimmen Sie $P(X = 2)$ und $P(X = 11)$.
b) Beschriften Sie die Markierungen an der senkrechten Achse mit den entsprechenden Wahrscheinlichkeiten.
Ergänzen Sie den fehlenden Balken an der Stelle $X = 7$.
c) Beschreiben Sie die folgenden drei Ereignisse mit Worten.
Bestimmen Sie anschließend die dazugehörigen Wahrscheinlichkeiten.
(1) $X \leq 4$; (2) $X < 10$; (3) $X \geq 7$

6 Bei den folgenden Glücksrädern wird der Betrag (in €) ausgezahlt, der in den Sektoren eingetragen ist.
Bestimmen Sie die Wahrscheinlichkeitsverteilung der Zufallsgröße X: *Auszahlung in €.*
Zeigen Sie, dass die drei unterschiedlich beschrifteten Glücksräder den gleichen Erwartungswert E(X) haben, aber unterschiedliche Standardabweichungen.

(1) (2) (3)

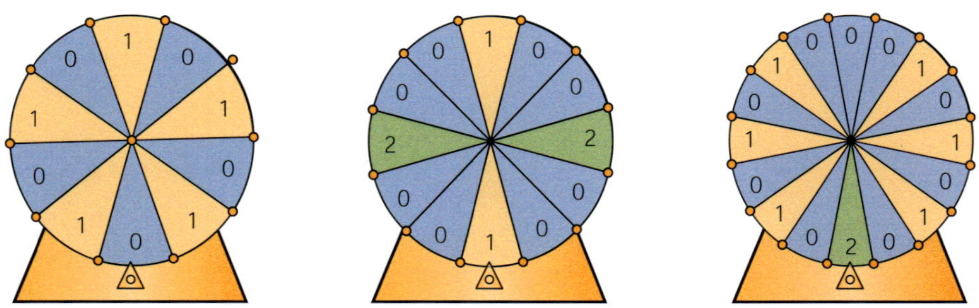

6.7 Erwartungswert und Standardabweichung einer binomialverteilten Zufallsgröße

Einstieg

Nach Angaben des Herstellers sind ca. 30 % aller produzierten Gummibärchen rot.
Die Zufallsgröße X gibt für eine Mini-Packung mit 12 Gummibärchen die Anzahl der roten Gummibärchen an.
Stellen Sie eine Vermutung für den Erwartungswert von X auf und begründen Sie diese.
Berechnen Sie dann den Erwartungswert und vergleichen Sie mit Ihrer Vermutung.
Berechnen Sie außerdem die Standardabweichung und zeigen Sie, dass diese mit dem Wert $\sqrt{12 \cdot 0{,}3 \cdot 0{,}7}$ übereinstimmt.

Aufgabe mit Lösung

Erwartungswert und Standardabweichung einer binomialverteilten Zufallsgröße

Ein Dartwerfer trifft mit einer Wahrscheinlichkeit von 20 % das sogenannte *Bull's Eye*, das sich in der Mitte der Dartscheibe befindet. Er wirft fünfmal auf die Scheibe.

→ Stellen Sie eine begründete Vermutung für den Erwartungswert E (X) für die Anzahl der Treffer auf.

Lösung

Der Dartwerfer trifft durchschnittlich 20 % seiner Würfe. Daher wird er bei fünf Versuchen im Mittel 20 % seiner fünf Würfe treffen, was den Erwartungswert $E(X) = 0{,}2 \cdot 5 = 1$ ergibt.

Erwartungswert einer Zufallsgröße X: E (X) $= \sum_{i=1}^{n} x_i \cdot P(X = x_i)$

→ Berechnen Sie den Erwartungswert E (X) mithilfe der Definition und bestätigen Sie damit obige Vermutung.

Lösung

Mit der Formel von Bernoulli oder mit dem Rechner für $n = 5$ und $p = 0{,}2$ erhält man:

k	0	1	2	3	4	5	Summe
P (X = k)	0,32768	0,4096	0,2048	0,0512	0,0064	0,00032	1
k · P (X = k)	0	0,4096	0,4096	0,1536	0,0256	0,0016	E (X) = 1

Es ergibt sich also mithilfe der Definition tatsächlich der Erwartungswert 1.

Varianz einer Zufallsgröße X: $Var(x) = \sum_{i=1}^{n} (x_i - E(X))^2 \cdot P(X = x_i)$
Standardabweichung einer Zufallsgröße X: $\sqrt{Var(X)}$

Berechnen Sie die Standardabweichung mithilfe der Definition und zeigen Sie, dass das Ergebnis mit dem Wert $\sqrt{5 \cdot 0{,}2 \cdot 0{,}8}$ übereinstimmt.

Lösung

Es gilt: $Var(X) = (0-1)^2 \cdot 0{,}32768 + (1-1)^2 \cdot 0{,}4096 + (2-1)^2 \cdot 0{,}2048 + (3-1)^2 \cdot 0{,}0512 + (4-1)^2 \cdot 0{,}0064 + (5-1)^2 \cdot 0{,}00032$

Damit ergibt sich $Var(X) = 0{,}8$ und $\sqrt{Var(X)} = \sqrt{0{,}8}$. Dies stimmt mit $\sqrt{5 \cdot 0{,}2 \cdot 0{,}8}$ überein.

Berechnen Sie für eine binomialverteilte Zufallsgröße X mit einer beliebigen Erfolgswahrscheinlichkeit p in den beiden Fällen $n = 1$ sowie $n = 2$ den Erwartungswert $E(x)$ und die Standardabweichung $\sqrt{Var(X)}$. Stellen Sie eine Vermutung für den allgemeinen Fall auf.

Lösung

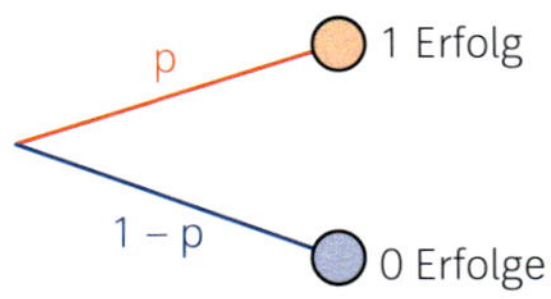

Im Fall $n = 1$ gilt:

$E(X) = 0 \cdot (1-p) + 1 \cdot p = \mathbf{p}$ und

$\sqrt{Var(X)} = \sqrt{(0-\mathbf{p})^2 \cdot (1-p) + (1-\mathbf{p})^2 \cdot p}$
$= \sqrt{p^2 \cdot (1-p) + p \cdot (1-p)^2}$

Ausklammern von $p \cdot (1-p)$ ergibt:

$\sqrt{Var(X)} = \sqrt{p \cdot (1-p) \cdot (p + (1-p))}$
$= \sqrt{p \cdot (1-p)}$

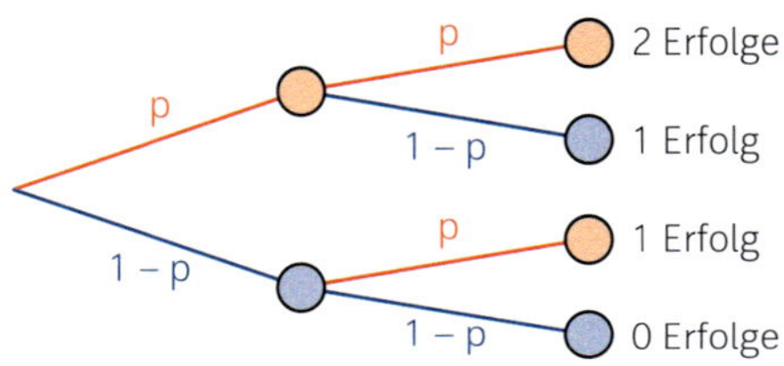

Im Fall $n = 2$ erhält man:

$E(X) = 0 \cdot (1-p)^2 + 1 \cdot 2p \cdot (1-p) + 2 \cdot p^2$
$= 2p - 2p^2 + 2p^2 = \mathbf{2p}$

$\sqrt{Var(X)} = \sqrt{(0-\mathbf{2p})^2 \cdot (1-p)^2 + (1-\mathbf{2p})^2 \cdot 2p \cdot (1-p) + (2-\mathbf{2p})^2 \cdot p^2}$
$= \sqrt{4p^2 \cdot (1-p)^2 + 2p \cdot (1-p) \cdot (1-2p)^2 + 4p^2 \cdot (1-p)^2}$ — Ausklammern von $2p \cdot (1-p)$
$= \sqrt{2p \cdot (1-p) \cdot \underbrace{(2p \cdot (1-p) + (1-2p)^2 + 2p \cdot (1-p))}_{= 2p - 2p^2 + 1 - 4p + 4p^2 + 2p - 2p^2 = 1}}$
$= \sqrt{2p \cdot (1-p)}$

Für den allgemeinen Fall kann man also vermuten: $E(X) = n \cdot p$ und $\sqrt{Var(X)} = \sqrt{n \cdot p \cdot (1-p)}$

Information

WES-125991-671

μ gesprochen: „mü“
σ gesprochen: „sigma“
(kleine griechische Buchstaben)

Erwartungswert und Standardabweichung einer binomialverteilten Zufallsgröße

Für eine binomialverteilte Zufallsgröße X hat man folgende Bezeichnungen eingeführt:

μ für den Erwartungswert $E(X)$

σ für die Standardabweichung $\sqrt{Var(X)}$

Satz: Gegeben ist eine binomialverteilte Zufallsgröße X mit der Stufenzahl n und der Erfolgswahrscheinlichkeit p. Dann gilt:
$\mu = n \cdot p$ und $\sigma = \sqrt{n \cdot p \cdot (1-p)}$

X: Anzahl von Blau beim 12-maligen Drehen des Glücksrads

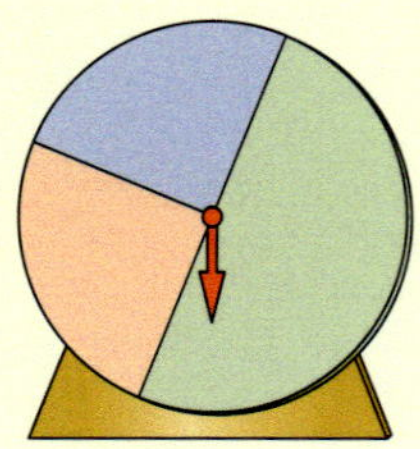

$\mu = 12 \cdot \frac{1}{4} = 3$

Im Mittel erhält man dreimal Blau bei 12 Drehungen.

$\sigma = \sqrt{12 \cdot \frac{1}{4} \cdot \frac{3}{4}} = \sqrt{\frac{9}{4}} = \frac{3}{2} = 1{,}5$

Die Standardabweichung beträgt 1,5.

Üben

1 Die Zufallsgröße X gibt die Anzahl der Einsen beim sechsfachen Werfen eines regelmäßigen Tetraeders an.
Berechnen Sie den Erwartungswert und die Standardabweichung von X mithilfe der Definitionen (S. 263) und vergleichen Sie mit den Werten, die sich aus den Formeln in der Information (S. 266) ergeben.

2 Berechnen Sie die fehlenden Werte für folgende Binomialverteilungen.

(1) $n = 50$; $p = 30\,\%$; $\mu =$ ■; $\sigma =$ ■ (2) $n = 120$; $p = 0{,}65$; $\mu =$ ■; $\sigma =$ ■

(3) $n = 500$; $p = 10\,\%$; $\mu =$ ■; $\sigma =$ ■ (4) $n =$ ■; $p = 25\,\%$; $\mu = 2{,}75$; $\sigma =$ ■

WES-125991-672

3 Die Abbildung zeigt die Histogramme für Binomialverteilungen mit $p = 0{,}3$ und verschiedenen Werten für n.

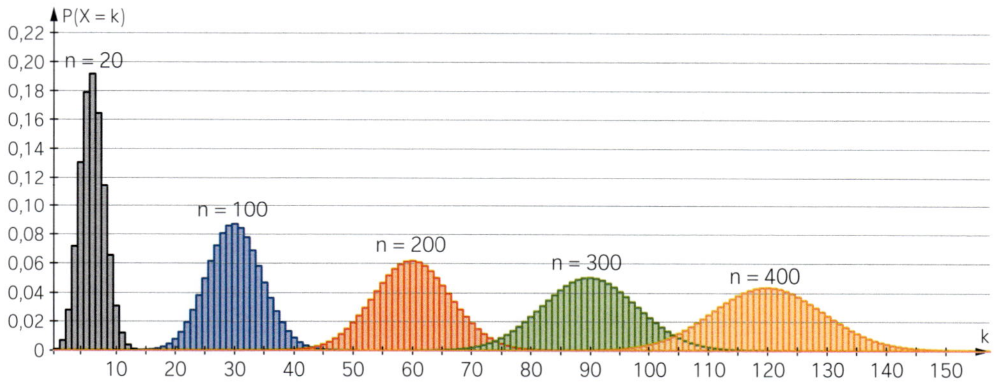

a) Beschreiben Sie, wie sich die Histogramme in Abhängigkeit von n verändern.

b) Vergleichen Sie μ und σ für die verschiedenen Werte für n.

c) Begründen Sie die Veränderungen für μ und σ in Abhängigkeit für die verschiedenen Werte für n.

WES-125991-673

4 Die Abbildung zeigt die Histogramme für Binomialverteilungen mit $n = 60$ und verschiedenen Werten für p.

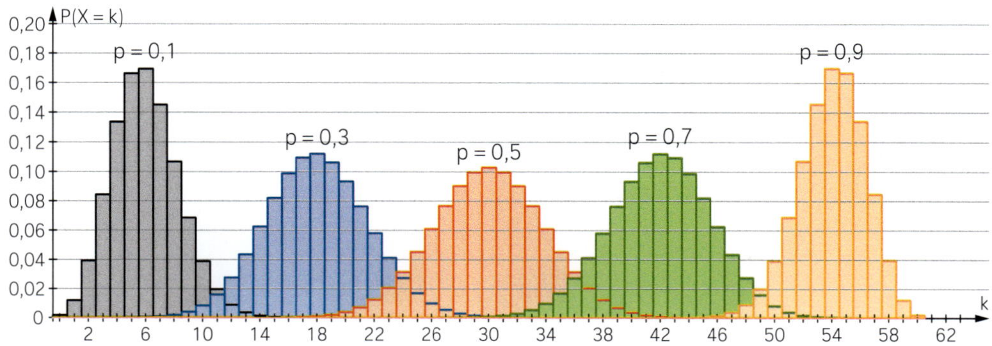

a) Beschreiben Sie, wie sich die Histogramme in Abhängigkeit von p verändern.

b) Wie verändert sich μ in Abhängigkeit von p? Wie ändert sich μ, wenn sich p verdreifacht?

c) Wie ändert sich σ in Abhängigkeit von p? Für welches p ist σ am größten?
Begründen Sie das Ergebnis.

5 Bei den Olympischen Winterspielen 2018 im südkoreanischen Pyeongchang konnte der Biathlet Arnd Peiffer die Goldmedaille in der Disziplin Sprint gewinnen. Dabei müssen auf einer 10 km langen Langlauf-Strecke zwei Schießübungen (liegend, stehend) mit jeweils fünf Schüssen bewältigt werden.
Peiffer traf jeden seiner Schüsse.

Basierend auf den Daten der Saison 2017/2018 trifft Peiffer 86,47 % seiner Schüsse.

a) Berechnen Sie, wie viele Treffer man vor dem olympischen Sprint-Wettkampf von Peiffer erwarten konnte.

b) Wie groß war die Wahrscheinlichkeit für diese Anzahl an Treffern? Vergleichen Sie mit der Wahrscheinlichkeit für die erzielten zehn Treffer.

c) Berechnen Sie die Standardabweichung.

6 Gegeben sind zwei Binomialverteilungen mit den abgebildeten Histogrammen.

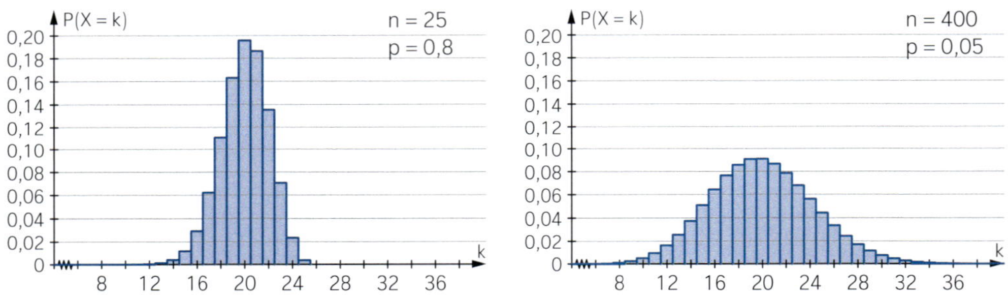

a) Beschreiben Sie Gemeinsamkeiten und Unterschiede der beiden Wahrscheinlichkeitsverteilungen.

b) Erklären Sie, woran man ohne Rechnung erkennen kann, welche der beiden Binomialverteilungen die größere Standardabweichung besitzt. Überprüfen Sie Ihre Aussage rechnerisch.

c) Geben Sie drei weitere Binomialverteilungen an, die denselben Erwartungswert besitzen und sich in ihrer Standardabweichung unterscheiden. Überprüfen Sie, indem Sie mit dem Rechner die entsprechenden Histogramme zeichnen lassen, ob Sie auch hier die Größe der Standardabweichung grafisch unterscheiden können.

7 Zwei Glücksspiele werden für einen Einsatz von jeweils 2 € angeboten.

(1) Bei einem gewöhnlichen Kartenspiel wird achtmal mit Zurücklegen gezogen und man erhält für jede Karokarte 1 €.

(2) Aus der abgebildeten Urne wird zehnmal mit Zurücklegen gezogen und man erhält für jede blaue Kugel 1 €.

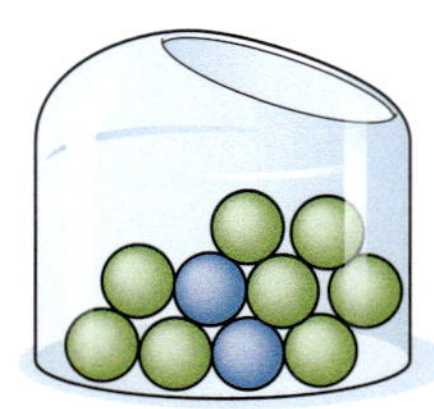

Vergleichen Sie die beiden Spiele mithilfe von Erwartungswert und Standardabweichung.

8 Die Abbildung zeigt eine Binomialverteilung mit $n = 12$.
Geben Sie ein mögliches p an und begründen Sie ihre Entscheidung.

a)
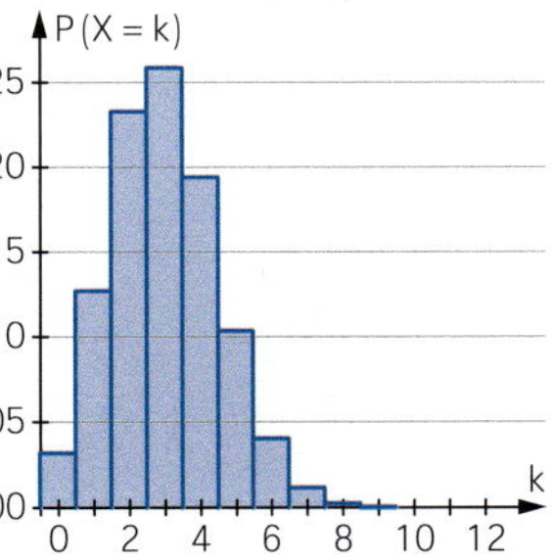

b)
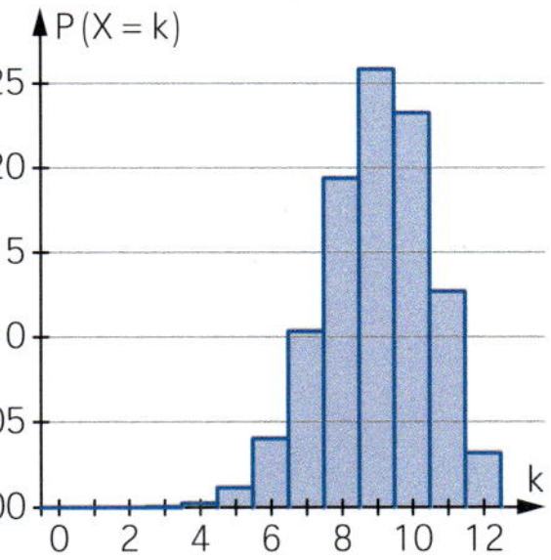

c)
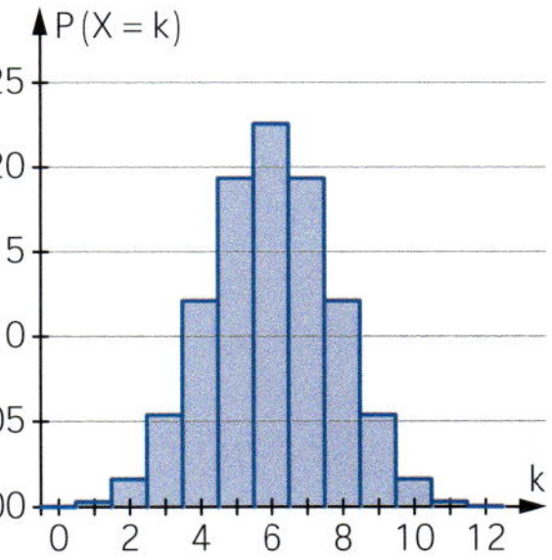

9 Die Abbildung zeigt eine Binomialverteilung mit $p = 0{,}36$.
Geben Sie ein mögliches n an und begründen Sie ihre Entscheidung.

a)
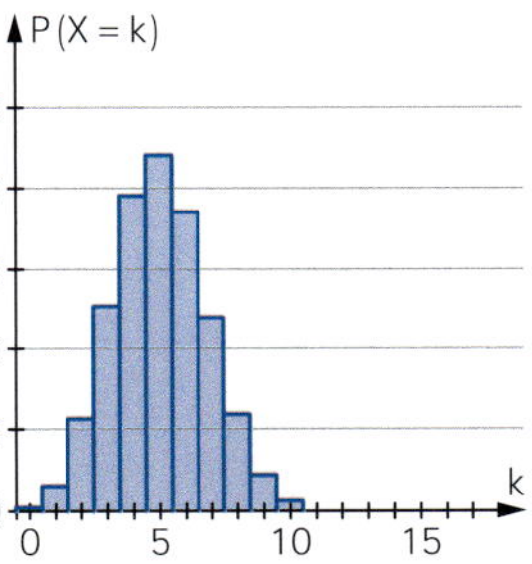

b)
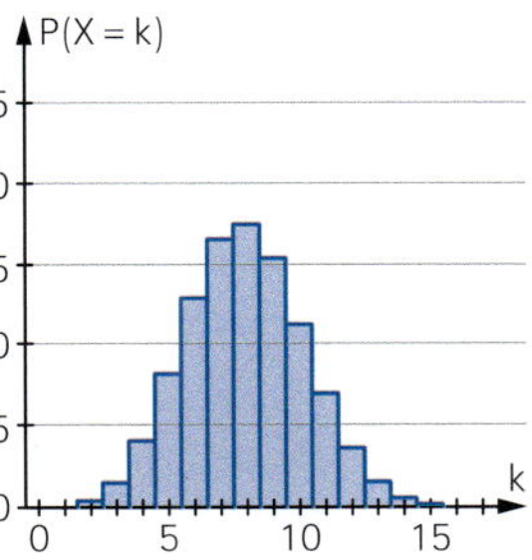

c)
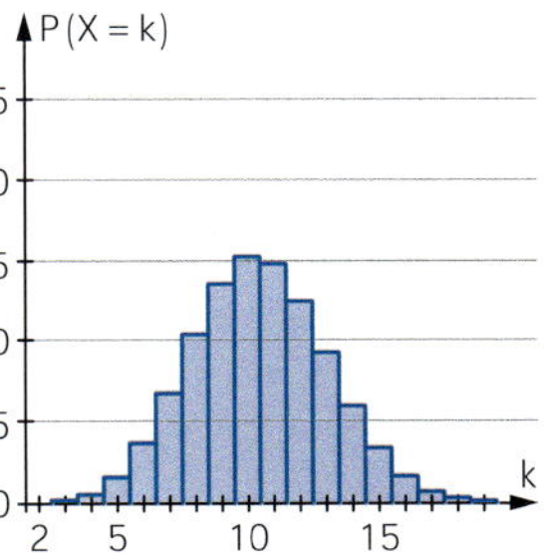

10 Berechnen Sie den Erwartungswert μ der Binomialverteilung aus den Angaben.

a) $\sigma = 10;\ n = 625$ b) $\sigma = \sqrt{3};\ p = 0{,}25$ c) $\sigma^2 = 12;\ n = 75$

11 Gegeben ist ein Glücksrad mit den Feldern 1 und 2.
Die Zufallsgröße X gibt an, wie oft der Zeiger bei n Drehungen auf dem Feld 1 stand. Der Erwartungswert von X ist 1,2.

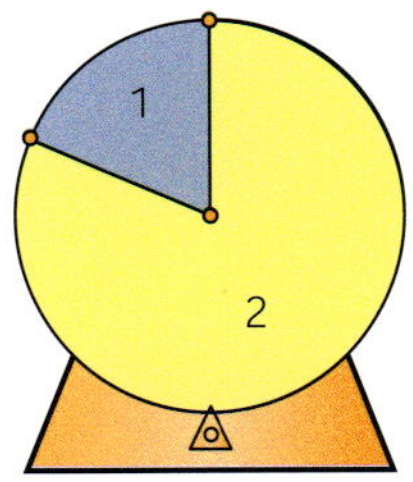

a) Bestimmen Sie die Größe des Winkels des Feldes 1, wenn $n = 100$ gilt.

b) Betrachtet wird die Funktion $x \mapsto 360° \cdot \frac{1{,}2}{x}$.
Deuten Sie diese Funktion im Sachzusammenhang und schränken Sie den Definitionsbereich gemäß der Situation sinnvoll ein. Geben Sie mithilfe der Funktion mindestens zwei Aussagen über den Zusammenhang von n und p an.

12 Ein Zufallsversuch wird 100-mal durchgeführt. Dazu wird die binomialverteilte Zufallsgröße X mit Erwartungswert $\mu = 34$ betrachtet.

a) Zeigen Sie, dass $p = 0{,}34$ und $\sigma = \sqrt{22{,}44}$ gelten.

b) Bestimmen Sie die Wahrscheinlichkeit, dass die Ergebnisse höchstens 10% vom Erwartungswert abweichen.

c) Beschreiben Sie die folgende Rechnung im Zusammenhang mit der Situation.

$$34 - 0{,}5 \cdot \sqrt{22{,}44} = 31{,}6 \text{ und } 34 + 0{,}5 \cdot \sqrt{22{,}44} = 36{,}37$$

$$P(32 \le X \le 36) = 0{,}4$$

13 Bestimmen Sie für die Binomialverteilung die Werte von n und p aus den Angaben.

a) $\mu = 25{,}2;\ \sigma = 4{,}2$ **b)** $\mu = 72{,}9;\ \sigma = 2{,}7$

14 Singlespeed-Fahrräder werden insbesondere in Großstädten unter Jugendlichen immer beliebter. Bei diesen Eingangrädern wird absichtlich auf Schaltung und sonstigen Komfort verzichtet. Der Anteil verkaufter Singlespeed-Fahrräder bei einem Fahrrad-Großhändler beträgt 8,5 %.

a) Geben Sie eine Prognose ab, wie hoch im Mittel die Anzahl der verkauften Singlespeed-Fahrräder unter insgesamt 100, 500, 1000, 1500 verkauften Fahrrädern ist.

b) Die Zufallsgröße X: *Anzahl der verkauften Singlespeed-Fahrräder* wird als binomialverteilt angenommen. Vergleichen Sie jeweils den Mittelwert aus der Prognose mit dem Wert der zugehörigen Binomialverteilung, der die größte Wahrscheinlichkeit hat.

15 Es soll eine Binomialverteilung mit Erfolgswahrscheinlichkeit p mit einer Binomialverteilung mit Wahrscheinlichkeit $1 - p$ verglichen werden.

a) Begründen Sie mithilfe der Abbildungen, warum eine Binomialverteilung mit n und p und eine Binomialverteilung mit n und $1 - p$ dieselbe Standardabweichung haben.

(1)
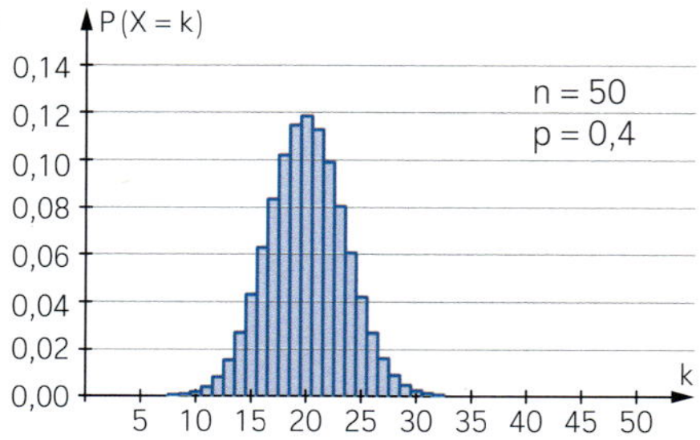

(2)
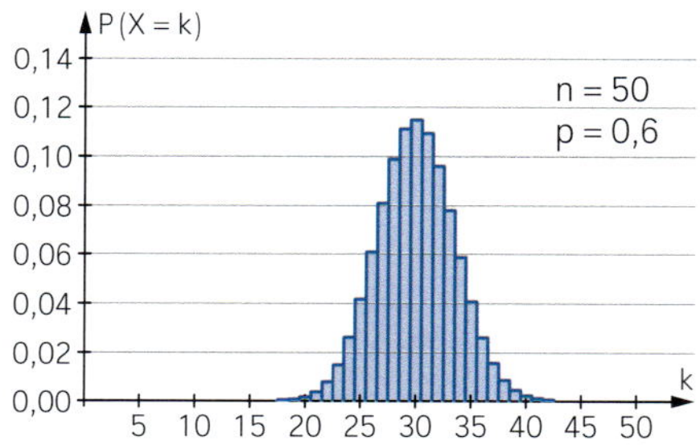

b) Begründen Sie die Aussagen mit Hilfe der Berechnungsformeln.

Weiterüben

16 Zeigen Sie, dass es keine Binomialverteilung mit $\mu = 12$ und $\sigma = 4$ geben kann. Untersuchen Sie anschließend, ob bei einer binomialverteilten Zufallsgröße der Erwartungswert und die Standardabweichung denselben Wert annehmen können.

17 Gegeben ist eine binomialverteilte Zufallsgröße X: *Anzahl der Erfolge*.

a) Finden Sie durch systematisches Probieren für ein festes n und verschiedene Werte von p die am stärksten streuende Verteilung.
Vergleichen Sie mit Ihren Mitschülerinnen und Mitschülern.

b) Zeichnen Sie den Graphen der Funktion f mit $f(p) = n \cdot p \cdot (1 - p)$ für einen selbst gewählten Wert von n.

c) Beweisen Sie durch eine Untersuchung der Funktion f:

> Die Standardabweichung einer binomialverteilten Zufallsgröße mit fester Versuchsanzahl ist für eine Erfolgswahrscheinlichkeit von 0,5 am größten.

WES-125991-271
Seite 271 für TI

Simulation von Bernoulli-Ketten

1 Mit dem Rechner kann man das Ziehen mit Zurücklegen simulieren. Auf diese Weise kann die Verteilung der Zufallsgröße X: *Anzahl der Erfolge* näherungsweise bestimmt werden.

(1)

```
randList(4,0,1)
                {0,1,1,0}
```

Simulation des vierfachen Werfens einer Münze.

(2)

Ziehen mit Zurücklegen:
$\begin{bmatrix} A & B & C & D & E & F \\ 1 & 1 & 1 & 1 & 1 & 1 \end{bmatrix}$
Versuchsanzahl: 5
$\begin{bmatrix} A & B & C & D & E & F \\ 1 & 1 & 1 & 2 & 0 & 0 \end{bmatrix}$

Simulation des fünffachen Würfelns mit einem sechsseitigen Würfel mit Augenzahl 1 als Erfolg. Da man den Versuch mehrfach durchführt, wählt man „Urne“ und legt fest, dass A der 1 entspricht.

a) Erläutern Sie den Aufbau des *randList()*-Befehls für die erste Simulation.

b) Simulieren Sie das dreifache Würfeln, wobei das Auftreten von Augenzahl 1 oder 2 als Erfolg gewertet wird. Tragen Sie Ihre Ergebnisse zusammen, sodass Sie insgesamt auf 100 Versuche kommen. Bestimmen Sie eine Häufigkeitsverteilung für die Anzahl der Erfolge.

Achtung: Baugleiche Rechner erzeugen identische Zufallszahlen. Mit dem Befehl **RandSeed(n)** für $1 \le n \le 9$ können verschiedene Zufallszahlen erzeugt werden.

2 Zusätzlich verfügen Rechner über den Befehl *randBin()*, mit dem man die Anzahl der Erfolge bei Bernoulli-Ketten simulieren kann.

	list1	list2	list3
1	2		
2	0		
3	0		
4	2		
5	1		
6	1		
Cal▶	"randBi...		
Cal=	randBin(6,1/6,100)		

Abbildung 1

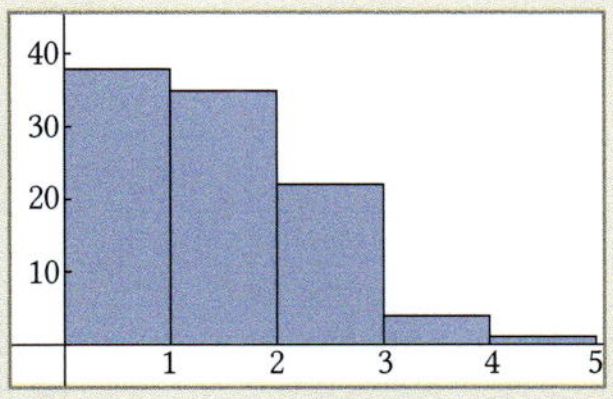

Abbildung 2

Abbildung 1 zeigt die Anzahl der Erfolge bei den ersten 6 von 100 Simulationen des sechsfachen Würfelns mit $p = \frac{1}{6}$.
Die Auswertung der gesamten Simulation ist in Abbildung 2 zu sehen.

a) Führen Sie die 100-fache Simulation des Zufallsversuchs selbst durch.

b) Verdoppeln Sie die Anzahl der Simulationen.

Vergleichen Sie das Histogramm der Häufigkeitsverteilung mit dem aus Teilaufgabe a).

3 **Vergleich einer Binomialverteilung mit der Simulation der Verteilung**

a)
- Bestimmen Sie die Binomialverteilung für die Zufallsgröße X: *Anzahl der Wappen beim fünffachen Münzwurf*. Zeichnen Sie das Histogramm der Verteilung. Wie viele Versuche mit $k = 0, 1, 2, ..., 5$ Wappen sind bei 100-maliger Durchführung des fünffachen Münzwurfs zu erwarten?
- Führen Sie eine 100-fache Simulation des Bernoulli-Experiments durch. Vergleichen Sie mit Ihren errechneten Werten.

b)
- Simulieren Sie das 60-fache Werfen eines Würfels.
- Bestimmen Sie damit einen Schätzwert für die Wahrscheinlichkeit, dass genau zehnmal Augenzahl 6 fällt.
- Vergleichen Sie die in der Simulation bestimmte relative Häufigkeit mit der durch die Bernoulli-Formel berechneten Wahrscheinlichkeit.

Vierfeldertafeln und Baumdiagramme

Die Wahrscheinlichkeiten, dass zwei Ausprägungen zweier Merkmale zutreffen, kann man in einer Vierfeldertafel erfassen.

Merkmal	B	$\overline{B}$	Summe
A	$P(A \cap B)$	$P(A \cap \overline{B})$	$P(A)$
$\overline{A}$	$P(\overline{A} \cap B)$	$P(\overline{A} \cap \overline{B})$	$P(\overline{A})$
Summe	$P(B)$	$P(\overline{B})$	1

Zu einer Vierfeldertafel gehören zwei Baumdiagramme.

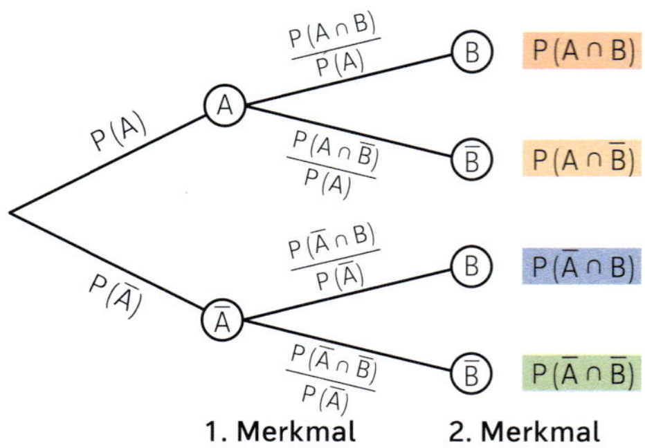

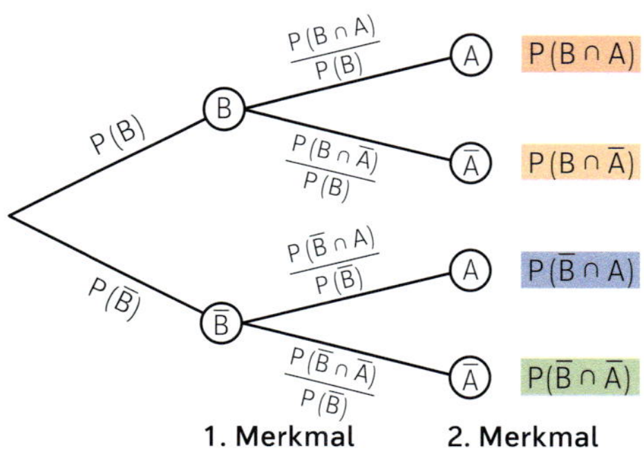

Nach einer Befragung zu Haustieren und Wohnverhältnissen wurde folgende Vierfeldertafel erstellt.

	Katze (K)	Hund (H)	
Wohnung (W)	40 %	20 %	60 %
Eigenheim (E)	30 %	10 %	40 %
gesamt	70 %	30 %	100 %

Man erhält die beiden Baumdiagramme.

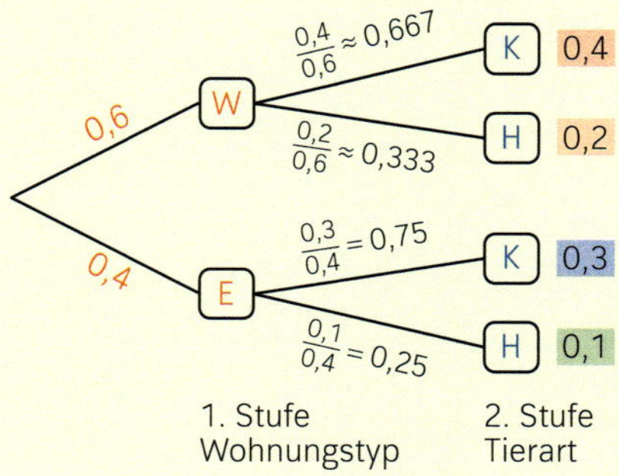

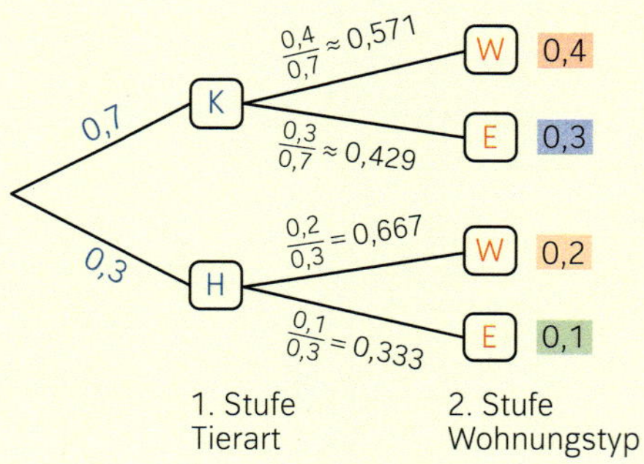

Stochastische Unabhängigkeit

Zwei Ereignisse A und B heißen **stochastisch unabhängig** voneinander, wenn gilt:
$P(A \cap B) = P(A) \cdot P(B)$
Sonst nennt man sie **voneinander stochastisch abhängig**.
Am Baumdiagramm erkennt man die stochastische Unabhängigkeit an gleichen Wahrscheinlichkeiten an den Teilbäumen der zweiten Stufe.

Die Ereignisse A und B sind voneinander stochastisch unabhängig.

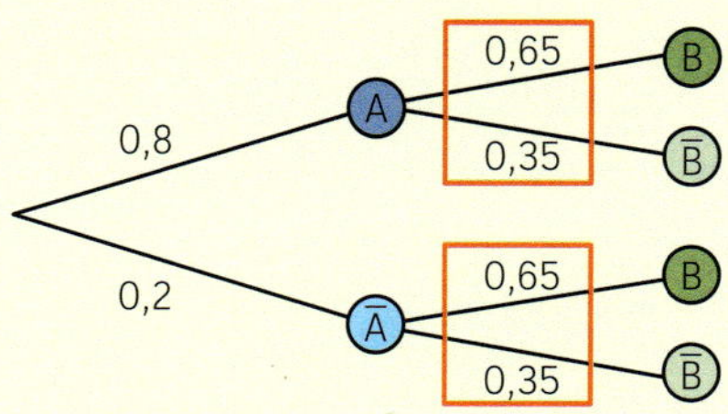

Das Wichtigste auf einen Blick

Bedingte Wahrscheinlichkeit

Die Wahrscheinlichkeit $P_A(B)$, dass ein Ereignis B eintritt unter der Bedingung, dass ein Ereignis A bereits eingetreten ist, berechnet man wie folgt:

$$P_A(B) = \frac{P(A \cap B)}{P(A)}$$

Die bedingten Wahrscheinlichkeiten stehen an den Pfaden der zweiten Stufe des Baumdiagramms.

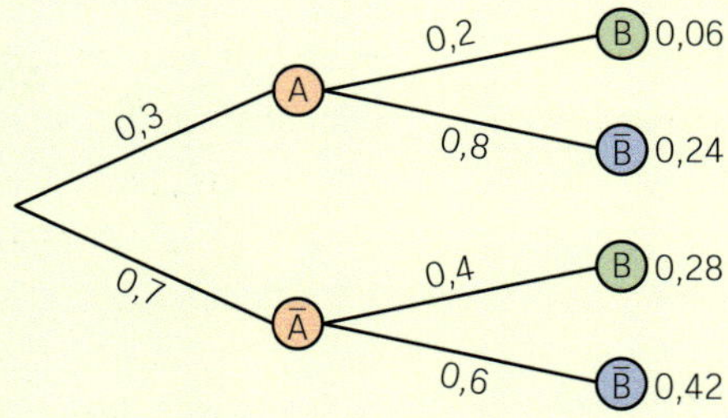

$P(A) = 0{,}3$; $P(A \cap B) = 0{,}06$;

$P_A(B) = \frac{0{,}06}{0{,}3} = 0{,}2$

Satz von Bayes

Das vollständige Baumdiagramm mit dem Ereignis A auf der erste Stufe und dem Ereignis B auf der zweiten Stufen ist bekannt. Dann lässt sich die Wahrscheinlichkeit, dass A eintritt unter der Bedingung, dass B bereits eingetreten ist, wie folgt berechnen: $P_B(A) = \frac{P(A) \cdot P_A(B)}{P(A) \cdot P_A(B) + P(\overline{A}) \cdot P_{\overline{A}}(B)}$

Aus obigem Baumdiagramm erhält man auch die folgende bedingte Wahrscheinlichkeit:

$P_B(A) = \frac{0{,}3 \cdot 0{,}2}{0{,}3 \cdot 0{,}2 + 0{,}7 \cdot 0{,}4} \approx 0{,}68$

Fakultät und Binomialkoeffizient

Das Produkt der natürlichen Zahlen von 1 bis n wird als n **Fakultät** bezeichnet. Man schreibt: n!

$n! = n \cdot (n-1) \cdot \ldots \cdot 2 \cdot 1$ gibt die Anzahl der Möglichkeiten an, n verschiedene Objekte auf n verschiedene Plätze anzuordnen.

Anzahl der Möglichkeiten beim Ziehen ohne Zurücklegen:
Aus n verschiedenen Objekten sollen k Objekte ohne Zurücklegen gezogen werden. Man unterscheidet zwei Fälle:

(1) mit Beachtung der Reihenfolge
Die Anzahl der Möglichkeiten beträgt

$n \cdot (n-1) \cdot \ldots \cdot (n-(k-1)) = \frac{n!}{(n-k)!}$.

(2) ohne Beachtung der Reihenfolge
Die Anzahl der Anordnungen von k verschiedenen Objekten beträgt k!.
Also ergibt sich die Anzahl der Möglichkeiten aus $\frac{n!}{k! \cdot (n-k)!}$.

Dieser Term wird als $\binom{n}{k}$ geschrieben und heißt **Binomialkoeffizient**.

$\binom{n}{k}$ wird gelesen: n über k

$1! = 1$
$2! = 2 \cdot 1 = 2$
$3! = 3 \cdot 2 \cdot 1 = 6$
$4! = 4 \cdot 3 \cdot 2 \cdot 1 = 24$
...
Weiterhin vereinbart man: $0! = 1$

Anzahl der Möglichkeiten beim Ziehen von 4 Elementen ohne Zurücklegen aus 7 verschiedenen Objekten:

(1) mit Beachtung der Reihenfolge

$$7 \cdot 6 \cdot 5 \cdot 4 = \frac{7 \cdot 6 \cdot 5 \cdot 4 \cdot 3 \cdot 2 \cdot 1}{3 \cdot 2 \cdot 1} = \frac{7!}{3!} = \frac{7!}{(7-4)!} = 840$$

(2) ohne Beachtung der Reihenfolge
Es gibt $4! = 24$ Möglichkeiten, 4 verschiedene Objekte anzuordnen.
Man erhält also:

$$\binom{7}{4} = \frac{7!}{4! \cdot (7-4)!} = \frac{840}{24} = 35$$

Das Wichtigste auf einen Blick

Bernoulli-Experiment, Bernoulli-Kette

Ein Zufallsexperiment mit nur zwei möglichen Ergebnissen (Erfolg bzw. Misserfolg) heißt **Bernoulli-Experiment**.
Die Wahrscheinlichkeit für einen Erfolg ist die Erfolgswahrscheinlichkeit p.
Die Misserfolgswahrscheinlichkeit ist $1 - p$.
Wird ein Bernoulli-Experiment n-mal wiederholt und ändert sich die Erfolgswahrscheinlichkeit p von Stufe zu Stufe nicht, so spricht man von einer n-stufigen **Bernoulli-Kette** bzw. von einer Bernoulli-Kette der Länge n.

Ziehen einer Karte aus einem Skatblatt mit 32 Karten
Erfolg: *Es wird ein Ass gezogen*
Misserfolg: *Es wird kein Ass gezogen*
$p = \frac{4}{32} = \frac{1}{8}$; $1 - p = 1 - \frac{1}{8} = \frac{7}{8}$
zehnstufige Bernoulli-Kette:
Es werden nacheinander mit Zurücklegen zehn Karten aus dem Skatblatt gezogen.

Binomialkoeffizient

Im Baumdiagramm einer n-stufigen Bernoulli-Kette berechnet man die Anzahl der Pfade mit genau k Erfolgen mit dem **Binomialkoeffizienten** $\binom{n}{k}$.

Es gilt: $\binom{n}{k} = \frac{n!}{k! \cdot (n-k)!}$

Man kann den Binomialkoeffizienten auch mit dem Taschenrechnerbefehl *nCr( )* bestimmen.

Würfelwurf; Erfolg: *Augenzahl 6*; n = 5
Pfade im Baumdiagramm mit genau drei Sechsen:

– E – E – E – M – M
– E – E – M – E – M
– E – E – M – M – E
– E – M – E – E – M
– E – M – E – M – E
– E – M – M – E – E
– M – E – E – M – E
– M – E – E – E – M
– M – E – M – E – E
– M – M – E – E – E

E: Erfolg; M: Misserfolg

$\binom{5}{3} = 10$

nCr(5,3)

Bernoulli-Formel, Binomialverteilung

Für eine n-stufige Bernoulli-Kette mit der Erfolgswahrscheinlichkeit p kann die Wahrscheinlichkeit, dass die Zufallsgröße X den Wert k annimmt, berechnet werden durch:
$$P(X = k) = \binom{n}{k} \cdot p^k \cdot (1 - p)^{n-k}$$
Die zu einer Bernoulli-Kette gehörende Wahrscheinlichkeitsverteilung heißt **Binomialverteilung**.

Gesucht ist die Wahrscheinlichkeit, beim zehnmaligen Ziehen (mit Zurücklegen) einer Karte aus einem Skatblatt drei Asse zu ziehen.
X: *Anzahl der Asse*
$n = 10$; $p = \frac{1}{8}$; $k = 3$
$P(X = 3) = \binom{10}{3} \cdot \left(\frac{1}{8}\right)^3 \cdot \left(\frac{7}{8}\right)^7 = 0{,}092$

Erwartungswert und Standardabweichung einer Binomialverteilung

Für den Erwartungswert μ einer binomialverteilten Zufallsgröße gilt:
$$\mu = n \cdot p$$
Dabei gibt n die Anzahl der Versuche und p die Erfolgswahrscheinlichkeit an.

Für die Standardabweichung σ einer binomialverteilten Zufallsgröße gilt:
$$\sigma = \sqrt{n \cdot p \cdot (1 - p)}$$

X: *Anzahl von Blau beim 12-maligen Drehen des Glücksrads*

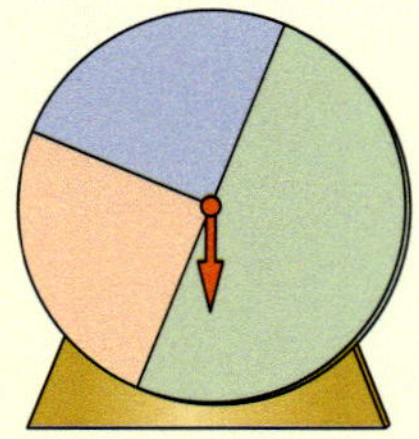

$\mu = 12 \cdot \frac{1}{4} = 3$
$\sigma = \sqrt{12 \cdot \frac{1}{4} \cdot \frac{3}{4}} = \sqrt{\frac{9}{4}} = \frac{3}{2} = 1{,}5$

Das Wichtigste auf einen Blick

Mindestzahl an Versuchen für mindestens einen Erfolg

Wie hoch die Anzahl n an Versuchen mindestens sein muss, damit bei einer Bernoulli-Kette mit der Erfolgswahrscheinlichkeit p gilt $P(X \geq 1) \geq m$, wobei m eine vorgegebene Mindestwahrscheinlichkeit ist, lässt sich anhand der Formel $1 - q^n \geq m$ bestimmen.

Wie oft muss man *mindestens* würfeln, um mit einer Wahrscheinlichkeit von *mindestens* 90 % *mindestens* eine 6 zu würfeln?

$P(X \geq 1) = 1 - \left(\frac{5}{6}\right)^n \geq 0{,}9$

Für $n = 13$ gilt erstmals $1 - \left(\frac{5}{6}\right)^n \geq 0{,}9$.

Man muss also mindestens 13-mal würfeln.

Kumulierte Binomialverteilung

Für eine n-stufige Bernoulli-Kette mit der Erfolgswahrscheinlichkeit p kann man folgende Fälle betrachten:
- höchstens k Erfolge:
  $\mathbf{P(X \leq k) = P(0 \leq X \leq k)}$
- weniger als k Erfolge:
  $\mathbf{P(X < k) = P(0 \leq X \leq k - 1)}$
- mehr als k Erfolge:
  $\mathbf{P(X > k) = P(k + 1 \leq X \leq n)}$
- mindestens k Erfolge:
  $\mathbf{P(X \geq k) = P(k \leq X \leq n)}$
- mindestens a, höchstens b Erfolge:
  $\mathbf{P(a \leq X \leq b)}$

$n = 5;\ p = 0{,}4$

$P(X \leq 3) \approx 0{,}91296$

```
binomialCdf(0, 3, 5, 0.4)
                    0.91296
```

Wahrscheinlichkeit	Rechnerbefehl
$P(X < 2)$	binomialCdf(0,1,5,0.4)
$P(X > 3)$	binomialCdf(4,5,5,0.4)
$P(X \geq 3)$	binomialCdf(3,5,5,0.4)
$P(1 \leq X \leq 4)$	binomialCdf(1,4,5,0.4)

Klausurtraining

Lösungen im Anhang

Teil A

Lösen Sie die folgenden Aufgaben ohne Formelsammlung und ohne Taschenrechner.

1 Die Ereignisse A und B sind voneinander stochastisch unabhängig.
Ergänzen Sie die fehlenden Wahrscheinlichkeiten der zugehörigen Vierfeldertafel im Heft.

	A	$\overline{A}$	Gesamt
B	0,06		0,3
$\overline{B}$			
Gesamt			

2 Zwei rote und zwei schwarze Kugeln wurden auf zwei Becher verteilt werden. Ein Spieler wählt zufällig einen Becher aus und zieht daraus zufällig eine Kugel. Er gewinnt, wenn die Kugel rot ist.
Ermitteln Sie die Aufteilung der Kugeln auf die Becher, sodass die Gewinnwahrscheinlichkeit für den Spieler am größten ist.

3 Ein Glücksrad besteht aus einem gelben und einem blauen Sektor. Es wird viermal gedreht.
Die Zufallsgröße X beschreibt die Anzahl an Versuchen, bei denen der gelbe Sektor angezeigt wird.
Die Wahrscheinlichkeitsverteilung von X ist gegeben.

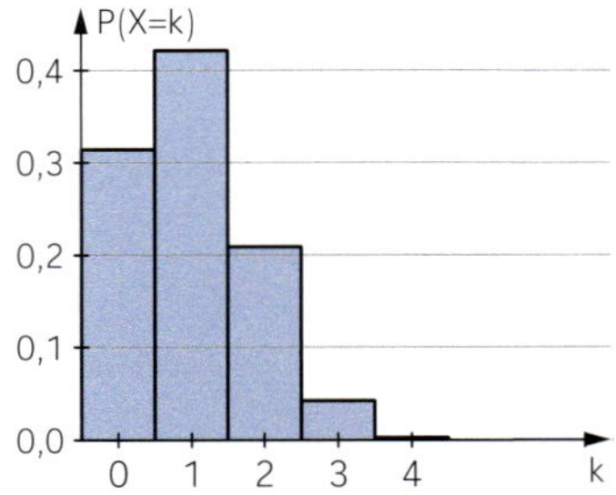

a) Es sind die Glücksräder A, B und C gegeben.
Begründen Sie, dass B das Glücksrad des Zufallsversuches ist.

A
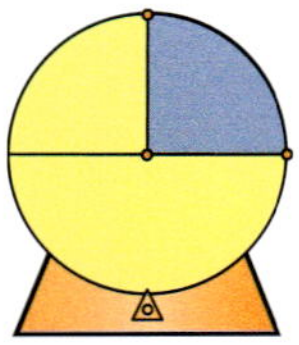
B
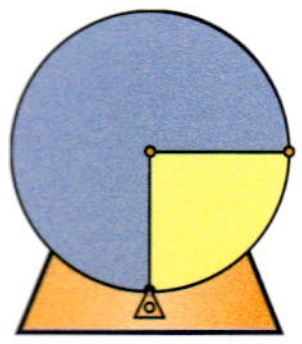
C
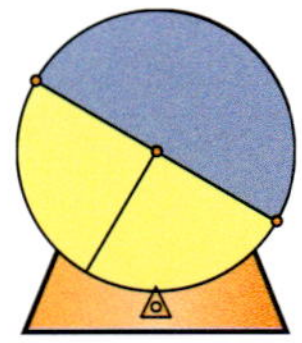

b) Beschreiben Sie ein Ereignis, dessen Wahrscheinlichkeit mit Hilfe des Terms

$$1 - \binom{4}{0} \cdot 0{,}25^0 \cdot 0{,}75^4$$

berechnet werden kann.
Geben Sie eine alternative Berechnungsformel an.

c) Vergleichen Sie die Näherungswerte der Wahrscheinlichkeiten der folgenden Ereignisse.

(1) genau einmal gelb und genau einmal blau
(2) mindestens einmal gelb und mindestens einmal blau

d) Die Durchführungszahl wird von vier auf acht Drehungen erhöht.
Skizzieren Sie das Histogramm für X für diese neue Situation.

4 In einer Urne liegen zwei rote und drei grüne Kugeln. Nacheinander werden Kugeln ohne Zurücklegen gezogen.

a) Bei einem Spiel werden so viele Kugeln gezogen, bis von jeder Farbe mindestens eine Kugel gezogen ist. Wie viele Ziehungen sind im Mittel notwendig?

b) Bei einem Schulfest soll das Ziehen der Kugeln als faires Glücksspiel angeboten werden. Dabei soll der Einsatz 75 Cent betragen und folgende Bedingung gelten: Wenn man erst bei der vierten Ziehung die zweite Farbe zieht, verliert man seinen Einsatz vollständig.
Stellen Sie einen Gewinnplan für ein solches faires Glücksspiel auf.

5 **a)** Ein Würfel wird dreimal geworfen. Bestimmen Sie die Wahrscheinlichkeit, dass

(1) dreimal eine ungerade Zahl geworfen wird;
(2) die Augensumme aus den drei Würfen 17 beträgt;
(3) keinmal eine 6 geworfen wird.

b) Bestimmen Sie die Augensumme mit der größten Wahrscheinlichkeit bei drei Würfen.

6 Ein Würfel wird sechsmal geworfen. Als Erfolg wird jede Augenzahl größer als 4 gewertet.
Begründen Sie mithilfe der Bernoulli-Formel, warum

(1) die Wahrscheinlichkeit für 1 Erfolg dreimal so groß ist wie die für 0 Erfolge;
(2) die Wahrscheinlichkeit für 2 Erfolge viermal so groß ist wie die für 4 Erfolge;
(3) die Wahrscheinlichkeit für 4 Erfolge fünfmal so groß ist wie die für 5 Erfolge.

7 **a)** Bestimmen Sie die Anzahl möglicher Anordnungen von 5 Blumentöpfen auf einem Fensterbrett.
b) Die PIN einer EC-Karte besteht aus einer 4-stelligen Zahl.
Bestimmen Sie die Anzahl der möglichen PIN-Nummern.
c) Eine Eisdiele bietet 20 Sorten Eis an. Janett möchte gern 3 unterschiedliche Sorten ausprobieren. Bestimmen Sie die Anzahl der Möglichkeiten, die Janett hat.
d) An einem 100 m-Lauf nehmen 8 Läufer teil.
Bestimmen Sie die Anzahl der möglichen Belegungen der Plätze 1, 2 und 3.

8 **a)** Das Maximum einer Binomialverteilung mit $p = 0{,}3$ liegt bei $k = 25$.
Bestimmen Sie die infrage kommende Stufenzahl n der zugehörigen Bernoulli-Kette.
Begründen Sie Ihre Vorgehensweise.
b) Eine Binomialverteilung hat den Erwartungswert $\mu = 48$ und die Standardabweichung $\sigma = 6$. Bestimmen Sie die zugehörigen Parameter n und p.
c) Bestimmen Sie mindestens zwei Binomialverteilungen, für die $\sigma = 10$ gilt.

9 In den USA werden nicht nur im Tennis-Training, sondern auch beim Baseball- und Football-Training Ballwurfmaschinen eingesetzt. Einige Profi-Fußballvereine und Fußballschulen in Europa verwenden eine football passing machine als Torschussmaschine zum Torwarttraining. Ein Forscherteam hat eine Maschine so umkonstruiert, dass der Ball zufällig in die linke oder rechte Torecke und dabei auch zufällig flach oder hoch geschossen wird.
Erläutern Sie, warum sich das Training mit der Maschine als Bernoulli-Kette auffassen lässt und geben Sie verschiedene Möglichkeiten dafür an, was dabei als „Erfolg" interpretiert werden kann.

10 27 % der Lehrkräfte eines Bundeslandes arbeiten an Gymnasien. 100 Lehrkräfte werden zufällig befragt, ob Sie am Gymnasium arbeiten.
Geben Sie die Bedeutung des Terms in Sachzusammenhang an: $\sum_{i=70}^{100} \binom{100}{i} \cdot 0{,}73^i \cdot (0{,}27)^{100-i}$

11 Eine Umfrage hat ergeben, dass 75 % der Menschen in einer Region das Internet zum Recherchieren medizinischer Fragen nutzen. Es werden 15 Personen zufällig ausgewählt.
Die Wahrscheinlichkeit eines Ereignisse A wird wie folgt berechnet:
$P(A) = 1 - \binom{15}{15} \cdot 0{,}75^{15} \cdot (1 - 0{,}75)^0 - \binom{15}{14} \cdot 0{,}75^{14} \cdot (1 - 0{,}75)^1$
Beschreiben Sie das Ereignis A in Worten.

Teil B

Bei der Lösung dieser Aufgaben können Sie die Formelsammlung und den Taschenrechner verwenden.

Tipp:
Wenn Sie mit Baumdiagrammen arbeiten, nutzen Sie zur Zeitersparnis vereinfachte Baumdiagramme.

12 Aus einer undurchsichtigen Urne mit 15 gleich großen Kugeln (4 gelbe, 5 rote und 6 blaue) werden nacheinander 3 Kugeln ohne Zurücklegen gezogen.
a) Mit welcher Wahrscheinlichkeit haben die drei gezogenen Kugeln
(1) alle die gleiche Farbe; (2) lauter verschiedene Farben?
b) Wie verändern sich die Wahrscheinlichkeiten für die Ergebnisse in Teilaufgabe a) beim Ziehen mit Zurücklegen?

13 Bei der Produktion von Leuchtdioden muss man mit einem konstanten Ausschussanteil von 4 % rechnen. Eine bestimmte Sorte wird vom Hersteller zum Stückpreis von 1,60 € in Einheiten von 50 Stück geliefert. Falls in einer Lieferung defekte Leuchtdioden enthalten sind, wird der Stückpreis für die gesamte Einheit reduziert, und zwar

- um 0,10 €, wenn in der Einheit 1 oder 2 Leuchtdioden defekt sind;
- um 0,20 €, wenn mehr als 2 Leuchtdioden defekt sind.

Bestimmen Sie den zu erwartenden tatsächlichen Gesamtpreis für eine Einheit von 50 Leuchtdioden.

14 Eine Basketball-Mannschaft der amerikanischen NBA besteht aus 30 Spielern. Ihre Körpergrößen in Zentimeter sind in der Tabelle dargestellt. Berechnen Sie die mittlere Größe der Basketballspieler sowie die Standardabweichung.

206	213	201	193	185	188
193	198	193	198	196	208
191	206	196	203	185	211
185	201	211	203	183	198
208	203	201	211	213	201

LK 15 In Deutschland wurde die Körpergröße von volljährigen Personen gemessen. Insgesamt sind 49 % der Testpersonen weiblich. Die Durchschnittsgröße bei Männern beträgt 1,79 m und bei Frauen 1,66 m. 35,3 % der männlichen Testpersonen lagen unterhalb der Durchschnittsgröße. Frauen unter 1,66 m stellten einen Anteil von 20 %.

a) Stellen Sie den Sachverhalt in einer vollständig ausgefüllten Vierfeldertafel dar.

b) Prüfen Sie, ob das Geschlecht und das Erreichen der Durchschnittskörpergröße stochastisch abhängig sind. Deuten Sie Ihre Ergebnis im Sachzusammenhang.

c) Eine Person wird zufällig ausgewählt und liegt über der Durchschnittsgröße. Ermitteln Sie die Wahrscheinlichkeit, dass die ausgewählte Person männlich ist.

d) Es werden 1000 Probanden zufällig bestimmt. Bestimmen Sie die mittlere Anzahl an Personen, welche die Durchschnittsgröße überschreiten.

16 Hausratsversicherungen empfehlen ihren Kunden dringend, in den Wohnungen Rauchmelder anzubringen. Verbraucherorganisationen bemängeln jedoch, dass es regelmäßig – Schätzungen besagen, in acht von zehn Fällen – zu Fehlalarmen kommt. In einem Viertel der Fälle kommt es vor, dass die Rauchmelder keinen Alarm geben, obwohl sich Rauch entwickelt hatte. Angenommen, es kommt im Mittel an einem Tag pro Jahr zu einer Rauchentwicklung, die gefährlich werden könnte (also: an 364 von 365 Tagen nicht).
Stellen Sie die Informationen in Form von Baumdiagrammen zusammen.
Beantworten Sie mithilfe dieser Berechnungen folgende Aufgaben:

(1) Bestimmen Sie die Wahrscheinlichkeit, dass es an einem Tag einen Alarm gibt. Bestimmen Sie, an wie vielen Tagen im Jahr man einen Alarm erwarten kann.

(2) Bestimmen Sie die Wahrscheinlichkeit für einen Alarm, ohne dass eine Rauchentwicklung stattfand. Geben Sie die mittlere Anzahl der Tage an, an denen es im Jahr zu einem solchen Alarm kommt.

(3) Bestimmen Sie die Wahrscheinlichkeit dafür, dass es an einem Tag ohne Alarm tatsächlich keine Rauchentwicklung gab.

Einige Wahrscheinlichkeiten können Sie dem Aufgabentext entnehmen, einige müssen durch Berechnungen ergänzt werden.

17 Ein Unternehmen beteiligt sich an der Sommeraktion „Mit dem Rad zur Arbeit“ der AOK und des ADFC unter der Schirmherrschaft des Bundesministeriums für Verkehr, Bau und Stadtentwicklung. Da die Radwege vor Ort gut ausgebaut sind, erwartet die Unternehmensleitung, dass durchschnittlich 30 % der 50 Angestellten mit dem Fahrrad zur Arbeit kommen. Um die Aktion zu unterstützen, soll ein abschließbarer Fahrradunterstand gebaut werden.

a) Geben Sie geeignete Modellannahmen an, damit dieser Vorgang als Bernoulli-Kette interpretiert werden kann.

b) Untersuchen Sie, mit welcher Wahrscheinlichkeit 20 Fahrradständer genügen.

c) Ermitteln Sie, wie viele Fahrradständer zur Verfügung stehen sollten, damit diese mit einer Wahrscheinlichkeit von mindestens 90 % ausreichen.

18 In einer Urne ist ein Viertel der Kugeln schwarz und 40 % der Kugeln weiß. Die restlichen Kugeln sind alle rot. Es wird fünfmal je eine Kugel gezogen und wieder zurückgelegt.

a) Geben Sie die Wahrscheinlichkeit an, dass rot mindestens zwei und weniger als viermal auftritt.

b) Prüfen Sie, ob eine Anzahl von weniger als 100 Kugeln in der Urne möglich ist.

c) Geben Sie ein Ereignis im Sachzusammenhang an, welches mit einer Wahrscheinlichkeit von mindestens 50% eintritt.

d) Ein Spieler gewinnt, wenn er vier gleichfarbige Kugeln zieht. Zeigen Sie, dass die Wahrscheinlichkeit vier gleichfarbige Kugeln zu ziehen 14% beträgt.
Entwickeln Sie auf dieser Grundlage eine Spielsituation, sodass ein faires Spiel vorliegt.

e) Beschreiben Sie ein Ereignis, dessen Wahrscheinlichkeit mit folgendem Term berechnet werden könnte: $\dfrac{\binom{0{,}4n}{3}\cdot\binom{0{,}6n}{2}}{\binom{n}{5}}$

19 Eine Firma stellt Solarpaneele her. In der Regel sind 96 % der Paneelen fehlerfrei. Zwei Fehler sind am markantesten und treten unabhängig voneinander auf.
V... Verkabelung defekt S... Solarzellen defekt
Die Wahrscheinlichkeit für eine defekte Verkabelung beträgt 1 %.

a) Beschreiben Sie das Ereignis $\overline{V}\cap\overline{S}$ im Sachzusammenhang.

b) Deuten Sie die folgende Rechnung im Sachzusammenhang. Zeigen Sie, dass die Ermittlung von $P(\overline{V}\cap S)$ auch durch eine Vierfeldertafel erfolgen kann.

$$P(\overline{V}\cap S) = P(\overline{V}) - P(\overline{V}\cap\overline{S}) = 0{,}03$$

c) Ermitteln Sie die Wahrscheinlichkeit dafür, dass eine Solarpaneele eine defekte Solarzelle besitzt.

20 In einem Warenlager stehen 5 Mitarbeiter für die Ausgabe von Geräten zur Verfügung. Für die Ausführung eines Auftrages benötigen sie durchschnittlich 10 Minuten. Während der Öffnungszeiten am Vormittag von 8 bis 12 Uhr kommen im Mittel 100 Kunden.
Kommt es oft vor, dass Kunden warten müssen? Begründen Sie.
Geben Sie die vereinfachenden Annahmen an, die für die Modellierung gemacht werden müssen.

21 Die **Fernuniversität in Hagen** ist die einzige staatliche Fernuniversität in Deutschland. Nach Angaben des Statistischen Bundesamtes ist sie die größte deutsche Universität. Jedoch werden hier nicht alle Fächer angeboten; z. B. eignet sich das Studienfach Medizin nicht für ein Fernstudium.

Für das Jahr 2017 veröffentlichte das Landesamt für Statistik NRW Daten über Studierende an NRW-Universitäten.

	gesamt	Frauen	ausländische Staatsangehörigkeit
Studierende Fernuni Hagen	64 360	30 748	6 281
Studierende NRW gesamt	489 722	245 401	60 159

a) Entwickeln Sie aus den Daten jeweils eine Vierfeldertafel mit den Merkmalen
(1) Standort der Universität und Geschlecht der Studierenden;
(2) Standort der Universität und Staatsangehörigkeit der Studierenden.

Standort: Hagen oder Standort: andere Uni in NRW

b) Eine Person wird zufällig unter den Studierenden der NRW-Universitäten ausgewählt. Bestimmen Sie für (1) bzw. (2) jeweils die beiden möglichen Baumdiagramme mit den Wahrscheinlichkeiten für die möglichen Ergebnisse dieses Zufallsexperiments.

c) Untersuchen Sie, ob die in (1) bzw. (2) genannten Merkmale jeweils voneinander abhängig oder unabhängig sind, und beschreiben Sie den zutreffenden Sachverhalt.

22 Das Glücksrad mit drei gleich großen Feldern wird 450-mal gedreht. Als Erfolg wird gewertet, wenn der Zeiger auf dem gelben Feld steht. Berechnen Sie Erwartungswert und Standardabweichung.

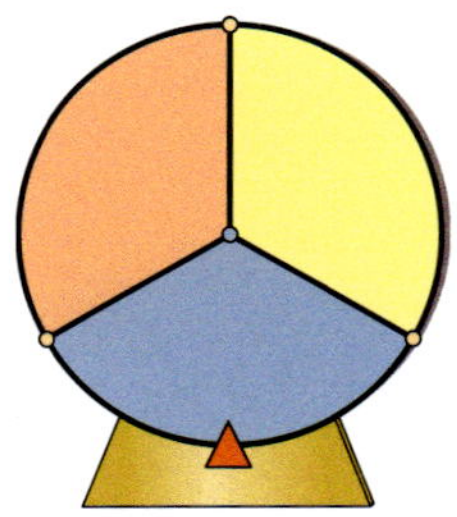

23 Drei Lokalzeitungen A, B, C haben Marktanteile von 45 %, 37 % und 18 %. Bei Zeitung A erfolgt 10 % des Verkaufs durch Abonnements, bei Zeitung B sind dies 60 %, bei Zeitung C 75 %.

a) Bestimmen Sie den Anteil der Abonnements unter den Verkäufen.

b) An einem Kiosk wird gerade eine Lokalzeitung verkauft. Berechnen Sie die Wahrscheinlichkeit, dass dies die Zeitung B ist.

24 Ordnen Sie den Histogrammen (A), (B), (C) die Binomialverteilungen (1), (2), (3) zu. Begründen Sie Ihre Entscheidung.

(1) $n = 400;\ p = 0{,}1$ (2) $n = 50;\ p = 0{,}8$ (3) $n = 100;\ p = 0{,}4$

(A)

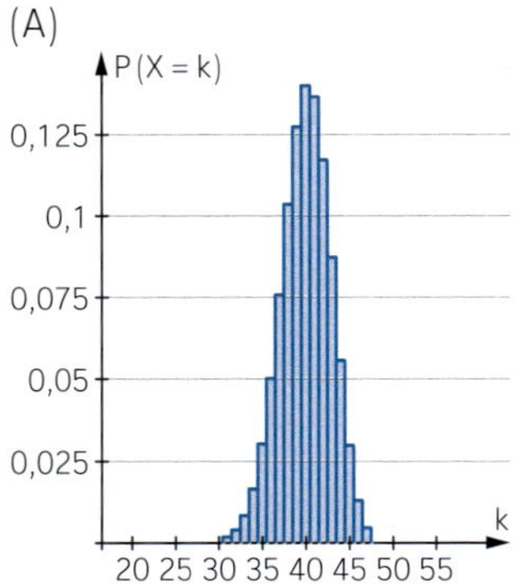

(B)

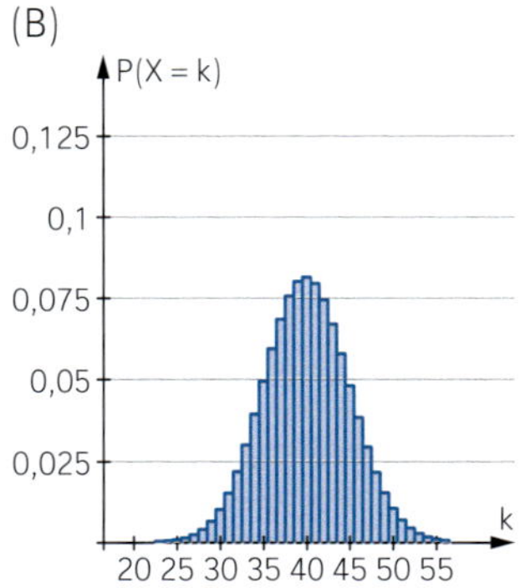

(C)

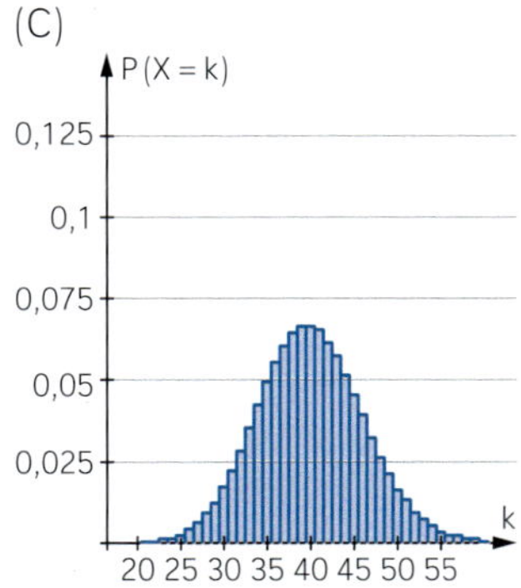

Matrizen und lineare Gleichungssysteme

7

▲ *Daten werden oft in Tabellen zusammengestellt. Diese Schreibweise ermöglicht es, Zusammenhänge besser zu analysieren und mit diesen Daten zu rechnen.*
Tabellen, mit denen gerechnet werden kann, bezeichnet man auch als Matrizen.

In diesem Kapitel
- lernen Sie, was man unter einer Matrix versteht und wie man mit Matrizen rechnen kann;
- schreiben Sie lineare Gleichungssysteme vereinfacht mithilfe von Matrizen;
- erfahren Sie, welche Rolle die Multiplikation von Matrizen bei Bedarfsermittlungen spielt. ▸

7.1 Matrizen und lineare Gleichungssysteme

Einstieg

Sorte \ Packung	Auslese	Exquisit	Elite	Premium
Darjeeling First Flush	0	0,025	0,050	0,100
Darjeeling Second Flush	0,050	0,050	0,050	0,100
Darjeeling Blatt	0,100	0,100	0	0
Assam Royal Sanker	0,050	0,500	0,100	0,100
Ceylon Blatt	0,100	0,100	0	0

Ein Teeversand bietet vier verschiedene Geschenkpackungen mit Tee an, die jeweils aus fünf verschiedenen Teesorten zusammengesetzt sind (Angaben in kg).

Ein Händler ordert 20 Geschenkpackungen Premium, jeweils 100 Packungen Elite und Exquisit sowie 150 Packungen Auslese.
Wie viel Kilogramm jeder Sorte wird für die Lieferung benötigt?

Aufgabe mit Lösung

Berechnungen anhand von Tabellen durchführen

Ein Hersteller von Gartenhäusern bietet das Gartenhaus Limo in verschiedenen Modellen an. Jedes Modell setzt sich aus unterschiedlichen Modulen zusammen.

Modul \ Modell	Limo classic	Limo kompakt	Limo premium	Limo deluxe
Wand (ohne Tür)	3	3	3	3
Dach (Überstand 20 cm)	1	1	0	0
Dach (Überstand 200 cm)	0	0	1	1
Fenster	0	1	1	2
Holzboden	0	1	1	1
Terrasse	0	0	0	1
Wand mit Tür	1	1	1	1

Eine Baumarktkette bestellt 30-mal *Limo classic*, 45-mal *Limo kompakt*, 60-mal *Limo premium* und 50-mal *Limo deluxe*. Bestimmen Sie die jeweilige Anzahl an Modulen.

Lösung

Man erhält die Anzahl der einzelnen Module folgendermaßen:
Man multipliziert die Bestellzahlen der Modelle mit der zu dem Modell gehörigen Anzahl der Module und addiert anschließend diese Produkte für jedes Modul.

Wand (ohne Tür) $3 \cdot 30 + 3 \cdot 45 + 3 \cdot 60 + 3 \cdot 50 = 555$
Dach (Überstand 20 cm) $1 \cdot 30 + 1 \cdot 45 + 0 \cdot 60 + 0 \cdot 50 = 75$
Dach (Überstand 200 cm) $0 \cdot 30 + 0 \cdot 45 + 1 \cdot 60 + 1 \cdot 50 = 110$
Fenster $0 \cdot 30 + 1 \cdot 45 + 1 \cdot 60 + 2 \cdot 50 = 205$
Holzboden $0 \cdot 30 + 1 \cdot 45 + 1 \cdot 60 + 1 \cdot 50 = 155$
Terrasse $0 \cdot 30 + 0 \cdot 45 + 0 \cdot 60 + 1 \cdot 50 = 50$
Wand mit Tür $1 \cdot 30 + 1 \cdot 45 + 1 \cdot 60 + 1 \cdot 50 = 185$

An die Baumarktkette müssen also 555 Wände ohne Tür, 75 Dachmodule (Überstand 20 cm), 110 Dachmodule (Überstand 200 cm), 205 Fenster, 155 Holzböden, 50 Terrassen und 185 Wände mit Tür geliefert werden.

Information

WES-125991-711

Matrizen

Ein rechteckiges Zahlenfeld, das man durch zwei Klammern einschließt, heißt **Matrix**. Die Zahlen einer Matrix werden allgemein mit a_{ij} bezeichnet, dabei gibt i die Zeile und j die Spalte an, in der die Zahl steht. Matrizen werden mit Großbuchstaben bezeichnet.

Eine Matrix **A** mit m Zeilen und n Spalten nennt man Matrix vom Typ (m, n) und schreibt kurz: $\mathbf{A} = (a_{ij})$ mit $i = 1, 2, \dots, m$ und $j = 1, 2, \dots, n$.

Eine Matrix vom Typ (n, n) heißt **quadratisch**, da sie ebenso viele Zeilen wie Spalten hat.

2. Spalte

$$\mathbf{A} = \begin{pmatrix} 200 & 300 & 300 & 100 & 100 \\ 200 & 250 & 300 & 150 & 100 \\ 150 & 200 & 250 & 100 & 100 \\ 200 & 200 & 300 & 150 & 150 \end{pmatrix}$$

3. Zeile

$$a_{32} = 200$$

Merke: **Z**eilen **z**uerst, **S**palten **s**päter

A ist eine Matrix vom Typ (4, 5)

Schreibweise einer Matrix vom Typ (m, n):

$$\mathbf{A} = \begin{pmatrix} a_{11} & a_{12} & \cdots & a_{1n} \\ a_{21} & a_{22} & \cdots & a_{2n} \\ \vdots & \vdots & \vdots & \vdots \\ a_{m1} & a_{m2} & \cdots & a_{mn} \end{pmatrix}, \quad m, n \in \mathbb{N}$$

Multiplizieren einer Matrix vom Typ (m, n) mit einer Matrix vom Typ (n, 1)

Für $\mathbf{A} = \begin{pmatrix} a_{11} & a_{12} & \cdots & a_{1n} \\ a_{21} & a_{22} & \cdots & a_{2n} \\ \vdots & \vdots & \vdots & \vdots \\ a_{m1} & a_{m2} & \cdots & a_{mn} \end{pmatrix}$ und $\mathbf{B} = \begin{pmatrix} b_1 \\ \vdots \\ b_n \end{pmatrix}$

ist das Produkt $\mathbf{A} \cdot \mathbf{B}$ eine Matrix vom Typ (m, 1), die man wie folgt berechnet:

$$\mathbf{A} \cdot \mathbf{B} = \begin{pmatrix} a_{11} \cdot b_1 + a_{12} \cdot b_2 + \cdots + a_{1n} \cdot b_n \\ a_{21} \cdot b_1 + a_{22} \cdot b_2 + \cdots + a_{2n} \cdot b_n \\ \vdots \\ a_{m1} \cdot b_1 + a_{m2} \cdot b_2 + \cdots + a_{mn} \cdot b_n \end{pmatrix}$$

$$\mathbf{A} = \begin{pmatrix} 2 & 5 & 1 \\ 0 & -7 & 10 \\ 4 & 6 & 11 \\ -1 & 3 & 9 \end{pmatrix} \quad \mathbf{B} = \begin{pmatrix} -1 \\ 3 \\ 8 \end{pmatrix}$$

$$\mathbf{A} \cdot \mathbf{B} = \begin{pmatrix} 2 \cdot (-1) + 5 \cdot 3 + 1 \cdot 8 \\ 0 \cdot (-1) + (-7) \cdot 3 + 10 \cdot 8 \\ 4 \cdot (-1) + 6 \cdot 3 + 11 \cdot 8 \\ (-1) \cdot (-1) + 3 \cdot 3 + 9 \cdot 8 \end{pmatrix} = \begin{pmatrix} 21 \\ 59 \\ 102 \\ 82 \end{pmatrix}$$

Beachten Sie:
Die Multiplikation einer Matrix **A** mit einer Matrix **B** ist nur dann möglich, wenn die Anzahl der Spalten von **A** mit der Anzahl der Zeilen von **B** übereinstimmt.

1 Berechnen Sie das Produkt der Matrizen, ohne einen Rechner zu benutzen.

a) $\begin{pmatrix} 1 & -1 \\ 2 & 3 \end{pmatrix} \cdot \begin{pmatrix} 2 \\ -1 \end{pmatrix}$

b) $\begin{pmatrix} 1 & -3 & 2 \\ 0 & 2 & 5 \end{pmatrix} \cdot \begin{pmatrix} -3 \\ 0 \\ 1 \end{pmatrix}$

c) $\begin{pmatrix} 1 & -1 & 2 \\ 2 & 1 & 0 \\ 0 & 0 & 1 \end{pmatrix} \cdot \begin{pmatrix} 3 \\ 1 \\ -2 \end{pmatrix}$

d) $\begin{pmatrix} 1 & 2 \\ 0 & -1 \\ -2 & 3 \\ 1 & 3 \\ 4 & 0 \end{pmatrix} \cdot \begin{pmatrix} 2 \\ -3 \end{pmatrix}$

e) $\begin{pmatrix} 0 & 0 & 1 \\ 0 & -1 & 0 \\ -1 & 0 & 0 \end{pmatrix} \cdot \begin{pmatrix} -2 \\ -4 \\ 3 \end{pmatrix}$

f) $\begin{pmatrix} 2 & 0 & -2 \\ 0 & -3 & 3 \\ -1 & 1 & 0 \end{pmatrix} \cdot \begin{pmatrix} 4 \\ 4 \\ 4 \end{pmatrix}$

2 Was wurde hier falsch gemacht? Korrigieren Sie.

$$\begin{pmatrix} 2 & 1 & 3 \\ 0 & 4 & -1 \\ 1 & 1 & 5 \end{pmatrix} \cdot \begin{pmatrix} 3 \\ -2 \\ 1 \end{pmatrix} = \begin{pmatrix} 7 \\ -4 \\ 12 \end{pmatrix}$$

Matrizen in einen Rechner eingeben

CAS **3** Man kann Matrizen auch in einen Rechner eingeben.
Untersuchen Sie, welche Möglichkeiten Ihr Rechner dafür bietet und berechnen Sie die angegebenen Produkte.

a) $\begin{pmatrix} 2 & -7 & 11 \\ 10 & 8 & 3 \end{pmatrix} \cdot \begin{pmatrix} 4 \\ -5 \\ 3 \end{pmatrix}$

b) $\begin{pmatrix} 7{,}2 & 1{,}8 \\ -1{,}4 & 3{,}6 \\ 0{,}3 & 7{,}4 \end{pmatrix} \cdot \begin{pmatrix} 10 \\ -10 \end{pmatrix}$

c) $\begin{pmatrix} 4 & -3 & 6 \\ 0 & 6 & 5 \\ 1 & -1 & 2 \end{pmatrix} \cdot \begin{pmatrix} -2 \\ 1 \\ 5 \end{pmatrix}$

d) $\begin{pmatrix} -0{,}6 & 0 & 1 \\ 0 & 1 & 2{,}5 \\ 1 & 7{,}4 & 0 \end{pmatrix} \cdot \begin{pmatrix} 2 \\ -1 \\ 3 \end{pmatrix}$

[[2, −1, 4], [−5, 3, 6]] ⇒ A

$\begin{bmatrix} 2 & -1 & 4 \\ -5 & 3 & 6 \end{bmatrix}$

[[5], [10], [1]] ⇒ B

$\begin{bmatrix} 5 \\ 10 \\ 1 \end{bmatrix}$

A × B

$\begin{bmatrix} 4 \\ 11 \end{bmatrix}$

Bedarf bestimmen

4 Ein Hersteller von Pferdefutter bietet vier Sorten Futter an. Die Zusammensetzung kann der Tabelle entnommen werden (Angaben in Mengeneinheiten pro Sack).
Ein Gestüt bestellt die folgenden Mengen: 30 Säcke Fithorse, 25 Säcke Extrahorse, 45 Säcke Premiumhorse und 12 Säcke Foalhorse.
Berechnen Sie die benötigten Mengeneinheiten der Zutaten.

Sorte / Zutat	Fithorse	Extrahorse	Premiumhorse	Foalhorse
Gerstenflocken	20	10	20	10
Hafer geschrotet	10	15	10	20
Maisflocken	15	20	10	5
Weizengrießkleie	5	10	5	10
Zuckerrübenmelasse	0	5	0	10
Kräuter	15	10	20	10
Pflanzenöl	5	0	5	5

Aufgabe mit Lösung

Lineare Gleichungssysteme mithilfe von Matrizen schreiben

Ein Lieferant von Kinderspielplätzen bietet drei Varianten für die Ausstattung von Spielplätzen an. An einem Tag werden 61 Rutschen, 51 Schaukeln und 33 Klettergerüste ausgeliefert.

	Pirat 1	Pirat 2	Pirat 3
Rutsche	2	1	2
Schaukel	1	1	2
Klettergerüst	0	1	1

→ Untersuchen Sie, zu wie vielen Spielplätzen von jeder Variante diese Lieferung passt.

Lösung

Die Anzahlen der Spielplätze kann man mit x_1, x_2 und x_3 bezeichnen, entsprechend zu den Varianten Pirat 1, Pirat 2 und Pirat 3. Man kann die Matrixschreibweisen mit

$\mathbf{A} = \begin{pmatrix} 2 & 1 & 2 \\ 1 & 1 & 2 \\ 0 & 1 & 1 \end{pmatrix}$, $\vec{x} = \begin{pmatrix} x_1 \\ x_2 \\ x_3 \end{pmatrix}$ und $\vec{b} = \begin{pmatrix} 61 \\ 51 \\ 33 \end{pmatrix}$ verwenden, dann ergibt sich eine Gleichung in der Form $\mathbf{A} \cdot \vec{x} = \vec{b}$ oder man verwendet die übliche Schreibweise für lineare Gleichungssysteme.

Matrixschreibweise:

$$\begin{pmatrix} 2 & 1 & 2 \\ 1 & 1 & 2 \\ 0 & 1 & 1 \end{pmatrix} \cdot \begin{pmatrix} x_1 \\ x_2 \\ x_3 \end{pmatrix} = \begin{pmatrix} 61 \\ 51 \\ 33 \end{pmatrix}$$

Schreibweise als Gleichungssystem:

$$\left| \begin{array}{rcl} 2x_1 + x_2 + 2x_3 &=& 61 \\ x_1 + x_2 + 2x_3 &=& 51 \\ x_2 + x_3 &=& 33 \end{array} \right|$$

Das lineare Gleichungssystem kann man z. B. mit dem Gauß-Algorithmus lösen.
Man erhält so die Lösungsmenge $L = \{(10|25|8)\}$.
Es wurden zehn Spielplätze der Variante Pirat 1, 25 der Variante Pirat 2 und acht der Variante Pirat 3 bestellt.

Information

WES-125991-712

Matrix-Vektor-Schreibweise

Das Beispiel zeigt, wie ein lineares Gleichungssystem in der Form $\mathbf{A} \cdot \vec{x} = \vec{b}$ geschrieben werden kann.
Die Matrix **A** besteht aus den Koeffizienten des Gleichungssystems und der Vektor $\vec{b}$ aus den Zahlen der rechten Seite.
Gesucht wird ein Lösungsvektor $\vec{x}$.

Lineares Gleichungssystem:

$$\left| \begin{array}{l} 2x + 5y - 3z = 11 \\ 4x - y - 6z = 13 \\ 7x - 3y - z = -4 \end{array} \right|$$

Übertragung als Matrix mal Vektor:

$$\begin{pmatrix} 2 & 5 & -3 \\ 4 & -1 & -6 \\ 7 & -3 & -1 \end{pmatrix} \cdot \begin{pmatrix} x \\ y \\ z \end{pmatrix} = \begin{pmatrix} 11 \\ 13 \\ -4 \end{pmatrix}$$

$$\mathbf{A} = \begin{pmatrix} 2 & 5 & -3 \\ 4 & -1 & -6 \\ 7 & -3 & -1 \end{pmatrix};\ \vec{x} = \begin{pmatrix} x \\ y \\ z \end{pmatrix};\ \vec{b} = \begin{pmatrix} 11 \\ 13 \\ -4 \end{pmatrix}$$

5 Notieren Sie die linearen Gleichungssysteme in der Matrix-Vektor-Schreibweise.

a) $\left| \begin{array}{l} 3x + 2y = 1 \\ 5x - 3y = -4 \end{array} \right|$ b) $\left| \begin{array}{l} 2a - 3b = 4 \\ a + 2b = 1 \end{array} \right|$ c) $\left| \begin{array}{l} 2x_1 + 5x_2 + 3x_3 = 3 \\ 4x_1 - 7x_2 - 6x_3 = 13 \\ x_1 + 5x_2 - x_3 = 4 \end{array} \right|$ d) $\left| \begin{array}{l} 2a - b + 3c = 11 \\ 4a - 6c = 13 \\ a + 6b - c = 0 \end{array} \right|$

6 Bestimmen Sie den Lösungsvektor $\vec{x}$ durch Lösen des linearen Gleichungssystems mit dem Gauß-Algorithmus, ohne einen Rechner zu verwenden.

a) $\begin{pmatrix} 2 & 5 & 3 \\ 4 & -1 & 6 \\ 7 & -3 & -1 \end{pmatrix} \cdot \begin{pmatrix} x \\ y \\ z \end{pmatrix} = \begin{pmatrix} 3 \\ -5 \\ 13 \end{pmatrix}$ b) $\begin{pmatrix} 3 & 5 & -3 \\ 6 & 20 & -6 \\ 1 & -23 & 17 \end{pmatrix} \cdot \begin{pmatrix} x \\ y \\ z \end{pmatrix} = \begin{pmatrix} 6 \\ 12 \\ 20 \end{pmatrix}$

c) $\begin{pmatrix} 4 & 2 & 3 \\ 5 & -4 & 0 \\ 3 & -6 & -1 \end{pmatrix} \cdot \begin{pmatrix} x \\ y \\ z \end{pmatrix} = \begin{pmatrix} -2 \\ -18 \\ 24 \end{pmatrix}$ d) $\begin{pmatrix} 6 & -5 & -2 \\ -4 & 9 & 8 \\ 7 & -13 & 27 \end{pmatrix} \cdot \begin{pmatrix} x \\ y \\ z \end{pmatrix} = \begin{pmatrix} 3 \\ 17 \\ 55 \end{pmatrix}$

7 Geben Sie, ohne zu rechnen, die Lösungsmenge des linearen Gleichungssystems an.

a) $\begin{pmatrix} 1 & 0 & 0 \\ 0 & 1 & 0 \\ 0 & 0 & 1 \end{pmatrix} \cdot \begin{pmatrix} x \\ y \\ z \end{pmatrix} = \begin{pmatrix} 4 \\ -1 \\ 2 \end{pmatrix}$ b) $\begin{pmatrix} 1 & 0 & 0 \\ 0 & 1 & 0 \\ 0 & 0 & 0 \end{pmatrix} \cdot \begin{pmatrix} x \\ y \\ z \end{pmatrix} = \begin{pmatrix} 4 \\ -1 \\ 2 \end{pmatrix}$

LK **8** Die Punkte im dreidimensionalen Raum werden durch eine Parallelprojektion in Richtung des Vektors $\vec{v} = \begin{pmatrix} 3 \\ -2 \\ -5 \end{pmatrix}$ in die xz-Koordinatenebene projiziert.
Zeigen Sie zunächst an einigen selbstgewählten Beispielen und anschließend allgemein, dass man den Ortsvektor eines Bildpunktes P' zu einem Punkts P auch folgendermaßen erhält:

$$\begin{pmatrix} p_x' \\ p_y' \\ p_z' \end{pmatrix} = \begin{pmatrix} 1 & \frac{3}{2} & 0 \\ 0 & 0 & 0 \\ 0 & -\frac{5}{2} & 1 \end{pmatrix} \cdot \begin{pmatrix} p_x \\ p_y \\ p_z \end{pmatrix}$$

7.2 Multiplizieren von Matrizen

Einstieg

	Single-carport	Doppel-carport	Doppelcarport mit Abstellraum
Kanthölzer	8	10	14
Dachbalken	4	4	5
Bretter	60	160	240
Dachlatten	12	12	24

Der Baumarkt *RegiTOP* bestellt 6 Singlecarports, 15 Doppelcarports und 3 Doppelcarports mit Abstellraum.
Der Baumarkt *multiBau* bestellt 11 Singlecarports und 10 Doppelcarports.
Bestimmen Sie, die Anzahl der Kanthölzer, Dachbalken, Bretter und Dachlatten, die jeweils an die Baumärkte geliefert werden müssen.
Ein Sachbearbeiter hat sich die Bestellung so notiert: $\mathbf{B} = \begin{pmatrix} 6 & 11 \\ 15 & 10 \\ 3 & 0 \end{pmatrix}$
Er rechnet den Materialbedarf für beide Baumärkte gleichzeitig aus und erhält als Ergebnis die Matrix $\mathbf{C} = \begin{pmatrix} 240 & 188 \\ 99 & 84 \\ 3480 & 2260 \\ 324 & 252 \end{pmatrix}$.

Vergleichen Sie sein Ergebnis mit Ihren Ergebnissen und interpretieren Sie sein Ergebnis.

Aufgabe mit Lösung

Multiplizieren von zwei Matrizen

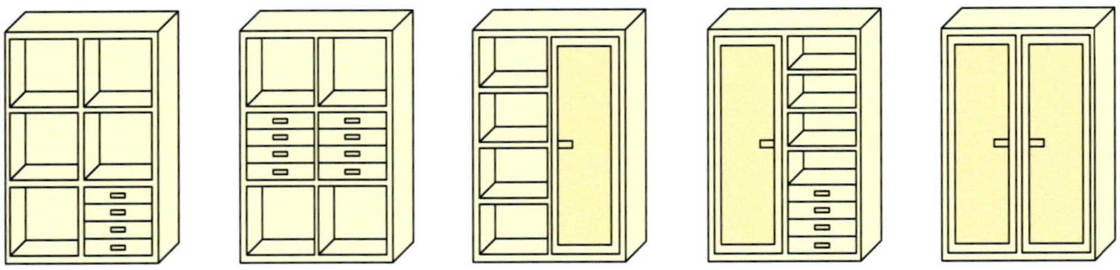

Ein Möbelhersteller bietet ein Schranksystem an, dessen Modelle Athen, Bern, Prag, Rom und Wien aus den Grundelementen Korpus, Tür, Einlegeboden und Schubladensatz bestehen. In der Tabelle ist die Anzahl der benötigten Grundelemente je Modell angegeben.

	Athen	Bern	Prag	Rom	Wien
Korpus	1	1	1	1	1
Türen	0	0	1	1	2
Einlegeböden	3	0	3	3	6
Schubladensätze	1	2	0	1	0

Kürzer als Matrix geschrieben:

$$\mathbf{A} = \begin{pmatrix} 1 & 1 & 1 & 1 & 1 \\ 0 & 0 & 1 & 1 & 2 \\ 3 & 0 & 3 & 3 & 6 \\ 1 & 2 & 0 & 1 & 0 \end{pmatrix}$$

Bei dem Möbelhersteller sind folgende drei Bestellaufträge eingegangen:

	Möbelhaus MöKauf	Möbelhaus Piko	Möbelhaus 1A
Athen	10	30	25
Bern	15	40	25
Prag	40	20	50
Rom	40	10	40
Wien	50	10	30

→ Berechnen Sie für die einzelnen Aufträge die Anzahl der jeweils erforderlichen Grundelemente. Beschreiben Sie den Lösungsweg. Schreiben Sie das Ergebnis als Matrix.

Lösung

Für jedes Möbelhaus ist die Bestellung in einer Spalte notiert.
Multipliziert man die Matrix **A** mit der Spalte für die Bestellung, so erhält man eine neue einspaltige Matrix, die den Bedarf an Grundelementen angibt.
Insgesamt erhält man so aus den Produkten der Matrix **A** mit den Spalten aus der Bestelltabelle die drei einspaltigen Matrizen $\begin{pmatrix} 155 \\ 180 \\ 570 \\ 80 \end{pmatrix}$, $\begin{pmatrix} 110 \\ 50 \\ 240 \\ 120 \end{pmatrix}$ und $\begin{pmatrix} 170 \\ 150 \\ 525 \\ 115 \end{pmatrix}$, die man als drei Spalten einer neuen Matrix **C** schreiben kann. Fasst man noch die drei Bestellungen aus der Tabelle in einer Matrix **B** zusammen, so erhält man insgesamt drei Matrizen.

$$\mathbf{A} = \begin{pmatrix} 1 & 1 & 1 & 1 & 1 \\ 0 & 0 & 1 & 1 & 2 \\ 3 & 0 & 3 & 3 & 6 \\ 1 & 2 & 0 & 1 & 0 \end{pmatrix} \qquad \mathbf{B} = \begin{pmatrix} 10 & 30 & 25 \\ 15 & 40 & 25 \\ 40 & 20 & 50 \\ 40 & 10 & 40 \\ 50 & 10 & 30 \end{pmatrix} \qquad \mathbf{C} = \begin{pmatrix} 155 & 110 & 170 \\ 180 & 50 & 150 \\ 570 & 240 & 525 \\ 80 & 120 & 115 \end{pmatrix}$$

Die Matrix **C** wurde aus drei Spalten zusammengesetzt. Jede Spalte von **C** ist dabei durch Multiplikation der Matrix **A** mit den einzelnen Spalten der Bestellmatrix **B** entstanden.
Um diese Berechnungen noch übersichtlicher zu gestalten, kann man die Matrizen **A** und **B** gegeneinander versetzt schreiben und dann die Summe der Produkte aus den Elementen der Zeilen von **A** mit denen der Spalten von **B** berechnen, wodurch man die Matrix **C** erhält.

Matrix B

	Möbelhaus		
	MöKauf	Piko	1A
Athen	10	30	25
Bern	15	40	25
Prag	40	20	50
Rom	40	10	40
Wien	50	10	30

Matrix A

	Athen	Bern	Prag	Rom	Wien
Korpus	1	1	1	1	1
Türen	0	0	1	1	2
Einlegeböden	3	0	3	3	6
Schubladensätze	1	2	0	1	0

Matrix C

155	110	170
180	50	150
570	240	525
80	120	115

Summe der Produkte aus den Elementen der 2. Zeile von **A** und denen der 3. Spalte von **B**

Aus der neuen Matrix **C** kann man nun Folgendes ablesen:
Beispielsweise müssen 150 Türen für den Auftrag des Möbelhauses 1A hergestellt werden.

Die Matrix **C** gibt also an, wie viele Grundelemente für die einzelnen Auftraggeber zu fertigen sind.
In der ersten Zeile kann man ablesen, dass 155 Korpusse für das Möbelhaus MöKauf, 110 Korpusse für das Möbelhaus Piko und 170 Korpusse für das Möbelhaus 1A benötigt werden.
In der dritten Spalte kann man ablesen, dass das Möbelhaus 1A insgesamt 170 Korpusse, 150 Türen, 525 Einlegeböden und 115 Schubladensätze benötigt.

Information

WES-125991-721

Multiplizieren von Matrizen

Eine Matrix $\mathbf{A} = (a_{ij})$ vom Typ (m, n) und eine Matrix $\mathbf{B} = (b_{ij})$ vom Typ (n, k) können miteinander multipliziert werden.
Das **Matrixprodukt** $\mathbf{A} \cdot \mathbf{B} = \mathbf{C}$ ist eine Matrix vom Typ (m, k), die man wie folgt bestimmt:

Jede Zahl c_{ij} der Produktmatrix $\mathbf{C} = (c_{ij})$ ist die Summe der Produkte aus den Zahlen der i-ten Zeile von **A** mit denen aus der j-ten Spalte von **B**. Es gilt also:
$c_{ij} = a_{i1} \cdot b_{1j} + a_{i2} \cdot b_{2j} + \dots + a_{in} \cdot b_{nj}$

$\mathbf{A} = \begin{pmatrix} 2 & -1 & 5 \\ 0 & 3 & 4 \end{pmatrix}$ $\quad \mathbf{B} = \begin{pmatrix} 6 & -4 \\ 1 & 0 \\ -2 & 1 \end{pmatrix}$

A ist vom Typ $(2, 3)$, **B** ist vom Typ $(3, 2)$.
Das Produkt ist also vom Typ $(2, 2)$.

$$\begin{array}{c|c} & \begin{pmatrix} 6 & -4 \\ 1 & 0 \\ -2 & 1 \end{pmatrix} \\ \hline \begin{pmatrix} 2 & -1 & 5 \\ 0 & 3 & 4 \end{pmatrix} & \begin{pmatrix} 1 & -3 \\ -5 & 4 \end{pmatrix} \end{array}$$

$0 \cdot 6 + 3 \cdot 1 + 4 \cdot (-2) = -5$

$\mathbf{A} \cdot \mathbf{B} = \mathbf{C} = \begin{pmatrix} 1 & -3 \\ -5 & 4 \end{pmatrix}$

Man nennt diese Schreibweise auch Falk-Schema

1 Berechnen Sie das Matrixprodukt, ohne einen Rechner zu verwenden.

a) $\begin{pmatrix} 1 & -4 & 2 \\ -1 & 0 & 1 \end{pmatrix} \cdot \begin{pmatrix} 2 & -3 \\ -2 & 0 \\ 5 & 1 \end{pmatrix}$

b) $\begin{pmatrix} 2 & -3 \\ -2 & 0 \\ 5 & 1 \end{pmatrix} \cdot \begin{pmatrix} 1 & -4 & 2 \\ -1 & 0 & 1 \end{pmatrix}$

c) $\begin{pmatrix} 2 & -2 & 1 \\ -4 & 1 & 3 \\ 1 & 2 & 3 \end{pmatrix} \cdot \begin{pmatrix} 0 & 1 & 1 \\ 1 & 0 & 1 \\ 1 & 1 & 1 \end{pmatrix}$

d) $\begin{pmatrix} 1 & 1 & 0 \\ 0 & 1 & 1 \\ 1 & 0 & 1 \end{pmatrix} \cdot \begin{pmatrix} 2 & 3 & 1 \\ 1 & -2 & -4 \\ -1 & 2 & 3 \end{pmatrix}$

e) $\begin{pmatrix} 1 & -2 & 0 & 2 & 4 \\ 2 & -5 & 3 & 0 & 1 \end{pmatrix} \cdot \begin{pmatrix} 1 & 0 & 3 \\ -2 & -1 & 4 \\ 4 & 0 & 8 \\ -9 & -5 & 1 \\ 0 & 0 & 2 \end{pmatrix}$

f) $\begin{pmatrix} 1 & 0 & -4 \\ 1 & -1 & 2 \\ 3 & 0 & -1 \end{pmatrix} \cdot \begin{pmatrix} 1 & 0 & -4 \\ 1 & -1 & 2 \\ 3 & 0 & -1 \end{pmatrix}$

g) $\begin{pmatrix} 1 & 2 \\ 0 & -1 \end{pmatrix} \cdot \begin{pmatrix} -2 & 1 \\ 1 & 0 \end{pmatrix}$

h) $\begin{pmatrix} 4 & 7 & -2 \end{pmatrix} \cdot \begin{pmatrix} 3 \\ 11 \\ -5 \end{pmatrix}$

2 Zeigen Sie an einem selbst gewählten Beispiel, dass die Multiplikation zweier Matrizen im Allgemeinen nicht kommutativ ist.

3 Untersuchen Sie, welche Fehler bei der Rechnung gemacht wurden.

a) $\begin{pmatrix} 1 & 4 \\ 2 & 5 \\ 3 & 6 \end{pmatrix} \cdot \begin{pmatrix} -2 & 4 \\ 3 & 0 \\ 1 & -1 \end{pmatrix} = \begin{pmatrix} -2 & 16 \\ 6 & 0 \\ 3 & -6 \end{pmatrix}$

b) $\begin{pmatrix} 1 & -1 & 2 & 0 \\ 5 & 1 & -2 & 3 \\ 2 & 2 & 1 & 0 \end{pmatrix} \cdot \begin{pmatrix} 1 & 2 & 3 \\ 0 & -1 & 2 \end{pmatrix} = \begin{pmatrix} 17 & 7 & 1 & 6 \\ -1 & 3 & 4 & -3 \end{pmatrix}$

4 Ein Weinhändler bietet zwei verschiedene Geschenkverpackungen mit drei Sorten Wein an. In der Geschenkverpackung *Europa-Probe* sind drei Flaschen aus Deutschland, zwei Flaschen aus Frankreich und eine Flasche aus Italien. Die Geschenkverpackung *Südweine* enthält eine Flasche aus Deutschland, drei aus Frankreich und zwei aus Italien.
Die Bestellung von fünf Supermärkten kann durch folgende Auftragsmatrix beschrieben werden: $\begin{pmatrix} 10 & 20 & 16 & 0 & 14 \\ 12 & 30 & 10 & 8 & 4 \end{pmatrix}$
Dabei stehen in der oberen Zeile die Bestellungen für *Europa-Probe* und in der unteren die für *Südweine*. Berechnen Sie, wie viele Flaschen aus Deutschland, Frankreich und Italien für jeden Supermarkt benötigt werden.

Das Wichtigste auf einen Blick

Matrix vom Typ (m, n)

Ein rechteckiges Zahlenfeld der Gestalt

$$A = \begin{pmatrix} a_{11} & a_{12} \dots & a_{1n} \\ a_{21} & a_{22} \dots & a_{2n} \\ \vdots & \vdots & \vdots \\ a_{m1} & a_{m2} \dots & a_{mn} \end{pmatrix} \text{ mit } a_{ij} \in \mathbb{R} \text{ und } m, n \in \mathbb{N}$$

heißt **Matrix** mit **m Zeilen** und **n Spalten**.
Man schreibt kurz:
$\mathbf{A} = (\mathbf{a}_{ij})$ mit $i = 1, 2, \dots, m$ und $j = 1, 2, \dots, n$.

Eine Matrix vom Typ (n, n) heißt **quadratisch**, wenn sie ebenso viele Zeilen wie Spalten hat.

2. Spalte

$$\mathbf{A} = \begin{pmatrix} 1 & -2 & 3 \\ 8 & 3 & 1 \\ -1 & 4 & 5 \end{pmatrix}$$

1. Zeile

ist eine quadratische Matrix mit 3 Zeilen und 3 Spalten.

$a_{12} = -2$

Merke: **Z**eilen **z**uerst, **S**palten **s**päter
A ist eine Matrix vom Typ (3, 3).

Multiplizieren einer Matrix vom Typ (m, n) mit einer Matrix vom Typ (n, 1)

Für $\mathbf{A} = \begin{pmatrix} a_{11} & a_{12} & \dots & a_{1n} \\ a_{21} & a_{22} & \dots & a_{2n} \\ \vdots & \vdots & \vdots & \vdots \\ a_{m1} & a_{m2} & \dots & a_{mn} \end{pmatrix}$ und $\mathbf{B} = \begin{pmatrix} b_1 \\ b_2 \\ \vdots \\ b_n \end{pmatrix}$

ist das Produkt $\mathbf{A} \cdot \mathbf{B}$ eine Matrix vom Typ (m, 1), die man wie folgt berechnet:

$$\mathbf{A} \cdot \mathbf{B} = \begin{pmatrix} a_{11} \cdot b_1 + a_{12} \cdot b_2 + \dots + a_{1n} \cdot b_n \\ a_{21} \cdot b_1 + a_{22} \cdot b_2 + \dots + a_{2n} \cdot b_n \\ \vdots \\ a_{m1} \cdot b_1 + a_{m2} \cdot b_2 + \dots + a_{mn} \cdot b_n \end{pmatrix} = \begin{pmatrix} c_1 \\ c_2 \\ \vdots \\ c_n \end{pmatrix} = \mathbf{C}$$

Die einspaltige Matrix nennt man das Produkt der Matrix **A** mit der einspaltigen Matrix **B** und schreibt dafür: $\mathbf{A} \cdot \mathbf{B} = \mathbf{C}$

$$\mathbf{A} = \begin{pmatrix} 2 & 5 & 1 \\ 0 & -7 & 10 \\ 4 & 6 & 11 \\ -1 & 3 & 9 \end{pmatrix}; \ \mathbf{B} = \begin{pmatrix} -1 \\ 3 \\ 8 \end{pmatrix}$$

$$\mathbf{A} \cdot \mathbf{B} = \begin{pmatrix} 2 \cdot (-1) + 5 \cdot 3 + 1 \cdot 8 \\ 0 \cdot (-1) + (-7) \cdot 3 + 10 \cdot 8 \\ 4 \cdot (-1) + 6 \cdot 3 + 11 \cdot 8 \\ (-1) \cdot (-1) + 3 \cdot 3 + 9 \cdot 8 \end{pmatrix} = \begin{pmatrix} 21 \\ 59 \\ 102 \\ 82 \end{pmatrix}$$

Matrix-Vektor-Schreibweise

Ein lineares Gleichungssystem kann man in der Form $\mathbf{A} \cdot \vec{x} = \vec{b}$ schreiben.
Die Matrix **A** besteht aus den Koeffizienten des Gleichungssystems und der Vektor $\vec{b}$ aus den Zahlen der rechten Seite.
Gesucht wird der Lösungsvektor $\vec{x}$.

Lineares Gleichungssystem:

$$\left| \begin{array}{l} 3x - y - 2z = 4 \\ x - 5z = 1 \\ x + 6y - 5z = 9 \end{array} \right|$$

Matrix-Vektor-Schreibweise:

$$\begin{pmatrix} 3 & -1 & -2 \\ 1 & 0 & 5 \\ 1 & 6 & -5 \end{pmatrix} \cdot \begin{pmatrix} x \\ y \\ z \end{pmatrix} = \begin{pmatrix} 4 \\ 1 \\ 9 \end{pmatrix}$$

Multiplizieren von Matrizen

Multiplikation einer Matrix A mit einer Matrix B ist nur möglich, wenn die Spaltenanzahl von A gleich der Zeilenanzahl von B ist.

Eine Matrix $\mathbf{A} = (a_{ij})$ vom Typ (m, n) und eine Matrix $\mathbf{B} = (b_{ij})$ vom Typ (n, k) können miteinander multipliziert werden.

Das **Matrixprodukt** $\mathbf{A} \cdot \mathbf{B} = \mathbf{C}$ ist eine Matrix vom Typ (m, k), die man wie folgt bestimmt:

Jede Zahl c_{ij} der Produktmatrix $\mathbf{C} = (c_{ij})$ ist die Summe der Produkte aus den Zahlen der i-ten Zeile von **A** mit denen aus der j-ten Spalte von **B**. Es gilt also:
$c_{ij} = a_{i1} \cdot b_{1j} + a_{i2} \cdot b_{2j} + \dots + a_{in} \cdot b_{nj}$

$$\mathbf{A} = \begin{pmatrix} 1 & 4 & 3 \\ -1 & 0 & 7 \end{pmatrix} \quad \mathbf{B} = \begin{pmatrix} 5 & -3 \\ 2 & 1 \\ 0 & -2 \end{pmatrix}$$

A ist vom Typ (2, 3), **B** ist vom Typ (3, 2).
Das Produkt ist also vom Typ (2, 2).

	$\begin{pmatrix} 5 & -3 \\ 2 & 1 \\ 0 & -2 \end{pmatrix}$
$\begin{pmatrix} 1 & 4 & 3 \\ -1 & 0 & 7 \end{pmatrix}$	$\begin{pmatrix} 13 & -5 \\ -5 & -11 \end{pmatrix}$

$-1 \cdot 5 + 0 \cdot 2 + 7 \cdot 0 = -5$

$$\mathbf{A} \cdot \mathbf{B} = \mathbf{C} = \begin{pmatrix} 13 & -5 \\ -5 & -11 \end{pmatrix}$$

Teil A **Lösen Sie die folgenden Aufgaben ohne Formelsammlung und ohne Taschenrechner.**

1 Berechnen Sie das Produkt aus Matrix und Vektor.

a) $\begin{pmatrix} 4 & 1 & -2 \\ 2 & -1 & 5 \\ 0 & 6 & 3 \end{pmatrix} \cdot \begin{pmatrix} 2 \\ -2 \\ 1 \end{pmatrix}$ b) $\begin{pmatrix} 4 & -5 & 1 \\ 4 & 3 & -2 \end{pmatrix} \cdot \begin{pmatrix} 10 \\ -10 \\ 20 \end{pmatrix}$ c) $\begin{pmatrix} 9 & 0 \\ -2 & 5 \\ 3 & 1 \end{pmatrix} \cdot \begin{pmatrix} 1 \\ 4 \end{pmatrix}$

2 Berechnen Sie das Matrixprodukt.

a) $\begin{pmatrix} 2 & 1 \\ 1 & 3 \end{pmatrix} \cdot \begin{pmatrix} 5 & 10 \\ 3 & 4 \end{pmatrix}$ b) $\begin{pmatrix} 5 & -1 & -2 \\ 2 & 0 & 1 \end{pmatrix} \cdot \begin{pmatrix} 3 & 0 \\ -2 & 1 \\ 5 & 6 \end{pmatrix}$ c) $\begin{pmatrix} 1 & 0 & 0 \\ 0 & 2 & 0 \\ 0 & 0 & 3 \end{pmatrix} \cdot \begin{pmatrix} 4 & -5 & 3 \\ 2 & 8 & 6 \\ 9 & -2 & 1 \end{pmatrix}$

3 Gegeben sind die Matrizen $\mathbf{A} = \begin{pmatrix} 2 & 1 \\ 1 & 3 \end{pmatrix}$ und $\mathbf{B} = \begin{pmatrix} 6 & -3 \\ 1 & 4 \end{pmatrix}$.
Berechnen Sie die Matrixprodukte $\mathbf{A} \cdot \mathbf{B}$ und $\mathbf{B} \cdot \mathbf{A}$. Was fällt auf?

4 Berechnen Sie das Matrixprodukt $\begin{pmatrix} 6 & 21 & 13 \\ 4 & 9 & 16 \\ -8 & -14 & 4 \\ 17 & -23 & 10 \end{pmatrix} \cdot \begin{pmatrix} 0 & 0 & 1 \\ 1 & 0 & 0 \\ 0 & 1 & 0 \end{pmatrix}$. Was fällt auf?

LK **5** Gegeben ist die Matrix $\mathbf{M}$ mit $\mathbf{M} = \begin{pmatrix} a & -\frac{1}{2} \\ 4 & d \end{pmatrix}$. Bestimmen Sie die Parameter a und d so, dass gilt: $\mathbf{M} \cdot \mathbf{M} = \mathbf{M}$

Teil B **Bei der Lösung dieser Aufgaben können Sie die Formelsammlung und den Taschenrechner verwenden.**

6 Schreiben Sie das lineare Gleichungssystem in der Matrix-Vektor-Schreibweise und bestimmen Sie die Lösungsmenge.

a) $\left| \begin{array}{l} x - 2y + 3z = 4 \\ 3x + y - 5z = 5 \\ 2x - 3y + 4z = 7 \end{array} \right|$ b) $\left| \begin{array}{l} 2x - 5y + 3z = 3 \\ 4x - 12y + 8z = 4 \\ 3x + y - 2z = 9 \end{array} \right|$ c) $\left| \begin{array}{l} 3x - y + 2z = 1 \\ 7x - 4y - z = -2 \\ -x - 3y - 12z = -5 \end{array} \right|$

7 Ein Getränkehändler belieferte die Kunden Neugebauer, Möllering und Gundlach mit vier Sorten Wein:

Neugebauer: 10 Kartons der Sorte I;
5 Kartons der Sorte II;
3 Kartons der Sorte IV.
Möllering: 6 Kartons der Sorte I;
15 Kartons der Sorte II;
10 Kartons der Sorte III;
1 Karton der Sorte IV
Gundlach: 20 Kartons der Sorte III;
10 Kartons der Sorte IV.

Die Preise (in € pro Karton) sind durch $P = \begin{pmatrix} 15 \\ 20 \\ 30 \\ 45 \end{pmatrix}$ angegeben.
Schreiben Sie die Auslieferung an die drei Kunden als Matrix und berechnen Sie die zu zahlenden Beträge der Kunden Neugebauer, Möllering und Gundlach jeweils zahlen müssen.

Wahlbereiche

8

▲ *Hier können Sie wahlweise Einblicke in weitere interessante Gebiete der Mathematik erhalten.*

In diesem Kapitel
- untersuchen Sie die Ellipse als einen Spezialfall eines Kegelschnittes;
- lernen Sie numerische Verfahren zum Lösen von Gleichungen kennen;
- arbeiten Sie mit Funktionen, die von zwei Veränderlichen abhängen.▶

8.1 Kegelschnitte

Geometrische Einteilung der Kegelschnitte

Einstieg

Wenn ein Deckenstrahler auf den Boden oder an eine Wand leuchtet, entstehen verschieden geformte Lichtflächen. Beschreiben Sie die möglichen Formen der Flächen je nach Stellung des Deckenstrahlers.

Aufgabe mit Lösung

Schnitt eines Doppelkegels mit einer Ebene

Durch Rotation einer Mantelgeraden eines Kegels um die Kegelachse entsteht ein Doppelkegel.
Alle Mantelgeraden bilden mit der Kegelachse gleich große Winkel. Dieser Winkel α heißt *halber Öffnungswinkel*.
Es gilt: $\alpha < 90°$.
Als Doppelkegel bezeichnet man hier also nur die Mantelfläche des nach beiden Seiten unbegrenzten Gebildes.
Beim Schnitt eines solchen Doppelkegels mit einer Ebene können mehrere Fälle vorkommen.

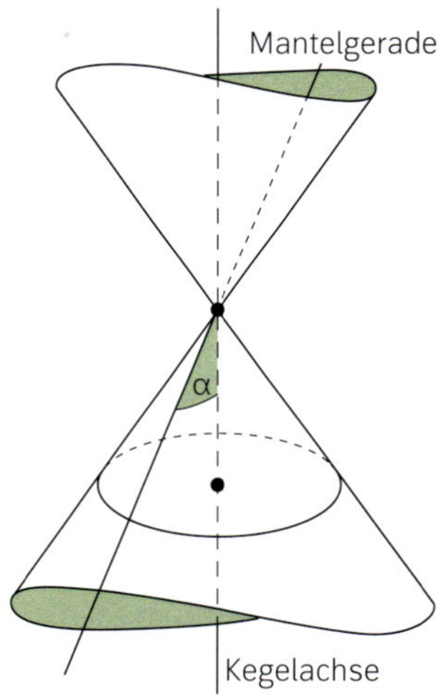

Welche Schnittfigur entsteht, wenn eine Ebene den Kegel schneidet, die parallel zur Mantelgeraden verläuft?

Lösung

Wenn eine Schnittebene parallel zur Mantelgeraden verläuft, dann ist der Winkel β, den die Ebene mit der Kegelachse bildet, genauso groß, wie der Öffnungswinkel α.
Das Schnittbild ist eine Parabel.

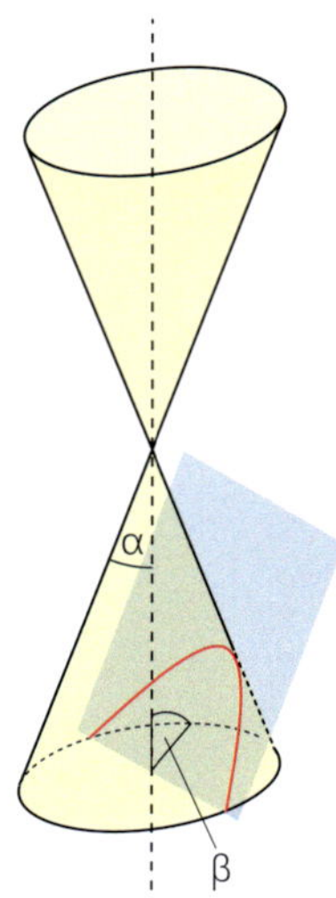

Information

WES-125991-881

Kegelschnitte

Beim Schnitt eines Doppelkegels mit einer Ebene können mehrere Fälle vorkommen. Man muss danach unterscheiden, ob die Ebene die Spitze des Kegels trifft und welchen Winkel β die Ebene mit der Kegelachse bildet:

1. Fall: Die Ebene geht durch die Kegelspitze.

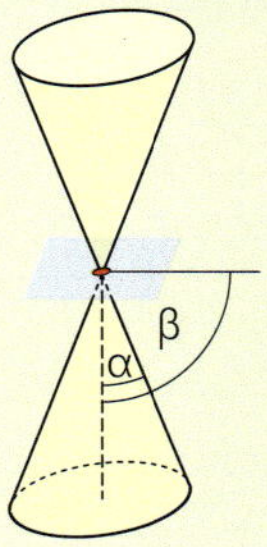

$\alpha < \beta$
Schnitt ist ein Punkt.

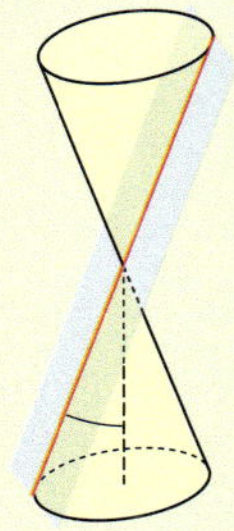

$\alpha = \beta$
Schnitt ist eine Gerade.

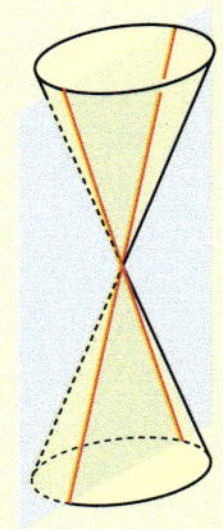

$\alpha > \beta$
Schnitt sind zwei Geraden.

2. Fall: Die Ebene enthält die Kegelspitze nicht.
Es entstehen kurvenförmige Gebilde.

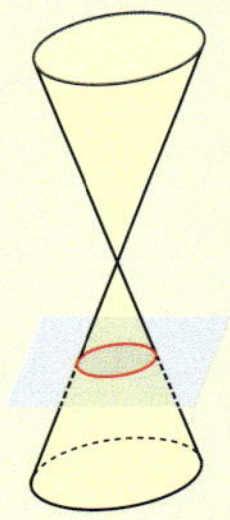

$\beta = 90°$
Die Schnittkurve ist ein Kreis.

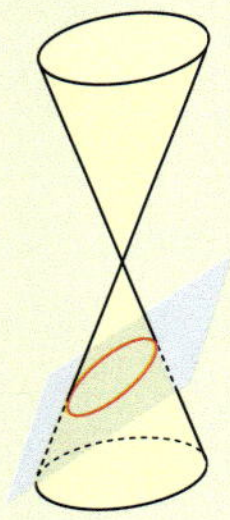

$\alpha < \beta < 90°$
Es ergibt sich eine geschlossene Kurve, eine Ellipse.

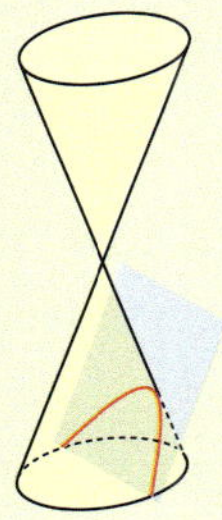

$\alpha = \beta$
Es ergibt sich eine Parabel.

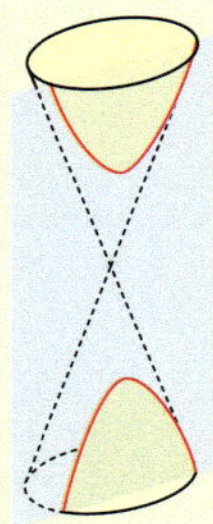

$\alpha > \beta$
Die Ebene schneidet beide Hälften des Doppelkegels und die Schnittkurve besteht aus zwei gebogenen Ästen, es ist eine Hyperbel.

Üben

1 Beschreiben Sie, welche Figuren beim Schnitt einer Kugel mit einer Ebene möglich sind.

2 Eine Ebene schneidet einen Zylinder.
a) Beschreiben Sie die möglichen Schnittfiguren.
b) Schließen Sie aus der räumlichen Symmetrie auf die Symmetrie der ebenen Schnittfigur.

3 Die Abbildung zeigt das Umlegen der Zylinder-Schnittfläche in die Grundrissebene. Der Zylinder ($r = 3\,cm$) wird von einer zur Aufrissebene senkrechten Ebene geschnitten, die zur Grundrissebene um 20° geneigt ist.
Konstruieren Sie den Grundriss.

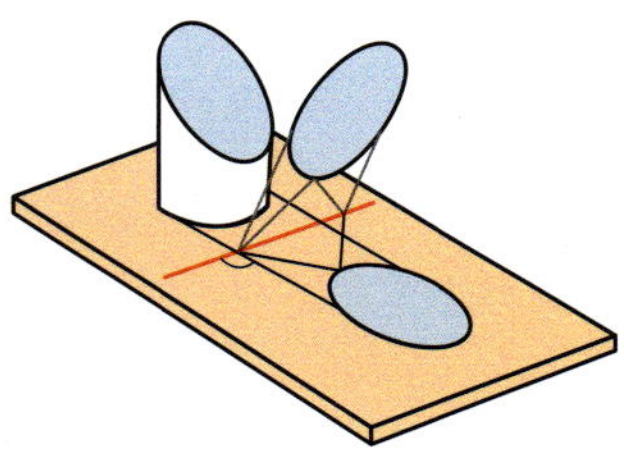

Gleichung der Ellipse

Einstieg

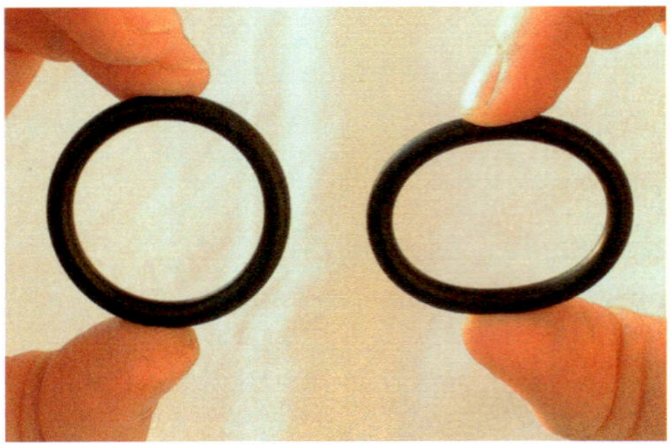

Beim Vergleich einer kreisrunden und einer ellipsenförmigen Kurve sieht man, dass diese durch Streckung oder Stauchung aus dem Kreis hervorgeht. Aus der Sekundarstufe I ist die Streckung von der x-Achse aus in Richtung der y-Achse mit einem Faktor k bekannt:
Die erste Koordinate des Punktes wird beibehalten, die zweite mit k multipliziert.
Aus dem Punkt $P(x|y)$ wird somit der Bildpunkt $P'(x|ky)$.
Zu einem Kreis um den Koordinatenursprung mit einem Radius von 5 Einheiten gehört die Gleichung $x^2 + y^2 = 25$. Dieser Kreis wird mit dem Faktor $\frac{3}{5}$ gestreckt. Untersuchen Sie, welche Gleichung die Ellipse hat, die durch diese Streckung entsteht.

Aufgabe mit Lösung

Gleichung einer Ellipse

Zeichnen Sie einen Kreis mit dem Radius 3 um den Ursprung des Koordinatensystems. Erzeugen Sie daraus durch Streckung von der x-Achse aus mit dem Faktor $\frac{1}{2}$ parallel zur y-Achse eine Ellipse. Erstellen Sie die Gleichung des Kreises und der Ellipse.

Lösung

Aus einem Punkt $P(x|y)$ des Kreises erhält man den Bildpunkt $P'\left(x\middle|\frac{1}{2}y\right)$ auf der Ellipse.
Der Kreis hat die Gleichung $x^2 + y^2 = 9$.
Zerlegt man ihn in einen oberen und einen unteren Halbkreis, so können beide Teile durch Gleichungen für Funktionen beschrieben werden:

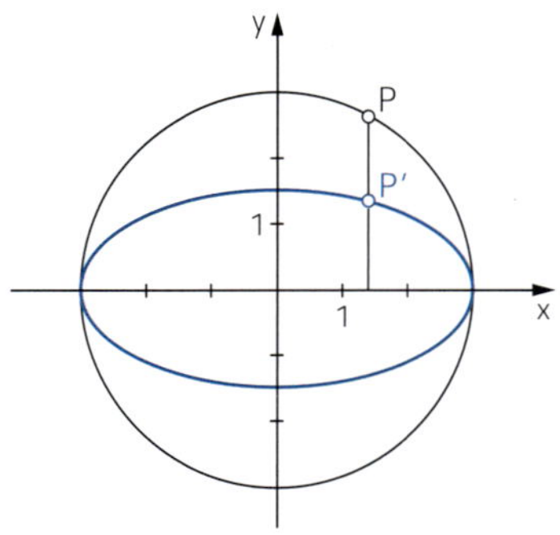

oberer Halbkreis: $y = \sqrt{9 - x^2}$
unterer Halbkreis: $y = -\sqrt{9 - x^2}$

Durch Streckung von der x-Achse aus mit dem Faktor $\frac{1}{2}$ parallel zur y-Achse ergeben sich daraus die Funktionen für die obere bzw. untere Halbellipse mit den Gleichungen:
obere Halbellipse: $y = \frac{1}{2}\sqrt{9 - x^2}$
untere Halbellipse: $y = -\frac{1}{2}\sqrt{9 - x^2}$

Durch Quadrieren beider Gleichungen ergibt sich eine gemeinsame Gleichung:
$y^2 = \frac{1}{4}(9 - x^2)$
umgeformt: $x^2 + 4y^2 = 9$ oder auch: $\frac{x^2}{9} + \frac{y^2}{\frac{9}{4}} = 1$ bzw. $\frac{x^2}{3^2} + \frac{y^2}{\left(\frac{3}{2}\right)^2} = 1$.

Welche Symmetrieeigenschaften weist die entstandene Ellipse auf?

Lösung

Ein Kreis hat unendlich viele Symmetrieachsen. Die Ellipse hat nur noch zwei Symmetrieachsen: die x- und die y-Achse. Alle anderen Geraden durch den Ursprung sind keine Symmetrieachsen. Eine Ellipse ist punktsymmetrisch zum Ursprung.

Dies kann man auch an der Gleichung erkennen.

Eine Ellipse liegt symmetrisch zu den Koordinatenachsen und geht durch die Punkte P (0 | 5) und Q (3 | 0). Ermitteln Sie ihre Gleichung.

Lösung

Diese Ellipse kann aus dem Kreis mit dem Radius 3 um den Koordinatenursprung entstehen. Der Streckungsfaktor ist $\frac{5}{3}$, wie man an den Punkten P (0 | 3) und P'(0 | 5) erkennt. Damit ergeben sich die Gleichungen:

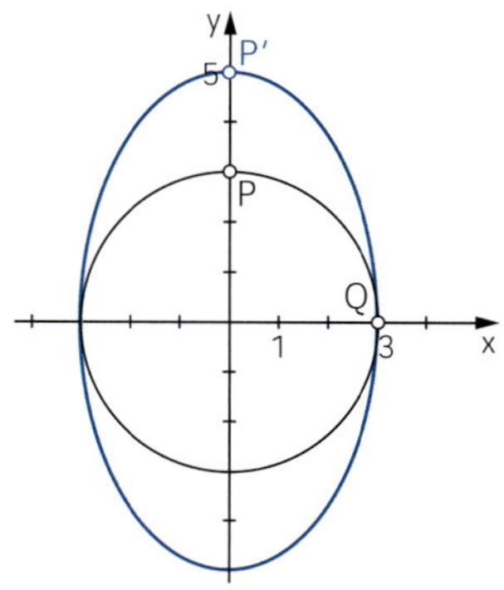

oberer Halbkreis: $y = \sqrt{9 - x^2}$

unterer Halbkreis: $y = -\sqrt{9 - x^2}$

obere Halbellipse: $y = \frac{5}{3}\sqrt{9 - x^2}$

untere Halbellipse: $y = -\frac{5}{3}\sqrt{9 - x^2}$

Beim Quadrieren der Gleichungen ergibt sich: $y^2 = \frac{25}{9}(9 - x^2)$

umgeformt: $x^2 + \frac{9}{25}y^2 = 9$ oder auch: $\frac{x^2}{9} + \frac{y^2}{25} = 1$ bzw. $\frac{x^2}{3^2} + \frac{y^2}{5^2} = 1$.

Information

WES-125991-812

Ellipse

Jede Kurve, die man in einem geeigneten Koordinatensystem durch eine Streckung von der x-Achse aus in Richtung der y-Achse aus einem Kreis erhält, heißt **Ellipse**.

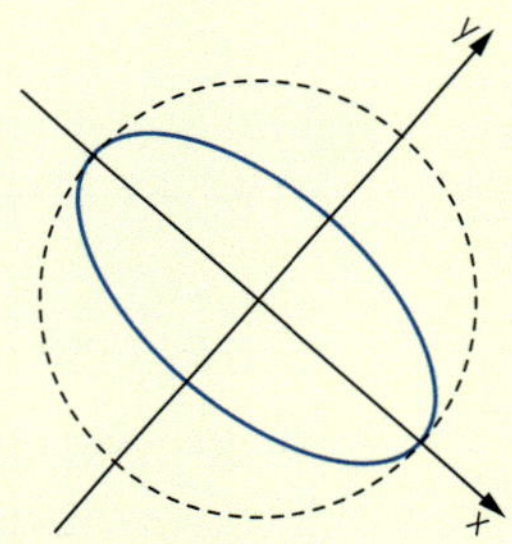

Symmetrieeigenschaften der Ellipse

Jede Ellipse ist achsensymmetrisch zu zwei zueinander orthogonalen Achsen. Weiter ist sie punktsymmetrisch zum Schnittpunkt dieser beiden Achsen. Dieses Symmetriezentrum bezeichnet man auch als **Mittelpunkt der Ellipse**. Die Schnittpunkte der Ellipse mit ihren Symmetrieachsen nennt man auch **Scheitelpunkte**.
Die Verbindungsstrecken vom Mittelpunkt zu den Scheitelpunkten heißen **Halbachsen**.

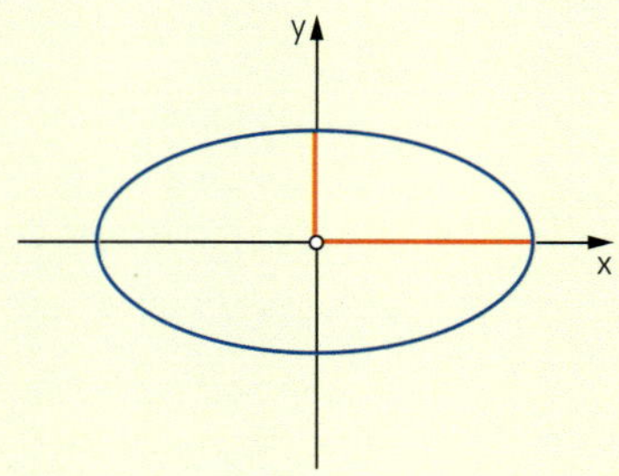

Gleichung einer Ellipse

(1) Eine Ellipse mit dem Mittelpunkt im Koordinatenursprung und einer Halbachse der Länge a auf der x-Achse sowie der zweiten Halbachse der Länge b auf der y-Achse hat die Gleichung $\frac{x^2}{a^2} + \frac{y^2}{b^2} = 1$.

(2) Umgekehrt ist durch jede Gleichung $\frac{x^2}{a^2} + \frac{y^2}{b^2} = 1$ mit $a, b > 0$ eine Ellipse gegeben.

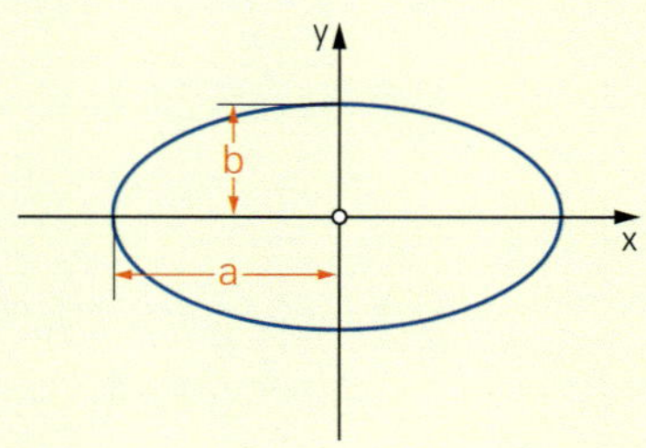

Üben

4 Hier untersuchen Sie, wie Ellipsen aus Kreisen entstehen.

a) Geben Sie Gleichungen folgender Ellipsen mit den Halbachsen der Länge a parallel zur x-Achse und der Länge b parallel zur y-Achse um den Ursprung als Mittelpunkt an:

(1) $a = 3;\ b = 2$ (2) $a = 1;\ b = \frac{1}{2}$ (3) $a = 2;\ b = 4$ (4) $b = 4;\ a = 2$

b) Diese Ellipsen sollen durch eine Streckung von der x-Achse aus parallel zur y-Achse aus einem Kreis erzeugt werden.
Geben Sie eine Gleichung des Kreises und den Streckungsfaktor an.

5 Zeichnen Sie die Ellipse mit der angegebenen Gleichung. Kontrollieren Sie mit dem Rechner.

a) $\frac{x^2}{4} + \frac{y^2}{9} = 1$ **b)** $\frac{x^2}{4} + \frac{y^2}{2} = 1$ **c)** $4x^2 + y^2 = 4$ **d)** $4x^2 + 4y^2 = 1$

Flächeninhalt einer Ellipse

6 Eine Ellipse mit den Halbachsenlängen a und b hat den Flächeninhalt $\mathbf{A = \pi a b}$. Begründen Sie die **Formel für den Flächeninhalt der Ellipse** an der Zeichnung.

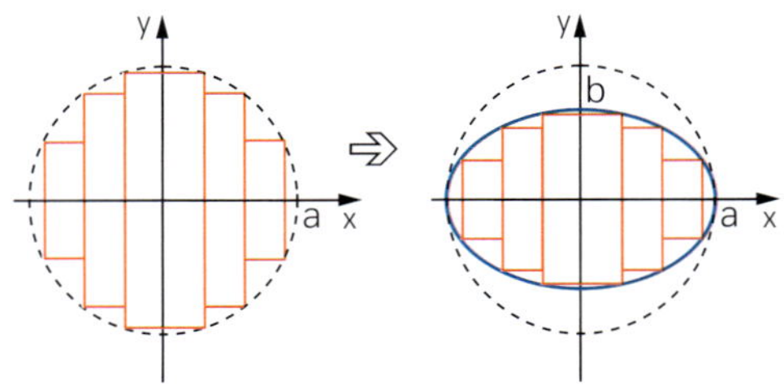

7 Bestimmen Sie den Flächeninhalt der Ellipse mit der angegebenen Gleichung.

a) $\frac{x^2}{9} + \frac{y^2}{16} = 1$ **b)** $\frac{x^2}{4} + y^2 = 1$ **c)** $\frac{x^2}{2} + \frac{y^2}{4} = 1$ **d)** $9x^2 + 3y^2 = 1$

Gleichung einer Ellipse um einen beliebigen Mittelpunkt

Satz

Eine **Ellipse** mit den Halbachsen der Länge a parallel zur x-Achse und der Länge b parallel zur y-Achse um den Mittelpunkt $M(x_M | y_M)$ hat die Gleichung

$$\frac{(x - x_M)^2}{a^2} + \frac{(y - y_M)^2}{b^2} = 1.$$

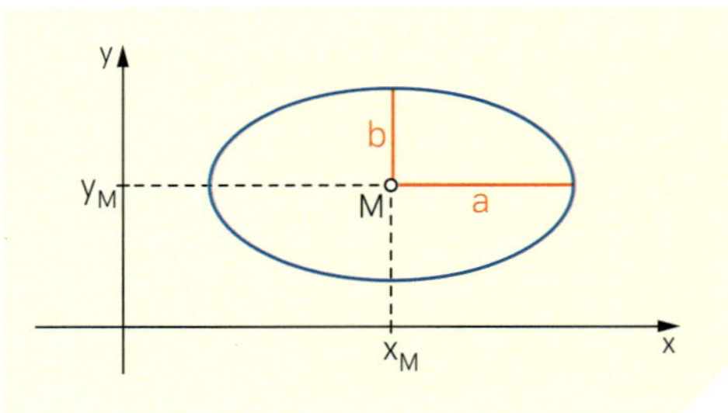

WES-125991-813

8 Begründen Sie den obigen Satz.

9 Verschieben Sie die Ellipse mit der Gleichung $\frac{x^2}{4} + \frac{y^2}{9} = 1$ so, dass $M(-1|5)$ der Mittelpunkt ist. Bestimmen Sie die Gleichung der verschobenen Ellipse.

10 Geben Sie die Gleichungen der Ellipse mit dem Mittelpunkt M und der Halbachse der Länge a parallel zur x-Achse und der Halbachse der Länge b parallel zur y-Achse an.

a) $M(1|5);\ a = 2;\ b = 3$
b) $M(-2|3);\ a = 1;\ b = 4$
c) $M(3|-4);\ a = 2;\ b = 1$
d) $M(-1|-5);\ a = 3;\ b = 2$

Ellipsen als Abstandskurven – Konstruktion

Einstieg

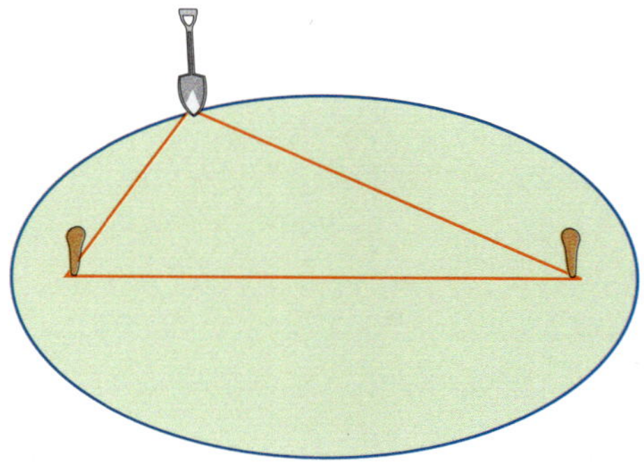

Gärtner erzeugen ellipsenförmige Gartenbeete, indem sie zwei Pflöcke einschlagen und um diese ein geschlossenes Seil legen. Mit einem Stock wird dann das Seil straffgezogen und eine Kurve in die Erde geritzt.
Führen Sie die entsprechende Konstruktion im Heft durch.

Aufgabe mit Lösung

Ellipse als Abstandskurve

Gegeben sind zwei Punkte B_1 und B_2 mit dem Abstand $\overline{B_1B_2} = 2e$ und eine Länge a mit $a > e$.

Auf welcher Kurve liegen alle Punkte X mit der Abstandseigenschaft $\overline{B_1X} + \overline{B_2X} = 2a$?
Wählen Sie ein Koordinatensystem und bestimmen Sie eine Gleichung der Kurve.

Lösung

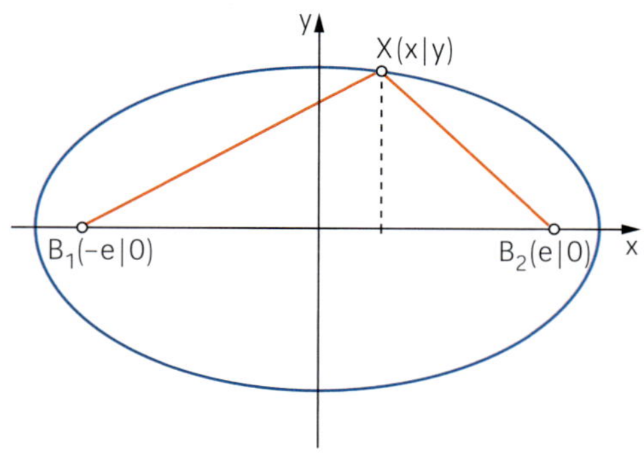

Man legt das Koordinatensystem so, dass die Punkte B_1 und B_2 auf der x-Achse und symmetrisch zur y-Achse liegen. Mit dem Satz des Pythagoras erhält man für die Entfernungssumme:

$$2a = \overline{B_1X} + \overline{B_2X}$$
$$= \sqrt{(e+x)^2 + y^2} + \sqrt{(e-x)^2 + y^2},$$

also: $\sqrt{(e+x)^2 + y^2} = 2a - \sqrt{(e-x)^2 + y^2}$,
und daraus durch Quadrieren:

$$(e+x)^2 + y^2 = 4a^2 - 4a\sqrt{(e-x)^2 + y^2} + (e-x)^2 + y^2.$$

Diese Gleichung lässt sich vereinfachen zu

$$4a\sqrt{(e-x)^2 + y^2} = 4a^2 - 4ex,$$

also: $a\sqrt{(e-x)^2 + y^2} = a^2 - ex$.

Daraus ergibt sich durch erneutes Quadrieren:

$$a^2\left((e-x)^2 + y^2\right) = a^4 - 2a^2ex + e^2x^2$$
$$a^2x^2 - 2a^2ex + a^2e^2 + a^2y^2 = a^4 - 2a^2ex + e^2x^2$$
$$(a^2 - e^2)x^2 + a^2y^2 = a^4 - a^2e^2$$
$$(a^2 - e^2)x^2 + a^2y^2 = a^2(a^2 - e^2)$$
$$\frac{x^2}{a^2} + \frac{y^2}{a^2 - e^2} = 1$$

Wegen $a^2 > e^2$ kann man $a^2 - e^2 = b^2$ setzen und erhält, dass die gesuchte Kurve die Gleichung $\frac{x^2}{a^2} + \frac{y^2}{b^2} = 1$ hat

Es handelt sich also um eine Ellipse.

Untersuchen Sie, ob jede Ellipse diese Abstandseigenschaft?

Lösung

Eine beliebige Ellipse hat in einem geeigneten Koordinatensystem die Gleichung
$\frac{x^2}{a^2} + \frac{y^2}{b^2} = 1$.

Da man die Achsenbezeichnungen vertauschen kann, kann man ohne Einschränkung $b^2 \leq a^2$ annehmen. Man setzt dann $e^2 = a^2 - b^2$ und ermittelt die Punkte $B_2(e|0)$ und $B_1(-e|0)$.

Rechnen Sie nach: Die Abstandskurve zu diesen beiden Punkten und zur Länge $2a$ hat dann dieselbe Gleichung wie die vorgegebene Ellipse, fällt also mit ihr zusammen. Also besitzt jede Ellipse diese Abstandseigenschaft.

Information

WES-125991-814

Satz

(1) Gegeben sind zwei Punkte B_1 und B_2 *(Brennpunkte)* mit dem Abstand $\overline{B_1B_2} = 2e$ sowie eine Länge $2a > 2e$. Alle Punkte X mit derselben Abstandssumme $\overline{B_1X} + \overline{B_2X} = 2a$ bilden dann eine Ellipse mit den Halbachsenlängen a und $\sqrt{a^2 - e^2}$.

(2) Umgekehrt lässt sich jede Ellipse auf diese Weise erzeugen.
Insbesondere hat die Ellipse $\frac{x^2}{a^2} + \frac{y^2}{b^2} = 1$ mit $b^2 \leq a^2$ die Brennpunkte $B_1\left(-\sqrt{a^2 - b^2}\,|\,0\right)$ und $B_2\left(\sqrt{a^2 - b^2}\,|\,0\right)$.

(1) Brennpunktabstand 12, also $e = 6$ und der Länge $2a = 20$ hat Halbachsenlängen $a = 10$ und $b = \sqrt{10^2 - 6^2} = 8$.
Ellipsengleichung $\frac{x^2}{10^2} + \frac{y^2}{8^2} = 1$.

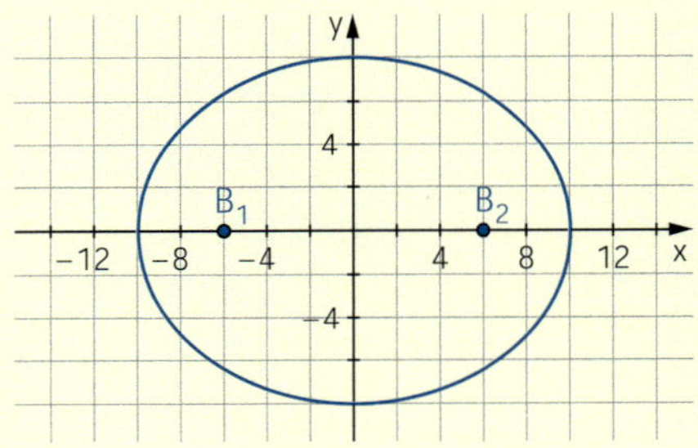

(2) $\frac{x^2}{5^2} + \frac{y^2}{3^2} = 1$ hat die Länge $2a = 10$ und den Brennpunktabstand $2e = 2\sqrt{5^2 - 3^2} = 8$.

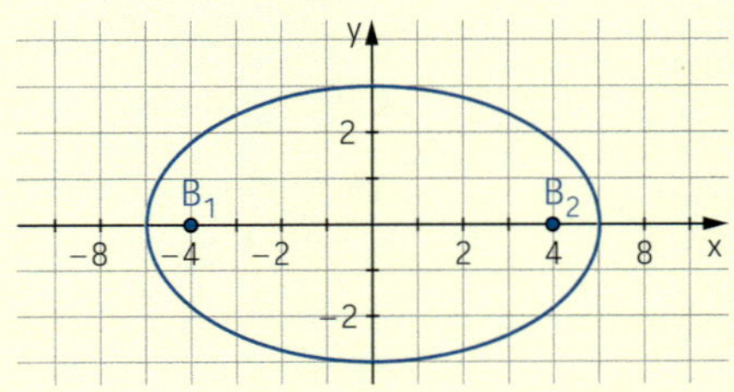

Üben

11 Zeichnen Sie zwei Punkte B_1 und B_2 mit dem Abstand $\overline{B_1B_2} = 4\,\text{cm}$. Zeichnen Sie dann sowohl um B_1 als auch um B_2 Kreise mit den Radien 0,5 cm; 1 cm; 1,5 cm; ...; 5 cm. Markieren Sie alle Schnittpunkte X der Kreise, für die gilt:

a) $\overline{B_1X} + \overline{B_2X} = 5\,\text{cm}$ **b)** $\overline{B_1X} + \overline{B_2X} = 6\,\text{cm}$

12 ≡ Auf welchen Kurven laufen die Rolle und der Sitz bei einer Spielplatzseilbahn?

13 ≡ Zeichnen Sie eine Ellipse mit den Brennpunkten B_1 und B_2 sowie der Entfernungssumme $2a$, für die gilt:

a) $\overline{B_1B_2} = 5\,\text{cm};\ 2a = 6\,\text{cm}$

b) $\overline{B_1B_2} = 3\,\text{cm};\ 2a = 6\,\text{cm}$

Geben Sie auch die Gleichung der Ellipse an.

14 ≡ JOHANNES KEPLER (1571 – 1630) entdeckte anhand der zahlreichen Messdaten von TYCHO BRAHE (1546 – 1601), dass der Planet Mars sich auf einer Ellipse bewegt, deren einer Brennpunkt im Mittelpunkt der Sonne liegt. Auch alle anderen Planeten bewegen sich auf solchen Ellipsenbahnen um die Sonne.

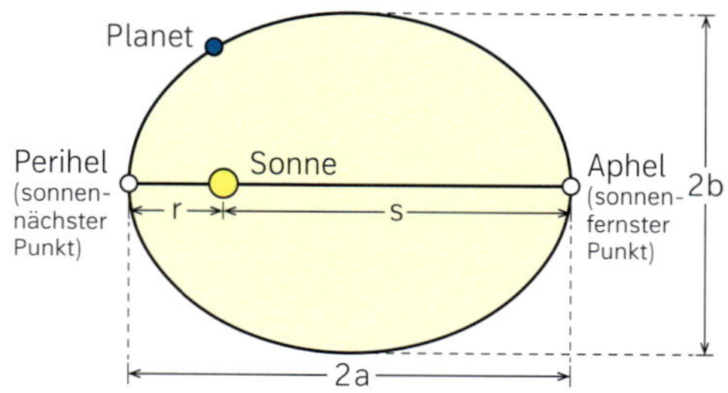

a) Beweisen Sie für die Halbachsenlängen a, b und die Perihel- bzw. Apheldistanz r bzw. s die Formeln $a = \frac{r+s}{2}$, $b = \sqrt{r \cdot s}$.

b) Die Entfernung der Planeten von der Sonne wird häufig in astronomischen Einheiten (AE) angegeben.
1 AE = 149,6 Millionen km ist die durchschnittliche Entfernung der Erde von der Sonne.
In Zeichnungen des Sonnensystems werden die Planetenbahnen oft kreisförmig dargestellt.
Überprüfen Sie, ob das eine zulässige Näherung ist. Berechnen Sie dazu jeweils die Halbachsenlängen der Ellipsen.

Planet	Periheldistanz r (in AE)	Apheldistanz s (in AE)
Merkur	0,31	0,47
Venus	0,72	0,73
Erde	0,98	1,02
Mars	1,38	1,67
Jupiter	4,95	5,45
Saturn	9,01	10,07
Uranus	18,29	20,07
Neptun	29,79	30,31

c) Der HALLEY'sche Komet ist möglicherweise der „Stern von Bethlehem“. Er umläuft die Sonne auf einer Ellipse mit Periheldistanz 0,59 AE und Apheldistanz 35 AE. Berechnen Sie auch für diese Ellipse die Halbachsenlängen und zeichnen Sie die Umlaufbahnen von Erde, Uranus und HALLEY'schem Komet in einer gemeinsamen Zeichnung.

8.2 Numerische Verfahren zum Lösen von Gleichungen

Grafisches Lösungsverfahren

Einstieg

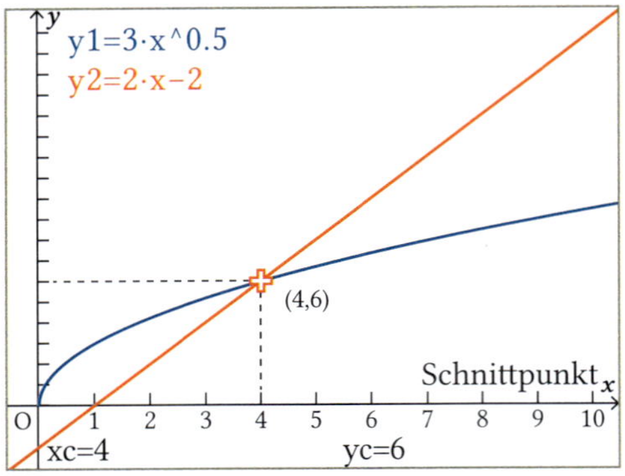

Leon hat die Gleichung $3\sqrt{x} = 2x - 2$ mit seinem Rechner gelöst.
Er erhält die Lösung $x = 4$.
Erläutern Sie, wie er dabei vorgegangen ist und warum er sicher sein kann, dass er alle Lösungen gefunden hat.
Bringen Sie die Gleichung in eine andere Form, für die ein Lösungsverfahren bekannt ist und überprüfen Sie damit das Ergebnis von Leon.

Aufgabe mit Lösung

Eine Gleichung durch Bestimmung eines Schnittpunktes lösen

Martin und Lisa planen, gemeinsam den Motorradführerschein zu machen. Martin hat sich ein Sparschwein zugelegt und will von heute an jeden Tag einen Euro sparen. Lisa hat schon 600 € gespart und möchte dies Geld so lange anlegen, bis beide denselben Betrag gespart haben. Ihre Bank bietet ihr auf einem Tagesgeldkonto einen Zinssatz von 1,2 % pro Jahr.

Nach welcher Zeit haben Martin und Lisa denselben Betrag gespart?

Lösung

Für die Berechnung der Sparbeträge ergeben sich folgende Terme:
Lisa: $600 \cdot 1{,}012^x$; Martin: $365x$; wobei ist x die Zeit in Jahren ist.
Die Zeit, nach welcher die Sparbeträge übereinstimmen, ergibt sich als Lösung der Gleichung $600 \cdot 1{,}012^x = 365x$.
Diese Gleichung lässt sich nicht nach x umstellen. Um die Gleichung dennoch zu lösen, kann man ein grafisches Lösungsverfahren anwenden.
Die Graphen zu f_1 und f_2 mit $f_1(x) = 600 \cdot 1{,}012^x$ und $f_2(x) = 365x$ werden mit einem Rechner gezeichnet und die Schnittpunkte bestimmt.

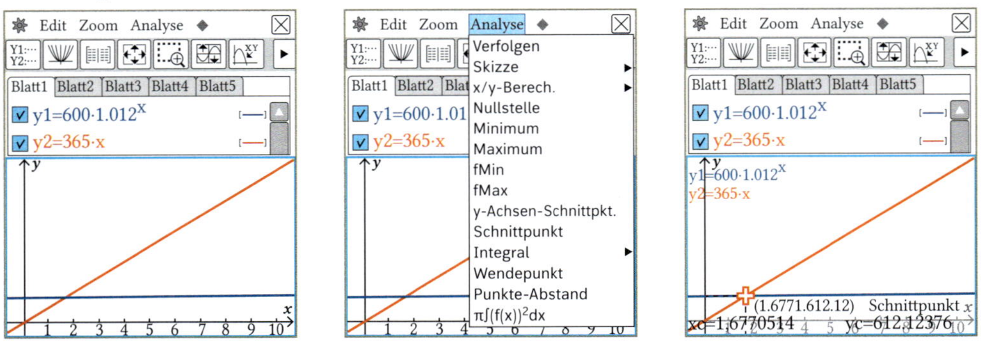

Als eine Lösung ergibt sich $x_1 \approx 1{,}67705$. Nach ungefähr 1,67705 Jahren, also 612 Tagen stimmen beide Beträge überein. Lisa und Martin haben dann jeweils etwa 612 € gespart.

Information

WES-125991-821

Grafisches Lösen einer Gleichung

Die Terme auf der linken Seite und der rechten Seite der Gleichung können jeweils als Funktionsterm aufgefasst werden. Mithilfe eines Rechners kann man die Graphen beider Funktionen zeichnen und näherungsweise deren Schnittpunkte bestimmen.
Die x-Koordinaten aller Schnittpunkte ergeben die Lösungsmenge der Gleichung.

Für $\sin(x) = (x-2)^4$ setzt man
$f_1(x) = \sin(x)$ und $f_2(x) = (x-2)^4$.

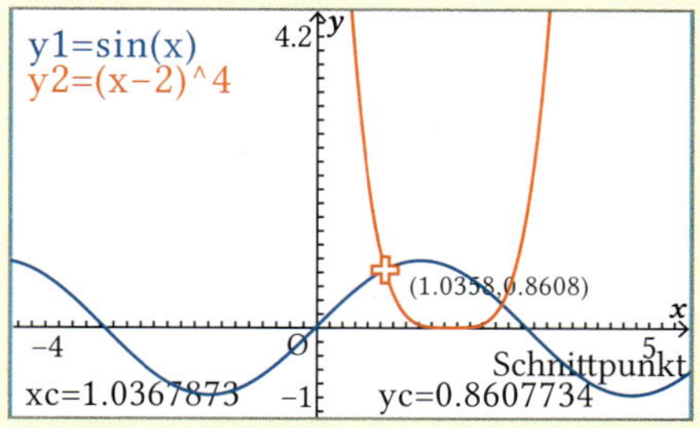

Näherungslösung: $L = \{1{,}04;\ 0{,}86\}$

Üben

1 Ermitteln Sie die Lösungen der Gleichung $\ln(x) = \sin(x)$.

2 Ermitteln Sie ohne Rechner einen Näherungswert für die angegebene Gleichung. Kontrollieren Sie mit dem Rechner.

a) $-\sqrt{x+1} = 5 - x^2$ **b)** $\cos(x) - 1 = -2x$

3 Ermitteln Sie mithilfe eines grafischen Lösungsverfahrens einen Näherungswert für $\sqrt[3]{5}$.
Hinweis: Nutzen Sie dazu die Potenzfunktion $f(x) = x^3$.

4 Verlängert man ein Fadenpendel um 20 cm, so vergrößert sich die Schwingungsdauer T um 0,212 s.
Ermitteln Sie die ursprüngliche Länge l des Pendels.

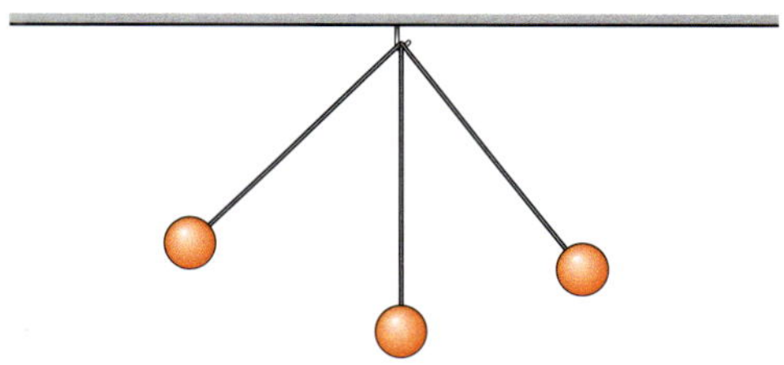

Die Schwingungsdauer eines Fadenpendels berechnet man mit $T = 2\pi\sqrt{\frac{l}{g}}$.

5 Ein Güterzug fährt um 8.20 Uhr von Chemnitz ab in Richtung Flöha.
Er beschleunigt 14 Minuten lang mit $0{,}04\,\frac{m}{s^2}$.
Ein entgegenkommender Regionalexpress durchfährt zur gleichen Zeit die 13 km entfernte Stadt Flöha mit einer konstanten Geschwindigkeit von $120\,\frac{km}{h}$.

$s(t) = \frac{a}{2}t^2$

a) Zeichnen Sie ein entsprechendes Weg-Zeit-Diagramm.

b) Ermitteln Sie grafisch, in welcher Entfernung von Chemnitz aus sich beide Züge treffen. Geben Sie auch die Uhrzeit an.

c) In welchem zeitlichen Abstand passieren die Züge den 9 km von Chemnitz aus in Richtung Flöha entfernten Bahnhof Niederwiesa?

d) Mit welcher Geschwindigkeit müsste der Regionalexpress fahren, damit sich beide Züge in Niederwiesa treffen würden?

Intervallhalbierungsverfahren

Einstieg

x	f(x)
1	−23
2	2
(1 + 2) : 2 = 1,5	−13,125
(1,5 + 2) : 2 = 1,75	−6,26563
(1,75 + 2) : 2 = 1,875	−2,31445
(1,875 + 2) : 2 = 1,9375	−0,203369
(1,9375 + 2) : 2 = 1,96875	0,886688
(1,9375 + 1,96875) : 2 = 1,953125	0,338764
(1,9375 + 1,953125) : 2= 1,9453125	0,066975
(1,9375 + 1,9453125) : 2 = 1,9414063	−0,068375
(1,9414063 + 1,9453125) : 2 = 1,9433594	−0,000745

Luise hat nur einen einfachen Taschenrechner und versucht damit eine Nullstelle der Funktion f mit $f(x) = x^3 + 6x^2 - 30$ näherungsweise zu bestimmen. Erläutern Sie, wie Luise dabei vorgegangen ist und verallgemeinern Sie das Verfahren.

Aufgabe mit Lösung

Durch Intervallhalbierung eine Nullstelle näherungsweise bestimmen

Es soll die Nullstelle der Funktion f mit $f(x) = \sqrt{\frac{30}{x+6}} - x$ näherungsweise ermittelt werden.

→ Begründen Sie: Weil $f(-1) > 0$ und $f(4) < 0$ sind, liegt zwischen $x_1 = -1$ und $x_2 = 4$ eine Nullstelle.

Lösung

Die Funktion f ist für alle Werte von x, die größer als −6 sind, definiert.
Aus der Rechnung $f(-1) \approx 3{,}45$ und $f(4) \approx -2{,}27$ oder anhand des Graphen erkennt man:
Der Punkt $P(-1 \mid f(-1))$ liegt oberhalb der x-Achse, der Punkt $Q(4 \mid f(4))$ liegt unterhalb der x-Achse.
Zwischen diesen beiden Punkten scheidet der Graph von f die x-Achse.

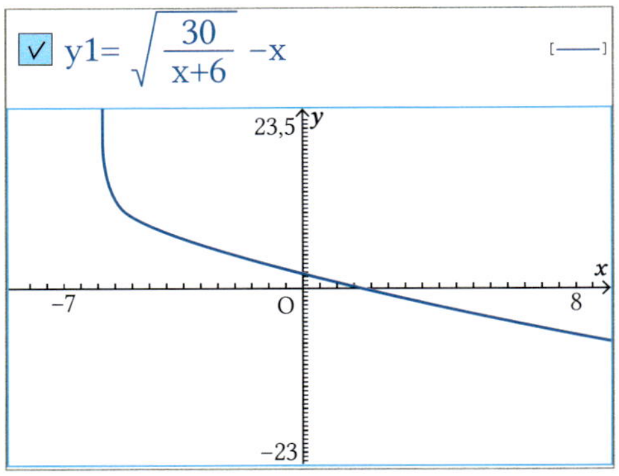

→ Berechnen Sie das arithmetische Mittel x_3 von x_1 und x_2 und bestimmen Sie den Funktionswert an der Stelle x_3. Liegt die Nullstelle von f zwischen x_1 und x_3 oder zwischen x_3 und x_2?

Lösung

Für das arithmetische Mittel x_3 von $x_1 = -1$ und $x_2 = 4$ gilt:
$x_3 = \frac{x_1 + x_2}{2} = \frac{-1+4}{2} = 1{,}5$.
Weil $f(1{,}5) = 0{,}5$ ist, liegt der Punkt $R(1{,}5 \mid f(1{,}5))$ oberhalb der x-Achse.
Der Graph schneidet zwischen R und Q die x-Achse:
Die Nullstelle muss also zwischen 1,5 und 4 liegen.

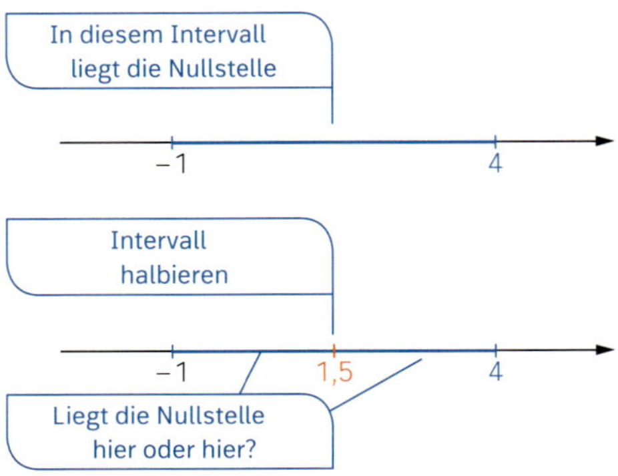

Verfahren Sie analog zu vorherigen Teilaufgabe, um zu einer noch besseren Näherung für die Nullstelle zu kommen.

Lösung

Man berechnet nun das arithmetische Mittel zwischen 1,5 und 4 und erhalten $x_4 = 2{,}75$. Weil $f(2{,}75) \approx -0{,}9$ negativ ist, liegt der Punkt $S(2{,}75 \mid f(2{,}75))$ unterhalb der x-Achse. Die Nullstelle muss somit im Intervall $[1{,}5;\ 2{,}75]$ liegen.

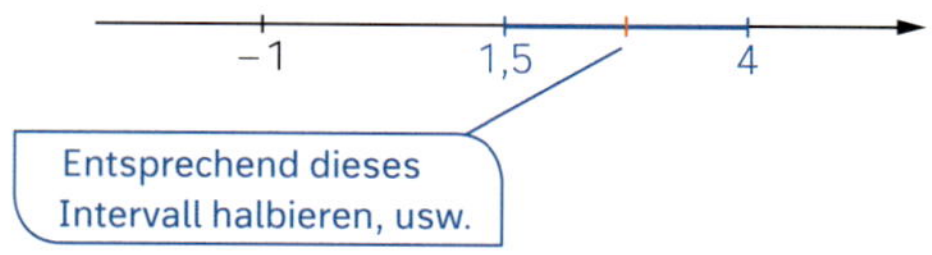

Das arithmetische Mittel von 1,5 und 2,75, also $x_5 = 2{,}125$, ist bereits eine gute Näherung für die Nullstelle.

Die weiteren Schritte lassen sich gut in einer Tabelle zusammenfassen:

untere Näherungszahl	obere Näherungszahl	Mittelwert	f (Mittelwert)	Differenz der Näherungszahlen
−1	4	1,5	0,5	5
1,5	4	2,75	≈ −0,9	2,5
1,5	2,75	2,125	≈ −0,2	1,25
1,5	2,125	1,8125	≈ 0,1	0,625
1,8125	2,125	1,96875	≈ −0,03	0,3125
1,8125	1,96875	1,890625	≈ 0,05	0,15625
1,890625	1,96875	1,9296875	≈ 0,02	0,078125
1,9296875	1,96875	1,94921875	≈ −0,0065	0,0390625

Ergebnis: Die gesuchte Nullstelle ist ungefähr 1,95...

Information

WES-125991-822

Intervallhalbierungsverfahren

Gegeben ist eine Funktion f mit einem durchgehenden Graphen über dem Intervall $[x_1;\ x_2]$.
Wenn $f(x_1) > 0$ und $f(x_2) < 0$ oder umgekehrt, dann liegt mindestens eine Nullstelle von f in $[x_1;\ x_2]$.

Kennt man ein solches Intervall, so kann man das Intervall halbieren, indem man die Intervallmitte $x_3 = \frac{x_1 + x_2}{2}$ bestimmt. Danach prüft man, ob $f(x_3)$ positiv oder negativ ist und entscheidet, in welchem der Intervalle $[x_1;\ x_3]$ oder $[x_3;\ x_2]$ die Nullstelle liegt. Anschließend wiederholt man das Verfahren, bis man die gewünschte Genauigkeit erreicht hat. Das Verfahren wird auch **Bisektionsmethode** genannt.

$f(x) = 0{,}9^x + \frac{20}{x}$

1. Intervall: [−8; −9]

$f(-8) = -0{,}176943 < 0$

$f(-9) = 0{,}358953 > 0$

$f(-8{,}5) = 0{,}095776 > 0$

2. Intervall: [−8; −8,5]

$f(-8{,}25) = -0{,}039182 < 0$

3. Intervall: [−8,25; −8,5]

$f(-8{,}375) = 0{,}028619 > 0$

4. Intervall: [−8,25; −8,375]

$f(-8{,}3125) = -0{,}005198 < 0$

5. Intervall: [−8,3125; −8,375]

$f(-8{,}34375) = 0{,}011731 > 0$

6. Intervall: [−8,3125; −8,34375]

$f(-8{,}328125) = 0{,}003272$

Näherungswert für die Nullstelle:

$x \approx -8{,}328$

Üben

6 Gegeben ist die Funktion f mit $f(x) = x^3 - 5x^2 + 8x - 4$.

a) Bestimmen Sie alle Nullstellen der Funktion f.

b) Eine Nullstelle kann nicht mit dem Intervallhalbierungsverfahren bestimmt werden. Erläutern Sie, woran das liegt.

7 Gegeben ist die Funktion f durch $f(x) = x^4 - 6x^3 + 20x$.

a) Begründen Sie: 0 ist eine Nullstelle von f.

b) Begründen Sie, dass in den Intervallen $[-2; -1]$, $[1; 4]$, $[4; 6]$ weitere Nullstellen liegen

c) Bestimmen Sie die Nullstellen in den Intervallen mithilfe des Intervallhalbierungsverfahrens mit einer selbst gewählten Genauigkeit.

8 Bestimmen Sie mithilfe des Intervallhalbierungsverfahrens näherungsweise die Lösung der Gleichung. **a)** $\sqrt{x^3 + 10} = -x^2 + 10$ **b)** $x^2 - 2 = \cos(x)$

9 Die Funktion f mit $f(x) = x^4 - 7x - 5$ hat zwei Nullstellen; eine liegt im Intervall $[1; 2{,}2]$, die andere im Intervall $[-1; 0]$. Beide sollen mithilfe des Intervallhalbierungsverfahrens angenähert werden.

a) Wie lang ist das Intervall, in dem sich die positive Nullstelle nach 5 Schritten des Intervallhalbierungsverfahrens befindet?

b) Wie viele Schritte muss man durchführen, damit das Intervall für die negative Nullstelle eine Länge von höchstens 0,001 hat?

10 Gegeben ist die Funktion f mit $f(x) = 0{,}2^x + \frac{3}{x}$

a) Begründen Sie, dass f im Intervall $[-2; 0]$ eine Nullstelle hat.

b) Bestimmen Sie die Nullstelle im Intervall $[-2; 0]$ mithilfe des Intervallhalbierungsverfahrens auf Tausendstel genau.

11 Gegeben ist der abgebildete Graph einer Funktion f über dem Intervall $[0; 4]$ mit den Nullstellen $x_1 = 1$, $x_2 = 1{,}5$ und $x_3 = 3$.

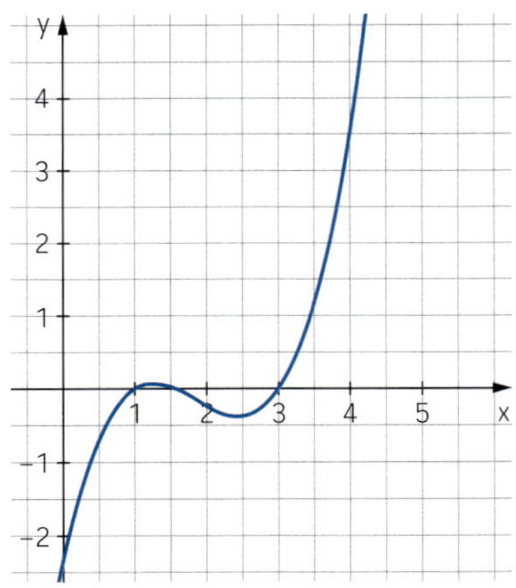

a) Leon kennt den Funktionsterm der abgebildeten Funktion f, aber er kennt nicht den Graphen. Er möchte mithilfe des Intervallhalbierungsverfahrens näherungsweise eine Nullstelle bestimmen. Leon beginnt das Verfahren mit dem Intervall $[0; 4]$. Untersuchen Sie, welche Nullstelle Leon erhält. Was fällt auf?

b) Untersuchen Sie, welchen Näherungswert Leon erhält, wenn er mit dem Intervall $[2{,}5; 3{,}4]$ startet. Geben Sie vier weitere Intervalle an, in denen die Nullstelle liegt. Was ist hier im Vergleich zu Teilaufgabe a) anders?

c) Geben Sie ein Startintervall für das Intervallhalbierungsverfahren an, bei dem man exakt die Nullstelle 1,5 erhält.

Das Newton-Verfahren

Isaac Newton
(*1643, †1727)

Eine Idee von Newton

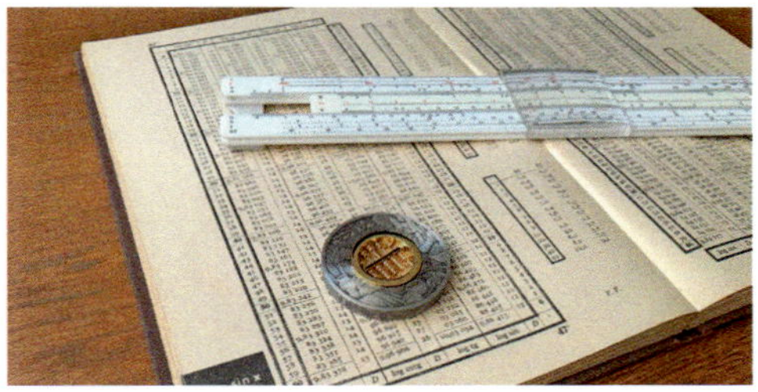

Noch bis Mitte der 70er-Jahre des 20. Jahrhunderts waren Rechenschieber und Tafelwerk selbstverständliche Hilfsmittel im Mathematikunterricht bis zum Abitur.
Heute benutzt man statt eines Rechenschiebers Taschenrechner, grafikfähige Taschenrechner oder Computer-Algebra-Systeme, um z. B. die dritte Wurzel aus einer Zahl zu ziehen oder um die Nullstellen einer Funktion zu bestimmen.
Solche modernen Rechner benutzen intern unterschiedliche mathematische Näherungsverfahren, von denen einige schon seit mehr als zweihundert Jahren bekannt sind.
Die folgende Idee eines Näherungsverfahrens kann auf Isaac Newton (1643 – 1727) zurückgeführt werden.

Information

Newton-Verfahren

Gegeben ist ein Näherungswert x_1 für die Nullstelle einer Funktion f. Die Tangente an den Graphen von f an der Stelle x_1 schneidet die x-Achse an der Stelle x_2.
Die Stelle x_2 ist oft ein besserer Näherungswert für die Nullstelle von f als die Stelle x_1.

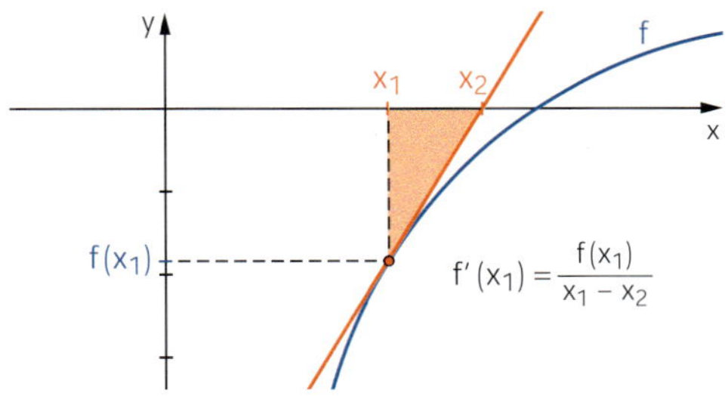

Wiederholte Anwendung des Verfahrens

Von der Funktion f mit $f(x) = 0{,}1x^3 - 1{,}8x^2 + 7x - 6$ wurde durch Probieren $x_1 = 1$ als erste Näherung für eine Nullstelle von f gefunden. Nutzt man die obige Idee, so ergibt sich aus dem Anstieg der Tangente $f'(x_1) = \frac{f(x_1)}{x_1 - x_2}$ durch Umstellen: $x_2 = x_1 - \frac{f(x_1)}{f'(x_1)}$
Man kann somit aus dem Funktionswert $f(x_1)$, dem Funktionswert der Ableitung $f'(x_1)$ und dem Wert $x_1 = 1$ einen besseren Näherungswert x_2 für die Nullstelle bestimmen.

Mit $f'(x) = 0{,}3x^2 - 3{,}6x + 7$ ergibt sich: $x_2 = 1 - \frac{-0{,}7}{3{,}7} \approx 1{,}1892$

- Man kann nun das Verfahren mit x_2 wiederholen und erhält:
  $x_3 = x_2 - \frac{f(x_2)}{f'(x_2)}$, also $x_3 \approx 1{,}1892 - \frac{-0{,}053}{3{,}1431} \approx 1{,}2061$
- Wiederholt man das Verfahren erneut, so ergibt sich:
  $x_4 = x_3 - \frac{f(x_3)}{f'(x_3)}$, also $x_4 \approx 1{,}2061 - \frac{-0{,}0003}{3{,}0944} \approx 1{,}2062$
- Allgemein erhält man aus einem Näherungswert x_n wie folgt einen besseren Näherungswert x_{n+1}: $x_{n+1} = x_n - \frac{f(x_n)}{f'(x_n)}$

Dazu muss man allerdings die Funktionswerte $f(x_n)$ und $f'(x_n)$ berechnen. Dies wird einfacher, wenn man das Verfahren auf einen Rechner überträgt.

Rekursive Vorschrift für das Newton-Verfahren:
$x_{n+1} = x_n - \frac{f(x_n)}{f'(x_n)}$

NEWTON-Verfahren mit einem Taschenrechner

1 Gesucht wird eine Nullstelle der Funktion g mit $g(x) = x^3 - 2x - 5$.
Es gilt: $g'(x) = 3x^2 - 2$.
Max hat mithilfe seines Taschenrechners $x = 2{,}094551482$ als Näherung für eine Nullstelle mit dem NEWTON-Verfahren bestimmt.
Erläutern Sie, wie Max dabei mit dem Taschenrechner vorgegangen ist.
Überprüfen Sie sein Ergebnis.

define $f(x) = x - \frac{x^3 - 2x - 5}{3x^2 - 2}$	done
f(2.5)	2.164179104
f(2.164179104)	2.097135356
f(2.097135356)	2.094555232
f(2.094555232)	2.094551482
f(2.094551482)	2.094551482

Nullstellen mithilfe des NEWTON-Verfahrens näherungsweise bestimmen

2 Bestimmen Sie näherungsweise die Nullstelle der Funktion im angegebenen Intervall, indem Sie das NEWTON-Verfahren dreimal anwenden.

a) $f(x) = x^3 + 2x - 2$; [0; 2]
b) $f(x) = x^5 - x + 6$; [−1; −2]
c) $f(x) = -x^3 + 4x^2 - 1$; [3; 5]
d) $f(x) = x^3 - 3x^2 + 3x - 1$; [0; 4]
e) $f(x) = \sin(2x) - x$; [0,6; 1,4]
f) $f(x) = -\cos(x) + 2x$; [0; 2]

Nicht immer liefert das NEWTON-Verfahren bessere Näherungswerte

3 Hier werden Beispiele untersucht, bei den das Newton-Verfahren nicht funktioniert.

a) Führt man das NEWTON-Verfahren für die Funktion f mit $f(x) = x^3 - 2x + 2$ mit dem Startwert 1 oder mit dem Startwert 0 durch, so erhält man keine besseren Näherungswerte. Die Abbildung macht deutlich, woran das liegt.
Auch Startwerte, die nahe bei 1 oder 0 liegen, führen zu keiner besseren Näherung.
Erläutern Sie, welcher Effekt bei diesem Beispiel auftritt und wieso das NEWTON-Verfahren scheitert.

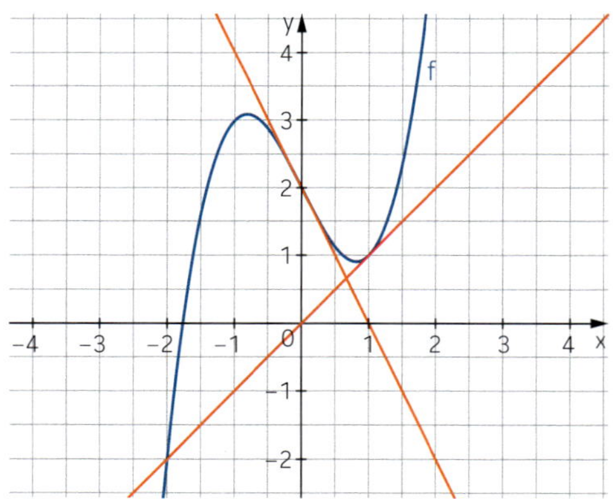

b) Führen Sie mit dem Rechner das NEWTON-Verfahren für die Funktion f mit $f(x) = (x - 3)^2$ und einem beliebigen Startwert durch. Erläutern Sie, warum der Rechner zu keinem Ergebnis gelangen kann.

4 Skizzieren Sie den Graphen der Funktion f mit $f(x) = \frac{1}{20} \cdot (x^4 - 13x^3 + 51x^2 - 67x + 38)$ auf Karopapier. Ermitteln Sie dann mit dem Newton-Verfahren Startwerte, die zur
(1) linken Nullstelle führen, (2) rechten Nullstelle führen, (3) keiner Nullstelle führen.
Überprüfen Sie Ihre Überlegungen mit einem Rechner.
Markieren Sie abschließend auf der x-Achse das vermutliche „Einzugsgebiet" der linken Nullstelle in Rot und das der rechten in Blau.

8.3 Funktionen mit zwei Veränderlichen

Einstieg

Gegeben ist die Funktionenschar f_t mit
$f_t(x) = (x - t)^2$
mit dem Parameter t und der Variablen x, beide aus dem Bereich der reellen Zahlen.

- Zeichnen Sie für verschiedene Parameterwerte von t die Graphen zu f_t in einem Koordinatensystem.
- Man kann die Funktionenschar auch als eine Funktion mit zwei Veränderlichen deuten, bei der jedem Zahlenpaar $(x \mid t)$ mit reellen Zahlen x und t eindeutig die positive reelle Zahl $(x - t)^2$ zugeordnet wird: $(x \mid t) \mapsto (x - t)^2$
  Erstellen Sie eine Wertetabelle zu dieser Funktion.
- Wenn man zu der x-Achse und der y-Achse noch eine dritte Achse für t ergänzt, wie bei einem räumlichen Koordinatensystem, so erhält man nebenstehenden Bildausschnitt des Funktionsgraphen.

Untersuchen Sie, wie die fehlenden Koordinatenachsen in diesem Bild verlaufen müssen.

Aufgabe mit Lösung

Terme von Funktionen mit zwei Veränderlichen

Terme von Funktionen mit zwei Veränderlichen sind uns schon mehrfach im Mathematikunterricht begegnet. Allerdings wurden diese Terme nicht unbedingt als Funktionen gedeutet.

→ Bestimmen Sie eine Funktion, den Seitenlängen eines Rechteck den Flächeninhalt zuordnet.

Lösung

Wenn man den Flächeninhalt eines Rechtecks mit den Seitenlängen a und b bestimmt, benutzt man die Formel $A = a \cdot b$.
Jedem Zahlenpaar $(a \mid b)$ mit positiven reellen Zahlen a und b wird dabei eindeutig das Produkt $a \cdot b$ zugeordnet: $(a \mid b) \mapsto a \cdot b$
Eine solche eindeutige Zuordnung ist eine Funktion mit zwei Veränderlichen, wobei die beiden Veränderlichen hier mit a und b benannt wurden.

→ Bestimmen Sie eine Funktion, die die Ebenen $6x + 12y - 3z = 3$ beschreibt.

Lösung

Die Abbildung zeigt, wie die Ebene mithilfe ihrer Spurpunkte im Koordinatensystem dargestellt werden kann.
Stellt man die Koordinatengleichung nach z um, so erhält man $z = 2x + 4y - 1$.
Jedem geordneten Zahlenpaar $(x \mid y)$ mit reellen Zahlen x und y wird also eindeutig die reelle Zahl $2x + 4y - 1$ zugeordnet:
$(x \mid y) \mapsto 2x + 4y - 1$

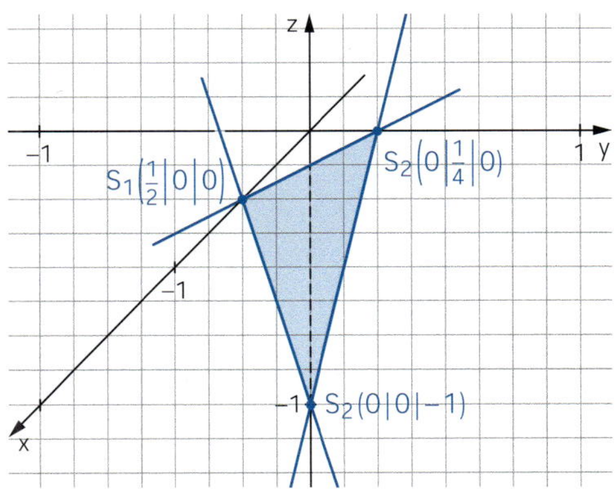

Information

WES-125991-831

Definition:
Funktion mit zwei Veränderlichen

Gegeben ist eine Menge D von geordneten Zahlenpaaren $(x|y)$ reeller Zahlen x und y. Eine Zuordnung f, bei der jedem Zahlenpaar der Menge D genau eine reelle Zahl z zugeordnet wird, nennt man **Funktion mit zwei Veränderlichen**. Die Menge D ist der Definitionsbereich von f.

Der **Funktionsterm** von f wird mit **$f(x, y)$** bezeichnet und die Gleichung **$z = f(x, y)$** heißt **Funktionsgleichung** von f.

- $f(x, y) = 2x + 2y$ mit allen möglichen Paaren $(x|y)$ positiver reeller Zahlen als Definitionsbereich.
  Das Beispiel kennt man auch als Formel für den Umfang eines Rechtecks mit den Seitenlängen x und y.
- $f(x, y) = x^2 \cdot y$ m mit allen möglichen Paaren $(x|y)$ reeller Zahlen als Definitionsbereich.
  Das Beispiel kennt man auch als Formel für das Volumen eines Quaders mit der Höhe y und einer quadratischen Grundfläche mit der Seitenlänge x.

Graph einer Funktion mit zwei Veränderlichen

Zu einer Ebene gehören bekanntlich alle Punkte $P(x|y|z)$, deren Koordinaten x, y und z die Koordinatengleichung der Ebene erfüllen. Die Ebene kann durch alle ihre Punkte im räumlichen Koordinatensystem dargestellt werden. Dies kann man auch auf Funktionen mit zwei Veränderlichen übertragen, d. h. alle Punkte $P(x|y|z)$, deren Koordinaten die Funktionsgleichung $z = f(x, y)$ von f erfüllen, gehören zum Graphen der Funktion f. Der Graph von f kann also durch alle diese Punkte $P(x|y|f(x, y))$ im räumlichen Koordinatensystem dargestellt werden.

Schnitte mit Ebenen parallel zur xy-Ebene

Wir betrachten zum Beispiel die Funktion f mit der Gleichung $z = -x^3 - y$.
Um uns ein Bild von dem Graphen dieser Funktion zu verschaffen, betrachten wir Schnitte des Graphen von f parallel zur xy-Ebene des Koordinatensystems, also alle Punkte des Graphen für einen festen Wert von z.

Für $z = 0$ ergibt sich aus der Funktionsgleichung: $0 = -x^3 - y$
Umgestellt nach y erhält man daraus $y = -x^3$, also eine Funktionsgleichung mit nur einer Veränderlichen.
Alle Punkte mit der z-Koordinate 0 liegen also auf dem Graphen zu $y = -x^3$ in der xy-Ebene.

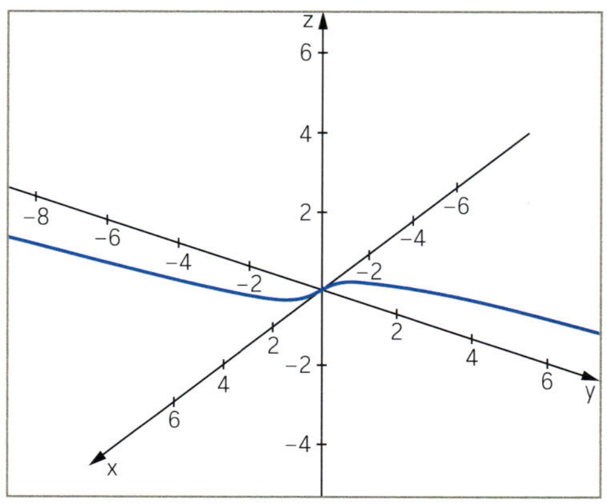

Für $z = 1$ ergibt sich aus der Funktionsgleichung: $1 = -x^3 - y$
Umgestellt nach y erhält man $y = -x^3 - 1$, also eine Funktionsgleichung mit nur einer Veränderlichen.
Alle Punkte mit der z-Koordinate 1 liegen also auf dem Graphen zu $y = -x^3 - 1$ in einer zur xy-Ebene parallelen Ebene durch die Stelle $z = 1$ der z-Achse.
Setzt man das Verfahren für weitere feste Werte $z = a$ fort, so ergibt sich aus der Funktionsgleichung: $a = -x^3 - y$

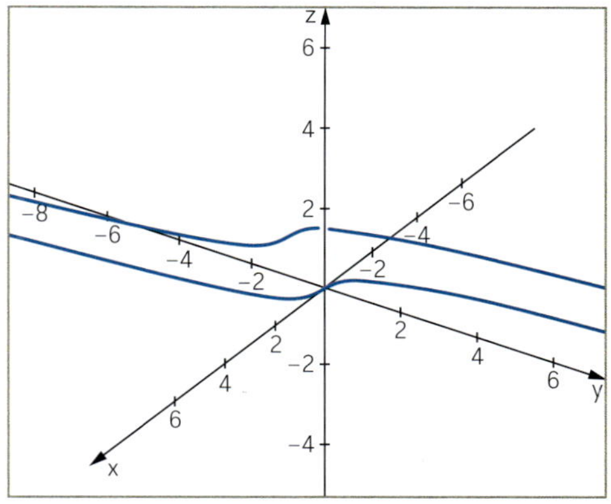

Umgestellt nach y erhält man daraus $y = -x^3 - a$, für eine feste reelle Zahl a, also eine Funktionsgleichung mit nur einer Veränderlichen.
Alle Punkte mit der z-Koordinate a liegen also auf dem Graphen zu $y = -x^3 - a$ in einer zur xy-Ebene parallelen Ebene durch die Stelle $z = a$ auf der z-Achse.

Betrachtet man alle möglichen reellen Zahlen z, so erkennt man, dass der Graph von f eine gekrümmte Fläche mit unendlicher Ausdehnung im dreidimensionalen Koordinatensystem ist.
Um sich ein Bild von dem Graphen der Funktion f mit der Gleichung $z = -x^3 - y$ zu verschaffen, kann man auch andere Schnitte des Graphen als die mit Ebenen parallel zur xy-Ebene betrachten. Man kann auch Schnitte mit Ebenen parallel zur xz-Ebene oder mit Ebenen parallel zur yz-Ebene betrachten.

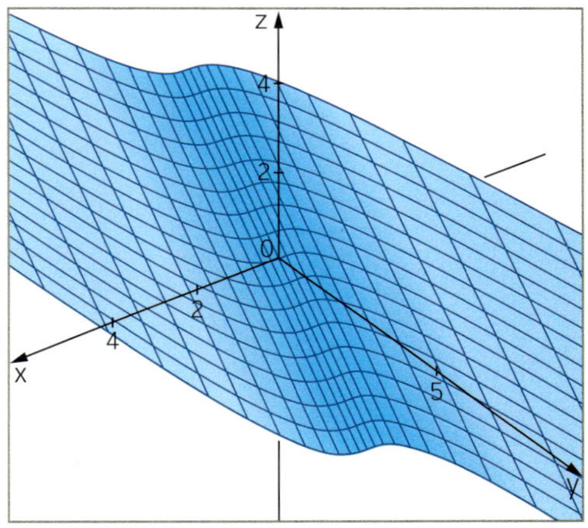

Schnitte parallel zur yz-Ebene

Wir betrachten dazu alle Punkte des Graphen von f für einen festen Wert von x.
Für $x = b$ erhält man die Gleichung $z = -b^3 - y$. Alle Punkte mit der x-Koordinate b liegen auf der Geraden zu $z = -b^3 - y$ mit der Steigung -1 und dem z-Achsenabschnitt $-b^3$ in einer zur yz-Ebene parallelen Ebene durch die Stelle $x = b$ der x-Achse. Diese Geraden sind ebenfalls in der Abbildung eingezeichnet.

Üben

LK 1 ≡ Geben Sie die Formel für das Volumen eines geraden Kreiskegels mit dem Grundkreisradius r und der Höhe h an.
Deuten Sie diese Formel als Funktion mit zwei Veränderlichen.
Skizzieren Sie den Graphen dieser Funktion im dreidimensionalen Koordinatensystem mithilfe des in der Einführung (2) beschriebenen Verfahrens.

LK 2 Skizzieren Sie den Graphen der Funktion f mit zwei Veränderlichen mithilfe des vorgestellten Verfahrens.
Überprüfen Sie ihr Ergebnis mit einer geeigneten Software.

a) $f(x, y) = y - x^2$
b) $f(x, y) = xy$
c) $f(x, y) = x^2 y$
d) $f(x, y) = x^2 + y^3$

Algebraische Flächen darstellen
Im Jahr der Mathematik 2008 fand eine Wanderausstellung mit dem Namen IMAGINARY (www.imaginary.org) statt. Es wurden schöne algebraische Flächen gezeigt, die mithilfe eines Programms mit dem Namen SURFER erzeugt wurden. Recherchieren Sie im Internet nach einer geeigneten Software, mit der man solche Flächen darstellen kann.

LK 3 In der Abbildung ist der Graph einer Funktion f mit zwei Veränderlichen dargestellt. Die Schnitte des Graphen mit einer Ebene parallel zur xy-Ebene durch die Stelle $z = a$ mit $a \geq 0$ sind Kreise um die z-Achse mit dem Radius a.
Geben Sie eine Funktionsgleichung für f an.
Zeichnen Sie auch einen zweidimensionalen Graphen von f mithilfe der Höhenlinien.

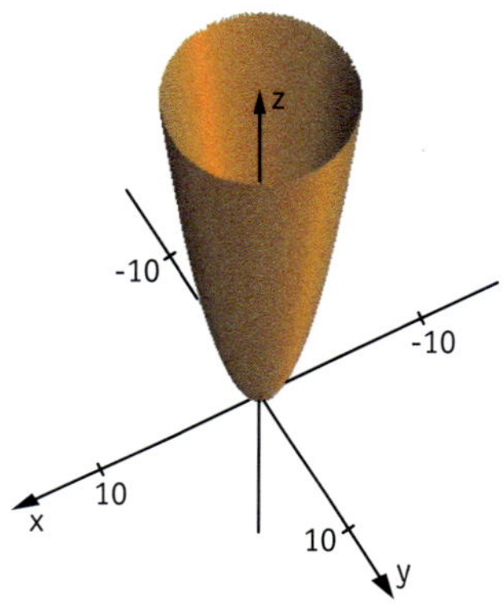

LK 4 Gegeben sind die Funktionen f und g mit $f(x, y) = x + y$ und $g(x, y) = x^2 + y^2$.

a) Bestimmen Sie die Schnitte der Graphen von f und g mit den Koordinatenebenen. Beschreiben Sie Ihr Vorgehen.

b) Bestimmen Sie auch alle gemeinsamen Schnittpunkte von f und g, die in den Koordinatenebenen liegen.

LK 5 Skizzieren Sie den Graphen der Funktion f mit $f(x, y) = x\,e^{-x^2-y}$ mithilfe eines Rechners.
Wie sieht die Höhenlinie zum Funktionswert 0,1 insbesondere für große x-Werte aus?

LK 6 Die Oberfläche einer Kugel mit dem Radius 1 und dem Koordinatenursprung als Mittelpunkt hat die Gleichung $x^2 + y^2 + z^2 = 1$.

a) Margitta meint: „Das lässt sich umformen zu $z = \sqrt{1 - x^2 - y^2}$. Also ist die Kugeloberfläche der Graph der Funktion $f(x, y) = \sqrt{1 - x^2 - y^2}$."
Nehmen Sie Stellung zu der Aussage.

b) Beschreiben Sie die Form und die Lage der drei Flächen im Koordinatensystem, die durch die folgenden Gleichungen beschrieben werden.
(1) $(x - 2)^2 + y^2 + z^2 = 1$ (2) $x^2 + (y - 2)^2 + z^2 = 1$ (3) $x^2 + y^2 + (z - 2)^2 = 1$

c) Die drei Flächen aus Teilaufgabe b) berühren die Oberfläche der Kugel jeweils in einem Punkt.
Bestimmen Sie die Koordinaten dieser Berührpunkte.

LK 7 Ordnen Sie die Funktionsterme den Graphen zu und begründen Sie.

(1) $f(x, y) = x^2 - y^2$ (2) $f(x, y) = x - y$ (3) $f(x, y) = \sin^2(x) + \cos^2(y)$

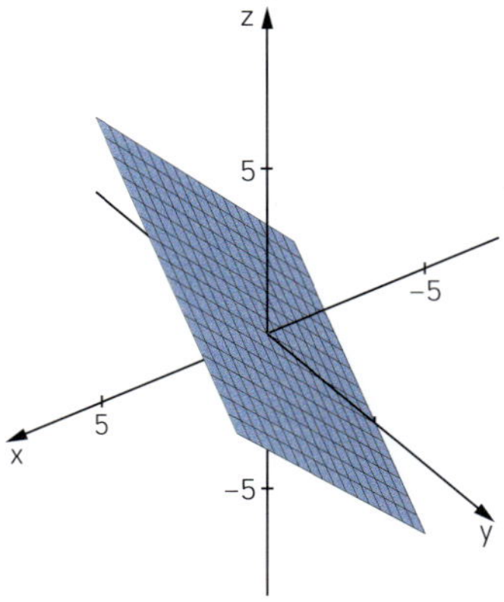

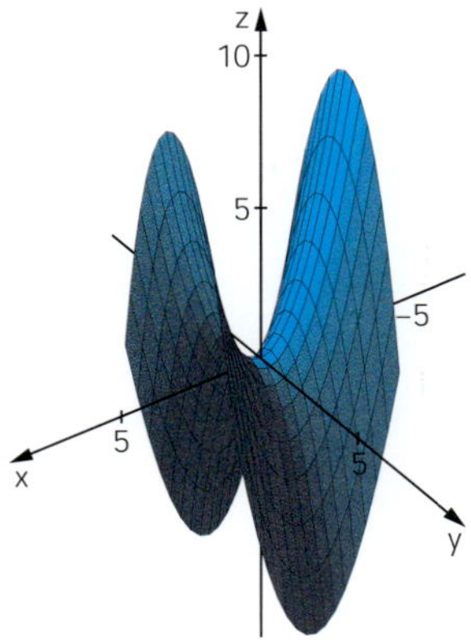

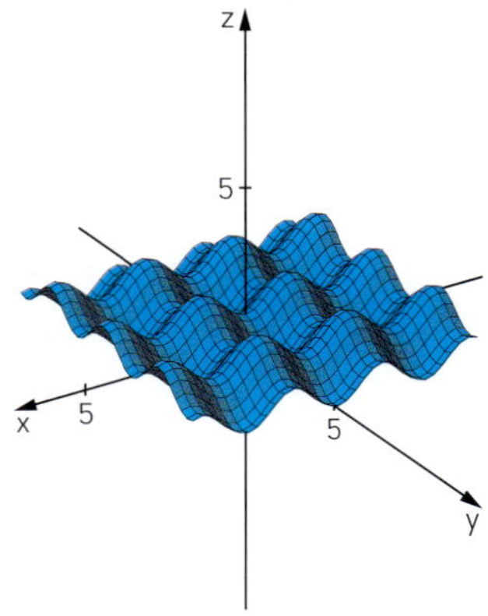

LK 8 Auch Funktionen mit zwei Veränderlichen können mithilfe von Höhenlinien dargestellt werden.

Wenn man ein Gebiet kartografiert, enthält die erstellte Karte eine zweidimensionale Darstellung der dreidimensionalen Realität. Dabei soll die Information über die dritte Dimension, im Allgemeinen die Höhe eines Ortes über dem Meeresspiegel, nicht verlorengehen.
Deswegen gibt es Karten, die Information über die Höhe eines Orts liefern. Orte, die auf gleicher Höhe liegen, werden mit einer Linie verbunden, an der diese Höhe notiert ist (siehe Abbildung).

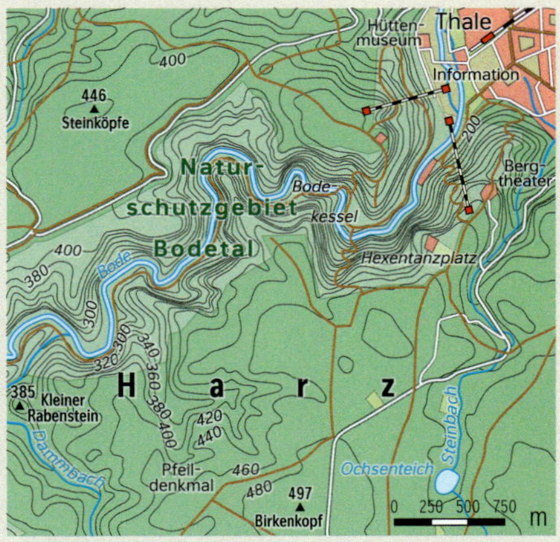

In der Einführung wurde aus der Funktionsgleichung $z = -x^3 - y$ einer Funktion f für feste Werte von $z = a$ eine neue Gleichung der Form $y = -x^3 - a$ gewonnen. Diese neue Gleichung beschreibt den Schnitt des Graphen von f mit einer Ebene parallel zur xy-Ebene. Projiziert man diese Schnitte in die xy-Ebene, so erhält man eine zweidimensionale Darstellung des Graphen von f, also das Bild einer Funktionenschar.

a) Welche Werte müssen in der Abbildung an den Höhenlinien von f ergänzt werden?

b) Stellen Sie den Graphen der Funktion mit der Funktionsgleichung $z = xy$ dar.

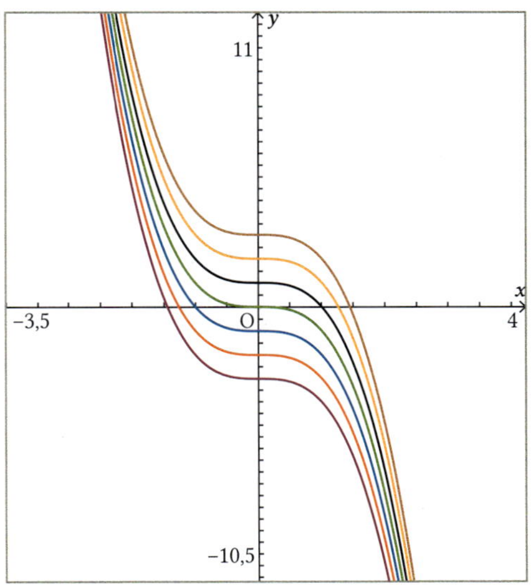

Ableitung von Funktionen mit zwei Veränderlichen

Einstieg

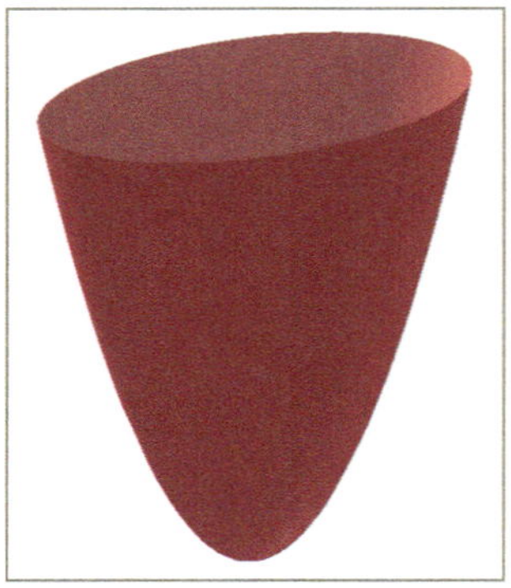

Gegeben ist die Funktion $f(x, y) = \frac{x^2}{4} + \frac{y^2}{9}$ mit $x, y \in \mathbb{R}$. Die Abbildung zeigt einen Ausschnitt des Graphen von f in einem dreidimensionalen Koordinatensystem.

- Untersuchen Sie, wie die fehlenden Koordinatenachsen in diesem Bild verlaufen müssen. Geben Sie auch die Koordinaten des absoluten Tiefpunktes T an.
- Begründen Sie, dass es im Tiefpunkt T unendlich viele Tangenten an den Graphen von f gibt. Beschreiben Sie die Lage dieser Tangenten und erläutern Sie, warum man hier von einer Tangentialebene spricht

Zum Begriff der Tangentialebene

Das zentrale Problem der Differenzialrechnung an einem Punkt des Graphen einer Funktion die Tangente zu bestimmen, lässt sich auch auf Funktionen mit zwei Veränderlichen übertragen. Rechts ist der Graph der Funktion f mit $f(x, y) = x^2 + y^2$ zu sehen. An den Graphen von f wurde im Punkt $P(1 \mid 1 \mid 2)$ die sogenannte Tangentialebene gelegt. Die Tangentialebene schmiegt sich in der Umgebung des Punktes P optimal an den Graphen von f. Man kann in einen Punkt P des Graphen von f unendlich viele Tangenten legen; sie liegen in der Tangentialebene.

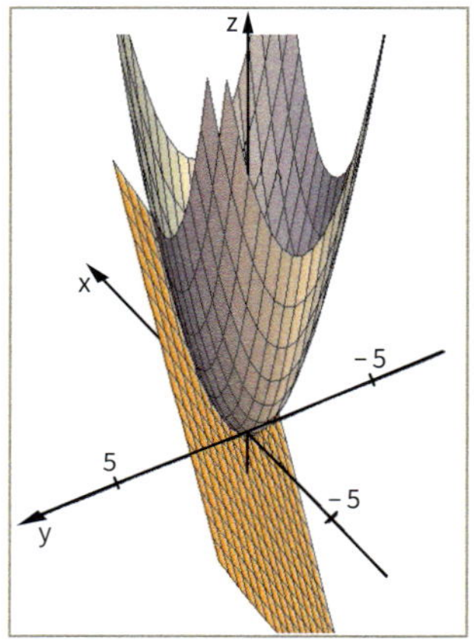

Information

Definition: Tangentialebene

Die Tangentialebene in P an den Graphen von f ist diejenige Ebene, in der alle Tangenten an den Graphen von f im Punkt P liegen.

Gleichung der Tangentialebene bestimmen

Wir betrachten wieder f mit $f(x, y) = x^2 + y^2$ und den Punkt $P(1 \mid 1 \mid 2)$ auf dem Graphen von f. Die Gleichung der Tangentialebene soll nun bestimmt werden. Der Punkt P liegt in der Tangentialebene. Kennt man die Richtungsvektoren von nur zwei Tangenten der Tangentialebene, so kann man eine Parameterdarstellung der Tangentialebene angeben.

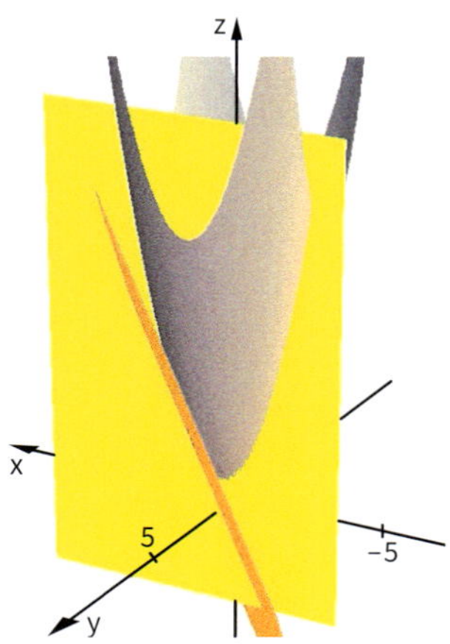

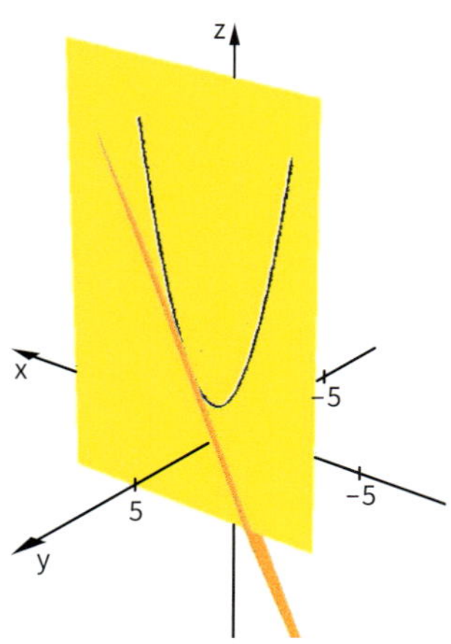

Deshalb wählen wir nun zwei Tangenten aus, die wir leicht bestimmen können. Dazu wählen wir Schnittebenen durch P (1 | 1 | 2) und betrachten die Tangenten an die Schnittgraphen der Ebene mit dem Graphen der Funktion f.

- Wir wählen die Schnittebene parallel zur xz-Ebene durch die Stelle $y = 1$ auf der y-Achse. Die Tangente liegt dort an den Graphen zu $f(x, 1) = x^2 + 1$ an der Stelle $x = 1$.
  Den Anstieg dieser Tangente können wir mithilfe der Ableitung bestimmen:
  $f'(x, 1) = 2x$, also $f'(1, 1) = 2$
  Für den Richtungsvektor der Tangente in der Schnittebene bedeutet dies Folgendes:
  Geht man auf dem Schnittgraphen um eine Einheit in Richtung der x-Achse, so geht man um zwei Einheiten in Richtung der z-Achse.
  Die y-Richtung ändert sich dabei nicht, denn wir bleiben in der Schnittebene, die parallel zur xz-Ebene durch die Stelle $y = 1$ auf der y-Achse verläuft.
  Somit ergibt sich für diese Tangente durch P der Richtungsvektor $\vec{v} = \begin{pmatrix} 1 \\ 0 \\ 2 \end{pmatrix}$.
- Die nächste Schnittebene legen wir parallel zur yz-Ebene durch die Stelle $x = 1$ auf der x-Achse. Die Tangente liegt dort an den Graphen zu $f(1, y) = 1 + y^2$ an der Stelle $y = 1$.
  Den Anstieg dieser Tangente können wir mithilfe der Ableitung bestimmen. Es gilt:
  $f'(1, y) = 2y$, also $f'(1, 1) = 2$.
- Für den Richtungsvektor der Tangente in der Schnittebene bedeutet dies Folgendes:
  Geht man auf dem Schnittgraphen um eine Einheit in Richtung der y-Achse, so geht man um zwei Einheiten in Richtung der z-Achse. Die x-Richtung ändert sich dabei nicht, denn wir bleiben in der Schnittebene, die parallel zur yz-Ebene durch die Stelle $x = 1$ der x-Achse verläuft.
  Somit ergibt sich für diese Tangente durch P der Richtungsvektor $\vec{u} = \begin{pmatrix} 0 \\ 1 \\ 2 \end{pmatrix}$.
- Nun kennen wir zwei Richtungsvektoren und einen Punkt der Tangentialebene, daraus ergibt sich folgende Parameterdarstellung der Tangentialebene: $T: \vec{x} = \begin{pmatrix} 1 \\ 1 \\ 2 \end{pmatrix} + r \begin{pmatrix} 1 \\ 0 \\ 2 \end{pmatrix} + s \begin{pmatrix} 0 \\ 1 \\ 2 \end{pmatrix}$
  Eine Koordinatengleichung der Tangentialebene lautet $2x + 2y - z = 2$.

Partielle Ableitung einer Funktion mit zwei Veränderlichen

Bei der Bestimmung der Tangentialebene in der Einführung wurde die Funktion f mit $f(x, y) = x^2 + y^2$ zweimal abgeleitet.
Einmal wurde nach x abgeleitet, für einen festen Wert von $y = 1$ mit dem Resultat $f'(x, 1) = 2x$.
Außerdem wurde nach y abgeleitet, für einen festen Wert von $x = 1$ mit dem Ergebnis $f'(1, y) = 2y$.

Hängt eine Funktion von zwei Veränderlichen ab, so kann man für jede Veränderliche einzeln die Ableitungsfunktion betrachten.
Die zweite Veränderliche sieht man dabei als konstant an.

Information

Definition: Partielle Ableitung

Gegeben ist eine Funktion f mit f(x, y).
Die Ableitung der Funktion f nach der Veränderlichen x heißt **partielle Ableitung nach x** und wird mit $\mathbf{f_x}$ bezeichnet.
Die Ableitung der Funktion f nach der Veränderlichen y heißt **partielle Ableitung nach y** und wird mit $\mathbf{f_y}$ bezeichnet.

Beispiele:

(1) $f(x, y) = x - y^2$;
$f_x(x, y) = 1$; $f_y(x, y) = 2y$

(2) $f(x, y) = x \cdot y^2$;
$f_x(x, y) = y^2$; $f_y(x, y) = 2xy$

(3) $f(x, y) = x^3 - y^2$;
$f_x(x, y) = 3x^2$; $f_y(x, y) = -2y$

Bemerkung: Die partielle Ableitung f_x einer Funktion f gibt an, wie stark der Graph von f in Richtung der x-Achse ansteigt. Die partielle Ableitung f_y einer Funktion f gibt an, wie stark der Graph von f in Richtung der y-Achse ansteigt.

Gleichung der Tangentialebene

Die Überlegungen aus der Einführung zur Bestimmung der Tangentialebene kann man verallgemeinern.
Gegeben ist eine Funktion f mit f(x, y) und ein Punkt $P(x_0 | y_0 | z_0)$ auf dem Graphen von f.
Gesucht ist die Tangentialebene an den Graphen von f im Punkt P.
Die Schnittebene durch die Stelle $x = x_0$, parallel zur yz-Ebene enthält einen Schnittgraphen mit dem Graphen von f, der in P den Anstieg $f_y(x_0, y_0)$ hat.
Die Schnittebene durch die Stelle $y = y_0$, parallel zur xz-Ebene enthält einen Schnittgraphen mit dem Graphen von f, der in P den Anstieg $f_x(x_0, y_0)$ hat.
Somit ergibt sich die folgende Parameterdarstellung für die Tangentialebene T an den Graphen von f im Punkt P.

$$T: \vec{x} = \begin{pmatrix} x_0 \\ y_0 \\ z_0 \end{pmatrix} + r \begin{pmatrix} 1 \\ 0 \\ f_x(x_0, y_0) \end{pmatrix} + s \begin{pmatrix} 0 \\ 1 \\ fy(x_0, y_0) \end{pmatrix}$$

In Koordinatenform angegeben: $z = f(x_0, y_0) + f_x(x_0, y_0)(x - x_0) + f_y(x_0, y_0)(y - y_0)$

LK 9 Gegeben ist die Funktion f mit $f(x, y) = xy + y^2$. Bestimmen Sie die Gleichung der Tangentialebene an den Graphen von f im Punkt P(2 | 1 | 3) nach dem Verfahren aus der Einführung (2).

LK 10 Bestimmen Sie die partiellen Ableitungen der folgenden Funktionen.

(1) $f(x, y) = x + y$
(2) $f(x, y) = x \cdot y$
(3) $f(x, y) = \frac{x}{y}$
(4) $f(x, y) = 2x + \sin(x) \cdot y^2$
(5) $f(x, y) = x e^{-x^2 - y^2}$
(6) $f(x, y) = \sin(x) \cdot \cos(y) + \sin(y) \cdot \cos(x)$
(7) $f(x, y) = \sin(x) \cdot \cos(y)$
(8) $f(x, y) = \frac{2x}{x + y}$
(9) $f(x, y) = e^{y \sin(x)}$
(10) $f(x, y) = \sin(x^2 + 2y)$

LK 11 Entscheiden Sie: Steigt der Graph zu $f(x, y) = \frac{x^3}{y^4}$ im Punkt P(1 | 1) in Richtung der
(1) x-Achse, (2) y-Achse an, oder fällt er?

LK 12 Gegeben ist die Funktion f mit $f(x, y) = x^2 + y^2$.

a) Welche Schnittlinie entsteht, wenn man den Graphen der Funktion mit der Ebene $y = 2$ schneidet?

b) Berechnen Sie den Anstieg dieser Schnittlinie im Punkt P(1 | 2).

LK 13 Gegeben ist die Funktion f mit $f(x, y) = -0{,}02x^2 - y^2 + 0{,}3$.

a) Geben Sie die Gleichung der Tangentialebene an den Graphen von f im Punkt P(3 | −1) an.

b) Bestimmen Sie eine Tangentialebene an den Graphen von f, die parallel zur xy-Ebene liegt. Interpretieren Sie Ihr Ergebnis geometrisch. Beziehen Sie sich dabei auf Analogien zu Funktionen mit einer Veränderlichen.

LK 14 Partielle Ableitung als Änderungsrate

Die Abbildung zeigt einen Kegel, bei dem in der oberen Reihe der Grundkreisradius und in der unteren Reihe die Höhe vergrößert wurde. Schon vom Augenschein her hat man den Eindruck, dass die Vergrößerung des Grundkreisradius eine stärkere Änderung des Kegelvolumens bewirkt als die Änderung der Höhe.

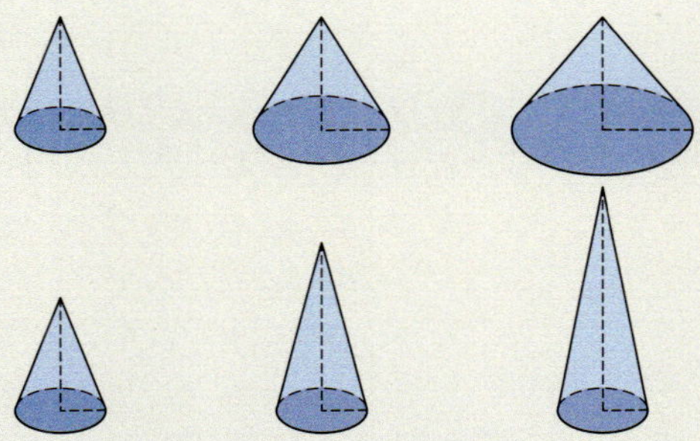

Untersuchen Sie diese Fragestellung analytisch. Deuten Sie dazu die Formel für das Volumen eines Kreiskegels als eine Funktion mit zwei Veränderlichen und die zugehörigen partiellen Ableitungen als Änderungsraten.

LK 15 Die Schallgeschwindigkeit soll experimentell bestimmt werden. Dazu wird mithilfe eines Mikrofons zwischen zwei 220 Meter entfernten Punkten die Zeit gemessen, die der Schall vom einen zum anderen Punkt braucht. Die gemessene Zeit beträgt 0,65 Sekunden. Daraus berechnet man die Schallgeschwindigkeit als Quotient von Weg und Zeit.

Es ist bekannt, dass die 220 Meter mit einer Genauigkeit von 2 Metern, die 0,65 Sekunden mit einer Genauigkeit von 0,05 Sekunden gemessen werden können. In einem Handbuch zur Messtechnik findet man die nebenstehende Regel.

Ermitteln Sie den größtmöglichen Fehler für den Wert der Schallgeschwindigkeit.

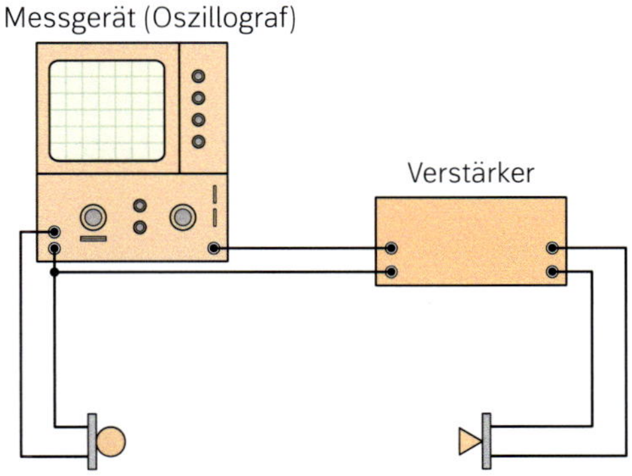

Wird eine Größe z aus zwei Eingangsgrößen x bzw. y errechnet, die jeweils mit einem Fehler von Δx bzw. Δy behaftet sind, d. h. gilt also $z = f(x, y)$, dann kann der größtmögliche Fehler Δz durch die Formel $\Delta z \approx f_x \cdot \Delta x + f_y \cdot \Delta y$ ungefähr ermittelt werden.

LK 16 Bei der Berechnung der Größe von Fußballfeldern misst man Länge und Breite des Feldes und bildet dann das Produkt dieser beiden Größen, um die zu bestellende Rollrasenmenge zu berechnen. Dabei wird die Länge l mit einem Fehler von Δl und die Breite b mit einem Fehler von Δb gemessen.

a) Berechnen Sie den größtmöglichen Fehler für den Flächeninhalt A durch Differenzbildung zwischen „gemessenem“ und „wahrem“ Wert.

b) Berechnen Sie den größtmöglichen Fehler nach der Anleitung aus Aufgabe 15. Vergleichen Sie Ihre Ergebnisse und begründen Sie die unterschiedlichen Ergebnisse.

LK 17 Der Graph der Funktion f mit

$f(x, y) = x^3 - 3xy^2$ wird

als sogenannter Affensattel bezeichnet. Berechnen Sie die Tangentialebene des Graphen im Punkt $P(0|0|f(0, 0))$.

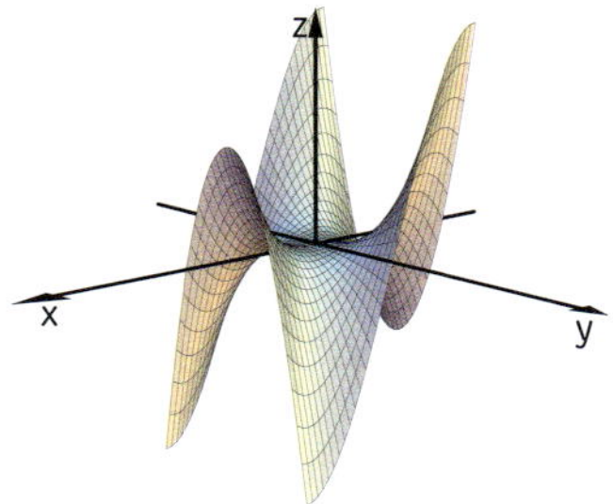

LK 18 Untersuchen Sie, was an diesem Punkt besonders ist.

Geben Sie zu der Funktion f eine Gleichung der Tangentialebene im Punkt P an.

a) $f(x, y) = x^3 - xy$; $P(1|1|0)$

b) $f(x, y) = x + xy + y^2$; $P(1|0|1)$

c) $f(x, y) = x^2y^2 - x + y$; $P(0|0|0)$

d) $f(x, y) = x^2 + xy + y^2$; $P(1|1|3)$

Partielle Ableitungen – Ermitteln von Extrema

Einstieg

In einem Dreieck werden die Winkel gemessen. Wir dürfen davon ausgehen, dass die Person, die den Winkel misst, stets mit gleicher Genauigkeit vorgeht. Es werden $\alpha = 73°$, $\beta = 17°$ und $\delta = 88°$ gemessen. Die Winkelsumme beträgt 178°, was auf den Messfehler zurückzuführen ist. Daher wird man die gemessenen Werte verändern, damit sich eine Winkelsumme von 180° ergibt.

Wie müssen die gemessenen Werte verändert werden, damit die Summe der Quadrate der Veränderungen möglichst klein wird?

Aufgabe mit Lösung

Einen Tiefpunkt rechnerisch bestimmen

In der Abbildung ist der Graph der Funktion f mit $f(x, y) = x^2 - 2x + y^2 + 4y$ und die Tangentialebene im Tiefpunkt des Graphen von f dargestellt.
Bestimmen Sie rechnerisch den Tiefpunkt des Graphen von f und geben Sie eine Gleichung für die Tangentialebene im Tiefpunkt an.

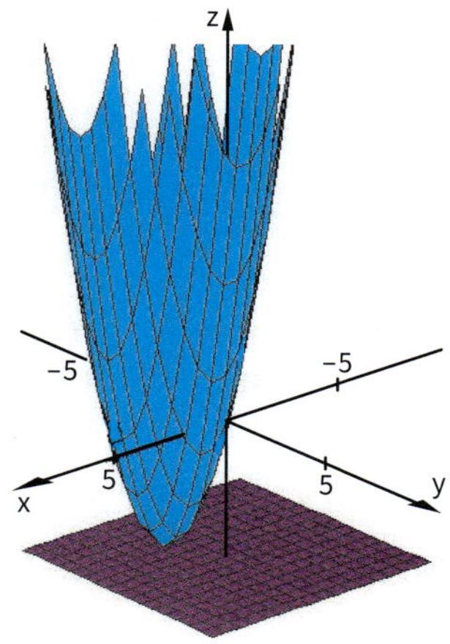

Lösung

Anschaulich ist klar, dass die Tangentialebene an den Tiefpunkt parallel zur xy-Ebene verläuft, so wie die Tangente an den Graphen einer Funktion mit einer Veränderlichen in einem Extrempunkt parallel zur x-Achse verläuft. Aus der Parametergleichung der Tangentialebene (siehe Seite 314) ergeben sich damit folgende Bedingungen für die partiellen Ableitungen: $f_x(x_0, y_0) = 0$ und $f_y(x_0, y_0) = 0$, wobei x_0 und y_0 die erste und die zweite Koordinate des Tiefpunktes sind.
Wegen $f_x(x_0, y_0) = 2x_0 - 2 = 0$ und $f_x(x_0, y_0) = 2y_0 + 4 = 0$ ergeben sich daraus $x_0 = 1$ und $y_0 = -2$. Damit erhält man den Tiefpunkt $T(1 \mid -2 \mid -5)$. Die Gleichung der Tangentialebene lautet also $z = -5$.

19 Trotz waagerechter Tangentialebene liegt kein Extrempunkt vor. Gegeben ist die Funktion f mit $f(x, y) = xy$. Betrachten Sie den Graphen von f. Zeigen Sie, dass die xy-Ebene die Tangentialebene an den Graphen von f im Koordinatenursprung ist.
Warum liegt hier dennoch kein Extrempunkt vor?

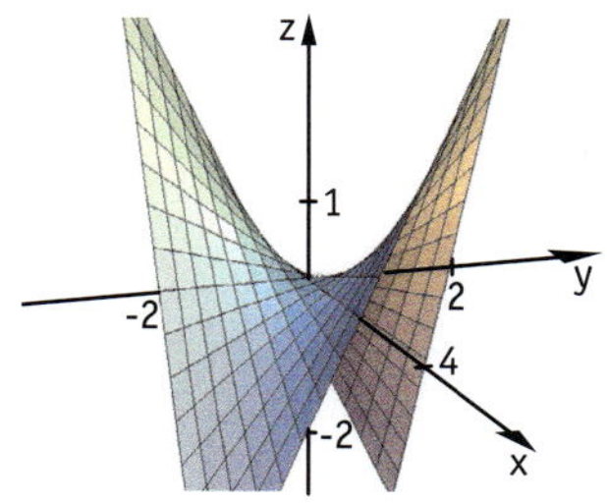

Wie die Lösung von Aufgabe 19 zeigt, kann man auch für Funktionen mit zwei Veränderlichen ein notwendiges Kriterium für Extremstellen angeben.

Information

Notwendiges Kriterium für eine Extremstelle

Satz

Gegeben ist eine Funktion f mit f(x, y) und den partiellen Ableitungen f_x und f_y.
Wenn f in $(x_E \mid y_E)$ eine lokale Extremstelle besitzt, dann gilt
$f_x(x_E, y_E) = 0$ und $f_y(x_E, y_E) = 0$.

$f(x, y) = x^2 - y^3 + 4xy$ mit lokaler Extremstelle $\left(\frac{16}{3} \middle| -\frac{8}{3}\right)$

$f_x(x, y) = 2x + 4y$; $\quad f_y(x, y) = -3y^2 + 4x$;

$$f_x\left(\frac{16}{3} \middle| -\frac{8}{3}\right) = 2 \cdot \frac{16}{3} + 4 \cdot \left(-\frac{8}{3}\right) = 0$$

$$f_y\left(\frac{16}{3} \middle| -\frac{8}{3}\right) = 3 \cdot \left(-\frac{8}{3}\right)^2 + 4 \cdot \left(\frac{16}{3}\right)$$

$$\frac{64}{3} - \frac{64}{3} = 0$$

Die Aufgabe 19 zeigt, dass die Umkehrung dieses Satzes im Allgemeinen nicht gilt.

Hinreichendes Kriterium für eine Extremstelle

Hinreichendes Kriterium für eine Extremstelle

Man kann auch ein hinreichendes Kriterium für Extremstellen einer Funktion mit zwei Veränderlichen formulieren. Dabei spielen partielle Ableitungen sogenannter zweiter Ordnung eine Rolle. Die partielle Ableitung von f_x nach x wird mit f_{xx} bezeichnet, die partielle Ableitung von f_y nach y mit f_{yy}. Man kann auch die partielle Ableitung von f_x nach y ableiten, diese wird dann mit f_{xy} bezeichnet.

Information

Hinreichendes Kriterium für eine Extremstelle

Satz

Gegeben ist eine Funktion f mit f(x, y) und den partiellen Ableitungen erster Ordnung f_x und f_y und zweiter Ordnung f_{xx}, f_{yy} und f_{xy}. Wenn für $(x_E | y_E)$ gilt

(1) $f_x(x_E, y_E) = 0$ und $f_y(x_E, y_E) = 0$ und

(2) $f_{xx}(x_E, y_E) \cdot f_{yy}(x_E, y_E) - (f_{xy}(x_E, y_E))^2 > 0$,

dann ist $(x_E | y_E)$ eine Extremstelle von f.

Gilt für die partiellen Ableitungen $f_{xx}(x_E, y_E) > 0$ und $f_{yy}(x_E, y_E) > 0$, so liegt bei $(x_E | y_E)$ ein **Minimum**.

Gilt für die partiellen Ableitungen $f_{xx}(x_E, y_E) < 0$ und $f_{yy}(x_E, y_E) < 0$, so liegt bei $(x_E | y_E)$ ein **Maximum**.

$f(x, y) = x^2 - y^3 + 4xy$;

$f_x(x, y) = 2x + 4y$; $f_y(x, y) = -3y^2 + 4x$;

(1) $f_x(x, y) = 2x + 4y = 0$; also $x = -2y$

$f_y(x, y) = -3y^2 + 4x = 0$; also $x = \frac{3}{4}y^2$

Gleichsetzen ergibt: $y = 0$ oder $y = -\frac{8}{3}$

Mögliche Extrempunkte:

$(0|0)$ und $\left(\frac{16}{3} \middle| -\frac{8}{3}\right)$

(2) $f_{xx}(x, y) = 2$; $f_{yy}(x, y) = -6y$; $f_{xy}(x, y) = 4$

$2 \cdot ((-6) \cdot 0) - 4^2 = -16 < 0$,

$(0|0)$ ist keine Extremstelle von f

$2 \cdot \left((-6) \cdot -\frac{8}{3}\right) - 4^2 = 32 - 16 > 0$,

$\left(\frac{16}{3} \middle| -\frac{8}{3}\right)$ ist eine Extremstelle

Da $f_{xx}\left(\frac{16}{3} \middle| -\frac{8}{3}\right) = 2 > 0$ und

$f_{yy}\left(\frac{16}{3} \middle| -\frac{8}{3}\right) = 24 > 0$

ist $\left(\frac{16}{3} \middle| -\frac{8}{3}\right)$ ein Minimum

LK 20 Bestimmen Sie die Extrema der Funktion f.

a) $f(x\, y) = x^2 + y^2$ b) $f(x, y) = e^{-x^2 - y^2}$ c) $f(x, y) = x^2 + xy + y^2 + x + 8y + 1$

LK 21 Gegeben ist die Funktion f mit $f(x, y) = x^2 + (1 - x)^3 \cdot y^2$.

a) Zeigen Sie, dass f in $(0|0)$ sein einziges lokales Minimum annimmt, aber kein globales Minimum besitzt.

b) Welche Aussage ist wahr, welche falsch? Begründen Sie Ihre Antwort.

(1) Ist der Vektor $\begin{pmatrix} f_x \\ f_y \end{pmatrix}$ an der Stelle $(x_E | y_E)$ gleich dem Nullvektor, so liegt ein Extremum vor.

(2) Liegt in $(x_E | y_E)$ ein Extremum vor, so ist der Vektor $\begin{pmatrix} f_x \\ f_y \end{pmatrix}$ an dieser Stelle gleich dem Nullvektor.

Kapitel 1 (Seite 60 bis 62)

Teil A

1 **a)** $f'(x) = 8x^3 - 6x - \frac{1}{2}$

b) $f'(x) = -6x^3 + 4$

c) $f'(x) = 3 \cdot \sqrt{3}x^2 - 3$

d) $f'(x) = -2\sin(x)$

2 Linker Graph:

$P(1{,}5 | 1)$; $Q(0{,}5 | 0{,}5)$; $m = \frac{1 - 0{,}5}{1{,}5 - 0{,}5} = 0{,}5$

Rechter Graph:

$P(2{,}5 | 15)$; $Q(0{,}5 | 25)$; $m = \frac{15 - 25}{2{,}5 - 0{,}5} = -5$

3 **a)** $f'(x) = e^x + 2x$;
(Summenregel, Potenzregel)

b) $f'(x) = 5 \cdot x^4 \cdot \sin(x) + x^5 \cdot \cos(x)$
(Produktregel, Potenzregel)

c) $f'(x) = \frac{3}{2\sqrt{3x - 4}}$
(Kettenregel, Potenzregel)

d) $f'(x) = (1 + 2x^2) \cdot e^{x^2+4}$
(Produktregel, Kettenregel)

4

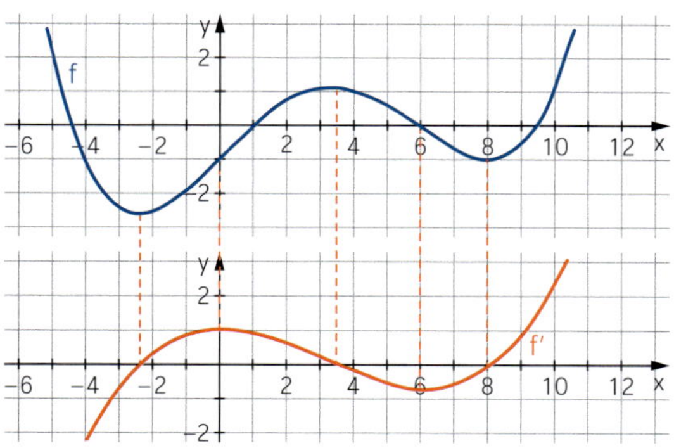

5 **a)** $f'(x) = x$; $f'(4) = 4$

Gleichung für die Tangente durch $P(4 | 8)$:

$y = 4 \cdot (x - 4) + 8 = 4x - 8$

b) $f'(x) = 3x^2 - 2$; $f'(2) = 10$

Gleichung für die Tangente durch $P(2 | 4)$:

$y = 10 \cdot (x - 2) + 4 = 10x - 16$

Teil B

6 **a)** $h(10) = 1\,600$

Die Bergstation liegt in 1 600 m Höhe.

b) $\frac{h(4) - h(2)}{4 - 2} = 148{,}4 \frac{m}{min}$; $\frac{h(8) - h(6)}{8 - 6} = 88{,}4 \frac{m}{min}$

Die mittlere Änderungsrate zwischen der 2. und 4. Minute ist größer als die Änderungsrate zwischen der 6. und 8. Minute.

c) $h'(t) = -2{,}1t^2 + 6t + 150$

Zum Zeitpunkt 1,43 min ist die momentane Änderungsrate mit $154 \frac{m}{min}$ am größten.

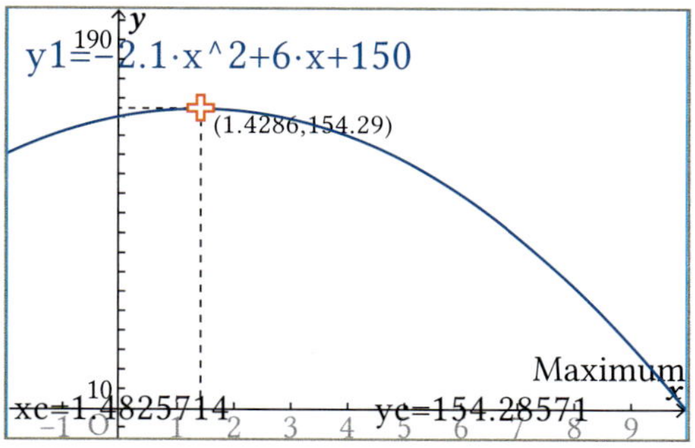

7 **a)** Berechnet wurde die mittlere Änderungsrate des Pegelstandes vom 6 Juni bis zum 10 Juni. Die mittlere Änderungsrate betrug 6 cm pro Tag:

b) $\frac{936 - 981}{11 - 9} = -22{,}5$; $936 - 22{,}5 \cdot x = 800$

gilt für $x \approx 6{,}04$. D.h. die Aussage ist richtig.

8 Der Punkt $P(3 | 27)$ liegt auf der Geraden g und auf dem Graphen von f, denn $f(3) = g(3) = 27$.

Bestimmen der Tangente an den Graphen von f im Punkt $P(3 | 27)$:

$f'(x) = 3x^2 - 6x + 3$; $f'(3) = 12$

Die Gleichung der Tangente lautet also:

$y = 12 \cdot (x - 3) + 27 = 12x - 9$

Somit ist die Gerade g keine Tangente an den Graphen von f im Punkt $(3 | 27)$.

Die Gerade g schneidet den Graphen von f in $P(3 | 27)$ und in den Punkten $Q(2{,}45 | 22{,}05)$ und $S(-2{,}45 | -22{,}05)$.

9 (A) Die Graphen (2) und (4) passen.
Begründung: f' hat jeweils zwei Nullstellen, und zwar jeweils eine mit einem Vorzeichenwechsel von – nach + und jeweils eine mit einem Vorzeichenwechsel von + nach –.
(B) Der Graph (3) passt.
Begründung: f' hat eine Nullstelle ohne Vorzeichenwechsel.
(C) Der Graph (1) passt.
Begründung: f' hat keine Nullstellen.
(D) Der Graph (1) passt.
Begründung: $f'(x) > 0$ für alle x.

10 **a)** $f(x) = 3x^2 - 1$, $f'(x) = 6x$, $f'(-1) = -6$
Gleichung der Tangente
Ansatz: $y = -6x + n$
$P(-1\,|\,2)$ liegt auf der Tangente: $2 = (-6)\cdot(-1) + n$, also $n = -4$
Gleichung: $y = -6x - 4$
b) Die Normale in $P(-1\,|\,2)$ ist orthogonal zur Tangente. Für ihren Anstieg m gilt also $(-6)\cdot m = -1$, also $m = \frac{1}{6}$.
Ansatz: $y = \frac{1}{6}x + n$
$P(-1\,|\,2)$ liegt auf der Normalen: $2 = \frac{1}{6}(-1) + n$, also $n = \frac{13}{6}$
Gleichung: $y = \frac{1}{6}x + \frac{13}{6}$
c) Aus $P(-1\,|\,2)$ folgt $h = 1$ für die Höhe des Dreiecks.
Innenwinkel bei P beträgt 90°.
Schnittpunkt S der Normalen mit der y-Achse
$y = \frac{1}{6}\cdot 0 + \frac{13}{6}$ für $y = \frac{13}{6}$, also $S\left(0\,\middle|\,\frac{13}{6}\right)$
Schnittpunkt Q der Tangente mit der y-Achse
$y = -6\cdot 0 - 4$ für $y = -4$, also $Q(0\,|\,-4)$
Länge der Hypotenuse: $\frac{13}{6} + 4 = \frac{37}{6}$
Also $A = \frac{1}{2}\cdot\frac{37}{6}\cdot 1 = 3\frac{1}{12}$
Für den Innenwinkel β bei Q gilt: $\tan(\beta) = \frac{1}{6}$, also $\beta \approx 9{,}46°$
Für den Innenwinkel α bei S ergibt sich:
$\alpha = 180° - 90° - 9{,}46° = 80{,}54°$

11 Schnittpunkt S bestimmen
$\frac{1}{8}x^2 = \frac{1}{x}$ $\quad|\cdot x$ mit $x \neq 0$
$\frac{1}{8}x^3 = 1$ $\quad|\cdot 8$
$x^3 = 8$ $\quad|\sqrt[3]{\text{II}}$
$x = 2$, also $S\left(2\,\middle|\,\frac{1}{2}\right)$
Tangente an den Graphen von f in S
$f'(x) = \frac{1}{4}x$, $f'(2) = \frac{1}{2}$
Ansatz: $y = \frac{1}{2}x + b$
$S\left(2\,\middle|\,\frac{1}{2}\right)$ liegt auf der Tangente: $\frac{1}{2} = \frac{1}{2}\cdot 2 + b$, also $b = -\frac{1}{2}$
Gleichung: $y = \frac{1}{2}x - \frac{1}{2}$
Tangente an den Graphen von g in S
$g'(x) = -\frac{1}{x^2}$, $g'(2) = -\frac{1}{4}$
Ansatz: $y = -\frac{1}{4}x + b$
$S\left(2\,\middle|\,\frac{1}{2}\right)$ liegt auf der Tangente: $\frac{1}{2} = \left(-\frac{1}{4}\right)\cdot 2 + b$, also $b = 1$
Gleichung: $y = -\frac{1}{4}x + 1$
Dreieck ASB mit der x-Achse
- Höhe h von S auf die x-Achse: $h = \frac{1}{2}$
- Schnittpunkt A der Tangente an f mit der x-Achse:
$0 = \frac{1}{2}x - \frac{1}{2}$ für $x = 1$, also $A(1\,|\,0)$
- Schnittpunkt B der Tangente an g mit der x-Achse:
$0 = -\frac{1}{4}x + 1$ für $x = 4$, also $B(4\,|\,0)$
- $A = \frac{1}{2}\cdot\frac{1}{2}\cdot(4 - 1) = \frac{3}{4}$

Dreieck CSD mit der y-Achse
- Höhe h von S auf die y-Achse: $h = 2$
- Schnittpunkt C der Tangente an g mit der y-Achse: $C(0\,|\,1)$
- Schnittpunkt D der Tangente an f mit der y-Achse: $D\left(0\,\middle|\,-\frac{1}{2}\right)$
- $A = \frac{1}{2}\cdot\frac{3}{2}\cdot 2 = \frac{3}{2}$

12 $f'(a) = 2a$, $g'(x) = \frac{1}{2\sqrt{x}}$, $g'(9) = \frac{1}{6}$

Die Tangenten sind orthogonal zueinander, wenn gilt:

$2a \cdot \frac{1}{6} = -1$, also wenn $a = -3$

13 $f(x) = \frac{1}{8}(x^2 - 8x + 36) = \frac{1}{8}x^2 - x + 4{,}5$

$f'(x) = \frac{1}{4}x - 1$, $f'(b) = \frac{1}{4}b - 1$

Gleichung der Tangente

Ansatz: $y = \left(\frac{1}{4}b - 1\right) \cdot x + c$

$O(0|0)$ liegt auf der Tangente: $0 = c$

$B(b|f(b))$ liegt auf der Tangente:

$$f(b) = \left(\frac{1}{4}b - 1\right) \cdot b$$

$$\frac{1}{8}b^2 - b + 4{,}5 = \frac{1}{4}b^2 - b$$

$$4{,}5 = \frac{1}{8}b^2$$

$$36 = b^2 \text{ für } b_1 = 6 \text{ und } b_2 = -6$$

$B_1(6|3)$ und $B_2(-6|15)$

14 **a)** $x^2 - 2x = -x^2 + \frac{1}{2}x$

$2x^2 - \frac{5}{2}x = 0$

$4x^2 - 5x = 0$

$x \cdot (4x - 5) = 0$, für $x_1 = 0$ und für $x_2 = \frac{5}{4}$

$S_1(0|0)$, $S_2\left(\frac{5}{4}\middle|-\frac{15}{16}\right)$

$f'(x) = 2x - 2$, $f'(0) = -2$, $f'\left(\frac{5}{4}\right) = \frac{1}{2}$

$g'(x) = -2x + \frac{1}{2}$, $g'(0) = \frac{1}{2}$, $g'\left(\frac{5}{4}\right) = -2$

$\frac{1}{2} \cdot (-2) = -1$, die Graphen schneiden sich in beiden Punkten unter einem Winkel von 90°.

b) S1(0|0) liegt auch auf dem Graphen von h

$h'(x) = -4x + \frac{1}{2}$, $\left.\begin{matrix} h'(0) = \frac{1}{2} \\ f'(0) = -2 \end{matrix}\right\}$ $\frac{1}{2} \cdot (-2) = -1$

15 **a)**

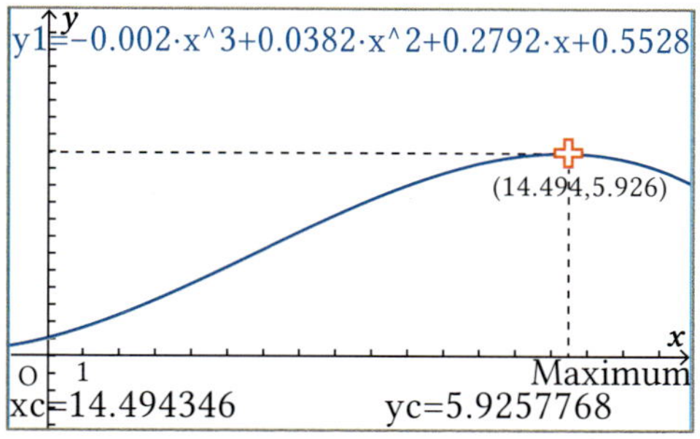

Zum Zeitpunkt $t = 0$ beginnt die Beobachtung. Nach 14,5 Tagen werden die Funktionswerte kleiner, das bedeutet, dass die Pflanze schrumpfen würde. Sinnvolle Werte liegen daher im Intervall [0; 14,5].

b) $h(0) = 0{,}5528\,\text{m}$;

$h(2) = 1{,}2464\,\text{m}$

c) $\frac{h(3) - h(1)}{3 - 1} = \frac{1{,}6748 - 0{,}868}{2} = 0{,}4034\,\frac{\text{m}}{\text{Tag}}$

d) $h'(t) = -0{,}0066t^2 + 0{,}0764t + 0{,}2792$

$h'(10) = 0{,}3832\,\frac{\text{m}}{\text{Tag}}$

Die momentane Wachstumsgeschwindigkeit 10 Tage nach Beobachtungsbeginn beträgt $0{,}3832\,\frac{\text{m}}{\text{Tag}}$.

e) Zum Beispiel $h'(2) = 0{,}4056\,\frac{\text{m}}{\text{Tag}}$ und $h'(4) = 0{,}4792\,\frac{\text{m}}{\text{Tag}}$

Kapitel 2 (Seiten 109 bis 112)

Teil A

1 a) Wenn $x \to \infty$, dann $2x^4 \to \infty$, also $f(x) \to \infty$.
Wenn $x \to -\infty$, dann $2x^4 \to \infty$, also $f(x) \to \infty$.
b) Wenn $x \to \infty$, dann $3x^2 + 1 \to \infty$,
also $f(x) \to 0$.
Wenn $x \to -\infty$ dann $3x^2 + 1 \to \infty$,
also $f(x) \to 0$.
c) Wenn $x \to \infty$, dann $0{,}5^x \to 0$, also $f(x) \to 3$.
Wenn $x \to -\infty$, dann $0{,}5^x \to \infty$, also $f(x) \to \infty$.

2 Wenn $\frac{a}{-5} = \frac{1}{10}$, also $a = -\frac{1}{2}$

3 a) Definitionslücke bei $x = -2$;
Für $x \neq -2$ gilt $f(x) = x - 2$, also gilt:
Wenn $x \to -2$, dann $f(x) \to -4$;
$x = -2$ ist also eine hebbare Definitionslücke
b) Definitionslücke bei $x = 1$;
Wenn $x < 1$ und $x \to 1$, dann $x^3 - 1 < 0$ und
$x^3 - 1 \to 0$, also $f(x) \to -\infty$;
wenn $x > 1$ und $x \to 1$, dann $x^3 - 1 > 0$ und
$x^3 - 1 \to 0$, also $f(x) \to \infty$;
$x = 1$ ist also eine Definitionslücke mit Vorzeichenwechsel
c) Definitionslücke bei $x = 0$;
Wenn $x \to 0$, dann $f(x) \to \infty$;
$x = -2$ ist also eine Definitionslücke ohne Vorzeichenwechsel

4 Wenn $x < 0$ und $x \to 0$, dann $f(x) \to \ln(2)$;
wenn $x > 0$ und $x \to 0$, dann $f(x) \to 1$;
da $\ln(2) \neq 1$, hat der Graph von f an der Stelle 0 einen Sprung und das für jeden Wert von t.
Also ist f für jeden Wert von t an der Stelle 0 unstetig.

5 Es gilt $\frac{3x^2+2}{x} = 3x + \frac{2}{x}$ und wenn $x \to -\infty$ bzw. $x \to \infty$, dann $\frac{2}{x} \to 0$ und somit $f(x) \to 3x$.

6 a) $h(x) = b + \frac{1}{x+a}$
Der Graph von h hat die waagerechte Asymptote $y = b$ und eine Definitionslücke mit Vorzeichenwechsel an der Stelle $x = -a$. Somit ist der Graph von h ist nur dann symmetrisch zum Koordinatenursprung, wenn $a = b = 0$ gilt, d.h. wenn $h(x) = \frac{1}{x}$.
b) Man erhält aus dem Graphen zu $y = \frac{1}{x}$ einen Graphen, der symmetrisch zum Punkt $P(3|-2)$ ist, wenn man den Graphen aus dem Koordinatenursprung nach P verschiebt.
Also $h(x) = -2 + \frac{1}{x-3}$, d.h. $a = -3$ und $b = -2$.

7 a) Mit dem ersten solve()-Befehl werden alle x-Werte ermittelt, für die $f(x) = f(-x)$ gilt.
Da dies nur für drei x-Werte gilt, ist der Graph von f nicht symmetrisch zur y-Achse.
Mit dem zweiten solve()-Befehl werden alle x-Werte ermittelt, für die $f(x)=-f(-x)$ gilt.
Da dies für alle x-Werte gilt, ist der Graph von f symmetrisch zum Koordinatenursprung.
b) $\text{solve}(g(x) = g(-x))$ mit $\{x = x\}$, also für alle x-Werte, da der Graph von g symmetrisch zur y-Achse ist;
$\text{solve}(g(x) = -g(-x))$ mit $\{x = 0\}$, da für alle x-Werte $g(x) \geq 0$ gilt.

8 a) Der Graph von f′ hat an den Stellen $x_1 = -4$ und $x_2 = 2$ Nullstellen mit Vorzeichenwechsel.
An der Stelle $x_1 = -4$ verläuft der Vorzeichenwechsel von + nach –, also hat der Graph von f an dieser Stelle einen Hochpunkt.
An der Stelle $x_2 = 2$ verläuft der Vorzeichenwechsel von – nach +, also hat der Graph von f an dieser Stelle einen Tiefpunkt.
Weitere Extrempunkte gibt es im Intervall $[-5; 3]$ nicht.
An der Stelle $x_3 = -1$ hat der Graph von f′ einen Hochpunkt, der auf der x-Achse liegt.
Somit liegt an der Stelle $x_3 = -1$ eine Nullstelle ohne Vorzeichenwechsel von f′.
Der Graph von f hat an der Stelle $x_3 = -1$ also

einen Sattelpunkt.

b)

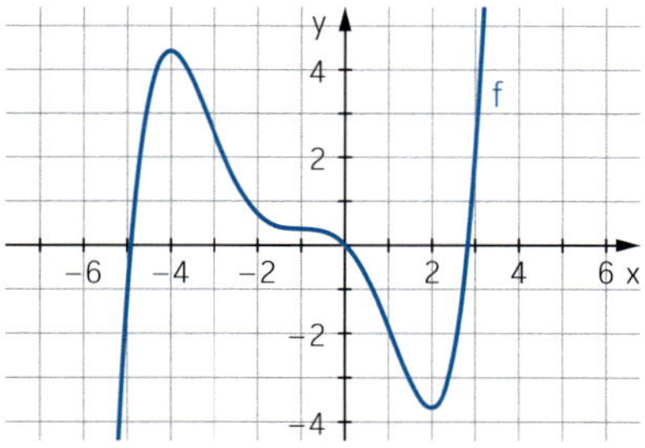

9 a)

Intervall	$]-\infty; 1[$	$]1; 3[$	$]3; \infty 1[$
Vorzeichen von f'	+	–	+
Monotonieverhalten von f	streng monoton steigend	streng monoton fallend	streng monoton steigend

Hochpunkt an der Stelle 1, da $f'(1) = 0$ mit VZW von + nach –;

Tiefpunkt an der Stelle 3, da $f'(3) = 0$ mit VZW von – nach +

b)

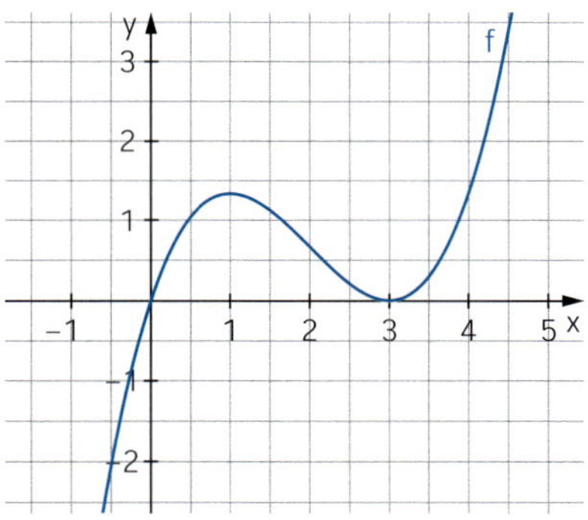

10 Der Graph gehört zur Funktion h, denn nur h hat die beiden Extremstellen 1 und -1.

Begründung: $h'(x) = -3x^2 + 3 = 0$ für $x = 1$ und $x = -1$

Der Graph von f ist eine Parabel und für g(x) gilt:

Wenn $x \to -\infty$, dann $g(x) \to -\infty$

11 a) Es gilt: $h(x) = (x-1)^2$ mit Tiefpunkt $T(1\,|\,0)$

Oder: $h'(x) = 2x - 2 = 0$ für $x = 1$ mit VZW von – nach +

b) Für $x = 1$ ist der Exponent $h(1) = 0$.

Alle anderen Exponenten h(x) sind größer als null.

Somit hat g an der Stelle $x = 1$ auch einen Tiefpunkt.

12 a) $f_t(x) = x \cdot (1 + t \cdot x^2) = 0$ wenn $x = 0$ oder wenn $x^2 = -\frac{1}{t}$ Lösungen besitzt.

Also hat f_t für $t > 0$ nur die Nullstelle 0 und für $t < 0$ mehr als eine Nullstelle.

b) $f'_t(x) = 3t \cdot x^2 + 1 = 0$ wenn $x^2 = -\frac{1}{3}t$;

aus $-\frac{1}{3}t = 4$ ergibt sich $t = -\frac{1}{12}$

Der Graph von $f'_{-\frac{1}{12}}$ ist eine nach unten geöffnete Parabel mit den Nullstellen -2 und 2.

Bei 2 gibt es also einen VZW von + nach – und somit liegt dort ein Maximum von $f_{-\frac{1}{12}}$.

13 a) $f(x) = 0$ gilt nur dann, wenn $h(x) = 0$ oder wenn $\ln(x) = 0$.

$h(x) = 0$ gilt nur für $x = 4$ und $\ln(x) = 0$ gilt nur für $x = 1$. Also hat f nur die beiden Nullstellen 1 und 4.

b) $D_g =]-\infty; 4[$;

$g'(x) = h'(x) \cdot \frac{1}{h(x)} = -\frac{1}{2} \cdot \frac{1}{h(x)} \neq 0$ für alle $x \in D_g$.

Somit hat g keine Extremstellen.

14 a) Graph A gehört zu g und Graph B gehört zu g'.

Die Nullstellen von g' sind die Extremstellen von g.

b) Es gilt $g'(x) = h(x) \cdot e^x + h'(x) \cdot e^x = (h(x) + h'(x)) \cdot e^x$

Man erkennt $h(x) = 4x^2$.

15 a) $g'(x) = -\frac{3}{4}x^2 + 2$; $g''(x) = -\frac{3}{2}x = 0$ für $x = 0$ mit VZW ; g'' hat also nur eine Nullstelle mit VZE, somit ist $O(0\,|\,0)$ der einzige Wendepunkt.

b) $g'(0) = 2$; Wendetangente durch $O(0\,|\,0)$: $y = 2x$

c) Der Graph von l schneidet g im Wendepunkt $O(0\,|\,0)$. l ist eine lineare Funktion mit negativen Anstieg und g ist eine ganzrationale Funktion dritten Grades. Für beide Funktionen gilt:

Wenn $x \to \infty$, dann $l(x) \to -\infty$ und $g(x) \to -\infty$;

Wenn $x \to -\infty$, dann $l(x) \to \infty$ und $g(x) \to \infty$;

Da g aber einen höheren Grad hat, schneiden sich die Graphen noch in zwei weiteren Punkten.

Formal gezeigt: $-\frac{1}{4}x^3 + 2x = m \cdot x$ führt zu $x^2 = -3m + 6$, da m negativ ist hat diese Gleichung immer zwei Lösungen ungleich null.

Also existieren keine negativen Werte m, für die sich die Graphen von g und l in nur einem Punkt schneiden.

Teil B

16 Für $x < \frac{1}{2}$ gilt: $\lim\limits_{x \to \frac{1}{2}} \frac{1}{x^2} = 4$;

Für $x > \frac{1}{2}$ gilt: $\lim\limits_{x \to \frac{1}{2}} a\,x = \frac{1}{2}a = 4$ für $a = 8$

Somit ist f für a = 8 stetig.

17 **a)** $h(0) = 127$. Der Ballon startet in 127 m über NN.

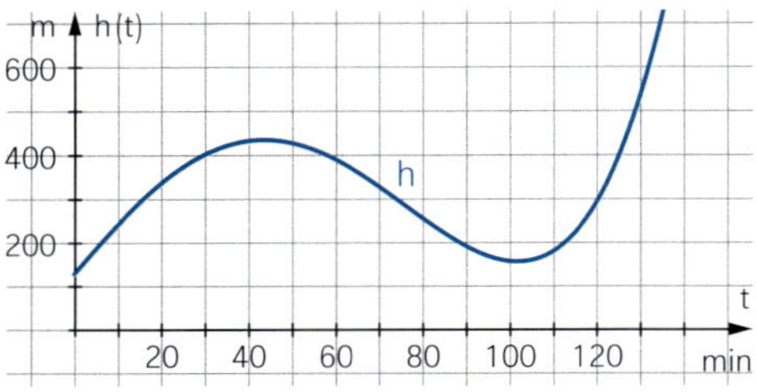

Mithilfe des solve()-Befehls im Rechner findet man $h(t) = 156$ für $t \approx 2{,}5$ (vor Erreichen der maximalen Höhe) und $t = 100$ (nach Erreichen der maximalen Höhe).

Der Ballon landet also nach 100 min.

b) Im Zeitintervall [0; 44[steigt der Ballon und erreicht nach ca. 44 min seine maximale Höhe von ca. 434 m über NN.

Im Zeitintervall]44; 100] singt der Ballon.

c) Zum Zeitpunkt t_1 hat der Ballon die Höhe $h(t_1)$ erreicht. 50 Minuten später, zu Zeitpunkt t_2, erreicht er dieselbe Höhe. Mithilfe des solve()-Befehls im Rechner findet man $h(t) = h(t + 50)$ für $t \approx 19{,}6$.

Somit gilt: $t_1 \approx 19{,}6\,\text{min}$ und $t_2 \approx 69{,}6\,\text{min}$

d) Mit dem Rechner findet man $h''(76{,}5) = 0$ und $h'(76{,}5) = -7{,}3$.

Nach 76,5 min sinkt der Ballon mit einer Geschwindigkeit von −7,3 m pro min am stärksten.

e) $h(60) = 389{,}2$; $\frac{h(60) - h(0)}{60} = \frac{389{,}2 - 127}{60} = 4{,}37$;

Mit dem Rechner findet man $h'(u) = 4{,}37$ für $u = 31{,}5$.

Nach 31,5 min ist die momentane Steiggeschwindigkeit genau so groß wie die mittlere Steiggeschwindigkeit im Intervall [0; 60].

18 **a)** Der Exponent wird maximal für $x = \frac{1}{4}$.

Tiefpunkt $T\left(\frac{1}{4}\,\middle|\,-2\,e^{\frac{1}{8}}\right) \approx T(0{,}25\,|\,-2{,}266)$

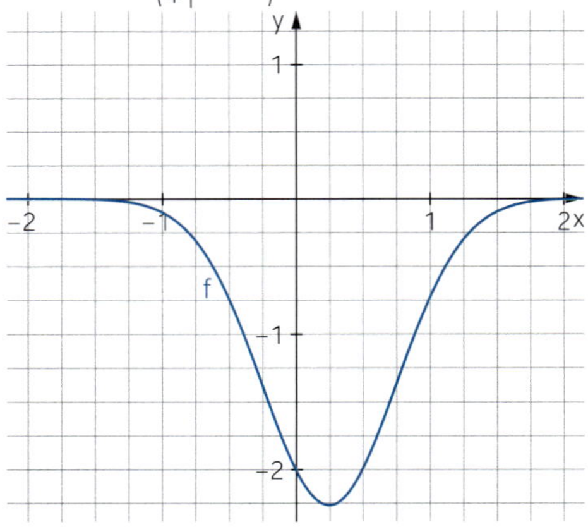

b) $f'(x) = (8x - 2) \cdot e^{-2x^2 + x}$;

$f''(x) = (-32x^2 + 16x + 6) \cdot e^{-2x^2 + x}$;

$-32x^2 + 16x + 6 = 0$ für $x_1 = -\frac{1}{4}$ und $x_2 = \frac{3}{4}$ (beide mit VZW), weitere Nullstellen gibt es nicht.

c) Aufgabenstellung: Bestimmen Sie die Gleichung einer Geraden durch $P(1\,|\,0)$, die parallel zur der Wendetangente im Wendepunkt $W\left(-\frac{1}{4}\,\middle|\,f\left(-\frac{1}{4}\right)\right)$ verläuft.

Erläuterungen:

zu (1) Die Steigung der Wendetangente wird berechnet.

zu (2) Die Koordinaten von $P(1\,|\,0)$ werden in die Geradengleichung eingesetzt und n wird bestimmt.

zu (3) Die angegebene Gleichung ist die Gleichung der gesuchten Gerade.

d) Aus $g(x) = g(-x)$ erhält man $e^{-x} = e^{x}$ nur für $x = 0$ und nicht für alle x.

Somit gibt es kein k, sodass der Graph symmetrisch zur y-Achse ist.

e) Es gilt: $g'(x) = (2k^2 \cdot x + k) \cdot e^{kx^2 + x}$ und $g'(0) = k$

Die Aussage ist also wahr.

Kapitel 3 (Seiten 140 bis 142)

Teil A

1 Die Gleichung einer ganzrationalen Funktion 3. Grades lautet $f(x) = ax^3 + bx^2 + cx + d$.
Ihre Ableitungen sind $f'(x) = 3ax^2 + 2bx + c$ sowie $f''(x) = 6ax + 2b$.

a) Aus den Angaben im Text ergeben sich die folgenden Bedingungen:

$$\left| \begin{array}{l} f(0) = 5 \\ f'(0) = 0 \\ f(1) = 0 \\ f'(1) = -6 \end{array} \right|$$

Diese führen zu dem linearen Gleichungssystem

$$\left| \begin{array}{rcl} d &=& 5 \\ c &=& 0 \\ a + b + c + d &=& 0 \\ 3a + 2b + c &=& -6 \end{array} \right|$$

mit der Lösung $a = 4$; $b = -9$; $c = 0$; $d = 5$.
Hieraus ergibt sich $f(x) = 4x^3 - 9x^2 + 5$.
Da $f''(0) = -18 < 0$, handelt es sich bei $P(0|5)$ um einen Hochpunkt.

b) Die Bedingungen

$$\left| \begin{array}{l} f(0) = 0 \\ f(1) = 1 \\ f'(1) = 0 \\ f''(3) = 0 \end{array} \right|$$

führen zu dem linearen Gleichungssystem

$$\left| \begin{array}{rcl} d &=& 0 \\ a + b + c + d &=& 1 \\ 3a + 2b + c &=& 0 \\ 18a + 2b &=& 0 \end{array} \right|$$

mit der Lösung $a = \frac{1}{7}$; $b = -\frac{9}{7}$; $c = \frac{15}{7}$; $d = 0$.

Also gilt $f(x) = \frac{1}{7}x^3 - \frac{9}{7}x^2 + \frac{15}{7}x$.
An der Stelle $x = 1$ muss ein Extrempunkt vorliegen, da der (einzige) Wendepunkt an der Stelle $x = 3$ liegt.

2 **a)** $L = \{(1|2|-1)\}$
b) $L = \{(z + 3|z|z) \mid z \in \mathbb{R}\}$
c) $L = \{\ \}$

3 **a)** $f(x) = (x + 2)^2 \cdot x \cdot (x - 1) = x^4 + 3x^3 - 4x$
b) $g(x) = \frac{1}{6}(2x^3 + 3x^2 - 12x)$
c) $h(x) = \frac{x^3 - 1}{x^2}$

Teil B

4 Mit x in cm, y in cm, V in cm³ gilt: $V = x^2 \cdot y$
Nebenbedingung: $4x + y = 360$, also $y = 360 - 4x$
Einsetzen der Nebenbedingung ergibt:
$V(x) = x^2 \cdot (360 - 4x) = -4x^3 + 360x^2$
Der Definitionsbereich ergibt sich aus den Bedingungen für y:
$y = 0$: $4x = 360$, also $x < 90$
$y = 200$: $4x + 200 = 360$, also $x \geq 40$
Damit gilt: $40 \leq x < 90$.
$V'(x) = -12x^2 + 720x = (-12x + 720)x = 0$
also: $x = 0$ und $x = 60$.
Wegen $x \geq 40$ kommt nur $x = 60$ als Lösung infrage.
$V(x)$ hat bei $x = 60$ ein Maximum.
Das größte Volumen erhält man bei den Paketmaßen Länge · Breite · Höhe: 120 cm · 60 cm · 60 cm.
Das Volumen beträgt dann $432\,000\,\text{cm}^3 = 0{,}432\,\text{m}^3$

5 **a)** $g(x) = 3{,}143x - 2{,}286$
b) $g(21) \approx 63{,}7$

6 **a)** Zu Beginn sind keine Personen erkrankt. Die Anzahl der Erkrankten steigt bis zum 5. Tag an, wobei der Anstieg am 2. Tag (Wendepunkt) am stärksten ist. Nach dem Hochpunkt am 5. Tag mit der Maximalzahl von ca. 640 Erkrankten nimmt die Anzahl erst langsam und dann immer stärker ab, bis am 8. Tag niemand mehr erkrankt ist.

b) Die Gleichung einer ganzrationalen Funktion 4. Grades lautet $f(x) = ax^4 + bx^3 + cx^2 + dx + e$.
Ihre Ableitungen sind
$f'(x) = 4ax^3 + 3bx^2 + 2cx + d$ sowie
$f''(x) = 12ax^2 + 6bx + 2c$.
Der Grafik kann man folgende Bedingungen entnehmen:
$f(0) = 0;\ f(1) = 125;\ f''(2) = 0;\ f'(5) = 0;\ f(8) = 0$
Diese führen zu dem linearen Gleichungssystem

$$\left|\begin{array}{l} e = 0 \\ a + b + c + d + e = 125 \\ 48a + 12b + 2c = 0 \\ 500a + 75b + 10c + d = 0 \\ 4096a + 512b + 64c + 8d + e = 0 \end{array}\right|$$

mit der Lösung
$a = \frac{125}{917};\ b = -\frac{7500}{917};\ c = \frac{6000}{131};\ d = \frac{80000}{917};\ e = 0.$
Die gesuchte Funktionsgleichung lautet also:
$f(x) = \frac{125}{917}x^4 - \frac{7500}{917}x^3 + \frac{6000}{131}x^2 + \frac{80000}{917}x$
Zeichnen des Graphen mit einem Rechner bestätigt die Lösung.

c) Für den Hochpunkt zum Zeitpunkt $t = 5$ gilt $f(5) \approx 644{,}1$. Es waren also ca. 644 Personen erkrankt.

7 An der Stelle $-\frac{1}{2}k$ liegt wegen des (+/−)-Vorzeichenwechsels von $f'(x)$ ein Hochpunkt.
An der Stelle 0 liegt wegen des (−/+)-Vorzeichenwechsels von $f'(x)$ ein Tiefpunkt.
An der Stelle $2k$ liegt ein Sattelpunkt, da für alle nahe genug bei $2k$ gelegenen x mit $x \neq 2k$ gilt: $f'(x) > 0$.

8 **a)** $D = \mathbb{R};\ W = \begin{cases}]-\infty,\ k[; & k > 0 \\ \{0\}; & k = 0; \\ ]k,\ \infty[; & k < 0 \end{cases}$ keine Symmetrie;
$t \to \infty$: $f(t) \to k$; $t \to -\infty$: $f(t) \to -\infty$
Nullstelle: $t = 0$
$f'(t) = ke^{-t};\ f''(t) = -ke^{-t}$
Keine Extrempunkte
Keine Wendepunkte

b) $f_k(t) = k \cdot (1 - g(t))$, also $h_k(t) = k(1 - t)$
gesuchte Abbildungen.
also $f_k(t) = h_k(g(t))$

c) Tangente in $t = 0$ an $f(t)$
$T_{f,\,t=0}(t) = f'(0) \cdot t \Rightarrow A = \left(\frac{k}{f_k'(0)} \middle| k\right)$
$B = (a\,|\,k);\quad C_a = (a\,|\,f_k(a))$
$F = \frac{1}{2}|\overline{AB}| \cdot |\overline{BC_a}|$
$|\overline{AB}| = \left|a - \frac{k}{f_k'(0)}\right|;\ |\overline{BC_a}| = |k - fk(a)|$
also $F = \frac{1}{2}\left|ak - af_k(a) - \frac{k^2}{f_k'(0)} + k\frac{fk(a)}{f_k'(0)}\right|$
$F(a) = \left|\frac{1}{2}(ke^{-a}(a - 1))\right|$ für $a > 0$ ist $F(a) > 0$ und
$F'(a) = -\frac{1}{2}(ke^{-a}(a - 2));\ F''(a) = \frac{1}{2}(ke^{-a}(a - 3))$ und
$a_0 = 2$ ist lokales Maximum mit $F(a_0) = \frac{k}{2e^2}$.
Für $a < 0$ ist dann mit $a = -b,\ b > 0$
$F(b) = \left|\frac{1}{2}(ke^{b}(-b - 1))\right| = \frac{1}{2}(ke^{b}(b + 1))$
$F'(b) = \frac{1}{2}(ke^{b}(b + 2))$
$F(b)$ besitzt keine lokalen Maxima, aber $F'(b) > 0$ für alle $b > 0$ (d.h. $F'(a) > 0$ für alle $a < 0$), sodass für wachsende b, bzw. große negative a, der Flächeninhalt unendlich wächst.
Es existiert kein a, sodass die Fläche maximal wird.

d) Für $k > 0$ können f_k einen Wachstumsprozess beschreiben, da dann $f_k'(t) = ke^{-1} > 0$ für alle t ist.

9 **a)** Funktionsterm von f:
Die Nullstellen des Graphen von f lauten
$x_1 = 0,\ x_2 = 1$ und $x_3 = 3$, also
$f(x) = a \cdot x \cdot (x - 1) \cdot (x - 3)$
Es sieht so aus, als ob der Graph durch den Punkt $P(2\,|-2)$ verläuft.
Aus $f(2) = -2$ erhält man $a = 1$.
Somit: $f(x) = x \cdot (x - 1) \cdot (x - 3) = x^3 - 4x^2 + 3x$
Der Graph von g ist eine Ursprungsgerade mit der Steigung −2, also $g(x) = -2x$.

b) Differenz der Funktionswerte

$d(x) = f(x) - g(x) = x^3 - 4x^2 + 5x$

Die Gleichung $d'(x) = 0$ hat die Lösungen

$x_1 = 1;\ x_2 = \frac{5}{3}$

$d''(1) = -2 < 0$

$d''\left(\frac{5}{3}\right) = 2 > 0$, also Minimum von d bei $x = \frac{5}{3}$

$d\left(\frac{5}{3}\right) = \frac{50}{27} \approx 1{,}85$. Auch am Rand des betrachteten Intervalls bei $x = 2$ liegt kein kleinerer Wert vor, denn es gilt: $d(2) = 2$.

Die Differenz der Funktionswerte ist am kleinsten an der Stelle $x = \frac{5}{3}$. Sie beträgt an dieser Stelle ca. 1,85.

10 **a)** $f(x) = a \cdot x^3 + b \cdot x^2 + c \cdot x + d$

Bedingungen:

(1) $f(-1) = 0$

(2) $f''(-2) = 0$

(3) y-Wert des Wendepunkts:

$y = 3 \cdot (-2) + 2{,}5 = -3{,}5$, also $f(-2) = -3{,}5$

(4) $f'(-2) = 3$

Hieraus erhält man das LGS

$$\left|\begin{array}{l} -a + b - c + d = 0 \\ -12a + 2b = 0 \\ -8a + 4b - 2c + d = -3{,}5 \\ 12a - 4b + c = 3 \end{array}\right|$$

mit der Lösung $a = 0{,}5;\ b = 3;\ c = 9;\ d = 6{,}5$

Also: $f(x) = 0{,}5x^3 + 3x^2 + 9x + 6{,}5$

b) $f(x) = a \cdot x^4 + b \cdot x^2 + c$

Bedingungen

(1) $f(0) = 2$

(2) $f(2) = 0$

(3) $f'(2) = 2$

Hieraus erhält man das LGS

$$\left|\begin{array}{l} c = 2 \\ 16a + 4b + c = 0 \\ 32a + 4b = 2 \end{array}\right|$$

mit der Lösung $a = \frac{1}{4};\ b = -\frac{3}{2};\ c = 2$

Also: $f(x) = \frac{1}{4} \cdot x^4 - \frac{3}{2} \cdot x^2 + 2$

11 **a)** $f(x) = x(x+3)(x-1) = x^3 + 2x^2 - 3x$

b) $f(x) = x^3(x+1)(x-2) = x^5 - x^4 - 2x^3$

c) $f(x) = -x^2(x^2-1)(x^2-4) = -x^6 + 5x^4 - 4x^2$

Kapitel 4 (Seiten 189 bis 192)

Teil A

1 $\frac{1}{2} \cdot \begin{pmatrix} 4 \\ -3 \\ 6 \end{pmatrix} - 2 \cdot \begin{pmatrix} -2 \\ 1 \\ -1 \end{pmatrix} + \frac{2}{3} \cdot \begin{pmatrix} 9 \\ -6 \\ 4 \end{pmatrix}$

$= \begin{pmatrix} 2 \\ -\frac{3}{2} \\ 3 \end{pmatrix} - \begin{pmatrix} -4 \\ 2 \\ -2 \end{pmatrix} + \begin{pmatrix} 6 \\ -4 \\ \frac{8}{3} \end{pmatrix} = \begin{pmatrix} 12 \\ -7\frac{1}{2} \\ 7\frac{2}{3} \end{pmatrix}$

2 **a)** Infrage kommen alle Punkte auf der y-Achse außer O(0|0|0), z. B. A(0|5|0) oder B(0|−3|0).

b) Diese Bedingung wird von allen Punkten erfüllt, die auf der 1. Winkelhalbierenden der xy-Ebene liegen, z. B. P(3|3|0) oder Q(−7|−7|0).

c) Alle Punkte, die auf der 1. Winkelhalbierenden der yz-Ebene liegen, erfüllen diese Bedingung. Beispiele sind R(0|2|2) oder S(0|−4|−4).

3 **a)** Für den Mittelpunkt der Strecke $\overline{AB}$ gilt:

$\overrightarrow{OM} = \frac{1}{2} \cdot \left(\overrightarrow{OA} + \overrightarrow{OB}\right) = \frac{1}{2} \cdot \left(\begin{pmatrix} -3 \\ 4 \\ 7 \end{pmatrix} + \begin{pmatrix} 5 \\ -2 \\ 1 \end{pmatrix}\right) = \begin{pmatrix} 1 \\ 1 \\ 4 \end{pmatrix}$,

also M(1|1|4).

b) Es gilt:

$\overrightarrow{OQ} = \overrightarrow{OP} + 2 \cdot \overrightarrow{PM} = \begin{pmatrix} -3 \\ 1 \\ 4 \end{pmatrix} + 2 \cdot \begin{pmatrix} 5 \\ -4 \\ -9 \end{pmatrix} = \begin{pmatrix} 7 \\ -7 \\ -14 \end{pmatrix}$,

also Q(7|−7|−14).

4 a)

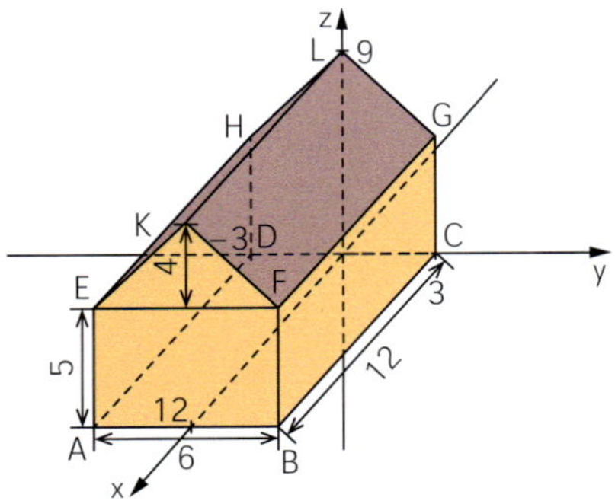

b) Koordinaten der Eckpunkte:
A(12|−3|0); B(12|3|0); C(0|3|0); D(0|−3|0);
E(12|−3|5); F(12|3|5); G(0|3|5); H(0|−3|5);
K(12|0|9); L(0|0|9)

c) $|\overline{EK}| = |\overrightarrow{EK}| = \left|\begin{pmatrix} 0 \\ 3 \\ 4 \end{pmatrix}\right| = \sqrt{25} = 5$

Die Dachkanten $\overline{EK}$, $\overline{FK}$, $\overline{GL}$ und $\overline{HL}$ sind je 5 m lang.
Die Dachkante $\overline{KL}$ hat die Länge 12 m.

5 a) Die z-Koordinate aller drei Punkte A, B und C ist $z = 1$. Also liegt die Grundfläche der Pyramide in einer Ebene, die parallel zur xy-Ebene ist.

b) Alle Punkte P der Grundfläche der Pyramide haben als z-Koordinate $z = 1$.
Für die Spitze S ist $z = 5$.
Die Höhe der Pyramide beträgt also $5 - 1 = 4$ Längeneinheiten.

6 a) Bei der Spiegelung an der xz-Ebene dreht sich nur das Vorzeichen der y-Koordinate von A um, also A′(3|2|4).

b) Bei der Spiegelung an der x-Achse drehen sich die Vorzeichen der y- und der z-Koordinate um, also A′(3|2|−4).

c) Bei der Spiegelung von A an der xy-Ebene entsteht der Punkt A′(3|−2|−4).
Wird A′ an der yz-Ebene gespiegelt, hat der Bildpunkt die Koordinaten A″(−3|−2|−4).

7 a) $\overrightarrow{AB} = \begin{pmatrix} 4 \\ 4 \\ -3 \end{pmatrix}$; $\overrightarrow{DC} = \begin{pmatrix} 4 \\ 4 \\ -3 \end{pmatrix}$, d. h. die gegenüberliegenden Seiten $\overline{AB}$ und $\overline{DC}$ sind parallel zueinander und gleich lang.
$\overrightarrow{AD} = \begin{pmatrix} -2 \\ 1 \\ 1 \end{pmatrix}$; $\overrightarrow{BC} = \begin{pmatrix} -2 \\ 1 \\ 1 \end{pmatrix}$, d. h. auch die gegenüberliegenden Seiten $\overline{AD}$ und $\overline{BC}$ sind parallel zueinander und gleich lang.
Somit ist das Viereck ABCD ein Parallelogramm.

b) Sind zwei der nicht zueinander parallelen Seiten, z. B. $\overline{AB}$ und $\overline{AD}$ ebenfalls gleich lang, dann ist das Parallelogramm eine Raute.
$|\overrightarrow{AB}| = \left|\begin{pmatrix} 4 \\ 4 \\ -3 \end{pmatrix}\right| = \sqrt{41}$; $|\overrightarrow{AD}| = \left|\begin{pmatrix} -2 \\ 1 \\ 1 \end{pmatrix}\right| = \sqrt{6}$
Das Parallelogramm ist keine Raute.

c) Der Schnittpunkt der beiden Diagonalen $\overline{AC}$ und $\overline{BD}$ ist der Mittelpunkt der beiden Strecken, also M(4|1,5|3).

8 a) Für einen beliebigen Wert von k erhält man einen weiteren Punkt der Geraden g, z. B. für $k = 3$ den Punkt P(14|0|−2).
Als Richtungsvektor der Geraden g kann man jedes Vielfache des Vektors $\begin{pmatrix} 4 \\ 1 \\ -2 \end{pmatrix}$ verwenden.
Eine zweite Parameterform von g ist dementsprechend z. B. g: $\vec{x} = \begin{pmatrix} 14 \\ 0 \\ -2 \end{pmatrix} + k \cdot \begin{pmatrix} -8 \\ -2 \\ 4 \end{pmatrix}$; $k \in \mathbb{R}$.

b) Der Richtungsvektor $\begin{pmatrix} -20 \\ -5 \\ 10 \end{pmatrix}$ ist ein Vielfaches von $\begin{pmatrix} 4 \\ 1 \\ -2 \end{pmatrix}$, nämlich $\begin{pmatrix} -20 \\ -5 \\ 10 \end{pmatrix} = -5 \cdot \begin{pmatrix} 4 \\ 1 \\ -2 \end{pmatrix}$.
Nun muss noch überprüft werden, ob der Punkt (86|18|−38) auf g liegt.
Die Punktprobe $\begin{pmatrix} 86 \\ 18 \\ -38 \end{pmatrix} = \begin{pmatrix} 2 \\ -3 \\ 4 \end{pmatrix} + k \cdot \begin{pmatrix} 4 \\ 1 \\ -2 \end{pmatrix}$ ist erfüllt für $k = 21$.
Also ist $\vec{x} = \begin{pmatrix} 86 \\ 18 \\ -38 \end{pmatrix} + r \cdot \begin{pmatrix} -20 \\ -5 \\ 10 \end{pmatrix}$; $r \in \mathbb{R}$ ebenfalls eine Parameterform von g.

9 a) $\begin{pmatrix} 5-4a \\ 2a \\ 4+6a \end{pmatrix} + t \cdot \begin{pmatrix} 2 \\ -1 \\ -3 \end{pmatrix} = \begin{pmatrix} 0 \\ 0 \\ 0 \end{pmatrix}$
Aus der 2. Zeile folgt: $2a - t = 0$, also $t = 2a$.
Eingesetzt in die 1. Zeile: $5 - 4a + 2 \cdot 2a = 5 \neq 0$
Es gibt keine Werte für a und t, sodass die Gleichung erfüllt ist. P(0|0|0) liegt nicht für keinen Wert von a auch g_a.

b) Man kann g_a folgendermaßen umformen:

$$\vec{x} = \begin{pmatrix} 5-4a \\ 2a \\ 4+6a \end{pmatrix} + t \cdot \begin{pmatrix} 2 \\ -1 \\ -3 \end{pmatrix} = \begin{pmatrix} 5 \\ 0 \\ 4 \end{pmatrix} + a \cdot \begin{pmatrix} -4 \\ 2 \\ 6 \end{pmatrix} + t \cdot \begin{pmatrix} 2 \\ -1 \\ -3 \end{pmatrix}$$

Bei genauer Betrachtung stellt man fest, dass der Vektor $\begin{pmatrix} -4 \\ 2 \\ 6 \end{pmatrix} = (-2) \cdot \begin{pmatrix} 2 \\ -1 \\ -3 \end{pmatrix}$ ist.

Somit kann man schreiben:

$$\vec{x} = \begin{pmatrix} 5 \\ 0 \\ 4 \end{pmatrix} + (-2) \cdot a \cdot \begin{pmatrix} 2 \\ -1 \\ -3 \end{pmatrix} + t \cdot \begin{pmatrix} 2 \\ -1 \\ -3 \end{pmatrix}$$

$$= \begin{pmatrix} 5 \\ 0 \\ 4 \end{pmatrix} + (t-2a) \cdot \begin{pmatrix} 2 \\ -1 \\ -3 \end{pmatrix}$$

$$= \begin{pmatrix} 5 \\ 0 \\ 4 \end{pmatrix} + k \cdot \begin{pmatrix} 2 \\ -1 \\ -3 \end{pmatrix} \text{ mit } k = t - 2a$$

Damit sind alle Geraden g_a identisch.

10 Die drei Punkte bilden ein Dreieck, wenn Sie nicht auf einer Geraden liegen, also falls die Vektoren $\overrightarrow{AB}$ und $\overrightarrow{AC}$ keine Vielfache voneinander sind.

Es gilt: $\overrightarrow{AB} = \begin{pmatrix} 3 \\ -2 \\ -3 \end{pmatrix}$ und $\overrightarrow{AC} = \begin{pmatrix} -6 \\ 4 \\ 6 \end{pmatrix} = (-2) \cdot \overrightarrow{AB}$

Somit liegen die drei Punkte A, B und C auf einer Geraden und bilden kein Dreieck.

11 **a)** $g\colon \vec{x} = \begin{pmatrix} -5 \\ -11 \\ 6 \end{pmatrix} + k \cdot \begin{pmatrix} 15 \\ 21 \\ -9 \end{pmatrix}$

Für den Spurpunkt von g mit der xy-Ebene gilt:

$z = 6 - 9k = 0$, also $k = \frac{2}{3}$

Also: $S_{xy}(5\,|\,3\,|\,0)$

Entsprechend erhält man die Spurpunkte mit den beiden anderen Koordinatenebenen:

$S_{xz}\left(\frac{20}{7}\,\middle|\,0\,\middle|\,\frac{9}{7}\right)$ und $S_{yz}(0\,|\,-4\,|\,3)$.

b)

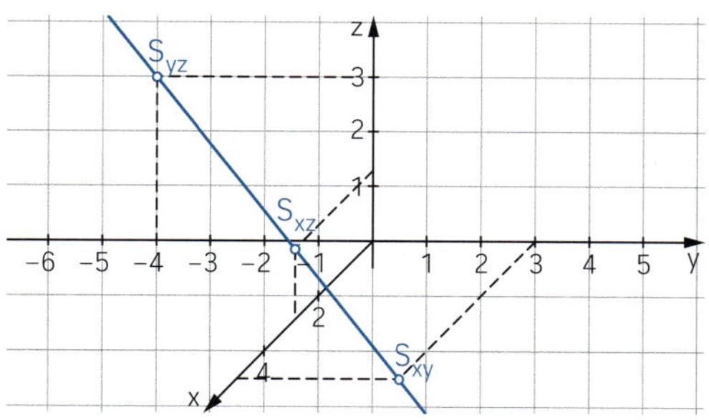

12 Eine Lösung ist $M(0\,|\,2\,|\,1)$.

Die Punkte U, V und W liegen alle in der yz-Ebene. Also erhält man die Lösung z. B., wenn man das (projizierte) Dreieck U'V'W' in der yz-Ebene mit $U'(4\,|\,2)$, $V'(0\,|\,0)$, $W'(4\,|\,0)$ und $M'(a\,|\,b)$ betrachtet.

Aus $\overline{M'U'} = \overline{M'W'}$ folgt

$(4-a)^2 + (2-b)^2 = (4-a)^2 + (-b)^2$

und damit $b = 1$.

Aus $\overline{M'V'} = \overline{M'W'}$ folgt

$(-a)^2 + (-b)^2 = (4-a)^2 + (-b)^2$ und damit $a = 2$.

Also erhält man $M'(2\,|\,1)$. Daraus ergibt sich dann $M(0\,|\,2\,|\,1)$.

Hinweis: Jeder Punkt $M(x\,|\,2\,|\,1)$ mit beliebiger x-Koordinate hat zu den Punkten U, V und W den gleichen Abstand. Diese Punkte liegen alle auf der Geraden $g\colon \vec{x} = \begin{pmatrix} 0 \\ 2 \\ 1 \end{pmatrix} + t \cdot \begin{pmatrix} 1 \\ 0 \\ 0 \end{pmatrix}$; $t \in \mathbb{R}$.

13 **a)** Die Geraden g und h sind parallel zueinander, wenn ihre Richtungsvektoren Vielfache voneinander sind.

$k \cdot \begin{pmatrix} 3 \\ -1 \\ 2 \end{pmatrix} = \begin{pmatrix} 2 \\ b \\ c \end{pmatrix}$ also $k = \frac{2}{3}$ und somit $b = -\frac{2}{3}$, $c = \frac{4}{3}$

b) Für $r = -5$ erhält man den Punkt P auf g. Für $s = -7$ erhält man den Punkt P auf h für $b = -\frac{3}{7}$ und $c = \frac{9}{7}$.

14 **a)**
- rechter Winkel in A, genau dann, wenn $\overrightarrow{AB} \circ \overrightarrow{AC} = 0$
  Nun gilt aber $\overrightarrow{AB} \circ \overrightarrow{AC} = \begin{pmatrix} -1 \\ 6 \\ 0 \end{pmatrix} \circ \begin{pmatrix} -2 \\ 2 \\ t \end{pmatrix} = 14 \neq 0$
- rechter Winkel in B, genau dann, wenn $\overrightarrow{BA} \circ \overrightarrow{BC} = 0$
  Es gilt: $\overrightarrow{BA} \circ \overrightarrow{BC} = \begin{pmatrix} 1 \\ -6 \\ 0 \end{pmatrix} \circ \begin{pmatrix} -1 \\ -4 \\ t \end{pmatrix} = 23 \neq 0$
- rechter Winkel in C, genau dann, wenn $\overrightarrow{CA} \circ \overrightarrow{CB} = 0$
  Es gilt: $\overrightarrow{CA} \circ \overrightarrow{CB} = \begin{pmatrix} -2 \\ 2 \\ t \end{pmatrix} \circ \begin{pmatrix} -1 \\ -4 \\ t \end{pmatrix} = t^2 - 5 = 0$
  für $t_1 = -\sqrt{5}$ und $t_2 = \sqrt{5}$
  Das Dreieck ABC hat für $t = -\sqrt{5}$ und für $t = \sqrt{5}$ einen rechten Winkel in C.

b)
- $|AB| = |BC|$, wenn $\left|\begin{pmatrix} -1 \\ 6 \\ 0 \end{pmatrix}\right| = \left|\begin{pmatrix} -1 \\ -4 \\ t \end{pmatrix}\right|$, also wenn
  $37 = 17 + t^2$ für $t_1 = -\sqrt{20}$ und $t_2 = \sqrt{20}$
- $|AB| = |AC|$, wenn $\left|\begin{pmatrix} -1 \\ 6 \\ 0 \end{pmatrix}\right| = \left|\begin{pmatrix} -2 \\ 2 \\ t \end{pmatrix}\right|$, also wenn
  $37 = 8 + t^2$ für $t_1 = -\sqrt{29}$ und $t_2 = \sqrt{29}$
- $|AC| = |BC|$, wenn $\left|\begin{pmatrix} -2 \\ 2 \\ t \end{pmatrix}\right| = \left|\begin{pmatrix} -1 \\ -4 \\ t \end{pmatrix}\right|$, also wenn
  $8 + t^2 = 17 + t^2$. Dies gilt für keine Zahl t.

15 **a)** Der Punkt $C(c_x|c_y|c_z)$ liegt auf g.

$c_x = 6 - 2r,\ c_y = 4 + r,\ c_z = 5 + 2r$

Bei C liegt ein rechter Winkel, wenn $\overrightarrow{AC} \circ \overrightarrow{BC} = 0$, also wenn

$(3 - 2r)\cdot(-1 - 2r) + (2 + r)\cdot(8 + r) + (6 + 2r)\cdot(-1 + 2r)$
$= 7 + 16r + 9r^2 = 0.$

Dies ist für $r = -1$ und für $r = -\frac{7}{9}$ der Fall.

Für $r = -1$ ergibt sich $C(8|3|3)$.

b) Für $C(8|3|3)$ ergibt sich $\overrightarrow{AC} = \begin{pmatrix} 5 \\ 1 \\ 4 \end{pmatrix}$ und $\overrightarrow{BC} = \begin{pmatrix} 1 \\ 7 \\ -3 \end{pmatrix}$

$A = \frac{1}{2}\cdot|\overrightarrow{AC}|\cdot|\overrightarrow{BC}| = \frac{1}{2}\cdot\sqrt{42}\cdot\sqrt{59}$

16 **a)** Gibt es ein $s \in \mathbb{R}$, für das $\begin{pmatrix} 4 \\ 2 \\ -3 \end{pmatrix} = s\cdot\begin{pmatrix} -2 \\ -1 \\ 1 \end{pmatrix}$ gilt?

Es ist $4 = (-2)\cdot(-2)$, aber $-3 \neq 1\cdot(-2)$, also sind die Vektoren linear unabhängig.

b) Suchen Lösungen der Vektorgleichung
$r\cdot\begin{pmatrix} 2 \\ -3 \\ 5 \end{pmatrix} + s\cdot\begin{pmatrix} 4 \\ 7 \\ 1 \end{pmatrix} + t\cdot\begin{pmatrix} 0 \\ -13 \\ 9 \end{pmatrix} = \vec{o}$:

Es ergibt sich das folgende lineare Gleichungssystem: $\left|\begin{array}{l} 2r + 4s \qquad\ = 0 \\ -3r + 7s - 13t = 0 \\ 5r + s + 9t = 0 \end{array}\right|$

Dieses hat die Lösung $L = \{(-2t|t|t),\ t \in \mathbb{R}\}$, also sind die Vektoren linear abhängig.

c) Suchen Lösungen der Vektorgleichung
$r\cdot\begin{pmatrix} -1 \\ 2 \\ 5 \end{pmatrix} + s\cdot\begin{pmatrix} 1 \\ 1 \\ 0 \end{pmatrix} + t\cdot\begin{pmatrix} -5 \\ 4 \\ 10 \end{pmatrix} = \vec{o}$:

Es ergibt sich das folgende lineare Gleichungssystem: $\left|\begin{array}{l} -r + s - 5t = 0 \\ 2r + s + 4t = 0 \\ 5r + 10t = 0 \end{array}\right|$, also $L = \{(0|0|0)\}$.

Also sind die Vektoren linear unabhängig.

Teil B

17 **a)** $g: \vec{x} = \begin{pmatrix} 11 \\ 1 \\ 6 \end{pmatrix} + k\cdot\begin{pmatrix} -6 \\ -2 \\ -4 \end{pmatrix}$

Man erhält einen Punkt auf g, der zwischen A und B liegt, wenn man für k einen Wert zwischen 0 und 1 einsetzt, also z. B.

für $k = \frac{1}{4}$: $\overrightarrow{p_1} = \begin{pmatrix} 11 \\ 1 \\ 6 \end{pmatrix} + \frac{1}{4}\cdot\begin{pmatrix} -6 \\ -2 \\ -4 \end{pmatrix} = \begin{pmatrix} \frac{19}{2} \\ \frac{1}{2} \\ 5 \end{pmatrix}$,

also $P_1\left(\frac{19}{2}\middle|\frac{1}{2}\middle|5\right)$.

für $k = \frac{1}{2}$: $\overrightarrow{p_2} = \begin{pmatrix} 11 \\ 1 \\ 6 \end{pmatrix} + \frac{1}{2}\cdot\begin{pmatrix} -6 \\ -2 \\ -4 \end{pmatrix} = \begin{pmatrix} 8 \\ 0 \\ 4 \end{pmatrix}$,

also $P_2(8|0|4)$.

b) Es gibt einen Punkt mit drei gleichen Koordinaten, falls es einen Wert für k gibt, der das Gleichungssystem $\left|\begin{array}{l} 11 - 6k = 1 - 2k \\ 11 - 6k = 6 - 4k \end{array}\right|$ erfüllt.

Dies ist der Fall für $k = \frac{5}{2}$.

Für diesen Wert erhält man den Punkt $P(-4|-4|-4)$.

18

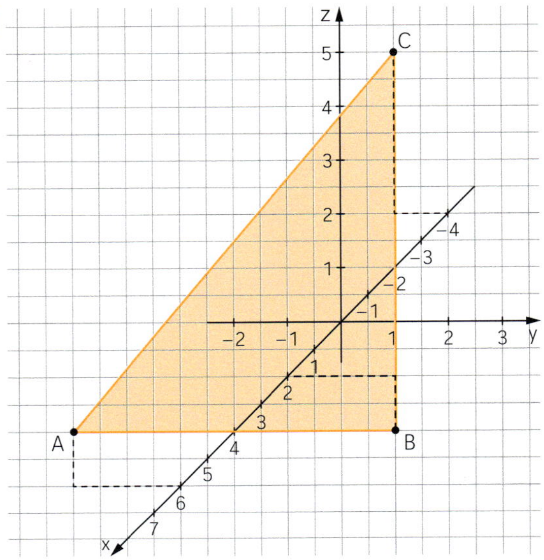

$a = |\overrightarrow{BC}| = \left|\begin{pmatrix} -6 \\ -3 \\ 4 \end{pmatrix}\right| = \sqrt{61}$;

$b = |\overrightarrow{AC}| = \left|\begin{pmatrix} -10 \\ 1 \\ 2 \end{pmatrix}\right| = \sqrt{105}$;

$c = |\overrightarrow{AB}| = \left|\begin{pmatrix} -4 \\ 4 \\ -2 \end{pmatrix}\right| = \sqrt{36} = 6$

Die Seite b ist am längsten.

19 Seitenlängen des Dreiecks:

$a = |\overrightarrow{BC}| = \left|\begin{pmatrix} -4 \\ t \\ -3 \end{pmatrix}\right| = \sqrt{(-4)^2 + t^2 + (-3)^2} = \sqrt{t^2 + 25}$

$b = |\overrightarrow{AC}| = \left|\begin{pmatrix} -2 \\ t+2 \\ -2 \end{pmatrix}\right| = \sqrt{(-2)^2 + (t+2)^2 + (-2)^2}$
$= \sqrt{t^2 + 4t + 12}$

$c = |\overrightarrow{AB}| = \left|\begin{pmatrix} 2 \\ 2 \\ 1 \end{pmatrix}\right| = \sqrt{9} = 3$

1. Möglichkeit: $a = c$,
also $\sqrt{t^2 + 25} = 3$ bzw. $t^2 + 25 = 9$.

Diese Gleichung hat keine Lösung, somit können die Seiten $\overline{BC}$ und $\overline{AB}$ nicht gleich lang sein.

2. Möglichkeit: $b = c$,
also $\sqrt{t^2 + 4t + 12} = 3$ bzw. $t^2 + 4t + 12 = 9$.
Dies führt auf die quadratische Gleichung $t^2 + 4t + 3 = 0$ mit den Lösungen $t_1 = -3$ oder $t_2 = -1$.
Probe:
Für $t_1 = -3$ gilt $b = |\overrightarrow{AC}| = \left|\begin{pmatrix}-2\\-1\\-2\end{pmatrix}\right| = 3$;
für $t_2 = -1$ gilt $b = |\overrightarrow{AC}| = \left|\begin{pmatrix}-2\\1\\-2\end{pmatrix}\right| = 3$.

3. Möglichkeit: $a = b$,
also $\sqrt{t^2 + 25} = \sqrt{t^2 + 4t + 12}$ bzw.
$t^2 + 25 = t^2 + 4t + 12$, also $t = \frac{13}{4}$.
Probe:
$a = |\overrightarrow{BC}| = \left|\begin{pmatrix}-4\\\frac{13}{4}\\-3\end{pmatrix}\right| = \sqrt{\frac{569}{16}}$;
$b = |\overrightarrow{AC}| = \left|\begin{pmatrix}-2\\\frac{21}{4}\\-2\end{pmatrix}\right| = \sqrt{\frac{569}{16}}$

Das Dreieck ist gleichschenklig, falls man für t die Werte $t_1 = -3$, $t_2 = -1$ oder $t_3 = \frac{13}{4}$ einsetzt.

20 $\overrightarrow{AD} = \begin{pmatrix}1\\-2\\3\end{pmatrix}$ $\overrightarrow{BC} = \begin{pmatrix}1\\-2\\3\end{pmatrix}$ $\overrightarrow{AB} = \begin{pmatrix}1\\2\\3\end{pmatrix}$ $\overrightarrow{DC} = \begin{pmatrix}-1\\-2\\-3\end{pmatrix}$
Die gegenüberliegenden Seiten sind parallel, und alle vier Seiten sind gleich lang. Das Viereck ABCD ist also eine Raute.
Prüfen, ob die Raute auch ein Quadrat ist:
$|\overrightarrow{AD}| = \left|\begin{pmatrix}1\\-2\\3\end{pmatrix}\right| = \sqrt{14}$ $\quad |\overrightarrow{BD}| = \left|\begin{pmatrix}0\\-4\\0\end{pmatrix}\right| = \sqrt{16} = 4$
$14 + 14 = 28 \neq 16$
Nach der Umkehrung des Satzes des Pythagoras liegt kein rechter Winkel bei A (bzw. C). Die Raute ist also kein Quadrat.

21 a) $u = |\overrightarrow{AB}| + |\overrightarrow{AC}| + |\overrightarrow{BC}| = \sqrt{30} + \sqrt{50} + \sqrt{148}$
$\approx 24{,}71$
b) $|\overrightarrow{AB}| = |\overrightarrow{AC}|$, also $30 = k^2 + 6k + 10$;
$k_1 = -3 + \sqrt{29} \approx 2{,}39$; $k_2 = -3 - \sqrt{29} \approx -8{,}39$
$|\overrightarrow{AB}| = |\overrightarrow{BC}|$, also $30 = k^2 - 4k + 8$;
$k_3 = 2 + \sqrt{26} \approx 7{,}1$; $k_4 = 2 - \sqrt{26} \approx -3{,}1$
$|\overrightarrow{AC}| = |\overrightarrow{BC}|$, also $k^2 + 6k + 10 = k^2 - 4k + 8$;
$k_5 = -\frac{1}{5}$

Für die Werte k_1 bis k_5 erhält man ein gleichschenkliges Dreieck.
Das Dreieck kann nicht gleichseitig sein, da es keinen Wert für k gibt, für den alle drei Seiten gleich lang sind.

22 a) Ansatz:
$\begin{pmatrix}2\\-3\\4\end{pmatrix} + t\cdot\begin{pmatrix}4\\1\\-2\end{pmatrix} = \begin{pmatrix}-6\\-5\\8\end{pmatrix} + s\cdot\begin{pmatrix}3\\2\\1\end{pmatrix}$
Als Gleichungssystem schreiben:
$$\left|\begin{array}{r} 4t - 3s = -8 \\ t - 2s = -2 \\ -2t - s = 4 \end{array}\right|$$
Lösung: $t = -2$; $s = 0$
Die Geraden g und h schneiden sich im Punkt $S(-6|-5|8)$.
b) Für $t = 3$ ergibt sich $P(3|1|11)$ als Punkt auf h.
Da P auf k liegt, wählt man z. B. $\overrightarrow{OP}$ als Stützvektor von k. Außerdem soll k parallel zu g sein, also wählt man z. B. den Richtungsvektor von g als Richtungsvektor von k.
Mögliche Parameterdarstellung von k:
$k\colon \vec{x} = \begin{pmatrix}3\\1\\11\end{pmatrix} + r\cdot\begin{pmatrix}4\\1\\-2\end{pmatrix}$; $r \in \mathbb{R}$

23 a) $\overrightarrow{OE} = \overrightarrow{OA} + \overrightarrow{BF} = \begin{pmatrix}2\\1\\-1\end{pmatrix} + \begin{pmatrix}-2\\2\\6\end{pmatrix} = \begin{pmatrix}0\\3\\5\end{pmatrix}$; $E(0|3|5)$
$\overrightarrow{OG} = \overrightarrow{OC} + \overrightarrow{BF} = \begin{pmatrix}5\\6\\0\end{pmatrix} + \begin{pmatrix}-2\\2\\6\end{pmatrix} = \begin{pmatrix}3\\8\\6\end{pmatrix}$; $G(3|8|6)$
b) $\overrightarrow{AD} = \begin{pmatrix}-1\\2\\2\end{pmatrix}$; $\overrightarrow{BC} = \begin{pmatrix}-1\\2\\2\end{pmatrix}$; $\overrightarrow{AB} = \begin{pmatrix}4\\3\\-1\end{pmatrix}$; $\overrightarrow{DC} = \begin{pmatrix}4\\3\\-1\end{pmatrix}$
Die gegenüberliegenden Seiten sind parallel und gleich lang. Das Viereck ABCD ist also ein Parallelogramm.
Seiten- und Diagonallängen:
$|\overrightarrow{AB}| = \left|\begin{pmatrix}4\\3\\-1\end{pmatrix}\right| = \sqrt{26}$ $\quad |\overrightarrow{BC}| = \left|\begin{pmatrix}-1\\2\\2\end{pmatrix}\right| = \sqrt{9} = 3$
$|\overrightarrow{AC}| = \left|\begin{pmatrix}3\\5\\1\end{pmatrix}\right| = \sqrt{35}$ $\quad 26 + 9 = 35$
Nach der Umkehrung des Satzes des Pythagoras liegt ein rechter Winkel bei A (bzw. C).
Ein Parallelogramm mit einem rechten Winkel ist ein Rechteck.

c) Mögliche Parameterformen:

AG: $\vec{x} = \begin{pmatrix} 2 \\ 1 \\ -1 \end{pmatrix} + t \cdot \begin{pmatrix} 1 \\ 7 \\ 7 \end{pmatrix}$ BH: $\vec{x} = \begin{pmatrix} 6 \\ 4 \\ -2 \end{pmatrix} + s \cdot \begin{pmatrix} -7 \\ 1 \\ 9 \end{pmatrix}$

EC: $\vec{x} = \begin{pmatrix} 0 \\ 3 \\ 5 \end{pmatrix} + k \cdot \begin{pmatrix} 5 \\ 3 \\ -5 \end{pmatrix}$ DF: $\vec{x} = \begin{pmatrix} 1 \\ 3 \\ 1 \end{pmatrix} + l \cdot \begin{pmatrix} 3 \\ 3 \\ 3 \end{pmatrix}$

Untersuchen, ob sich AG und BH schneiden:

$\begin{pmatrix} 2 \\ 1 \\ -1 \end{pmatrix} + r \cdot \begin{pmatrix} 1 \\ 7 \\ 7 \end{pmatrix} = \begin{pmatrix} 6 \\ 4 \\ -2 \end{pmatrix} + s \cdot \begin{pmatrix} -7 \\ 1 \\ 9 \end{pmatrix}$

hat die Lösung $r = \frac{1}{2}$ und $s = \frac{1}{2}$.

Somit schneiden sich AG und BH im Punkt

$S\left(\frac{5}{2} \middle| \frac{9}{2} \middle| \frac{5}{2}\right)$.

Prüfen, ob S auf EC bzw. DF liegt:

$\begin{pmatrix} \frac{5}{2} \\ \frac{9}{2} \\ \frac{5}{2} \end{pmatrix} = \begin{pmatrix} 0 \\ 3 \\ 5 \end{pmatrix} + k \cdot \begin{pmatrix} 5 \\ 3 \\ -5 \end{pmatrix}$ ist erfüllt für $k = \frac{1}{2}$.

$\begin{pmatrix} \frac{5}{2} \\ \frac{9}{2} \\ \frac{5}{2} \end{pmatrix} = \begin{pmatrix} 1 \\ 3 \\ 1 \end{pmatrix} + l \cdot \begin{pmatrix} 3 \\ 3 \\ 3 \end{pmatrix}$ ist erfüllt für $l = \frac{1}{2}$.

Alle Raumdiagonalen des Prismas schneiden sich im Punkt $S\left(\frac{5}{2} \middle| \frac{9}{2} \middle| \frac{5}{2}\right)$.

24 a) $\overrightarrow{BA} = \begin{pmatrix} -2 \\ -2 \\ -1 \end{pmatrix}$, $\overrightarrow{CA} = \begin{pmatrix} -2 \\ -2-t \\ 2 \end{pmatrix}$

$\overrightarrow{BA} \circ \overrightarrow{CA} = 2t - 2 = 0$ für $t = 1$

$\overrightarrow{BC} = \begin{pmatrix} -4 \\ 1 \\ -3 \end{pmatrix}$, $|\overrightarrow{BA}| = 3$, $|\overrightarrow{BC}| = \sqrt{26}$

b) $\overrightarrow{BA} = \begin{pmatrix} -2 \\ -2 \\ -1 \end{pmatrix}$, $\overrightarrow{CA} = \begin{pmatrix} 2 \\ -3 \\ 2 \end{pmatrix}$

Gesucht $\vec{n} = \begin{pmatrix} n_x \\ n_y \\ n_z \end{pmatrix}$ mit $\vec{n} \circ \overrightarrow{BA} = 0$ und $\vec{n} \circ \overrightarrow{CA} = 0$

$\left| \begin{matrix} -2n_x - 2n_y - 1n_z = 0 \\ 2n_x - 3n_y - 2n_z = 0 \end{matrix} \right|$

Eine Lösung ist $\begin{pmatrix} n_x \\ n_y \\ n_z \end{pmatrix} = \begin{pmatrix} 7 \\ -2 \\ 10 \end{pmatrix}$

$g: \vec{x} = \begin{pmatrix} 3 \\ -2 \\ 4 \end{pmatrix} + r \cdot \begin{pmatrix} 7 \\ -2 \\ 10 \end{pmatrix}$. Für $r = -2$ erhält man S.

c) $V = \frac{1}{3} \cdot \frac{1}{2} \cdot |\overrightarrow{BA}| \cdot |\overrightarrow{CA}| \cdot |\overrightarrow{AS}|$

$= \frac{1}{3} \cdot \frac{1}{2} \cdot \sqrt{9} \cdot \sqrt{17} \cdot \sqrt{142 + 42 + 202}$

$= \frac{1}{2} \cdot \sqrt{17} \cdot \sqrt{612} = \frac{1}{2} \cdot \sqrt{17} \cdot \sqrt{17 \cdot 36}$

$= 51$

25 a) $\left| \begin{pmatrix} 18 \\ 14 \\ 3 \end{pmatrix} \right| = 23$

Die Geschwindigkeit der Maschine beträgt

$2300 \frac{m}{min} = 138 \frac{km}{h}$.

$\overrightarrow{p_3} = \begin{pmatrix} 4 \\ 1 \\ 0 \end{pmatrix} + 3 \cdot \begin{pmatrix} 18 \\ 14 \\ 3 \end{pmatrix} = \begin{pmatrix} 58 \\ 43 \\ 9 \end{pmatrix}$

Nach 3 Minuten am Ende der Startphase befindet sich das Flugzeug im Punkt $P_3(58|43|9)$.

Danach kann der Flugkurs durch die Gerade

$h: \vec{x} = \begin{pmatrix} 58 \\ 43 \\ 9 \end{pmatrix} + s \cdot \begin{pmatrix} 22 \\ 19 \\ 1{,}2 \end{pmatrix}$ beschrieben werden.

Nach weiteren 7 Minuten:

$\overrightarrow{p_{10}} = \begin{pmatrix} 58 \\ 43 \\ 9 \end{pmatrix} + 7 \cdot \begin{pmatrix} 22 \\ 19 \\ 1{,}2 \end{pmatrix} = \begin{pmatrix} 212 \\ 176 \\ 17{,}4 \end{pmatrix}$

$\left| \begin{pmatrix} 22 \\ 19 \\ 1{,}2 \end{pmatrix} \right| \approx 29{,}09$; $2909 \frac{m}{min} \approx 174{,}5 \frac{km}{h}$

10 Minuten nach dem Abheben befindet sich das Flugzeug im Punkt P10(212 | 176 | 17,4) und hat dort die Geschwindigkeit $174{,}5 \frac{km}{h}$.

b) Der Kurs des zweiten Flugzeugs kann durch die Gerade

$k: \vec{x} = \begin{pmatrix} 220 \\ -180 \\ 32 \end{pmatrix} + t \cdot \begin{pmatrix} 14 \\ 25 \\ 0 \end{pmatrix}$ beschrieben werden.

$\overrightarrow{q_{10}} = \begin{pmatrix} 220 \\ -180 \\ 32 \end{pmatrix} + 10 \cdot \begin{pmatrix} 14 \\ 25 \\ 0 \end{pmatrix} = \begin{pmatrix} 360 \\ 70 \\ 32 \end{pmatrix}$

Das zweite Flugzeug befindet sich nach 10 min im Punkt Q10(360 | 70 | 32).

$|\overrightarrow{P_{10}Q_{10}}| = \left| \begin{pmatrix} 148 \\ -106 \\ 14{,}6 \end{pmatrix} \right| \approx 182{,}6$

Der Abstand der beiden Flugzeuge beträgt zu diesem Zeitpunkt ca. 18 260 m.

c) Untersuchung, ob die beiden Geraden

$h: \vec{x} = \begin{pmatrix} 58 \\ 43 \\ 9 \end{pmatrix} + s \cdot \begin{pmatrix} 22 \\ 19 \\ 1{,}2 \end{pmatrix}$ und $k: \vec{x} = \begin{pmatrix} 220 \\ -180 \\ 32 \end{pmatrix} + t \cdot \begin{pmatrix} 14 \\ 25 \\ 0 \end{pmatrix}$

zueinander windschief sind:

Die Richtungsvektoren der beiden Geraden sind keine Vielfachen voneinander, somit schneiden sich h und k oder sie sind zueinander windschief.

Kapitel 5 (Seiten 219 bis 220)

1 **a)** Spurpunkte von E:
$S_x(8|0|0)$; $S_y(0|3|0)$; $S_z(0|0|5)$

Daraus folgt: E: $\frac{x}{8} + \frac{y}{3} + \frac{z}{5} = 1$; also

E: $15x + 40y + 24z = 120$

b) Spurpunkte von E: $S_x(8|0|0)$; $S_y(0|3|0)$
E ist parallel zur z-Achse.

Daraus folgt: E: $\frac{x}{8} + \frac{y}{3} = 1$; also

E: $3x + 8y = 24$

2 **a)** Eine Parameterform von E ist z. B.

E: $\vec{x} = \overrightarrow{OB} + r \cdot \left(\overrightarrow{OB} - \overrightarrow{OA}\right) + s \cdot \begin{pmatrix} 1 \\ 0 \\ 0 \end{pmatrix}$; also

E: $\vec{x} = \begin{pmatrix} 2{,}5 \\ 6 \\ 0 \end{pmatrix} + r \cdot \begin{pmatrix} 10 \\ -3 \\ 4 \end{pmatrix} + s \cdot \begin{pmatrix} 1 \\ 0 \\ 0 \end{pmatrix}$; $r, s \in \mathbb{R}$

Für einen Normalenvektor $\vec{n}$ von E gilt:

$\vec{n} \circ \begin{pmatrix} 10 \\ -3 \\ 4 \end{pmatrix} = 0$ und $\vec{n} \circ \begin{pmatrix} 1 \\ 0 \\ 0 \end{pmatrix} = 0$

Daraus erhält man z. B. $\vec{n} = \begin{pmatrix} 0 \\ 4 \\ 3 \end{pmatrix}$ und damit

E: $\begin{pmatrix} 0 \\ 4 \\ 3 \end{pmatrix} \circ \left(\vec{x} - \begin{pmatrix} 2{,}5 \\ 6 \\ 0 \end{pmatrix}\right) = 0$; also E: $4y + 3z = 24$.

b) Für den Richtungsvektor $\vec{u}$ von g gilt:

$\vec{u} \circ \begin{pmatrix} 0 \\ 4 \\ 3 \end{pmatrix} = 0$ und $\vec{u} \circ \begin{pmatrix} 10 \\ -3 \\ 4 \end{pmatrix} = 0$

Daraus erhält man z. B. $\vec{u} = \begin{pmatrix} 5 \\ 6 \\ -8 \end{pmatrix}$ und damit

g: $\vec{x} = \begin{pmatrix} 2{,}5 \\ 6 \\ 0 \end{pmatrix} + t \cdot \begin{pmatrix} 5 \\ 6 \\ -8 \end{pmatrix}$; $t \in \mathbb{R}$.

3 **a)** $\overrightarrow{n_1} = \begin{pmatrix} 6 \\ 3 \\ -9 \end{pmatrix}$; $\overrightarrow{n_2} = \begin{pmatrix} -2 \\ -1 \\ 3 \end{pmatrix}$; $\overrightarrow{n_3} = \begin{pmatrix} 4 \\ 2 \\ 6 \end{pmatrix}$

$\overrightarrow{n_1}$ und $\overrightarrow{n_2}$ sind Vielfache voneinander und die beiden Koordinatengleichungen auch, also sind E_1 und E_2 identisch.
$\overrightarrow{n_1}$ und $\overrightarrow{n_3}$ bzw. $\overrightarrow{n_2}$ und $\overrightarrow{n_3}$ sind keine Vielfachen vonaneinder, also schneiden sich E_1 und E_3 bzw. E_2 und E_3 in einer Geraden g.
Schnittgerade g:
Mit $x = t$ erhält man das Gleichungssystem

$$\left| \begin{array}{l} 3y - 9z = 15 - 6t \\ 2y + 6z = 5 - 4t \end{array} \right|$$

mit der Lösung $y = \frac{15}{4} - 2t$; $z = -\frac{5}{12}$.

Damit erhält man: g: $\vec{x} = \begin{pmatrix} 0 \\ \frac{15}{4} \\ -\frac{5}{12} \end{pmatrix} + t \cdot \begin{pmatrix} 1 \\ -2 \\ 0 \end{pmatrix}$

b) $\overrightarrow{n_1} = \begin{pmatrix} 2 \\ 1 \\ 0 \end{pmatrix}$; $\overrightarrow{n_2} = \begin{pmatrix} 4 \\ 2 \\ 1 \end{pmatrix}$; $\overrightarrow{n_3} = \begin{pmatrix} 4 \\ 2 \\ 0 \end{pmatrix}$

$\overrightarrow{n_1}$ und $\overrightarrow{n_3}$ sind Vielfache vonaneinder, die beiden Koordinatengleichungen aber nicht, also sind E_1 und E_3 parallel zueinander, aber nicht identisch.
$\overrightarrow{n_1}$ und $\overrightarrow{n_2}$ sind keine Vielfachen vonaneinder, also schneiden sich E_1 und E_2 in einer Geraden g_1
$\overrightarrow{n_2}$ und $\overrightarrow{n_3}$ sind keine Vielfachen vonaneinder, also schneiden sich E_2 und E_3 in einer Geraden g_2.
Schnittgerade g_1:
Mit $x = t$ erhält man das Gleichungssystem

$$\left| \begin{array}{l} y = 5 - 2t \\ 2y + z = 10 - 4t \end{array} \right|$$

mit der Lösung $y = 5 - 2t$; $z = 0$.

Damit erhält man: g_1 $\vec{x} = \begin{pmatrix} 0 \\ 5 \\ 0 \end{pmatrix} + t \cdot \begin{pmatrix} 1 \\ -2 \\ 0 \end{pmatrix}$

Schnittgerade g_2:
Mit $x = t$ erhält man das das Gleichungssystem

$$\left| \begin{array}{l} 2y = 3 - 4t \\ 2y + z = 10 - 4t \end{array} \right|$$

mit der Lösung $y = \frac{3}{2} - 2t$; $z = 7$.

Damit erhält man: g_2: $\vec{x} = \begin{pmatrix} 0 \\ \frac{3}{2} \\ 7 \end{pmatrix} + t \cdot \begin{pmatrix} 1 \\ -2 \\ 0 \end{pmatrix}$

4 **a)** $\vec{n} = \begin{pmatrix} 2 \\ 0 \\ -1 \end{pmatrix}$; P liegt nicht in E.

(1) Als Richtungsvektor von g kann man z. B. den Vektor $\begin{pmatrix} 1 \\ 0 \\ 2 \end{pmatrix}$ wählen, da $\begin{pmatrix} 2 \\ 0 \\ -1 \end{pmatrix} \circ \begin{pmatrix} 1 \\ 0 \\ 2 \end{pmatrix} = 0$.

Also: $g\colon \vec{x} = \begin{pmatrix} 4 \\ 2 \\ -1 \end{pmatrix} + k \cdot \begin{pmatrix} 1 \\ 0 \\ 2 \end{pmatrix}$; $k \in \mathbb{R}$

(2) Man wählt als Richtungsvektor von g z. B. den Normalenvektor von E, also

$g\colon \vec{x} = \begin{pmatrix} 4 \\ 2 \\ -1 \end{pmatrix} + r \cdot \begin{pmatrix} 2 \\ 0 \\ -1 \end{pmatrix}$.

b) Alle Geraden liegen in der Ebene H, die parallel zu E verläuft und den Punkt $P(4\,|\,2\,|\,-1)$ enthält, also $H\colon 2x - z = 9$.

Der Punkt P liegt auf allen Geraden und die Richtungsvektoren der Geraden verlaufen orthogonal zum Normalenvektor $\vec{n} = \begin{pmatrix} 2 \\ 0 \\ -1 \end{pmatrix}$.

5 $\vec{n} \circ \vec{u} = \begin{pmatrix} 2 \\ -4 \\ -5 \end{pmatrix} \circ \begin{pmatrix} 1 \\ -2 \\ 2 \end{pmatrix} = 2 + 8 - 10 = 0$,

also ist g parallel zu E.

$2 \cdot 3 - 4 \cdot 1 - 5 \cdot (-4) = 22 \neq 10$

P und damit auch g liegen nicht in E.

6 Parameterdarstellung von

$E\colon \vec{x} = \begin{pmatrix} 7 \\ 2 \\ -2 \end{pmatrix} + k \cdot \begin{pmatrix} -2 \\ 2 \\ 1 \end{pmatrix} + m \cdot \begin{pmatrix} -5 \\ 2 \\ 4 \end{pmatrix}$; $k, m \in \mathbb{R}$

Für einen Normalenvektor $\vec{n}$ von E gilt:

(1) $\vec{n} \circ \begin{pmatrix} -2 \\ 2 \\ 1 \end{pmatrix} = 0$ (2) $\vec{n} \circ \begin{pmatrix} -5 \\ 2 \\ 4 \end{pmatrix} = 0$

Wir erhalten z.B. $\vec{n} = \begin{pmatrix} 2 \\ 1 \\ 2 \end{pmatrix}$.

$E\colon \begin{pmatrix} 2 \\ 1 \\ 2 \end{pmatrix} \circ \left(\vec{x} - \begin{pmatrix} 7 \\ 2 \\ -2 \end{pmatrix} \right) = 0$, also $E\colon 2x + y + 2z = 12$

7 **a)** ■ Untersuchung der Richtungsvektoren:

Die Richtungsvektoren $\begin{pmatrix} 2 \\ -1 \\ 1 \end{pmatrix}$ und $\begin{pmatrix} 2 \\ 2 \\ -2 \end{pmatrix}$ der beiden Geraden sind keine Vielfachen voneinander, somit sind g und h nicht parallel zueinander.

■ Untersuchung, ob sich g und h schneiden:

Die Schnittbedingung

$\begin{pmatrix} 0 \\ -1 \\ 1 \end{pmatrix} + s \cdot \begin{pmatrix} 2 \\ -1 \\ 1 \end{pmatrix} = \begin{pmatrix} 1 \\ -1 \\ 2 \end{pmatrix} + t \cdot \begin{pmatrix} 2 \\ 2 \\ -2 \end{pmatrix}$

hat keine Lösung, da die 2. Zeile + 3. Zeile die Gleichung $0 = 1$ ergibt.

Somit sind die beiden Geraden windschief zueinander.

b) k ist parallel zu g, wenn k und g den gleichen Richtungsvektor haben. Wählt man für k den Stützvektor von h, so schneiden sich k und h.

$k\colon \vec{x} = \begin{pmatrix} 1 \\ -1 \\ 2 \end{pmatrix} + t \cdot \begin{pmatrix} -2 \\ 2 \\ 1 \end{pmatrix}$; $t \in \mathbb{R}$

c) $E\colon \vec{x} = \begin{pmatrix} 1 \\ -1 \\ 2 \end{pmatrix} + s \cdot \begin{pmatrix} -2 \\ 2 \\ 1 \end{pmatrix} + t \cdot \begin{pmatrix} 2 \\ 2 \\ -2 \end{pmatrix}$; $s, t \in \mathbb{R}$

$\vec{n} = \begin{pmatrix} -2 \\ 2 \\ 1 \end{pmatrix} \times \begin{pmatrix} 2 \\ 2 \\ -2 \end{pmatrix} = \begin{pmatrix} -6 \\ -2 \\ -8 \end{pmatrix}$; $d = \begin{pmatrix} -6 \\ -2 \\ -8 \end{pmatrix} \circ \begin{pmatrix} 1 \\ -1 \\ 2 \end{pmatrix} = -18$

$E\colon -6x - 2y - 8z = -18$

8 Um die Spurpunkte zu bestimmen, löst man die folgenden Gleichungen:

(1) $\begin{pmatrix} 2 \\ 1 \\ 0 \end{pmatrix} + s \cdot \begin{pmatrix} -2 \\ 1 \\ 0 \end{pmatrix} + t \cdot \begin{pmatrix} -0{,}8 \\ 0 \\ 1 \end{pmatrix} = \begin{pmatrix} a \\ 0 \\ 0 \end{pmatrix}$

(2) $\begin{pmatrix} 2 \\ 1 \\ 0 \end{pmatrix} + s \cdot \begin{pmatrix} -2 \\ 1 \\ 0 \end{pmatrix} + t \cdot \begin{pmatrix} -0{,}8 \\ 0 \\ 1 \end{pmatrix} = \begin{pmatrix} 0 \\ a \\ 0 \end{pmatrix}$

(3) $\begin{pmatrix} 2 \\ 1 \\ 0 \end{pmatrix} + s \cdot \begin{pmatrix} -2 \\ 1 \\ 0 \end{pmatrix} + t \cdot \begin{pmatrix} -0{,}8 \\ 0 \\ 1 \end{pmatrix} = \begin{pmatrix} 0 \\ 0 \\ a \end{pmatrix}$

Mit dem Rechner erhält man:

(1) $s = -1, t = 0, a = 4$, also $S_x(4\,|\,0\,|\,0)$

(2) $s = 1, \; t = 0, a = 2$, also $S_y(0\,|\,2\,|\,0)$

(3) $s = -1, t = 5, a = 5$, also $S_z(0\,|\,0\,|\,5)$

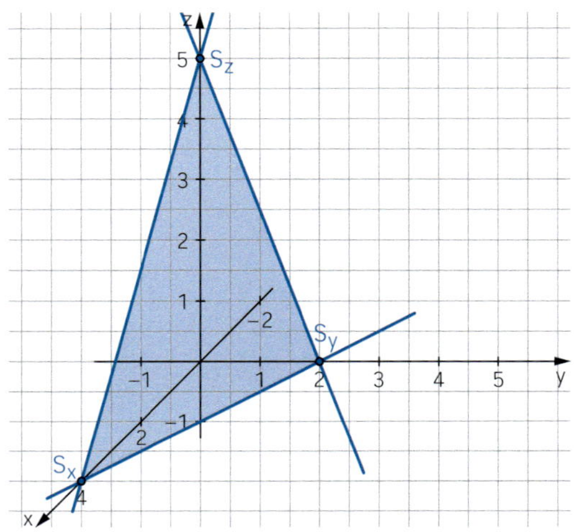

9 **a)** Da y nicht in der Koordinatenform vorkommt sind alle Ebenen E_a parallel zur y-Achse und stehen somit senkrecht zu der xz-Ebene.

b) Alle Ebene laufen durch den Punkt $(1|0|0)$. Somit habeb je zwei verschiedene Ebenen einen gemeinsamen Punkt und sind nicht parallel.

10 **a)** ■ Untersuchung der Richtungsvektoren:

Die Richtungsvektoren $\begin{pmatrix}1\\-1\\-1\end{pmatrix}$ und $\begin{pmatrix}1\\0\\2\end{pmatrix}$ der beiden Geraden sind keine Vielfachen voneinander, somit sind g_1 und g_2 nicht parallel zueinander.

■ Untersuchung, ob sich g_1 und g_2 schneiden:

Die Schnittbedingung

$$\begin{pmatrix}-1\\7\\5\end{pmatrix}+r\cdot\begin{pmatrix}1\\-1\\-1\end{pmatrix}=\begin{pmatrix}1\\6\\-2\end{pmatrix}+s\cdot\begin{pmatrix}1\\0\\2\end{pmatrix}$$

führt auf das lineare Gleichungssystem

$\left|\begin{matrix}r-\ \ s=\ \ 2\\-r\qquad=-1\\-r-2s=-7\end{matrix}\right|$, das keine Lösung hat. Somit sind die beiden Geraden windschief zueinander.

■ Untersuchung, ob P auf g_1 liegt:

$\begin{pmatrix}6\\4\\4\end{pmatrix}=\begin{pmatrix}-1\\7\\5\end{pmatrix}+r\cdot\begin{pmatrix}1\\-1\\-1\end{pmatrix}$, also $\left|\begin{matrix}r=7\\r=3\\r=1\end{matrix}\right|$, somit liegt P nicht auf g_1 und legt zusammen mit g_1 eine Ebene fest.

■ Koordinatengleichung von E:

$$E\colon \vec{x}=\begin{pmatrix}-1\\7\\5\end{pmatrix}+r\cdot\begin{pmatrix}1\\-1\\-1\end{pmatrix}+s\cdot\begin{pmatrix}7\\-3\\-1\end{pmatrix}$$

Normalenvektor von E: $\begin{pmatrix}1\\-1\\-1\end{pmatrix}\times\begin{pmatrix}7\\-3\\-1\end{pmatrix}=\begin{pmatrix}-2\\-6\\4\end{pmatrix}$

Wir wählen als Normalenvektor $\vec{n}=\begin{pmatrix}1\\3\\-2\end{pmatrix}$

$E\colon x+3y-2z=d$

Da P in E liegt, gilt $6+3\cdot4-2\cdot4$, also $d=10$

$E\colon x+3y-2z=10$

b) ■ Bestimmen des Schnittpunktes von g_2 mit E:

$1+r+3\cdot6-2\cdot(-2+2r)=10$, also $r=\frac{13}{3}$

Schnittpunkt $S\left(\frac{16}{3}\middle|6\middle|\frac{20}{3}\right)$

■ Parameterdarstellung von h:

Die Gerade durch P und S schneidet g_2 und auch g_1, da sie in E liegt und nicht parallel zu g_1 ist.

$h\colon \vec{x}=\begin{pmatrix}6\\4\\4\end{pmatrix}+k\cdot\begin{pmatrix}-\frac{2}{3}\\2\\\frac{8}{3}\end{pmatrix}$ bzw. $h\colon \vec{x}=\begin{pmatrix}6\\4\\4\end{pmatrix}+t\cdot\begin{pmatrix}-1\\3\\4\end{pmatrix}$

11 Die Gerade g verläuft durch die Punkte $S_{xz}(7|0|1)$ und $S_{yz}(0|2|4)$. Daraus ergibt sich z. B. folgende Parameterdarstellung:

$$g\colon \vec{x}=\begin{pmatrix}7\\0\\1\end{pmatrix}+t\cdot\begin{pmatrix}7\\-2\\-3\end{pmatrix}$$

Die Ebene E hat die Spurpunkte $S_y(0|4|0)$ und $S_z(0|0|5)$. Ein weiterer Punkt der Ebene ist $P(8|0|2)$. Aus diesen drei Punkten kann man eine Parameterdarstellung der Ebene aufstellen.

$$E\colon \vec{x}=\begin{pmatrix}8\\0\\2\end{pmatrix}+r\cdot\begin{pmatrix}8\\0\\-3\end{pmatrix}+s\cdot\begin{pmatrix}8\\-4\\2\end{pmatrix}$$

Mit dem Rechner erhält man:

$t=-\frac{11}{23}$; $r=-\frac{7}{23}$; $s=-\frac{11}{46}$

Für $t=-\frac{11}{23}$ erhält man den Schnittpunkt $S\left(\frac{84}{23}\middle|\frac{22}{23}\middle|\frac{56}{23}\right)$ der Geraden g mit der Ebene E.

12 **a)** Normalenvektor von E: $\vec{n}=\begin{pmatrix}1\\1\\-1\end{pmatrix}$

Aus $\begin{pmatrix}1\\1\\-1\end{pmatrix}=t\cdot\begin{pmatrix}a-1\\2\\-2\end{pmatrix}$ folgt $t=\frac{1}{2}$ und $a=3$.

Die Gerade g_3 ist orthogonal zur Ebene E.

b) $\begin{pmatrix}1\\1\\-1\end{pmatrix}\circ\begin{pmatrix}a-1\\2\\-2\end{pmatrix}=a+3=0$, also $a=-3$

Der Punkt $(2|-1|0)$ von g liegt in E. Somit liegt die Gerade g_a für $a=-3$ in E.

13 **a)**

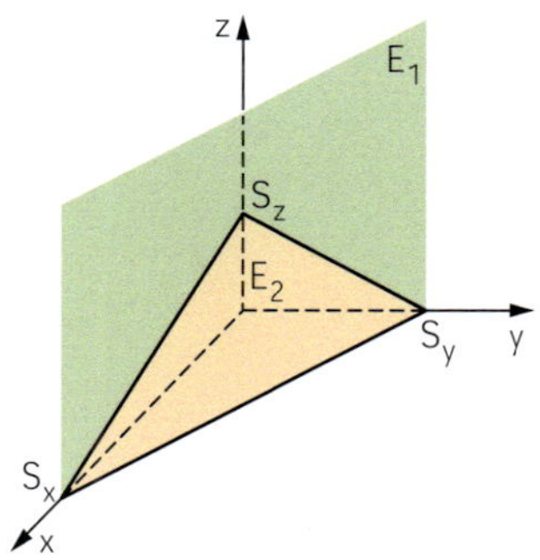

Spurpunkte von E_1: $S_x(8|0|0)$; $S_y(0|4|0)$;

E_1 ist parallel zur z-Achse.

Spurpunkte von E_2:

$S_x(8|0|0)$; $S_y(0|4|0)$; $S_z(0|0|2)$

Die beiden Ebenen E_1 und E_2 haben die Spurpunkte S_x und S_y gemeinsam. Folglich ist die Gerade durch S_x und S_y die Schnittgerade der beiden Ebenen.

$$s\colon \vec{x}=\begin{pmatrix}8\\0\\0\end{pmatrix}+k\cdot\begin{pmatrix}-2\\1\\0\end{pmatrix};\ k\in\mathbb{R}$$

b)

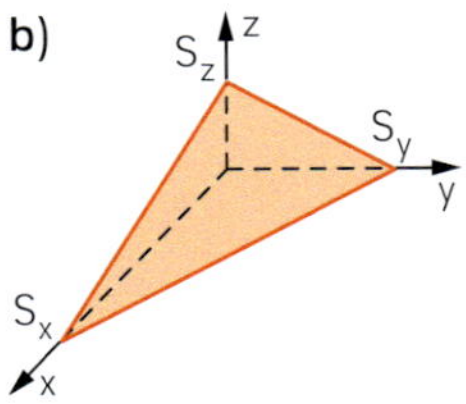

Wir betrachten die Pyramide mit dem rechtwinkligen Dreieck S_xS_yO als Grundfläche und dem Punkt S_z als Spitze.

$V = \frac{1}{3} \cdot \left(\frac{1}{2} \cdot 8 \cdot 4\right) \cdot 2 = \frac{32}{3}$

c) E_3 hat die Spurpunkte $S_y(0|4|0)$; $S_z(0|0|2)$, aber keinen Spurpunkt mit der x-Achse.

Achsenabschnittsform von E_3: $\frac{y}{4} + \frac{z}{2} = 1$ bzw.

E_3: $y + 2z = 4$

14 **a)** g_a verläuft parallel zu E, falls $\begin{pmatrix} 2 \\ -4 \\ 1 \end{pmatrix} \cdot \begin{pmatrix} 0{,}5 \\ 0{,}5 \\ a \end{pmatrix} = 0$, also für $a = 1$.

b) Nach dem Ergebnis aus Teilaufgabe a) könnte nur g_1 in E liegen. Da aber der Punkt $A(0|1|2)$ von g_1 nicht in E liegt (Punktprobe!), ist g_1 parallel zu E, liegt aber nicht in E.

c) Schnittpunkt von g_a und E:

$2 \cdot (0{,}5t) - 4 \cdot (1 + 0{,}5t) + 2 + a \cdot t + 5 = 0$,

also $t = \frac{3}{1-a}$ für $a \neq 1$

$S\left(\frac{1{,}5}{1-a} \,\middle|\, 1 + \frac{1{,}5}{1-a} \,\middle|\, \frac{2+a}{1-a}\right)$ für $a \neq 1$

Kapitel 6 (Seiten 275 bis 280)

Teil A

1

	A	$\bar{A}$	Gesamt
B	0,06	**0,24**	0,3
$\bar{B}$	**0,14**	**0,56**	**0,7**
Gesamt	**0,2**	**0,8**	**1**

2 Wenn in einem Becher eine rote Kugel und in dem anderen Becher die anderen drei, also zwei schwarze und eine rote Kugel sind, ergibt sich folgende Wahrscheinlichkeit: $\frac{1}{2} \cdot \frac{1}{3} + \frac{1}{2} \cdot 1 = \frac{2}{3}$.
In allen anderen möglichen Fällen ergibt sich höchstens eine Wahrscheinlichkeit von $\frac{1}{2}$.

3 **a)** Die Wahrscheinlichkeit für gelb beträgt bei Glücksrad B für einmaliges Drehen 25%.
Die Wahrscheinlichkeit für einmal gelb ist damit $P = \binom{4}{1} \cdot 0{,}25^1 \cdot 0{,}75^3 \approx 0{,}42$.
Alternativ kann der Erwartungswert für B betrachtet werden $\mu = 4 \cdot 0{,}25 = 1$. Im Schnitt ist für vier Versuche mit einmal gelb zu rechnen, was durch die höchste Wahrscheinlichkeit bei 1 im Histogramm erkennbar ist.

b) $1 - \binom{4}{0} \cdot 0{,}25^0 \cdot 0{,}75^4$ ist die Wahrscheinlichkeit mindestens einmal gelb zu drehen:

$$P(X \geq 1) = \binom{4}{1} \cdot 0{,}25^1 \cdot 0{,}75^3 + \binom{4}{2} \cdot 0{,}25^2 \cdot 0{,}75^2 + \binom{4}{3} \cdot 0{,}25^3 \cdot 0{,}75^1 + \binom{4}{4} \cdot 0{,}25^4 \cdot 0{,}75^0$$

c) (1) Die Wahrscheinlichkeit, genau einmal gelb zu drehen, ist deutlich größer, als genau einmal schwarz zu drehen.
(2) Die Wahrscheinlichkeit, mindestens einmal weiß zu drehen, ist kleiner, als mindestens einmal schwarz zu drehen.

d)

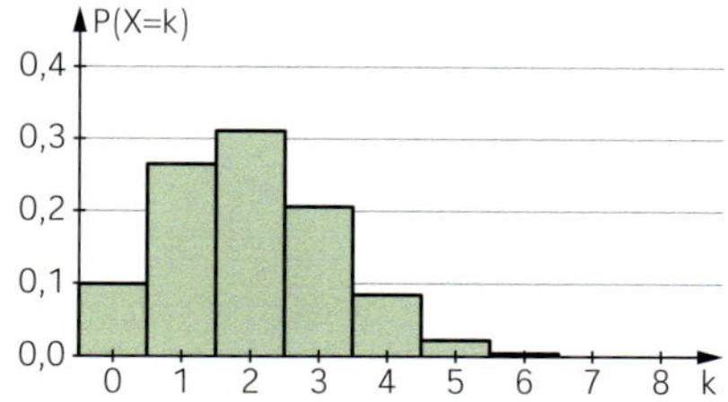

4 **a)**

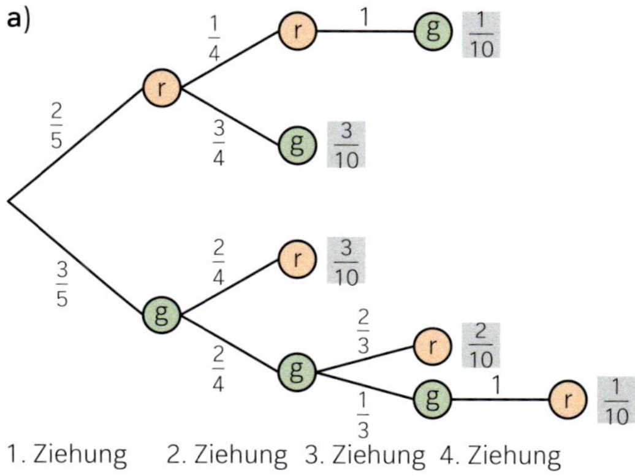

Aus dem Baumdiagramm kann man entnehmen: Man benötigt mit Wahrscheinlichkeit $\frac{6}{10}$ zwei Ziehungen, mit Wahrscheinlichkeit $\frac{3}{10}$ drei Ziehungen und mit Wahrscheinlichkeit $\frac{1}{10}$ vier Ziehungen.
Im Mittel werden also $0{,}6 \cdot 2 + 0{,}3 \cdot 3 + 0{,}1 \cdot 4 = 2{,}5$ Ziehungen benötigt.

b) Wenn das Glücksspiel fair sein soll, darf bei dem Spiel auf lange Sicht weder Gewinn noch Verlust entstehen. Für die Gestaltung des Gewinnplans gibt es viele Möglichkeiten.
In 100 Spielen werden 75 € eingenommen. Wenn die Spielregel fair ist, dann werden im Mittel auch 75 € ausgezahlt, beispielsweise siehe Tabelle unten auf der Seite.

Tabelle zu Aufgabe 4 b

Anzahl der Ziehungen	Wahrscheinlichkeit	erwartete Anzahl an Treffern/ Gewinnen bei 100 Spielen	Auszahlung (in €)	erwartete Auszahlung (in €) bei 100 Spielen
2	0,6	60	1	60
3	0,3	30	0,5	15
4	0,1	10	0	0
Kontrolle	Summe = 1	Summe = 100		Summe = 75

5 **a)** (1) $n = 3;\ p = \frac{1}{2}$; X: *Anzahl der Erfolge*

$P(X = 3) = \binom{3}{3} \cdot \left(\frac{1}{2}\right)^0 \cdot \left(\frac{1}{2}\right)^3 = \frac{1}{8}$

(2) $n = 3$

Anzahl aller mögliche Ergebnisse: 6^3

Summe 17: 3 Möglichkeiten:

(5; 6; 6), (6; 5; 6) und (6; 6; 5)

$p = \frac{3}{6^3} = \frac{3}{216} = \frac{1}{72} \approx 0{,}139$

(3) $n = 3;\ p = \frac{5}{6}$; X: *Anzahl der Erfolge*

$P(X = 3) = \binom{3}{3} \cdot \left(\frac{5}{6}\right)^0 \cdot \left(\frac{5}{6}\right)^3 = \frac{125}{216} \approx 0{,}58$

b) Betrachtet man die Augen eines Würfels erhält man einen Erwartungswert von

$E(X) = 1 \cdot \frac{1}{6} + 2 \cdot \frac{1}{6} + 3 \cdot \frac{1}{6} + 5 \cdot \frac{1}{6} + 6 \cdot \frac{1}{6} = 3{,}5.$

Da die Augensummen addiert werden, erhält man pro Würfel im Schnitt 3,5 hinzu. Daraus ergibt sich folgende Tabelle.

Anzahl Würfel	2	3	4	5
wahrscheinlichste Augensumme	7	10,5, also 10 und 11	14	17,5, also 17 und 18

6 $n = 6;\ p = \frac{1}{3}$;

X: *Anzahl der Erfolge*

(1) $P(X = 0) = \binom{6}{0} \cdot \left(\frac{1}{3}\right)^0 \cdot \left(\frac{2}{3}\right)^6 = 1 \cdot \frac{2^6}{3^6}$

$P(X = 1) = \binom{6}{1} \cdot \left(\frac{1}{3}\right)^1 \cdot \left(\frac{2}{3}\right)^5$

$= 6 \cdot \frac{2^5}{3^6} = 3 \cdot \frac{2^6}{3^6} = 3 \cdot P(X = 0)$

(2) $P(X = 4) = \binom{6}{4} \cdot \left(\frac{1}{3}\right)^4 \cdot \left(\frac{2}{3}\right)^2 = \binom{6}{2} \cdot \frac{2^2}{3^6}$

$= \frac{6 \cdot 5}{2} \cdot \frac{2^2}{3^6} = 5 \cdot \frac{2^2}{3^5}$

$P(X = 2) = \binom{6}{2} \cdot \left(\frac{1}{3}\right)^2 \cdot \left(\frac{2}{3}\right)^4 = \frac{6 \cdot 5}{2} \cdot \frac{2^4}{3^6}$

$= 4 \cdot \left(5 \cdot \frac{2^2}{3^5}\right) = 4 \cdot P(X = 4)$

(3) $P(X = 5) = \binom{6}{5} \cdot \left(\frac{1}{3}\right)^5 \cdot \left(\frac{2}{3}\right)^1 = \binom{6}{1} \cdot \frac{2^1}{3^6}$

$= 6 \cdot \frac{2^1}{3^6} = \frac{2^2}{3^5}$

$P(X = 4) = \binom{6}{4} \cdot \left(\frac{1}{3}\right)^4 \cdot \left(\frac{2}{3}\right)^2 = 5 \cdot \left(\frac{22}{35}\right) = 5 \cdot P(X = 5)$

7 **a)** $5 \cdot 4 \cdot 3 \cdot 2 \cdot 1 = 120$

b) $10 \cdot 10 \cdot 10 \cdot 10 = 10^4 = 10\,000$

c) $\frac{20 \cdot 19 \cdot 18}{3 \cdot 2 \cdot 1} = 1\,140$

d) $8 \cdot 7 \cdot 6 = 336$

8 **a)** Das Maximum $k = 25$ liegt in der Nähe von $\mu = n \cdot p = n \cdot 0{,}3$.

Aus $n \cdot 0{,}3 \approx 25$ folgt $n \approx \frac{25}{0{,}3} \approx 83{,}3$.

Für n kommt also $n = 83$ oder $n = 84$ infrage.

Wegen $85 \cdot 0{,}3 = 25{,}5$ prüft man auch $n = 85$ und findet, dass $P(X = 25) > P(X = 24)$ und $P(X = 25) > P(X = 26)$.

Somit kommt auch $n = 85$ infrage.

b) Wegen $\mu = n \cdot p$ und

$\sigma^2 = n \cdot p \cdot (1 - p) = \mu \cdot (1 - p)$ folgt:

$6^2 = 36 = 48 \cdot (1 - p)$, also $1 - p = 36 : 48 = 0{,}75$, also $p = 0{,}25$ und aus $48 = n \cdot 0{,}25$ folgt $n = 48 : 0{,}25 = 192$.

c) z.B. $p = \frac{1}{2}$ und $1 - p = \frac{1}{2}$:

Aus $\sigma^2 = n \cdot \frac{1}{4} = 100$ folgt: $n = 400$

z.B. $p = \frac{1}{3}$ und $1 - p = \frac{2}{3}$:

Aus $\sigma^2 = n \cdot \frac{2}{9} = 100$ folgt: $n = \frac{900}{2} = 450$

9 Wenn der Zufallsgenerator der Maschine die vier Möglichkeiten tatsächlich mit gleicher Wahrscheinlichkeit zufällig auswählt und die Ergebnisse vorangegangener Torschüsse nicht berücksichtigt, dann sind die Voraussetzungen für das Vorliegen einer Bernoulli-Kette gegeben (Unabhängigkeit der Stufen, feste Erfolgswahrscheinlichkeit).

Was man als Erfolg ansieht, ist abhängig von der Fragestellung bzw. der Interesse des Betrachters. Beispiele könnten sein:

- Schuss in die untere rechte Torecke [obere rechte, untere linke bzw. obere linke Torecke]: Erfolgswahrscheinlichkeit ist jeweils 25 %;
- Schuss in die rechte bzw. linke Torecke (oben oder unten): Erfolgswahrscheinlichkeit beträgt je 50 %;
- Flacher bzw. hoher Schuss: die Erfolgswahrscheinlichkeit beträgt jeweils 50 %
- Schuss, der nicht in die linke untere Torecke geht [linke obere, rechte untere, rechte obere] : Erfolgswahrscheinlichkeit beträgt jeweils 75 %.

10 Der Term gibt die Wahrscheinlichkeit an, dass mindestens 70 der befragten Lehrkräfte nicht am Gymnasium arbeiten.

11 P (A) ist die Wahrscheinlichkeit, dass von den 15 befragten Personen höchstens 13 Personen das Internet zu medizinischen Fragen konsultieren.

Teil B

12 **a)** Ziehen ohne Zurücklegen

(1)

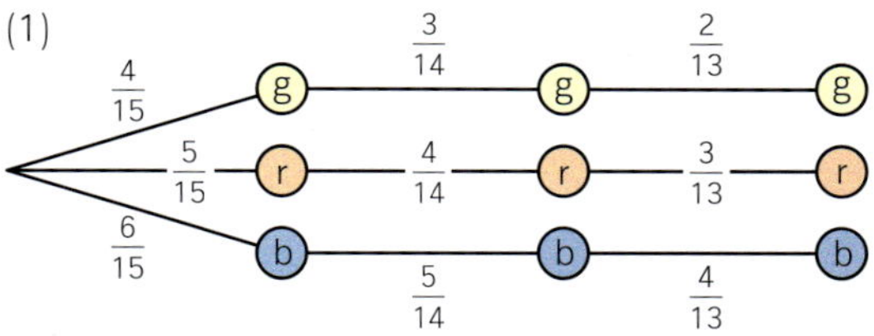

$P(\text{alle gleiche Farbe}) = \frac{4 \cdot 3 \cdot 2 + 5 \cdot 4 \cdot 3 + 6 \cdot 5 \cdot 4}{15 \cdot 14 \cdot 13}$

$\approx 0{,}075$

(2)

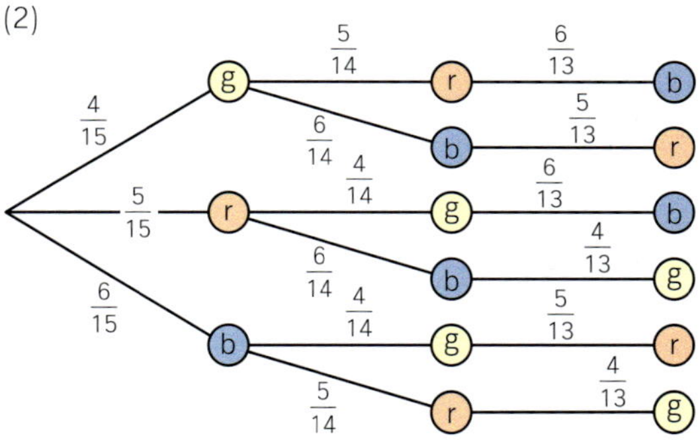

$P(\text{lauter verschiedene Farben}) = 6 \cdot \frac{4 \cdot 5 \cdot 6}{15 \cdot 14 \cdot 13}$

$\approx 0{,}264$

b) Ziehen mit Zurücklegen

Die Wahrscheinlichkeit für gleiche Farben steigt, denn die Anzahl der gleichfarbigen Kugeln wird gegenüber den restlichen nicht reduziert, wie beim Ziehen ohne Zurücklegen.

Die Wahrscheinlichkeit für unterschiedliche Farben sinkt, denn die bereits gezogenen Farben bleiben unvermindert in der Urne und verringern die Ziehchance einer anderen Farbe.

(1) $P(\text{alle gleiche Farbe}) = \left(\frac{4}{15}\right)^3 + \left(\frac{5}{15}\right)^3 + \left(\frac{6}{15}\right)^3$

$\approx 0{,}12$

(2) $P(\text{unterschiedliche Farben}) = 6 \cdot \frac{4 \cdot 5 \cdot 6}{15^3} \approx 0{,}213$

13 X: *Anzahl defekter Bauteile*
(bei einem Anteil von 4 %)

$E(\text{Stückpreis}) = 1{,}60\,€ \cdot P(X = 0)$
$+ 1{,}50\,€ \cdot (P(X = 1) + P(X = 2))$
$+ 1{,}40\,€ \cdot P(X > 2)$
$= 1{,}48\,€$

Der zu erwartende Stückpreis beträgt 1,48 € und damit für die gesamte Einheit 74,00 €.

14 mittlere Größe: $\frac{5982}{30} = 199{,}4$

Standardabweichung: 8,76

15

a)	unter Durchschnittsgröße	über Durchschnittsgröße	Gesamt
weiblich	0,2	0,29	0,49
männlich	0,353	0,157	0,51
Gesamt	0,553	0,447	1

b) Wegen $0{,}49 \cdot 0{,}553 \approx 0{,}27 > 0{,}2$ sind das Erreichen der Mindestkörpergröße und das Geschlecht stochastisch abhängig. Aus dem Ergebnis resultiert auch, dass es wahrscheinlicher ist über der Durchschnittsgröße zu liegen, wenn man weiblich ist und unter der Durchschnittsgröße zu liegen, wenn man männlich ist $(0{,}553 \cdot 0{,}51 \approx 0{,}353)$.

c) $P_{Ü}(M) = \frac{P(M \cap Ü)}{P(Ü)} = \frac{0{,}157}{0{,}447} \approx 0{,}351$

d) $1000 \cdot 0{,}447 = 447$

16

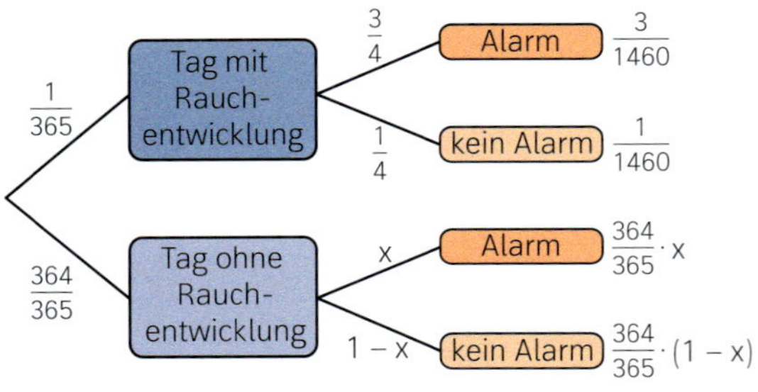

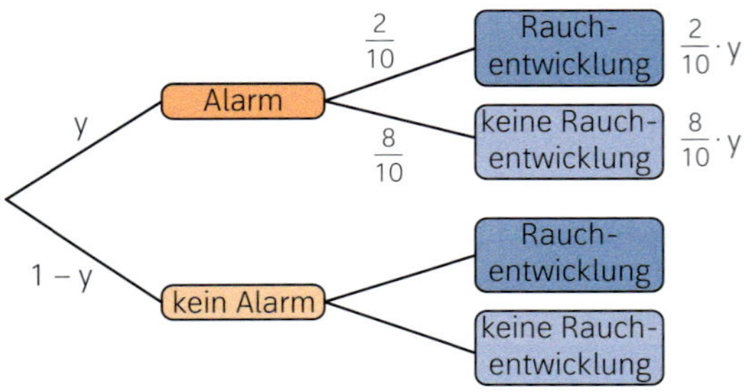

(1) $P(\text{Alarm}) = y = \frac{3}{1460} + \frac{364}{365} \cdot x$

P (Alarm und Tag mit Rauchentwicklung)

$= \frac{3}{1460} = \frac{2}{10} y;$

hieraus folgt: $P(\text{Alarm}) = y = \frac{3}{1460} \cdot \frac{10}{2} = \frac{3}{292}$

Mit einer Wahrscheinlichkeit von $\frac{3}{292}$ kommt es an einem Tag zu einem Alarm, d. h. im Mittel an 3,75 Tagen eines Jahres, aber nur in einem von fünf Alarmen wurde der Alarm durch Rauch ausgelöst.

(2) P (Alarm und Tag ohne Rauchentwicklung)

$= \frac{8}{10} y = \frac{8 \cdot 3}{10 \cdot 292} = \frac{3}{365}$

$\frac{3}{365} = \frac{364}{365} \cdot x$, also $x = \frac{3}{364}$

Mit einer Wahrscheinlichkeit von $\frac{3}{364}$ kommt es an einem Tag, an dem keine Rauchentwicklung stattfindet, zu einem Alarm, d. h. im Mittel an ca. 3 Tagen eines Jahres. (3)

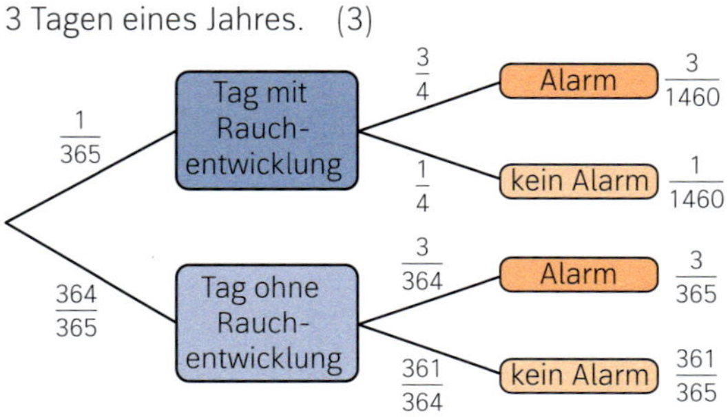

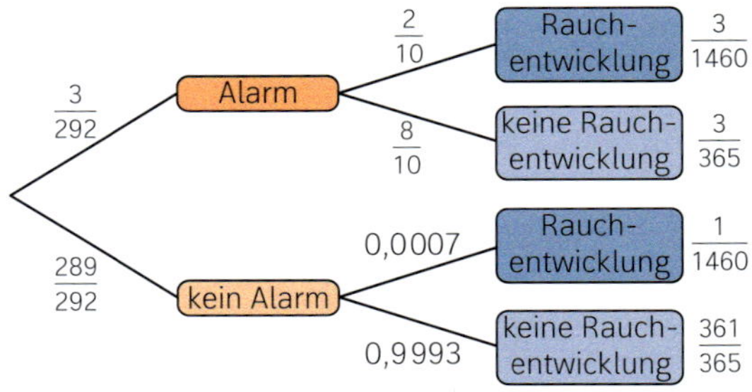

Wenn es an einem Tag keinen Alarm gibt, dann ist es mit einer Wahrscheinlichkeit von

$\frac{364}{365} \cdot \frac{361}{364} \cdot \frac{289}{292} \approx 99{,}9\,\%$ auch nicht zu einer Rauchentwicklung gekommen.

17 $n = 50;\ p = 0{,}3;$

X: *Anzahl der Angestellten, die mit dem Fahrrad zur Arbeit kommen*

a) Eine Interpretation als Bernoulli-Kette setzt voraus, dass die Entscheidungen der 50 Angestellten, ob sie mit dem Fahrrad zur Arbeit kommen oder nicht, unabhängig voneinander erfolgen.
Das heißt insbesondere, dass im Prinzip jeder von ihnen ein Fahrrad benutzen würde.
Der Ansatz einer Erfolgswahrscheinlichkeit von 30 % bedeutet auch, dass der Anteil unabhängig von den Witterungsbedingungen ist.

b) $P(X \le 20) = 0{,}952$

c) Gesucht ist der kleinste Wert für k, für den $P(X \le k) \ge 0{,}90$ gilt.
Dazu betrachtet man die kumulierte Binomialverteilung für $n = 50$ und $p = 0{,}3$ und findet $P(X \le 18) = 0{,}859$ und $P(X \le 19) = 0{,}915$.
Also sollte $k \ge 19$ sein, damit die Bedingung erfüllt ist.

e) Der Term beschreibt die Wahrscheinlichkeit für das fünfmalige Ziehen mit Zurücklegen aus einer Urne mit n Kugeln, wobei eine Kugelsorte A mit 40% vertreten ist und diese Kugelsorte dreimal gezogen werden soll.

18 a) X: Kugel ist rot; n = 5; p = 0.35

$P(2 \le X < 4) = P(X = 2) + P(X = 3) \approx 0.5176.$

b) $\frac{40}{100} = \frac{8}{20}$ $\frac{25}{100} = \frac{5}{20}$ $\frac{35}{100} = \frac{7}{20}$

Es können sich 8 weiße, 5 schwarze und 7 rote Kugeln in der Urne befinden. Es können also unter 100 Kugeln sein.

c) Ereignis A ... mindestens eine rote Kugel ziehen

$P(A) = 1 - \binom{5}{0} \cdot 0{,}4^0 \cdot 0{,}6^5 \approx 0{,}922$

d) Ereignis B ... vier gleich gleichfarbige Kugeln

$P(B) = \binom{5}{4} \cdot 0{,}4^4 \cdot 0{,}6^1 + \binom{5}{4} \cdot 0{,}35^4 \cdot 0{,}65^1$

$+ \binom{5}{4} \cdot 0{,}25^4 \cdot 0{,}75^1 \approx 0{,}14$

Gewinnchance pro Spiel: ≈ 14%

Pro Spiel zu zahlen: 0,70€

Bei Gewinn erhält man: 5,00€

(5€ – 0,7€) · 0,14 – 0,7€ · 0,86 = 0€

19 a) Das Ereignis umfasst alle Solarpanele mit intakter Verkabelung und intakten Solarzellen.

b) Die Wahrscheinlichkeit, dass das Panel keine fehlerhafte Verkabelung, aber eine defekte Solarzelle besitzt ist gleich der Wahrscheinlichkeit für eine korrekte Verkabelung minus der Wahrscheinlich, dass sowohl Verkabelung als auch Solarpanel in Ordnung sind.

	S: Solarzelle defekt	$\overline{S}$: Solarzelle nicht defekt	Gesamt
V: Verkabelung defekt	0	0,01	0,01
$\overline{V}$: Verkabelung nicht defekt	0,03	0,96	0,91
Gesamt	0,03	0,97	1

c) Der Vierfeldertafel entnimmt man: P(S) = 0,03

20 $n = 100;\ p = \frac{10}{240};$

X: Anzahl der zu einem beliebigen Zeitpunkt benötigten Mitarbeiter

$P(X > 5) = 1 - (0{,}014 + 0{,}062 + 0{,}133 + 0{,}188 + 0{,}199 + 0{,}166)$

$= 1 - 0{,}762 = 0{,}238$

Mit einer Wahrscheinlichkeit von 23,8 % muss ein Kunde warten.

21 a) In Blau: durch Differenz- und Summenbildung ergänzte Daten

(1) absolute Häufigkeiten

	Frauen	Männer	gesamt
Studierende Fernuniversität Hagen	30748	33612	64360
Studierende anderer Universitäten	214653	210709	425362
gesamt	245401	244321	489722

relative Häufigkeiten

	Frauen	Männer	gesamt
Studierende Fernuniversität Hagen	0,063	0,069	0,132
Studierende anderer Universitäten	0,438	0,430	0,868
gesamt	0,501	0,499	1,000

(2) absolute Häufigkeiten

	ausl.	deutsch	gesamt
Studierende Fernuniversität Hagen	6281	58079	64360
Studierende anderer Universitäten	53878	371484	425362
gesamt	60159	429563	489722

relative Häufigkeiten

	ausl.	deutsch	gesamt
Studierende Fernuniversität Hagen	0,013	0,119	0,132
Studierende anderer Universitäten	0,110	0,758	0,868
gesamt	0,123	0,877	1,000

b) (1)

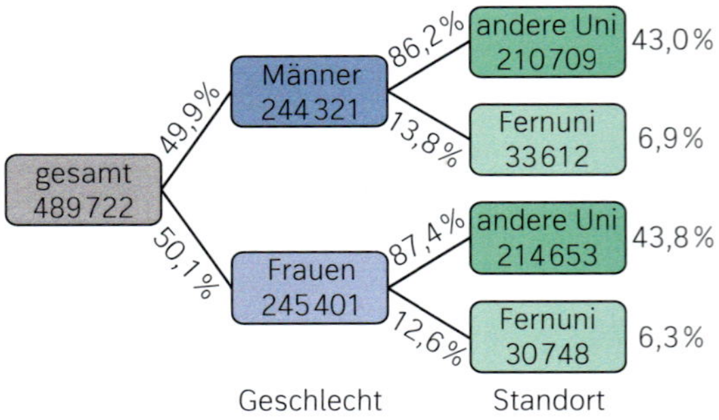

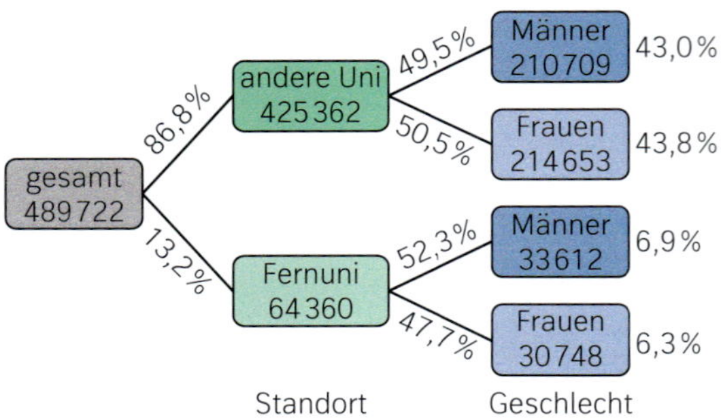

b) (2)

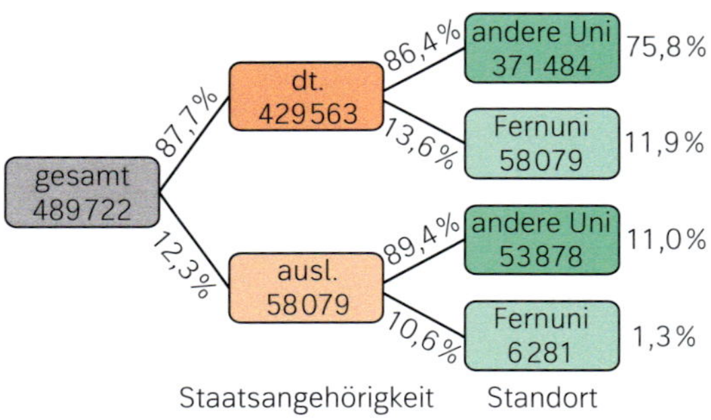

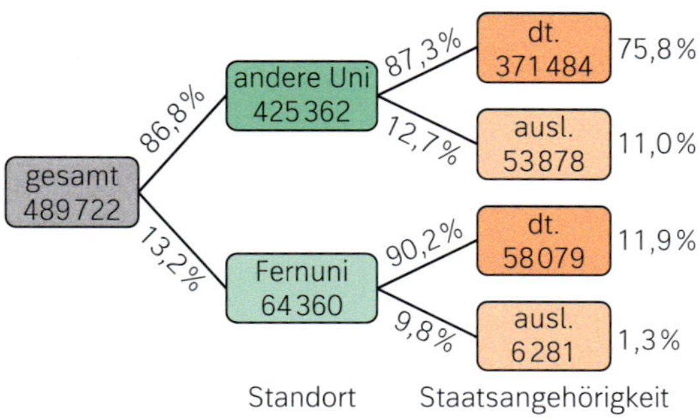

c) Kennzeichen voneinander unabhängiger Merkmale sind gleiche Teilbäume auf der 2. Stufe. Da ein Unterschied bei den Wahrscheinlichkeiten der 2. Stufen besteht, kann man sagen: „Die Entscheidung, an der Fernuni Hagen oder an einer anderen Universität zu studieren, ist geschlechtsabhängig bzw. abhängig von der Staatsangehörigkeit."
Da die Unterschiede aber nur gering sind, könnte man auch vorsichtiger formulieren: „Die Geschlechtszugehörigkeit bzw. Staatsangehörigkeit spielt bei der Entscheidung nur eine geringe Rolle."

22 $n = 450;\ p = \frac{1}{3};\ \mu = 450 \cdot \frac{1}{3} = 150;$

$\sigma = \sqrt{450 \cdot \frac{1}{3} \cdot \frac{2}{3}} = \sqrt{100} = 10$

23 $P(A) = 45\,\%;\ P(B) = 37\,\%;\ P(C) = 18\,\%$

$P_A(\text{Abo}) = 10\,\%;\ P_B(\text{Abo}) = 60\,\%;\ P_C(\text{Abo}) = 75\,\%$

a) $P(\text{Abo}) = P_A(\text{Abo}) \cdot P(A) + P_B(\text{Abo}) \cdot P(B)$
$+ P_C(\text{Abo}) \cdot P(C)$
$= 40{,}2\,\%$

b)

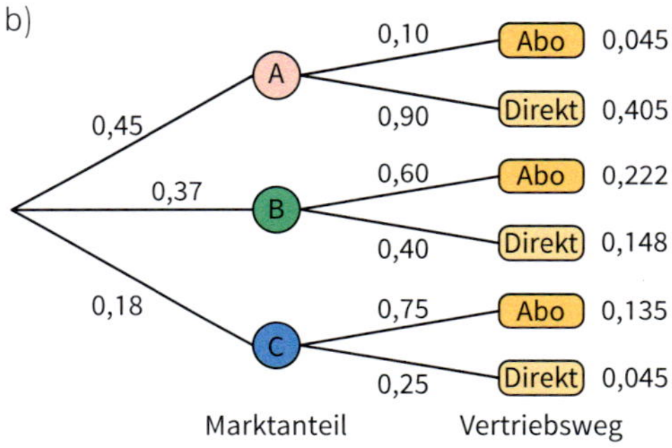

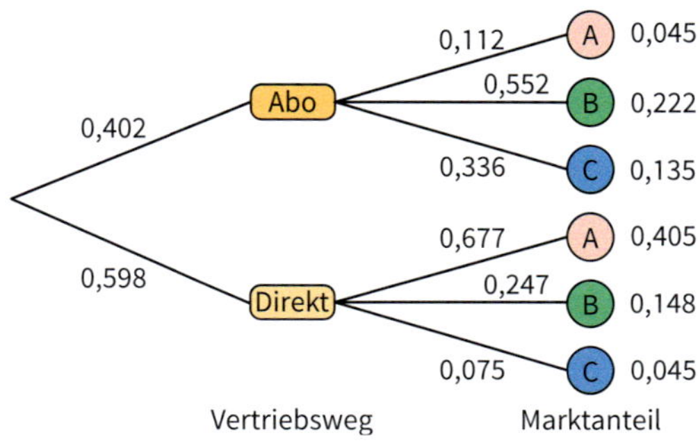

Da die Zeitung am Kiosk gekauft wird, ist sie nicht abonniert worden. Es muss also berechnet werden: $P_{\text{Direkt}}(B) = 0{,}247 = 24{,}7\,\%$

24 Bei allen drei Binomialverteilungen gilt: $\mu = 40$
(A) gehört zu (3). Grund: $P(X = 40) = 0{,}08122$
(B) gehört zu (2). Grund: $P(X = 40) = 0{,}13982$
(C) gehört zu (1). Grund: $P(X = 40) = 0{,}06635$

Kapitel 7 (Seiten 290 bis 291)

Teil A

1 a) $\begin{pmatrix} 4 & 1 & -2 \\ 2 & -1 & 5 \\ 0 & 6 & 3 \end{pmatrix} \cdot \begin{pmatrix} 2 \\ -2 \\ 1 \end{pmatrix} = \begin{pmatrix} 4 \\ 13 \\ -9 \end{pmatrix}$

b) $\begin{pmatrix} 4 & -5 & 1 \\ 4 & 3 & -2 \end{pmatrix} \cdot \begin{pmatrix} 10 \\ -10 \\ 20 \end{pmatrix} = \begin{pmatrix} 110 \\ -30 \end{pmatrix}$

c) $\begin{pmatrix} 9 & 0 \\ -2 & 5 \\ 3 & 1 \end{pmatrix} \cdot \begin{pmatrix} 1 \\ 4 \end{pmatrix} = \begin{pmatrix} 9 \\ 18 \\ 7 \end{pmatrix}$

2 a) $\begin{pmatrix} 2 & 1 \\ 1 & 3 \end{pmatrix} \cdot \begin{pmatrix} 5 & 10 \\ 3 & 4 \end{pmatrix} = \begin{pmatrix} 13 & 24 \\ 14 & 22 \end{pmatrix}$

b) $\begin{pmatrix} 5 & -1 & -2 \\ 2 & 0 & 1 \end{pmatrix} \cdot \begin{pmatrix} 3 & 0 \\ -2 & 1 \\ 5 & 6 \end{pmatrix} = \begin{pmatrix} 3 & -13 \\ 11 & 6 \end{pmatrix}$

c) $\begin{pmatrix} 1 & 0 & 0 \\ 0 & 2 & 0 \\ 0 & 0 & 3 \end{pmatrix} \cdot \begin{pmatrix} 4 & -5 & 3 \\ 2 & 8 & 6 \\ 9 & -2 & 1 \end{pmatrix} = \begin{pmatrix} 4 & -5 & 3 \\ 2 & 8 & 6 \\ 9 & -2 & 1 \end{pmatrix}$

3 $\mathbf{A} \cdot \mathbf{B} = \begin{pmatrix} 2 & 1 \\ 1 & 3 \end{pmatrix} \cdot \begin{pmatrix} 6 & -3 \\ 1 & 4 \end{pmatrix} = \begin{pmatrix} 13 & -2 \\ 9 & 9 \end{pmatrix}$

$\mathbf{B} \cdot \mathbf{A} = \begin{pmatrix} 6 & -3 \\ 1 & 4 \end{pmatrix} \cdot \begin{pmatrix} 2 & 1 \\ 1 & 3 \end{pmatrix} = \begin{pmatrix} 9 & -3 \\ 7 & 13 \end{pmatrix}$

Die Produkte $\mathbf{A} \cdot \mathbf{B}$ und $\mathbf{B} \cdot \mathbf{A}$ sind nicht gleich. Die Matrixmultiplikation ist also ist kommutativ.

4 $\begin{pmatrix} 6 & 21 & 13 \\ 4 & 9 & 16 \\ -8 & -14 & 4 \\ 17 & -23 & 10 \end{pmatrix} \cdot \begin{pmatrix} 0 & 0 & 1 \\ 1 & 0 & 0 \\ 0 & 1 & 0 \end{pmatrix} = \begin{pmatrix} 13 & 6 & 21 \\ 16 & 4 & 9 \\ 4 & -8 & -14 \\ 10 & 17 & -23 \end{pmatrix}$

Die Multiplikation vertauscht die Spalten der ersten Matrix.

5 Aus $\begin{pmatrix} a & -\frac{1}{2} \\ 4 & d \end{pmatrix} \cdot \begin{pmatrix} a & -\frac{1}{2} \\ 4 & d \end{pmatrix} = \begin{pmatrix} a^2 - 2 & -\frac{1}{2}a + \frac{1}{2}d \\ 4a + 4d & d^2 - 2 \end{pmatrix}$ folgt

$a + d = 1$, $a^2 - 2 = a$ und $d^2 - 2 = d$. Aus diesen drei Gleichung ergibt sich $a = 2$ und $d = -1$ oder auch $a = -1$ und $d = 2$ als mögliche Lösungen.

Teil B

6 a) $\begin{pmatrix} 1 & -2 & -3 \\ 3 & 1 & -5 \\ 2 & -3 & 4 \end{pmatrix} \cdot \begin{pmatrix} x \\ y \\ z \end{pmatrix} = \begin{pmatrix} 4 \\ 5 \\ 7 \end{pmatrix}$

$L = \{(2 + t \mid -1 + 2t \mid t) \mid t \in \mathbb{R}\}$

b) $\begin{pmatrix} 2 & -5 & 3 \\ 4 & -12 & 8 \\ 3 & 1 & -2 \end{pmatrix} \cdot \begin{pmatrix} x \\ y \\ z \end{pmatrix} = \begin{pmatrix} 3 \\ 4 \\ 9 \end{pmatrix}$

$L = \{(2 \mid -1 \mid -2)\}$

c) $\begin{pmatrix} 3 & -1 & 2 \\ 7 & -4 & -1 \\ -1 & -3 & -12 \end{pmatrix} \cdot \begin{pmatrix} x \\ y \\ z \end{pmatrix} = \begin{pmatrix} 1 \\ -2 \\ -5 \end{pmatrix}$

$L = \{\ \}$

7 Verkaufsmatrix $\mathbf{M} = \begin{pmatrix} 10 & 5 & 0 & 3 \\ 6 & 15 & 10 & 1 \\ 0 & 0 & 20 & 10 \end{pmatrix}$

$\mathbf{P} = \begin{pmatrix} 15 \\ 20 \\ 30 \\ 45 \end{pmatrix}$ $\quad \mathbf{R} = \mathbf{M} \cdot \mathbf{P} = \begin{pmatrix} 385 \\ 735 \\ 1050 \end{pmatrix}$

Neugebauer muss 385 €, Möllering 735 € und Gundlach 1050 € bezahlen.

QR-Codes aus SI

Erklärvideos

WES-127800-001	Erklärvideos Klasse 5	WES-127809-001	Erklärvideos Klasse 6
WES-127818-001	Erklärvideos Klasse 7	WES-127827-001	Erklärvideos Klasse 8
WES-127836-001	Erklärvideos Klasse 9	WES-127845-001	Erklärvideos Klasse 10

Hilfen zum Einsatz des CAS

Klasse 8

WES-127827-002	Formeleingabe
WES-127827-003	Variablendefinition
WES-127827-004	Tabellen
WES-127827-005	Lösen von Gleichungen
WES-127827-006	Zufallsversuche – Wahrscheinlichkeiten
WES-127827-007	Funktionsgraphen
WES-127827-008	Eigenschaften von Graphen ermitteln
WES-127827-009	Funktionen mit Parametern
WES-127827-010	Stückweise lineare Funktionen
WES-127827-011	Regressionsgeraden
WES-127827-012	Grafisches Lösen von Gleichungssystemen
WES-127827-013	Rechnerisches Lösen von Gleichungssystemen
WES-127827-014	Algorithmen

WES-125991-908
Rechnerhilfen
Klasse 8

Klasse 9

WES-127836-002	Ausdrücke vereinfachen
WES-127836-003	Wertgleichheit
WES-127836-004	Parabel durch drei Punkte
WES-127836-005	Satz des Pythagoras
WES-127836-006	Winkel berechnen
WES-127836-007	Flächeninhalt eines Kreises
WES-127836-008	Arithmetisches Mittel
WES-127836-009	Median und Modalwert
WES-127836-010	Standardabweichung
WES-127836-011	Klassenbildung
WES-127836-012	Ortskurven

WES-125991-909
Rechnerhilfen
Klasse 9

Klasse 10

WES-127845-002	Argumente der Sinusfunktion berechnen
WES-127845-003	Regression periodischer Vorgänge
WES-127845-004	Grafisches Lösen geometrischer Probleme
WES-127845-005	Exponentielle Regression
WES-127845-006	Zahlenfolgen
WES-127845-007	Parameterdarstellung
WES-127845-008	Kreditberechnung mit einer Tabellenkalkulation

WES-125991-910
Rechnerhilfen
Klasse 10

Mathematische Symbole

Mengen, Zahlen

$\mathbb{N}$	Menge der natürlichen Zahlen $\mathbb{N} = \{0; 1; 2; 3; ...\}$
$\mathbb{Z}$	Menge der ganzen Zahlen $\mathbb{Z} = \{... -3; -2; -1; 0; 1; 2; 3; ...\}$
$\mathbb{Q}$	Menge der rationalen Zahlen $\mathbb{Q} = \left\{... -113; -1{,}\overline{5}; -\frac{5}{7}; 0; \frac{1}{2}; 0{,}\overline{9}; 3; ...\right\}$
$\mathbb{R}$	Menge der reellen Zahlen
$\mathbb{R}^+$	Menge der positiven reellen Zahlen: $\mathbb{R}^+ = \{x \in \mathbb{R} \mid x > 0\}$
$\mathbb{R}_0^+$	Menge der positiven reellen Zahlen inklusive Null: $\mathbb{R}_0^+ = \{x \in \mathbb{R} \mid x \geq 0\}$
$x \in M$	x ist ein Element von M
$x \notin M$	x ist kein Element von M
$\{x \in M \mid ...\}$	Menge aller x aus M, für die gilt ...
$\{a, b, c, d\}$	Menge mit den Elementen a, b, c, d
$\{\ \}$	leere Menge
$[a; b]$	abgeschlossenes Intervall, $\{x \in \mathbb{R} \mid a \leq x \leq b\}$
$]a; b[$	offenes Intervall, $\{x \in \mathbb{R} \mid a < x < b\}$
$[a; b[$	rechtsoffenes Intervall, $\{x \in \mathbb{R} \mid a \leq x < b\}$
$]a; b]$	linksoffenes Intervall, $\{x \in \mathbb{R} \mid a < x \leq b\}$
$a = b$	a gleich b
$a \neq b$	a ungleich b
$a < b$	a kleiner b
$a \leq b$	a kleiner oder gleich b
$a > b$	a größer b
$a \geq b$	a größer oder gleich b
$a \approx b$	a ungefähr b
$\lvert x \rvert$	Betrag von x
b^x	Potenz b hoch x
$\sqrt{x}$	Quadratwurzel aus x
$\sqrt[3]{x}$	Kubikwurzel aus x
$\sqrt[n]{x}$	n-te Wurzel aus x

Mathematische Symbole

Funktionen

$y = \sin(x)$	Sinusfunktion
$y = \cos(x)$	Kosinusfunktion
$y = \tan(x)$	Tangensfunktion
$x \mapsto f(x)$	Zuordnungsvorschrift der Funktion f
D	Definitionsbereich von f
W	Wertebereich von f
L	Lösungsmenge
f'	Ableitungsfunktion von f oder Ableitung von f
$f'(x_0)$	Ableitung von f an der Stelle x_0
f''	zweite Ableitung von f
$\lim\limits_{x \to x_0} f(x)$	Grenzwert von f(x) für x gegen x_0
$\frac{f(b) - f(a)}{b - a}$	Differenzenquotient – mittlere Änderungsrate im Intervall [a; b]
$\lim\limits_{x \to x_0} \frac{f(x) - f(x_0)}{x - x_0}$	Differentialquotient – lokalte Änderungsrate an der Stelle x_0 – Ableitung an der Stelle x_0

Stochastik

A	Ereignis A
$\overline{A}$	Gegenereignis zu A
$A \cap B$	Und-Ereignis von A und B
$P(E)$	Wahrscheinlichkeit für das Ereignis E
$P_B(A)$	Wahrscheinlichkeit für A unter der Bedingung B
$E(X)$	Erwartungswert der Zufallsgröße X
$Var(X)$	mittlere quadratische Abweichung der Zufallsgröße X von ihrem Erwartungswert
$\sqrt{Var(X)}$	Standardabweichung der Zufallsgröße X von ihrem Erwartungswert
$\binom{n}{k}$	Binomialkoeffizient „n über k"
$n!$	Fakultät: $n \cdot (n-1) \cdot \ldots \cdot 2 \cdot 1$
$P(X \leq k)$, $P(X < k)$	kumulierte Wahrscheinlichkeit für höchstens / weniger als k Erfolge
$P(X \geq k)$, $P(X > k)$	kumulierte Wahrscheinlichkeit für mindestens / mehr als k Erfolge
$P(a \leq X \leq b)$	kumulierte Wahrscheinlichkeit für mindestens a und höchstens b Erfolge
μ	Erwartungswert der binomialverteilten Zufallsgröße
σ	Standardabweichung einer binomialverteilten Zufallsgröße

Mathematische Symbole

Geometrie

$P(x\|y)$	Punkt mit den Koordinaten x und y
$P(x\|y\|z)$	Punkt mit den Koordinaten x, y und z
AB	Gerade durch A und B
$\overline{AB}$	Strecke mit den Endpunkten A und B
$\|AB\|$	Länge der Strecke $\overline{AB}$
$g \parallel h$	g ist parallel zu h
$g \nparallel h$	g ist nicht parallel zu h
$g \perp h$	g ist senkrecht zu h
$g \not\perp h$	g ist nicht senkrecht zu h
ABC	Dreieck mit den Eckpunkten A, B und C
$ABCD$	Viereck mit den Eckpunkten A, B, C und D
$\begin{pmatrix} x \\ y \\ z \end{pmatrix}$	Vektor mit den Koordinaten x, y und z
$\overrightarrow{OP}$	Ortsvektor des Punktes P
$\overrightarrow{PQ}$	Vektor von P nach Q, Verbindungsvektor
$\vec{v}$	Vektor $\vec{v}$
$-\vec{v}$	Gegenvektor von $\vec{v}$
$\vec{o}$	Nullvektor
$\|\vec{v}\|$	Länge (Betrag) des Vektors $\vec{v}$
$\vec{a} + \vec{b}$ / $\vec{a} - \vec{b}$	Summe/ Differenz von $\vec{a}$ und $\vec{b}$
$r \cdot \vec{a}$	r-faches des Vektors $\vec{a}$
$\vec{a} \circ \vec{b}$	Skalarprodukt der Vektoren $\vec{a}$ und $\vec{b}$
$\vec{a} \times \vec{b}$	Vektorprodukt der Vektoren $\vec{a}$ und $\vec{b}$
$\vec{n}$	Normalenvektor (orthogonaler Vektor)
$g: \vec{x} = \vec{a} + k \cdot \vec{u}$	Gerade in Parameterform mit Stützvektor $\vec{a}$ und Richtungsvektor $\vec{u}$ sowie $k \in \mathbb{R}$
$E: \vec{x} = \vec{a} + s \cdot \vec{u} + t \cdot \vec{v}$	Ebene in Parameterform mit $s, t \in \mathbb{R}$
$E: n_x x + n_y y + n_z z = d$	Ebene in Koordinatenform (n_x, n_y und n_z Koordinaten des Normalenvektors, $d \in \mathbb{R}$
$E: \vec{n} \circ (\vec{x} - \vec{a}) = 0$	Ebene in Normalenform

Stichwortverzeichnis

Bildquellenverzeichnis

|Alamy Stock Photo, Abingdon/Oxfordshire: David R. Frazier Photolibrary, Inc. 175.1; imagegallery2 141.5; Science History Images 240.1; Science History Images/Photo Researchers 305.2; UPI/Brian Kersey 256.1. |Alamy Stock Photo (RMB), Abingdon/Oxfordshire: Colport 85.3; Fernández, Antonio Guillem 14.2; GL Archive 56.2, 247.1; Historic Images 22.2; imageBROKER 8.1; Justin Kase zfourz 201.1; Kiyoshi Takahase Segundo 149.1; Lucca, Alessandro 5.1, 193.1; Old Images 85.4; public domain sourced/access rights from Zip Lexing 125.1; Science History Images/Photo Researchers 85.1, 85.2; Sven Bachstrom 170.1; The History Collection 135.1; Underhill, Joanne 130.2. |bpk-Bildagentur, Berlin: 241.2. |Bundesministerium der Finanzen, Berlin: 259.1, 259.2. |Druwe & Polastri, Cremlingen/Weddel: 144.1, 179.2, 196.2, 196.3, 196.4, 196.5. |fotolia.com, New York: flytime 62.1; Kara 270.1; Konrad Weiss 301.3; Popsy 119.3; Thomas Aumann 286.1. |Griese, Dietmar, Laatzen: 299.1. |Imago, Berlin: biky 55.2. |Imago Editorial, Berlin: bonn-sequenz 135.2. |imprint, Zusmarshausen: 18.2, 18.3, 18.4, 18.5, 24.1, 24.2, 24.3, 24.4, 24.5, 24.6, 24.7, 24.8, 24.9, 24.10, 24.11, 28.1, 28.2, 28.3, 28.5, 29.1, 29.2, 29.3, 29.4, 29.5, 29.6, 30.1, 39.1, 39.2, 40.1, 40.2, 41.1, 41.2, 44.1, 47.1, 48.1, 52.1, 54.1, 55.1, 55.3, 57.1, 57.2, 60.1, 60.2, 60.3, 61.3, 61.4, 61.5, 61.6, 69.1, 69.2, 69.3, 69.4, 69.5, 69.6, 69.7, 69.8, 78.9, 81.2, 81.3, 86.1, 86.2, 86.3, 87.1, 87.2, 87.3, 87.4, 88.1, 88.2, 88.3, 88.4, 90.1, 90.3, 91.1, 94.2, 94.3, 95.3, 96.1, 98.3, 99.1, 100.1, 100.2, 101.2, 101.3, 102.1, 105.6, 105.7, 107.1, 107.2, 107.5, 107.6, 109.1, 109.2, 115.1, 117.1, 118.2, 118.4, 119.5, 120.2, 129.3, 130.3, 131.2, 132.1, 132.2, 132.3, 132.4, 132.5, 133.1, 134.1, 134.3, 134.4, 138.1, 138.2, 138.3, 139.1, 147.2, 151.1, 151.2, 151.3, 152.1, 152.2, 152.3, 152.4, 156.1, 156.2, 159.2, 159.3, 162.1, 162.2, 162.3, 163.3, 166.1, 166.2, 167.1, 170.2, 170.3, 171.1, 171.2, 172.1, 172.2, 173.1, 175.2, 176.2, 176.3, 186.2, 186.3, 186.4, 187.1, 187.2, 187.3, 188.1, 188.2, 190.1, 194.1, 207.1, 208.1, 209.1, 217.3, 230.1, 232.2, 236.1, 236.3, 237.1, 237.2, 241.1, 244.1, 244.2, 244.3, 244.4, 244.5, 244.6, 248.1, 250.5, 252.4, 252.5, 254.3, 255.1, 255.2, 255.3, 255.4, 263.1, 266.1, 266.2, 266.3, 267.2, 267.3, 268.2, 268.3, 268.4, 268.5, 269.1, 269.2, 269.3, 269.4, 269.5, 269.6, 270.2, 270.3, 272.5, 273.1, 274.1, 280.1, 280.2, 280.3, 280.4, 312.1, 312.2, 312.3, 312.4, 317.1, 319.2, 323.1, 324.2, 337.2, 339.1, 339.2, 340.1, 340.2, 340.3, 340.4, 342.1, 342.2, 342.3, 342.4, 342.5, 342.6. |iStockphoto.com, Calgary: Andrey-Popov 119.4; Bosca78 Titel; Geithe, Ralf 245.1; Kertzscher, Moritz 28.4; oilprint 290.1; pollardt 184.2; ra-photos 239.2; RobertCrum 234.1; sbrogan 157.2; sportpoint 3.1, 7.1; twinsterphoto 223.1; ViewApart 227.2. |laif, Köln: Henseler 316.1. |mauritius images GmbH, Mittenwald: 137.2; Harry Walker 71.2; ib/Kuttig, Siegfried 60.4; imageBROKER/Thomas Frey 117.4; Maskot 6.2, 291.1; Peter Widmann/Alamy/Alamy Stock Photos 239.1. |mauritius images GmbH (RF), Mittenwald: World Book Inc. 56.1. |Mettin, Markus, Offenbach: 114.1, 114.2, 114.3, 114.4, 223.9, 223.10, 223.11, 223.12, 223.13, 223.14, 242.1. |Minkus Images Fotodesignagentur, Isernhagen: 122.1, 226.3. |NASA, Washington: 299.3. |OKAPIA KG - Michael Grzimek & Co., Frankfurt/M.: John W. Warden 192.2. |PantherMedia GmbH (panthermedia.net), München: nbvf89 267.1. |Picture-Alliance GmbH, Frankfurt a.M.: dpa 183.1; dpa/Becker, Marius 61.1. |Schlierf, Birgit und Olaf, Lachendorf: 8.2, 9.1, 9.2, 9.3, 9.4, 9.5, 10.1, 10.2, 12.1, 12.2, 12.3, 12.4, 13.2, 13.3, 15.1, 15.2, 15.3, 15.4, 16.1, 17.1, 18.1, 20.1, 21.1, 21.2, 21.3, 21.4, 22.1, 23.1, 25.1, 26.1, 26.2, 26.3, 26.4, 26.5, 27.1, 27.2, 27.3, 27.4, 27.5, 27.6, 29.7, 29.8, 30.6, 31.1, 31.2, 31.3, 31.4, 31.5, 31.6, 32.1, 32.2, 32.3, 33.1, 34.1, 35.1, 35.2, 49.1, 49.3, 49.4, 50.1, 50.2, 53.1, 53.2, 58.1, 58.2, 58.3, 58.4, 59.1, 59.2, 61.2, 64.1, 64.2, 64.3, 65.1, 66.1, 66.2, 67.1, 68.1, 68.2, 68.3, 68.4, 68.5, 70.3, 70.4, 70.5, 71.1, 72.1, 72.2, 72.3, 72.4, 73.1, 74.1, 74.2, 74.3, 74.4, 75.1, 75.2, 75.3, 76.1, 76.2, 76.3, 76.4, 77.1, 77.2, 77.3, 77.4, 77.5, 77.6, 77.7, 78.1, 78.2, 78.3, 78.4, 78.5, 78.6, 78.7, 78.8, 79.1, 79.2, 80.1, 80.2, 81.1, 87.5, 87.6, 88.6, 89.1, 89.2, 89.3, 90.2, 91.2, 91.3, 91.4, 92.1, 92.2, 92.3, 93.1, 93.2, 93.3, 94.1, 95.1, 95.2, 97.1, 98.1, 98.2, 99.2, 100.3, 101.1, 101.4, 103.1, 103.2, 104.1, 104.2, 104.3, 105.1, 105.2, 105.3, 105.4, 105.5, 106.1, 106.2, 106.3, 107.3, 107.4, 108.1, 108.2, 108.3, 110.1, 110.2, 110.3, 111.1, 111.2, 111.3, 115.2, 116.1, 116.2, 118.5, 119.1, 119.2, 120.1, 122.2, 122.3, 129.1, 131.1, 135.3, 135.4, 135.5, 136.1, 136.2, 136.3, 141.1, 141.2, 141.3, 141.4, 141.6, 142.1, 142.2, 142.3, 142.4, 144.2, 144.3, 145.1, 145.2, 146.1, 146.2, 147.1, 147.3, 148.1, 148.2, 149.2, 150.1, 150.2, 150.3, 154.2, 155.1, 155.2, 155.3, 155.4, 155.5, 155.6, 158.1, 160.1, 161.1, 163.1, 163.2, 164.1, 164.2, 164.3, 167.2, 176.1, 179.1, 179.3, 179.4, 179.5, 179.6, 182.1, 182.2, 183.2, 184.3, 185.2, 185.3, 186.1, 189.1, 189.2, 189.3,

189.4, 192.1, 194.4, 195.1, 196.1, 197.1, 197.2, 197.3, 197.4, 197.5, 198.1, 198.2, 198.3, 198.4, 200.1, 200.2, 201.2, 202.1, 202.2, 204.1, 204.2, 204.3, 204.4, 204.5, 205.1, 205.2, 205.3, 205.4, 205.5, 206.1, 206.2, 206.3, 206.4, 206.5, 207.2, 210.1, 210.2, 211.1, 212.2, 212.3, 212.4, 213.1, 213.2, 213.3, 216.1, 216.2, 216.3, 217.1, 217.2, 218.1, 218.2, 218.3, 218.4, 218.5, 218.6, 219.1, 219.2, 220.1, 222.2, 222.3, 222.4, 222.5, 222.6, 222.7, 223.2, 223.3, 223.4, 223.5, 223.6, 223.7, 223.8, 223.15, 224.1, 224.2, 224.3, 224.4, 226.1, 226.2, 228.1, 228.2, 229.1, 229.2, 229.3, 229.4, 229.5, 231.1, 231.2, 231.3, 232.1, 235.2, 236.2, 238.1, 238.2, 238.3, 246.3, 250.1, 250.2, 250.3, 250.4, 251.2, 252.1, 252.2, 252.3, 252.6, 252.7, 256.2, 256.3, 256.4, 256.5, 261.1, 264.1, 264.2, 264.3, 264.4, 264.5, 264.6, 264.7, 269.7, 271.1, 271.2, 271.3, 271.4, 272.1, 272.2, 272.3, 272.4, 276.1, 276.2, 276.3, 276.4, 276.5, 292.1, 292.2, 292.3, 292.4, 292.5, 293.1, 293.2, 293.3, 293.4, 293.5, 293.6, 293.7, 293.8, 294.2, 295.1, 295.2, 295.3, 295.4, 296.1, 296.2, 297.1, 297.2, 298.1, 298.2, 299.2, 300.1, 300.2, 300.3, 300.4, 301.1, 301.2, 302.1, 302.2, 303.1, 304.1, 305.3, 306.1, 307.1, 307.2, 308.1, 309.1, 309.2, 311.4, 315.1, 315.2, 319.1, 321.1, 323.2, 324.1, 328.1, 329.1, 330.1, 334.1, 335.1, 336.1, 337.1. |Schrage, K.-P., Braunschweig: 294.1. |Shutterstock.com, New York: Animaflora PicsStock 194.2; BLGKV 232.3; Duzen, Nejdet 166.1; EB Adventure Photography 96.2; Elisseeva, Elena 246.2; encierro 254.2; Foto-Ruhrgebiet 244.7; Frenklakh, Yory 118.1; Greens and Blues 121.1; HandmadePictures 265.1; Haylan, Edward 159.1; Jansamut, Natthee 117.3; Juers, Susanna 254.1; juliannedev 174.1; Koptyaev, Igor 97.2; Kotsell, Angela 257.1; Krosh, Ruslan 181.1; Lande, Alexandra 4.2, 143.1, 212.1; LeManna 137.1; M Gl 282.1; Nai_Pisage 118.3; PeopleImages.com - Yuri A 286.7; Pixel-Shot 265.2; Rebollo, David Gonzalez 4.1, 113.1; Semik, Richard 134.2; Statkar 305.1; Suriya KK 184.1; Taliani de Marchio, Marco 197.6; ThamKC 246.1; tommaso79 253.1; Zenith Pictures 251.1; Zhukovsky, Leonard 268.1. |stock. adobe.com, Dublin: aapsky 178.1; Amarinj 154.1; Animaflora PicsStock 185.1; by-studio busse yankushev 242.2; ebednarek 260.1; eyetronic 5.2, 221.1; forkART Photography 44.2; Fukume 39.3; H&C 194.3; Kneschke, Robert 49.2; kuritafsheen 19.1; Monkey Business 235.1; MP2 7.2; nerthuz 227.1; pyty 157.1; Sanders, Gina 86.1; Schultes, Jeff 112.1; Schwier, Christian 316.3; Sokolov, Maxim 166.3; Stalnuhhin, Dmitri 225.1, 225.2, 225.3, 225.4, 225.5; StarJumper 124.1; sushytska 3.2, 63.1; UllrichG 131.3. |Suhr, Friedrich, Lüneburg: 130.1. |Thinkstock, Sandyford/Dublin: Griffin, Ciaran 6.1, 281.1. |Valentinelli, Mario, Rostock: 13.1, 30.2, 30.3, 30.4, 30.5, 54.2, 70.1, 70.2, 88.5, 128.2, 129.2, 168.1. |Warmuth, Torsten, Berlin: 14.1, 222.1. |Wojczak, Michael, Braunschweig: 40.3, 117.2, 286.2, 286.3, 286.4, 286.5, 286.6, 310.1, 311.1, 311.2, 311.3, 316.2, 317.2. |www.vintage-line.de, Heiligenstedten: 128.1.